U0144824

實用微積分
Calculus

武維疆、許介彥 著

五南圖書出版公司 印行

序 言

微積分（Calculus）是數學中相當重要的一個部分，是所有現代科學的基礎。顧名思義，微積分包含兩大部分：微分（derivative）和積分（integral），這兩大部分都和極限（limits）的觀念息息相關；此與一般基礎數學的四則運算完全不同。微分研究的是變化率，也就是某個變數（因變數）如何隨著另一個變數（自變數）的變化而起變化。而積分則可用以求曲線長度、曲面面積，及曲面下所涵蓋的體積。微分發明於十七世紀，用於求切線的斜率與極值問題；積分發明於西元前三世紀左右（阿基米德的時代），用於計算面積和體積。下表為微積分與基礎的數學之簡單比較：

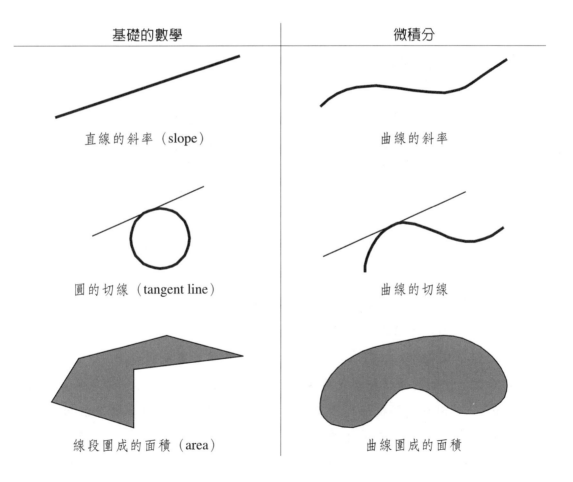

基礎的數學	微積分
直線的斜率（slope）	曲線的斜率
圓的切線（tangent line）	曲線的切線
線段圍成的面積（area）	曲線圍成的面積

基礎的數學	微積分

線段的長度（length）　　　　曲線的長度

長方體的體積（volume）　　　曲面圍成的體積

球的切平面　　　　　　　　　曲面的切平面

　　學習微積分之前須對坐標幾何、三角學、函數等基礎數學有基本的瞭解，故本書一開始先將基礎數學作有系統的介紹。接著本書邏輯演繹之順序為極限與連續（第 2 章）、微分與變化率（第 3 章），第 4 章介紹連鎖率（*Chain rule*）的觀念並由此演繹出隱函數及反函數的微分。第 5 章介紹微分的應用，除了討論函數之作圖法之外，如何求函數之極值亦為本章之主要課題。

　　第 6 章起開始討論積分，就像乘法與除法一樣，積分是微分的反運算（*anti-derivatives*），因此我們從介紹兩個微積分基本定理搭起微分與積分的橋樑，進而探討種種積分的技巧（第 8 章），以及定積分在求弧長、面積、體積等等的應用（第 9 章）。第 10 章探討無窮數列與級數，由於函數幾乎是冪級數之一體兩面，因此函數的微分與積分變得極易處理（冪級數可逐項微分與逐項積分）。

從第 11 章起開始介紹多變數函數之微積分，由微分的觀點切入，探討的是函數（因變數）相對於某一個自變數的變化率，亦即偏導數（*Partial Derivatives*）；由積分的觀點切入，探討的則是多重積分（第 12 章）。

第 13~16 章探討的主題為向量微積分：除了介紹梯度、散度、與旋度三大運算的物理意義之外，梯度基本式，散度定理，旋度定理之原理與其運用為此單元之重點。值得一提的是，在許多實際的應用上，我們要面對的往往是具有限制條件的最佳化問題，利用 *Lagrange Multipliers* 可有效求解（第 15 章）。

在本書編撰期間遭逢父喪，昔日趨庭，叨陪鯉對！遙想幼時父親給予我數學上的啟蒙與教導，內心便激盪澎湃，不能自已，情隨事遷，感慨係之矣！有將近一個月的時間，我無法進行本書的編撰工作！

特別感謝同事及好友許介彥老師，本書是以他的上課講義為藍本，經過多次共同討論補充，編輯而成。在現今學界充斥浮誇、功利、虛假、派系的情況下，許老師沉靜、淡薄、欣於教學與研究、快然自足，曾不知老之將至，實難能可貴！我何其有幸能遇到像許老師一樣的志同道合者。

本書是累積筆者在大學教授微積分數年之經驗與心得編撰而成，雖焚膏繼晷戮力以赴，唯才疏學淺，難免有不甚周延之處，尚祈各方大師及讀者不吝評論、指正、與提出問題，在此先表達感恩與謝意；五南文化事業對於本書之出版表示高度興趣與支持，在此亦表達由衷感謝。

謹以本書獻給在天上的父親　武書鈞

Like father, like son!

武維疆
謹識於　大葉大學電機系

目　錄

1 微積分的預備知識

做學問要在不疑處有疑，待人要在有疑處不疑

胡適

1-1 不等式與絕對值

一、實數的分類

實數所成的集合記作 R，細分如下：

(1) 自然數：即為正整數，$N = \{1, 2, 3, \cdots\}$

(2) 整數：$Z = \{\cdots, -3, -2, -1, 0, 1, 2, 3, \cdots\}$

(3) 有理數：

$$Q = \{x : x = \frac{p}{q}, \text{其中 } p, q \text{ 為整數且 } q \neq 0\}$$

例如：$\dfrac{2}{3}, -\dfrac{13}{4}, 7, \dfrac{1}{2}, \cdots$

(4) 無理數：$\{x : x \text{ 為實數且不是有理數}\}$

例如：$\sqrt{2}, \sqrt[3]{7}, \pi$

其關係可以圖 1 表示：

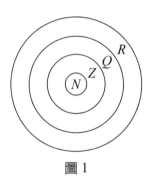

圖 1

觀念提示： 1. 實數間存在著順序；如果 a 和 b 為實數，以下三種關係中正好有一種會成立：$a < b$，$a = b$，$a > b$。

2. 任何實數 a 必滿足三一律：以下三種關係中正好有一種會成立：$a < 0$，$a = 0$，$a > 0$。

3. 不等式的性質：

(1) 如果 $a < b$ 且 $b < c$，那麼 $a < c$

(2) 如果 $a < b$，那麼對任意實數 c，$a + c < b + c$

(3) 如果 $a < b$ 且 $c < d$，那麼 $a + c < b + d$

(4) 如果 $a < b$ 且 $c > 0$，那麼 $ac < bc$

(5) 如果 $a < b$ 且 $c < 0$，那麼 $ac > bc$

(6) 如果 $0<a<b$，那麼 $\dfrac{1}{a}>\dfrac{1}{b}$

　4.任意兩個實數之間都存在著無窮多個有理數和無窮多個無理數。

二、絕對值

對任意實數 a，其絕對值定義為

$$|a|=\begin{cases} a & \text{if } a\geq 0 \\ -a & \text{if } a<0 \end{cases} \tag{1}$$

若由幾何之觀點來看，$|a|$表示實數 a 在數線上與 0 的距離或是實數 a 之長度，同理可得任意兩個實數 a 和 c，$|a-c|$表示實數 a 和 c 在數線上的距離。參考圖 2：

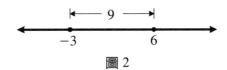

圖 2

$$|6-(-3)|=|-3-6|=9$$

觀念提示：$\sqrt{a^2}=\begin{cases} a & \text{if } a\geq 0 \\ -a & \text{if } a<0 \end{cases}=|a|$（請注意不是 a）

例題 1：試畫出 $f(x)=|x-2|$ 的圖形

解　　　$|x-2|=\begin{cases} x-2 & \text{if } x\geq 2 \\ -(x-2) & \text{if } x<2 \end{cases}$

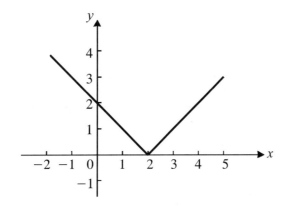

定理 1：絕對值的基本性質

(1) $|a|=0$ 若且唯若 $a=0$

(2) $|b-a|=|a-b|$

(3) $|ab|=|a||b|$

(4) $|a+b| \leq |a|+|b|$

(5) $|a|^2=|a^2|=a^2$

(6) $|a|-|b| \leq ||a|-|b|| \leq |a-b|$

區間表示法：

$(a, b) = \{x : a<x<b\}$

$[a, b] = \{x : a \leq x \leq b\}$

$(a, b] = \{x : a<x \leq b\}$

$[a, b) = \{x : a \leq x<b\}$

$(a, \infty) = \{x : x>a\}$

$[a, \infty) = \{x : x \geq a\}$

$(-\infty, b) = \{x : x<b\}$

$(-\infty, b] = \{x : x \leq b\}$

$(-\infty, \infty) =$ 實數所成的集合

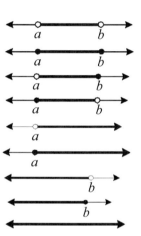

定理 2：不等式與絕對值

$|x|<\delta$　若且唯若 $-\delta<x<\delta$

$|x-c|<\delta$　若且唯若 $c-\delta<x<c+\delta$

$0<|x-c|<\delta$　若且唯若 $c-\delta<x<c$　or　$c<x<c+\delta$

$|x|>\delta$　若且唯若 $x>\delta$　or　$x<-\delta$

例題 2：解不等式 $|x+2|<3$

解　　　$-3<x+2<3 \Rightarrow -5<x<1$

例題 3：解不等式 $|3x - 4| < 2$

解　　　 $-2 < 3x - 4 < 2 \Rightarrow \dfrac{2}{3} < x < 2$

例題 4：解不等式 $|2x + 3| > 5$

解　　　 $2x + 3 > 5$ 或 $2x + 3 < -5 \Rightarrow x < -4$ 或 $x > 1$

例題 5：解不等式 $-3(4 - x) \leq 12$

解　　　 $4 - x \geq -4 \Rightarrow x \leq 8$（即 $x \in (-\infty, 8]$）

例題 6：解不等式 $x^2 - 4x + 3 > 0$

解　　　 $(x - 1)(x - 3) > 0 \Rightarrow x < 1$ 或 $x > 3$（即 $x \in (-\infty, 1) \cup (3, \infty)$）

三、一元二次方程式

一元二次方程式 $ax^2 + bx + c = 0$（$a \neq 0$）的根為

$$x = \frac{-b \pm \sqrt{b^2 - 4ac}}{2a} \tag{2}$$

根的判別：

(1) 如果 $b^2 - 4ac > 0$，方程式有兩個相異實根

(2) 如果 $b^2 - 4ac = 0$，方程式只有一個實根

(3) 如果 $b^2 - 4ac < 0$，方程式沒有實根

說例：(1) 將 $x^2 - 3$ 因式分解。　　　(2) 將 $x^2 - 6x + 8$ 因式分解。

　　　(3) 求出 $x^2 - 6x + 8 = 0$ 的解。　(4) 求出 $x^2 - 7x + 9 = 0$ 的解。

定理 3

1. 若 $a > 0,\ b^2 - 4ac < 0$ 成立，則 $ax^2 + bx + c > 0$

2. 若 $a < 0,\ b^2 - 4ac < 0$ 成立，則 $ax^2 + bx + c < 0$

1-2　幾何之基礎概念

　　以二維卡氏座標系統為例，每個點的位置由兩個數（稱為座標，coordinates）來表明，例如$(2, 7)$和$(3, -12)$。一般而言：(x, y)代表平面上任一點的座標，點$(0, 0)$稱為原點（origin）

　　由圖 3 可得平面上任意兩點之距離

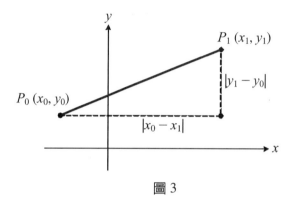

圖 3

距離 $d(P_0, P_1) = \sqrt{(x_1 - x_0)^2 + (y_1 - y_0)^2}$　　　　　　　　　　(3)

由圖 4 可得平面上任意兩點之中點

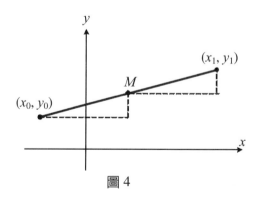

圖 4

中點 $M = \left(\dfrac{x_0 + x_1}{2}, \dfrac{y_0 + y_1}{2} \right)$　　　　　　　　　　(4)

一、直線表示法

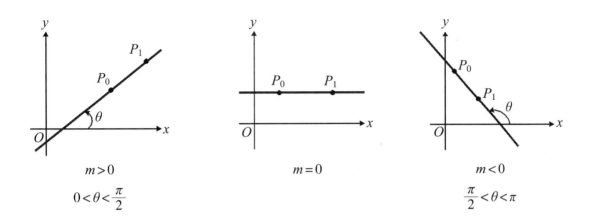

$m > 0$
$0 < \theta < \dfrac{\pi}{2}$

$m = 0$

$m < 0$
$\dfrac{\pi}{2} < \theta < \pi$

其中 m 代表斜率（slope），亦即直線傾斜的程度。令 L 爲平面上的一條直線且 $P_0\,(x_0, y_0)$ 和 $P_1\,(x_1, y_1)$ 爲線上相異兩點，則根據定義可輕易求出：

(1) L 的斜率爲 $m = \dfrac{y_1 - y_0}{x_1 - x_0}$　（假設 $x_1 \neq x_0$）

(2) $m = \tan\theta$，其中 θ 爲正 x 軸方向與 L 之間的夾角（由正 x 軸以反時針方向旋轉）

觀念提示：　1. 如果 $x_1 = x_0$，那麼 L 爲一條鉛直線，其斜率未定義，$\theta = \dfrac{\pi}{2} = 90°$；如果 $y_1 = y_0$，那麼 L 爲一條水平線，其斜率 $= 0$，$\theta = 0°$

　　　　　　2. 直線之斜率爲常數（直線上任一點之切線斜率均相同），曲線之斜率爲函數（曲線上任一點之切線斜率因點而異），

1. 直線的截距

・如果 L 不是一條鉛直線，那麼它會與 y 軸交於一點 $(0, b)$，實數 b 稱爲 L 的 y 截距，參考圖 5。

・如果 L 不是一條水平線，那麼它會與 x 軸交於一點 $(a, 0)$，實數 a 稱爲 L 的 x 截距，參考圖 5。

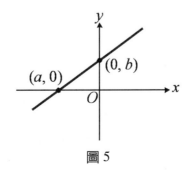

圖 5

根據上述定義可得直線方程式表示如下：

鉛直線　$x = a$

水平線　$y = b$

點斜式　$y - y_0 = m\,(x - x_0)$

兩點式　$y - y_0 = \dfrac{y_1 - y_0}{x_1 - x_0}\,(x - x_0)$

斜截式　$y = mx + b$

截距式　$\dfrac{x}{a} + \dfrac{y}{b} = 1$

一般式　$ax + by + c = 0$

2. 直線的平行與垂直：

定理 4

如果直線 l_1 和 l_2 都不是鉛直線，斜率分別為 m_1 和 m_2，那麼

1. 若且唯若 $m_1 = m_2$，則 l_1 和 l_2 平行（parallel）

2. 若且唯若 $m_1 m_2 = -1$，則 l_1 和 l_2 垂直（perpendicular）

例題 7：寫出與直線 $3x - 5y + 8 = 0$ 平行且通過點 $(-3, 2)$ 的直線的方程式。

解　　$y - 2 = \dfrac{3}{5}(x + 3)$

例題 8：寫出與直線 $x - 4y + 8 = 0$ 垂直且通過點 $(2, -4)$ 的直線的方程式。

解　　$y + 4 = -4(x - 2)$

二、圓錐曲線方程式

1. 圓

$x^2 + y^2 = r^2$　　　　　　　半徑為 r，以原點為圓心

$(x - h)^2 + (y - k)^2 = r^2$　　半徑為 r，以 (h, k) 為圓心，參考圖 6(a)。

2. 橢圓

$$\frac{(x-h)^2}{a^2} + \frac{(y-k)^2}{b^2} = 1$$

中心為(h, k)，參考圖 6(b)。

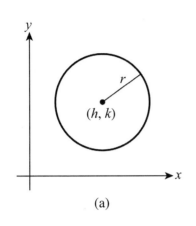 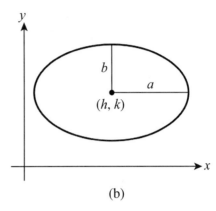

(a)　　　　　　　　　　　(b)

圖 6

3. 拋物線

$(x-h)^2 = 4c\,(y-k)$　　　　　以(h, k)為頂點，參考圖 7(a)。

$(y-k)^2 = 4c\,(x-h)$　　　　　以(h, k)為頂點，參考圖 7(b)。

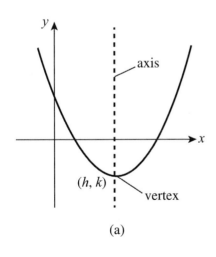 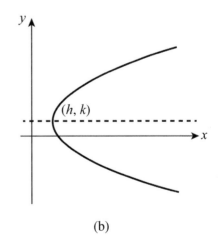

(a)　　　　　　　　　　　(b)

圖 7

4. 雙曲線

$$\frac{(x-h)^2}{a^2} - \frac{(y-k)^2}{b^2} = 1$$

中心為 $P\,(h, k)$，參考圖 8(a)。

$$\frac{(y-k)^2}{b^2} - \frac{(x-h)^2}{a^2} = 1$$

中心為 $P\,(h, k)$，參考圖 8(b)。

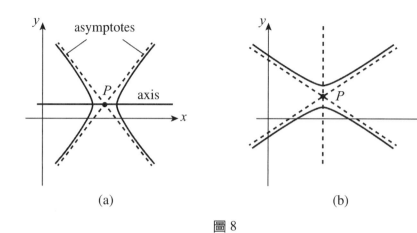

(a)   (b)

圖 8

1-3　函數

定義：假設 A 和 B 為集合，一個由 A 到 B 的函數（function）指的是一個規則，這
個規則將 A 的每個元素 x 指定到 B 中的（唯一的）一個元素 y，如圖 9 所示。

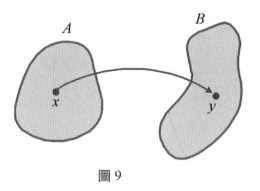

圖 9

觀念提示：　1. 通常 A 和 B 都是數的集合。

2. 我們也可以將函數想成是一個電腦程式，x 為輸入程式的資料，經
過程式計算後的結果（輸出）為 y。

3. 不同的輸入可以對應到同一個輸出，但單一輸入不可對應至多個輸
出。換言之，函數允許一對一及多對一（如圖 10 所示）但不允許
有一對多的情形發生。

4. 我們通常將函數（function）表示為 f。

如果 f 將集合 A 中的元素 x 指定到集合 B 中的元素 y，我們將 y 記作 $f(x)$
（讀作"f of x"）。

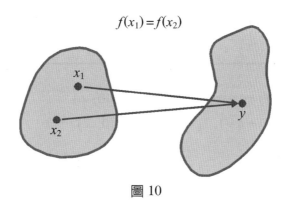

$$f(x_1) = f(x_2)$$

圖 10

如果$f(x) = y$，x稱爲輸入，y稱爲f在x的值（或稱輸出）。x也稱爲**自變數或獨立變數**（independent variable），y稱爲**因變數**（dependent variable）。

所有的自變數所形成的集合A稱爲函數f的**定義域**（domain），所有的輸出所成的集合稱爲f的**值域**（range）。

觀念提示： 1. 值域不一定等於B。

2. 函數是建立兩個集合（domain set and range set）對應關係的一個準則。

定義域的認定：

如果一個函數f的定義域沒有明確地被說明，我們就將它的定義域認定爲所有可使得$f(x)$爲實數的x所成的集合。

說例：(1) 當$f(x) = x^3 + 1$，f的定義域爲所有實數所成的集合，值域亦然。

(2) 當$f(x) = \sqrt{x}$，f的定義域爲所有非負實數所成的集合，值域爲$[0, \infty)$。

(3) 當$f(x) = \dfrac{1}{(x-2)}$，f的定義域爲所有不等於 2 的實數所成的集合，值域爲 $(0, \infty) \cup (0, -\infty)$。

(4) $f(x) = x^2$，f的定義域爲所有實數所成的集合，f的值域爲$[0, \infty)$，我們記作 domain $(f) = (-\infty, \infty)$，range $(f) = [0, \infty)$。

例題 9： 求出以下各函數的定義域。

(a)$f(x) = \dfrac{x+1}{x^2 + x - 6}$ (b) $g(x) = \dfrac{\sqrt{4 - x^2}}{x - 1}$

 解 (a) 除了 -3 和 2 以外的所有實數所成的集合。

(b) 位於$[-2, 2]$且不等於 1 的實數所成的集合。

例題 10：Find the domain and range of

(1) $y = f(x) = \sqrt{4 - x}$　(2) $y = f(x) = \sqrt{1 - x^2}$　(3) $y = f(x) = \sqrt{2x^2 + 5x - 12}$

解　(1) domain $(f) = (-\infty, 4]$，range $(f) = [0, \infty)$

(2) domain $(f) = [-1, 1]$，range $(f) = [0, \infty)$

(3) domain $(f) = (-\infty, -4] \cup \left[\dfrac{3}{2}, \infty\right)$，range $(f) = [0, \infty)$

分段定義的函數

一個函數有可能被一段一段定義，如以下二例：

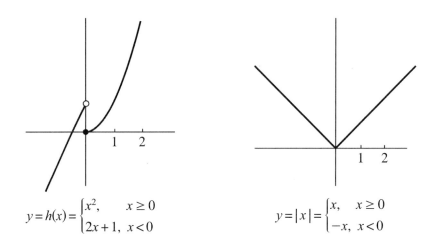

$$y = h(x) = \begin{cases} x^2, & x \geq 0 \\ 2x + 1, & x < 0 \end{cases}$$

$$y = |x| = \begin{cases} x, & x \geq 0 \\ -x, & x < 0 \end{cases}$$

鉛直線測試

一個函數在平面上的圖形必須滿足什麼條件？如前所述，函數允許一對一及多對一，但不允許有一對多的情形發生。既然 domain (f) 中的每個 x 都對應到一個（且唯一一個）y，故一個函數的圖形與任何一條鉛直線最多只有一個交點。若有超過一個以上的交點則為一對多。

定理 5：函數的鉛直線測試

若且唯若 $y = f(x)$ 之圖形與任意之鉛直線之交點至多為一個，則 $y = f(x)$ 為一函數如圖 11(a)為函數，圖 11(b)非函數。

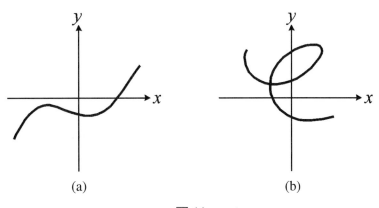

(a)　　　　　　　　(b)

圖 11

奇函數與偶函數

定義：滿足以下條件的函數 f 稱為一個偶函數：

　　　$f(-x) = f(x)$　　　對每一個　$x \in \text{domain }(f)$.

定義：滿足以下條件的函數 f 稱為一個奇函數：

　　　$f(-x) = -f(x)$　　對每一個　$x \in \text{domain }(f)$.

觀念提示：偶函數的圖形一定對稱於 y 軸，如圖 12(a)所示；奇函數的圖形一定對稱於原點，如圖 12(b)所示。

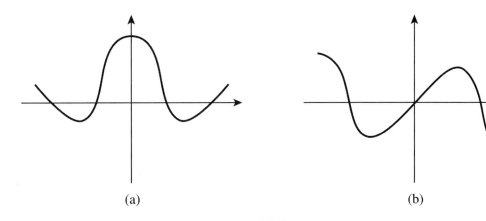

(a)　　　　　　　　(b)

圖 12

定理 6：函數之奇偶性滿足下列性質：

(1) 偶 ± 偶 ＝ 偶，奇 ± 奇 ＝ 奇，

(2) 偶 × (÷)偶 ＝ 偶，偶 × (÷)奇 ＝ 奇

(3) 奇 × (÷)奇 ＝ 偶

函數的變形

$$y = f(x) \rightarrow y = af\left(\frac{x-c}{b}\right) \tag{5}$$

其中 a 代表圖形的放大或縮小，c 代表圖形的平移，b 代表圖形的漲或縮，如圖 13 與 14 所示：

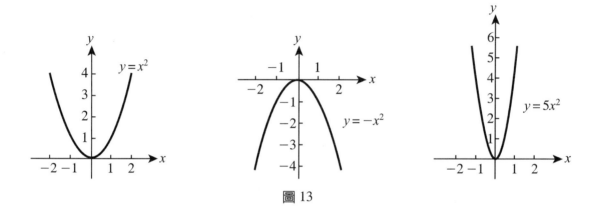

圖 13

平移

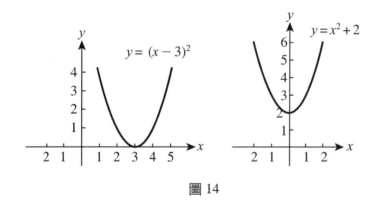

圖 14

1-4　常用的函數

定義：多項式函數（polynomial function）
　　一個函數如果具有以下形式

$$P(x) = a_n x^n + a_{n-1} x^{n-1} + \cdots + a_1 x + a_0 \tag{6}$$

其中的係數 $a_n, a_{n-1}, ..., a_1, a_0$ 都是實數且 $a_n \neq 0$，我們稱此函數為一個 n 次多項式（a polynomial of degree n）函數。

觀念提示：　1. 若 P 為一多項式且 r 為一實數，則 $(x - r)$ 是 $P(x)$ 的因式若且唯若 $P(r) = 0$。

　　　　　　2. 可使得 $P(r) = 0$ 的 r 稱為 P 的根。

　　　　　　3. 線性函數 $P(r) = ax + b$，$a \neq 0$ 是一次多項式，$P(x) = ax^2 + bx + c$，$a \neq 0$ 則是二次多項式。

　　　　　　4. x^{2n} 為偶函數，x^{2n+1} 為奇函數。

定義：有理函數（rational function）

　　　有理函數是指具有以下形式的函數：

$$R(x) = \frac{P(x)}{Q(x)} \tag{7}$$

其中的 P 和 Q 都是多項式。

觀念提示：　1. 每個多項式 P 都是有理函數：$P(x) = \dfrac{P(x)}{1}$

　　　　　　2. domain $(R(x)) = \{x : Q(x) \neq 0\}$

　　　　　　3. 與多項式比起來，有理函數更難分析及作圖。

定義：冪函數（power function）

　　　若 $a \in R$ 則函數 $f(x) = x^a$ 稱為冪函數

定義：最大整數函數（floor function）

　　　$x \in R$，為任意實數，$\lfloor x \rfloor$ 表示小於或等於 x 的整數中，最大之整數，則函數 $f(x) = \lfloor x \rfloor$ 稱為最大整數函數。

觀念提示：最大整數函數亦稱之為高斯函數，表示為 $[x]$。

定義：最小整數函數（ceiling function）

　　　$x \in R$，為任意實數，$\lceil x \rceil$ 表示大於或等於 x 的整數中，最小之整數，則函數 $f(x) = \lceil x \rceil$ 稱為最小整數函數

角度與弧度：定義如圖 15 所示：

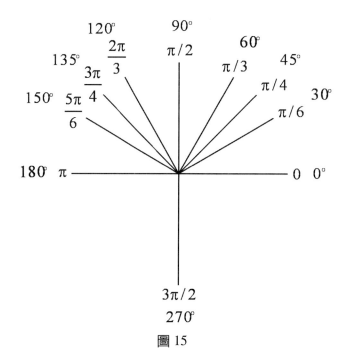

圖 15

三角函數的定義及其重要性質

$$\tan \theta = \frac{\sin \theta}{\cos \theta} \text{，} \csc \theta = \frac{1}{\sin \theta} \text{，} \sec \theta = \frac{1}{\cos \theta} \text{，} \cot \theta = \frac{\cos \theta}{\sin \theta} \tag{8}$$

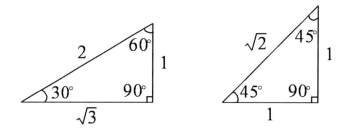

正弦與餘弦函數如圖 16 所示：

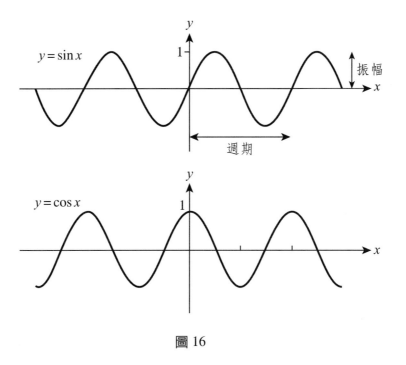

圖 16

$\tan x, \cot x, \sec x, \csc x$ 的圖形如圖 17

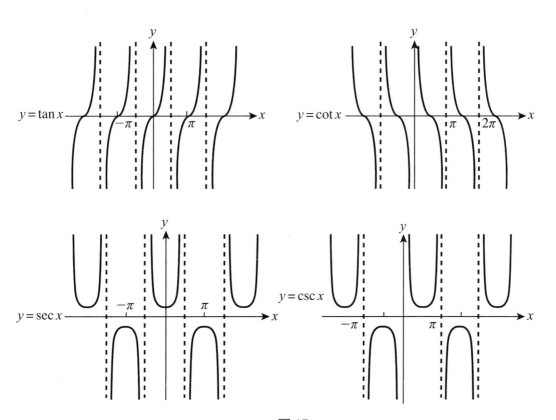

圖 17

觀念提示： 1. $\sin x, \tan x, \cot x, \csc x$ 爲奇函數

　　　　　　2. $\cos x, \sec x$ 爲偶函數

　週期函數

定義：如果有一個數 p（$p \neq 0$）可使得對定義域裡的兩數 x 和 $x+p$ 而言，$f(x+p) = f(x)$ 恆成立，我們稱函數 f 是一個「週期函數」。滿足此性質的最小的正數 p 稱為函數 f 的週期（period）。

定理 7

(1) Sine 和 Cosine 函數都是週期函數，週期同為 2π。

(2) Secant 和 Cosecant 函數都是週期函數，週期同為 2π。

(3) Tangent 和 Cotangent 函數都是週期函數，週期同為 π。

定理 8：重要的三角恒等式

$$\sin^2 \theta + \cos^2 \theta = 1$$
$$\tan^2 \theta + 1 = \sec^2 \theta$$
$$1 + \cot^2 \theta = \csc^2 \theta$$

$$\sin (\alpha + \beta) = \sin \alpha \cos \beta + \cos \alpha \sin \beta \tag{9}$$

$$\sin (\alpha - \beta) = \sin \alpha \cos \beta - \cos \alpha \sin \beta \tag{10}$$

$$\cos (\alpha + \beta) = \cos \alpha \cos \beta - \sin \alpha \sin \beta \tag{11}$$

$$\cos (\alpha - \beta) = \cos \alpha \cos \beta + \sin \alpha \sin \beta \tag{12}$$

$$\tan (\alpha + \beta) = \frac{\tan \alpha + \tan \beta}{1 - \tan \alpha \tan \beta} \tag{13}$$

$$\tan (\alpha - \beta) = \frac{\tan \alpha - \tan \beta}{1 + \tan \alpha \tan \beta} \tag{14}$$

$$\sin (-\theta) = -\sin \theta \quad (\text{sine 是奇函數})$$

$$\cos (-\theta) = \cos \theta \quad (\text{cosine 是偶函數})$$

倍角公式 $\begin{cases} \sin(2\theta) = 2\sin \theta \cos \theta \\ \cos(2\theta) = \cos^2 \theta - \sin^2 \theta \\ \qquad\quad = 2\cos^2 \theta - 1 = 1 - 2\sin^2 \theta \end{cases}$

半角公式 $\begin{cases} \sin^2\theta = \dfrac{1-\cos(2\theta)}{2} \\[3mm] \cos^2\theta = \dfrac{1+\cos(2\theta)}{2} \end{cases}$ \hfill (15)

直角三角形的邊之間的比值

當 θ 介於 0 到 $\dfrac{\pi}{2}$ 之間，三角函數可以用直角三角形的邊之間的比值來定義。

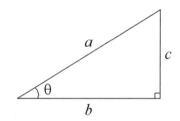

$\sin\theta = \dfrac{c}{a}$，$\cos\theta = \dfrac{b}{a}$，$\tan\theta = \dfrac{c}{b}$

$\csc\theta = \dfrac{a}{c}$，$\sec\theta = \dfrac{a}{b}$，$\cot\theta = \dfrac{b}{c}$

定理 9： 令 a, b, c 為一任意三角形的三邊且對應的角分別為 A, B, C，則：

面積：$\dfrac{1}{2}ab\sin C = \dfrac{1}{2}ac\sin B = \dfrac{1}{2}bc\sin A$

正弦定律：$\dfrac{a}{\sin A} = \dfrac{b}{\sin B} = \dfrac{c}{\sin C}$

餘弦定律：$a^2 = b^2 + c^2 - 2bc\cos A$

$\qquad\qquad b^2 = a^2 + c^2 - 2ac\cos B$

$\qquad\qquad c^2 = a^2 + b^2 - 2ab\cos C$

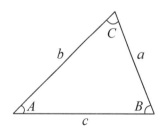

定義： 指數函數（Exponential function）

函數 $f(x) = a^x$；$a > 0, a \neq 1$ 稱為底為 a 之指數函數

定理 10： 指數函數之運算法則

1. $a^x a^y = a^{x+y}$

2. $\dfrac{a^y}{a^x} = a^{y-x}$

3. $(a^y)^x = (a^x)^y = a^{xy}$

4. $a^x b^x = (ab)^x$

5. $\dfrac{a^x}{b^x} = \left(\dfrac{a}{b}\right)^x$

　　若選擇底為 $a = e = 2.718281828\cdots$ 則 $y = f(x) = e^x$ 稱為自然指數函數（Natural exponential function）。選擇底為無理數 $e = 2.718281828\cdots$ 之原因為 $y = e^x$ 具有良好的微積分特性，在本書第 7 章有進一步闡述。

定義：雙曲線函數（Hyperbolic function）

(1) $\sinh x = \dfrac{e^x - e^{-x}}{2}$

(2) $\cosh x = \dfrac{e^x + e^{-x}}{2}$

(3) $\tanh x = \dfrac{\sinh x}{\cosh x} = \dfrac{e^x - e^{-x}}{e^x + e^{-x}}$, $\coth x = \dfrac{\cosh x}{\sinh x} = \dfrac{e^x + e^{-x}}{e^x - e^{-x}}$

(4) $\operatorname{sech} x = \dfrac{1}{\cosh x} = \dfrac{2}{e^x + e^{-x}}$, $\operatorname{csch} x = \dfrac{1}{\sinh x} = \dfrac{2}{e^x - e^{-x}}$

定理 11：雙曲線函數之重要性質

(1) $\cosh^2 x - \sinh^2 x = 1$

(2) $\tanh^2 x = 1 - \operatorname{sech}^2 x$

(3) $\coth^2 x = 1 + \operatorname{csch}^2 x$

(4) $\sinh 2x = 2\sinh x \cosh x$

(5) $\cosh 2x = \cosh^2 x + \sinh^2 x$

(6) $\cosh^2 x = \dfrac{\cosh 2x + 1}{2}$

(7) $\sinh^2 x = \dfrac{\cosh 2x - 1}{2}$

1-5　合成函數與反函數

定義：假設 f 和 g 為函數，則 f 和 g 的合成函數（記作 $f \circ g$）為

$$(f \circ g)(x) = f(g(x)) \tag{16}$$

說例：假設 $g(x) = x^2$ 且 $f(x) = x + 3$，那麼 $f(g(4)) = f(16) = 19$。

　　　一般而言，

$$(f \circ g)(x) = f(g(x)) = g(x) + 3 = x^2 + 3$$

另一方面，

$$(g \circ f)(x) = g(f(x)) = (x+3)^2$$

觀念提示： 1. $f \circ g$ 和 $g \circ f$ 是不同的兩個函數。

2. 合成函數也可以由兩個以上的函數合成而得。

$$(f \circ g \circ h)(x) = f(g(h(x)))\tag{17}$$

說例：如果 $f(x) = \dfrac{1}{x}$，$g(x) = x^2 + 1$，$h(x) = \cos x$，則

$$(f \circ g \circ h)(x) = f(g(h(x))) = \frac{1}{g(h(x))} = \frac{1}{(h(x))^2 + 1} = \frac{1}{\cos^2 x + 1}$$

例題 11：試求出三個函數 f, g, h 使滿足 $f \circ g \circ h = F$，已知

$F(x) = \dfrac{1}{|x| + 3}$。

解　　　可選擇 $f(x) = \dfrac{1}{x}$，$g(x) = x + 3$，$h(x) = |x|$。

定義：一對一函數（one-to-one function）

已知函數 $f: A \to B$，若對於 A 中的任意兩個相異元素 x_1, x_2，$x_1 \ne x_2$，恆有 $f(x_1) \ne f(x_2)$，則函數 f 稱為一對一函數。

說例：$y = \sqrt{x}$ 為一對一函數，而 $y = x^2$ 非一對一函數，因 $f(2) = f(-2) = 4$

從幾何圖形的觀點來看，若 $y = f(x)$ 為一對一函數則任意水平線 $y = k$ 與 $y = f(x)$ 至多有一個交點，因為若多於一個交點即代表有兩個以上不同的 x 值對應到相同的 y 值。故可得以下定理：

定理 12：一對一函數的水平線測試

若且唯若函數 $y = f(x)$ 之圖形與任意之水平線之交點至多為一個，則 $y = f(x)$ 為一對一函數

定義：反函數（inverse function）

已知函數$f:A{\rightarrow}B$為一對一函數，定義f之反函數$g=f^{-1}:B{\rightarrow}A$滿足如下結果：

$$g(y)=f^{-1}(f(x))=f(f^{-1}(x))=x$$

函數與反函數的關係如圖 18 所示

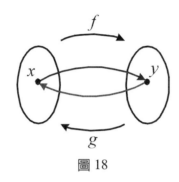

圖 18

反函數的圖形

由反函數的定義可知，若(a,b)是在f的圖形上，則(b,a)就在f的反函數的圖形上。因此任一函數的圖形可由另一函數的圖形對直線$y=x$反射而得，如圖 19 所示。

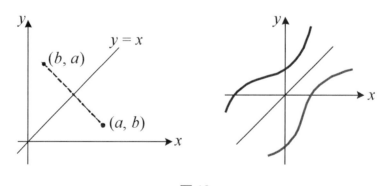

圖 19

通常用f^{-1}來代表f的反函數。

若f為一對一且$y=f(x)$，則$x=f^{-1}(y)$。

觀念提示： 1. 函數與反函數對稱於直線$y=x$

2. 函數與反函數之 domain 與 range 互換

若$y=f(x)$為一對一函數，則其反函數$y=f^{-1}(x)$之求法步驟如下：

1. 求解$y=f(x)$之x可得到$x=f^{-1}(y)$

2. 交換 x 與 y 可得 $y = f^{-1}(x)$

例題 12：試求出 $y = x^2, x \geq 0$ 之反函數

解　　　$y = x^2, x \geq 0 \Rightarrow x = \sqrt{y}$
　　　　$\therefore y = f^{-1}(x) = \sqrt{x}$

例題 13：試求出 $y = 3x + 2$ 之反函數

解　　　$y = 3x + 2 \Rightarrow x = \dfrac{y - 2}{3}$
　　　　$\therefore y = f^{-1}(x) = \dfrac{x - 2}{3}$

例題 14：求出 $f(x) = 2x$ 的反函數並且畫出其圖形。

解　　f 是讓數值變成兩倍的一對一函數。

如果 $y = 2x$，那麼 $x = \dfrac{y}{2}$，因此 f 的

反函數 g 是讓數值減半的函數；如

果 y 是 g 的輸入，那麼輸出為 $\dfrac{y}{2}$。

例如，$f(3) = 6$ 且 $g(6) = 3$，因此 $(3, 6)$

在 f 的圖形上而 $(6, 3)$ 則在 g 的圖形

上。

由於我們習慣上以 x 為輸入，我們

可將函數 g 表為 $g(x) = \dfrac{x}{2}$，如圖 20 所示。

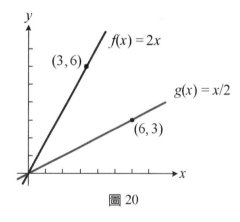

圖 20

定義：指數函數 $f(x) = a^x : a > 0, a \neq 1$ 之反函數稱為底為 a 之對數函數（logarithm
　　　function with base a），表示為：
　　　$y = \log_a x$

觀念提示：$y = \log_a x$ 之 domain 為 $(0, \infty)$，即為 $f(x) = a^x$ 之 range。而 $y = \log_a x$ 之 range
　　　　　即為 $f(x) = a^x$ 之 domain

定義：如果 b 和 c 都是正數，$b \neq 1$，且 $b^x = c$，我們稱 x 為以 b 為底的 c 的對數（log-
　　　arithm of c to the base b），記作 $x = \log_b c$。

若 $b^x = c$，則 $x = \log_b c$，因此 $b^{\log_b c} = c$。

底數為 10 的對數稱為**常用對數**（common logarithms）。

對數圖形全部在 y 軸的右邊，如圖 21 所示。

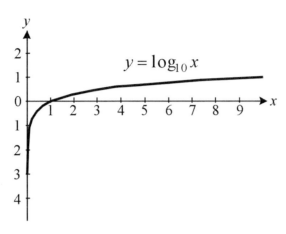

圖 21

・上升得很慢，當 x 到達 100 時 y 才上升到 2。

・雖然上升得很慢，但是當 $x \to \infty$ 函數值還是會變成無窮大。

說例：$\log_{10} 0.01 = -2$　$\log_{10} 0.001 = -3$

$$\lim_{x \to 0^+} \log_{10} x = -\infty$$

對數的性質

指數	對數
$b^0 = 1$	$\log_b 1 = 0$
$b^{\frac{1}{2}} = \sqrt{b}$	$\log_b \sqrt{b} = \dfrac{1}{2}$
$b^1 = b$	$\log_b b = 1$
$b^{x+y} = b^x b^y$	$\log_b (cd) = \log_b c + \log_b d$
$b^{-x} = \dfrac{1}{b^x}$	$\log_b \left(\dfrac{1}{c}\right) = -\log_b c$
$b^{x-y} = \dfrac{b^x}{b^y}$	$\log_b \left(\dfrac{c}{d}\right) = \log_b c - \log_b d$
$(b^x)^y = b^{xy}$	$\log_b c^m = m \log_b c$

說例：$\log_9 3^7 = \dfrac{7}{2}$　　$\log_5 \sqrt[3]{25^2} = \dfrac{4}{3}$　　$\log_4 8 = \dfrac{3}{2}$

例題 15：將 $\log_2 7$ 用常用對數表示。

解　　我們知道 $2^{\log_2 7} = 7$，兩邊同時取常用對數得

$$\log_{10}(2^{\log_2 7}) = \log_{10} 7$$

$$(\log_2 7)(\log_{10} 2) = \log_{10} 7$$

因此 $\log_2 7 = \dfrac{\log_{10} 7}{\log_{10} 2}$。

定理 13：對數的換底公式：

$$\log_m n = \frac{\log_b n}{\log_b m} \tag{18}$$

例如：$\log_{13} x = \dfrac{\log_5 x}{\log_5 13}$

$$(\log_a b)(\log_b c) = \log_a b \times \frac{\log_a c}{\log_a b} = \log_a c$$

例如：$\log_6 29 = \dfrac{1}{\log_{29} 6}$

定義：若對數函數之底為 $e = 2.718281828\cdots$ 則 $y = f(x) = e^x$ 稱為自然對數函數（Natural logarithm function）。表示為：

$$y = \log_e x = \ln x$$

由定義可得：

(1) $y = \ln x \Leftrightarrow x = e^y$

(2) $\ln e = 1$

定理 14：對數函數之重要特性：

(1) $\log_a xy = \log_a x + \log_a y$

(2) $\log_a \dfrac{x}{y} = \log_a x - \log_a y$

(3) $\log_x y = \dfrac{\ln y}{\ln x}$

(4) $\log_a x^y = y \log_a x$

此外，由指數函數與對數函數互為反函數之關係可得：

(1) $x = \ln e^x$, $x = e^{\ln x}$

(2) $a^x = e^{\ln a^x} = e^{x \ln a}$

例題 16：Solve for x,

$$2\ln x - \frac{1}{3}\ln x^2 = 4$$

【101 中興大學資管系轉學考】

解

$$2\ln x - \frac{1}{3}\ln x^2 = 4 \Rightarrow 2\ln x - \frac{2}{3}\ln x = 4 \Rightarrow \ln x = 3$$

$$\therefore x = e^3$$

定義：反正弦與反餘弦函數

1. 反正弦函數

當正弦函數之定義域被限定在 $\left[-\dfrac{\pi}{2}, \dfrac{\pi}{2}\right]$ 時，$\sin x$ 為一對一函數。

$y = \sin x$, $-\dfrac{\pi}{2} \le x \le \dfrac{\pi}{2}$，domain: $\left[-\dfrac{\pi}{2}, \dfrac{\pi}{2}\right]$, range: $[-1, 1]$

定義：Sine 函數的反函數稱為反正弦函數（arcsine function），表示為 $\sin^{-1} x$，如圖 22 所示。

$y = \sin^{-1} x$, domain: $[-1, 1]$, range: $\left[-\dfrac{\pi}{2}, \dfrac{\pi}{2}\right]$

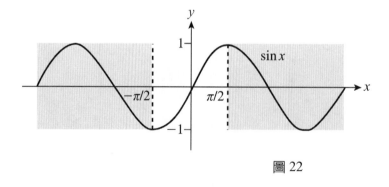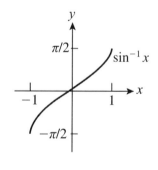

圖 22

2. 反餘弦函數

當餘弦函數之定義域被限定在 $[0, \pi]$，$\cos x$ 為一對一函數。

$y = \cos x$, $0 \le x \le \pi$, domain: $[0, \pi]$, range: $[-1, 1]$

定義：Cosine 函數的反函數稱為反餘弦函數（arccosine function），表示為 $\cos^{-1} x$，如圖 23 所示。

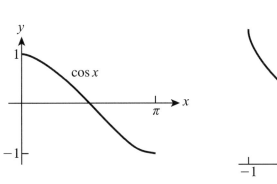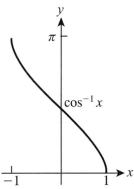

圖 23

$y = \cos^{-1} x$, domain: $[-1, 1]$, range: $[0, \pi]$

3. 反正切函數

　　當正切函數之定義域被限定在 $\left[-\dfrac{\pi}{2}, \dfrac{\pi}{2}\right]$ 之間，$\tan x$ 為一對一函數，如圖 24 所示。

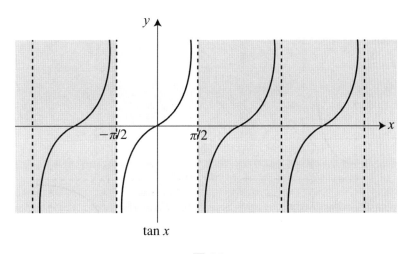

圖 24

定義：Tangent 函數的反函數稱為反正切函數（arctangent function），表示為 $\tan^{-1} x$，如圖 25 所示。

　　・反正切函數的定義域是整條 x 軸，值域為 $\left(-\dfrac{\pi}{2}, \dfrac{\pi}{2}\right)$。

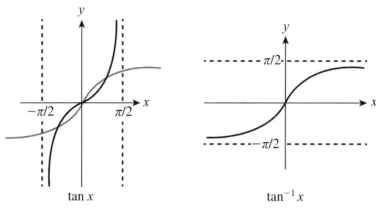

圖 25

4. 反正割函數

當正割函數之定義域被限定在$[0, \pi]$之間，$\sec x$為一對一函數

定義：Secant 函數的反函數稱為反正割函數（arcsecant function），表為 $\sec^{-1} x$，如圖 26 所示。

$$\sec^{-1} x = \cos^{-1}\left(\frac{1}{x}\right) \tag{19}$$

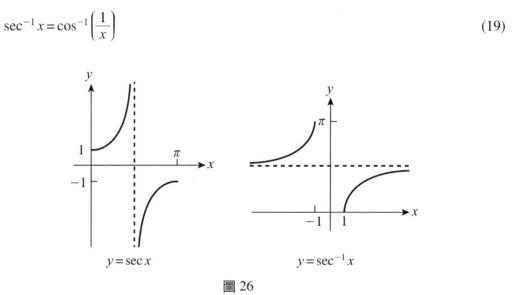

圖 26

$y = \sec^{-1} x$, domain: $(-\infty, -1] \cup [1, \infty)$, range: $[0, \pi]$，但不含 $\dfrac{\pi}{2}$。

例題 17：化簡 $\cos(\tan^{-1} x)$

解　　　令 $y = \tan^{-1} x \Rightarrow \tan y = x, \therefore \cos(\tan^{-1} x) = \cos y = \dfrac{1}{\sqrt{1 + x^2}}$

定理 15：反三角函數間之關係

(1) $\cot^{-1} x = \dfrac{\pi}{2} - \tan^{-1} x$

(2) $\csc^{-1} x = \dfrac{\pi}{2} - \sec^{-1} x$

(3) $\cos^{-1} x = \dfrac{\pi}{2} - \sin^{-1} x$

綜合練習

1. 解不等式 $x^2 - 2x + 5 \le 0$

2. 解不等式 $\dfrac{1}{x} < 1$

3. 解不等式 $\dfrac{x^2 - 3x - 10}{x - 3} < 0$

4. 解不等式 $(x + 3)(x + 4)^2 > 0$

5. 解不等式 $(x + 4)(x + 3)^2 > 0$

6. 解不等式 $(x + 3)^5 (x - 1)(x - 4)^2 < 0$

7. 解不等式 $(x + 2)(x - 2)^2 (x - 3)^6 (x - 4) < 0$

8. 解不等式 $-7 \le 2x + 5 < 9$

9. 解不等式 $\dfrac{x - 7}{x + 3} > 2$

10. 解不等式 $\dfrac{2x - 3}{3x - 5} \ge 3$

11. 解不等式 $x^2 - 6x + 5 > 0$

12. 解不等式 $(x - 1)^2 (x + 4) < 0$

13. 解不等式 $(x - 1)(x - 2)(x - 3)(x - 4) < 0$

14. 解不等式 $\dfrac{(x - 1)(x - 3)}{x - 2} > 0$

15. 解不等式 $(x - 1)(x + 2)(x - 3)(x + 4) < 0$

16. 解不等式 $|3x + 2| < 1$

17. 解不等式 $|3x - 2| \ge 1$

18. 解 $|2x + 3| = 4$

19. 解不等式 $x + 1 < |x|$

20. 解 $|2x - 3| = |x + 2|$

21. 解不等式 $\left| \dfrac{1}{x} - 2 \right| < 4$

22. 解不等式$|2x - 5| \geq 3$

23. 通過$(-2, 5)$和$(7, 1)$這兩點的直線的斜率是多少？

24. 寫出通過點$(2, 3)$而且和直線$4x - 2y = 7$平行的直線的方程式。

25. 點$(2, k)$位於一條斜率為 3 且通過點$(1, 6)$的直線上，請問 k 是多少？

26. 直線$kx + 5y = 2k$的 y 截距為 4，請問 k 是多少？

27. 求兩直線$4x + 5y = 10$與$5x + 4y = 8$的交點。

28. 寫出通過點$(2, -3)$而且和直線$4x - 5y = 7$垂直的直線的方程式。

29. 直線$kx + 5y = 2k$的斜率為 3，請問 k 是多少？

30. 試求出$y = x^3 + 2$之反函數

31. 試求出$y = \sqrt{-1 - x}$之反函數

32. 試化簡下列各式：

   (1) $e^{x + \ln 2}$

   (2) $e^{-\ln x}$

   (3) $\dfrac{e^{3x}}{e^2}$

   (4) $(e^3)^x$

附錄 A：常用的數學公式

A. 多項式展開

$$(a + b)^2 = a^2 + 2ab + b^2$$

$$(a - b)^2 = a^2 - 2ab + b^2$$

$$(a + b)^3 = a^3 + 3a^2b + 3ab^2 + b^3$$

$$(a - b)^3 = a^3 - 3a^2b + 3ab^2 - b^3$$

$$a^2 - b^2 = (a + b)(a - b)$$

$$a^3 - b^3 = (a - b)(a^2 + ab + b^2)$$

$$a^3 + b^3 = (a + b)(a^2 + ab + b^2)$$

B. 三角函數的重要公式

1. 互換公式

$$\sin x = \frac{1}{\csc x}, \cos x = \frac{1}{\sec x}, \tan x = \frac{1}{\cot x}$$

$$\tan x = \frac{\sin x}{\cos x}, \cot x = \frac{\cos x}{\sin x}$$

$$\sin\left(x+\frac{\pi}{2}\right)=\cos x, \cos\left(x+\frac{\pi}{2}\right)=-\sin x$$

2. 和差化積

$$\sin(x\pm y)=\sin x\cos y\pm\cos x\sin y$$

$$\cos(x\pm y)=\cos x\cos y\mp\sin x\sin y$$

3. 積化和差

$$\sin x\cos y=\frac{1}{2}(\sin(x+y)+\sin(x-y))$$

$$\cos x\sin y=\frac{1}{2}(\sin(x+y)-\sin(x-y))$$

$$\cos x\cos y=\frac{1}{2}(\cos(x-y)+\cos(x+y))$$

$$\sin x\sin y=\frac{1}{2}(\cos(x-y)-\cos(x+y))$$

4. 倍角公式

$$\sin 2x=2\sin x\cos x$$

$$\cos 2x=\cos^2 x-\sin^2 x=2\cos^2 x-1=1-2\sin^2 x$$

$$\sin 3x=3\sin x-4\cos^3 x$$

$$\cos 3x=4\cos^3 x-3\cos x$$

C.指數與對數函數

(1)

$$x^a x^b=x^{a+b}, \frac{x^a}{x^b}=x^{a-b}, (x^a)^b=x^{ab}, x^a y^a=(xy)^a$$

$$y=a^x\Rightarrow x=\log_a y$$

$$y=e^x\Rightarrow x=\ln y; e=2.71828$$

(2)

$$\log_a xy=\log_a x+\log_a y, \log_a\frac{x}{y}=\log_a x-\log_a y$$

$$\log_x y=\frac{\ln y}{\ln x}$$

$$\log_a x^y=y\log_a x$$

附錄 B：面積與體積

三角形	正三角形

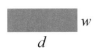 面積 $= \dfrac{1}{2}bh$

 面積 $= \dfrac{\sqrt{3}}{4}a^2$

長方形	長方體

面積 $= dw$
對角線 $= \sqrt{d^2 + w^2}$

 體積 $= dwh$

正方形	正方體

面積 $= x^2$
對角線 $= \sqrt{2}x$

體積 $= x^3$
表面積 $= 6x^2$

圓	球

面積 $= \pi r^2$
圓周 $= 2\pi r$

體積 $= \dfrac{4}{3}\pi r^3$
表面積 $= 4\pi r^2$

扇形：半徑 r，圓心角 θ（弳度，弧度）

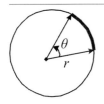 弧長 $= r\theta$

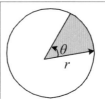 面積 $= \dfrac{1}{2}r^2\theta$

圓柱體	圓錐體

體積 $= \pi r^2 h$
側面積 $= 2\pi rh$

體積 $= \dfrac{1}{3}\pi r^2 h$
側面積 $= \pi r\sqrt{r^2 + h^2}$

2 函數的極限與連續

在研究的過程中，絕望之後的覺悟，茫然之後的甦醒，以及黑暗中的往復摸索與新的洞天的終於出現，不是過來人，是不知箇中甘苦的！

愛因斯坦

2-1　函數的極限

定義：假設 $f(x)$ 為一函數且 c 為某常數，如圖 1 所示，若存在某數 L 使得當 x 趨近
c，不管是從左邊或從右邊，$f(x)$ 都趨近 L，我們稱當 x 趨近 c 時，$f(x)$ 的極
限（limit）為 L，並記作

$$\lim_{x \to c} f(x) = L$$

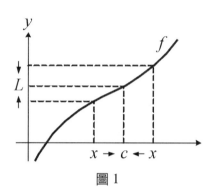

圖 1

說例：假設 $f(x) = 2x + 3$。當 x 越來越靠近 3 時，$f(x)$ 的值如何改變？

解　　　當 x 分別由左及右趨近 3 時，$f(x)$ 的值改變之情形如下表所示：

x	2.99	2.999	2.9999	2.99999	3.00001	3.0001	3.001	3.01
$f(x)$	8.98	8.998	8.9998	8.99998	9.00002	9.0002	9.002	9.02

當 x 越來越靠近 3，$2x + 3$ 越來越靠近 $2 \times 3 + 3 = 9$。我們說：「當 x 趨近
3 時，$2x + 3$ 的極限值是 9」並記作

$$\lim_{x \to 3}(2x + 3) = 9$$

題型 1：直接代入型

　　直接代入 x 之值即可求得極限值

說例：(1) $\lim_{x \to 2}(4x + 5) = 13.$　(2) $\lim_{x \to 3}\dfrac{x^3 - 2x + 4}{x^2 + 1} = \dfrac{5}{2}.$　(3) $\lim_{x \to 1}(5x^2 - 12x + 2) = 5$

　　　(4) $\lim_{x \to 2}\dfrac{3x - 5}{x^2 + 1} = \dfrac{1}{5}.$　(5) $\lim_{x \to 3}\dfrac{x^2 - 9}{x + 7} = 0.$

解　　　直接代入即可

$\lim_{x \to c} f(x) = L$ 的意思就是：當 x 很接近 c（但不等於 c）時，$f(x)$ 的值會很接近 L；$f(x)$ 與 L 之間的距離可以小到任意小，只要 x 與 c 夠接近的話。故更精確的定義為：

定義：假設 f 為一函數且在 c 的附近有定義；如果對任意 $\varepsilon > 0$ 都存在 $\delta > 0$ 使得

若 $0 < |x - c| < \delta$，則 $|f(x) - L| < \varepsilon$

我們稱 $\lim_{x \to c} f(x) = L$

觀念提示：以下說法其實表達相同的意思：

(1) $\lim_{x \to c} f(x) = L$ (2) $\lim_{h \to 0} f(c + h) = L$

(3) $\lim_{x \to c} (f(x) - L) = 0$ (4) $\lim_{x \to c} |f(x) - L| = 0$

說例：當 $f(x) = x^3$

$\lim_{x \to 2} x^3 = 8$ $\lim_{h \to 0} (2 + h)^3 = 8$

$\lim_{x \to 2} (x^3 - 8) = 0$ $\lim_{x \to 2} |x^3 - 8| = 0$

定義：單邊極限

$\lim_{x \to c^-} f(x) = L$ 表示當 x 從左邊趨近 c，$f(x)$ 趨近 L。

$\lim_{x \to c^+} f(x) = L$ 表示當 x 從右邊趨近 c，$f(x)$ 趨近 L。

觀念提示：
1. 由以上之定義可得：若極限值存在則與逼近之路徑無關（path independent）。$\lim_{x \to c} f(x) = L$ 若且唯若 $\lim_{x \to c^-} f(x) = L$ 且 $\lim_{x \to c^+} f(x) = L$（左極限等於右極限）。

2. 當 x 很接近 c（但不等於 c）時，$f(x)$ 的值「**預測**」唯一接近 L。

3. 當我們想知道一個函數在 x 趨近某數 c 時的極限是多少，我們並不需要知道該函數在 c 有沒有被定義（或如何被定義），真正重要的是該函數在 c 附近的情形。

極限值不存在的一些例子：

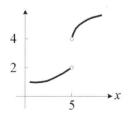

$\lim_{x \to 5^-} f(x) = 2$

$\lim_{x \to 5^+} f(x) = 4$

$\lim_{x \to 5} f(x)$ 不存在（左極限不等於右極限）

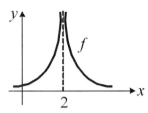

$$\lim_{x \to 2} f(x) : 不存在或 \infty$$

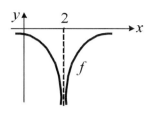

$$\lim_{x \to 2} f(x) : 不存在或 -\infty$$

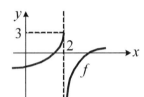

$$\lim_{x \to 2} f(x) : 不存在$$

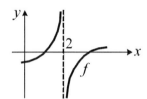

$$\lim_{x \to 2} f(x) : 不存在或 \infty$$

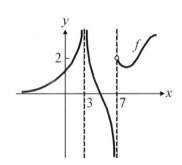

假設當 x 從任一邊趨近 3 時，$f(x)$ 都趨近無窮大。

$f(x) \to \infty$ 當 $x \to 3 \Rightarrow \lim_{x \to 3} f(x)$ 不存在

$f(x) \to -\infty$ 當 $x \to 7^- \Rightarrow \lim_{x \to 7^-} f(x)$ 不存在

$\lim_{x \to 7^+} f(x) = 2 \Rightarrow \lim_{x \to 7} f(x)$ 不存在

例題 1：$f(x) = \dfrac{|x|}{x}$ $(x \neq 0)$ ，試求：(1) $\lim_{x \to 2} f(x) = ?$ (2) $\lim_{x \to 0} f(x) = ?$ (3) $\lim_{x \to -2} f(x) = ?$

解　$\lim_{x \to 0^-} f(x) = -1$，$\lim_{x \to 0^+} f(x) = 1$，

$\lim_{x \to 0} f(x)$ 不存在（左極限不等於右極限）

$\lim_{x \to 2} f(x) = 1$.　$\lim_{x \to 2} f(x) = -1$

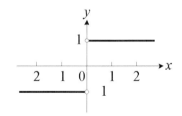

例題 2：Show that for

$$f(x) = \begin{cases} 1 - x^2, & x < 1 \\ \dfrac{1}{(x-1)}, & x > 1 \end{cases}$$

$\lim_{x \to 1} f(x)$ 不存在，$\lim_{x \to 1.5} f(x) = 2$.

解　如圖 2 所示，$\lim_{x \to 1} f(x)$ 不存在（左極限不等於右極限），$\lim_{x \to 1.5} f(x) = 2$（直接代入 x 之值）

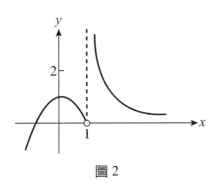

圖 2

說例：(1) $\lim_{x \to 0} \sin\left(\dfrac{1}{x}\right)$ 不存在（如圖 3 所示）

(2) $\lim_{x \to \frac{2}{\pi}} \sin\left(\dfrac{1}{x}\right) = 1$

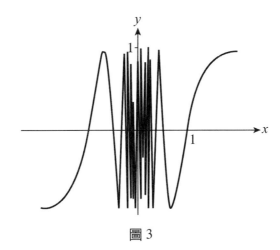

圖 3

例題 3：$\lim_{x \to 2} f(x) = ?$ where $f(x) = \begin{cases} 2x - 1; & x \neq 2 \\ 8; & x = 2 \end{cases}$.

解　3

例題 4：若 $f(x) = \begin{cases} 3x - 4, & x \neq 0 \\ 10, & x = 0 \end{cases}$，求 $\lim_{x \to 0} f(x) = ?$

解　　　　-4

說例：$f(x) = \begin{cases} 7, & x\ \text{為有理數} \\ 4, & x\ \text{為無理數} \end{cases}$

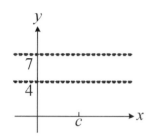

$\lim\limits_{x \to c} f(x)$ 對任意 c 而言都不存在

觀念提示：函數 f 在 c 的極限不存在的幾種可能情形：

(1) $\lim\limits_{x \to c^-} f(x) = L_1$，$\lim\limits_{x \to c^+} f(x) = L_2$，且 $L_1 \neq L_2$。

(2) 當 $x \to c^-$，$f(x) \to \pm\infty$ 或當 $x \to c^+$，$f(x) \to \pm\infty$，或兩種情形都發生

(3) 當 $x \to c^-$，c^+ 或 c，$f(x)$ 上下振盪

定理 1：極限的唯一性

若 $\lim\limits_{x \to c} f(x) = L$ 且 $\lim\limits_{x \to c} f(x) = M$，則 $L = M$。（極限若存在必唯一）

定理 2：極限的法則

若 $\lim\limits_{x \to c} f(x) = L$ 且 $\lim\limits_{x \to c} g(x) = M$，則

(1) $\lim\limits_{x \to c} (f(x) \pm g(x)) = L \pm M.$

(2) k 為任意實數，則

$\quad \lim\limits_{x \to c} (kf(x)) = kL.$

(3) $\lim\limits_{x \to c} (f(x)\, g(x)) = LM.$

(4) $k_1, k_2 \cdots k_n$ 為任意實數，則

$\quad \lim\limits_{x \to c} [k_1 f_1(x) + k_2 f_2(x) + \cdots + k_n f_n(x)] = k_1 L_1 + k_2 L_2 + \cdots + k_n L_n$

(5) $\lim\limits_{x \to c} [f_1(x) f_2(x) \cdots f_n(x)] = L_1 L_2 \cdots L_n$

(6) $\lim\limits_{x \to c} b^{f(x)} = b^{\lim\limits_{x \to c} f(x)} = b^L$

定理 3

假設 $P(x) = a_n x^n + \cdots + a_1 x + a_0$ 為一多項式且 c 為一實數，則 $\lim\limits_{x \to c} P(x) = P(c)$

定理 4

若 $\lim\limits_{x \to c} g(x) = M$ 且 $M \neq 0$，則 $\lim\limits_{x \to c} \dfrac{1}{g(x)} = \dfrac{1}{M}$

定理 5

若 $\lim\limits_{x \to c} f(x) = L$ 且 $\lim\limits_{x \to c} g(x) = M$ 且 $M \neq 0$，則 $\lim\limits_{x \to c} \dfrac{f(x)}{g(x)} = \dfrac{L}{M}$

定理 6

若 $\lim\limits_{x \to c} f(x) = L$ 且 $L \neq 0$ 且 $\lim\limits_{x \to c} g(x) = 0$，則 $\lim\limits_{x \to c} \dfrac{f(x)}{g(x)}$ 不存在

例題 5：若 $\lim\limits_{x \to c} f(x) = L$ 且 $\lim\limits_{x \to c} g(x) = M$，證明

$\lim\limits_{x \to c} (f(x) + g(x)) = L + M$ 　　　　　　【中央大學轉學考】

解　　$\lim\limits_{x \to c} f(x) = L \Leftrightarrow$ 對於任意的 $\dfrac{\varepsilon}{2} > 0$，必存在 $\delta_1 > 0$，使得 $0 < |x - c| < \delta_1, |f(x) - L| < \dfrac{\varepsilon}{2}$

$\lim\limits_{x \to c} g(x) = M \Leftrightarrow$ 對於任意的 $\dfrac{\varepsilon}{2} > 0$，必存在 $\delta_2 > 0$，使得 $0 < |x - c| < \delta_2, |f(x) - M| < \dfrac{\varepsilon}{2}$

取 $\delta = \min\{\delta_1, \delta_2\} > 0$，當時 $0 < |x - c| < \delta$ 時

$|(f(x) + g(x)) - (L + M)| = |(f(x) - L) + (g(x) - M)|$

$< |f(x) - L| + |g(x) - M| < \dfrac{\varepsilon}{2} + \dfrac{\varepsilon}{2} = \varepsilon$

故由定義知 $\lim\limits_{x \to c} (f(x) + g(x)) = L + M$ 成立

例題 6：求 $\lim_{x \to 0}[\sin x] = ?$ 　　　　　　　　　　　　　　　【中央、成大轉學考】

解　　$\lim_{x \to 0^-}[\sin x] = -1 \neq \lim_{x \to 0^+}[\sin x] = 0$

故極限不存在

Note：[]為高斯函數或最大整數函數，參考§1-4

例題 7：If $\lim_{x \to -2}\dfrac{f(x)}{x^2} = 1$, find $\lim_{x \to -2}\left(f(x) + \dfrac{f(x)}{x}\right) = ?$ 　　【101 台聯大轉學考】

解　　$\lim_{x \to -2}\dfrac{f(x)}{x^2} = \dfrac{\lim\limits_{x \to -2}f(x)}{\lim\limits_{x \to -2}x^2} = 1 \Rightarrow \lim_{x \to -2}f(x) = 4$

$\therefore \lim_{x \to -2}\left(f(x) + \dfrac{f(x)}{x}\right) = 4 + \dfrac{4}{-2} = 2$

例題 8：Find $\lim_{x \to 2^-}\left(\dfrac{[x] - 2}{[x^2] - 4} + \dfrac{x + 4}{[x]^2 - 4}\right) = ?$ 　　　　　　　【交大轉學考】

解　　當 $x \to 2^- \Rightarrow [x] = 1$，$[x^2] = 3$

$\Rightarrow \lim_{x \to 2^-}\left(\dfrac{[x] - 2}{[x^2] - 4} + \dfrac{x + 4}{[x]^2 - 4}\right) = \dfrac{1 - 2}{3 - 4} + \dfrac{2 + 4}{1 - 4} = -1$

例題 9：Let $f(x) = |x - 1|$. Find $\lim_{\Delta x \to 0}\dfrac{f(1 + \Delta x) - f(1)}{\Delta x}$, if it exists

【101 元智大學電機系轉學考】

解　　$\lim_{\Delta x \to 0^+}\dfrac{f(1 + \Delta x) - f(1)}{\Delta x} = \lim_{\Delta x \to 0^+}\dfrac{|\Delta x|}{\Delta x} = 1$

$\lim_{\Delta x \to 0^-}\dfrac{f(1 + \Delta x) - f(1)}{\Delta x} = \lim_{\Delta x \to 0^-}\dfrac{|\Delta x|}{\Delta x} = -1$

$\therefore \lim_{\Delta x \to 0}\dfrac{f(1 + \Delta x) - f(1)}{\Delta x}$ does not exist

題型 2：可約分型

　　考慮一函數 $f(x) = \dfrac{(x^2 - 9)}{(x - 3)}$，在 $x = 3$ 時 $f(x)$ 沒有定義，如圖 4 所示。因此和直接代入型的例子不同，我們現在無法將 $x = 3$ 代入。當 x 越來越靠近 3 可是不等於 3

時，$f(x)$ 的值如何改變？

當 $x \neq 3$（可是不等於 3）時，

$$\frac{x^2 - 9}{x - 3} = \frac{(x+3)(x-3)}{x-3} = x + 3$$

因此

$$\lim_{x \to 3} \frac{x^2 - 9}{x - 3} = \lim_{x \to 3} (x + 3) = 6.$$

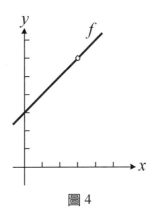

圖 4

例題 10：(1) $\lim_{x \to 2} \dfrac{x^3 - 8}{x - 2} = ?$　(2) $\lim_{x \to 1} \dfrac{x - 1}{x^2 - 1} = ?$　(3) $\lim_{x \to 1} \dfrac{x^3 - 1}{x - 1} = ?$

解　(1) 12　(2) $\dfrac{1}{2}$　(3) 3

例題 11：$\lim_{x \to 1} \dfrac{x^2 + x - 2}{x^2 - 1} = ?$　　　　　　　　　【101 中興大學轉學考】

解　$\displaystyle\lim_{x \to 1} \frac{x^2 + x - 2}{x^2 - 1} = \lim_{x \to 1} \frac{(x+2)(x-1)}{(x+1)(x-1)} = \lim_{x \to 1} \frac{(x+2)}{(x+1)} = \frac{3}{2}$

題型 3：有理化型

例題 12：求 $\lim_{x \to 0} \dfrac{\sqrt{x+1} - 1}{x} = ?$

解　$\displaystyle\lim_{x \to 0} \frac{\sqrt{x+1} - 1}{x} = \lim_{x \to 0} \left(\frac{\sqrt{x+1} - 1}{x} \cdot \frac{\sqrt{x+1} + 1}{\sqrt{x+1} + 1} \right) = \lim_{x \to 0} \frac{x}{x(\sqrt{x+1} + 1)} = \frac{1}{2}.$

例題 13：求 $\lim\limits_{x \to 0} \dfrac{\sqrt{1+3x} - \sqrt{1-2x}}{x} = ?$

解

$$\lim\limits_{x \to 0} \frac{\sqrt{1+3x} - \sqrt{1-2x}}{x} = \lim\limits_{x \to 0} \left(\frac{\sqrt{1+3x} - \sqrt{1-2x}}{x} \cdot \frac{\sqrt{1+3x} + \sqrt{1-2x}}{\sqrt{1+3x} + \sqrt{1-2x}} \right)$$

$$= \lim\limits_{x \to 0} \frac{5x}{x\left(\sqrt{1+3x} + \sqrt{1-2x}\right)}$$

$$= \lim\limits_{x \to 0} \frac{5}{\sqrt{1+3x} + \sqrt{1-2x}} = \frac{5}{2}.$$

例題 14：求 $\lim\limits_{x \to 0} \dfrac{\sqrt{100+x^2} - 10}{x^2} = ?$

解

$$\lim\limits_{x \to 0} \frac{\sqrt{100+x^2} - 10}{x^2} = \lim\limits_{x \to 0} \left(\frac{\sqrt{100+x^2} - 10}{x^2} \cdot \frac{\sqrt{100+x^2} + 10}{\sqrt{100+x^2} + 10} \right)$$

$$= \lim\limits_{x \to 0} \left(\frac{1}{\sqrt{100+x^2} + 10} \right) = \frac{1}{20}$$

例題 15：求 $\lim\limits_{x \to 0} \dfrac{\sqrt{4+x} - 2}{x} = ?$

解

$$\lim\limits_{x \to 0} \frac{\sqrt{4+x} - 2}{x} = \lim\limits_{x \to 0} \left(\frac{\sqrt{4+x} - 2}{x} \cdot \frac{\sqrt{4+x} + 2}{\sqrt{4+x} + 2} \right)$$

$$= \lim\limits_{x \to 0} \left(\frac{1}{\sqrt{4+x} + 2} \right) = \frac{1}{4}$$

例題 16：求 $\lim\limits_{x \to 2} \dfrac{\sqrt{2+x} - \sqrt{3x-2}}{\sqrt{5x-1} - \sqrt{4x+1}} = ?$ 　　　　　　　　　【成大轉學考】

解

$$\lim\limits_{x \to 2} \frac{\sqrt{2+x} - \sqrt{3x-2}}{\sqrt{5x-1} - \sqrt{4x+1}}$$

$$= \lim\limits_{x \to 2} \left(\frac{\sqrt{2+x} - \sqrt{3x-2}}{\sqrt{5x-1} - \sqrt{4x+1}} \cdot \frac{\sqrt{5x-1} + \sqrt{4x+1}}{\sqrt{5x-1} + \sqrt{4x+1}} \cdot \frac{\sqrt{2+x} + \sqrt{3x-2}}{\sqrt{2+x} + \sqrt{3x-2}} \right)$$

$$= -2 \times \lim\limits_{x \to 2} \left(\frac{\sqrt{5x-1} + \sqrt{4x+1}}{\sqrt{2+x} + \sqrt{3x-2}} \right) = -3$$

例題 17：求 $\lim\limits_{x \to 1^+} \dfrac{\sqrt{2x+1} - \sqrt{3}}{x-1} = ?$ 　　　　　　　　　【101 淡江大學轉學考商管組】

解　$\lim\limits_{x\to 1^+}\dfrac{\sqrt{2x+1}-\sqrt{3}}{x-1}=\lim\limits_{x\to 1^+}\dfrac{2x+1-3}{(x-1)(\sqrt{2x+1}+\sqrt{3})}=\dfrac{1}{\sqrt{3}}$

例題 18：(1) $\lim\limits_{x\to 0}\dfrac{x}{\sqrt{1+3x}-1}=$?　(2) $\lim\limits_{x\to 0^+}\dfrac{3\sec x+5}{\tan x}=$?　【100 中興大學轉學考】

解　(1) $\lim\limits_{x\to 0}\dfrac{x}{\sqrt{1+3x}-1}=\lim\limits_{x\to 0}\dfrac{x(\sqrt{1+3x}+1)}{3x}=\lim\limits_{x\to 0}\dfrac{(\sqrt{1+3x}+1)}{3}=\dfrac{2}{3}$

(2) $\lim\limits_{x\to 0^+}\dfrac{3\sec x+5}{\tan x}=\lim\limits_{x\to 0^+}\dfrac{\cos x(3\sec x+5)}{\sin x}=\lim\limits_{x\to 0^+}\dfrac{(3+5\cos x)}{\sin x}=\infty$

例題 19：Compute the following limits:

(1) $\lim\limits_{x\to 2}\dfrac{\sqrt{6-x}-2}{\sqrt{3-x}-1}$

(2) $\lim\limits_{x\to 0}\dfrac{|2x-1|-|2x+1|}{x}$

【100 中興大學財金系轉學考，101 台北大學資工系轉學考】

解　(1) $\lim\limits_{x\to 2}\dfrac{\sqrt{6-x}-2}{\sqrt{3-x}-1}=\lim\limits_{x\to 2}\dfrac{(6-x-4)(\sqrt{3-x}+1)}{(3-x-1)(\sqrt{6-x}+2)}=\lim\limits_{x\to 2}\dfrac{(\sqrt{3-x}+1)}{(\sqrt{6-x}+2)}=\dfrac{1}{2}$

(2) $\lim\limits_{x\to 0}\dfrac{|2x-1|-|2x+1|}{x}=\lim\limits_{x\to 0}\dfrac{-(2x-1)-(2x+1)}{x}=-4$

例題 20：(1) $\lim\limits_{x\to 3}\dfrac{|5-2x|-|x-2|}{|x-5|-|3x-7|}$　(2) $\lim\limits_{x\to 1}\dfrac{\sqrt{3+x}-2}{\sqrt[3]{7+x}-2}$

【100 中興大學資管系轉學考】

解　(1) $\lim\limits_{x\to 3}\dfrac{|5-2x|-|x-2|}{|x-5|-|3x-7|}=\lim\limits_{x\to 3}\dfrac{2x-5-(x-2)}{5-x-(3x-7)}=-\dfrac{1}{4}$

(2) $\lim\limits_{x\to 1}\dfrac{\sqrt{3+x}-2}{\sqrt[3]{7+x}-2}=\lim\limits_{x\to 1}\dfrac{\sqrt{3+x}-2}{\sqrt[3]{7+x}-2}\cdot\dfrac{(7+x)^{\frac{2}{3}}+2(7+x)^{\frac{1}{3}}+4}{(7+x)^{\frac{2}{3}}+2(7+x)^{\frac{1}{3}}+4}\cdot\dfrac{\sqrt{3+x}+2}{\sqrt{3+x}+2}$

$=\lim\limits_{x\to 1}\dfrac{(3+x)-4}{(7+x)-8}\cdot\dfrac{(7+x)^{\frac{2}{3}}+2(7+x)^{\frac{1}{3}}+4}{\sqrt{3+x}+2}$

$=3$

例題 21：$\lim\limits_{x\to 1}\dfrac{\sqrt{x}-1}{\sqrt[3]{x+7}-2}=$?　【中興大學轉學考】

解 $$\lim_{x \to 1} \frac{\sqrt{x}-1}{\sqrt[3]{x+7}-2} = \lim_{x \to 1} \frac{(x-1)(\sqrt[3]{(x+7)^2}+2\sqrt[3]{(x+7)}+4)}{(x-1)(\sqrt{x}+1)} = 6$$

題型 4：x 趨近無窮大

有時候我們會想知道當 x 趨近無窮大（正或負）時，$f(x)$ 會如何變化。例如，當 x 趨近無窮大時，$f(x)=\frac{1}{x}$ 趨近 0，可記作 $\lim_{x \to \infty} \frac{1}{x}=0$。

也有可能當 $x \to \infty$，$f(x)$ 也趨近無窮大。例如，當 $x \to \infty$，$f(x)=x^3$ 趨近無窮大，記作 $\lim_{x \to \infty} x^3 = \infty$。

有理函數的極限

假設 $f(x)$ 爲一多項式且 ax^n 爲其最高次項，$g(x)$ 爲另一多項式且 bx^m 爲其最高次項，則

$$\lim_{x \to \infty} \frac{f(x)}{g(x)} = \lim_{x \to \infty} \frac{ax^n}{bx^m} \quad 且 \quad \lim_{x \to -\infty} \frac{f(x)}{g(x)} = \lim_{x \to -\infty} \frac{ax^n}{bx^m}$$

說例：試求出下列極限值

$$\lim_{x \to \infty} x^3 = \infty \quad \lim_{x \to -\infty} x^3 = -\infty \quad \lim_{x \to \infty} \frac{2x+1}{x}=2 \quad \lim_{x \to -\infty} \frac{2x+1}{x}=2$$

$$\lim_{x \to 0^+} \frac{1}{x}=\infty \quad \lim_{x \to 0^-} \frac{1}{x}=-\infty \quad \lim_{x \to 1^+} \frac{1}{1-x}=-\infty \quad \lim_{x \to 0} \frac{1}{x^2}=\infty$$

觀念提示：雖然我們可記成 $\lim_{x \to \infty} f(x)=\infty$，但其實 ∞ 並不是某個數，極限其實不存在。

說例：(1) $\lim_{x \to \infty} \frac{3x^4+5x^2}{-x^4+10x+5}=-3.$ (2) $\lim_{x \to \infty} \frac{x^3-16x}{5x^4+x^3-5x}=0.$

(3) $\lim_{x \to -\infty} \frac{x^4+x}{6x^3-x^2}=-\infty.$ (4) $\lim_{x \to \infty} \frac{\sqrt{3x^2+x}}{x}=\sqrt{3}.$

(5) $\lim_{x \to -\infty} \frac{\sqrt{3x^2+x}}{x}=-\sqrt{3}.$

例題 22：$\lim_{x \to \infty} \frac{x^3+6x^2+10x+2}{2x^3+x^2+5}=$?

解 $$f(x)=\frac{x^3+6x^2+10x+2}{2x^3+x^2+5}=\frac{x^3\left(1+\frac{6}{x}+\frac{10}{x^2}+\frac{2}{x^3}\right)}{x^3\left(2+\frac{1}{x}+\frac{5}{x^3}\right)}=\frac{1+\frac{6}{x}+\frac{10}{x^2}+\frac{2}{x^3}}{2+\frac{1}{x}+\frac{5}{x^3}}$$

所以

$$\lim_{x \to \infty} f(x) = \lim_{x \to \infty} \frac{1 + \dfrac{6}{x} + \dfrac{10}{x^2} + \dfrac{2}{x^3}}{2 + \dfrac{1}{x} + \dfrac{5}{x^3}} = \lim_{x \to \infty} \frac{1 + 0 + 0 + 0}{2 + 0 + 0} = \frac{1}{2}.$$

例題 23：$a > b > 0$, Compute the limit $\lim_{n \to \infty} (a^n + b^n)^{\frac{1}{n}}$ 【101 台北大學經濟系轉學考】

解　　　　$\lim_{n \to \infty} (a^n + b^n)^{\frac{1}{n}} = \lim_{n \to \infty} a \left(1 + \left(\dfrac{b}{a}\right)^n\right)^{\frac{1}{n}} = a$

例題 24：求 $\lim_{x \to \infty} \left(\dfrac{x^2}{x+1} - \dfrac{x^2-1}{x-1}\right)$

解　　　　$\lim_{x \to \infty} \left(\dfrac{x^2}{x+1} - \dfrac{x^2-1}{x-1}\right) = \lim_{x \to \infty} \left(\dfrac{x^2}{x+1} - (x+1)\right) = \lim_{x \to \infty} \left(\dfrac{x^2 - (x+1)^2}{x+1}\right)$

$$= \lim_{x \to \infty} \left(\dfrac{-2x-1}{x+1}\right) = -2$$

例題 25：求 $\lim_{x \to \infty} (\sqrt{x^2+9} - x) = $?　　　　　　　　　　【交通大學轉學考】

解　　　$\lim_{x \to \infty} (\sqrt{x^2+9} - x) = \lim_{x \to \infty} \dfrac{(\sqrt{x^2+9} - x)(\sqrt{x^2+9} + x)}{(\sqrt{x^2+9} + x)} = \lim_{x \to \infty} \dfrac{9}{(\sqrt{x^2+9} + x)} = 0$

例題 26：求 $\lim_{x \to \infty} \left(\sqrt{x^2 + 3x + 2\sqrt{x}} - x\right) = $?　　　　【101 中興大學轉學考】

解　　　$\lim_{x \to \infty} \left(\sqrt{x^2 + 3x + 2\sqrt{x}} - x\right) = \lim_{x \to \infty} \left(\dfrac{x^2 + 3x + 2\sqrt{x} - x^2}{\sqrt{x^2 + 3x + 2\sqrt{x}} + x}\right) = \dfrac{3}{2}$

例題 27：求 $\lim_{x \to \infty} \left(\sqrt{x + \sqrt{x + \sqrt{x}}} - \sqrt{x}\right) = $?　　　　【台灣大學轉學考】

解　　　$\lim_{x \to \infty} \left(\sqrt{x + \sqrt{x + \sqrt{x}}} - \sqrt{x}\right) = \lim_{x \to \infty} \dfrac{\left(x + \sqrt{x + \sqrt{x}}\right) - x}{\sqrt{x + \sqrt{x + \sqrt{x}}} + \sqrt{x}} = \lim_{x \to \infty} \dfrac{\sqrt{x + \sqrt{x}}}{\sqrt{x + \sqrt{x + \sqrt{x}}} + \sqrt{x}}$

$$= \lim_{x \to \infty} \frac{\sqrt{1 + \sqrt{\dfrac{1}{x}}}}{\sqrt{1 + \sqrt{\dfrac{1}{x} + \sqrt{\dfrac{1}{x^3}}} + 1}} = \frac{1}{2}$$

例題 28：若 $f(x) = \dfrac{\alpha\sqrt{x^2 + 5} - \beta}{x - 2}$，$\lim_{x \to \infty} f(x) = 1$，$\lim_{x \to 2} f(x)$ 存在

(1) 求 $\alpha, \beta = ?$

(2) $\lim_{x \to 2} f(x) = ?$ 　　　　　　　　　　　　　　　【台灣大學轉學考】

解

(1) $\lim_{x \to \infty} \dfrac{\alpha\sqrt{x^2 + 5} - \beta}{x - 2} = 1 \Rightarrow \alpha = 1$，$\lim_{x \to 2} f(x)$ 存在 $\Rightarrow \lim_{x \to 2} \sqrt{x^2 + 5} - \beta = 0 \Rightarrow \beta = 3$

(2) $\lim_{x \to 2} \dfrac{\sqrt{x^2 + 5} - 3}{x - 2} = \lim_{x \to 2} \dfrac{x^2 + 5 - 9}{(x - 2)(\sqrt{x^2 + 5} + 3)} = \dfrac{2}{3}$

定理 7：夾擠定理（Squeeze theorem）或三明治定理（Sandwich theorem）

假設 $p > 0$ 且對所有滿足 $0 < |x - c| < p$ 的 x，$h(x) \leq f(x) \leq g(x)$ 都成立。

若 $\lim_{x \to c} h(x) = L$ 且 $\lim_{x \to c} g(x) = L$，則 $\lim_{x \to c} f(x) = L$。

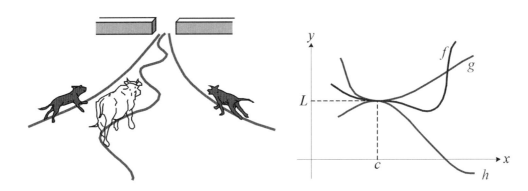

證明：依極限定義

(1) $\lim_{x \to c} h(x) = L \Leftrightarrow \forall \varepsilon > 0, \exists \delta_1 > 0, 0 < |x - c| < \delta_1, 0 < |h(x) - L| < \varepsilon$

∴ $L - \varepsilon < h(x) < L + \varepsilon$

(2) $\lim_{x \to c} g(x) = L \Leftrightarrow \forall \varepsilon > 0, \exists \delta_2 > 0, 0 < |x - c| < \delta_2, 0 < |g(x) - L| < \varepsilon$

∴ $L - \varepsilon < g(x) < L + \varepsilon$

Let $\delta = \min \{\delta_1, \delta_2\} > 0$

$h(x) \le f(x) \le g(x) \Rightarrow L - \varepsilon < h(x) \le f(x) \le g(x) < L + \varepsilon$

故對任意 $\varepsilon > 0$, $\exists \delta = \min (\delta_1, \delta_2) > 0$, if $|x - c| < \delta, 0 < |f(x) - L| < \varepsilon \Rightarrow \lim_{x \to c} f(x) = L$

例題 29：證明 $\lim_{x \to 0} x \sin \dfrac{1}{x} = 0.$

解　由於 $-1 \le \sin \dfrac{1}{x} \le 1$，因此 $-1 \le \left| \sin \dfrac{1}{x} \right| \le 1$，$-|x| \le \left| x \sin \dfrac{1}{x} \right| \le |x|$，如圖 5 所示。

而 $\lim_{x \to 0} (-|x|) = \lim_{x \to 0} |x| = 0$，由夾擠定理知 $\lim_{x \to 0} \left| x \sin \dfrac{1}{x} \right| = 0$，因此 $\lim_{x \to 0} x \sin \dfrac{1}{x} = 0.$

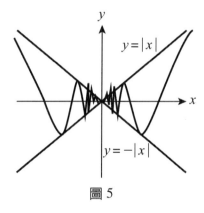

圖 5

例題 30：證明 $\lim_{x \to 0} \sin x = 0.$

解　如圖 6 所示：

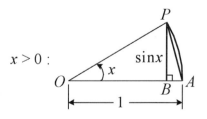

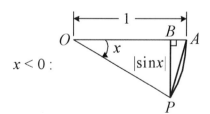

圖 6

對很小且 $\neq 0$ 的 x，$0<|\sin x|=\overline{BP}<\overline{AP}<\overset{\frown}{AP}=|x|$，因此 $0<|\sin x|<|x|$

既然 $\lim\limits_{x\to 0} 0 = 0$ 且 $\lim\limits_{x\to 0}|x|=0$，可知 $\lim\limits_{x\to 0}|\sin x|=0$，因此 $\lim\limits_{x\to 0}\sin x=0$。

由此可得 $\lim\limits_{x\to 0}\cos x=1$（因為 $\sin^2 x+\cos^2 x=1$）。

例題 31：證明(a) $\lim\limits_{x\to 0}\dfrac{\sin x}{x}=1$　(b) $\lim\limits_{x\to 0}\dfrac{1-\cos x}{x}=0.$

解　(a)

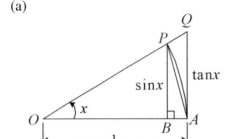

$\triangle OAP$ 面積 $=\dfrac{1}{2}(1)\sin x=\dfrac{1}{2}\sin x$

扇形 OAP 面積 $=\dfrac{1}{2}(1)^2 x=\dfrac{1}{2}x$

$\triangle OAQ$ 面積 $=\dfrac{1}{2}(1)\tan x=\dfrac{1}{2}\dfrac{\sin x}{\cos x}$

圖 7

如圖 7 所示：

由於 $\triangle OAP$ 面積 $<$ 扇形 OAP 面積 $<\triangle OAQ$ 面積

因此

$$\frac{1}{2}\sin x<\frac{1}{2}x<\frac{1}{2}\frac{\sin x}{\cos x}\Rightarrow 1<\frac{x}{\sin x}<\frac{1}{\cos x}\Rightarrow \cos x<\frac{\sin x}{x}<1$$

而 $\lim\limits_{x\to 0}\cos x=1$ 且 $\lim\limits_{x\to 0}1=1$，所以 $\lim\limits_{x\to 0}\dfrac{\sin x}{x}=1$。

(b) 由於

$$\frac{1-\cos x}{x}=\left(\frac{1-\cos x}{x}\right)\left(\frac{1+\cos x}{1+\cos x}\right)=\frac{\sin^2 x}{x(1+\cos x)}=\left(\frac{\sin x}{x}\right)\left(\frac{\sin x}{1+\cos x}\right)$$

既然

$$\lim_{x\to 0}\frac{\sin x}{x}=1\quad 且\quad \lim_{x\to 0}\frac{\sin x}{1+\cos x}=0,$$

因此

$$\lim_{x\to 0}\frac{1-\cos x}{x}=0。$$

觀念提示：　1. 我們因此知道當 x 很接近 0 時，x 是 $\sin x$ 的一個不錯的近似值，如圖 8 所示。如果你想要估計 $\sin 0.08$ 的值，直接用 0.08 就不錯了。

2. 數學上可證明對任意 $c\neq 0$，$\lim\limits_{x\to 0}\dfrac{\sin cx}{cx}=1$ 且 $\lim\limits_{x\to 0}\dfrac{1-\cos cx}{cx}=0$。

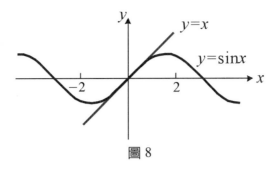

圖 8

例題 32：$\lim\limits_{x \to \infty} \dfrac{\sin x}{x} = ?$ 【100 屏東教育大學轉學考】

 解

$$-\frac{1}{x} \le \frac{\sin x}{x} \le \frac{1}{x}$$

$$\lim_{x \to \infty}\left(-\frac{1}{x}\right) = \lim_{x \to \infty}\left(\frac{1}{x}\right) = 0$$

$$\Rightarrow \lim_{x \to \infty}\left(\frac{\sin x}{x}\right) = 0$$

例題 33：$\lim\limits_{n \to \infty} \sqrt[n]{a^n + b^n + c^n} = ?\ a, b, c \in R^+$ 【交通大學轉學考】

解

(1) 若 $a > b,\ a > c \Rightarrow a < \sqrt[n]{a^n + b^n + c^n} < a\sqrt[n]{3}$

其中 $\lim\limits_{n \to \infty} \sqrt[n]{3} = \lim\limits_{n \to \infty} 3^{\frac{1}{n}} = 3^0 = 1$，由夾擠定理知 $\lim\limits_{n \to \infty} \sqrt[n]{a^n + b^n + c^n} = a$

同理可得：

(2) 若 $b > a,\ b > c \Rightarrow b < \sqrt[n]{a^n + b^n + c^n} < b\sqrt[n]{3}$，由夾擠定理知 $\lim\limits_{n \to \infty} \sqrt[n]{a^n + b^n + c^n} = b$

(3) 若 $c > b,\ c > a \Rightarrow c < \sqrt[n]{a^n + b^n + c^n} < c\sqrt[n]{3}$，由夾擠定理知 $\lim\limits_{n \to \infty} \sqrt[n]{a^n + b^n + c^n} = c$

(4) 若 $a = b = c \Rightarrow$，由夾擠定理知 $\lim\limits_{n \to \infty} \sqrt[n]{a^n + b^n + c^n} = a = b = c$

例題 34：$\lim\limits_{n \to \infty} \dfrac{n!}{n^n} = ?$

解

$$0 < \frac{1}{n} \cdot \frac{2}{n} \cdots \frac{n-1}{n} \cdot \frac{n}{n} < \frac{1}{n} \cdot 1 \cdots 1$$

$$\because \lim_{n \to \infty}\left(\frac{1}{n}\right) = 0$$

$$\Rightarrow \lim_{n \to \infty}\left(\frac{1}{n} \cdot \frac{2}{n} \cdots \frac{n-1}{n} \cdot \frac{n}{n}\right) = \lim_{n \to \infty}\left(\frac{n!}{n^n}\right) = 0$$

例題 35：$\lim\limits_{n\to\infty}\dfrac{100^n}{n!}=$？

解　$0<\dfrac{100}{1}\cdot\dfrac{100}{2}\cdots\dfrac{100}{100}\cdot\dfrac{100}{101}\cdots\dfrac{100}{n}<\dfrac{100^{100}}{100!}\cdot 1\cdots 1\cdot\dfrac{100}{n}$

　　$\because\lim\limits_{n\to\infty}\left(\dfrac{100}{n}\right)=0$

　　$\Rightarrow\lim\limits_{n\to\infty}\dfrac{100^n}{n!}=0$

例題 36：$\lim\limits_{x\to 0}x^2\cos\dfrac{1}{x^3}=$？　　　　　　　　【101 逢甲大學轉學考】

解　$-1\le\cos\dfrac{1}{x^3}\le 1$

　　$\Rightarrow -x^2\le x^2\cos\dfrac{1}{x^3}\le x^2$

　　$\lim\limits_{x\to 0}(-x^2)=\lim\limits_{x\to 0}(x^2)=0$

　　$\Rightarrow\lim\limits_{x\to 0}\left(x^2\cos\dfrac{1}{x^3}\right)=0$

例題 37：Use the Squeeze theorem to show that

　　　　$\lim\limits_{t\to\infty}\dfrac{\cos(\pi t)}{\sqrt{2t+1}}=0$　　　　　　　　【100 中興大學轉學考】

解　$-1\le\cos(\pi t)\le 1\Rightarrow -\dfrac{1}{\sqrt{2t+1}}\le\dfrac{\cos(\pi t)}{\sqrt{2t+1}}\le\dfrac{1}{\sqrt{2t+1}}$

　　$\lim\limits_{t\to\infty}\dfrac{1}{\sqrt{2t+1}}=\lim\limits_{t\to\infty}\left(\dfrac{-1}{\sqrt{2t+1}}\right)=0$

　　$\therefore\lim\limits_{t\to\infty}\dfrac{\cos(\pi t)}{\sqrt{2t+1}}=0$

例題 38：Let $[x]$ be the greatest integer $\le x$, find $\lim\limits_{x\to 0}x\left[\dfrac{1}{x}\right]=$？

　　　　　　　　　　　　　　　　　　　　　　　　　【101 宜蘭大學轉學考】

解　$\dfrac{1}{x}-1<\left[\dfrac{1}{x}\right]\le\dfrac{1}{x}$

　　(1) $x>0\Rightarrow 1-x<x\left[\dfrac{1}{x}\right]\le 1$

$$\because \lim_{x \to 0^+}(1-x) = 1$$

$$\therefore \lim_{x \to 0^+} x\left[\frac{1}{x}\right] = 1$$

(2) $x < 0 \Rightarrow 1 - x > x\left[\frac{1}{x}\right] \geq 1$

$$\because \lim_{x \to 0^-}(1-x) = 1$$

$$\therefore \lim_{x \to 0^-} x\left[\frac{1}{x}\right] = 1$$

$$\Rightarrow \lim_{x \to 0^+} x\left[\frac{1}{x}\right] = \lim_{x \to 0^+} x\left[\frac{1}{x}\right] = 1 = \lim_{x \to 0} x\left[\frac{1}{x}\right]$$

2-2　函數的連續

定義：假設 f 為一函數且在 c 附近有定義，如果

$$\lim_{x \to c} f(x) = f(c)$$

我們稱 f 在 c 連續（f is continuous at c）。

根據以上之定義，函數 f 在 c 連續的話將滿足以下條件：

(1) f 在 c 有定義（$f(c)$ 存在）

(2) $\lim_{x \to c} f(x)$ 存在

(3) $\lim_{x \to c} f(x) = f(c)$。

（即 $f(x)$ 在該點極限存在且等於函數值）

極限存在與連續的關係可以圖 9 表示：

圖 9

觀念提示：如果 $f(x)$ 在 c 有定義，$f(x)$ 仍有可能因為以下情形之一而在 c 不連續，
如圖 10 所示：

(1) 當 x 趨近 c 時，$f(x)$ 的極限不存在

(2) $f(x)$ 之極限雖存在，但是 $\lim_{x \to c} f(x) \neq f(c)$

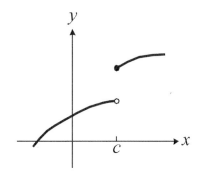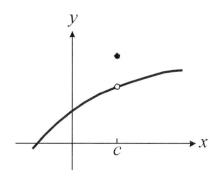

圖 10

定理 8

若 $f(x)$ 和 $g(x)$ 在 $x=c$ 連續，則

(1) $f+g$ 在 c 連續

(2) $f-g$ 在 c 連續

(3) kf 在 c 連續，對任意實數 k

(4) $f \cdot g$ 在 c 連續

(5) $\dfrac{f}{g}$ 在 c 連續，只要 $g(c) \neq 0$

定理 9：若 $g(x)$ 在 c 連續且 $f(x)$ 在 $g(c)$ 連續，則合成函數 $f \circ g$ 在 c 連續。

觀念提示： 1. 所有多項式函數都是連續的。

           2. 所有有理函數在其定義域（domain）都是連續的。

定義：若 $\lim\limits_{x \to c^-} f(x) = f(c)$，我們稱 $f(x)$ 在 c 的左邊連續。

定義：若 $\lim\limits_{x \to c^+} f(x) = f(c)$，我們稱 $f(x)$ 在 c 的右邊連續。

左邊連續及右邊連續的例子如圖 11 所示。

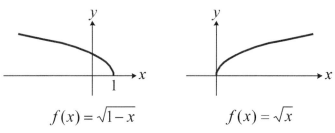

圖 11

觀念提示：$f(x)$ 在 $x=c$ 連續，若且唯若 $\lim\limits_{x \to c^+} f(x) = \lim\limits_{x \to c^-} f(x) = f(c)$。

在某區間連續：　1. 如果函數 $f(x)$ 在開區間 (a, b) 裡的每一個點都連續，我們稱 $f(x)$ 在 (a, b) 連續。

　　　　　　　　　　2. 如果函數 $f(x)$ 滿足以下條件，我們稱 $f(x)$ 在 $[a, b]$ 連續：

　　　　　　　　　　(1) $f(x)$ 在 (a, b) 連續

　　　　　　　　　　(2) $f(x)$ 在 a 的右邊連續

　　　　　　　　　　(3) $f(x)$ 在 b 的左邊連續

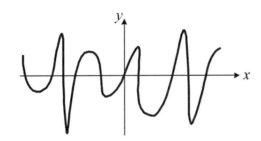

觀念提示：一個函數如果在某區間連續，它不會「跳過」任何一個點，因此其圖形會是不中斷的曲線（畫圖的筆尖不用離開紙）。當你走在這樣一條曲線上，你不會碰到「破洞」、「斷崖」或「火山口」，如圖 12 所示。

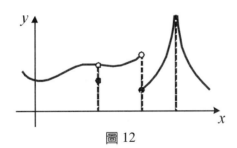

圖 12

定理 10

若 $g(x)$ 在 $x=a$ 為連續，且已知 $\lim\limits_{x \to b} f(x) = a$，則有 $\lim\limits_{x \to b} g(f(x)) = g(a) = g(\lim\limits_{x \to b}(f(x)))$

證明：$g(x)$ 在 $x=a$ 為連續，對任意 $\varepsilon > 0$ 都存在 $\delta_1 > 0$ 使得

　　　若 $0 < |y-a| < \delta_1$，則 $|g(y) - g(a)| < \varepsilon$

　　　由於 $\lim\limits_{x \to b} f(x) = a$，故存在 $\delta > 0$ 使得

若 $0<|x-b|<\delta$，則 $|f(x)-a|<\delta_1$

令 $y=f(x)$，則有

若 $0<|x-b|<\delta$，則 $|y-a|<\delta_1$，

亦即 $|g(y)-g(a)|=|g(f(x))-g(a)|<\varepsilon$，只要 $0<|x-b|<\delta$。由極限之定義可證得

$$\lim_{x\to b} g\,(f(x))=g(a)=g\,(\lim_{x\to b} f(x))$$

例題 39：$f(x)=\begin{cases}-x+1; & x<1 \\ 2x+a; & x\geq 1\end{cases}$. Find the constant a such that $f(x)$ is continuous on the entire real line. 　　　　　　　　　　　　　　　　　　　【101 淡江大學轉學考商管組】

解　　　$\displaystyle\lim_{x\to 1^+} f(x)=2+a=\lim_{x\to 1^-} f(x)=0\Rightarrow a=-2$

例題 40：$f(x)=\begin{cases}\sin x\cdot\sin\dfrac{1}{x}; & x\neq 0 \\ k; & x=0\end{cases}$. Find the constant k such that $f(x)$ is continuous on the entire real line. 　　　　　　　　　　　　　　　　　　　　　　　【成功大學轉學考】

解　　　$f(0)=k$

$$-1\leq\sin\frac{1}{x}\leq 1\Rightarrow-\sin x\leq\sin x\sin\frac{1}{x}\leq\sin x$$

$$\lim_{x\to 0} f(x)=\lim_{x\to 0}\sin x\sin\frac{1}{x}=0=f(0)=k$$

例題 41：$f(x)=\begin{cases}x^2+1; & x\geq 0 \\ 2x+1; & x<0\end{cases}$. Is $f(x)$ continuous at $x=0$?

解　　　$\displaystyle\lim_{x\to 0^+} f(x)=\lim_{x\to 0^-} f(x)=f(0)=1$, Yes.

例題 42：$f(x)=\begin{cases}\dfrac{x^2-1}{x-1}; & x\neq 1 \\ 2; & x=1\end{cases}$. Is $f(x)$ continuous at $x=1$?

解　　　$\displaystyle\lim_{x\to 1^+} f(x)=\lim_{x\to 1^-} f(x)=f(1)=2$, Yes.

例題 43：$f(x) = \begin{cases} x^3 - 6; & x < 1 \\ -x^2 - 4; & 1 \leq x \leq 10. \\ 6x^2 + 46; & x > 10 \end{cases}$ Is $f(x)$ continuous at (1) $x = 1$　(2) $x = 10$？

【淡江大學轉學考】

(1) $\lim\limits_{x \to 1^+} f(x) = \lim\limits_{x \to 1^-} f(x) = f(1) = -5$, Yes.

(2) $\lim\limits_{x \to 10^+} f(x) = 646 \neq \lim\limits_{x \to 10^-} f(x) = f(10) = -104$, No

例題 44：$f(x) = \dfrac{6x}{1 - \dfrac{2x-1}{x-1}}$。指出 $f(x)$ 在何處不連續，若欲使其為連續函數，應如

何修正？

【交通大學轉學考】

當 $x = 1$，$x = 0$ 時會使 $f(x)$ 之分母為 0，$f(x)$ 不連續

$f(x) = \dfrac{6x}{1 - \dfrac{2x-1}{x-1}} = -6(x-1)$

$\lim\limits_{x \to 0} f(x) = \lim\limits_{x \to 0} [-6(x-1)] = 6$

$\lim\limits_{x \to 1} f(x) = \lim\limits_{x \to 1} [-6(x-1)] = 0$

故取 $f(0) = 6$ 及 $f(1) = 0$ 可使 $f(x)$ 在 $x = 0$ 及 $x = 1$ 為連續

例題 45：$f(x) = \begin{cases} kx + 1; & x \leq 3 \\ 2 - kx; & x > 3 \end{cases}$. What is k such that $f(x)$ is continuous at $x = 3$?

【淡江大學轉學考】

解

$\lim\limits_{x \to 3^+} f(x) = 2 - 3k = \lim\limits_{x \to 3^-} f(x) = 3k + 1$

$\Rightarrow k = \dfrac{1}{6}$

例題 46：Find the value of x where $f(x)$ is discontinuous.

$f(x) = \begin{cases} x + 1; & x < 1 \\ x^2 - 3x + 4; & 1, \leq x \leq 3 \\ 5 - x; & x > 3 \end{cases}$

解　(1) $\lim\limits_{x\to 1^{+}}f(x)=\lim\limits_{x\to 1^{-}}f(x)=f(1)=2$

(2) $\lim\limits_{x\to 3^{+}}f(x)=2\neq\lim\limits_{x\to 3^{-}}f(x)=4,\ f(x)$ is discontinuous at $x=3$.

例題 47：Let $f(x)=\lim\limits_{n\to\infty}\dfrac{x^{2n-1}+ax^{2}+bx}{x^{2n}+1}$ 爲一連續函數，試求 $a,b=$ ？

【100 台北大學經濟系轉學考】

解　僅需考慮 $x=\pm 1$

$$f(x)=\begin{cases}\dfrac{1}{x};\ x<-1\\[2mm]\dfrac{1+a-b}{2};\ x=-1\\[2mm]ax^{2}+bx;\ -1<x<1\\[2mm]\dfrac{1+a+b}{2};\ x=1\\[2mm]\dfrac{1}{x};\ x>1\end{cases}$$

(1) $x\to-1\ \lim\limits_{x\to-1^{-}}f(x)=-1=\lim\limits_{x\to-1^{+}}f(x)=a-b=f(-1)=\dfrac{-1+a-b}{2}$

$\Rightarrow a-b=-1$

(2) $x\to 1\ \lim\limits_{x\to 1^{-}}f(x)=a+b=\lim\limits_{x\to 1^{+}}f(x)=\dfrac{1}{x}=1=f(1)=\dfrac{1+a+b}{2}$

$\Rightarrow a+b=1$

$\therefore\begin{cases}a=0\\b=1\end{cases}$

例題 48：$\lim\limits_{x\to 1}\cos^{-1}\left(\dfrac{1-x}{1-x^{2}}\right)=$ ？

解　$\begin{aligned}\lim\limits_{x\to 1}\cos^{-1}\left(\dfrac{1-x}{1-x^{2}}\right)&=\cos^{-1}\left(\lim\limits_{x\to 1}\dfrac{1-x}{1-x^{2}}\right)\\&=\cos^{-1}\left(\lim\limits_{x\to 1}\dfrac{1}{1+x}\right)\\&=\cos^{-1}\left(\dfrac{1}{2}\right)=\dfrac{\pi}{3}\end{aligned}$

例題 49：$f(x) = \begin{cases} 1; & x > 0 \\ 0; & x < 0 \end{cases}$，$g(x) = f(x^2 - 1)$

(1) Find the domain of the function g，$\lim_{x \to 1} g(x)$ 是否存在

(2) 函數 g 在 $x = 0$ 是否連續

解　　　$g(x) = f(x^2 - 1) = \begin{cases} 1; & x^2 - 1 > 0 \\ 0; & x^2 - 1 < 0 \end{cases}$

$\Rightarrow g(x) = \begin{cases} 1; & |x| > 1 \\ 0; & |x| < 1 \end{cases}$

故 $\lim_{x \to 1} g(x)$ 不存在

函數 g 在 $x = 0$ 連續

定理 11：中值定理（The Intermediate-Value Theorem）

　　若 $f(x)$ 在 $[a, b]$ 連續而且 K 是介於 $f(a)$ 和 $f(b)$ 間的任意一數，那麼在 $[a, b]$ 中存在至少一個數 c 滿足 $f(c) = K$，如圖 13 所示。

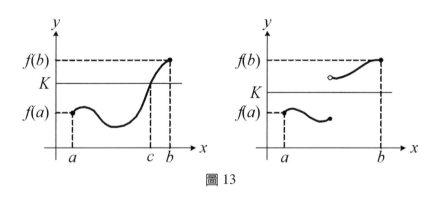

圖 13

觀念提示：中值定理是說：對一個在 $[a, b]$ 連續的函數 $f(x)$ 而言，所有介於 $f(a)$ 和 $f(b)$ 之間的數都是其函數值。

例題 50：$f(x) = \cos\left(\dfrac{\pi}{2}x\right) - x^2$ 定義於 $[0, 1]$，請說明 $f(x) = 0$ 在 $(0, 1)$ 必有一根。

解　　　既然 $f(x)$ 是兩個連續函數的差，$f(x)$ 也是連續函數。由於

$f(0) = 1 > 0$ 且 $f(1) = -1 < 0$

所以根據中值定理，在 $(0, 1)$ 中存在至少一個數 c 滿足 $f(c) = 0$。

定理 12：勘根定理

　　如果 $f(x)$ 在 $[a, b]$ 連續而且 $f(a)f(b)<0$，那麼在 $[a, b]$ 中存在至少一個數 c 滿足 $f(c)=0$。

觀念提示：中值定理是說：若 $f(x)$ 在 $[a, b]$ 連續而且 K 是介於 $f(a)$ 和 $f(b)$ 間的任意一
　　　　　數（$f(a)<K<f(b)$），那麼在 $[a, b]$ 中存在至少一個數 c 滿足 $f(c)=K$。
　　　　　令 $g(x)=f(x)-K \Rightarrow g(a)g(b)=[f(a)-K][f(b)-K]<0$
　　　　　根據勘根定理，在 $[a, b]$ 中存在至少一個數 c 滿足 $g(c)=0 \Rightarrow f(c)=K$。
　　　　　故由勘根定理可推得中值定理。

例題 51：$f(x)=2x^7+x-1$ 定義於 $[0, 1]$，請說明 $f(x)=0$ 在 $(0, 1)$ 必有一實根。

解　　$f(x)$ 是連續函數，$f(0)=-1<0$ 且 $f(1)=2>0$
　　　$f(0)f(1)<0$。所以根據勘根定理，在 $(0, 1)$ 中存在至少一實根。

定義：有界

　　假設某個函數 $f(x)$ 定義於區間 I，如果 $f(x)$ 將 I 裡面的點都對應到某個有限的範圍（不會跑到無窮大去），我們稱 $f(x)$ 在 I 有界（$f(x)$ is bounded on I）。

觀念提示：　1. Sine 和 cosine 函數都在 $(-\infty, \infty)$ 有界，這兩個函數都將 $(-\infty, \infty)$ 對
　　　　　　　應到 $[-1, 1]$。
　　　　　　2. Tangent 函數在 $\left(-\dfrac{\pi}{2}, \dfrac{\pi}{2}\right)$ 不是有界，但是在 $\left(-\dfrac{\pi}{4}, \dfrac{\pi}{4}\right)$ 有界，它將
　　　　　　　$\left(-\dfrac{\pi}{4}, \dfrac{\pi}{4}\right)$ 對應到 $(-1, 1)$。

定理 13：極值定理（The Extreme-Value Theorem）

　　函數 $f(x)$ 如果在閉區間 $[a, b]$ 連續且有界，它在此區間中一定有一個最大值 M 和一個最小值 m，如圖 14 所示。

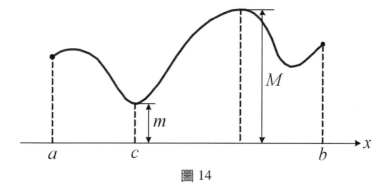

圖 14

綜合練習

1. 求 $\displaystyle\lim_{x \to 4} \dfrac{x^2 - x - 12}{x - 4}$

2. 求 $\displaystyle\lim_{x \to 3} \dfrac{x + 2}{x - 3}$

3. 求 $\displaystyle\lim_{x \to \infty} \dfrac{2x + 5}{x^2 - 7x + 3}$

4. 求 $\displaystyle\lim_{x \to \infty} \dfrac{4x - 1}{\sqrt{x^2 + 2}}$

5. 求 $\displaystyle\lim_{u \to 5} \dfrac{u^2 - 25}{u - 5}$

6. 求 $\displaystyle\lim_{x \to 3^-} \dfrac{1}{x^2 - 7x + 12}$

7. 求 $\displaystyle\lim_{x \to 2} \dfrac{\sqrt{x^2 + 5} - 3}{x^2 - 2x}$

8. 求 $\displaystyle\lim_{x \to -\infty} \dfrac{4x - 1}{\sqrt{x^2 + 2}}$

9. 求 $\displaystyle\lim_{x \to \infty} \dfrac{3x^3 - 4x + 2}{7x^3 + 5}$

10. 求 $\displaystyle\lim_{x \to 1} \left(\dfrac{1}{x^2 - 4x + 3} - \dfrac{1}{3x^2 - 8x + 5} \right)$

11. 求 $\displaystyle\lim_{x \to 3^+} \dfrac{1}{x^2 - 7x + 12}$

12. 求 $\displaystyle\lim_{x \to 0} \dfrac{\sqrt{x + 3} - \sqrt{3}}{x}$

13. 求 $\displaystyle\lim_{x \to \infty} \dfrac{3x + 8}{x^2 - 7x + 12}$

14. 求 $\displaystyle\lim_{x \to 0} \dfrac{7x}{2\sin(3x)}$

15. 求 $\displaystyle\lim_{x \to \infty} \dfrac{x^2 + x}{3 - x}$

16. 求 $\displaystyle\lim_{x \to 0} \dfrac{\sqrt{x + 4} - 2}{x}$

17. 求 $\displaystyle\lim_{x \to 0} \dfrac{x + \tan x}{\sin x}$

18. 求 $\lim\limits_{x \to 1}\left(\dfrac{x^3-1}{x^2-1}+\dfrac{4x}{x+1}\right)$

19. 求 $\lim\limits_{x \to 2}\dfrac{\dfrac{1}{x}-\dfrac{1}{2}}{x-2}=$ ？

20. 求 $\lim\limits_{x \to 9}\dfrac{x-9}{\sqrt{x}-3}=$ ？

21. 求 $\lim\limits_{x \to 3}\dfrac{x^2-x-1}{\sqrt{x+1}}=$ ？

22. 求 $\lim\limits_{x \to 2}\dfrac{x^2+x-6}{x-2}$

23. 求 $\lim\limits_{x \to 4}\dfrac{\sqrt{x}-2}{x-4}=$ ？

24. 求 $\lim\limits_{x \to 1}\dfrac{x^2-2x+1}{(x-1)^3}$

25. 求(1) $\lim\limits_{x \to \infty}\dfrac{8x+6}{3x-1}$　(2) $\lim\limits_{x \to \infty}\dfrac{3x+2}{4x^3-1}$　(3) $\lim\limits_{x \to \infty}\dfrac{3x^2+2}{4x-3}$　(4) $\lim\limits_{x \to \infty}\dfrac{5x^2-4x^3}{3x^2+2x-1}$

26. 求(1) $\lim\limits_{x \to \infty}\dfrac{5x^2+8x-3}{3x^2-2}$　(2) $\lim\limits_{x \to -\infty}\dfrac{11x+2}{2x^3-1}$　(3) $\lim\limits_{x \to 3^+}\dfrac{2x}{x-3}$　(4) $\lim\limits_{x \to 3^-}\dfrac{2x}{x-3}$

27. 求(1) $\lim\limits_{x \to 3}\dfrac{x^2-x-6}{x-3}$　(2) $\lim\limits_{x \to 4}\dfrac{(x^2-3x-4)^2}{x-4}$

28. 求 $\lim\limits_{x \to 0}\dfrac{\sqrt{x^2+9}-3}{x^2}$

29. Prove $\lim\limits_{x \to \infty}\dfrac{\sin x}{x}=0$ 　　　　　　　　　　　　　　【100 屏東教大轉學考】

30. 求 $\lim\limits_{x \to 0}x^2\sin\dfrac{1}{x}=$ ？

31. 求(1) $\lim\limits_{x \to 0}\dfrac{\sin 4x}{3x}$　(2) $\lim\limits_{x \to 0}\dfrac{1-\cos 2x}{5x}$ 的值。

32. 求(1) $\lim\limits_{x \to 0}x\cot 3x$　(2) $\lim\limits_{x \to \frac{\pi}{4}}\dfrac{\sin\left(x-\dfrac{\pi}{4}\right)}{\left(x-\dfrac{\pi}{4}\right)^2}$ 的值。

33. 求 $\lim\limits_{x \to 0}\dfrac{\tan x}{x}$ 的值。

34. $f(x)=\begin{cases}\dfrac{\sin x+\tan x}{\tan x}; & -\dfrac{\pi}{2}<x\le\dfrac{\pi}{2} \\ k; & x=0\end{cases}$. What is k such that $f(x)$ is continuous at $x=0$?　　【清華大學轉學考】

35. $f(x)=\begin{cases}x^2+1; & x\ge 0 \\ 2x+1; & x<0\end{cases}$ 求 $\lim\limits_{x \to 0^-}f(x),\ \lim\limits_{x \to 0^+}f(x),\ \lim\limits_{x \to 0}f(x)=$ ？

36. $f(x)=\begin{cases}x+5; & x<-3 \\ \sqrt{9-x^2}; & -3\le x\le 3 \\ 5-x; & x>3\end{cases}$. 求 $\lim\limits_{x \to -3^-}f(x),\ \lim\limits_{x \to -3^+}f(x),\ \lim\limits_{x \to 3^+}f(x),\ \lim\limits_{x \to 3}f(x)=$ ？

37. $f(x)=\begin{cases}x\sin\dfrac{1}{x}; & x\ne 0 \\ 0; & x=0\end{cases}$. Is $f(x)$ continuous at $x=0$? Find $f'(0)$ if it exists.【101 元智大學電機系轉學考】

38. 求 $\lim\limits_{x \to -\infty}\dfrac{x+100}{\sqrt{3x^2+100}}$ 　　　　　　　　　　　　【101 元智大學電機系轉學考】

39. 求 $\lim\limits_{x \to 1}\dfrac{|x^2-1|}{x-1}$ 　　　　　　　　　　　　　　　　　【101 宜蘭大學轉學考】

40. Find the values of **c** and **d** that make **h** continuous on R

$$h(x) = \begin{cases} 2x & ; x < 1 \\ cx^2 + d; 1 \le x \le 2 \\ 4x & ; x > 2 \end{cases}$$ 【101 中興大學土木系轉學考】

41. Find the values of **a** and **b** that make $f(x)$ continuous on the entire real number line

$$f(x) = \begin{cases} -2 & ; x \le 1 \\ ax^2 + b; -1 < x < 2 \\ 1 & ; x \ge 2 \end{cases}$$ 【100 東吳大學經濟系轉學考】

42. Find the indicated limit if it exists

(1) $\displaystyle\lim_{x \to -3} \frac{x^2 - 9}{x + 3}$

(2) $\displaystyle\lim_{x \to 1} \frac{x^2 + x - 2}{x^2 - x}$

(3) $\displaystyle\lim_{x \to 4} \frac{|x - 4| + 2x}{x + 3}$ 【100 淡江大學商管組轉學考】

43. $f(x) = x^3 + 3x + 1$ 定義於 $[-1, 0]$，請說明 $f(x) = 0$ 在 $[-1, 0]$ 必有一實根。

44. $f(x) = \begin{cases} \sin x \cdot \sin \dfrac{1}{x^2}; x \ne 0 \\ a; x = 0 \end{cases}$. Find the constant **a** such that $f(x)$ is continuous on the entire real line.

【政治大學轉學考】

45. Find the values of **a** and **b** that make $f(x)$ continuous on the entire real number line

$$f(x) = \begin{cases} \cos x & ; x < 0 \\ a + x^2 ; 0 \le x < 1 \\ bx & ; x \ge 1 \end{cases}$$ 【淡江大學轉學考】

46. (1) $\displaystyle\lim_{x \to 1} \frac{x^2}{x - 1}$ (2) $\displaystyle\lim_{x \to -1} \frac{x + 1}{(2x^2 + 7x + 5)^2}$

47. $\displaystyle\lim_{x \to \infty} (\sqrt{x^2 + x + 1} - x) = ?$ 【台灣大學轉學考】

48. $\displaystyle\lim_{x \to \infty} (\sqrt{x^2 + 3x - 1} - \sqrt{x^2 - 3x - 1}) = ?$ 【海洋大學轉學考】

49. $\displaystyle\lim_{x \to 27} \frac{\sqrt{1 + \sqrt[3]{x}} - 2}{x - 27} = ?$

50. $\displaystyle\lim_{x \to 1} \left(\frac{x^3 - 1}{x^2 - 1} - \frac{x - \dfrac{1}{x}}{x - 1} \right) = ?$ 【台灣大學轉學考】

51. $\displaystyle\lim_{x \to 0} \frac{x + \tan x - x \cos x - \sin x}{x^3} = ?$ 【交通大學轉學考】

誠實可制虛假，拙樸可制巧詐。

3 微分與變化率

要怎麼收穫，先那麼栽！

大膽的假設，小心的求證！

胡適

3-1   曲線的切線與變化率

假設 $f(x)$ 為一函數且 $P(c, f(c))$ 為其上一點，如圖 1 所示。哪一條直線可以被稱作 $f(x)$ 的圖形在 P 點的切線（tangent line）？

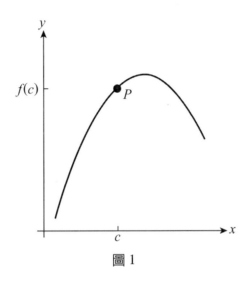

圖 1

為了回答這個問題，我們選擇某個很小的數 $h \neq 0$，然後在圖上標出點 Q $(c + h, f(c + h))$，接著我們畫出通過 P 和 Q 的直線（$f(x)$ 的一條割線），如圖 2 所示。

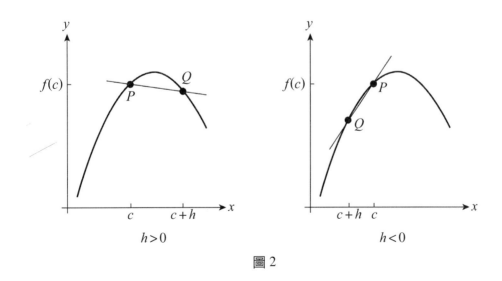

圖 2

當 h 從右邊趨近 0，割線（secant line）將趨近某個固定位置，而當 h 從左邊趨近 0 時，割線也將趨近相同的位置。

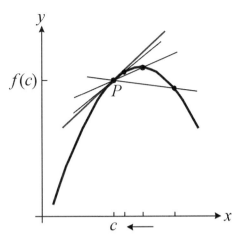
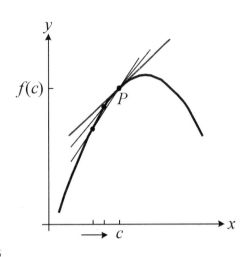

圖 3

割線所趨近的位置就是我們所謂「$f(x)$ 在點 $(c, f(c))$ 的切線」，如圖 3 所示。
既然割線的斜率為

$$\frac{f(c+h) - f(c)}{h},$$

我們可以預期切線的斜率就是

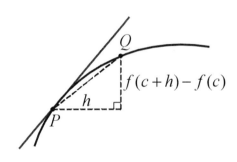

$$\lim_{h \to 0} \frac{f(c+h) - f(c)}{h},$$

（如果該極限存在的話）

這個值稱為 $f(x)$ 在點 $(c, f(c))$ 的斜率。

觀念提示： 1. 一條直線的斜率除了可代表這條直線傾斜的程度外，其實也代表著 y 對 x 的變化率。

2. 對一條斜率是 2 的直線而言，當我們從線上一點 P (x_0, y_0) 移動到另一點 $Q(x_1, y_1)$，鉛直方向的變化量一定是水平方向的變化量的 2 倍，如圖 4 所示。

3. 對直線 $y = mx + b$ 而言，斜率為 m，當 x 從 x_0 變到 x_1，y 的變化量會是 x 的變化量的 m 倍：$y_1 - y_0 = m (x_1 - x_0)$。

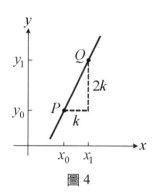

圖 4

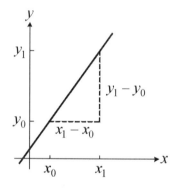

因此，斜率

$$m = \frac{(y_1 - y_0)}{(x_1 - x_0)}$$

代表當 x 改變 1 單位長度時，y 的變化量。

定義：導數（derivative）

如果

$$\lim_{h \to 0} \frac{f(c+h) - f(c)}{h} \tag{1}$$

或

$$\lim_{x \to c} \frac{f(x) - f(c)}{x - c} \tag{2}$$

存在的話，我們稱函數 $f(x)$ 在 $(c, f(c))$ 點可微（differentiable），該極限值稱為 $f(x)$ 在 $(c, f(c))$ 點的導數（derivative），記作 $f'(c)$（唸作 f prime of c），或 $\left. \dfrac{df(x)}{dx} \right|_{x=c}$。(1), (2)式稱為「差商式」。

切線與法線

定理 1

$f(x)$ 通過點 $(c, f(c))$ 的切線的斜率為 $f'(c)$，切線方程式為：

$$y - f(c) = f'(c)\,(x - c) \tag{3}$$

觀念提示：這是在點 $(c, f(c))$ 附近與 $f(x)$ 的圖形最「像」的直線，如圖 5 所示。

圖 5

定義：通過點 $(c, f(c))$ 且與切線垂直的直線稱為在點 $(c, f(c))$ 的法線（normal line），如圖 6 所示。

定理 2

$f(x)$ 通過點 $(c, f(c))$ 切線的斜率為 $f'(c)$，法線的斜率為 $-\dfrac{1}{f'(c)}$（若 $f'(c) \neq 0$），法線方程式為：

$$y - f(c) = -\frac{1}{f'(c)}\,(x - c) \tag{4}$$

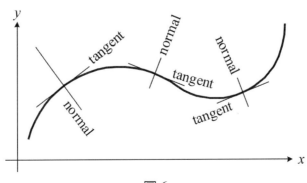

圖 6

觀念提示：有些圖形有可能在某處有鉛直的切線，如圖 7 所示。

說例：$f(x) = x^{\frac{1}{3}}$，在 $x = 0$ 處之切線斜率為

$$\frac{f(0+h) - f(0)}{h} = \frac{h^{\frac{1}{3}} - 0}{h} = \frac{1}{h^{\frac{2}{3}}} \to \infty \quad 當\ h \to 0$$

圖形在原點有鉛直的切線 $x = 0$ 及水平的法線 $y = 0$。

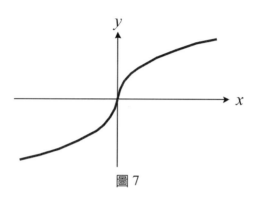

圖 7

例題 1：$f(x) = x^2 + 2$，求 (1) 由 $x = -1$ 至 $x = 2$ 之割線方程式　(2) 在 $x = -1$ 點之切線方程式

解　(1) slope：$\dfrac{f(2) - f(-1)}{2 - (-1)} = 1$，割線通過 $(-1, f(-1) = 3)$

　　　割線方程式：$y - 3 = 1 \times (x - (-1)) \Rightarrow y - x = 4$

　　(2) 切線的斜率：$\lim\limits_{h \to 0} \dfrac{f(-1+h) - f(-1)}{h} = -2$

　　　切線方程式：$y - 3 = -2 \times (x - (-1)) \Rightarrow y + 2x = 1$

例題 2：The distance from a starting point can be expressed as

$y = f(t) = 2t^2 - 5t + 40$

其中 t 代表時間，單位為秒，$y = f(t)$ 代表距離，單位為米

(1) 求由 $t = 2$ 至 $t = 4$ 之平均速度

(2) 求在 $t = 4$ 之瞬間速度

解　(1) 平均速度：$\dfrac{f(4) - f(2)}{4 - 2} = 7$m/sec

　　(2) 瞬間速度：$\lim\limits_{h \to 0} \dfrac{f(4+h) - f(4)}{h} = 11$

例題 3：$f(x) = x^2$，求 $f'(2)$ 的值以及通過 $x = 2$ 之切線方程式

解   由於 $\dfrac{f(2+h) - f(2)}{h} = \dfrac{(2+h)^2 - 2^2}{h} = \dfrac{4 + 4h + h^2 - 4}{h} = 4 + h$

所以

$$f'(2) = \lim_{h \to 0}(4 + h) = 4$$

f 在點 $(2, 4)$ 的切線方程式為

$$y - 4 = 4\,(x - 2)$$

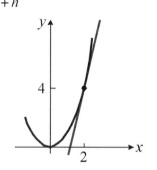

練習：對相同的 f，求 $f'(5)$ 的值。

例題 4：證明對任一線性函數 $f(x) = mx + b$ 及任一數 c，導數 $f'(c)$ 都等於 m

解   因為對任意 $h \neq 0$，

$$\frac{f(c+h) - f(c)}{h} = \frac{[m(c+h) + b] - [mc + b]}{h} = \frac{mh}{h} = m$$

所以

$$f'(c) = \lim_{h \to 0}\frac{f(c + h) - f(c)}{h} = \lim_{h \to 0} m = m$$

Note：這樣的結果一點也不讓人意外，因為函數的圖形本身就是一條斜率為 m 的直線。

例題 5：$g(x) = 2x^2 + 3x + 1$，求 $g'(-2)$。

解 $\dfrac{g(-2+h) - g(-2)}{h} = \dfrac{2[-2+h]^2 + 3[-2+h] + 1 - [2(-2)^2 + 3(-2) + 1]}{h}$

$$= \frac{2(4 - 4h + h^2) - 6 + 3h + 1 - 3}{h} = \frac{-5h + 2h^2}{h}$$

$$= -5 + 2h$$

所以

$$g'(-2) = \lim_{h \to 0}\frac{g(-2 + h) - g(-2)}{h} = \lim_{h \to 0}(-5 + 2h) = -5$$

在例題 3 中，假設我們除了求出 $f'(2)$ 外，也想求 $f'(-2), f'(-1), f'(0)$，除了一

一列出差商式來求外，比較好的作法是設法導出「一般式」，也就是設法導出 $f'(c)$ 的一般式，不管 c 是多少都適用。

例題 3 中，當 $h \neq 0$，差商式為

$$\frac{f(c+h) - f(c)}{h} = \frac{(c+h)^2 - c^2}{h} = \frac{c^2 + 2ch + h^2 - c^2}{h} = 2c + h$$

因此 $f'(c) = \lim_{h \to 0}(2c + h) = 2c$。

如此一來，$f'(-2) = -4, f'(-1) = -2, f'(0) = 0,$

故可得：若 $f(x) = x^2$，則 $f'(x) = 2x$

例題 6：試問曲線 $y = 3x^2 - x + 1$ 與直線 $y = \dfrac{4-x}{5}$ 互相垂直之切點

【100 輔大電機系轉學考】

解 the slope of $y = \dfrac{4-x}{5}$ is $-\dfrac{1}{5}$，則垂直 $y = \dfrac{4-x}{5}$ 之 slope is 5

曲線 $y = 3x^2 - x + 1 \Rightarrow y' = 6x - 1$

$6x - 1 = 5 \Rightarrow x = 1 \Rightarrow y = 3$

例題 7：Find an equation of the straight line that passes through the origin and is tangent to the curve $y = x^3 + 2$

【100 中興大學資管系轉學考】

解 $y = x^3 + 2 \Rightarrow \dfrac{dy}{dx} = 3x^2$

設切點為 $(a, a^3 + 2)$ 則 tangent line：$y - (a^3 + 2) = 3a^2 (x - a)$

passes through the origin 則 $a = 1 \Rightarrow y - 3 = 3 (x - 1)$

3-2 導函數

定義：導函數（derivative function）

函數 f 的導函數（記作 f'）的定義：

$$\frac{df(x)}{dx} \equiv f'(x) = \lim_{h \to 0} \frac{f(x+h) - f(x)}{h} \qquad （若極限存在的話）$$

觀念提示：　1. 導函數是一個函數。

2. 對一個函數微分（differentiate）就是求出它的導函數。

3. 上式在求極限時，要將 x 看成是固定的，變數是 h。

4. 用兩個 d 來表示微分，是 Leibniz 發明的，函數 $y = f(x)$ 的微分記作 $\dfrac{dy(x)}{dx}$ 或 $\dfrac{dy}{dx}$ 或 $\dfrac{df(x)}{dx}$。

例題 8：$f(x) = x^3 - 12x$，求 $f'(x)$。

解

$$\frac{f(x+h) - f(x)}{h} = \frac{(x+h)^3 - 12(x+h) - (x^3 - 12x)}{h}$$

$$= \frac{x^3 + 3x^2h + 3xh^2 + h^3 - 12x - 12h - x^3 + 12x}{h}$$

$$= \frac{3x^2h + 3xh^2 + h^3 - 12h}{h} = 3x^2 + 3xh + h^2 - 12$$

所以 $f'(x) = \lim\limits_{h \to 0}(3x^2 + 3xh + h^2 - 12) = 3x^2 - 12.$

例題 9：利用 $f'(x) = \lim\limits_{h \to 0}\dfrac{f(x+h) - f(x)}{h}$，求 $f(x) = \sqrt{x}$ 的導數【100 嘉義大學轉學考】

解

$$\frac{f(x+h) - f(x)}{h} = \frac{\sqrt{x+h} - \sqrt{x}}{h} = \left(\frac{\sqrt{x+h} - \sqrt{x}}{h}\right)\left(\frac{\sqrt{x+h} + \sqrt{x}}{\sqrt{x+h} + \sqrt{x}}\right)$$

$$= \frac{(x+h) - x}{h\sqrt{x+h} + \sqrt{x}} = \frac{1}{\sqrt{x+h} + \sqrt{x}}$$

所以 $f'(x) = \lim\limits_{h \to 0}\dfrac{1}{\sqrt{x+h} + \sqrt{x}} = \dfrac{1}{2\sqrt{x}}; \ x > 0$

例題 10：$f(x) = \dfrac{1}{x}, \ x \neq 0$，求 $f'(x)$。

解

$$\frac{f(x+h) - f(x)}{h} = \frac{\dfrac{1}{x+h} - \dfrac{1}{x}}{h} = \frac{\dfrac{-h}{x(x+h)}}{h} = \frac{-1}{x(x+h)}$$

所以 $f'(x) = \lim\limits_{h \to 0}\dfrac{-1}{x(x+h)} = -\dfrac{1}{x^2}.$

例題 11：let $f(x) = \dfrac{(x^2 - 1)(x^2 - 2)(x^2 - 3)}{(x^2 + 1)(x^2 + 2)(x^2 + 3)}$. Find $f'(1)$【100 中興大學資管系轉學考】

解　$f'(1) = \lim\limits_{x \to 1} \dfrac{f(x) - f(1)}{x - 1} = \dfrac{1}{6}$

例題 12：求 $f(x) = \sqrt{x^3}$ 之導函數 $f'(x)$

解　令 $f(x) = \sqrt{x^3}$，則

$$f'(x) = \lim_{h \to 0} \frac{f(x+h) - f(x)}{h} = \lim_{h \to 0} \frac{\sqrt{(x+h)^3} - \sqrt{x^3}}{h}$$

$$= \lim_{h \to 0} \frac{\left(\sqrt{(x+h)^3} - \sqrt{x^3}\right)\left(\sqrt{(x+h)^3} + \sqrt{x^3}\right)}{h\left(\sqrt{(x+h)^3} + \sqrt{x^3}\right)} = \lim_{h \to 0} \frac{(x+h)^3 - x^3}{h\left(\sqrt{(x+h)^3} + \sqrt{x^3}\right)}$$

$$= \lim_{h \to 0} \frac{h\left[(x+h)^2 + x(x+h) + x^2\right]}{h\left(\sqrt{(x+h)^3} + \sqrt{x^3}\right)} = \lim_{h \to 0} \frac{(x+h)^2 + x(x+h) + x^2}{\sqrt{(x+h)^3} + \sqrt{x^3}}$$

$$= \frac{3x^2}{2x^{3/2}} = \frac{3}{2} x^{1/2}$$

例題 13：試問下列函數在 $x = 1$ 處之導數？
$$f(x) = \frac{(1 - x)(2 + x)(x^2 + 1)(x - 4)}{(3 - x)(x^2 + 2x)x^4}$$
【100 中原大學轉學考】

解　$f'(1) = \lim\limits_{x \to 1} \dfrac{f(x) - f(1)}{(x - 1)} = \lim\limits_{x \to 1} \dfrac{\dfrac{(1 - x)(2 + x)(x^2 + 1)(x - 4)}{(3 - x)(x^2 + 2x)x^4} - 0}{x - 1} = 3$

定義：在區間上可微（differentiable）

　　　可微是針對一點定義，如果 $\lim\limits_{h \to 0} \dfrac{f(x+h) - f(x)}{h}$ 存在，我們就說函數 $f(x)$ 在 x 這個點可微。就像函數的連續性，如果 $f(x)$ 在一個開區間 I 的每一點都可微，我們就稱 $f(x)$ 在 I 可微。

定義：$f(x)$ 的左導函數（left-hand derivative）定義為：

$$f'_-(x) = \lim_{h \to 0^-} \frac{f(x+h) - f(x)}{h} \tag{5}$$

　　　$f(x)$ 的右導函數（right-hand derivative）定義為：

$$f'_+(x) = \lim_{h \to 0^+} \frac{f(x+h) - f(x)}{h} \tag{6}$$

定義：函數 f 在閉區間 $[a, b]$ 可微若且唯若它在 (a, b) 可微而且在 b 有左導數而且在 a 有右導數。

可微與連續

定理 3

若 $f(x)$ 在 $x=a$ 可微，則 $f(x)$ 在 $x=a$ 連續，反之未必然（$f(x)$ 在 $x=a$ 連續不見得 $f(x)$ 在 $x=a$ 可微）。

證明：

$$f(a+h)=f(a)+(f(a+h)-f(a))$$
$$=f(a)+\frac{f(a+h)-f(a)}{h}\cdot h$$
$$\lim_{h\to 0}f(a+h)=\lim_{h\to 0}f(a)+\lim_{h\to 0}\frac{f(a+h)-f(a)}{h}\cdot\lim_{h\to 0}h$$
$$=f(a)+f'(a)\cdot 0$$
$$=f(a)$$

說例：$f(x)=|x|$，f 在 0 連續但不可微，因爲 $f'_-(0)=-1$ 與 $f'_+(0)=1$ 不相等（因此 $f'(0)$ 不存在）。可微、連續、與極限的關係，如圖 8 所示。

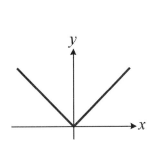
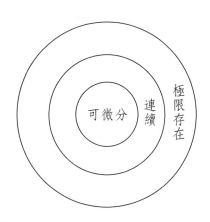

圖 8

例題 14：Let $f(x)=\begin{cases}\sin x,\ x\le 0\\ mx,\ x>0\end{cases}$

(1) Find values of the constant m such that $f(x)$ is continuous at $x=0$

(2) Find values of the constant m such that $f(x)$ is differentiable at $x=0$

【100 台北大學資工系轉學考】

 (1) $\lim_{x\to 0^-}f(x)=\lim_{x\to 0^+}f(x)=f(0)=0$

故 m 可為任意數

(2) $\lim\limits_{x \to 0^-}\dfrac{f(x)-f(0)}{x-0}=\lim\limits_{x \to 0^-}\dfrac{\sin x}{x}=1$

$\lim\limits_{x \to 0^+}\dfrac{f(x)-f(0)}{x-0}=\lim\limits_{x \to 0^+}\dfrac{mx}{x}=m$

$\Rightarrow m=1$

例題 15：試問下列函數在 $x=1$ 處，是否連續，是否可微？

$$f(x)=\begin{cases} x^2, & x \le 1 \\ \dfrac{1}{2}x+\dfrac{1}{2}, & x>1 \end{cases}$$

解　$f(1)=\lim\limits_{x \to 1^-}f(x)=\lim\limits_{x \to 1^+}f(x)=1$，故連續

$\lim\limits_{h \to 0^-}\dfrac{f(1+h)-f(1)}{h}=2,\ \lim\limits_{h \to 0^+}\dfrac{f(1+h)-f(1)}{h}=\dfrac{1}{2}$，故不可微

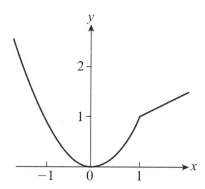

例題 16：$f(x)=|x^3-6x^2+8x|+3$ 在何處不可微

解　$f(x)=|x^3-6x^2+8x|+3$ 的圖形，如圖 9 所示。

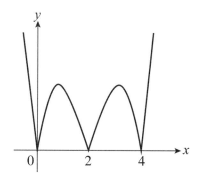

圖 9

$f(x)$ 在 $x=0, 2, 4$ 不可微（可自行證明）。

觀念提示：由函數圖形之觀點來看，不可微之處可歸納為下列幾種情況：

(1) corner：在圖形之角落處，雖連續但兩邊斜率不同

(2) cusp：在圖形之尖端之處，雖連續但一邊斜率為$+\infty$，另一邊斜率為 $-\infty$

(3) vertical tangent：鉛直的切線處切線斜率為$\pm\infty$

(4) discontinuity：在不連續點處必不可微

例題 17：試問下列函數在何處不可微？

$f(x) = |x^2 - 9|$

解　在 $x=3$ 及 $x=-3$ 為 corner 不可微

$$f'(3) = \lim_{x \to 3^+}\frac{f(x) - f(3)}{(x-3)} = \lim_{x \to 3^+}\frac{x^2-9}{(x-3)} = \lim_{x \to 3^+}(x+3) = 6$$

$$= \lim_{x \to 3^-}\frac{f(x) - f(3)}{(x-3)} = \lim_{x \to 3^-}\frac{9-x^2}{(x-3)} = \lim_{x \to 3^-}-(x+3) = -6$$

$$f'(-3) = \lim_{x \to -3^+}\frac{f(x) - f(-3)}{(x+3)} = \lim_{x \to -3^+}\frac{9-x^2}{(x+3)} = \lim_{x \to -3^+}-(x-3) = 6$$

$$= \lim_{x \to -3^-}\frac{f(x) - f(-3)}{(x+3)} = \lim_{x \to -3^-}\frac{x^2-9}{(x+3)} = \lim_{x \to -3^-}(x-3) = -6$$

例題 18：$f(x) = \begin{cases} x^2, & x \le 1 \\ ax+b, & x > 1 \end{cases}$. Find a, b, such that $f'(1)$ exist.

解　若 f 在 $x=1$ 可微，則 f 在 $x=1$ 連續

$$\lim_{x \to 1^+}f(x) = a + b = \lim_{x \to 1^-}f(x) = 1$$

$$f'(1) = \lim_{x \to 1^+}\frac{f(x) - f(1)}{(x-1)} = \lim_{x \to 1^+}\frac{ax+b-1}{(x-1)} = \lim_{x \to 1^+}\frac{ax+b-(a+b)}{(x-1)} = a$$

$$= \lim_{x \to 1^-}\frac{f(x) - f(1)}{(x-1)} = \lim_{x \to 1^-}\frac{x^2-1}{(x-1)} = \lim_{x \to 1^-}(x+1) = 2$$

$$\Rightarrow \begin{cases} a = 2 \\ b = -1 \end{cases}$$

例題 19：$f(x) = \begin{cases} 1 - 2ax + bx^2, & x \le -1 \\ ax^2 + x + 1, & x > -1 \end{cases}$. Find a, b, such that $f'(-1)$ exist.

【101 淡江大學轉學考】

解　　　　若 f 在 $x=-1$ 可微，則 f 在 $x=-1$ 連續

$$\lim_{x\to-1^+}f(x)=a=\lim_{x\to-1^-}f(x)=1+2a+b\Rightarrow b=-a-1$$

$$f'(x)=\begin{cases}-2a+2ba, & x\le-1\\ 2ax+1, & x>-1\end{cases}\Rightarrow f'(x)=\begin{cases}-2a+2(-a-1)x, & x\le-1\\ 2ax+1, & x>-1\end{cases}$$

$$f'(-1)=\lim_{x\to-1^+}\frac{f(x)-f(-1)}{(x+1)}=-2a+1$$

$$=\lim_{x\to-1^-}\frac{f(x)-f(-1)}{(x+1)}=2$$

$$\Rightarrow\begin{cases}a=-\dfrac{1}{2}\\[2mm] b=-\dfrac{1}{2}\end{cases}$$

例題 20：若 $f'(0)=a$，求 $\lim\limits_{x\to0}\dfrac{f(3x)-f(\sin x)}{x}=$ ？　　　　　【政治大學轉學考】

解

$$\lim_{x\to0}\frac{f(3x)-f(\sin x)}{x}=\lim_{x\to0}\left[3\frac{f(3x)-f(0)}{3x}-\frac{f(\sin x)-f(0)}{\sin x}\cdot\frac{\sin x}{x}\right]$$

$$=3\lim_{3x\to0}\frac{f(3x)-f(0)}{3x}-\lim_{x\to0}\frac{\sin x}{x}\cdot\lim_{\sin x\to0}\frac{f(\sin x)-f(0)}{\sin x-0}$$

$$=3f'(0)-f'(0)=2a$$

3-3　微分法則

定理 4

(1) 如果 $f(x)=a$，a 為任意數，那麼對所有的 x，$f'(x)=0$。

(2) 如果 $f(x)=x$，那麼對所有的 x，$f'(x)=1$。

證明：(1) $f'(x)=\lim\limits_{h\to0}\dfrac{f(x+h)-f(x)}{h}=\lim\limits_{h\to0}\dfrac{a-a}{h}=\lim\limits_{h\to0}0=0$

　　　(2) $f'(x)=\lim\limits_{h\to0}\dfrac{f(x+h)-f(x)}{h}=\lim\limits_{h\to0}\dfrac{(x+h)-x}{h}=\lim\limits_{h\to0}1=1.$

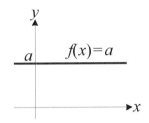 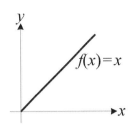

定理 5

假設 a 為一實數。如果 f 和 g 在 x 可微，那麼 $f+g$ 和 af 在 x 可微，而且

(1) $\dfrac{d}{dx}[f(x)+g(x)] = \dfrac{d}{dx}[f(x)] + \dfrac{d}{dx}[g(x)]$ (7)

(2) $\dfrac{d}{dx}[af(x)] = a\dfrac{d}{dx}[f(x)]$ (8)

證明：

$$(1)\ \frac{d}{dx}(f(x)+g(x)) = \lim_{h\to 0}\frac{(f(x+h)+g(x+h))-(f(x)+g(x))}{h}$$

$$= \lim_{h\to 0}\frac{f(x+h)-f(x)}{h} + \lim_{h\to 0}\frac{g(x+h)-g(x)}{h}$$

$$= f'(x)+g'(x)$$

$$(2)\ \frac{d}{dx}(af(x)) = \lim_{h\to 0}\frac{af(x+h)-af(x)}{h} = a\lim_{h\to 0}\frac{f(x+h)-f(x)}{h} = af'(x)$$

觀念提示：同理可得：

$$(1)\ (f-g)'(x) = f'(x)+(-g)'(x) = f'(x)-g'(x) \tag{9}$$

$$(2)\ (a_1f_1+a_2f_2+\cdots+a_nf_n)'(x) = a_1f_1'(x)+a_2f_2'(x)+\cdots+a_nf_n'(x) \tag{10}$$

定理 6：乘法規則

如果 f 和 g 在 x 可微，那麼它們的乘積也在 x 可微，而且

$$\frac{d}{dx}[f(x)g(x)] = f(x)\frac{d}{dx}[g(x)] + g(x)\frac{d}{dx}[f(x)] \tag{11}$$

證明：$(f\cdot g)'(x) = \lim\limits_{h\to 0}\dfrac{f(x+h)g(x+h)-f(x)g(x)}{h}$

$$= \lim_{h\to 0}\frac{[f(x+h)-f(x)]g(x+h)}{h} + \lim_{h\to 0}\frac{[g(x+h)-g(x)]f(x)}{h}$$

$$= f'(x)g(x)+f(x)g'(x)$$

觀念提示：由乘法規則可推導出：若$f(x)=x^2$，則$f'(x)=2x$。依此類推，可得以下定理

定理 7：對任意正整數 n，$f(x)=x^n$ 的導函數為 $f'(x)=nx^{n-1}$。

證明：$f'(x)=\lim\limits_{h\to 0}\dfrac{f(x+h)-f(x)}{h}=\lim\limits_{h\to 0}\dfrac{(x+h)^n-x^n}{h}=\lim\limits_{h\to 0}\dfrac{\sum\limits_{i=0}^{n}\binom{n}{i}x^i h^{n-i}-x^n}{h}$

$\qquad\quad=nx^{n-1}$

另證：$f'(x)=\lim\limits_{z\to x}\dfrac{f(z)-f(x)}{z-x}=\lim\limits_{z\to x}\dfrac{z^n-x^n}{z-x}=\lim\limits_{z\to x}(z^{n-1}+z^{n-2}x+\cdots+zx^{n-2}+x^{n-1})$

$\qquad\quad=nx^{n-1}$

觀念提示：　1. 若 n 次多項式函數 $f(x)=a_n x^n+a_{n-1}x^{n-1}+\cdots a_2 x^2+a_1 x+a_0$，則

$\qquad\qquad f'(x)=na_n x^{n-1}+(n-1)a_{n-1}x^{n-2}+\cdots 2a_2 x+a_1$ $\qquad\qquad$ (12)

$\qquad\quad$ 2. 對任意實數 n，本定理仍適用，證明見第四章。

例題 21：求出 $f(x)=(x^3-2x+3)(4x^2+1)$ 的導函數以及 $f'(-1)$。

解　　　$f'(x)=(3x^2-2)(4x^2+1)+(x^3-2x+3)(8x)=20x^4-21x^2+24x-2.$

$\qquad\quad\therefore f'(-1)=-27$

例題 22：求出 $f(x)=(ax+b)(cx+d)$ 的導函數，其中 a, b, c, d 都是常數。

解　　　$f'(x)=(a)(cx+d)+(ax+b)(c)=2acx+bc+ad$

$\qquad\quad$我們也可以不用乘法規則而先乘開：

$\qquad\quad f(x)=acx^2+bcx+adx+bd$

$\qquad\quad$然後再微分：

$\qquad\quad f'(x)=2acx+bc+ad$

$\qquad\quad$結果相同。

例題 23：Find the value of $\lim\limits_{h\to 0}\dfrac{\cos(\pi+h)+1}{h}=$? 　　　　　【100 台聯大轉學考】

解　　　$\lim\limits_{h\to 0}\dfrac{\cos(\pi+h)+1}{h}=\lim\limits_{h\to 0}\dfrac{\cos(\pi+h)-\cos(\pi)}{h}=\dfrac{d}{dx}\cos x\Big|_{x=\pi}=-\sin\pi=0$

$\qquad\quad$Note：$\dfrac{d}{dx}\cos x=-\sin x$

例題 24：$f(x) = x^4 - 6x^2 + 4$, find the points that the tangent line is horizontal

解　　　$f'(x) = 4x^3 - 12x = 0$

　　　　$\Rightarrow x = 0, \pm\sqrt{3}$

定理 8：除法規則

如果 f 和 g 在 x 可微而且 $g(x) \neq 0$，那麼 $\dfrac{f}{g}$ 也在 x 可微，而且

$$\left(\frac{f}{g}\right)'(x) = \frac{f'(x)g(x) - f(x)g'(x)}{[g(x)]^2} \tag{13}$$

證明：
$$
\begin{aligned}
\frac{d}{dx}\left(\frac{f(x)}{g(x)}\right) &= \lim_{h \to 0} \frac{\dfrac{f(x+h)}{g(x+h)} - \dfrac{f(x)}{g(x)}}{h} \\
&= \lim_{h \to 0} \frac{f(x+h)g(x) - f(x)g(x+h)}{hg(x+h)g(x)} \\
&= \lim_{h \to 0} \frac{f(x+h)g(x) - f(x)g(x) + f(x)g(x) - f(x)g(x+h)}{hg(x+h)g(x)} \\
&= \lim_{h \to 0} \frac{g(x)\dfrac{f(x+h) - f(x)}{h} - f(x)\dfrac{g(x+h) - g(x)}{h}}{g(x+h)g(x)} \\
&= \frac{g(x)f'(x) - f(x)g'(x)}{g^2(x)}
\end{aligned}
$$

定理 9

如果 g 在 x 可微而且 $g(x) \neq 0$，那麼 $\dfrac{1}{g(x)}$ 也在 x 可微，而且

$$\left(\frac{1}{g}\right)'(x) = -\frac{g'(x)}{[g(x)]^2} \tag{14}$$

觀念提示：　1. 由此可推導出：對任意負整數 n，$f(x) = x^n$ 的導函數為 $f'(x) = nx^{n-1}$。所以對任意整數 n（正整數、0、負整數），$f(x) = x^n$ 的導函數為 $f'(x) = nx^{n-1}$

　　　　　　2. 若 n 為分數，$(x^n)' = nx^{n-1}$ 仍舊成立，將在第四章中證明。

　　　　　　3. 倒數規則只是除法規則的特例。

例題 25：Find the limit of $\lim\limits_{h\to 0}\dfrac{\dfrac{x+h}{(x+h)^2+1}-\dfrac{x}{x^2+1}}{h}$ 【100 淡江大學轉學考理工組】

解 　$\lim\limits_{h\to 0}\dfrac{\dfrac{x+h}{(x+h)^2+1}-\dfrac{x}{x^2+1}}{h}=\dfrac{d}{dx}\left(\dfrac{x}{x^2+1}\right)=\dfrac{1-x^2}{(x^2+1)^2}$

例題 26：設 $f(x), g(x)$ 可微分且滿足
$$\begin{cases} f(x)g'(x)-f'(x)g(x)=8x \\ g(x)=x^2 f(x) \end{cases}，求出 f(x)g(x)。$$ 　【中興大學轉學考】

解 　$g(x)=x^2 f(x)\Rightarrow x^2=\dfrac{g(x)}{f(x)}$

$\Rightarrow 2x=\dfrac{f(x)g'(x)-f'(x)g(x)}{f^2(x)}\Rightarrow\dfrac{8x}{f^2(x)}=2x\Rightarrow f^2(x)=4$

$\Rightarrow f(x)g(x)=x^2 f^2(x)=4x^2$

例題 27：$f(x)=\dfrac{6x^2-1}{x^4+5x+1}$，求出 $f'(x)$

解 　$f'(x)=\dfrac{(12x)(x^4+5x+1)-(6x^2-1)(4x^3+5)}{(x^4+5x+1)^2}=\dfrac{-12x^5+4x^3+30x^2+12x+5}{(x^4+5x+1)^2}$

例題 28：求 $f(x)=\dfrac{3x}{1-2x}$ 在點 $(2,-2)$ 的切線及法線方程式。

解 　$f'(2)=\dfrac{1}{3}$

切線：$y+2=\dfrac{1}{3}(x-2)$

法線：$y+2=-3(x-2)$

例題 29：函數 $f(x)=\dfrac{4x}{x^2+4}$ 上的哪些點的切線是水平線？

解 　$f'(x)=0\Rightarrow x=\pm 2$

$(-2,-1)$ 和 $(2,1)$

例題 30：$y = \dfrac{x^2}{x^2 - 4}$，求 $\dfrac{dy}{dx}$ 在 $x = 0$ 和 $x = 1$ 的值。

解　$\dfrac{dy}{dx} = -\dfrac{8x}{(x^2 - 4)^2}$。在 $x = 0$, $\dfrac{dy}{dx} = 0$：在 $x = 1$，$\dfrac{dy}{dx} = -\dfrac{8}{9}$

可記作：$\left.\dfrac{dy}{dx}\right|_{x=0} = 0,\ \left.\dfrac{dy}{dx}\right|_{x=1} = -\dfrac{8}{9}.$

例題 31：函數 $xy = 12$ 上的哪些點的切線與 $3x + y = 0$ 平行？

解　$xy = 12 \Rightarrow y = \dfrac{12}{x} \Rightarrow \dfrac{dy}{dx} = -\dfrac{12}{x^2} = -3$

$\Rightarrow x = \pm 2$

$\therefore (2, 6), (-2, -6)$

高階導函數（higher-order derivatives）

當我們微分 f 可得一新函數 f'，如果 f' 可微，我們可繼續微分 f' 得 $(f')'$，這稱為 f 的二階導函數（second-order derivative），記作 f''。定義如下：

假設函數 $f(x)$ 的導函數 $f'(x)$ 存在，考慮下列極限

$$\lim_{h \to 0} \frac{f'(x+h) - f'(x)}{h},\ x \in \text{domain}\ (f').$$

當此極限存在時，我們稱此極限為函數 $f(x)$ 的二階導函數，記作 $f''(x)$。因為二階導函數 $f''(x)$ 為（一階）導函數 $f'(x)$ 的導函數，所以

$$f''(x) = \frac{d}{dx} f'(x) = \frac{d}{dx}\left[\frac{d}{dx} f(x) \right] = \frac{d^2}{dx^2} f(x).$$

令 $y = f(x)$，則我們將常用的二階導函數 $f''(x)$ 的同義符號介紹如下：

$$f''(x) = \frac{d^2}{dx^2} f(x) = \frac{d^2 f}{dx^2} = \frac{d^2 y}{dx^2} = y''.$$

同樣，我們可定義函數 $f(x)$ 的三階導函數，記作 $f'''(x)$，如下：

$$f'''(x) = \lim_{h \to 0} \frac{f''(x+h) - f''(x)}{h}.$$

依此類推，但四階導函數記作 $f^{(4)}$，當 $n \geq 4$，將 n 階導函數記作 $f^{(n)}(x)$。函數 $f(x)$ 的 n 階導函數 $f^{(n)}(x)$ 表示函數 $f(x)$ 對變數 x 連續作了 n 次微分所得的函數。若 $y = f(x)$，則有

$$f^{(n)}(x) = \frac{d^n}{dx^n} f(x) = \frac{d^n f}{dx^n} = \frac{d^n y}{dx^n} = y^{(n)}$$

說例：若 $f(x) = x^5$，則 $f'(x) = 5x^4$, $f''(x) = 20x^3$, $f'''(x) = 60x^2$, $f^{(4)}(x) = 120$, $f^{(5)}(x) = 0$ 所有更高階的導函數都是 0。

觀念提示：對一個 n 次多項式而言，比 n 階更高階的導函數全都是 0。

高階導函數用 Leibniz 的記號可記作

$$\frac{d^2 y}{dx^2} = \frac{d}{dx}\left(\frac{dy}{dx}\right), \frac{d^3 y}{dx^3} = \frac{d}{dx}\left(\frac{d^2 y}{dx^2}\right), \frac{d^4 y}{dx^4} = \frac{d}{dx}\left(\frac{d^3 y}{dx^3}\right), \cdots$$

說例：若 $f(x) = x^4 - 3x^{-1} + 5$，則 $f'(x) = 4x^3 + 3x^{-2}$ 且 $f''(x) = 12x^2 - 6x^{-3}$.

說例：$\frac{d}{dx}(x^5 - 4x^3 + 7x) = 5x^4 - 12x^2 + 7$, $\frac{d^2}{dx^2}(x^5 - 4x^3 + 7x) = 20x^3 - 24x$.

說例：若 $y = x^{-1}$，則 $y' = -x^{-2}$, $y'' = 2x^{-3}$，且 $y^{(n)} = (-1)^n n! \, x^{-n-1}$.

例題 32：$f(x) = \begin{cases} ax^2 + bx + c, & x \geq 1 \\ x^3, & x < 1 \end{cases}$，若 $f''(1)$ exist, find $a, b, c = ?$

【台灣大學轉學考】

解　$f''(1)$ exist, $\Rightarrow f(1)$　continuous $\Rightarrow f(1) = a + b + c = 1$

$f'(x) = \begin{cases} 2ax + b, & x \geq 1 \\ 3x^2, & x < 1 \end{cases}$, $f'(1)$ continuous $\Rightarrow f(1) = 2a + b = 3$

$f''(x) = \begin{cases} 2a, & x \geq 1 \\ 6x, & x < 1 \end{cases}$, $f''(1)$ exist, $\Rightarrow f''(1) = 2a = 6 \Rightarrow a = 3$

$a = 3, b = -3, c = 1$

例題 33：若 $f''(0)$ exist, find $\lim\limits_{a \to 0}\left\{\lim\limits_{b \to 0}\left[\dfrac{f(a+b)-f(a)-f(b)+f(0)}{ab}\right]\right\} = ?$

【台灣大學轉學考】

解　$\lim\limits_{a \to 0}\left\{\lim\limits_{b \to 0}\left[\dfrac{f(a+b)-f(a)-f(b)+f(0)}{ab}\right]\right\}$

$=\lim\limits_{a \to 0}\dfrac{1}{a}\left\{\lim\limits_{b \to 0}\left[\dfrac{f(a+b)-f(a)}{b}-\dfrac{f(b)-f(0)}{b}\right]\right\}$

$=\lim\limits_{a \to 0}\dfrac{1}{a}\{f'(a)-f'(0)\}$

$=f''(0)$

變化率

一般而言，對一個函數 $y=f(x)$，差商式

$$\frac{f(x+h)-f(x)}{(x+h)-x}=\frac{f(x+h)-f(x)}{h} \tag{15}$$

代表 y 在 x 由 x 到 $x+h$ 這個區間中的平均**變化率**（average rate of change）。

當 $h \to 0$，(15)式所得的極限就是 $f'(x)$，換言之，$f'(x)$ 可以看成在點 $(x, f(x))$ 處因變數 y 相對於自變數 x 的**瞬間變化率**（instantaneous rate of change）。

觀念提示：直線的變化率處處相同，$f'(x)=c; c \in R$，對曲線而言，y 對 x 的變化率因點而異，如圖 10 所示。

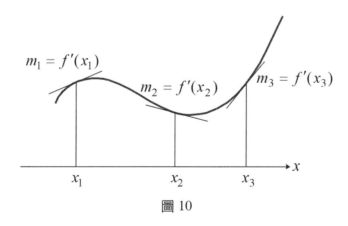

圖 10

例題 34：$y = \dfrac{x-2}{x^2}, x \neq 0.$

　　　　(a) 求當 $x = 2$ 時 y 對 x 的變化率。

　　　　(b) 當 x 在什麼位置時 y 對 x 的變化率為 0？

解　　$\dfrac{dy}{dx} = \dfrac{x^2(1) - (x-2)(2x)}{x^4} = \dfrac{4-x}{x^3}$

(a) 當 $x = 2$，$\dfrac{dy}{dx} = \dfrac{1}{4}$.　(b) 由 $\dfrac{dy}{dx} = 0$ 可得 $x = 4$。

例題 35：求 (a) 一個等邊三角形的面積 A 對於其邊長 s 的變化率。

　　　　(b) 當邊長為 $\sqrt{3}$ 時，此變化率的值。

解　　等邊三角形的面積 $A = \dfrac{\sqrt{3}}{4} s^2$

(a) $\dfrac{dA}{ds} = \dfrac{\sqrt{3}}{2} s$

(b) 當 $s = \sqrt{3}$ 時，變化率為 $\dfrac{3}{2}$

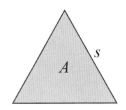

說例：假設我們有一個大小持續在改變的圓柱體，當底部的圓的半徑為 r 且高度為 h 時的體積為 $V = \pi r^2 h$。

解　　若 r 保持不變而 h 持續改變，V 對 h 的變化率為

$\dfrac{dV}{dh} = \pi r^2$

若 h 保持不變而 r 持續改變，V 對 r 的變化率為

$\dfrac{dV}{dh} = 2\pi r h$

若 r 持續改變而 V 保持不變，h 對 r 的變化率為何？既然 $h = \dfrac{V}{\pi r^2}$，因此

$\dfrac{dh}{dr} = (-2) \dfrac{V}{\pi} r^{-3} = -\dfrac{2(\pi r^2 h)}{\pi r^3} = -\dfrac{2h}{r}$

速度與加速度

　　假設某個物體在 x 軸上移動，當時間為 t 時該物體的位置（坐標）為 $x(t)$。當時間為 $t+h$ 時該物體的位置為 $x(t+h)$，而

$$\frac{x(t+h) - x(t)}{(t+h) - t} = \frac{x(t+h) - x(t)}{h}$$

代表著該物體在這段時間內的平均速度。如果

$$\lim_{h \to 0} \frac{x(t+h) - x(t)}{h} = x'(t)$$

存在的話，$x'(t)$ 就是該物體在時間為 t 時位置對時間的（瞬間）變化率。

觀念提示：　1. 時間為 t 時的位置對時間的變化率稱為該時間的**速度**（velocity），
　　　　　　可表示為

$$v(t) = x'(t). \left(v = \frac{dx}{dt} \right) \tag{16}$$

　　　　2. 如果速度函數本身也可微，它對時間的變化率稱為**加速度**（acceleration），可表示為

$$a(t) = v'(t) = x''(t). \left(a = \frac{dv}{dt} = \frac{d^2x}{dt^2} \right) \tag{17}$$

　　　　3. x 坐標越來越大 $\Rightarrow v$ 為正；正的速度意謂物體正在往正 x 方向移動
　　　　　 x 坐標越來越小 $\Rightarrow v$ 為負；負的速度意謂物體正在往負 x 方向移動
　　　　4. v 越來越大 $\Rightarrow a$ 為正；正的加速度意謂往正 x 的方向移動且越跑越快，或往負 x 的方向移動且越跑越慢
　　　　　 v 越來越小 $\Rightarrow a$ 為負；負的加速度意謂往正 x 的方向移動且越跑越慢，或往負 x 的方向移動且越跑越快
　　　　5. 速度和加速度同號意謂物體越跑越快（正在踩油門），速度和加速度異號意謂物體越跑越慢（正在踩煞車）。

說例：假設某物體在 x 軸上移動，當時間為 t 時的位置為 $x(t) = t^3 - 12t^2 + 36t - 27$，我們將研究該物體在 $t=0$ 到 $t=9$ 之間的行為。

　　　該物體的起點是在原點左方 27 單位長度的地方（因為 $x(0) = -27$），終點是在原點右方 54 單位長度的地方（因為 $x(9) = 54$），如圖 11 所示。由 $v(t) = x'(t) = 3t^2 - 24t + 36 = 3(t-2)(t-6)$ 可知

$v(t)$ 為 $\begin{cases} 正，0 \le t < 2 \\ 0，t=2 \\ 負，2 < t < 6 \\ 0，t=6 \\ 正，6 < t \le 9. \end{cases}$

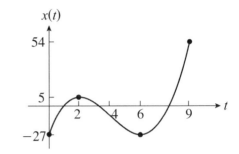

圖 11

由 $a(t) = v'(t) = 6t - 24 = 6\,(t-4)$ 可知

$a(t)$ 為 $\begin{cases} 負，0 \le t < 4 \\ 0，t=4 \\ 正，4 < t \le 9. \end{cases}$

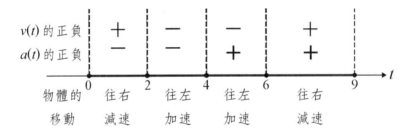

例題 36：Suppose $f(x)$, $g(x)$ are differentiable functions, and the following information is known about them：

$f(2) = -1, f'(2) = 5, g(2) = 1, g'(2) = 2, g(0) = 2, g'(0) = 4$

(1) If $F(x) = \dfrac{f(x)}{g(x)}$, compute $F'(2)$

(2) If $G(x) = x^3 f(x) - 7g(x)$, compute $G'(2)$　　　【100 中興大學轉學考】

解　　(1) $F'(2) = \dfrac{f'(2)g(2) - g'(2)f(2)}{g(2)^2} = 5 \times 1 - 2 \times (-1) = 7$

(2) $G'(x) = 3x^2 f(x) + x^3 f'(x) - 7g'(x)$

$\therefore G'(2) = 12f(2) + 8f'(2) - 7g'(2) = -12 + 40 - 14$

$= 14$

3-4　三角函數的微分

在上一章中曾討論過正弦與餘弦函數滿足以下特性：

$$\lim_{\theta \to 0} \sin \theta = \theta, \lim_{\theta \to 0} \cos \theta = 1$$

由此可得：

定理 10

(1) $\displaystyle\lim_{\theta \to 0} \frac{\sin \theta}{\theta} = 1$　　　　　　　　　　　　　　　　　　(18)

(2) $\displaystyle\lim_{\theta \to 0} \frac{\cos \theta - 1}{\theta} = 0$　　　　　　　　　　　　　　　　　(19)

證明：(1) $\displaystyle\lim_{\theta \to 0} \frac{\sin \theta}{\theta} = \lim_{\theta \to 0} \frac{\theta}{\theta} = 1$

(2) $\displaystyle\lim_{\theta \to 0} \frac{\cos \theta - 1}{\theta} = \lim_{\theta \to 0} \frac{-2\sin^2\left(\dfrac{\theta}{2}\right)}{\theta} = -\lim_{x \to 0}\left(\frac{\sin x}{x}\sin x\right)$

$\displaystyle = -\lim_{x \to 0}\left(\frac{\sin x}{x}\right)\lim_{x \to 0}(\sin x) = -1 \cdot 0 = 0$

定理 11

(1) $\displaystyle\frac{d}{dx}\sin x = \cos x$　　　　　　　　　　　　　　　　　　(20)

(2) $\displaystyle\frac{d}{dx}\cos x = -\sin x$　　　　　　　　　　　　　　　　　(21)

證明：(1) $\displaystyle\frac{d}{dx}\sin x = \lim_{\theta \to 0} \frac{\sin(x+\theta) - \sin x}{\theta}$

$\displaystyle = \lim_{\theta \to 0} \frac{(\sin x)(\cos \theta) + (\sin \theta)(\cos x) - \sin x}{\theta}$

$\displaystyle = (\sin x) \cdot \lim_{\theta \to 0} \frac{\cos \theta - 1}{\theta} + (\cos x) \cdot \lim_{\theta \to 0} \frac{\sin \theta}{\theta}$

$\displaystyle = (\sin x) \cdot 0 + (\cos x) \cdot 1 = \cos x$

(2) $\displaystyle\frac{d}{dx}\cos x = \lim_{\theta \to 0} \frac{\cos(x+\theta) - \cos x}{\theta} = \lim_{\theta \to 0} \frac{\cos x \cos \theta - \sin x \sin \theta - \cos x}{\theta}$

$\displaystyle = \cos x \lim_{\theta \to 0} \frac{\cos \theta - 1}{\theta} - \sin x \lim_{\theta \to 0} \frac{\sin \theta}{\theta}$

$\displaystyle = -\sin x$

其餘三角函數微分法則皆可利用其與正弦與餘弦函數之關係及微分法則輕易證明，整理如下：

定理 13

(1) $\dfrac{d}{dx}\tan x = \sec^2 x$ (22)

(2) $\dfrac{d}{dx}\cot x = -\csc^2 x$ (23)

(3) $\dfrac{d}{dx}\sec x = \sec x \cdot \tan x$ (24)

(4) $\dfrac{d}{dx}\csc x = -\csc x \cdot \cot x$ (25)

證明：(1) $\dfrac{d}{dx}(\tan x) = \dfrac{d}{dx}\left(\dfrac{\sin x}{\cos x}\right) = \dfrac{(\sin x)'\cos x - (\sin x)(\cos x)'}{\cos^2 x}$

$$= \frac{\cos^2 x + \sin^2 x}{\cos^2 x} = \frac{1}{\cos^2 x} = \sec^2 x$$

說例：若 $f(x) = \sin x$，則

$$f'(x) = \cos x, f''(x) = -\sin x, f'''(x) = -\cos x, f^{(4)}(x) = \sin x, f^{(100)}(x) = \sin x.$$

例題 37：$f(x) = \cos x \sin x$，求 $f'(x)$。

解

$$f'(x) = \cos x \frac{d}{dx}(\sin x) + \sin x \frac{d}{dx}(\cos x)$$
$$= \cos^2 x - \sin^2 x$$

例題 38：$f(x) = x\cot x$，求 $f'\left(\dfrac{\pi}{4}\right)$。

解

$$f'(x) = -x\csc^2 x + \cot x. \ f'\left(\frac{\pi}{4}\right) = 1 - \frac{\pi}{2}.$$

例題 39：求 $\dfrac{d}{dx}\left[\dfrac{1 - \sec x}{\tan x}\right]$。

解

$$\frac{d}{dx}\left[\frac{1-\sec x}{\tan x}\right] = \frac{\tan x(-\sec x \tan x) - (1-\sec x)(\sec^2 x)}{\tan^2 x}$$
$$= \frac{\sec x(\sec^2 x - \tan^2 x) - \sec^2 x}{\tan^2 x} = \frac{\sec x(1 - \sec x)}{\tan^2 x}$$

例題 40：求曲線 $y = \cos x$ 在 $x = \dfrac{\pi}{3}$ 處的切線的方程式。

解

$$\dfrac{dy}{dx}\bigg|_{x=\frac{\pi}{3}} = -\sin x \bigg|_{x=\frac{\pi}{3}} = -\dfrac{\sqrt{3}}{2}$$

$$y - \dfrac{1}{2} = -\dfrac{\sqrt{3}}{2}\left(x - \dfrac{\pi}{3}\right)$$

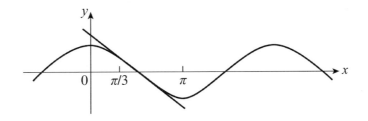

例題 41：某個物體在 x 軸上移動，當時間為 t 時該物體的位置為 $x(t) = t + 2\sin t$。
請問：在 t 從 0 到 2π 的過程中，哪些時候該物體的移動方向是向左？

解　該物體的速度 $v(t) < 0$ 時移動方向是向左，既然

$$v(t) = x'(t) = 1 + 2\cos t$$

該物體在 $\cos t < -\dfrac{1}{2}$ 時移動方向是向左，也就是當 t 在區間 $\left(\dfrac{2\pi}{3},\ \dfrac{4\pi}{3}\right)$ 內時。

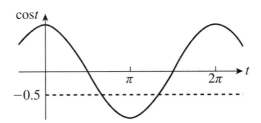

例題 42：(1) $y = x^2 \sin x$　(2) $y = \dfrac{\sin x}{x^2}$ 求 $\dfrac{dy}{dx}$

解

(1) $\dfrac{dy}{dx} = 2x \sin x + x^2 \cos x$

(2) $\dfrac{dy}{dx} = \dfrac{(\sin x)' \cdot x^2 - \sin x \cdot (x^2)'}{(x^2)^2} = \dfrac{\cos x \cdot x^2 - \sin x \cdot 2x}{(x^2)^2}$

例題 43：$f(x) = \dfrac{\sec x}{1 + \tan x}$. Find x such that $f(x)$ has horizontal tangent.

解　　　　$f'(x) = \dfrac{\sec x \tan x}{1 + \tan x} - \dfrac{\sec^3 x}{(1 + \tan x)^2} = \dfrac{\sec x \tan x + \sec x(\tan^2 x - \sec^2 x)}{(1 + \tan x)^2}$

$\qquad\qquad = \dfrac{\sec x(\tan x - 1)}{(1 + \tan x)^2} = 0$

$\qquad\qquad \Rightarrow \tan x = 1$

$\qquad\qquad \Rightarrow x = \dfrac{\pi}{4} + n\pi$

例題 44：The volume of water in a tank t min after it starts draining is

$\qquad v(t) = 350(20 - t)^2$

(1) How fast is the water draining out after 5 min? after 15 min?

(2) What is the average rate at which water is draining out during the time interval from 5 min to 15 min?　　　　【100 中興大學資管系轉學考】

解　　　　(1) $v(t) = 350(20 - t)^2 \Rightarrow v'(t) = 700t - 14000$

$\qquad\quad \therefore v'(5) = -10500,\ v'(15) = -3500$

$\qquad$ (2) average rate $= \dfrac{v(15) - v(5)}{15 - 5} = -7000$

例題 45：Find the first derivative of the following functions.

$\qquad$ (1) $h(x) = \dfrac{x^2 + x - 2}{x^3 + 6}$

$\qquad$ (2) $y = \dfrac{1 + \sin x}{x + \cos x}$　　　　【100 中興大學轉學考】

解　　　　(1) $h'(x) = \dfrac{-x^4 - 2x^3 + 6x^2 + 12x + 6}{(x^3 + 6)^2}$

$\qquad$ (2) $\dfrac{dy}{dx} = \dfrac{x \cos x}{(x + \cos x)^2}$

綜合練習

1. 試以導函數的定義 $f'(x) = \lim\limits_{h \to 0} \dfrac{f(x+h) - f(x)}{h}$ 求出 $f(x) = x^2$ 的導函數。

2. 若 $y = \sqrt{\dfrac{4}{x^3}}$，求 $\dfrac{dy}{dx}$。

3. 求 $f(x) = \sqrt{1-x}$ 在點 $(0, 1)$ 的線性逼近式。

4. 若 $y = \dfrac{1}{x}\left(x^2 + \dfrac{1}{x}\right)$，求 $\dfrac{dy}{dx}$。

5. 如果某個長方形的面積（＝長×寬）始終保持為 800 平方公分，而它的長以每秒 4 公分的速率增加，那麼當它的寬以每秒 0.5 公分的速率減小的瞬間，當時長方形的寬是幾公分？

6. 如果某顆球的半徑 r 以每秒 3 公分的速率增加，那麼當球的表面積（$= 4\pi r^2$）為 10 平方公分的瞬間，當時球的體積（$= \dfrac{4}{3}\pi r^3$）正以什麼速率增加？

7. 如果某個長方形的面積（＝長×寬）以每秒 48 平方公分的速率增加，而它的長永遠等於它的寬的平方，那麼當長方形的寬是 2 公分的瞬間，當時長方形的長正以什麼速率增加？

8. 如果某顆球的的體積（$= \dfrac{4}{3}\pi r^3$）以每秒 10 立方公分的速率增加，那麼當球的半徑是 5 公分的瞬間，當時球的表面積（$= 4\pi r^2$）正以什麼速率增加？

9. Find the tangent line of $y = \sqrt{x}$ at $x = 4$

10. Show that $y = |x|$ is not differential at $x = 0$

11. 求下列函數之微分
    (1) $f(x) = \dfrac{6x^2 - 1}{x^4 + 5x + 1}$
    (2) $f(x) = x^8 + 12x^5 - x^4 + 10x^3 - 8x + 1$
    (3) $f(x) = 10x^3(8x + 5)$
    (4) $f(x) = 10x^4 - 6\sqrt{x} + \dfrac{1}{x}$
    (5) $f(x) = \dfrac{6x^2 + 3\sqrt{x}}{x + 1}$
    (6) $f(x) = (8x^2 - 5x)^2$

12. 求 $f(x) = \dfrac{\sqrt{x}}{1 + x^2}$ 在點 $\left(1, \dfrac{1}{2}\right)$ 的切線及法線方程式。

13. $y = \dfrac{3x - 1}{5x + 2}$，求 $\dfrac{dy}{dx}$

14. 求 $\dfrac{d}{dt}\left(t^3 - \dfrac{t}{t^2 - 1}\right)$

15. $u = x(x + 1)(x + 2)$，求 $\dfrac{du}{dx}$。

16. 求函數 $f(x) = x^3$ 在點 $(2, 4)$ 的切線方程式

17. 令 $f(x) = \begin{cases} x + 1, & x < 1 \\ x^2 - 3x + 4, & 1 \le x \le 3 \\ 5 - x, & x > 3 \end{cases}$
    (1) 在 $x = 1$ 處，$f(x)$ 是否可微？
    (2) 在 $x = 3$ 處，$f(x)$ 是否可微？

18. 已知 $f(x) = x^3 - 3x^2 + 2$，求 $f'(x)$。

19. $\dfrac{d}{dx}\left[\dfrac{1}{x} \cdot \left(x^2 + \dfrac{1}{x}\right)\right] = $?

20. 令 $f(x) = x^5 - 3x^4 + 2x^3 - 4x^2 - x + 7$，求 (1) $f^{(5)}(x)$　(2) $f^{(n)}(x)$ $(n \geq 6)$。

21. $\dfrac{d}{dt}\left[\dfrac{t^2 - 1}{t^2 + 1}\right] = $?

22. 求在 $y = x^4 - 6x^2 + 4$ 曲線的那些點上的切線是水平的？

23. 求過 $y = \dfrac{\sqrt{x}}{1 + 3x^2}$ 曲線上點 $(1, \dfrac{1}{4})$ 的切線方程式。

24. Find the equation of tangent line of $f(x) = x^2$ at $x = -2$.　【100 屏東教大轉學考】

25. 試問下列函數在 $x = 1$ 處之導數？

$$f(x) = \dfrac{(x-1)(x-2)(x-3)(x-4)}{(x-5)}$$

26. Compute the limits:

(1) $\lim\limits_{x \to 1} \dfrac{x^4 - 1}{x - 1}$

(2) $\lim\limits_{h \to 0} \dfrac{\sqrt{x+h} - \sqrt{x}}{h}$

(3) If $f(x) = x^2 - 5x$, then compute $\lim\limits_{h \to 0} \dfrac{f(3+h) - f(3)}{h}$

(4) $\lim\limits_{n \to \infty}\left(1 + \dfrac{3}{4n}\right)^n$

(5) $\lim\limits_{n \to \infty}\left(\dfrac{n}{n^2 + 1} + \cdots + \dfrac{n}{n^2 + n}\right)$　【100 輔仁大學金融、國企系轉學考】

27. By the limit definition, $\dfrac{d}{dx} f(g(x)) = $?　【100 中興大學轉學考】

28. In the composite limit theorem, $\lim\limits_{x \to c} f(g(x)) = f(\lim\limits_{x \to c} g(x))$, what are the least required sufficient conditions?

【100 中興大學轉學考】

29. If $f(x) = x^3 (x - 2)$, find all values of x such that $f''(x) = 0$　【101 中興大學財金系轉學考】

30. $y = \dfrac{2x + 5}{3x - 2}$, find $\dfrac{dy}{dx}$

31. $f(x) = \begin{cases} \dfrac{\sin x}{x} & , x \neq 0 \\ 1 & , x = 0 \end{cases}$, find $f'(0)$　【101 台北大學統計系轉學考】

32. Find the equation of the tangent line to the graph of the function $f(x) = \dfrac{1}{\sqrt[3]{x^2}} - x$ at $(-1, 2)$

【100 東吳大學經濟系轉學考】

33. Let $f(x) = \begin{cases} x \sin \dfrac{1}{x} & , x \neq 0 \\ 0 & , x = 0 \end{cases}$　$g(x) = \begin{cases} x^2 \sin \dfrac{1}{x} & , x \neq 0 \\ 0 & , x = 0 \end{cases}$

(1) find $f'(x)$, $g'(x)$ for $x \neq 0$

(2) Show that $f(x)$ is continuous at 0 but is not differentiable there, and that $g(x)$ is differentiable at 0.

(3) Show that $g'(x)$ is not continuous at 0　【100 東吳大學數學系轉學考】

34. Given $f(x) = \dfrac{1}{x - 1}$. Find $\lim\limits_{\Delta x \to 0} \dfrac{f(x + \Delta x) - f(x)}{\Delta x}$　【100 元智大學電機系轉學考】

35. Find the derivative of $f(x) = x|x|$. Does $f'(0)$ exist?　【100 元智大學電機系轉學考】

36. $\lim\limits_{n \to \infty} \dfrac{1 - \left(1 - \dfrac{1}{n}\right)^9}{1 - \left(1 - \dfrac{1}{n}\right)} = $?　【100 逢甲大學轉學考】

37. 試問下列函數在 $x=0$ 處之導數？

$$f(x) = \frac{x(1+x)(2+x)\cdots(n+x)}{(1-x)(2-x)\cdots(n-x)}$$ 【台灣大學轉學考】

38. 求 $\displaystyle\lim_{x \to a} \frac{xf(a) - af(x)}{x-a}$，$f'(a)$ exist 【台灣大學轉學考】

39. 試問函數 $f(x) = |x^2 - 4|$ 在何處不可微？ 【交大、淡江大學轉學考】

40. Suppose that $f(x)$ has the property $f(x+y) = f(x)f(y)$, $f(0) = f'(0) = 1$, Show that $f(x) = f'(x)$ for all x.

【淡江大學轉學考】

41. $f(x) = \dfrac{5}{x^2} - \dfrac{6}{x}$，求出 $f'\left(\dfrac{1}{2}\right)$。

42. $g(x) = [|x|]$，求 $g'(1)$，$g'\left(\dfrac{3}{2}\right) = $ ？ 【中央大學轉學考】

43. $f(x) = (x^3 - 5x)g(x)$，$g(2) = 3$，$g'(2) = -1$，求 $f'(2)$。

As you sow, so you reap!

4 連鎖律與隱函數的微分

寧繁勿略，寧下勿高，寧近勿遠，寧拙勿巧。

朱子

4-1 連鎖律

定理 1：連鎖律（chain rule）

如果 g 在 x 可微，而且 f 在 $g(x)$ 可微，那麼合成函數 $f \circ g$ 在 x 可微，而且
$(f \circ g)'(x) = f'(g(x))g'(x)$

或可表示為：

$$\frac{d}{dx} f(g(x)) = \left[\frac{d}{dg(x)} f(g(x)) \right] \frac{d}{dx} g(x) \tag{1}$$

連鎖律示意圖如下：

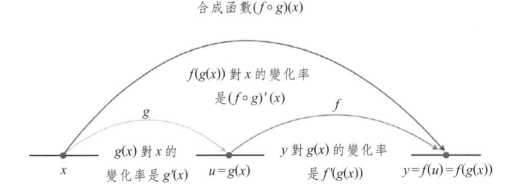

證明：令 $u = g(x),\ y = f(g(x)) = f(u) \Rightarrow$

$\begin{cases} \Delta y = f(u + \Delta u) - f(u) \\ \Delta u = g(x + \Delta x) - g(x) \end{cases}$

$\dfrac{\Delta y}{\Delta x} = \dfrac{\Delta y}{\Delta u} \cdot \dfrac{\Delta u}{\Delta x}$

$\dfrac{dy}{dx} = \lim\limits_{\Delta x \to 0} \dfrac{\Delta y}{\Delta x} = \lim\limits_{\Delta x \to 0} \dfrac{\Delta y}{\Delta u} \cdot \dfrac{\Delta u}{\Delta x} = \lim\limits_{\Delta x \to 0} \dfrac{\Delta y}{\Delta u} \cdot \lim\limits_{\Delta x \to 0} \dfrac{\Delta u}{\Delta x}$

$= \lim\limits_{\Delta u \to 0} \dfrac{\Delta y}{\Delta u} \cdot \lim\limits_{\Delta x \to 0} \dfrac{\Delta u}{\Delta x}$

$= \dfrac{dy}{du} \cdot \dfrac{du}{dx}$

觀念提示：假設 y 是一個對 u 可微的函數，$y = f(u)$，而 u 是一個對 x 可微的函數，
$u = g(x)$，因此，y 是 f 與 g 的合成函數：
$y = f(u) = f(g(x)) = (f \circ g)(x)$

而 y 對 x 微分的結果為（稱為**連鎖律**）：

$$\frac{dy}{dx} = \frac{dy}{du}\frac{du}{dx} \tag{2}$$

例題 1：若 $y = 2u$ 且 $u = 3x$，利用連鎖律求 $\dfrac{dy}{dx}$

解　　$\dfrac{dy}{dx} = \dfrac{dy}{du}\dfrac{du}{dx} = 2 \cdot 3 = 6$

例題 2：若 $y = u^3$ 且 $u = x^2$，利用連鎖律求 $\dfrac{dy}{dx}$

解　　$\dfrac{dy}{dx} = \dfrac{dy}{du}\dfrac{du}{dx} = (3u^2)(2x) = (3x^4)(2x) = 6x^5.$

例題 3：已知 $y = \dfrac{u-1}{u+1}$ 且 $u = x^2$，利用連鎖律求 $\dfrac{dy}{dx}$。

解　　$\dfrac{dy}{du} = \dfrac{(u+1)(1) - (u-1)(1)}{(u+1)^2} = \dfrac{2}{(u+1)^2} = \dfrac{2}{(x^2+1)^2},\ \dfrac{du}{dx} = 2x.$

所以 $\dfrac{dy}{dx} = \dfrac{dy}{du}\dfrac{du}{dx} = \dfrac{2}{(x^2+1)^2} \cdot 2x = \dfrac{4x}{(x^2+1)^2}$

例題 4：已知 $y = \dfrac{1}{3u-1}$ 且 $u = \dfrac{1}{x+2}$，利用連鎖律求 $\dfrac{dy}{dx}$。

【101 中興大學財金系轉學考】

解　　$\dfrac{dy}{du} = \dfrac{-3}{(3u-1)^2},\ \dfrac{du}{dx} = \dfrac{-1}{(x+2)^2}.$

所以 $\dfrac{dy}{dx} = \dfrac{dy}{du}\dfrac{du}{dx} = \dfrac{-3}{(3u-1)^2} \cdot \dfrac{-1}{(x+2)^2} = \dfrac{3}{(1-x)^2}$

連鎖律也可以表為

$$\frac{d}{dx}[f(g(x))] = \frac{d}{du}[f(u)]\frac{du}{dx} = f'(u)\frac{du}{dx}.$$

因此，如果 $y = u^n, u = f(x)$，u 是 x 的函數且對 x 的可微，n 為整數，則

$$\frac{d}{dx}(u^n) = nu^{n-1}\frac{du}{dx} \tag{3}$$

例題 5：求 $\dfrac{d}{dx}[(x^2-1)^{100}]$.

解　令 $u=x^2-1$，則

$$\frac{d}{dx}[(x^2-1)^{100}]=100\,(x^2-1)^{99}\frac{d}{dx}\,(x^2-1)=100\,(x^2-1)^{99}\,2x=200x\,(x^2-1)^{99}$$

例題 6：求 $\dfrac{d}{dx}\left[\left(x+\dfrac{1}{x}\right)^{-3}\right]$.

解　$\dfrac{d}{dx}\left[\left(x+\dfrac{1}{x}\right)^{-3}\right]=-3\left(x+\dfrac{1}{x}\right)^{-4}\dfrac{d}{dx}\left(x+\dfrac{1}{x}\right)=-3\left(x+\dfrac{1}{x}\right)^{-4}\left(1-\dfrac{1}{x^2}\right)$

例題 7：求 $\dfrac{d}{dx}[1+(2+3x)^5]$.

解　$\dfrac{d}{dx}[1+(2+3x)^5]=5(2+3x)^4\dfrac{d}{dx}(2+3x)=5(2+3x)^4(3)=15(2+3x)^4$

例題 8：$\dfrac{d}{dx}[2x^3\,(x^2-3)^4]=$?

解　$\dfrac{d}{dx}[2x^3\,(x^2-3)^4]=2x^3\dfrac{d}{dx}[(x^2-3)^4]+(x^2-3)^4\dfrac{d}{dx}\,(2x^3)$

$\qquad\qquad\quad =2x^3[4\,(x^2-3)^3(2x)]+(x^2-3)^4(6x^2)$

$\qquad\qquad\quad =16x^4\,(x^2-3)^3+6x^2\,(x^2-3)^4.$

連鎖律也可以延伸至更多變數的情形：

$y=f(u), u=g(x)$, 如果 x 是 s 的函數，那麼

$$\frac{dy}{ds}=\frac{dy}{du}\frac{du}{dx}\frac{dx}{ds} \tag{4}$$

如果 s 是 t 的函數，那麼

$$\frac{dy}{dt}=\frac{dy}{du}\frac{du}{dx}\frac{dx}{ds}\frac{ds}{dt} \tag{5}$$

例題 9：$y = 3u + 1, u = x^{-2}, x = 1 - s$，求 $\dfrac{dy}{ds}$。

解　　$\dfrac{dy}{ds} = \dfrac{dy}{du}\dfrac{du}{dx}\dfrac{dx}{ds} = (3)(-2x^{-3})(-1) = 6x^{-3} = 6(1-s)^{-3}.$

　　　（若 $y = 3(1-s)^{-2} + 1$，則 $\dfrac{dy}{ds} = 6(1-s)^{-3}$）

例題 10：$y = \dfrac{u+2}{u-1}, u = (3s-7)^2, s = \sqrt{t}$，求 $t = 9$ 時 $\dfrac{dy}{dt}$ 的值。

解　　$\dfrac{dy}{du} = -\dfrac{3}{(u-1)^2}, \dfrac{du}{ds} = 6(3s-7), \dfrac{ds}{dt} = \dfrac{1}{2\sqrt{t}}.$

　　　當 $t = 9$，可求得 $s = 3$ 且 $u = 4$，因此

　　　$\dfrac{dy}{du} = -\dfrac{1}{3}, \dfrac{du}{ds} = 12, \dfrac{ds}{dt} = \dfrac{1}{6}, \dfrac{dy}{dt} = \dfrac{dy}{du}\dfrac{du}{ds}\dfrac{ds}{dt} = \left(-\dfrac{1}{3}\right)(12)\left(\dfrac{1}{6}\right) = -\dfrac{2}{3}.$

　　　Note：由連鎖律亦可推導出第 3 章中的除法規則 $\left(\dfrac{f}{g}\right)' = \dfrac{f'g - fg'}{g^2}$，因為

　　　　　$\left(\dfrac{f}{g}\right)' = (f \cdot g^{-1})'$

　　　　　　　$= (f')(g^{-1}) + (f)(-g^{-2}g')$

　　　　　　　$= \dfrac{f'}{g} - \dfrac{fg'}{g^2}$

　　　　　　　$= \dfrac{f'g - fg'}{g^2}$

例題 11：$f(x) = \left(\dfrac{x-2}{2x+1}\right)^9$，求 $f'(x)$。

解　　$f'(x) = 9\left(\dfrac{x-2}{2x+1}\right)^8 \left(\dfrac{x-2}{2x+1}\right)'$

　　　$\left(\dfrac{x-2}{2x+1}\right)' = \dfrac{1}{2x+1} - \dfrac{2(x-2)}{(2x+1)^2} = \dfrac{5}{(2x+1)^2}$

　　　$\therefore f'(x) = 45\dfrac{(x-2)^8}{(2x+1)^{10}}$

例題 12：$f(x) = \dfrac{[x]}{1+x^2}$，求 $f'(x)$。　　　　　　　【交通大學轉學考】

解　　(1) $x = n \in Z$（整數）

　　　$\lim\limits_{x \to n^+} f(x) = \lim\limits_{x \to n^+} \dfrac{n}{1+x^2} = \dfrac{n}{1+x^2}$

$$\lim_{x \to n^-} f(x) = \lim_{x \to n^-} \frac{n-1}{1+x^2} = \frac{n-1}{1+x^2}$$

$$\therefore \lim_{x \to n} f(x) \text{ 不存在，故不可微}$$

(2) $x \neq n \in Z$（整數），let $n < x < n+1$

$$f(x) = \frac{n}{1+x^2} \Rightarrow f'(x) = \frac{-2xn}{(1+x^2)^2}$$

例題 13：$f(x) = \sqrt{2 + 2x\sqrt{1-x^2}}, f'(x) = ?$　　　　【100 嘉義大學轉學考】

解

$$f'(x) = \frac{1}{2\sqrt{2 + 2x\sqrt{1-x^2}}} \left(2\sqrt{1-x^2} - \frac{2x^2}{\sqrt{1-x^2}} \right)$$

例題 14：$h(x) = f(g(x)), g(3) = 1, g'(3) = 2, f'(1) = 0, h'(3) = ?$　【100 嘉義大學轉學考】

解

$$h(x) = f(g(x)) \Rightarrow h'(x) = f'(g(x))g'(x)$$

$$\therefore h'(3) = f'(g(3))\, g'(3) = f'(1)\, g'(3) = 0$$

例題 15：$f(x) = \sqrt{x + \sqrt{x + \sqrt{x}}}, f'(x) = ?$　　　　　　【清華大學轉學考】

解

$$f(x) = \frac{1}{2\sqrt{x + \sqrt{x + \sqrt{x}}}} \left(1 + \frac{1}{2\sqrt{x + \sqrt{x}}} \left(1 + \frac{1}{2\sqrt{x}} \right) \right)$$

連鎖率與三角函數

如果 u 是 x 的函數且可微，則

$$\frac{d}{dx}(\sin u) = \cos u \frac{du}{dx} \qquad\qquad \frac{d}{dx}(\cos u) = -\sin u \frac{du}{dx}$$

$$\frac{d}{dx}(\tan u) = \sec^2 u \frac{du}{dx} \qquad\qquad \frac{d}{dx}(\cot u) = -\csc^2 u \frac{du}{dx}$$

$$\frac{d}{dx}(\sec u) = \sec u \tan u \frac{du}{dx} \qquad\qquad \frac{d}{dx}(\csc u) = -\csc u \cot u \frac{du}{dx}$$

例題 16：$\dfrac{d}{dx}(\cos 2x) = ?$

解　　$\dfrac{d}{dx}(\cos 2x) = -\sin 2x\,\dfrac{d}{dx}(2x) = -2\sin 2x$

例題 17：$\dfrac{d}{dx}[\sec (x^2 + 1)] = $ ？

解　　$\dfrac{d}{dx}[\sec (x^2 + 1)] = \sec (x^2 + 1)\tan (x^2 + 1)\dfrac{d}{dx}(x^2 + 1) = 2x \sec (x^2 + 1)\tan (x^2 + 1)$

例題 18：$\dfrac{d}{dx}(\sin^3 \pi x) = $ ？.

解　　$\dfrac{d}{dx}(\sin^3 \pi x) = \dfrac{d}{dx}(\sin \pi x)^3 = 3(\sin \pi x)^2 \dfrac{d}{dx}(\sin \pi x) = 3\pi \sin^2 \pi x \cos \pi x$

例題 19：$f(x) = \sin^4 (2x^3 - 7x)$，求 $f'(x)$。

解　　$f'(x) = 4\sin^3 (2x^3 - 7x) \cos(2x^3 - 7x)(6x^2 - 7)$

例題 20：$f(x) = (\cos (\sqrt{x} - x))^3$，求 $f'(x)$。

解　　$\begin{aligned} f'(x) &= 3(\cos (\sqrt{x} - x))^2(\cos (\sqrt{x} - x))' \\ &= 3(\cos (\sqrt{x} - x))^2 (-\sin (\sqrt{x} - x))(\sqrt{x} - x)' \\ &= 3(\cos (\sqrt{x} - x))^2 (-\sin (\sqrt{x} - x))((1/2)\,x^{-1/2} - 1) \end{aligned}$

例題 21：$f(x) = \cos(2x^3 - 7x)^4$，求 $f'(x)$。

解　　$f'(x) = -4\sin(2x^3 - 7x)^4 \cdot (2x^3 - 7x)^3 \cdot (6x^2 - 7)$

例題 22：$f(x) = \sin^5 (2x^3 - 7x)^6$，求 $f'(x)$。

解　　$f'(x) = 30\sin^4 (2x^3 - 7x)^6 \cdot \cos(2x^3 - 7x)^6 \cdot (2x^3 - 7x)^5 \cdot (6x^2 - 7)$

例題 23：$f(x) = \sin(\cos(2x^3 - 7x))$，求 $f'(x)$。

解　　$f'(x) = -\cos(\cos(2x^3 - 7x)) \cdot \sin(2x^3 - 7x) \cdot (6x^2 - 7)$

例題 24：$y = \sin(\cos(\tan (x)))$，求 $\dfrac{dy}{dx}$。

解　　$\dfrac{dy}{dx} = \cos(\cos(\tan (x)))(-\sin(\tan (x)))\sec^2 x$

例題 25：Find equations of the tangent lines to the graph of $f(x) = (x+1)^3$, where the tangent lines pass through the origin $(0, 0)$.【100 中興大學財金系轉學考】

解　　令切線通過點$(x_0, (x_0 + 1)^3)$，則切線之斜率為

$f'(x_0) = 3 (x_0 + 1)^2$

故切線方程式為：$y - (x_0 + 1)^3 = 3 (x_0 + 1)^2 (x - x_0)$

代入$(0, 0)$後可得：$x_0 = -1, \dfrac{1}{2}$

4-2　隱函數的微分

　　到目前為止我們所見的函數都是將因變數（通常是y）表示成跟自變數（通常是x）相關的一個式子，例如$y = (x^2 - 1)^3$ 和 $y = x^2 \sin 3x$；也就是一般我們熟悉的$y = f(x)$的形式。這一類型函數被稱為**顯函數**（explicit function），其導函數可直接利用前面介紹的微分法則求得。

　　但有些函數本身主要是定義兩個變數的關係，其表示法是用隱藏的方式呈現，換言之，自變數與因變數之關係並不明確，其一般式為：$f(x, y) = c; c \in R$。例如$x^2 + y^2 = 16$ 或 $x^3 + y^3 = 6xy$，這一類型的函數被稱為**隱函數**（implicit function）。

　　隱函數微分時可將y看為一個x的函數，即x為自變數而y為因變數，利用連鎖法則進行微分。參考下例：

　　我們知道$y = \sqrt{1 - x^2}$ 滿足 $x^2 + y^2 = 1$，我們除了可以直接求 $\dfrac{dy}{dx}$ 外，也可以透過方程式$x^2 + y^2 = 1$ 來求 $\dfrac{dy}{dx}$（更簡單）。

　　等號兩邊同時對x微分：

$$\frac{d}{dx}(x^2) + \frac{d}{dx}(y^2) = \frac{d}{dx}(1),$$

$$2x + 2y\frac{dy}{dx} = 0, \ \frac{dy}{dx} = -\frac{x}{y}.$$

如果直接微分 $y = \sqrt{1-x^2}$ 可得 $\frac{dy}{dx} = -\frac{x}{\sqrt{1-x^2}}$。

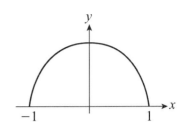

例題 26：$x^2 + y^2 = 17$，(1) 求 $\frac{dy}{dx}$　(2) 求過點$(1, 4)$的切線方程式。

解　(1) 將方程式中每一項對 x 微分如下：

$$\frac{d}{dx}(x^2) + \frac{d}{dx}(y^2) = \frac{d}{dx}(17)$$

$$\Rightarrow 2x + \frac{d(y^2)}{dy}\frac{dy}{dx} = 0 \ （第二項已用連鎖法則）$$

$$\Rightarrow 2x + (2y)\frac{dy}{dx} = 0，經過移項可求得 \frac{dy}{dx} = \frac{-x}{y}$$

(2) 將 x 用 1 代入，並將 y 用 4 代入，可求得 $\left.\frac{dy}{dx}\right|_{(x,y)=(3,4)} = \frac{-1}{4}$

再利用點斜式求切線方程式為 $y - 4 = \left(\frac{-1}{4}\right)(x - 1)$

例題 27：(1) 若 $x^4 + xy^2 + 4y = 13$，求 y'

　　　　(2) 求過方程式曲線上點$(1, 2)$處的切線（the tangent line）方程式

解　(1) 將方程式 $x^4 + xy^2 + 4y = 13$ 中每一項皆對 x 微分，其中左邊第二項項須利用微分乘法法則

$$\frac{d}{dx}(xy^2) = \frac{d}{dx}(x \cdot y^2) = 1 \cdot y^2 + x \cdot \frac{d}{dx}(y^2)$$

上式中的 $\frac{d}{dx}(y^2)$ 可利用連鎖法則得

$$\frac{d}{dx}(y^2) = \frac{d(y^2)}{dy} \cdot \frac{dy}{dx} = 2y \cdot \frac{dy}{dx}$$

所以原式微分後可得

$$4x^3 + y^2 + x \cdot 2y \cdot \frac{dy}{dx} + 4\frac{dy}{dx} = 0$$

所有含 $\frac{dy}{dx}$ 項移到左邊，其餘都移到右邊，

得 $(4 + 2xy)\frac{dy}{dx} = -4x^3 - y^2 \Rightarrow \frac{dy}{dx} = \frac{-4x^3 - y^2}{4 + 2xy}$

(2) 將 x 用 1 代入，並將 y 用 2 代入，可求得 $\dfrac{dy}{dx}\bigg|_{(x,y)=(1,2)}=-1$，

故所求切線方程式為 $y-2=-(x-1)$.

工程上要判斷在一條曲線上某個點處的凹性，即需要二階導函數 $\dfrac{d^2y}{dx^2}$，

它的求法是將已求得的 $\dfrac{dy}{dx}$ 再對 x 作微分。

例題 26：當 $x^3+y^3=9$，求 y''

解　先用隱函數微分法，求得 $y'=\dfrac{dy}{dx}=\dfrac{-x^2}{y^2}$.

再用微分除法法則及連鎖法則，

$$y''=\dfrac{d^2y}{dx^2}=\dfrac{d}{dx}\left(\dfrac{dy}{dx}\right)=\dfrac{d}{dx}\left(\dfrac{-x^2}{y^2}\right)$$

$$=\dfrac{(-2x)y^2-(-x^2)2y\cdot y'}{(y^2)^2}=\dfrac{-2xy^2+2x^2y\cdot(-x^2/y^2)}{y^4}$$

$$=\dfrac{-2x(y^3+x^3)}{y^5}=\dfrac{-2x(9)}{y^5}$$

$$y''=\dfrac{-18x}{y^5}$$

例題 27：已知 $3x^2+2xy+y^2=1$，求 $\dfrac{dy}{dx}$　　　　　　【100 台大轉學考】

解　$\dfrac{d(3x^2+2xy+y^2)}{dx}=0\Rightarrow 6x+2y+2x\dfrac{dy}{dx}=0$

$$\Rightarrow\dfrac{dy}{dx}=-\dfrac{3x+y}{x+y}$$

例題 28：Find the tangent line of the given curve at the given point $\left(1,\dfrac{\pi}{2}\right)$

$2xy+\pi\sin y=2\pi$　　　　　　　　　　　　　　【100 台北大學資工系轉學考】

解　$2xy+\pi\sin y=2\pi\Rightarrow 2y+2x\dfrac{dy}{dx}+\pi\cos y\dfrac{dy}{dx}=0$

$$\Rightarrow\dfrac{dy}{dx}\bigg|_{\left(1,\frac{\pi}{2}\right)}=-\dfrac{\pi}{2}$$

tangent line: $\left(y-\dfrac{\pi}{2}\right)=-\dfrac{\pi}{2}(x-1)$

例題 29：求 $\dfrac{dy}{dx}$

　　　　　(a) $2x^2y - y^3 + 1 = x + 2y$　　(b) $\cos(x - y) = (2x + 1)^3 y$

解　(a) 等號兩邊同時對 x 微分，

　　　$4xy + 2x^2\dfrac{dy}{dx} - 3y^2\dfrac{dy}{dx} = 1 + 2\dfrac{dy}{dx}$, $(2x^2 - 3y^2 - 2)\dfrac{dy}{dx} = 1 - 4xy$,

　　　所以　$\dfrac{dy}{dx} = \dfrac{1 - 4xy}{2x^2 - 3y^2 - 2}$

　　　(b) 等號兩邊同時對 x 微分，

　　　$-\sin(x - y)\left(1 - \dfrac{dy}{dx}\right) = 3(2x + 1)^2(2)y + (2x + 1)^3\dfrac{dy}{dx}$

　　　所以　$\dfrac{dy}{dx} = \dfrac{6(2x + 1)^2 y + \sin(x - y)}{\sin(x - y) - (2x + 1)^3}$

例題 30：求曲線 $2x^3 + 2y^3 = 9xy$ 在點 $(1, 2)$ 的斜率。

解　等號兩邊同時對 x 微分，

　　　$6x^2 + 6y^2\dfrac{dy}{dx} = 9y + 9x\dfrac{dy}{dx}$, $\dfrac{dy}{dx} = \dfrac{3y - 2x^2}{2y^2 - 3x}$

　　　當 $x = 1$, $y = 2$ 得 $\dfrac{dy}{dx} = \dfrac{4}{5}$。

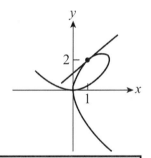

例題 31：Given $x^3 + y^3 = 6xy - 1$. Find $\dfrac{dy}{dx}$ at $(2, 3)$　【101 元智大學電機系轉學考】

解　$3x^2 + 3y^2\dfrac{dy}{dx} = 6y + 6x\dfrac{dy}{dx}$

　　　$\Rightarrow \dfrac{dy}{dx}\bigg|_{(2, 3)} = \dfrac{x^2 - 2y}{y^2 - 2x}\bigg|_{(2, 3)} = \dfrac{2}{5}$

例題 32：Find $\dfrac{dy}{dx}$ by implicit differentiation

　　　　　(1) $1 + x = \sin(xy^2)$

　　　　　(2) $\sin x + \cos y = \sin x \sin y$　　　　　【100 中興大學轉學考】

解　(1) $1 + x = \sin(xy^2) \Rightarrow 1 = \cos(xy^2)\left(y^2 + 2xy\dfrac{dy}{dx}\right)$

$$\Rightarrow \frac{dy}{dx} = \frac{1 - y^2 \cos(xy^2)}{2xy \cos(xy^2)}$$

(2) $\sin x + \cos y = \sin x \sin y$

$$\Rightarrow \cos x - \sin y \frac{dy}{dx} = \cos x \sin y + \sin x \cos y \frac{dy}{dx}$$

$$\Rightarrow \frac{dy}{dx} = \frac{\cos x - \cos x \sin y}{\sin x \cos y + \sin y}$$

例題 33：Find the equation of the tangent line to the curve $y^3 - xy^2 + \cos xy = 2$ at the point $(0, 1)$ 【100 淡江大學轉學考理工組】

解　$y^3 - xy^2 + \cos(xy) = 2$

$$\Rightarrow 3y^2 \frac{dy}{dx} - y^2 - 2xy \frac{dy}{dx} - \sin(xy)\left(y + x\frac{dy}{dx}\right) = 0$$

At $(x, y) = (0, 1)$

$$\frac{dy}{dx} = \frac{1}{3}$$

tangent line: $y - 1 = \frac{1}{3}x$

例題 34：Find the tangent line to the curve $x^3 + y^3 = 3xy$ at the point $\left(\frac{3}{2}, \frac{3}{2}\right)$ 【100 屏東教大轉學考】

解　$f(x, y) = x^3 + y^3 - 3xy = 0$

$$\frac{dy}{dx} = -\frac{f_x}{f_y} = -\frac{3x^2 - 3y}{3y^2 - 3x} = -1$$

tangent line: $y - \frac{3}{2} = -1\left(x - \frac{3}{2}\right)$

例題 35：Evaluate $\frac{dy}{dx}$ at the point $(1, 2)$ if $x^2y^3 + 6x^2 = y + 12$ 【100 中興大學財金系轉學考】

解　$x^2y^3 + 6x^2 = y + 12 \Rightarrow 2xy^3 + 3x^2y^2 \frac{dy}{dx} + 12x = \frac{dy}{dx}$

代入$(1, 2)$後可得：

$$\frac{dy}{dx} = -\frac{28}{11}$$

有理數次方的微分

已知微分的規則 $\dfrac{d}{dx}(x^n)=nx^{n-1}$ 對任意整數 n 都成立，該式其實對任意有理數次方都成立：

定理 2：$\dfrac{d}{dx}\left(x^{\frac{p}{q}}\right)=\dfrac{p}{q}x^{\frac{p}{q}-1}$

證明：由 $y=x^{\frac{p}{q}}$ 得 $y^q=x^p$，隱函數微分得

$$qy^{q-1}\dfrac{dy}{dx}=px^{p-1},\ \dfrac{dy}{dx}=\dfrac{p}{q}x^{p-1}y^{1-q}$$

將 y 用 $x^{\frac{p}{q}}$ 取代得

$$\dfrac{dy}{dx}=\dfrac{p}{q}x^{p-1}\left(x^{\frac{p}{q}}\right)^{1-q}=\dfrac{p}{q}x^{p-1}x^{\frac{p}{q}-p}=\dfrac{p}{q}x^{\frac{p}{q}-1}$$

例題 36：(a) $\dfrac{d}{dx}\left[(1+x^2)^{\frac{1}{5}}\right]=$?

(b) $\dfrac{d}{dx}\left[(1-x^2)^{\frac{2}{3}}\right]=$?

解　(a) $\dfrac{d}{dx}\left[(1+x^2)^{\frac{1}{5}}\right]=\dfrac{1}{5}(1+x^2)^{-\frac{4}{5}}(2x)=\dfrac{2}{5}x(1+x^2)^{-\frac{4}{5}}$

(b) $\dfrac{d}{dx}\left[(1-x^2)^{\frac{2}{3}}\right]=\dfrac{2}{3}(1-x^2)^{-\frac{1}{3}}(-2x)=-\dfrac{4}{3}x(1-x^2)^{-\frac{1}{3}}$

例題 37：求 $\dfrac{d}{dx}\left[\left(\dfrac{x}{1+x^2}\right)^{\frac{1}{2}}\right]$

解　$\dfrac{d}{dx}\left[\left(\dfrac{x}{1+x^2}\right)^{\frac{1}{2}}\right]=\dfrac{1}{2}\left(\dfrac{x}{1+x^2}\right)^{-\frac{1}{2}}\dfrac{d}{dx}\left(\dfrac{x}{1+x^2}\right)=\dfrac{1}{2}\left(\dfrac{x}{1+x^2}\right)^{-\frac{1}{2}}\dfrac{(1+x^2)(1)-x(2x)}{(1+x^2)^2}$

$=\dfrac{1}{2}\left(\dfrac{x}{1+x^2}\right)^{-\frac{1}{2}}\dfrac{1-x^2}{(1+x^2)^2}=\dfrac{1-x^2}{2x^{\frac{1}{2}}(1+x^2)^{\frac{3}{2}}}$

例題 38：Two curves intersect orthogonally when their tangent lines at each point of intersection are perpendicular. Suppose C is a positive number, the curve $y = Cx^2$, $y = \dfrac{1}{x^2}$ intersect twice. Find C so that the curves intersect orthogonally.

【100 中興大學轉學考】

$$\begin{cases} y_1 = Cx^2 \\ y_2 = \dfrac{1}{x^2} \end{cases}, \Rightarrow x = \pm C^{-\frac{1}{4}}$$

$$\left.\begin{array}{l} m_1 = \dfrac{dy_1}{dx}\bigg|_{x=\pm C^{\frac{1}{4}}} = \pm 2C^{\frac{3}{4}} \\[4mm] m_2 = \dfrac{dy_2}{dx}\bigg|_{x=\pm C^{\frac{1}{4}}} = \mp 2C^{\frac{3}{4}} \end{array}\right\} m_1 m_2 = -1 \Rightarrow C = \left(\dfrac{1}{4}\right)^{\frac{2}{3}}$$

例題 39：給定 $x^{\frac{1}{3}} + y^{\frac{2}{3}} = 3$，求 $\dfrac{dy}{dx}$

【101 中山大學電機系轉學考】

解

$$\dfrac{d\left(x^{\frac{1}{3}} + y^{\frac{2}{3}}\right)}{dx} = 0 = \dfrac{1}{3}x^{-\frac{2}{3}} + \dfrac{2}{3}y^{-\frac{1}{3}}\dfrac{dy}{dx}$$

$$\Rightarrow \dfrac{dy}{dx} = -\dfrac{1}{2}\dfrac{y^{\frac{1}{3}}}{x^{\frac{2}{3}}}$$

例題 40：某個球形氣球正在被充氣而變大；如果其半徑增大的速率為每分鐘 2 英吋，則當半徑為 5 英吋時，氣球的體積增大的速率為何？

解

球的體積為 $V = \dfrac{4}{3}\pi r^3$，其中的 r 和 V 都是 t 的函數。將上式左右兩邊同時對 t 微分，得

$$\dfrac{dV}{dt} = 4\pi r^2 \dfrac{dr}{dt}$$

將 $r = 5$ 和 $\dfrac{dr}{dt} = 2$ 代入上式，得

$$\dfrac{dV}{dt} = 4\pi(5)^2(2) = 200\pi$$

即每分鐘 200π 立方英吋。

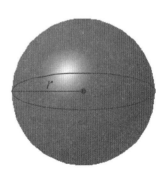

例題 41：某個物體以順時針方向繞著單位圓 $x^2+y^2=1$ 而轉動；當它通過點 $\left(\dfrac{1}{2}, \dfrac{\sqrt{3}}{2}\right)$ 時其 y 坐標正以每秒 3 單位的速率減小，求當時其 x 坐標增大的速率為何？

解　圓方程式 $x^2+y^2=1$ 當中的 x 和 y 都是 t 的函數。

將上式左右兩邊同時對 t 微分，得

$2x\dfrac{dx}{dt}+2y\dfrac{dy}{dt}=0$，即 $x\dfrac{dx}{dt}+y\dfrac{dy}{dt}=0.$

將 $x=\dfrac{1}{2}$, $y=\dfrac{\sqrt{3}}{2}$, $\dfrac{dy}{dt}=-3$ 代入上式，得

$\dfrac{1}{2}\dfrac{dx}{dt}+\dfrac{\sqrt{3}}{2}(-3)=0$

因此 $\dfrac{dx}{dt}=3\sqrt{3}$ 單位／秒

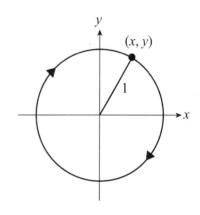

例題 42：某個長度為 13 呎的梯子正斜靠在牆上，如果梯子的底部被人以每秒 0.1 呎的速率拖離牆腳，當梯頂距離地面 12 呎的瞬間，梯子與地面的夾角的變化率為何？

解　由圖 1 知 $\cos\theta=\dfrac{x}{13}$，其中的 θ 和 x 都是 t 的函數。

將上式左右兩邊同時對 t 微分，得

$-\sin\theta\dfrac{d\theta}{dt}=\dfrac{1}{13}\dfrac{dx}{dt}$

將 $\dfrac{dx}{dt}=0.1$ 和 $\sin\theta=\dfrac{12}{13}$ 代入上式，得

$-\left(\dfrac{12}{13}\right)\dfrac{d\theta}{dt}=\dfrac{1}{13}(0.1)$，因此 $\dfrac{d\theta}{dt}=-\dfrac{1}{120}$ 弳度／秒

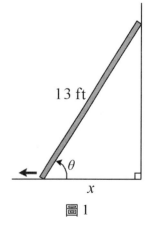

圖 1

例題 43：某兩艘船正互相接近中，其中一艘往西，一艘往東，分別航行於兩條互相平行且相距 8 海哩的航道；如果這兩艘船的速率都是每小時 20 海哩，當它們相距 10 海哩的瞬間，它們之間的距離減少的速率為何？

解 由圖 2 知 $x^2 + 8^2 = y^2$，其中的 x 和 y 都是 t 的函數。

將上式左右兩邊同時對 t 微分，得

$2x \dfrac{dx}{dt} + 0 = 2y \dfrac{dy}{dt}$，即 $x \dfrac{dx}{dt} = y \dfrac{dy}{dt}$.

將 $x = 6, y = 10, \dfrac{dx}{dt} = -40$ 代入上式，得

$6(-40) = 10 \dfrac{dy}{dt}$，因此 $\dfrac{dy}{dt} = -24$ 海哩／小時

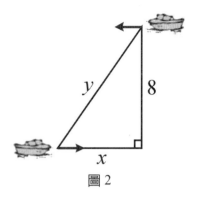

圖 2

例題 44：某圓錐形紙杯裡面盛滿著水，已知此紙杯的高度為 6 吋且頂部的圓的半徑為 4 吋。如果紙杯的底部正以每分鐘 2 立方吋的速率漏水，當紙杯裡的水的高度剩下 3 吋的瞬間，水面下降的速率為何？

解 由圖 3 知 $\dfrac{r}{h} = \dfrac{4}{6}$，因此 $r = \dfrac{2h}{3}$.

圓錐體體積為 $V = \dfrac{1}{3} \pi r^2 h = \dfrac{1}{3} \pi \left(\dfrac{2h}{3} \right)^2 h = \dfrac{4}{27} \pi h^3$

將上式左右兩邊同時對 t 微分，得 $\dfrac{dV}{dt} = \dfrac{4}{9} \pi h^2 \dfrac{dh}{dt}$

將 $h = 3$，$\dfrac{dV}{dt} = -2$ 代入上式，得

$-2 = \dfrac{4}{9} \pi (3)^2 \dfrac{dh}{dt}$，因此 $\dfrac{dh}{dt} = -\dfrac{1}{2\pi}$ 吋／分鐘

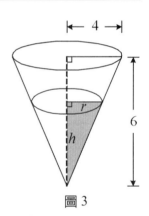

圖 3

4-3 反函數的微分

如同在第 1 章第 5 節中的定義與敘述，若 $y = f^{-1}(x)$ 則 $x = f(f^{-1}(x)) = f(y)$，利用連微法則可求得：

$$x = f(y) \Rightarrow f'(y) \frac{dy}{dx} = 1 \tag{6}$$

假設當 $x = a$ 時 $y = b$，由(6)可得：

$$\frac{dy}{dx}\bigg|_{x=a} = \frac{1}{f'(y)}\bigg|_{x=a} = \frac{1}{f'(f^{-1}(x))}\bigg|_{x=a} = \frac{1}{f'(b)} \tag{7}$$

定理 3

若 $y = f(x)$ 為一對一且可微分函數，$(x, y) = (a, b)$ 為其中一點，則有

$$f'(a) = \frac{1}{(f^{-1})'(b)} \tag{8}$$

例題 45：$f(x) = 2x + \cos x, f^{-1}{}'(1) = ?$

解　$f'(x) = 2 - \sin x, \because f(0) = 1 . \therefore f^{-1}{}'(1) = 0$

$\Rightarrow f^{-1}{}'(1) = \dfrac{1}{f'(f^{-1}(1))} = \dfrac{1}{f'(0)} = \dfrac{1}{2 - \sin 0} = \dfrac{1}{2}$

例題 46：$f(x) = x^5 + 3x + 9, (f^{-1})'(13) = ?$　　　　【100 中原大學轉學考】

解　$\because f(1) = 13 . \therefore f^{-1}(13) = 1, f'(x) = 5x^4 + 3$

$\Rightarrow (f^{-1})'(13) = \dfrac{1}{f'(f^{-1}(13))} = \dfrac{1}{f'(1)} = \dfrac{1}{8}$

例題 47：$f(x) = x^5 + x^3 + x + 1, (f^{-1})'(4) = ?$

解　$\because f(1) = 4 . \therefore f^{-1}(4) = 1, f'(x) = 5x^4 + 3x^2 + 1$

$\Rightarrow f^{-1}{}'(4) = \dfrac{1}{f'(f^{-1}(4))} = \dfrac{1}{f'(1)} = \dfrac{1}{9}$

例題 48：Let $g(x)$ be the inverse function of $f(x) = 3 + x^2 + \tan\left(\dfrac{\pi x}{2}\right); \ -1 < x < 1.$ Find $g'(3)$　　　　【100 台聯大轉學考】

解　$g'(3) = \dfrac{1}{f'(f^{-1}(3))} = \dfrac{1}{f'(0)} = \dfrac{1}{\dfrac{\pi}{2}} = \dfrac{2}{\pi}$

例題 49：Let $F(x) = f(2g(x))$, $g(x)$ be the inverse function of $f(x), f(x) = x^4 + x^3 + 1; x \geq 0.$ Find $F'(3) = ?$　　　　【淡江大學轉學考】

解　$f(1) = 3 \Rightarrow 1 = f^{-1}(3) = g(3),$

$F'(x) = f'(2g(x)) \cdot 2g'(x) \Rightarrow F'(3) = f'(2g(3)) \cdot 2g'(3)$

$g'(3) = \dfrac{1}{f'(f^{-1}(3))} = \dfrac{1}{f'(1)} = \dfrac{1}{7}$

$\therefore F'(3) = f'(2) \cdot 2g'(3) = \dfrac{88}{7}$

4-4　線性逼近與微分量

考慮圖 4，當 x 坐標由 x 增加到 $x+h$ 時，函數值（y 坐標）增加了多少？
當 h 很小時，

$$f(x+h) - f(x) \cong f'(x)h$$

即

$$f(x+h) \cong f(x) + f'(x)h$$

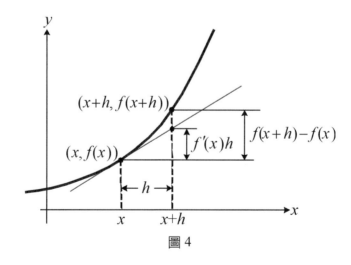

圖 4

　　如圖 4 所示，直線 $y = L(x)$ 是函數 $y = f(x)$ 通過點 $(x, f(x))$ 的切線。尤其在點 $(x, f(x))$ 附近，直線 $y = L(x)$ 與函數 $y = f(x)$ 的圖形非常的逼近，換句話說，兩者在此的 y 值應該相差不大。因為「計算直線的 y 值」比「計算實際的函數值 y」相對簡易而產生的誤差亦不大。這種估算方法被稱作「線性逼近（linear approximation）」。

若函數 $y=f(x)$ 通過點 $(a,f(a))$ 的切線為 $y=L(x)$，則利用點斜式求出其方程式為

$$(y-f(a))=f'(a)(x-a) \tag{9}$$

經過移項可得

$$y=f(a)+f'(a)(x-a)=L(x) \tag{10}$$

稱做函數 $y=f(x)$ 通過點 $(a,f(a))$ 的線性逼近式，可應用於估計複雜的函數值，亦即。

$$f(x) \approx L(x)=f(a)+f'(a)(x-a) \tag{11}$$

例題 50：(1) 求函數 $f(x)=\sqrt{1-x}$ 在點 $(0,1)$ 之線性逼近式
(2) 以(1)所求之線性逼近式估算 $\sqrt{0.99}$。

解　(1) 先計算 $f(0)=1$，再求 $f'(x)$ 以便計算 $f'(0)$。

$$f'(x)=\frac{1}{2}(1-x)^{-\frac{1}{2}} \cdot (-1)=\frac{-1}{2\sqrt{1-x}}$$

所以 $f'(0)=-\frac{1}{2}$，函數 $f(x)=\sqrt{1-x}$ 在點 $(0,1)$ 之線性逼近式

$$L(x)=1+\left(-\frac{1}{2}\right)(x-0)=1-\frac{1}{2}x$$

(1) 為了估算 $\sqrt{0.99}=\sqrt{1-0.01}$，因為可以套用函數 $f(x)=\sqrt{1-x}$，故可知 $x=0.01$。因為 $f(x) \approx L(x)=f(a)+f'(a)(x-a)$，所以

(2) $f(0.01) \approx L(0.01)=1-\frac{1}{2} \cdot (0.01)=0.995$

微分量（differential）

線性逼近也可以從另一角度來說明，依據導函數定義可寫成

$$\frac{dy}{dx}=f'(x)=\lim_{\triangle x \to 0}\frac{f(x+\triangle x)-f(x)}{\triangle x}$$

當 $|\triangle x|$ 足夠小時，則 $dx=\triangle x$ 同時 $dy=f'(x)dx$。其定義如下：

定義：微分量

若 $y=f(x)$ 為一可微分函數，則 dx 稱作函數對 x 的微分量；$dy=f'(x)dx$ 稱作函數對 y 的微分量。

微分量可以應用於誤差的估計，觀察圖 5，當 $dx=|\Delta x|$ 而且足夠小時，我們可以藉由 $dy=f'(a)\Delta x=f'(a)dx$ 來逼近（估計）） $\Delta f=f(a+dx)-f(a)=\Delta y$ 的值。通常稱 Δx 是 x 的變化量，而 $\Delta y=\Delta f$ 是 y 的變化量，而估計的誤差絕對值為 $|dy-\Delta y|$。微分量亦稱為全微分（Total derivative）

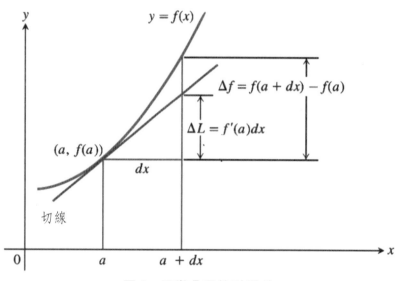

圖 5　用微分量估計誤差

> 例題 51：已知 $y=f(x)=x^3+x^2-2x+1$，若 x 由 2 變成 2.05，計算
>
> (1) Δy
>
> (2) 用 dy 估計 Δy

(1) $\Delta y=f(2.05)-f(2)=(2.05^3+2.05^2-2\cdot2.05+1)-(2^3+2^2-2\cdot2+1)$
$=0.140701$

(2) 先求 $f'(x)=3x^2+2x-2$，因為 $dx=|\Delta x|=2.05-2=0.05$，所以 $dy=(3x^2+2x-2)\,dx|_{x=2}=(3\cdot2^2+2\cdot2-2)\cdot0.05=0.14$

估計的誤差絕對值為 $|0.14-0.140701|=0.000701$

例題 52：利用微分量估計當 (a) x 從 32 增大到 34 (b) x 從 1 減小到 $\dfrac{9}{10}$ 時，$f(x) = x^{\frac{2}{5}}$ 的值的改變。

解

$f'(x) = \dfrac{2}{5}x^{-\frac{3}{5}}, \ df = f'(x)h = \dfrac{2}{5x^{\frac{3}{5}}}h.$

(a) $x = 32, \ h = 2. \ df = \dfrac{2}{5(32)^{\frac{3}{5}}}(2) = \dfrac{4}{40} = 0.1.$

$\left(\Delta f = f(34) - f(32) = (34)^{\frac{2}{5}} - (32)^{\frac{2}{5}} \cong 0.0982\right)$

(b) $x = 1, \ h = -\dfrac{1}{10}. \ df = \dfrac{2}{5(1)^{\frac{3}{5}}}\left(-\dfrac{1}{10}\right) = -\dfrac{2}{50} = -0.04.$

$\left(\Delta f = f(0.9) - f(1) = (0.9)^{\frac{2}{5}} - (1)^{\frac{2}{5}} \cong -0.0413\right)$

例題 53：利用微分量估計：(a) $\sqrt{104}$ (b) $\cos 40°$

解

(a) 我們很熟悉 $\sqrt{100} = 10$，我們需要估計的是當 x 從 100 增大到 104 時，$f(x) = \sqrt{x}$ 增大了多少。

$f'(x) = \dfrac{1}{2\sqrt{x}}$ 且 $df = f'(x)h = \dfrac{1}{2\sqrt{100}}(4) = 0.2$

因此 $\sqrt{104} \cong \sqrt{100} + 0.2 = 10.2$

(b) 我們很熟悉 $\cos 45° = \sqrt{2}/2$；令 $f(x) = \cos x$

將 40°轉成弧度：$40° = 45° - 5° = \dfrac{\pi}{4} - \left(\dfrac{\pi}{180}\right)5 = \dfrac{\pi}{4} - \dfrac{\pi}{36}$

$f'(x) = -\sin x$ 且 $df = f'(x)h = -\sin(\pi/4)(-\pi/36) = \pi\sqrt{2}/72 \cong 0.0617$

因此 $\cos 40° \cong \cos 45° + 0.0617 \cong 0.7688$

例題 54：$f(x) = \dfrac{3x}{x^2+1}$，利用微分估計 $f(1.98)$ 之近似值

【101 東吳大學財務與精算數學系】

解

令 $x_0 = 2, \ \Delta x = -0.02$

$\Rightarrow f(1.98) = f(x_0 + \Delta x) \cong f(x_0) + \Delta x f'(x_0) = 1.2096$

例題 55：Let f be a function with $f(1) = 4$ such that for all points (x, y) on the graph of f, the slope is given by $\dfrac{3x^2 + 1}{2y}$

(1) What is the equation of the line tangent to the graph of f at the point $x = 1$.

(2) Estimate the value of $f(0.8)$ based on part (1).

【101 政治大學國貿系轉學考】

解

(1) $\left. \dfrac{3x^2 + 1}{2y} \right|_{(1,4)} = \dfrac{1}{2}$

Tangent line: $y - 4 = \dfrac{1}{2}(x - 1)$

(2) $f(x) \cong f(x_0) + f'(x_0)(x - x_0) \Rightarrow$

$f(0.8) \cong f(1) + f'(1)(0.8 - 1) = 3.9$

例題 56：求 $\dfrac{\sqrt{4.02}}{2 + \sqrt{9.02}}$ 之近似值

【清華大學轉學考】

解

令 $f(x) = \dfrac{\sqrt{x}}{2 + \sqrt{5 + x}} \Rightarrow f'(x) = \dfrac{2\sqrt{5 + x} + 5}{2(2 + \sqrt{5 + x})^2 \sqrt{x}\sqrt{5 + x}}$

$\dfrac{\sqrt{4.02}}{2 + \sqrt{9.02}} = f(4.02) = f(4) + f'(4) \cdot 0.02 = \dfrac{2}{5} + \dfrac{0.22}{300} = 0.40073$

牛頓法

如圖 6 所示，f 在點 $(x_n, f(x_n))$ 的切線的方程式為

$y - f(x_n) = f'(x_n)(x - x_n)$

此線的 x 截距（即 x_{n+1}）可透過令 $y = 0$ 求得：

$0 - f(x_n) = f'(x_n)(x_{n+1} - x_n)$

解 x_{n+1} 得

$x_{n+1} = x_n - \dfrac{f(x_n)}{f'(x_n)}.$

　　這個方法稱爲牛頓法（Newton-Raphson method），可用來求出方程式 $f(x)=0$ 的根。

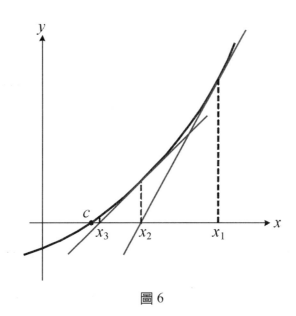

圖6

　　持續此操作可得眞正的根 c 越來越好的近似值 $x_4, x_5, \cdots$。

說例：$\sqrt{3}$ 是方程式 $x^2-3=0$ 的一個根，以下我們從 $x_1=2$ 開始，利用牛頓法來求
　　　出 $f(x)=x^2-3$ 的根。由 $f'(x)=2x$ 得

$$x_{n+1}=x_n-\frac{x_n^2-3}{2x_n}=\frac{x_n^2+3}{2x_n}$$

持續計算得：

既然 $(1.73205)^2 \cong 2.999997$，我們只用三步就已經得到了很好的近似值。

n	x_n	x_{n+1}
1	2	1.75000
2	1.75000	1.73214
3	1.73214	1.73205

綜合練習

1. 若 $y = (7x^3 - 4x^2 + 2)^{\frac{1}{4}}$，求 $\dfrac{dy}{dx}$。

2. 若 $y = (x^3 - 2x^2 + 7x - 3)^4$，求 $\dfrac{dy}{dx}$。

3. 若 $y = \sqrt{3x + 7}$，求 $\dfrac{dy}{dx}$。

4. 若 $y = \left(\dfrac{x+2}{x-3}\right)^3$，求 $\dfrac{dy}{dx}$。

5. 若 $y = (1 + x^2)^{\frac{4}{3}}$，求 $\dfrac{dy}{dx}$。

6. 若 $y = (7 + 3x)^5$，求 $\dfrac{dy}{dx}$。

7. 若 $y = \dfrac{1}{(2x - 3)^2}$，求 $\dfrac{dy}{dx}$。

8. 若 $y = (3x^2 + 5)^{-3}$，求 $\dfrac{dy}{dx}$。

9. 若 $y = \dfrac{x}{\sqrt{x^2 + 1}}$，求 $\dfrac{dy}{dx}$。

10. 若 $y = \dfrac{4}{3x^2 - x + 5}$，求 $\dfrac{dy}{dx}$。

11. 若 $y = \dfrac{\sqrt{x+2}}{\sqrt{x-1}}$，求 $\dfrac{dy}{dx}$。

12. 若 $= x\sqrt{x\sqrt{x}}$，求 $\dfrac{dy}{dx}$。

13. 若 $y = \sqrt[3]{(4x^2 + 3)^2}$，求 $\dfrac{dy}{dx}$。

14. Find the derivative of the functions

    (1) $f(x) = 3x^2 \sin^2 x$　(2) $f(x) = x^2 \sqrt{1 - x^2}$　　　　【100 屏東教大轉學考】

15. 若 $y = (1 - x^2)^{\frac{3}{2}}$，求 $\dfrac{dy}{dx}$。

16. 若 $y = (\sin x + x \cos x)^{-2}$，求 $\dfrac{dy}{dx}$。

17. 若 $y = \sqrt{\sin x}$，求 $\dfrac{dy}{dx}$。

18. 若 $y = 2\sin^3 (2x^4)$，求 $\dfrac{dy}{dx}$。

19. 若 $y = \dfrac{\sin x}{x}$，求 $\dfrac{dy}{dx}$。

20. 若 $y = \sin^3(5x + 4)$，求 $\dfrac{dy}{dx}$。

21. 若 $y = 2\tan\left(\dfrac{x}{2}\right) - 5$，求 $\dfrac{dy}{dx}$。

22. 若 $f(x) = \cos (x^2 \sin x)$，求 $f'(x)$。

23. 若 $y = x^6 + \sin(2x)$，求 $\dfrac{d^3y}{dx^3}$。

24. 若 $y = (1 + \cos(3x^2))^4$，求 $\dfrac{dy}{dx}$。

25. 若 $y = 3\tan 5x + 5\sec 3x$，求 $\dfrac{dy}{dx}$。

26. 若 $xy + y^2 = 1$，求 $\dfrac{dy}{dx}$。

27. 若 $x^2 + 2xy + 3y^2 = 2$，求 $\dfrac{dy}{dx}$。

28. 求曲線 $y = x + \cos(xy)$ 在點 $(0, 1)$ 處的切線的斜率。

29. 求曲線 $9y - 6x + y^4 + x^3 y = 0$ 在原點的切線的斜率。

30. 求曲線 $x^2 + 2xy - 3y^2 = 9$ 在點 $(3, 2)$ 處的切線的斜率。

31. 若 $x^2 + y^2 + 2x + y = 10$，求 $\dfrac{dy}{dx}$。

32. 求曲線 $\sin y = x^3 - x^5$ 在點 $(1, 0)$ 處的切線的斜率。

33. 若 $x^2 - xy + y^2 = 1$，求 $\dfrac{dy}{dx}$。

34. 已知 $y = \sqrt{3x^2 - 5x}$，求 $\dfrac{dy}{dx}$。

35. 已知 $y = (x^2 - 5x)^8$，求 $\dfrac{dy}{dx}$。

36. 已知 $y = \dfrac{(3x + 5)^7}{x - 1}$，求 $\dfrac{dy}{dx}$。

37. 若 $x^3 + y^3 = 8xy$，求 y'，並求過方程式曲線上點 $(4, 4)$ 處的切線。

38. $\begin{cases} x = 2t + 3 \\ y = t^2 - 1 \end{cases}$，求通過 $t = 6$ 之切線

39. 求 $\dfrac{dy}{dx}$

   (1) $y = (2x + 3)^5 (x^3 - 5x + 1)^4$　(2) $y = \sqrt{x^2 + 4}$　(3) $y = \sin(x^2)$　(4) $y = \sin^2 x$

40. $xy = 1$，求 $\dfrac{dy}{dx}$。

41. $\dfrac{d}{dx}\left[(1 + x^2)^{\frac{1}{2}}\right] = $?

42. $x^2 - xy + y^2 = 1$，求過 $(1, 1)$ 之切線方程式

43. $x^2 + y^2 = 25$，求過 $(3, 4)$ 之切線方程式

44. 曲線 $x^3 - 6xy + y^3 = 0$

   (1) 求過 $(3, 3)$ 之切線方程式

   (2) 求此圖形在第一象限中之切線為水平線之點

45. 求曲線 $x^2 (x^2 + y^2) = y^2$ 在點 $\left(\dfrac{\sqrt{2}}{2}, \dfrac{\sqrt{2}}{2}\right)$ 上的切線方程式　　　　　【100 嘉義大學轉學考】

46. $x^4 + y^4 = 16$，求 $y'' = $?

47. (1) 求函數 $f(x) = \sqrt{3 + x}$ 在點 $(1, 2)$ 之線性逼近式

   (2) 求 x 之值使得精確度在 0.5 之內

48. (1) 求函數 $f(x) = \sin x$ 在點 $x = 0$ 之線性逼近式

   (2) 求函數 $f(x) = \cos x$ 在點 $x = 0$ 之線性逼近式

49. $x^3 + y^3 = 6xy$，$y = f(x) \Rightarrow \dfrac{dy}{dx} = $?

50. $f(x) = x^5 + 2x^3 + 4x$，$f^{-1}{}'(7) = $?

51. If $y = f(x)$ is a function defined implicitly by the equation $x^3 + y^3 = 6xy$, find $\dfrac{dy}{dx}$　【101 逢甲大學轉學考】

52. $y^3 - x^2 = 4$，求 y''。

53. Find the equation of the tangent line to the curve $x^2 y^3 = 27$ at the point $(-1, 3)$　【101 淡江大學轉學考】

54. For the equation of to the curve $y^2 - ye^x - x \ln y = 12$, find the slope of the tangent line at the point $(1, 1)$

　　　　　　　　　　　　　　　　　　　　　　　　　　【101 淡江大學轉學考商管組】

55.　If $f(x) = x^5 + 2x - 3$, then $(f^{-1})'(0) = ?$　　　　【101 中原大學轉學考理工組】

56.　Find $\dfrac{dy}{dx}$ if $4x^2y - 3y = x^3 - 1$　　　　【101 屏教大轉學考】

57.　Find the equation of the tangent line to the curve $y^3 - xy^2 + \cos xy = 2$ at the point $(0, 1)$

　　　　【101 屏教大轉學考】

58.　Find the derivative of $f(x) = \sin[\cos (x^2)]$　　　　【101 屏教大轉學考】

59.　Find $\dfrac{dy}{dx}\bigg|_{(x,y)=(1,0)}$ if $x^2 + y^2 - xy = 1$　　　　【101 宜蘭大學轉學考】

60.　Two sides of a triangle are 10cm and 15cm, and are increasing at 3cm/sec and 4cm/sec, respectively, which the included angle is $\dfrac{\pi}{3}$ and decreasing at 0.5rad/sec. Is the third side increasing or decreasing? At what rate?　　　　【101 成功大學轉學考】

61.　Show that the point $(-1, 3)$ lies on the curve $x^2y^2 = 9$. Then find the functions of the tangent and normal lines to the curve at this point $(-1, 3)$　　　　【101 中山大學資工系轉學考】

62.　Find an equation of the tangent line of the ellipse $x^2 + 4y^2 = 4$ at $\left(1, \dfrac{\sqrt{3}}{2}\right)$ 【101 中山大學機電系轉學考】

63.　Find $D_x[(\sin 2x)^3 (x^4 + 1)^5]$　　　　【101 中興大學轉學考】

64.　$x^2 + xy + y^2 = 5$，求 $\dfrac{dy}{dx}$　　　　【101 中興大學轉學考】

65.　$y = \cos(2x)$, find $\dfrac{d^4y}{dx^4}$

66.　(a) Differentiate $y = \dfrac{1}{\sin^{-1}x}$

　　　(b) Differentiate $f(x) = x \arctan \sqrt{x}$

67.　$f(x) = \sin^2 (\sqrt[3]{(5 + x^4)})$，求 $f'(x)$ 。　　　　【100 中興大學轉學考】

68.　$x^3 - xy + y^2 = 4$，求 $\dfrac{dy}{dx}$　　　　【100 東吳大學經濟系轉學考】

69.　If $f(-4) = 3, f'(-4) = -1, g(x) = [f(x)]^{-2}$ find $g'(-4)$　　　　【100 東吳大學經濟系轉學考】

70.　$y(x) = \sqrt{1 + \sqrt{1 + x^2}}, y'(x) = ?$　　　　【台灣大學轉學考】

71.　Use differentials to approximate $\sqrt[3]{1001} = ?$

人只有從事與自己興趣相關的工作，才有可能得到快樂與成功

5 遞增遞減與極值

Doubt is the key of knowledge.

Mathematics is the head of all knowledge.

5-1　均值定理（The Mean-Value Theorem, MVT）

在介紹均值定理之前，先由其特例洛爾定理開始討論：

定理 1：洛爾定理（Rolle's Theorem）

假設 $f(x)$ 在區間 (a, b) 可微而且在區間 $[a, b]$ 連續，如果 $f(a)$ 和 $f(b)$ 的值都是 0，那麼在 (a, b) 中一定有至少一個 c 滿足 $f'(c) = 0$。

洛爾定理也常用以下方式來敘述：

假設 $f(x)$ 在區間 (a, b) 可微而且在區間 $[a, b]$ 連續，如果 $f(a)$ 和 $f(b)$ 的值相等，那麼在 (a, b) 中一定有至少一個 c 滿足 $f'(c) = 0$。

證明：(1) 在區間 $[a, b]$ 中，若 $f(x) = 0$，則對於所有 $x \in (a, b)$ 均滿足 $f'(x) = 0$

(2) 在區間 $[a, b]$ 中，若 $f(x) \neq 0$，則對於連續函數 $f(x)$ 而言，存在極大值或極小值。令極大值為 M，且 $f(c) = M$，因此 $f(c + h) \leq f(c) = M$

(a) 若 $h > 0 \Rightarrow \dfrac{f(c+h) - f(c)}{h} \leq 0 \Rightarrow \lim\limits_{h \to 0^+} \dfrac{f(c+h) - f(c)}{h} \leq 0$ 　　　　(1)

(b) 若 $h < 0 \Rightarrow \dfrac{f(c+h) - f(c)}{h} \geq 0 \Rightarrow \lim\limits_{h \to 0^+} \dfrac{f(c+h) - f(c)}{h} \geq 0$ 　　　　(2)

$f(x)$ 在區間 (a, b) 可微，故 (1) = (2) = 0，故有 $f'(c) = 0$

圖 1 中函數 $y = f(x)$ 上 A 點 $(a, f(a))$ 和 B 點 $(b, f(b))$ 形成一條割線，AB 割線的斜率為

$$m_{AB} : \frac{f(b) - f(a)}{b - a}$$

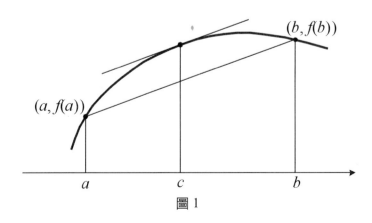

圖 1

如圖 1 所示，在曲線 AB 之間可以找到一點，使得通過該點的切線斜率與割線斜率相等；換句話說，在割線所截的曲線間，存在一條切線與此割線是平行的。名為「均值」是以割線斜率引申而來，因為分子部分的函數值平均分給 x 方面的變化量。

定理 2：微分的均值定理（The Mean-Value Theorem，MVT）

　　如果函數 $f(x)$ 在區間 (a, b) 可微而且在區間 $[a, b]$ 連續，則在 (a, b) 中一定有至少一個 c 滿足

$$f'(c) = \frac{f(b) - f(a)}{b - a} \tag{3}$$

也就是

$$f(b) - f(a) = f'(c)(b - a)$$

證明：由圖 1 可知割線方程式為

$$g(x) = f(a) + \frac{f(b) - f(a)}{b - a}(x - a) \tag{4}$$

$$h(x) = f(x) - g(x) = f(x) - f(a) - \frac{f(b) - f(a)}{b - a}(x - a) \tag{5}$$

　　$h(x)$ 與**洛爾定理**之假設完全相同，根據**洛爾定理**，在 (a, b) 中一定有至少一個 c 滿足 $h'(c) = 0$，由(5)可得

$$h'(x) = f'(x) - \frac{f(b) - f(a)}{b - a} \Rightarrow$$

$$h'(c) = 0 = f'(c) - \frac{f(b) - f(a)}{b - a}$$

$$\therefore f'(c) = \frac{f(b) - f(a)}{b - a}$$

觀念提示：某個物體在 x 軸上移動，當時間為 t 時該物體的位置為 $x(t)$，該物體從時間 $t = a$ 跑到 $t = b$（時間的範圍為區間 $[a, b]$）。則 $x(b) - x(a)$ 為該物體移動的總距離，而 $\dfrac{x(b) - x(a)}{b - a}$ 為平均速度。由均值定理可知，區間 $[a, b]$

中一定找得到某個時間 $t=c$ 滿足 $x'(c)=\dfrac{x(b)-x(a)}{b-a}$

$x'(c)=v(c)$ 為該物體在 $t=c$ 時的瞬間速度。

因此均值定理告訴我們，一定找得到某個時間 $t=c$，當時的瞬間速度正好等於全程的平均速度。

如果你用 4 小時開車跑了 240 公里，那麼平均速度為 60km/hr，而根據均值定理，你的車速在旅程中一定曾經正好是 60km/hr。

定理 3

如果函數 $f(x), g(x)$ 在區間 (a, b) 可微而且在區間 $[a, b]$ 連續，在 (a, b) 中一定有至少一個 c 滿足

$$\frac{f'(c)}{g'(c)}=\frac{f(b)-f(a)}{g(b)-g(a)} \tag{6}$$

證明：設 $F(x)=f(x)\,[g(b)-g(a)]-g(x)\,[f(b)-f(a)]$；$x\in[a, b]$

則 $F(a)=f(a)g(b)-g(a)f(b)=F(b)$

與洛爾定理之假設完全相同，根據洛爾定理，在 (a, b) 中一定有至少一個 c 滿足 $F'(c)=0$

$\Rightarrow f'(c)\,[g(b)-g(a)]=g'(c)\,[f(b)-f(a)]$；$a<c<b$

$\therefore \dfrac{f'(c)}{g'(c)}=\dfrac{f(b)-f(a)}{g(b)-g(a)}$

由微分的均值定理延伸可得定理 4：

定理 4

若函數 $f(x)$ 與 $g(x)$ 皆在 $[a, b]$ 上連續且 $f'(x)=g'(x)$，則存在一實數 c 使得

$\forall x\in[a, b], f(x)=g(x)+c$

證明：令 $h(x)=f(x)-g(x)$，則

$h'(x)=f'(x)-g'(x)=0$

$\therefore h(x)=0$

$\Rightarrow f(x)=g(x)+c$

換言之，如果兩個可微的函數的差為一常數，$f(x)=g(x)+c$，那麼它們的導函數一定相等：$f'(x)=g'(x)$。

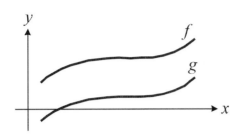

例題 1：利用微分均值定理求出 $x = c \in [0, 2]$，使得 $f'(c) = \dfrac{f(2) - f(0)}{2 - 0}$，函數 $f(x) = x^3 - x$。

解 因為函數 $f(x) = x^3 - x$ 是多項式函數處處連續，所以在 $[0, 2]$ 區間內一樣是連續的，依據微分的均值定理則存在至少一個 $0 \in (0, 2)$ 使得

$$f'(c) = \frac{f(2) - f(0)}{2 - 0} = \frac{(2^3 - 2) - 0}{2} = 3 \text{。}$$

而且 $f'(c) = 3c^2 - 1$

所以 $f'(c) = 3c^2 - 1 = 3 \Rightarrow c^2 = \dfrac{4}{3} \Rightarrow c = \pm\dfrac{2}{\sqrt{3}}$

例題 2：$f'(x) = 6x^2 - 7x - 5$，$f(2) = 1$，求 $f(x)$。

解 先求出某個函數使得 $6x^2 - 7x - 5$ 為其導函數：

$$\frac{d}{dx}\left(2x^3 - \frac{7}{2}x^2 - 5x\right) = 6x^2 - 7x - 5$$

我們想求的 $f(x)$ 和 $2x^3 - \dfrac{7}{2}x^2 - 5x$ 頂多差一個常數 C，因此可令

$$f(x) = 2x^3 - \frac{7}{2}x^2 - 5x + C$$

既然 $f(2) = 1$，我們知道 $2(2)^3 - (7/2)(2)^2 - 5(2) + C = 1$ 得 $C = 9$。

因此 $f(x) = 2x^3 - \dfrac{7}{2}x^2 - 5x + 9$。

例題 3：State "Mean value theorem for derivatives" and show that $|\sin x - \sin y| \le (x - y)$ 【100 中興大學轉學考】

解 Mean value theorem for derivatives: $f'(c) = \dfrac{f(b) - f(a)}{b - a}$

let $f(t) = \sin t$, $t \in [x, y]$, then from MVT, $\exists c \in [x, y]$,

$$f'(c) = \frac{f(y) - f(x)}{y - x} \Rightarrow \cos c = \frac{\sin y - \sin x}{y - x}$$

$$\Rightarrow |\cos c| = \left| \frac{\sin y - \sin x}{y - x} \right| \leq 1$$

$$\Rightarrow |\sin y - \sin x| \leq |x - y|$$

例題 4：Suppose f is differentiable and $f'(x) > 1$ for all x. If $f(0) = 0$, show that $f(x) > x$ for all positive x. 【100 淡江大學轉學考理工組】

解　　由均值定理可知：

$$\exists c \in (0, x), f'(c) = \frac{f(x) - f(0)}{x - 0} = \frac{f(x)}{x}$$

$$\because f'(x) > 1 \Rightarrow \frac{f(x)}{x} > 1$$

$$\therefore f(x) > x$$

例題 5：Use the Mean Value Theorem to find $\lim\limits_{x \to \infty}[\sin\sqrt{x+4} - \sin\sqrt{x}] = ?$ 【政治大學轉學考】

解　　令 $f(x) = \sin\sqrt{x}, b = x + 4, a = x$，則

$$f'(x) = \frac{\cos\sqrt{x}}{2\sqrt{x}},$$

由均值定理可知：

$$\exists c \in (x, x+4), f'(c) = \frac{f(x+4) - f(x)}{x + 4 - x}$$

$$\Rightarrow \frac{\sin\sqrt{x+4} - \sin\sqrt{x}}{4} = \frac{\cos\sqrt{c}}{2\sqrt{c}}$$

$$\therefore \lim_{x \to \infty}[\sin\sqrt{x+4} - \sin\sqrt{x}] = \lim_{x \to \infty}\frac{2\cos\sqrt{c}}{2\sqrt{c}} = 0$$

5-2　遞增與遞減

定義：對某區間裡面的任意兩數 x_1, x_2 而言，

(1) 如果 $x_1 < x_2$ 就一定 $f(x_1) < f(x_2)$，我們稱函數 f 在該區間遞增（increase）。

(2) 如果 $x_1 < x_2$ 就一定 $f(x_1) > f(x_2)$，我們稱函數 f 在該區間遞減（decrease）。

如圖 2 所示，左圖為遞增，右圖為遞減

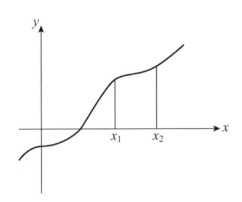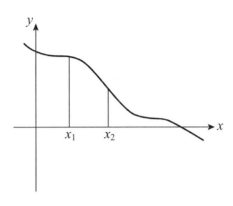

圖 2

說例：(1) 函數 $f(x) = x^2$ 在 $(-\infty, 0]$ 遞減而在 $[0, \infty)$ 遞增。

(2) 函數 $f(x) = x^3$ 到處都遞增。

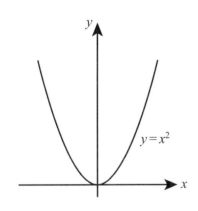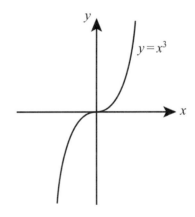

定理 5

假設 $f(x)$ 在區間 $[a, b]$ 連續且在區間內部可微；如果對 $[a, b]$ 內的所有 x 而言，

(1) $f'(x)$ 都大於 0，那麼 $f(x)$ 在區間 $[a, b]$ 遞增。

(2) $f'(x)$ 都小於 0，那麼 $f(x)$ 在區間 $[a, b]$ 遞減。

(3) $f'(x)$ 都等於 0，那麼 $f(x)$ 在區間 $[a, b]$ 為一常數。

證明：令區間 $[a, b]$ 裡面的任意兩數 $x_1, x_2, x_1 < x_2$，則由均值定理可知存在 $c, x_1 < c < x_2$，

$$f(x_2) - f(x_1) = f'(c)(x_2 - x_1)$$

　　　由於 $x_2 - x_1 > 0$，故可得 $f(x_2) - f(x_1)$ 與 $f'(c)$ 同
　　　正或同負

說例：當 $f(x) = \sqrt{1 - x^2}, f'(x) = -\dfrac{x}{\sqrt{1 - x^2}}.$

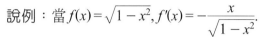

　　　對 $(-1, 0)$ 內的所有 x 而言，$f'(x) > 0$ 而且 f 在
　　　$[-1, 0]$ 連續，因此 f 在 $[-1, 0]$ 遞增。
　　　對 $(0, 1)$ 內的所有 x 而言，$f'(x) < 0$ 而且 f 在 $[0,
　　　1]$ 連續，因此 f 在 $[0, 1]$ 遞減。

說例：當 $f(x) = \dfrac{1}{x}, f'(x) = -\dfrac{1}{x^2}$ 對所有 $x \neq 0$ 都是負數，因此 $f(x)$ 在 $(-\infty, 0)$ 和 $(0, \infty)$
　　　均遞減。

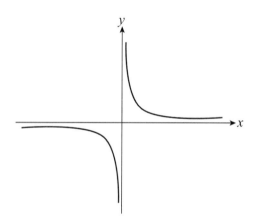

說例：當 $f(x) = \dfrac{4}{5}x^5 - 3x^4 - 4x^3 + 22x^2 - 24x + 6,$

　　　$f'(x) = 4x^4 - 12x^3 - 12x^2 + 44x - 24 = 4\,(x+2)(x-1)^2\,(x-3).$

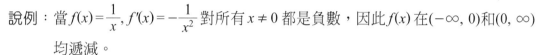

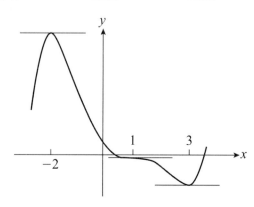

例題 6：$f(x) = x - 2\sin x, 0 \leq x \leq 2\pi$. 求 $f(x)$ 在哪些區間遞增哪些區間遞減。

解　　$f'(x) = 1 - 2\cos x$. 令 $f'(x) = 0$ 得 $x = \pi/3$ 與 $x = 5\pi/3$。

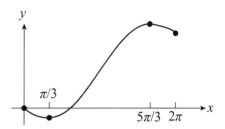

f' 的正負：$- - - - - 0 + + + + + 0 - - - - - \longrightarrow x$
$\qquad\qquad\qquad\quad \pi/3 \qquad\qquad 5\pi/3$

f 的行為：　　遞減　　　　遞增　　　　遞減

$f(x)$ 在 $\left[0, \dfrac{\pi}{3}\right]$ 遞減，

在 $\left[\dfrac{\pi}{3}, \dfrac{5\pi}{3}\right]$ 遞增，

在 $\left[\dfrac{5\pi}{3}, 2\pi\right]$ 遞減。

例題 7：$f(x) = x^3 + 3x^2 - 9x + 4$，求 $f(x)$ 在哪些區間遞增哪些區間遞減。

解　　$f'(x) = 3(x + 3)(x - 1)$

遞增：$[-\infty, -3], [1, \infty]$

遞減：$[-3, 1]$

例題 8：$f(x) = \dfrac{x - 1}{x + 1}$，求 $f(x)$ 在哪些區間遞增哪些區間遞減。

解　　$f'(x) = \dfrac{2}{(x + 1)^2}$

遞增：$[-\infty, -1], [-1, \infty]$

例題 9：試判別函數 $y = x^3 - 12x - 5$ 之遞增與遞減區間。

解　　(1) 是多項式函數故處處連續

(2) 先求出微分 $= 0$ 之點 $y' = 3x^2 - 12 = 3(x - 2)(x + 2) = 0$

$\quad x = 2, x = -2$

(3) 利用 $x = 2, x = -2$ 將數線分割成三個區間分別是 $(-\infty, -2)$、$(-2, 2)$ 和 $(2, \infty)$，如圖 3 所示。

(4) 可以選擇 $-3 \in (-\infty, 2)$、$0 \in (-2, 2)$、$3 \in (2, \infty)$ 最為測試點

(5) 分別計算　$y'(-3) = f'(-3) = 3 \cdot (-3)^2 - 12 = 15 > 0$
　　　　　　$y'(0) = f'(0) = 3 \cdot (0)^2 - 12 = -12 < 0$
　　　　　　$y'(3) = f'(3) = 3 \cdot (3)^2 - 12 = 15 > 0$

根據定理可知函數在$(-\infty, -2)$和$(2, \infty)$時是遞增的，至於在$(-2, 2)$時是遞減的。

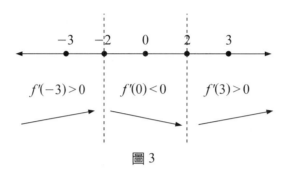

圖 3

5-3　區域極值

定義：對一個函數f而言，如果它在某個點c的函數值比所有附近的x的函數值都要大，我們稱f在c有區域極大值或相對極大值。

如果f在某個點c的函數值比所有附近的x的函數值都要小，我們稱f在c有區域極小值或相對極小值。

不論是區域極大值或區域極小值都可稱為區域極值，如圖 4 所示。

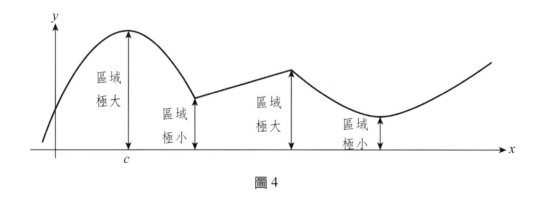

圖 4

綜合以上所述，相對極值的大小是與附近點的函數值比較，而非所有其他的點。但絕對極值的大小則是要與其他所有的點比較，這又與其定義域的

範圍有直接的關係。

定理 6

如果 $f(x)$ 在 c 有區域極大值或區域極小值，那麼一定

$f'(c) = 0$ 　或　 $f'(c)$ 不存在

證明：如果 $f(x)$ 在 $x = c$ 有區域極大值，則在 x 靠近 c 附近的所有點均滿足 $f(x) - f(c)$
　　　 ≤ 0

　　　 $f'(c) = \lim_{x \to c} \dfrac{f(x) - f(c)}{x - c}$

　　　 $f'(c) = \lim_{x \to c^+} \dfrac{f(x) - f(c)}{x - c} \leq 0$

　　　 $f'(c) = \lim_{x \to c^-} \dfrac{f(x) - f(c)}{x - c} \geq 0$

　　　 由於左極限＝右極限，故可得 $f'(c) = 0$

　　　 如果 $f(x)$ 在 $x = c$ 有區域極小值，證明之方法亦同

定義：臨界點（臨界值，Critical Number 或 Critical Value）

　　　 函數 $f(x)$ 的定義域中，滿足

　　　 $f'(c) = 0$ 　或　 $f'(c)$ 不存在

　　　 的 c 值稱為 $f(x)$ 的臨界點。

觀念提示：區域極值只可能發生於臨界點，因此當我們想求出函數 $f(x)$ 的區域極
　　　　　值時只需考慮臨界點，其他位置根本不用考慮，如圖 5, 6 所示。

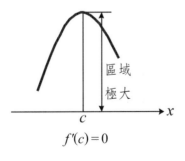
$f'(c) = 0$

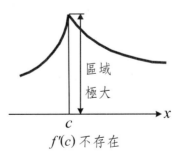
$f'(c)$ 不存在

圖 5

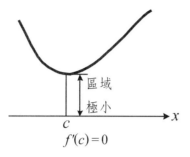 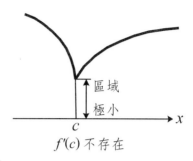

圖 6

說例：$f(x) = 3 - x^2$ 的導函數爲 $f'(x) = -2x$ 到處存在，由於 $f(x) = 0$ 只發生於 $x = 0$，因此 0 是唯一的臨界點，$f(0) = 3$ 爲區域極大值。

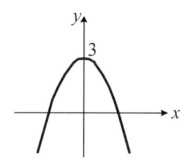

說例：$f(x) = |x+1| + 2 = \begin{cases} -x+1, & x < -1 \\ x+3, & x \geq -1 \end{cases}$

的導函數爲

$f'(x) = \begin{cases} -1, & x < -1 \\ \text{不存在}, & x = -1 \\ 1, & x > -1 \end{cases}$

此導函數不會等於 0，在 $x = -1$ 時導函數不存在，因此 $f(-1) = 2$ 爲區域極小值。

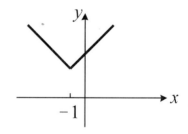

說例：$f(x) = \dfrac{1}{x-1}$ 的定義域爲 $(-\infty, 1) \cup (1, \infty)$，其導函數 $f'(x) = -\dfrac{1}{(x-1)^2}$ 在定義域中到處存在且都不等於 0，因此 $f(x)$ 沒有臨界點，也沒有區域極值。

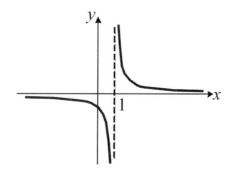

說例：$f(x) = x^3$ 的導函數為 $f'(x) = 3x^2$ 在 $x = 0$ 時為 0，但是 $f(0) = 0$ 並非區域極值，此函數到處遞增。

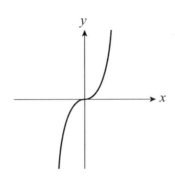

觀念提示：一般而言，c 為 f 的臨界點並不保證 $f(c)$ 一定是區域極值。換言之，區域極值只可能發生在臨界點，但是臨界點不一定會有區域極值。

說例：$f(x) = \begin{cases} -2x + 5, & x < 2 \\ (-1/2)x + 2, & x \geq 2 \end{cases}$ 到處遞減。

雖然 $x = 2$ 是一個臨界點（$f'(2)$ 不存在），但 $f(2)$ 並不是一個區域極值。

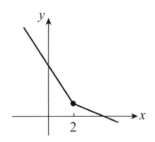

例題 10：$f(x) = (x - 1)^{\frac{2}{3}}$，求 $f(x)$ 之臨界點並求 $f(x)$ 在哪些區間遞增哪些區間遞減。

解　　$f'(x) = \dfrac{2}{3}(x - 1)^{-\frac{1}{3}}$

臨界點：$x = 1$

遞增：$[1, \infty]$

遞減：$[-\infty, 1]$

定理 7：一階導數測試法（The First-Derivative Test）

假設 c 是 $f(x)$ 的一個臨界點，而且 $f(x)$ 在 c 連續。如果找得到一個正數 δ 滿足

(1)對$(c-\delta, c)$中的所有x，$f'(x) > 0$，而且對$(c, c+\delta)$中的所有x，$f'(x) < 0$，那麼$f(c)$是一個區域極大值。

(2)對$(c-\delta, c)$中的所有x，$f'(x) < 0$，而且對$(c, c+\delta)$中的所有x，$f'(x) > 0$，那麼$f(c)$是一個區域極小值。

(3)對$(c-\delta, c) \cup (c, c+\delta)$的所有$x$，$f'(x)$都維持相同的正負號，那麼$f(c)$不是一個區域極值。

證明：(1) 對$(c-\delta, c)$中的所有x，$f'(x) > 0$，故在此區間為遞增，換言之，$f(c) > f(x)$；對$(c, c+\delta)$中的所有x，$f'(x) < 0$，故在此區間為遞減，換言之，$f(c) > f(x)$，亦即$f(x)$在$(c-\delta, c)$區間為遞增而在$(c, c+\delta)$區間為遞減，故$f(c)$是一個區域極大值。

(2) 證明過程與(1)相同

觀念提示：一階導數由正轉負之點為區域極大，一階導數由負轉正之點為區域極小。

說例：$f(x) = x^4 - 2x^3$的導函數為$f'(x) = 4x^3 - 6x^2 = 2x^2(2x-3)$，臨界點為$x = 0$和$3/2$。

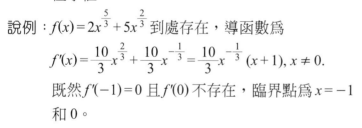

f' 的正負：　－ － － － － － 0 － － － － 0 + + + + +　x

　　　　　　　　　　　　　　0　　　　　3/2

f 的行為：　　　遞減　　　　　遞減　　　　遞增

既然$f'(x)$在$x = 0$的兩邊有相同的正負號，$f(0) = 0$不是區域極值，而$f\left(\dfrac{3}{2}\right) = -\dfrac{27}{16}$是一個區域極小值。

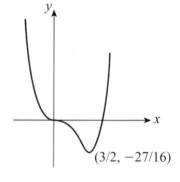

(3/2, −27/16)

說例：$f(x) = 2x^{\frac{5}{3}} + 5x^{\frac{2}{3}}$到處存在，導函數為

$$f'(x) = \frac{10}{3}x^{\frac{2}{3}} + \frac{10}{3}x^{-\frac{1}{3}} = \frac{10}{3}x^{-\frac{1}{3}}(x+1),\ x \neq 0.$$

既然$f'(-1) = 0$且$f'(0)$不存在，臨界點為$x = -1$和0。

f' 的正負：　+ + + + +　0 － － － － 0 + + + + +　x

　　　　　　　　　　　　−1　　　　　0

f 的行為：　　　遞增　　　　　遞減　　　　遞增

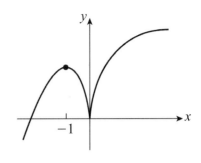

$f(-1)=3$ 是一個區域極大值

$f(0)=0$ 是一個區域極小值

定理 8：二階導數測試法（The Second-Derivative Test）

假設 $f'(c)=0$ 且 $f''(c)$ 存在。

(1) 若 $f''(c)>0$，則 $f(c)$ 是一個區域極小值

(2) 若 $f''(c)>0$，則 $f(c)$ 是一個區域極大值

證明：$f''(c)$ 代表在 $x=c$ 點，$f(x)$ 斜率之變化率。故

(1) 若 $f''(c)>0$，則代表在 $x=c$ 點斜率由負轉正，故 $f(c)$ 是一個區域極小值

(2) 若 $f''(c)<0$，則則代表在 $x=c$ 點斜率由正轉負，$f(c)$ 是一個區域極大值

例題 11：$f(x)=2x^3-3x^2-12x+5$，求區域極小值及區域極大值

解　　$f'(x)=6x^2-6x-12=6(x-2)(x+1)$　且　$f''(x)=12x-6$

臨界點為 2 和 -1，由 $f''(2)=18>0$ 且 $f''(-1)=-18<0$，可知 $f(2)=-15$ 是一個區域極小值且 $f(-1)=12$ 是一個區域極大值。

兩種方法的比較

一階導數測試法的適用範圍較二階導數測試法廣。例如，一階導數測試法可用在函數根本不能微分的一個臨界點上。二階導數測試法只能用在函數可以被微分兩次的臨界點上。即使 $f''(c)$ 存在，只有當 $f''(c) \neq 0$ 我們才可以獲取有用的結論。

說例：$f(x)=x^{\frac{4}{3}}$ 的導函數為 $f'(x)=\frac{4}{3}x^{\frac{1}{3}}$，因此

$$f'(0)=0, f'(x): \begin{cases} <0, & x<0 \\ >0, & x>0 \end{cases}$$

由一階導數測試法，$f(0)=0$ 是一個區域極小值。

我們無法由二階導數測試法得此結論，因為 $f''(x)=\frac{4}{9}x^{-\frac{2}{3}}$ 在 $x=0$ 時沒有定義。

例題 12：Find the global maximum and absolute minimum values of $f(x) = 2x^3 - 3x^2 - 12x + 1$ on the closed interval $[-2, 3]$.　【100 中興大學財金系轉學考】

解　$f(x) = 2x^3 - 3x^2 - 12x + 1$

$f'(x) = 6x^2 - 6x - 12 = 0 \Rightarrow x = -1, 2$

$f(-1) = 8, f(2) = -19, f(-2) = -5, f(3) = -8,$

故知：$f(-1) = 8$ 為最大值，$f(2) = -19$ 為最小值

例題 13：Find the minimum of the curve $f(x) = x^m - mx$, $x > 0$, where m is an integer $m \geq 2$.　　　　　　　　　　　　　　　　【100 淡江大學轉學考理工組】

解　$f(x) = x^m - mx \Rightarrow f'(x) = mx^{m-1} - m$

$f'(x) = 0 \Rightarrow x^{m-1} = 1$

若 m 為偶數 $\Rightarrow x = 1$

若 m 為奇數 $\Rightarrow x = \pm 1$

$f''(x) = m(m-1)x^{m-2}$

$f''(1) > 0$

$f''(-1) < 0$

故極小值為：$f(1) = 1 - m$

例題 14：令 $f(x) = x^3 + x^2 - x - 1$, $x \in (-2, 1)$。求此函數之最大值和最小值　　　　　　　　　　　　　　　　　　　　　【100 嘉義大學轉學考】

解　$f(x) = x^3 + x^2 - x - 1$, $x \in (-2, 1)$

$f'(x) = (x+1)(3x-1) = 0$

$\Rightarrow x = -1$, or $\dfrac{1}{3}$

$f(-2) = -3, f(-1) = 0, f\left(\dfrac{1}{3}\right) = -\dfrac{32}{27}, f(1) = 0$

故最大值 $= 0$ 和最小值 $= -3$

例題 15：Consider the function $f(x) = \dfrac{x}{2} + \cos x$, $0 < x < 2\pi$

　　　(1) Find the critical values

　　　(2) What is the maximum value of $f(x)$　　　　　【101 政治大學轉學考】

解　　(1) $f'(x) = \dfrac{1}{2} - \sin x = 0 \Rightarrow \sin x = \dfrac{1}{2}$

$\therefore$ critical point $s: \dfrac{\pi}{6}, \dfrac{5\pi}{6}$

(2) $f\left(\dfrac{\pi}{6}\right) = \dfrac{\pi}{12} + \dfrac{\sqrt{3}}{2}$

例題 16：$f(x) = 2x^3 - 3x^2 - 12x + 3, x \in [-3, 4]$，求此函數之絕對極大值

【101 淡江大學轉學考】

解　　$f'(x) = 6(x+1)(x-2) = 0 \Rightarrow x = -1, 2$

$f(-1) = 10, f(2) = -17, f(-3) = -42, f(4) = 35$

故絕對極大值為 35

5-4　函數的凹性與漸近線

一階導數代表斜率，故斜率為正（負）則曲線遞增（減），二階導數代表斜率之變化率，故二階導數為正代表曲線凹向上（concave upward），二階導數為負代表曲線凹向下（concave downward），如圖 7 所示。

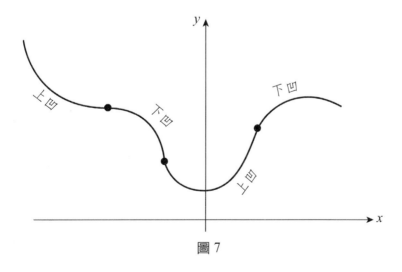

圖 7

定義：假設 f 為在開區間 I 上可微的函數；如果 f' 在 I 上遞增，我們稱 f 在 I 上凹（concave upward），如果 f' 在 I 上遞減，我們稱 f 在 I 下凹（concave downward）。

觀念提示：　1.當你開車在一條上凹的曲線上跑時，你的方向盤持續往左轉；反之，當你開車在一條下凹的曲線上跑時，你的方向盤持續往右轉。

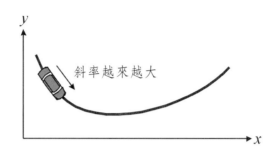

2.凹性的另一種定義：如果 f 的圖形在某區間 I 的切線都位於圖形的下方，那麼 f 的圖形在 I 上凹；如果 f 的圖形在 I 的切線都位於圖形的上方，那麼 f 的圖形在 I 下凹，如圖 8 所示。

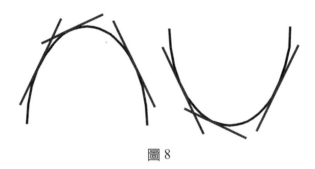

圖 8

定義：Inflection point（反曲點）

假設 f 在 $x=c$ 連續；如果存在一個正數 $\delta > 0$ 使得 f 的圖形在區間 $(c-\delta, c)$ 與在區間 $(c, c+\delta)$ 的凹性相反，我們稱點 $(c, f(c))$ 為 f 的一個反曲點，如圖 9 所示。

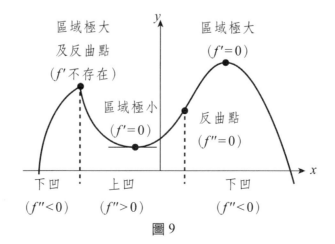

圖 9

如果 f 是二次可微（twice differentiable）的話，我們也可以由其二階導數的正負號看出其凹性。

定理 9

假設 f 在開區間 I 上二次可微。

(1) 如果對所有 I 中的 x，$f''(x)>0$，那麼 f' 在 I 上遞增，f 的圖形上凹。

(2) 如果對所有 I 中的 x，$f''(x)<0$，那麼 f' 在 I 上遞減，f 的圖形下凹。

定理 10

如果點 $(c, f(c))$ 是一個反曲點，那麼

$f''(c)=0$ 　或　 $f''(c)$ 不存在

說例：$f(x)=x^2-4x+3$ 的圖形到處都上凹（因為 $f'(x)=2x-4$ 到處遞增），因此沒有反曲點，如圖 10 所示。

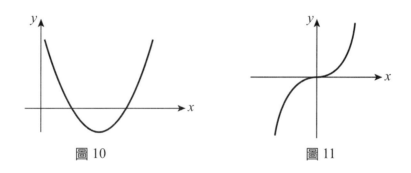

圖 10　　　　　　　　　圖 11

說例：$f(x)=x^3$ 的導函數 $f'(x)=3x^2$ 在 $(-\infty, 0]$ 遞減而在 $[0, \infty)$ 遞增，因此 f 的圖形在 $(-\infty, 0]$ 下凹而在 $[0, \infty)$ 上凹，原點 $(0, 0)$ 是一個反曲點，如圖 11 所示。

例題 17：試畫出 $f(x)=x^3-6x^2+9x+1$

解　　一階導數為

$f'(x)=3x^2-12x+9=3(x-1)(x-3)$，

二階導數為

$f''(x)=6x-12=6(x-2)$。

f'' 的正負：－－－－－－－－－－－－0＋＋＋＋＋＋＋＋＋＋＋

$$\underset{2}{} \qquad\qquad\to x$$

f 的行為：　　　　　　　下凹　　　　　反曲點　　　　上凹

故如圖 12 所示

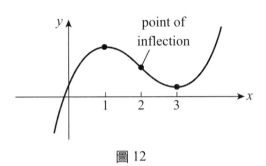

point of inflection

圖 12

例題 18：試畫出 $f(x) = 3x^{\frac{5}{3}} - 5x$

解　　一階導數 $f'(x) = 5x^{\frac{2}{3}} - 5$，二階導數 $f''(x) = (\frac{10}{3})x^{-\frac{1}{3}}$。

二階導數在 $x = 0$ 處不存在。

既然當 $x < 0$ 時 f'' 為負而且當 $x > 0$ 時 f'' 為正，點$(0, f(0)) = (0, 0)$為一反曲點。

故如圖 13 所示

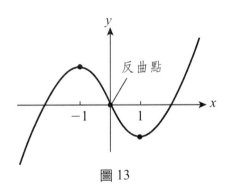

反曲點

圖 13

觀念提示：　1. $f''(c) = 0$ 或 $f''(c)$ 不存在並不保證$(c, f(c))$是一個反曲點。

例如：$f(x) = x^4$ 滿足 $f''(0) = 0$ 但是其圖形到處上凹，因此沒有反曲點，如圖 14 所示。

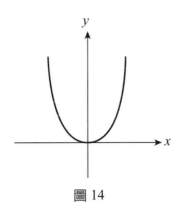

圖 14

2. 如果 f 在 c 不連續，那麼 $f''(c)$ 不存在，但 $(c, f(c))$ 不能是反曲點。

例題 19：判斷以下函數的凹性並找出反曲點（如果有的話）。

$f(x) = x + \cos x, x \in [0, 2\pi]$

解　　　$f'(x) = 1 - \sin x. f''(x) = -\cos x.$

f'' 的正負：　$-\ -\ -\ -\ -\ - \ 0 + + + + + + + 0 - - - - -$ → x

$\qquad\qquad\qquad\qquad\qquad \pi/2 \qquad\qquad\qquad 3\pi/2$

f 的行為：　　　下凹　　　　　上凹　　　　下凹

$\left(\dfrac{\pi}{2}, \dfrac{\pi}{2}\right)$ 和 $\left(\dfrac{3\pi}{2}, \dfrac{3\pi}{2}\right)$ 都是反曲點，如圖 15 所示。

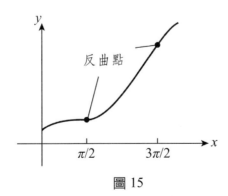

反曲點

$\pi/2 \qquad 3\pi/2$

圖 15

定義：鉛直漸近線

　　當以下情況的任一種成立時，我們稱鉛直線 $x = c$ 是 f 的一條鉛直漸近線（vertical asymptote）：

當 $x{\rightarrow}c$，$f(x){\rightarrow}\infty$ 或 $-\infty$

當 $x{\rightarrow}c^-$，$f(x){\rightarrow}\infty$ 或 $-\infty$

當 $x{\rightarrow}c^+$，$f(x){\rightarrow}\infty$ 或 $-\infty$

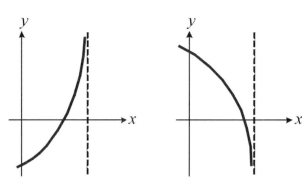

求出 f 的鉛直漸近線的典型作法是：先求出 f 在什麼位置不連續，然後檢視當 x 趨近該處時 f 的行為。

說例：$f(x)=\dfrac{3x+6}{x^2-2x-8}=\dfrac{3(x+2)}{(x+2)(x-4)}$ 除了在 $x=4$ 和 $x=-2$ 外到處連續。

當 $x{\rightarrow}4^+$，$f(x){\rightarrow}\infty$

當 $x{\rightarrow}4^-$，$f(x){\rightarrow}-\infty$

因此直線 $x=4$ 是一條鉛直漸近線。

既然 $\lim\limits_{x\to-2}f(x)=-\dfrac{1}{2}$ 存在，f 在 $x=-2$ 處並沒有鉛直漸近線，如圖 16 所示。

所有直線 $x=(2n+1)\dfrac{\pi}{2}$, $n=0,\pm1,\pm2,\cdots$ 都是 tangent 函數的鉛直漸近線，如圖 17 所示。

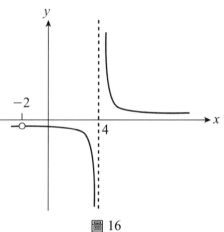

圖 16

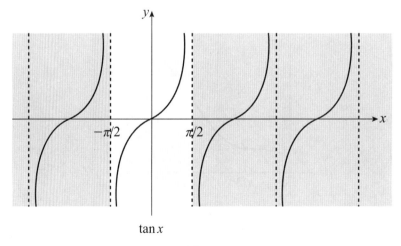

$\tan x$

圖 17

定義：水平漸近線

如果當 $x \to \infty$ 或 $x \to -\infty$ 時，$f(x) \to L$，L 為某實數，我們稱水平線 $y = L$ 為 f 的一條水平漸近線（horizontal asymptote）。

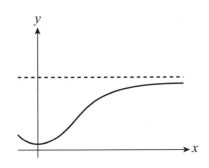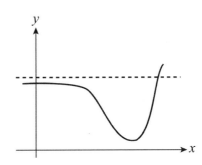

定義：斜漸近線

1. 如果當 $x \to \infty$ 或 $x \to -\infty$ 時，$f(x) - (mx + b) \to 0$，我們稱直線 $y = mx + b$ 為 f 的一條斜漸近線。

2. $\lim\limits_{x \to \pm\infty} \dfrac{f(x)}{x} = m$, 且 $\lim\limits_{x \to \pm\infty} [f(x) - mx] = b$，則我們稱直線 $y = mx + b$ 為 f 的一條斜漸近線。

例題 20：求出以下函數的所有鉛直及水平漸近線（若有的話）。

$$f(x) = \frac{x}{x - 2}$$

 考慮函數 $f(x) = \dfrac{x}{x - 2}$

當 $x \to 2^-$，$f(x) \to -\infty$；當 $x \to 2^+$，

$f(x) \to \infty$

因此直線 $x = 2$ 是一條鉛直漸近線。

當 $x \to \pm\infty$，$f(x) = \dfrac{x}{x - 2} = \dfrac{1}{1 - \dfrac{2}{x}}$

$\to 1$，

因此直線 $y = 1$ 是一條水平漸近線，如圖 18 所示。

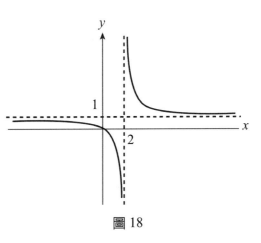

圖 18

例題 21：求出以下函數的所有鉛直及水平漸近線（若有的話）。

$$f(x) = \frac{\cos x}{x}$$

解　考慮 $f(x) = \frac{\cos x}{x}$，當 $x \to 0^-$，$f(x) \to -\infty$；當 $x \to 0^+$，$f(x) \to \infty$

因此直線 $x = 0$ 是一條鉛直漸近線。

當 $x \to \pm\infty$，$f(x) = \frac{\cos x}{x} \to 0$，因此直線 $y = 0$ 是一條水平漸近線。

由此例題可知：一個函數在趨近水平漸近線時，不一定只能從漸近線的某一邊趨近；此例的函數在趨近水平漸近線的過程中來回跨過了該線無窮多次，如圖 19 所示。

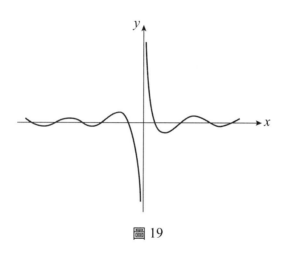

圖 19

例題 22：求出以下函數的所有鉛直及水平漸近線（若有的話）。

$$g(x) = \frac{x+1-\sqrt{x}}{x^2-2x+1} = \frac{x+1-\sqrt{x}}{(x-1)^2}$$

解　當 $x \to 1$，$g(x) \to \infty$，因此直線 $x = 1$ 是一條鉛直漸近線。

當 $x \to \infty$，$g(x) = \frac{x+1-\sqrt{x}}{x^2-2x+1} = \frac{x\left(1+\dfrac{1}{x}-\dfrac{1}{\sqrt{x}}\right)}{x^2\left(1-\dfrac{2}{x}+\dfrac{1}{x^2}\right)} \to 0$

因此直線 $y = 0$ 是一條水平漸近線。

例題 23：求出以下函數的所有漸近線（若有的話）。

$$g(x) = \frac{x^3+1}{x^2-x-2}$$

【海洋大學轉學考】

$$g(x) = \frac{x^3+1}{x^2-x-2} = x+1+\frac{3(x+1)}{(x+1)(x-2)}$$

$\lim\limits_{x \to 2} g(x) = \infty$，則 $x=2$ 為一條鉛直漸近線。

$\lim\limits_{x \to \infty} \dfrac{3(x+1)}{(x+1)(x-2)} = 0$，$y = x+1$ 為一條斜漸近線。

例題 24：設 $f(x) = \sqrt[3]{x^3-x^2}$

    (1) 若 $\lim\limits_{x \to \infty} [f(x) - (x+a)] = 0, a = $?

    (2) 求 $\lim\limits_{x \to \infty} [f(x) - (x+a)] = $?

    (3) 求 $y = f(x)$ 之斜漸近線

    (4) 求 $y = f(x)$ 與 $y = x+a$ 之交點 　　　　　　【台大轉學考】

解

$(1)\ f(x) - (x-a) = \dfrac{x^3-x^2-(x^3+3ax^2+3a^2x+a^3)}{(x^3-x^2)^{\frac{2}{3}}+(x^3-x^2)^{\frac{1}{3}}(x+a)+(x+a)^2}$

$\qquad\qquad\qquad = \dfrac{-(1+3a)-\dfrac{3a^2}{x}-\dfrac{a^3}{x^2}}{\left(1-\dfrac{1}{x}\right)^{\frac{2}{3}}+\left(1-\dfrac{1}{x}\right)^{\frac{1}{3}}\left(1+\dfrac{a}{x}\right)+\left(1+\dfrac{a}{x}\right)^2}$

$\qquad \lim\limits_{x \to \infty} [f(x) - (x+a)] = -\dfrac{1+3a}{3} = 0 \Rightarrow a = -\dfrac{1}{3}$

$(2)\ \lim\limits_{x \to \infty} [f(x) - (x+a)] = -\dfrac{1+3a}{3} = -\dfrac{1+3\left(-\dfrac{1}{3}\right)}{3} = 0$

(3) 斜漸近線：$y = x+a = x-\dfrac{1}{3}$

$(4)\ f(x) = \sqrt[3]{x^3-x^2} = x-\dfrac{1}{3} \Rightarrow x = \dfrac{1}{9}, f\left(\dfrac{1}{9}\right) = -\dfrac{2}{9}$

有理函數的行為

我們對一個分式的分子和分母分別提出最高次項的技巧可以用來證明以下性質。

$$R(x) = \frac{p(x)}{q(x)} = \frac{a_n x^n + \cdots + a_1 x + a_0}{b_k x^k + \cdots + b_1 x + b_0}, a_n \neq 0, b_k \neq 0$$

當 $x \to \pm\infty$ 時，$\begin{cases} R(x) \to 0, & n < k \\[2mm] R(x) \to \dfrac{a_n}{b_n}, & n = k \\[2mm] R(x) \to \pm\infty, & n > k. \end{cases}$

例題 25：求出以下函數的所有鉛直及水平漸近線（若有的話）。

$$f(x) = \frac{5 - 3x^2}{1 - x^2}$$

解　函數 $f(x) = \dfrac{5 - 3x^2}{1 - x^2}$ 除了 $x = \pm 1$ 外

到處連續。

直線 $x = 1$ 是一條鉛直漸近線：

當 $x \to 1^-$，$f(x) \to \infty$

當 $x \to 1^+$，$f(x) \to -\infty$

直線 $x = -1$ 是一條鉛直漸近線：

當 $x \to -1^-$，$f(x) \to -\infty$

當 $x \to -1^+$，$f(x) \to \infty$

當 $x \to \pm\infty$，$f(x) \to 3$，因此直線 y

$= 3$ 是一條水平漸近線，如圖 20 所示。

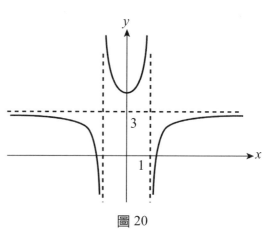

圖 20

定義：鉛直切線

如果當 $x \to c$ 時，$f'(x) \to \infty$ 或 $f'(x) \to -\infty$，我們稱 f 在點 $(c, f(c))$ 有一條**鉛直切線**

（vertical tangent）。

說例：(a) $f(x) = x^{\frac{1}{3}}$ 在點 $(0, 0)$ 有一條鉛直切線因為

　　　當 $x \to 0$，$f'(x) = \dfrac{1}{3} x^{-\frac{2}{3}} \to \infty$

　　　如圖 21(a) 所示

　　(b) $f(x) = (2 - x)^{\frac{1}{5}}$ 在點 $(2, 0)$ 有一條鉛直切線因為

　　　當 $x \to 2$，$f'(x) = -\dfrac{1}{5} (2 - x)^{-\frac{4}{5}} \to -\infty$

　　　如圖 21(b) 所示：

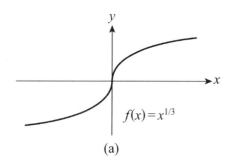

(a)

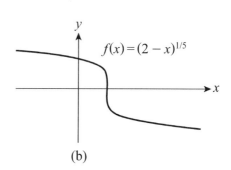

(b)

圖 21

例題 26：$f(x) = x^4 - 4x^3 + 10$，求 (1) critical points　(2) Inflection points　(3) 極值

解　$f'(x) = 4x^3 - 12x^2 = 0 \Rightarrow x = 0.3 (critial\ points)$

$f'(x) \begin{cases} <0;\ x<0 \Rightarrow decrea\sin g \\ <0;\ 0<x<3 \Rightarrow decrea\sin g \\ >0;\ 3<x \Rightarrow increa\sin g \end{cases}$

$\therefore x = 3\ is\ local\ \min.$

$f''(x) = 12x(x-2) = 0 \Rightarrow x = 0,\ 2 (inflection\ points)$

$f''(x) \begin{cases} >0;\ x<0 \Rightarrow concave\ up \\ <0;\ 0<x<2 \Rightarrow concave\ down \\ >0;\ 2<x \Rightarrow concave\ up \end{cases}$

例題 27：$f(x) = \dfrac{(x+1)^2}{1+x^2}$，求 (1) critical points　(2) Inflection points　(3) 極值

解　$f'(x) = \dfrac{2(1-x^2)}{(1+x^2)^2} = 0 \Rightarrow x = 1,\ -1 (critial\ points)$

$f'(x) = \begin{cases} -;\ x<-1 \Rightarrow decrea\sin g \\ +;\ -1<x<1 \Rightarrow increa\sin g \\ -;\ 1<x \Rightarrow decrea\sin g \end{cases}$

$\therefore x = -1\ is\ local\ \min.,\ x = -1\ is\ local\ \max.$

$f''(x) = \dfrac{4x(x^2-3)}{(1+x^2)^3} = 0 \Rightarrow x = 0,\ \sqrt{3},\ -\sqrt{3} (inflection\ points)$

$f''(x) \begin{cases} -;\ x<-\sqrt{3} \Rightarrow concave\ down \\ +;\ -\sqrt{3}<x<0 \Rightarrow concave\ up \\ -;\ 0<x<\sqrt{3} \Rightarrow concave\ down \\ +;\ \sqrt{3}<x \Rightarrow convave\ up \end{cases}$

horizontal asymptote

$x \to \infty \Rightarrow f(x) \to 1^+$

$x \to -\infty \Rightarrow f(x) \to 1^-$

說例：考慮以下三個函數：$f(x) = x^3,\ g(x) = x^4,\ h(x) = -x^4$

　　　對每個函數而言，$x = 0$ 都是臨界點：

　　　$f'(x) = 3x^2 \qquad g'(x) = 4x^3 \qquad h'(x) = -4x^3$

　　　$f'(0) = 0 \qquad g'(0) = 0 \qquad h'(0) = 0$

　　　對每個函數而言，$x = 0$ 時二階導數都是 0：

$$f''(x) = 6x \qquad g''(x) = 12x^2 \qquad h''(x) = -12x^2$$

$$f''(0) = 0 \qquad g''(0) = 0 \qquad h''(0) = 0$$

我們已知 $f(x) = x^3$ 在 $x = 0$ 時沒有區域極值。

對 $g(x)$ 而言，既然 $x < 0$ 時 $g'(x) < 0$ 且 $x > 0$ 時 $g'(x) > 0$ 時，由一階導數測試法我們知道 $g(0) = 0$ 是一個區域極小值。

既然 h 只是 g 變號的結果，h 在 $x = 0$ 有區域極大值。

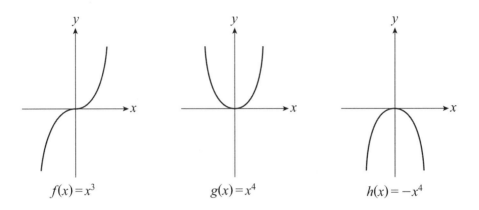

$$f(x) = x^3 \qquad\qquad g(x) = x^4 \qquad\qquad h(x) = -x^4$$

對一個在開區間上定義的函數而言，臨界點就是所有會使得導函數為 0 或導函數不存在的點。如果一個函數是在閉區間（或半閉區間）上定義，如：

$[a, b], [a, b), (a, b], [a, \infty),$ or $(-\infty, b]$,

那麼在區間的端點也可能有極值。

端點極值可能是**端點極大值**或**端點極小值**，如圖 22 所示。

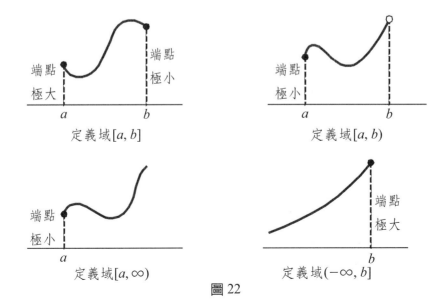

圖 22

定義：端點極值

　　如果 c 是 f 的定義域的一個端點，而且對所有定義域中的 c 附近的 x，

　　$f(c) \geq f(x)$　都成立，

　　我們稱 f 在 c 有一個端點極大值（endpoint maximum）。

　　如果對所有定義域中的 c 附近的 x，

　　$f(c) \leq f(x)$　都成立，

　　我們稱 f 在 c 有一個端點極小值（endpoint minimum）。

觀念提示：端點極值通常可由函數在端點的左或右導函數或由導函數在端點附近
　　　　　的正負號來檢驗。

定義：絕對極值

　　如果 d 是 f 的定義域的一個點，而且對所有定義域中的 x，$f(d) \geq f(x)$ 都成立，
我們稱 f 在 d 有一個**絕對極大值**（absolute maximum）。

　　如果對所有定義域中的 x，$f(d) \leq f(x)$ 都成立，我們稱 f 在 d 有一個**絕對極小值**
（absolute minimum）。

・一個函數的絕對極值一定發生於臨界點或端點。

・一個在某區間定義的連續函數有可能不存在絕對
　極大值或絕對極小值。

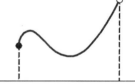

　　求出一個連續函數 f 在閉區間 $[a, b]$ 的絕對極值的步

驟：

Step 1. 求出在開區間 (a, b) 中的臨界點 $c_1, c_2, \cdots$

Step 2. 計算 $f(a), f(c_1), f(c_2), \cdots, f(b)$ 的值

Step 3. 步驟 2 中所算出來的數中，最大的數就是絕對極大值，最小的數就是絕對
　　　　極小值。

例題 28：求出以下函數的臨界點及所有極值，並將極值分類。

$$f(x) = 1 + 4x^2 - \frac{1}{2}x^4, x \in [-1, 3]$$

 解　　　$f'(x) = 8x - 2x^3 = 2x(2-x)(2+x).$

　　　　當 $x = 0$ 和 $x = 2$ 時 $f'(x) = 0$，因此 0 和 2 是臨界點。

f' 的正負：

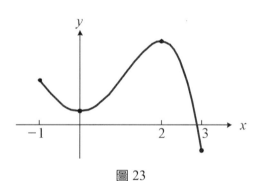

f 的行為：　　　　　遞減　　　　　遞增　　　　　遞減

極值的分類：

$f(-1)=\dfrac{9}{2}$　　端點極大值

$f(0)=1$　　　區域極小值

$f(2)=9$　　　區域極大值

$f(3)=-\dfrac{7}{2}$　　端點極小值

$f(3)=-\dfrac{7}{2}$ 同時也是絕對極小值，$f(2)=9$ 同時也是絕對極大值，如圖 23 所示。

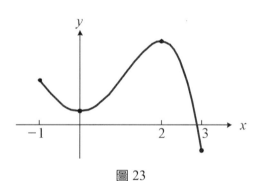

圖 23

例題 29：求出以下函數的臨界點及所有極值，並將極值分類。

$$f(x)=x^2-2|x|+2=\begin{cases} x^2+2x+2, & -\dfrac{1}{2}\le x<0 \\ x^2-2x+2, & 0\le x\le 2 \end{cases}$$

解　　f 在開區間 $\left(-\dfrac{1}{2},\,2\right)$ 中除了 $x=0$ 外都可微：

$$f'(x)=\begin{cases} 2x+2, & -\dfrac{1}{2}<x<0 \\ 不存在, & x=0 \\ 2x-2, & 0<x<2 \end{cases}$$

因此 $x=0$ 為臨界點。

當 $x=1$ 時 $f'(x)=0$，因此 1 也是臨界點。

f' 的正負：　$+\ +\ +\ +\ +\ \times\ -\ -\ -\ -\ -\ -\ 0\ +\ +\ +\ +\ +$

　　　　　　　$-1/2$　　　　　0　　　　　　　1　　　　　　2　　　x

f 的行為：　　　　遞增　　　　　遞減　　　　　遞增

極值的分類：

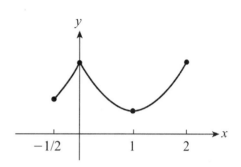

$f\left(-\dfrac{1}{2}\right)=\dfrac{5}{4}$　端點極小值

$f(0)=2$　　　區域極大值

$f(1)=1$　　　區域極小值

$f(2)=2$　　　端點極大值

$f(1)=1$　　　絕對極小值

$f(0)=f(2)=2$　絕對極大值

例題 30：求出以下函數的臨界點及所有極值，並將極值分類。
$$f(x)=6\sqrt{x}-x\sqrt{x}.$$

解　　定義域為 $[0,\infty)$，$f'(x)=3x^{-\frac{1}{2}}-\dfrac{3}{2}x^{\frac{1}{2}}=\dfrac{3(2-x)}{2\sqrt{x}}.$

當 $x=2$ 時 $f'(x)=0$，因此 2 為臨界點。

f'' 的正負：　$+\ +\ +\ +\ +\ 0\ -\ -\ -\ -\ -$

　　　　　　　　0　　　　　2　　　x

f 的行為：　　　　遞增　　　　　遞減

極值的分類：

$f(0)=0$　端點極小值

$f(2)=4\sqrt{2}$　區域極大值

當 $x\to\infty$，$f(x)\to-\infty$，因此沒有絕對極小值。

區域極大值 $f(2)=4\sqrt{2}$　同時也是絕對極大值。

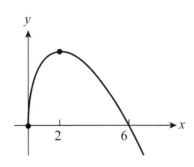

例題 31：求出以下函數的臨界點及所有極值，並將極值分類。

$$f(x) = \frac{1}{4}\left(x^3 - \frac{3}{2}x^2 - 6x + 2\right), x \in [-2, \infty)$$

解 　　$f'(x) = \frac{1}{4}(3x^2 - 3x - 6) = \frac{3}{4}(x+1)(x-2).$

當 $x = -1, 2$ 時 $f'(x) = 0$，因此 -1 和 2 為臨界點。

f' 的正負：$\quad + + + + + \ 0 \ - - - - - \ 0 \ + + + + +$

f 的行為：$\qquad$ 遞增 $\qquad$ 遞減 $\qquad$ 遞增

極值的分類：

$f(-2) = 0 \qquad$ 端點極小值

$f(-1) = \dfrac{11}{8} \qquad$ 區域極大值

$f(2) = -2 \qquad$ 區域極小值

當 $x \to \infty$，$f(x) \to \infty$，因此沒有絕對極大值。

$f(2) = -2$ 為絕對極小值。

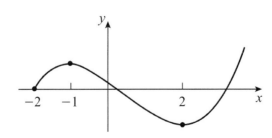

例題 32：求出以下函數的臨界點及所有極值，並將極值分類。

$$f(x) = \sin x - \sin^2 x, x \in [0, 2\pi].$$

解　在區間$(0, 2\pi)$上，

$f'(x) = \cos x - 2\sin x \cos x = \cos x(1 - 2\sin x)$

當 $x = \dfrac{\pi}{2}, \dfrac{3\pi}{2}, \dfrac{\pi}{6}, \dfrac{5\pi}{6}$ 時 $f'(x) = 0$，因此這些點為臨界點。

f' 的正負：　$+\ +\ +\ +\ 0\ -\ -\ -\ -\ 0\ +\ +\ +\ +\ 0\ -\ -\ -\ -\ 0\ +\ +\ +$

```
─────┼──────────┼──────────┼──────────┼──────────┼──────────→ x
    0         π/6         π/2        5π/6       3π/2        2π
```

f 的行為：　　遞增　　　　遞減　　　　遞增　　　　遞減　　　　遞增

$f(0) = 0$　　端點極小值

$f\left(\dfrac{\pi}{6}\right) = \dfrac{1}{4}$　　區域極大值

$f\left(\dfrac{\pi}{2}\right) = 0$　　區域極小值

$f\left(\dfrac{5\pi}{6}\right) = \dfrac{1}{4}$　　區域極大值

$f\left(\dfrac{3\pi}{2}\right) = -2$　　區域極小值

$f(2\pi) = 0$　　端點極大值

$f\left(\dfrac{\pi}{6}\right) = f\left(\dfrac{5\pi}{6}\right) = \dfrac{1}{4}$　　絕對極大值

$f\left(\dfrac{3\pi}{2}\right) = -2$　　絕對極小值

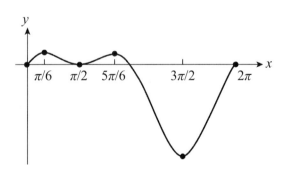

例題 33：求函數 $f(x) = x^{\frac{2}{3}}$ 在 $[-2, 3]$ 區間中的絕對極值。

解　找出兩種可能 $f'(c) = 0$ 或 $f'(c)$ 不存在的臨界點

先求微分 $f'(x) = \dfrac{2}{3}x^{-\frac{1}{3}} = \dfrac{2}{3\sqrt[3]{x}}$，因為分子非零所以只求使得 $f'(c)$ 不存在的

臨界點，故令

$3\sqrt[3]{x} = 0 \Rightarrow x = 0$

計算所有臨界數的函數值 $f(0)$ 和端點的函數值 $f(-2)$ 和 $f(3)$

	左端點	臨界點	右端點
x	-2	0	3
$f(x)$	$\sqrt[3]{4}$	0	$\sqrt[3]{9}$

所以絕對極大值為 $\sqrt[3]{9}$，絕對極小值為 0。

例題 34：Find the local extrema of $f(x) = x^2 \ln x$; $x > 0$, discuss concavity and find the point of reflection 　　　　　　　　　　　　　　　　【100 成大轉學考】

解

$f'(x) = 2x \ln x + x = 0 \Rightarrow x = e^{-\frac{1}{2}}$

$f''(x) = 2\ln x + 3 = 0 \Rightarrow x = e^{-\frac{3}{2}}$

Concave down: $0 \le x \le e^{-\frac{3}{2}}$

Concave up: $e^{-\frac{3}{2}} \le x \le \infty$

Local min.: $(x, y) = \left(e^{-\frac{1}{2}}, -\frac{1}{2} e^{-1} \right)$

Saddle point: $(x, y) = \left(e^{-\frac{3}{2}}, -\frac{3}{2} e^{-3} \right)$

Note: $\dfrac{d}{dx} \ln x = \dfrac{1}{x}$

例題 35：Find maximum, minimum, inflection points, asymptotes of an implicit function defined by $x^3 + y^3 = 1$ 　　　　　　　　　　　【101 台大轉學考】

解

$x^3 + y^3 = 1 \Rightarrow y = (1 - x^3)^{\frac{1}{3}}$

$y' = \dfrac{1}{3}(1 - x^3)^{-\frac{2}{3}}(-3x^2) = \dfrac{-x^2}{(1 - x^3)^{\frac{2}{3}}}$

$x = 0 \Rightarrow y' = 0$, $x = 1 \Rightarrow y'$ does not exist

$y'' = \dfrac{-2x}{(1 - x^3)^{\frac{2}{3}}} - \dfrac{2x^5}{(1 - x^3)^{\frac{5}{3}}}$

$x = 0 \Rightarrow y'' = 0$, $x = 1 \Rightarrow y''$ does not exist

inflection points: $x = 0$, $x = 1$

no local maximum, minimum

$$\lim_{x \to \pm\infty} \frac{(1 - x^3)^{\frac{1}{3}}}{x} = -1$$

$$\lim_{x \to \pm\infty} \left[(1 - x^3)^{\frac{1}{3}} - x \right] = 0$$

斜漸近線：$y = -x$

5-5 最佳化問題

我們到目前為止所學的技巧已經可以用來解決許多求極值的實際問題，有關求極值的方法可應用於求最大面積、最短距離，或最大利潤等。要解題時，關鍵的步驟是將要求最大或最小值的對象表示為另一個變數的函數，再依所學的極值定理求得最大或最小值。

例題 36：某人想用籬笆在河邊圍出一個面積為 1000 平方公尺的長方形區域，如果長方形靠河的一邊不必圍，請問：圍出長方形的其他三邊所需的籬笆最少需幾公尺？

 解

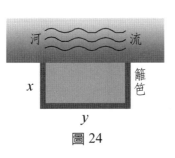

圖 24

如圖 24 所示，所需的籬笆長度 $L = 2x + y$，我們希望 L 越小越好。既然 $xy = 1000$，$y = \dfrac{1000}{x}$，因此

$$L = 2x + y = 2x + \frac{1000}{x}, \quad \frac{dL}{dx} = 2 - \frac{1000}{x^2}$$

令 $\dfrac{dL}{dx} = 0$ 可解得 $x = \pm 10\sqrt{5}$。

由 $L''(x) = 2000x^{-3}$ 可知 $L''(10\sqrt{5}) > 0$，因此 L 在 $x = 10\sqrt{5}$ 時有極小值，此時籬笆的長度為 $L(10\sqrt{5}) = 40\sqrt{5}$ 公尺。

例題 37：農場規劃在河邊用 1200 公尺籬笆圍一個長方形牧園，並為牧養兩類動物將長方形牧園用籬笆圍成相同形狀的兩區且皆臨河，但臨河的邊不圍籬笆，問如何設計出最大總面積的牧園？

解 設平行河岸的一邊長為 y，而垂直於河岸的兩邊及中隔邊長皆為 x，如圖 25 所示。

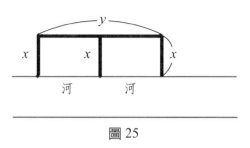

圖 25

籬笆使用為 $3x+y=1200$，即 $y=1200-3x$，欲求總面積 $A=xy$ 之絕對極大值，即求 $f(x)=x(1200-3x)$ 在閉區間$[0, 400]$上的絕對極大值。

先求 f 在$[0, 400]$內的臨界點，令 $f'(x)=0$，即令 $1200-6x=0$，得臨界點 $x=200$。

由 $f(0)=0=f(400)$ 及 $f(200)=120000$ 最大，知平行河岸的一邊長 y 應取為 600 公尺，而垂直於河岸的兩邊及中隔邊長 x 皆取為 200 公尺時，達到總面積的絕對極大值 120,000（平方公尺）。

例題 38：試問在 $y=x+3$ 直線上的那個點最靠近坐標點$(1, 10)$？

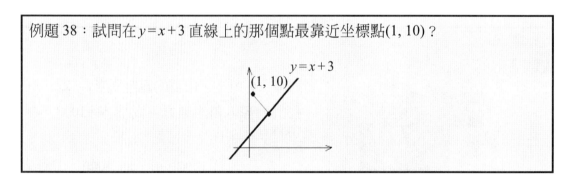

解 坐標點$(1, 10)$到 $y=x+3$ 直線上的距離為 $\sqrt{(x-1)^2+(y-10)^2}$。

因 $y=x+3$，本題即對 x 在$(-\infty, +\infty)$區間上求 $f(x)=\sqrt{(x-1)^2+((x+3)-10)^2}$ 的絕對極小值。

求臨界點，算出 $f'(x)=\dfrac{2(x-1)+2(x-7)}{2\sqrt{(x-1)^2+((x+3)-10)^2}}=0$，得 $x=4$。

因 $f'(x)<0$ 對 $x<4$，且 $f'(x)>0$ 對 $x>4$，所以所求最短距離為 $f(4)=3\sqrt{2}$。

當 $x=4$ 時，$y=7$，坐標點$(4, 7)$為在 $y=x+3$ 直線上最靠近坐標點$(1, 10)$的位置。

例題 39：如果我們想在一個底長為 6 且高為 12 的等腰三角形內部擺入一個長方形，而且長方形的一邊必須落在等腰三角形的底上，那麼這種長方形的最大面積是多少？

解　如圖 26，我們想求長方形面積 $A = 2xy$ 的最大值。

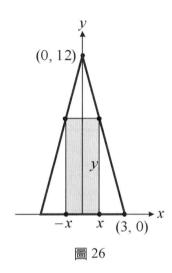

圖 26

通過 $(0, 12)$ 與 $(3, 0)$ 的直線的方程式為 $y = 12 - 4x$，因此

$A = 2xy = 2x(12 - 4x) = 24x - 8x^2, x \in [0, 3]$

令 $A'(x) = 0$ 可解得 $x = \dfrac{3}{2}$。

既然 $A(0) = 0, A\left(\dfrac{3}{2}\right) = 18, A(3) = 0$，長方形面積的最大值為 $A\left(\dfrac{3}{2}\right) = 18$。

例題 40：某飲料公司想要設計圓柱形罐子來裝飲料，罐子的容量必須是 22 立方英吋。如果要讓罐子的表面積越小越好，罐子的高和底的半徑須分別是多少？

解　如圖 27 所示，罐子的表面積為 $S = 2\pi r^2 + 2\pi rh$，我們希望 S 越小越好。既然體積 $\pi r^2 h = 22$，因此 $h = \dfrac{22}{(\pi r^2)}$，所以

$S = 2\pi r^2 + 2\pi r\left(\dfrac{22}{\pi r^2}\right) = 2\pi r^2 + \dfrac{44}{r}, \dfrac{dS}{dr} = 4\pi r - \dfrac{44}{r^2} = \dfrac{4(\pi r^3 - 11)}{r^2}$

令 $\dfrac{dS}{dr} = 0$ 可解得 $r_0 = \left(\dfrac{11}{\pi}\right)^{\frac{1}{3}} \cong 1.5$ 英吋。

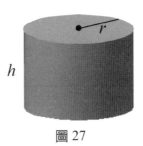

圖 27

既然 $\frac{dS}{dr}$ 在 $r<r_0$ 時為負而 $r>r_0$ 時為正，S 在 $r=r_0$ 時有極小值，因此罐子的高度應設計成 $\frac{22}{(\pi r^2)} \cong 3$ 英吋。

例題 41： 某建築師想要設計一扇窗子，其形狀是由一個半圓和一個長方形的一邊相接而成，而且窗子外框的長度必須是 p。如果要讓窗子的面積越大越好，半圓的半徑必須是多少？

解　如圖 28 所示，窗子的面積為 $A = \frac{1}{2}\pi x^2 + 2xy$，我們希望 A 越大越好。

既然 $p = 2x + 2y + \pi x$，因此 $y = \frac{1}{2}(p - (2+\pi)x)$，所以

$A = \frac{1}{2}\pi x^2 + 2x\left(\frac{1}{2}(p - (2+\pi)x)\right) = px - \left(2 + \frac{\pi}{2}\right)x^2$

令 $A'(x) = p - (4+\pi)x$ 為 0 可解得 $x = \frac{p}{(4+\pi)}$。既然 $A''(x) = -(4+\pi) < 0$，A 在半圓的半徑為 $\frac{p}{(4+\pi)}$ 時有極大值。

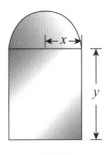

圖 28

綜合練習

1. 已知 $f(x) = x^3 + ax^2 + bx - 3$ 在 $x = 1$ 和 $x = -3$ 時有區域極值，請問 a 和 b 各是多少？

2. 求出 $f(x) = 4x^2 - 7x + 3$ 在區間 $[-2, 3]$ 的絕對極大值與絕對極小值。

3. 求出 $f(x) = 4x^3 - 8x^2 + 1$ 在區間 $[-1, 1]$ 的絕對極大值與絕對極小值。

4. 求出 $f(x) = x^4 - 2x^3 - x^2 - 4x + 3$ 在區間 $[0, 4]$ 的絕對極大值與絕對極小值。

5. 求出 $f(x) = \dfrac{x^3}{x+2}$ 在區間 $[-1, 1]$ 的絕對極大值與絕對極小值。

6. 求出 $f(x) = x + \dfrac{4}{x}$ 在區間 $[1, 5]$ 的絕對極大值與絕對極小值。

7. 曲線 $y^2 = 2x$ 上的無窮多個點中，與點 $(1, 4)$ 的距離最短的是哪一個點？

8. 求出 $f(x) = \dfrac{x^2}{16} + \dfrac{1}{x}$ 在區間 $[1, 4]$ 的絕對極大值與絕對極小值。

9. 求出 $f(x) = x^3 - 3x^2 + 1;\ -\dfrac{1}{2} \le x \le 4$ 的臨界點及所有極值，並將極值分類。

10. 求出下列函數的臨界點

    (1) $f(x) = x^{\frac{3}{5}}(4 - x)$

    (2) $f(x) = x^{\frac{1}{3}}(x - 4)$

11. 求出 $f(x) = x^3 - 3x^2 + 1;\ -\dfrac{1}{2} \le x \le 4$ 的臨界點及所有極值，並將極值分類。

12. 求出 $f(x) = x^3 - 12x - 5$ 的的臨界點及所有極值，並將極值分類。

13. 求出 $f(x) = 3x^4 - 4x^3 - 12x^2 + 5$ 的臨界點及所有極值，並將極值分類。

14. 求出 $f(x) = 2x^3 - 3x^2 - 72x + 15$ 的臨界點及所有極值，並將極值分類。

15. 求出 $f(x) = 4x^3 + 7x^2 - 10x + 8$ 的臨界點及所有極值，並將極值分類。

16. 求出 $f(x) = \cos x + \sin x + 1$ 的臨界點及所有極值，並將極值分類。

17. $f(x) = x^3 - 3x^2 + 2x$，求 (1) critical points　(2) Inflection points　(3) 極值

18. $f(x) = x^{\frac{2}{3}}(6 - x)^{\frac{1}{3}}$，求 (1) critical points　(2) Inflection points　(3) 極值

19. 求 $f(x) = \dfrac{x^2}{x^2 - 1}$ 的所有水平漸近線與鉛直漸近線的直線方程式。

20. $f(x) = 2x^3 + 3x^2 - 12x$

    (1) $f(x)$ 在什麼區間上凹？什麼區間下凹？

    (2) 求出 $f(x)$ 所有的反曲點（如果有的話）

21. 試問在 $y = 2x - 10$ 直線上的那個點最靠近原點？

22. 設 $y = \dfrac{x(|x| + 2)}{\sqrt{x^2 - 1}}$，求漸近線　　　　　　　　　　　　　　【台大轉學考】

23. 求極限 $\displaystyle\lim_{x \to \pm\infty} \dfrac{5x^2 + 8x - 3}{3x^2 + 2}$ 求函數 $y = \dfrac{5x^2 + 8x - 3}{3x^2 + 2}$ 之水平漸近線。

24. 求極限 $\displaystyle\lim_{x \to \pm\infty} \dfrac{11x + 2}{2x^3 - 1}$

25. 求極限 $\displaystyle\lim_{x \to \infty} \dfrac{x^2 + x}{3 - x}$

26. 求 $y = \dfrac{\sqrt{2x^2 + 1}}{3x - 5}$ 之水平及垂直漸近線。

27. 求 $= \dfrac{1}{x(x + 1)}$ 之水平及垂直漸近線。

28. 求 $y = \dfrac{x^3 + 1}{x^2 - x - 2}$ 之漸近線。

29. 農場規劃在河邊用 1200 公尺籬笆圍一個長方形牧園，問如何設計出最大總面積的牧園？

30. 試問在 $y^2 = 2x$ 直線上的那個點最靠近 $(1, 4)$？

31. $f(x) = x^4 - 2x^2 + 3$, try to find (a) intervals of increase or decrease, (b) intervals of concave upward or downward, (c) local maximum and/or local minimum.

32. $y = \dfrac{2x^2 + x - 1}{x^2 + x - 2}$, try to find horizontal and/or vertical asymptotes

33. Find the vertical asymptotes of $y = \dfrac{x^2 + 2x - 8}{x^2 - 4}$ 　　　　　　【100 屏東教大轉學考】

34. 試求 $f(x) = \dfrac{x^2}{x + 4}$ 在範圍 $-1 \le x \le 3$ 之最大值 　　　　【100 輔大電機系轉學考】

35. Let $f(x) = x^4 + 8x^3 + 18x^2 - 8$
    (1) Find the inflection point of $f(x)$
    (2) Find the absolute maximum value of $f(x)$ on the interval $-1 \le x \le 1$ 　　【101 逢甲大學轉學考】

36. Plot $y = \dfrac{x^2 - 2x - 1}{x^2 + 1}$ 　　　　　　　　　　　　　　　　【101 淡江大學轉學考】

37. For the function $f(x) = \dfrac{4}{3}x\sqrt{3 - x}$ on the interval $[1, 3]$, what is the absolute minimum value

　　　　　　　　　　　　　　　　　　　　　　　　　　【101 淡江大學轉學考商管組】

38. If $a > 0$, and the function $f(x) = ax^2 + 2ax + b$ has the maximum 7 and the minimum 3 on the interval $[-1, 1]$, find $a = ?$ 　　　　　　　　　　　　　　　　　　　【101 宜蘭大學轉學考】

39. Find the global maximum and global minimum values of the function $f(x) = 3x^4 - 8x^3 - 6x^2 + 24x + 1$ on the interval $[0, 2]$ 　　　　　　　　　　　　　　　　　　　【101 中興大學轉學考】

40. Suppose the total cost of producing x units of a certain commodity is $C(x) = 2x^4 - 10x^3 - 18x^2 + 200x + 167$. Determine the largest value and the smallest value of the marginal cost for $0 \le x \le 5$

　　　　　　　　　　　　　　　　　　　　　　　　　【101 中興大學財金系轉學考】

41. $f(x) = \dfrac{1}{\sqrt{2\pi}\sigma} \exp\left[-\dfrac{(x - \mu)^2}{2\sigma^2}\right]$; $-\infty < x < \infty$. Determine the extreme point and inflection point.

　　　　　　　　　　　　　　　　　　　　　　　　　【101 台北大學統計系轉學考】

42. Show that the equation $x^5 + 6x + 9 = 0$ has exactly one real root. 　　【100 中原大學轉學考】

43. Find the points on the parabola $y = x^2$ that are closest to the point $(3, 0)$ 【100 輔仁大學國企系轉學考】

44. Find the absolute maximum and absolute minimum of the given functions
    (1) $f(x) = x^2 - 2x - 3$, $x \in [-2, 3]$
    (2) $f(x) = \dfrac{x + 1}{x - 1}$, $x \in [2, 4]$ 　　　　　　　　　　【100 淡江大學商管組轉學考】

45. 求出以下函數的所有漸近線（若有的話）。
    $f(x) = \dfrac{1}{x(x + 1)}$ 　　　　　　　　　　　　　　　　　　【中原大學轉學考】

6 積分的基本概念

山巖巖，海深深，地博厚，天高明；

人之尊，心之靈，廣大出胸襟，悠久見生成。

錢穆

6-1　反導函數

　　若已知細菌生長的速率，生物學家想知道在未來某時間細菌的總數量；或已知一個個體的速度，物理學家想預測它在未來某時間的位置；甚至工程師欲量測由裂縫流失的總水量。此類問題即是求某函數 F（例如：細菌的總數量、流失的總水量），而它的導函數是已知的函數 f（例如：細菌生長率、裂縫水流失率）。若函數 F 存在，它被稱為函數 f 的反導函數，而求反導函數的過程被稱為反微分法或積分法。

定義：反導函數（anti-derivatives）

　　如果 $F(x)$ 是一個函數，其導函數為 $F'(x)=f(x)$，我們稱 $F(x)$ 為 $f(x)$ 的反導函數或不定積分（anti-derivative 或 indefinite integral）。

　　一個函數的不定積分不是唯一的，例如 x^2, x^2+5, x^2-4 全都是 $f(x)=2x$ 的不定積分，因為

$$\frac{d}{dx}(x^2)=\frac{d}{dx}(x^2+5)=\frac{d}{dx}(x^2-4)=2x.$$

$f(x)$ 的反導函數之一般式記作

$$\int f(x)dx=F(x)+C \tag{1}$$

其中的 C 可為任意常數（通常將 C 稱作**積分常數**，constant of integration）。

　　由於任意常數 C 不是特定的，且求反導函數的過程就是積分法，所以 $f(x)$ 的反導函數之一般式又稱為 $f(x)$ 的不定積分（indefinite integral)。

　　在 $\int f(x)dx$ 中的函數 $f(x)$ 稱為**被積函數**（integrand），$\int$ 符號是由 sum 的 s 變形而來，dx 是用來表示被積分的變數是 x。

　　由之前所學的導函數，可列出函數的反導函數的一般式如下表。

常用反導函數表

函數 $f(x)$	反導函數 $F(x)$
$x^n, n \neq -1$	$\dfrac{1}{n+1}x^{n+1}+C$
$\sin x$	$-\cos x+C$
$\cos x$	$\sin x+C$
$\sec^2 x$	$\tan x+C$
$\csc^2 x$	$-\cot x+C$
$\sec x \cdot \tan x$	$\sec x+C$
$\csc x \cdot \cot x$	$-\csc x+C$

依據反導函數定義，若函數 $F(x)$ 是函數 $f(x)$ 的反導函數，且函數 $G(x)$ 是函數 $g(x)$ 的反導函數，則反導函數具備下列運算的線性規則。

反導函數線性規則

線性規則	函數 $f(x)$	反導函數 $F(x)$
係數規則	$c \cdot f(x)$	$c \cdot F(x)+C$
和差規則	$f(x) \pm g(x)$	$F(x) \pm G(x)+C$
負值規則	$-f(x)$	$-F(x)+C$

說例：$\displaystyle\int \left(2x^{-\frac{1}{3}}+3x^3\right)dx = 3x^{\frac{2}{3}}+\frac{3}{4}x^4+C.$

說例：$\displaystyle\int \left(5x^{\frac{2}{3}}-2\sec^2 x\right)dx = 5\int x^{\frac{3}{2}}\,dx - 2\int \sec^2 x\,dx$

$$= 5 \cdot \frac{2}{5} \cdot x^{\frac{5}{2}}+C_1 - 2(\tan x)+C_2$$

$$= 2x^{\frac{5}{2}}-2\tan x+C$$

說例：$\displaystyle\int (2\cos 5x - 3\sin 4x)dx = \frac{2}{5}\sin 5x+\frac{3}{4}\cos 4x+C.$

例題 1：已知 $f'(x) = 2x$ 且 $f(2) = 7$，求 $f(x)$。

解　　$f(x) = \int 2x\, dx = x^2 + C$

由於 $f(2) = 7$，$2^2 + C = 7$

因此 $C = 3$

答案為 $f(x) = x^2 + 3$

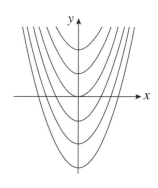

例題 2：已知 $f'(x) = x^3 + 2$ 且 $f(0) = 1$，求 $f(x)$。

解　　$f(x) = \int (x^3 + 2)\, dx = \dfrac{1}{4}x^4 + 2x + C$

由於 $f(0) = 1$，$\dfrac{1}{4}(0)^4 + 2(0) + C = 1$，因此 $C = 1$

答案為 $f(x) = \dfrac{1}{4}x^4 + 2x + 1$

例題 3：已知 $f''(x) = 6x - 2$，$f'(1) = -5$，$f(1) = 3$，求 $f(x)$。

解　　首先，透過積分 f'' 可得 f'：

$f'(x) = \int (6x - 2)\, dx = 3x^2 - 2x + C$

由於 $f'(1) = -5$，$f'(1) = 3(1)^2 - 2(1) + C = -5$，$C = -6$

因此 $f'(x) = 3x^2 - 2x - 6$

接著，透過積分 f' 可得 $f(x)$：

$f(x) = \int (3x^2 - 2x - 6)\, dx = x^3 - x^2 - 6x + K$

由於 $f(1) = 3$，$f(1) = 1^3 - 1^2 - 6(1) + K = 3$，$K = 9$

因此 $f(x) = x^3 - x^2 - 6x + 9$

例題 4：某人從一棟大樓的樓頂邊緣將一顆石頭鬆手使其垂直自由掉落，石頭經過 7 秒後落到地面，請問這棟大樓有多高？

解　　重力加速度為 $g = 9.8 \text{m/sec}^2$；假設石頭在 $t = 0$ 時開始掉落，在 $t = 7$ 時落到地面。由於加速度是速度的微分，因此速度是加速度的積分：

$v(t) = \int a(t)dt$, $v(t) = \int g\,dt = gt + C_1$

由於 $t = 0$ 時速度爲 0，因此 $g \cdot 0 + C_1 = 0$，得知 $C_1 = 0$。

石頭經過 t 秒後的位置 $s(t)$ 是速度的積分：

$s(t) = \int v(t)dt = \int gtdt = (1/2)gt^2 + C_2$，由 $s(0) = 0$ 得知 $C_2 = 0$。

由於 $s(7) = (1/2)(9.8)(7)^2 = 240.1$，因此大樓的高度爲 240.1 公尺。

例題 5：求 $f(x) = \dfrac{3}{\sqrt{x}} + \sin x$ 的反導函數之一般式。

解　所求以不定積分的符號表示成 $\int\left(\dfrac{3}{\sqrt{x}} + \sin x\right)dx = \int(3x^{-1/2} + \sin x)dx$

再利用和差規則分開求反導函數：

$$\int\left(\frac{3}{\sqrt{x}} + \sin x\right)dx = \int(3x^{-1/2} + \sin x)dx = \int 3x^{-1/2}\,dx + \int \sin x\,dx$$

$$= 3\int x^{-1/2}dx + \int \sin x\,dx$$

$$= 3 \cdot \frac{1}{-\frac{1}{2}+1}x^{(-\frac{1}{2})+1} + (-\cos x)$$

$$= 6\sqrt{x} - \cos x + C$$

例題 6：求 $\int (x^2 - 2x + 5)dx$。

解　$\int (x^2 - 2x + 5)dx = \int x^2dx - 2\int x\,dx + \int 5dx = \left(\dfrac{1}{3}x^3\right) - 2\left(\dfrac{1}{2}x^2\right) + (5x) + C$

$$= \frac{1}{3}x^3 - x^2 + 5x + C$$

6-2　定積分

積分源自於二個不同問題。較直接的問題是找導函數的逆變換，這個概念爲求反導函數；在上節中已經詳細介紹。另一個問題爲求不規則區域的面積，而微積分基本定理則是兩者之橋樑。

定積分（definite integral）即在求不規則區域的面積，故定積分的計算結果是一個數。其記號看起來和不定積分很像，差別是在積分符號的上下各有一個數，

這兩個數稱為積分的上下限。以下是定積分的一個例子：

$$\int_2^6 x\,dx$$

首先，我們求出不定積分 $\dfrac{x^2}{2}+C$，然後將 C 擦掉，然後將上限 6 及下限 2 分別代入 $\dfrac{x^2}{2}$，然後將所得相減即為答案。以上過程可寫為

$$\int_2^6 x\,dx = \frac{x^2}{2}\bigg|_2^6 = \frac{6^2}{2} - \frac{2^2}{2} = 16$$

因此答案為 16。

說例：$\displaystyle\int_1^3 x^2\,dx = \frac{x^3}{3}\bigg|_1^3 = \frac{3^3}{3} - \frac{1^3}{3} = \frac{26}{3}$

說例：$\displaystyle\int_0^\pi \sin x\,dx = -\cos x\big|_0^\pi = -\cos\pi - (-\cos 0) = -(-1) - (-1) = 2$

　　如前所述，定積分其實是在算面積。當你計算 $\displaystyle\int_a^b f(x)dx$ 的值，所得就是曲線 $y=f(x)$ 的下方及 x 軸上方所夾區域的面積，左右邊界（x 的範圍）為直線 $x=a$ 和 $x=b$，如圖 1 所示。

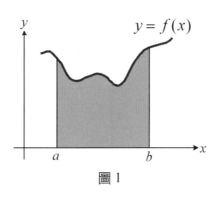

圖 1

說例：由 $\displaystyle\int_0^4 x\,dx$ 可算出位於曲線 $y=x$ 下方，x 從 $x=0$ 到 $x=4$ 區域的面積，我們從圖 2 可看出面積應為 8。

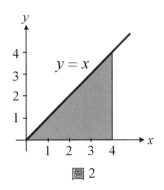

圖 2

$$\int_0^4 x\,dx = \frac{x^2}{2}\bigg|_0^4 = \frac{4^2}{2} - \frac{0^2}{2} = 8$$

說例：$\int_0^\pi \sin x\,dx = 2$，因此從 $x=0$ 到 $x=\pi$，sine 函數圖形下方的面積正好是 2。如果沒有微積分，這種面積將很難求出來。

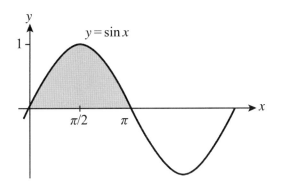

· 事實上，如果 $f(x)$ 的圖形有跑到 x 軸下方去的話，定積分 $\int_a^b f(x)dx$ 所求出來的是 x 軸上方面積與下方面積相減的結果。

· 例如：

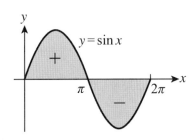

$$\int_\pi^{2\pi} \sin x\,dx = -\cos x\,\big|_\pi^{2\pi} = -2$$
$$\int_\pi^{2\pi} \sin x\,dx = -\cos x\,\big|_\pi^{2\pi} = 0$$

例題 7：求從 $x=0$ 到 $x=100$ 位於函數 $f(x)=\dfrac{x^2}{100}+10$ 圖形下方區域的面積。

解
$$\int_0^{100}\left(\frac{x^2}{100}+10\right)dx=\left[\frac{x^2}{300}+10x\right]_0^{100}$$
$$=\frac{13000}{3}$$

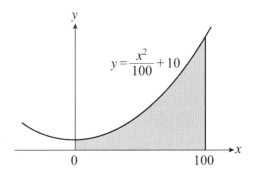

對許多很難求出不定積分的函數來說，利用數值逼近的方法來求出積分的值是不得已的方法，例如求：

$$\int_0^1 \sin(x^2)dx$$

‧利用數值的方法一定可以求出定積分的值（或近似值）。

‧數值方法不能求出不定積分的函數來讓你將積分上下限代入以得出準確值，但是它可以算出與準確值非常接近的結果。

長方形逼近
利用左端點：

$$\int_a^b f(x)dx\approx\frac{b-a}{n}\left[f(x_0)+f(x_1)+\cdots+f(x_{n-1})\right]$$

利用右端點：

$$\int_a^b f(x)dx\approx\frac{b-a}{n}\left[f(x_1)+f(x_2)+\cdots+f(x_n)\right]$$

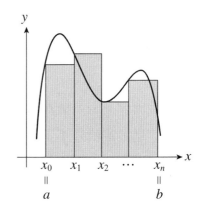

除了左、右端點之外，亦可由中點逼近，如圖 3 所示。

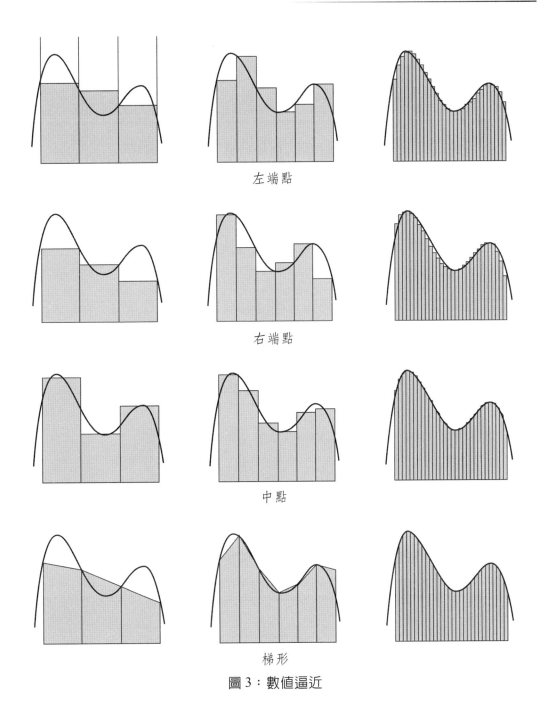

左端點

右端點

中點

梯形

圖 3：數值逼近

這類和統稱為**黎曼和**（Riemann sums）。利用黎曼和（Riemann sums）之極限值計算函數 $f(x)$ 圖形下方和 x 軸上方在閉區間 $[a, b]$ 所圍成區域之面積（一個數值）被稱為定積分（definite integral），其定義如下：

定積分：將 $[a, b]$ 分割成相同寬度 $\Delta x = (b-a)/n$ 的子區間，$x_0 \, (=a), x_1, x_2, \cdots, x_n \, (=b)$ 是這些子區間的端點，$x_1^*, x_2^*, \cdots, x_n^*$ 是這些子區間的樣本點，且 $x_i^* \in [x_{i-1},$

x_i]，則 f 從 a 至 b 之定積分是

$$\int_a^b f(x)dx = \lim_{n \to \infty} \sum_{i=1}^{n} f(x_i^*)\Delta x_i$$

若極限值存在，我們稱 f 在 $[a, b]$ 是可積分的（integrable）。

觀念提示：$\int_a^b f(x)dx = \lim_{n \to \infty} \left(\frac{b-a}{n}\right)[f(x_1) + f(x_2) + \cdots + f(x_n)]$

也可以寫爲

$\int_a^b f(x)dx = \lim_{n \to \infty} \sum_{i=1}^{n} f(x_i)\Delta x$

其中 $\Delta x = \frac{(b-a)}{n}$。

其實還有很多不同的寫法，例如我們可以將 $[a, b]$ 分割成長度不一的小段，或利用左端點而不是右端點來算 $f(x)$ 的值等，最後所得的值全都相同。

如果我們將 $[a, b]$ 分割成長度不一的 n 個小段，長度分別爲 $(x_i - x_{i-1})$，然後在 $[x_{i-1}, x_i]$ 中任選一點 x_i^* 來求其函數值，那麼定積分的定義可寫爲

$$\int_a^b f(x)dx = \lim_{n \to \infty} \sum_{i=1}^{n} f(x_i^*)(x_i - x_{i-1}) \tag{2}$$

觀念提示：　1. 如果我們在(2)式右邊沒有讓 $n \to \infty$，所得就是一個黎曼和。

2. 因此 $\sum_{i=1}^{n} f(x_i)\Delta x$ 是一個黎曼和，是 $\int_a^b f(x)dx$ 的近似值。

3. $\int_a^b f(x)dx$ 中的 dx 除了用來表示被積分的變數是 x 外，它也可以被「看成」是 x 軸上的一段小線段的長度。

例題 8：在 x 軸之上，函數圖形 $y=1-x^2$ 之下，和介於鉛直線 $x=0$ 和 $x=1$ 之陰影區域的面積是多少？

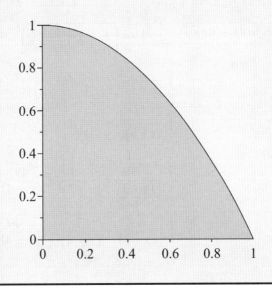

解 將 $[0, 1]$ 分割成 n 相同寬度 $\Delta x = \dfrac{1-0}{n}$ 的子區間，分割點分別爲

$$0 = \frac{0}{n} < \frac{1}{n} < \frac{2}{n} < \frac{3}{n} < \cdots < \frac{n-1}{n} < \frac{n}{n} = 1$$

故 n 格的分割之 R_n 右和（right sum）可表示成

$$R_n = \sum_{i=1}^{n} \left[1 - \left(\frac{i}{n}\right)^2 \right] \cdot \frac{1}{n} = \frac{1}{n^3} \sum_{i=1}^{n} (n^2 - i^2) = \frac{1}{n^3} \left[n^3 - \frac{n(n+1)(2n+1)}{6} \right]$$
$$= \frac{4n^2 - 3n - 1}{6n^2}$$

所求面積 $A = \lim_{n\to\infty} R_n = \lim_{n\to\infty} \frac{4n^2 - 3n - 1}{6n^2} = \frac{4}{6} = \frac{2}{3}$。

例題 9：$\lim_{n\to\infty} \dfrac{1}{n} \sum_{k=1}^{n} \cos \dfrac{k}{n} = ?$ 　　　　【101 東吳大學經濟系轉學考】

解 　　$\lim_{n\to\infty} \dfrac{1}{n} \sum_{k=1}^{n} \cos \dfrac{k}{n} = \displaystyle\int_{0}^{1} \cos x \, dx = \sin 1$

例題 10：$\lim_{n\to\infty} \dfrac{\displaystyle\sum_{k=1}^{n} \dfrac{1}{(k+3n)^2(k-4n)}}{\displaystyle\sum_{k=1}^{n} \dfrac{1}{(k+3n)(k-4n)^2}} = ?$ 　　　　【中興大學、政治大學轉學考】

解 $\lim\limits_{n\to\infty}\dfrac{\sum\limits_{k=1}^{n}\dfrac{1}{(k+3n)^2(k-4n)}}{\sum\limits_{k=1}^{n}\dfrac{1}{(k+3n)(k-4n)^2}}=\lim\limits_{n\to\infty}\dfrac{\dfrac{1}{n}\sum\limits_{k=1}^{n}\dfrac{1}{\left(\dfrac{k}{n}+3\right)^2\left(\dfrac{k}{n}-4\right)}}{\dfrac{1}{n}\sum\limits_{k=1}^{n}\dfrac{1}{\left(\dfrac{k}{n}+3\right)\left(\dfrac{k}{n}-4\right)^2}}$

$=\dfrac{\displaystyle\int_0^1\dfrac{1}{(x+3)^2(x-4)}dx}{\displaystyle\int_0^1\dfrac{1}{(x+3)(x-4)^2}dx}$

$=\dfrac{\displaystyle\int_0^1\left[\dfrac{-\dfrac{1}{49}}{(x+3)}+\dfrac{-\dfrac{1}{7}}{(x+3)^2}+\dfrac{\dfrac{1}{49}}{(x-4)}\right]dx}{\displaystyle\int_0^1\left[\dfrac{\dfrac{1}{49}}{(x+3)}+\dfrac{\dfrac{1}{7}}{(x-4)^2}+\dfrac{-\dfrac{1}{49}}{(x-4)}\right]dx}=-1$

定積分性質：

通常定積分 $A=\int_a^b f(x)dx$ 符號表示 $a<b$，若 $a>b$ 則 Δx 從 $\dfrac{b-a}{n}$ 變至 $\dfrac{a-b}{n}$，所以

$$\int_a^b f(x)dx=-\int_b^a f(x)dx$$

若 $a=b$，則 $\Delta x=0$，所以

$$\int_a^a f(x)dx=0$$

定理 1

定積分的基本性質：若 k 是任意常數，則有

1. $\int_a^b f(x)dx=-\int_b^a f(x)dx$
2. $\int_a^a f(x)dx=0$
3. $\int_a^b kf(x)dx=k\int_a^b f(x)dx$
4. $\int_a^c f(x)dx=\int_a^b f(x)dx+\int_b^c f(x)dx$
5. $\int_a^b [f(x)+g(x)]dx=\int_a^b f(x)dx+\int_a^b g(x)dx$
6. $\int_a^b k\,dx=k(b-a)$
7. 對於 $a\le x\le b$，若 $f(x)\ge g(x)$，則 $\int_a^b f(x)dx\ge\int_a^b g(x)dx$

8. 對於 $a \leq x \leq b$，若 $m \leq f(x) \leq M$，則

$$m(b-a) \leq \int_a^b f(x)dx \leq M(b-a)$$

證明：8.在 $x \in [a, b]$切割成 n 小塊，其寬度表示為 $\{\Delta x_k\}_{k=1,\cdots,n}$，則

$$m(b-a) = m\sum_{k=1}^{n} \Delta x_k = \sum_{k=1}^{n} m\Delta x_k$$

$$\leq \sum_{k=1}^{n} f(c_k)\Delta x_k$$

$$\leq \sum_{k=1}^{n} M\Delta x_k = M\sum_{k=1}^{n} \Delta x_k = M(b-a)$$

定理 2：定積分的均值定理

若 $f(x)$ 在 $x \in [a, b]$連續，c 為介於$[a, b]$間之一點，則

$$f(c) = \frac{1}{(b-a)}\int_a^b f(x)dx$$

證明：由 $m(b-a) \leq \int_a^b f(x)dx \leq M(b-a)$可得

$$m \leq \frac{1}{(b-a)}\int_a^b f(x)dx \leq M$$

由中值定理可知必存在 $x=c$，使得$f(c) = \frac{1}{(b-a)}\int_a^b f(x)dx$

例題 11：計算 $\int_{-2}^{1} |x|dx$

解
$$\int_{-2}^{1} |x|dx = \int_{-2}^{0} |x|dx + \int_{0}^{1} |x|dx$$
$$= \int_{-2}^{0} (-x)dx + \int_{0}^{1} x\,dx$$
$$= -\frac{x^2}{2}\Big|_{-2}^{0} + \frac{x^2}{2}\Big|_{0}^{1}$$
$$= \frac{5}{2}$$

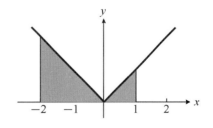

例題 12：求位於曲線 $y = \sin^2 x$ 下方且在區間$[\pi/6, \pi/3]$上方的區域的面積。

解
$$\int \sin^2 x\,dx = \int \frac{1-\cos 2x}{2}dx$$

$$= \int \frac{dx}{2} - \int \frac{\cos 2x}{2} dx$$

$$= \frac{x}{2} - \frac{\sin 2x}{4} + C$$

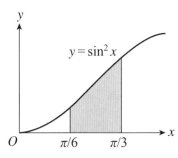

因此所求面積爲

$$\left(\frac{x}{2} - \frac{\sin 2x}{4} \right)\Big|_{\pi/6}^{\pi/3} = \left[\frac{\pi/3}{2} - \frac{\sin 2(\pi/3)}{4} \right] - \left[\frac{\pi/6}{2} - \frac{\sin 2(\pi/6)}{4} \right] = \frac{\pi}{12}$$

例題 13：設 $\int_{-2}^{2} f(x)dx = 6$, $\int_{2}^{5} f(x)dx = -4$, $\int_{-2}^{2} h(x)dx = 9$.求：

(a) $\int_{5}^{2} f(x)dx = ?$　　(b) $\int_{-2}^{2} [9f(x) + 4h(x)]dx = ?$　　(c) $\int_{-2}^{5} f(x)dx = ?$

解　　(a) $\int_{5}^{2} f(x)dx = -\int_{2}^{5} f(x)dx = -(-4) = 4$

(b) $\int_{-2}^{2} [9f(x) + 4h(x)]dx = 9\int_{-2}^{2} f(x)dx + 4\int_{-2}^{2} h(x)dx = 9(6) + 4(9) = 90$

(c) $\int_{-2}^{5} f(x)dx = \int_{-2}^{2} f(x)dx + \int_{2}^{5} f(x)dx = 6 + (-4) = 2$

例題 14：Find the average of the function $f(x) = x \sin x$ between $x = 0$ and $x = \pi$.

【100 中興大學轉學考】

解　　$\dfrac{\int\limits_{0}^{\pi} f(x)dx}{\pi - 0} = \dfrac{\int\limits_{0}^{\pi} x \sin x dx}{\pi} = 1$

利用第 8 章分部積分的技巧可得：

$\int_{0}^{\pi} x \sin x dx = -x \cos x + \sin x \Big|_{0}^{\pi} = \pi$

例題 15：Find the average of the function $f(x) = |x^2 + 2x - 3|$ between $x = 0$ and $x = 3$.

【101 東吳大學財務與精算數學系轉學考】

解　　$\dfrac{1}{3}\int\limits_{0}^{3} |x^2 + 2x - 3|dx = \dfrac{1}{3}\left[\int\limits_{0}^{1} -(x^2 + 2x - 3)\,dx + \int\limits_{1}^{3} (x^2 + 2x - 3)dx \right]$

$$= \frac{1}{3} \cdot \frac{37}{3} = \frac{37}{9}$$

6-3 微積分基本定理

目前為止介紹了微分與積分，兩者似乎沒有交集。前者在解決切線的問題，而後者在計算不規則區域的面積。其實，兩者是息息相關的，這個關係分別由 Issac Newton 和 Gottfried Leibniz 分別發現的，統稱為微積分基本定理。這個定理主要說明微分與積分是有反運算的關係，如同乘法與除法一樣。前面討論的定積分是以黎曼和（Riemann sums）的極限形式定義，而定積分是表示函數曲線之下、x 軸之上與積分上、下限之間所包圍區域的面積。而微積分基本定理驗證了計算定積分就是積分上限的反導函數值與在積分下限的反導函數值之差。

定理 3：微積分基本定理 Fundamental Theorem of Calculus (Part I)

若 $f(x)$ 在 $[a, b]$ 區間是一連續函數而且 $F(x)$ 是 $f(x)$ 在 $[a, b]$ 區間的不定積分，則

$$\int_a^b f(x)\,dx = F(b) - F(a)$$

證明：在 $[a, b]$ 區間內任取 $n+1$ 點其大小順序如下：

$a = x_0 < x_1 < x_2 < \cdots < x_{n-1} < x_n = b$

因為函數 $F(x)$ 在 $[a, b]$ 區間內是連續的，則

$F(b) - F(a) = F(b) - F(x_{n-1}) + F(x_{n-1}) - F(x_{n-2}) + \cdots + F(x_1) - F(a)$

$$= \sum_{k=1}^n F(x_k) - F(x_{k-1})$$

依據均值定理，在每一個區間 (x_{k-1}, x_k) 中存在一個 c_k，使得

$F(x_k) - F(x_{k-1}) = F'(c_k)\,(x_k - x_{k-1})$

因為函數 $F(x)$ 在 $[a, b]$ 區間內是連續的，所以 $F(x)$ 是可微分的，且 $F(x)$ 是 $f(x)$ 的反導函數，故 $F'(c_k) = f(c_k)$。

則

$$F(b) - F(a) = \sum_{k=1}^n F(x_k) - F(x_{k-1}) = \sum_{k=1}^n F'(c_k)\,(x_k - x_{k-1}) = \sum_{k=1}^n f(c_k)\,(x_k - x_{k-1}) \tag{3}$$

上式即為估計面積的黎曼和，亦是圖 4 中所有長方形面積的總和。

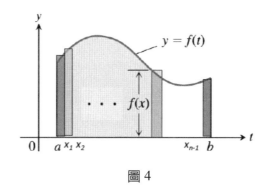

圖 4

若將黎曼和取極限如下則依據定積分定義可得

$$F(b) - F(a) = \lim_{n \to \infty} \sum_{k=1}^{n} f(c_k)(x_k - x_{k-1}) = \int_a^b f(x)dx \qquad (4)$$

觀念提示：為簡化計算，我們通常採用下列符號用法：

$$\int_a^b f(x)dx = F(x)\Big|_a^b \text{ 或 } \int_a^b f(x)dx = F(x)\Big|_{x=a}^{x=b}$$

後者註明對 x 變數做積分。

定理 4：微積分基本定理 Fundamental Theorem of Calculus (Part II)

若 $f(x)$ 在 $[a, b]$ 區間是一連續函數而且 $F(x)$ 在 $[a, b]$ 定義如下：

$$F(x) = \int_a^x f(t)dt$$

則對所有 (a, b) 中的 x，$F'(x) = f(x)$。

證明：若 $G(x)$ 為函數 $f(x)$ 的一個反導函數且 $G'(x) = f(x)$，則

$$g(x) = \int_a^x f(t)dt = G(x) - G(a)$$

其中 $G(a)$ 是常數，又因為 $g(x)$ 在 (a, b) 區間是可微分的，則

$$g'(x) = \frac{d}{dx}\Big[\int_a^x f(t)dt\Big] = \frac{d}{dx}[G(x) - G(a)] = G'(x) - 0 = f(x)$$

故得證。

另證：

$$\frac{d}{dx}\int_a^x f(t)dt = \lim_{\Delta x \to 0} \frac{\int_a^{x+\Delta x} f(t)dt - \int_a^x f(t)dt}{\Delta x}$$

$$= \lim_{\Delta x \to 0} \frac{\int_x^{x+\Delta x} f(t)dt}{\Delta x}$$

由定積分的均值定理可知

$$\frac{\int_x^{x+\Delta x} f(t)dt}{\Delta x} = f(c);\ c \in [x, x+\Delta x]$$

$$\lim_{\Delta x \to 0} \frac{\int_x^{x+\Delta x} f(t)dt}{\Delta x} = \lim_{\Delta x \to 0} f(c) = f(x)$$

例題 16：計算(a) $\int_0^\pi \cos x\, dx$　(b) $\int_{-\frac{\pi}{4}}^0 \sec x \tan x\, dx$　(c) $\int_1^4 \left(\frac{3}{2}\sqrt{x} - \frac{4}{x^2}\right)dx$

解

(a) $\int_0^\pi \cos x\, dx = \sin x\Big|_0^\pi = \sin\pi - \sin 0 = 0 - 0 = 0$

(b) $\int_{-\pi/4}^0 \sec x \tan x\, dx = \sec x\Big|_{-\pi/4}^0 = \sec 0 - \sec\left(-\frac{\pi}{4}\right) = 1 - \sqrt{2}$

(c) $\int_1^4 \left(\frac{3}{2}\sqrt{x} - \frac{4}{x^2}\right)dx = x^{3/2} + \frac{4}{x}\Big|_1^4 = (4^{\frac{3}{2}} + 1) - (1+4) = 4$

觀念提示：微積分基本定理 I 提供了計算不規則區域面積的快捷方法。微積分基本定理 II 則證明了微分與積分互為對方的反運算。

定理 5：Leibniz 微分法則

1. $\frac{d}{dx}\int_a^x f(t)dt = f(x)$ 　(5)

2. $\frac{d}{dx}\int_x^b f(t)dt = -f(x)$ 　(6)

3. $\frac{d}{dx}\int_a^{u(x)} f(t)dt = f(u(x))\frac{du}{dx}$ 　(7)

4. $\frac{d}{dx}\int_{v(x)}^b f(t)dt = -f(v(x))\frac{dv}{dx}$ 　(8)

5. $\frac{d}{dx}\int_{v(x)}^{u(x)} f(t)dt = f(u(x))\frac{du}{dx} - f(v(x))\frac{dv}{dx}$ 　(9)

6. $\frac{d}{dx}\int_a^b f(x,t)dt = \int_a^b \frac{\partial f(x,t)}{\partial t}dt$ 　(10)

7. Leibniz 積分式微分公式

$$\frac{d}{dx}\int_{v(x)}^{u(x)} f(x,t)dt = \int_{v(x)}^{u(x)} \frac{\partial f(x,t)}{\partial x}dt + f(x,u(x))\frac{du}{dx} - f(x,v(x))\frac{dv}{dx}$$ 　(11)

證明：

1. $\frac{d}{dx}\int_a^x f(t)dt = \lim_{\Delta x \to 0} \frac{\int_a^{x+\Delta x} f(t)dt - \int_a^x f(t)dt}{\Delta x} = f(x)$

2. $\frac{d}{dx}\int_x^b f(t)dt = \lim_{\Delta x \to 0} \frac{\int_{x+\Delta x}^b f(t)dt - \int_x^b f(t)dt}{\Delta x} = -f(x)$

3. using the result of equation (5) and chain rule, we have

$$\frac{d}{dx}\int_a^{u(x)} f(t)dt = \frac{d}{du}\Big[\int_a^{u(x)} f(t)dt\Big]\frac{du}{dx} = f(u(x))\frac{du}{dx}$$

4. using the result of equation (6) and chain rule, we have

$$\frac{d}{dx}\int_{v(x)}^{b} f(t)dt = \frac{d}{dv}\Big[\int_{v(x)}^{b} f(t)dt\Big]\frac{dv}{dx} = -f(v(x))\frac{dv}{dx}$$

5. using the result of equations (7), (8) as well as chain rule, we have

$$\frac{d}{dx}\int_{v(x)}^{u(x)} f(t)dt = \frac{\partial}{\partial u}\Big[\int_{v(x)}^{u(x)} f(t)\,dt\Big]\frac{du}{dx} + \frac{\partial}{\partial v}\Big[\int_{v(x)}^{u(x)} f(t)\,dt\Big]\frac{dv}{dx}$$

$$= f(u(x))\frac{du}{dx} - f(v(x))\frac{dv}{dx}$$

定理 6：Cauchy-Schwarz 不等式

如果 $f(x)$ 與 $g(x)$ 在 $x \in [a, b]$ 皆連續，則

$$\left(\int_a^b f(x)g(x)\,dx\right)^2 \le \int_a^b f^2(x)dx \int_a^b g^2(x)dx \tag{12}$$

證明：$\because \int_a^b [f(x)+tg(x)]^2\,dx \ge 0$ 恆成立

$$\Rightarrow \int_a^b f^2(x)dx + 2t\int_a^b f(x)g(x)dx + t^2\int_a^b g^2(x)dx \ge 0$$

如果 $at^2 + bt + c \ge 0 \; (a>0) \Rightarrow b^2 - 4ac \le 0$

$$\therefore 4\left(\int_a^b f(x)g(x)dx\right)^2 - 4\left(\int_a^b f^2(x)dx\right)\left(\int_a^b g^2(x)dx\right) \le 0$$

$$\Rightarrow \left(\int_a^b f(x)g(x)dx\right)^2 \le \left(\int_a^b f^2(x)dx\right)\left(\int_a^b g^2(x)dx\right)$$

例題 17：$f(x) = \Big[\int_0^x \exp(-t^2)\,dt\Big]^2$, $g(x) = \int_0^1 \frac{e^{-x^2(t^2+1)}}{t^2+1}\,dt$

(1) Show that $g'(x) + f'(x) = 0$ for all x

(2) Use (1) to show that $g(x) + f(x) = \frac{\pi}{4}$

(3) Use (2) to prove that $\int_0^\infty \exp(-t^2)\,dt = \frac{\sqrt{\pi}}{2}$ 　【成功大學轉學考】

解　(1) $g'(x) + f'(x) = 2\Big[\int_0^x \exp(-t^2)\,dt\Big]e^{-x^2} + \int_0^1 \frac{d}{dx}\Big[\frac{e^{-x^2(t^2+1)}}{t^2+1}\Big]dt$

$$= 2e^{-x^2} \int_0^x \exp(-t^2)dt - 2xe^{-x^2} \int_0^1 e^{-x^2 t^2} dt$$

$$\text{let } u = xt \Rightarrow \int_0^1 e^{-x^2 t^2} dt = \int_0^x e^{-u^2} \frac{1}{x} du$$

$$\therefore g'(x) + f'(x) = 0$$

(2) $g'(x) + f'(x) = 0 \Rightarrow g(x) + f(x) = c$

$$\Rightarrow g(0) + f(0) = c = \int_0^1 \frac{1}{1+t^2} dt = \frac{\pi}{4}$$

(3) $g(x) + f(x) = \dfrac{\pi}{4} \Rightarrow \lim\limits_{x \to \infty} [g(x) + f(x)] = \dfrac{\pi}{4} = \left[\int_0^\infty \exp(-t^2)dx \right]^2$

$$\therefore \int_0^\infty \exp(-t^2)dt = \frac{\sqrt{\pi}}{2}$$

例題 18：求 $\dfrac{d}{dx} \displaystyle\int_0^{x^2} \sec t\, dt$

解 令 $y = \displaystyle\int_0^{x^2} \sec t\, dt$，則

$$\frac{d}{dx} \int_0^{x^2} \sec t\, dt = \frac{dy}{dx} = \frac{dy}{du} \cdot \frac{du}{dx} = \left[\frac{d}{du} \int_0^u \sec t\, dt \right] \cdot \left[\frac{d}{dx}(x^2) \right]$$

$$= (\sec u) \cdot (2x) = 2x \cdot \sec(x^2)$$

例題 19：求 $\dfrac{d}{dx} \displaystyle\int_{3x}^{e^x+1} \cos(t^3+1)dt$

解 依 *Leibniz* 積分式之微分公式可知：

$$\frac{d}{dx} \int_{3x}^{e^x+1} \cos(t^3+1)dt = \cos((e^x+1)^3+1)\frac{d(e^x+1)}{dx} - \cos((3x)^3+1)\frac{d(3x)}{dx}$$

$$= \cos((e^x+1)^3+1)e^x - 3\cos(27x^3+1)$$

例題 20：求 $\dfrac{d}{dx} \displaystyle\int_{-x^2}^{\frac{x}{2}} e^{-\frac{t^2}{x^2}} dt$

解 依 *Leibniz* 積分式之微分公式可知：

$$\frac{d}{dx} \int_{-x^2}^{\frac{x}{2}} e^{-\frac{t^2}{x^2}} dt = \int_{-x^2}^{\frac{x}{2}} e^{-\frac{t^2}{x^2}} (2t^2 x^{-3})dt + \exp\left(\frac{-\left(\frac{x}{2}\right)^2}{x^2} \right) \frac{d}{dx}\left(\frac{x}{2} \right)$$

$$- \exp\left(\frac{-(-x^2)^2}{x^2} \right) \frac{d}{dx}(-x^2)$$

$$= \frac{2}{x^3} \int_{-x^2}^{\frac{x}{2}} e^{-\frac{t^2}{x^2}} t^2\, dt + \frac{1}{2} e^{-\frac{1}{4}} + 2xe^{-x^2}$$

例題 21：Find $f'(2)$, where $f(x) = \int_{x}^{x^2} t^2 e^{t^2} dt$ 　　【100 中山大學轉學考】

解　　$f(x) = \int_{x}^{x^2} t^2 e^{t^2} dt \Rightarrow f'(x) = x^4 e^{x^4} \cdot 2x - x^2 e^{x^2}$

　　　　$\therefore f'(2) = 64 e^{16} - 4 e^4$

例題 22：If $f(x) = \exp(g(x))$, where $g(x) = \int_{0}^{\sin(\pi x)} \sqrt{1+t^2}\, dt$, find $f'(1)$

　　　　　　　　　　　　　　　　　　　　　　【101 中正大學轉學考】

解　　$g(1) = 0$

　　　　$f'(x) = \exp(g(x)) \cdot g'(x)$

　　　　　　$= \exp(g(x))\left[\sqrt{1+\sin^2(\pi x)}\cos(\pi x)\pi\right]$

　　　　$\therefore f'(1) = \exp(g(1))\left[\sqrt{1+\sin^2(\pi)}\cos(\pi)\pi\right] = -\pi$

例題 23：The function $g(x) = \int_{0}^{\sin(x)} \exp(t^2)\, dt$; $x \in [0, \pi]$ has maximum value at? And the minimum value is?　　　　　　　　【101 東吳大學經濟系轉學考】

解　　(1) $g'(x) = \exp(\sin^2 x)\cos x = 0 \Rightarrow x = \dfrac{\pi}{2}$

　　　　(2) 0

例題 24：Suppose $f(x) = \int_{1}^{x} t^2 \sqrt{3+t^4}\, dt + 2$

　　　　(1) Determine where f is concave up or concave down

　　　　(2) Show that f has the inverse function f^{-1}

　　　　(3) Determine the equation of the tangent line to the graph of f^{-1} at $(2, f^{-1}(2))$.

　　　　(4) Show that $\dfrac{4}{3} < f(0) < 2$　　　　　　【成功大學轉學考】

解　　(1) $f'(x) = x^2\sqrt{3+x^4}$, $f''(x) = 2x\left(\dfrac{3+2x^4}{\sqrt{3+x^4}}\right)$

　　　　$x > 0$, $f''(0) > 0 \Rightarrow f(x)$ concave up

$x < 0, f''(0) < 0 \Rightarrow f(x)$ concave down

$x = 0$，反曲點

(2) $f'(x) = x^2\sqrt{3 + x^4} > 0 \Rightarrow f(x)$ 單調遞增，亦即 $f(x)$ 單調遞增，故存在 inverse function f^{-1}

(3) The slope of the tangent line to the graph of f^{-1} is $m = \dfrac{1}{f'(x)}$

$\qquad f(1) = 2 \Rightarrow f^{-1}(2) = 1$

$\qquad \therefore m = \dfrac{1}{f'(1)} = \dfrac{1}{2}$

$\qquad \therefore y - 1 = \dfrac{1}{2}(x - 2)$

(4) $f(0) = \displaystyle\int_1^0 t^2\sqrt{3 + t^4}\,dt + 2 = 2 - \int_0^1 t^2\sqrt{3 + t^4}\,dt$

$\qquad$ 由(2)知 $f(x)$ 單調遞增，故 $f(0) < f(1) = 2$

$\qquad f(0) = 2 - \displaystyle\int_0^1 t^2\sqrt{3 + t^4}\,dt > 2 - \int_0^1 t^2\sqrt{3 + 1}\,dt = \dfrac{4}{3}$

例題 25：Suppose $f(x) = \displaystyle\int_0^x \dfrac{f(t)}{(t+2)(t+3)}\,dt + 2$; $x \geq 0$

$\qquad f(1) = ?$　　　　　　　　　　　　　　　　　　　　　　【清華大學轉學考】

解　　$f(x) = \displaystyle\int_0^x \dfrac{f(t)}{(t+2)(t+3)}\,dt + 2 \Rightarrow f'(x) = \dfrac{f(x)}{(x+2)(x+3)}$

$\qquad \Rightarrow \dfrac{df(x)}{f(x)} = \left(\dfrac{1}{(x+2)} - \dfrac{1}{(x+3)}\right)dx$

$\qquad \Rightarrow \ln|f(x)| = \ln|x+2| - \ln|x+3| + c$

$\qquad \therefore f(x) = c\,\dfrac{x+2}{x+3}; \forall c \in R$

6-4　奇函數與偶函數的積分

定理 7：如果 f 是奇函數，則 $\int_{-a}^{a} f(x)dx = 0$

證明：如果 f 是奇函數，則 $f(-x) = -f(x)$，如圖 5 所示

$\qquad \displaystyle\int_{-a}^{a} f(x)dx = \int_{-a}^{0} f(x)dx + \int_{0}^{a} f(x)dx$

$$\int_{-a}^{0} f(x)dx = \int_{a}^{0} f(-t)d(-t) = \int_{0}^{a} f(-t)dt = -\int_{0}^{a} f(t)dt$$

$$\therefore \int_{-a}^{a} f(x)dx = \int_{-a}^{0} f(x)dx + \int_{0}^{a} f(x)dx = -\int_{0}^{a} f(x)dx + \int_{0}^{a} f(x)dx = 0$$

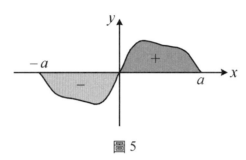

圖 5

定理 8：如果 f 是偶函數，則 $\int_{-a}^{a} f(x)dx = 2\int_{0}^{a} f(x)dx$

證明：如果 f 是偶函數，則 $f(-x) = f(x)$，如圖 6 所示

$$\int_{-a}^{a} f(x)dx = \int_{-a}^{0} f(x)dx + \int_{0}^{a} f(x)dx$$

$$\int_{-a}^{0} f(x)dx = \int_{a}^{0} f(-t)d(-t) = \int_{0}^{a} f(-t)dt = \int_{0}^{a} f(t)dt$$

$$\therefore \int_{-a}^{a} f(x)dx = \int_{-a}^{0} f(x)dx + \int_{0}^{a} f(x)dx = \int_{0}^{a} f(x)dx + \int_{0}^{a} f(x)dx = 2\int_{0}^{a} f(x)dx$$

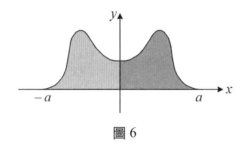

圖 6

例題 26：$\int_{-2}^{2} x^3\sqrt{4-x^2}\,dx = ?$

解　　0

例題 27：$\int_{-3}^{3} x^5\sin(7x^2+4)dx = ?$

解　　0

例題 28：Compute $\int_{-\frac{\pi}{6}}^{\frac{\pi}{6}} \tan^3 x \, dx = ?$ 　　　　　【100 台北大學資工系轉學考】

解　　0

例題 29：Compute $\int_{-\frac{\pi}{2}}^{\frac{\pi}{2}} \frac{x^2 \sin x}{1 + x^6} dx$ 　　　　　【101 逢甲大學轉學考】

解　　0

例題 30：$\int_{-1}^{1} \sqrt{1 - x^2} \, dx = ?$

解　　$\int_{-1}^{1} \sqrt{1-x^2}\,dx = 2\int_{0}^{1} \sqrt{1-x^2}\,dx$, let $x = \sin\theta \Rightarrow dx = \cos\theta\,d\theta$

$\int_{-1}^{1} \sqrt{1-x^2}\,dx = 2\int_{0}^{1} \sqrt{1-x^2}\,dx = 2\int_{0}^{\frac{\pi}{2}} \cos^2\theta\,d\theta = 2 \times \frac{\pi}{4} = \frac{\pi}{2}$

例題 31：Compute $\int_{-2}^{2}\left(2 + \frac{\sin x^3}{1 + \cos^2 x^2}\right)dx$ 　　　　　【100 中原大學轉學考】

解　　$\because \dfrac{\sin x^3}{1 + \cos^2 x^2}$ *is odd*

$\therefore \int_{-2}^{2}\left(2 + \dfrac{\sin x^3}{1 + \cos^2 x^2}\right)dx = \int_{-2}^{2} 2\,dx = 8$

例題 32：Find the average value of $f(x) = x\sqrt{1 - x^2}$ on the interval $\left[-\dfrac{1}{10}, \dfrac{1}{10}\right]$
　　　　　【100 逢甲大學轉學考】

解　　From mean value theorem: $\int_{a}^{b} f(x)dx = f(c)\,(b - a)$

$f(c) = \dfrac{1}{\dfrac{1}{10} + \dfrac{1}{10}} \int_{-\frac{1}{10}}^{\frac{1}{10}} x\sqrt{1 - x^2}\,dx = 0$

綜合練習

1. 求 $\int (2x^3 - 5x^2 + 3x + 1)\,dx$

2. 求 $\int (5x^3 - 3x^2 + 4x - 2)\,dx$

3. 求 $\int \left(5 - \dfrac{1}{\sqrt{x}}\right)dx$

4. 求 $\int (x^2 - 1)\sqrt{x}\,dx$

5. 求 $\int \left(\dfrac{1}{x^3} - \dfrac{1}{x^5}\right)dx$

6. 求 $\int (3\sin x + 5\cos x)\,dx$

7. 求 $\int x\sqrt{3x}\,dx$

8. 求 $\int (\sqrt{x} - 5)\,dx$

9. 求 $\int (3\sin 5x + 5\cos 3x)\,dx$

10. 求 $\int_{-1}^{3} (3x^2 - 2x + 1)\,dx$

11. 求 $\int_{4}^{5} \left(\dfrac{2}{\sqrt{x}} - x\right)dx$

12. 求 $\int_{0}^{1} (2x^2 - 6x^4 + 5)\,dx$

13. 求 $\int_{-1}^{1} (x^2 + x - 2)\,dx$

14. 求下列函數的反導函數一般式（不定積分），並用微分驗證答案。

    (1) $\int \left(\dfrac{1}{x^2} - x^2 - \dfrac{1}{3}\right)dx$　　(2) $\int (\sqrt{x} + \sqrt[3]{x})\,dx$

    (3) $\int 7\sin\dfrac{\theta}{3}\,d\theta$　　(4) $\int \dfrac{\csc\theta\cot\theta}{2}\,d\theta$

15. 利用微積分基本定理來做下列題目。

    (1) $\dfrac{d}{dx}\int_{a}^{x}\cos t\,dt$　　(2) $\dfrac{d}{dx}\int_{0}^{x}\dfrac{1}{1+t^2}\,dt$

    (3) 令 $y = \int_{x}^{5} 3t\sin t\,dt$，求 $\dfrac{dy}{dx}$　　(4) 令 $y = \int_{1}^{x^2}\cos t\,dt$, 求 $\dfrac{dy}{dx}$

16. 求介於 x 軸與 $f(x) = x^3 - x^2 - 2x$，及 $-1 \le x \le 2$ 之間區域之面積。

17. 若 $f(x)$ 之斜率函數為 $f'(x) = 6x^2 + 4$，且已知此函數通過點 $(1, 1)$，求 $f(x)$

18. 已知 $\int_{0}^{x} f(t)\,dt = -2 + x^2 + x\sin 2x + c\cos 2x$ 求：

    (1) $c = ?$

    (2) $\int_{\frac{\pi}{4}}^{\frac{\pi}{2}} f(x)\,dx = ?$

    (3) $f'\left(\dfrac{\pi}{4}\right) = ?$

19. 若 $f(x)$ 之斜率函數為 $f'(x) = 3x^2$，且已知此函數通過點 $(1, -1), (2, a)$，求 $a = ?$

20. $\dfrac{d}{dx}\displaystyle\int_{2}^{3x} (t^2 + 1)\,dt = ?$　　　　　　　　　　　【100 嘉義大學轉學考】

21. $\int (3x + 1)^5\,dx = ?$　　　　　　　　　　　　　　　　　【100 嘉義大學轉學考】

22. 已知 $f''(x) = 3\sqrt{x} - 10, f(1) = f'(1) = 3$，求 $f(0) = ?$　　【100 輔大電機系轉學考】

23. $y = \displaystyle\int_{x^2}^{10} \tan t\,dt, \dfrac{dy}{dx} = ?$　　　　　　　　　　　【101 逢甲大學轉學考】

24. $y = \int_{2}^{x^2} t \sin t\, dt,\ \dfrac{dy}{dx} = ?$　【101 元智大學電機系轉學考】

25. $y = \int_{0}^{\frac{\pi}{4}} \sqrt{1 + \cos 4x}\, dx = ?$　【101 中原大學轉學考理工組】

26. Solve $\dfrac{dy}{dx} = \dfrac{x + 3x^2}{y^2}$　【101 屏教大轉學考】

27. Find $\int_{2}^{4} [x]\, dx = ?$　【101 宜蘭大學轉學考】

28. $\int_{0}^{\frac{\pi}{2}} (\cos x + \cos 2x + \cos 4x)\, dx = ?$　【101 宜蘭大學轉學考】

29. If $f(x) = a_4 x^4 + a_3 x^3 + a_2 x^2 + a_1 x + a_0$,

　　$\lim\limits_{x \to \infty} \dfrac{f(x)}{x^4} = -1,\ \lim\limits_{x \to 0} \dfrac{f(x)}{x} = 1,\ f(0) = 0,\ f''(0) = 0,$

　　$\int_{-1}^{1} f(x)\, dx = ?$　【101 宜蘭大學轉學考】

30. $y = \int_{x^2}^{2x} \sin(\cos t)\, dt,\ \dfrac{dy}{dx} = ?$　【101 中興大學轉學考】

31. Find $\dfrac{d}{dx}\left[\int_{x^2}^{\pi} (t \sin t)^{20}\, dt\right]$　【101 中興大學轉學考】

32. 利用對稱性求下列定積分

　　(1) $\int_{-1}^{1} x^5 e^{-x^2}\, dx$　(2) $\int_{-2}^{2} |x|\, dx$　(3) $\int_{-\frac{\pi}{2}}^{\frac{\pi}{2}} x^3 \cos x\, dx$　(4) $\int_{-1}^{1} \dfrac{e^{-x} - e^x}{e^{-x} + e^x}\, dx$

33. Find the particular solution of $\dfrac{dy}{dx} = \dfrac{x^2 y^3}{6}$ given $y = 11$ when $x = 0$.　【101 中興大學資管系轉學考】

34. Find $\dfrac{d^2}{dx^2} \int_{x}^{x^2} e^{t^2}\, dt$　【101 台北大學統計系轉學考】

35. Find $\dfrac{d^2}{dx^2} \int_{0}^{x^2} \sqrt{2t^3 + 1}\, dt$　【100 元智大學電機系轉學考】

36. Evaluate $\int_{0}^{2} f(x)\, dx$, where $f(x) = \begin{cases} \dfrac{1}{\sqrt{x}}; & 0 < x \le 1 \\ x - 1; & 1 < x \le 2 \end{cases}$.　【101 中興大學資管系轉學考】

37. $f'(x) = \dfrac{2 - x}{x^3},\ x > 0;\ f(1) = 2$. Find $f(2)$　【100 東吳大學經濟系轉學考】

38. Find the average value of $f(x) = x - x^2$ from $x = 0$ to $x = 6$.　【100 東吳大學經濟系轉學考】

39. $\lim\limits_{n \to \infty} \left(\sum\limits_{k=1}^{n} \dfrac{k}{n^2} \sqrt{\dfrac{k}{n} + 1} \right)$　【100 東吳大學數學系轉學考】

40. Find the function $f(x)$ if

　　(1) $f'(x) = -2x e^{-x^2 + 1};\ f(1) = 0$

　　(2) $f'(x) = 3x^2 + 4x - 1;\ f(2) = 9$　【100 淡江大學商管組轉學考】

41. 已知 $g(x) = \int_{0}^{x} \sqrt{1 + t^2}\, dt$，求 $g'(x)$

42. (1) Show that $\int_{0}^{a} \dfrac{f(x)}{f(x) + f(a - x)}\, dx = \dfrac{a}{2}$

(2) $\displaystyle\int_0^{\frac{\pi}{2}} \frac{\sin x}{\sin x + \cos x} dx = ?$

(3) $\displaystyle\int_0^3 \frac{\sqrt{x}}{\sqrt{x} + \sqrt{3-x}} dx = ?$

少年聽雨歌樓上，

紅燭昏羅帳。

壯年聽雨客舟中，

江闊雲低斷雁叫西風。

而今聽雨僧廬下，

鬢已星星也。

悲歡離合總無情，

一任階前點滴到天明。

蔣捷

7 指數對數函數與羅必達法則

The essence of mathematics is not to make simple things complicated, but to make complicated things simple.

S. Gudden

7-1　對數函數的微分與積分

定義：$\ln x = \int_1^x \frac{1}{t} \, dt; \; x > 0$ ⸻ (1)

　　　由(1)可知對數函數為一對一且單調遞增，故存在反函數。

觀念提示：　1. 由(1)可知 $\ln 1 = 0$, $\ln \infty = \infty$

　　　　　　2. if $0 < x < 1$,

$$\ln x = \int_1^x \frac{1}{t} \, dt = -\int_x^1 \frac{1}{t} \, dt < 0$$

$$\ln 0^+ = -\infty$$

　　　　　　3. 由(1)以及 fundamental theorem of Calculus（第 6 章定理 4，5）可知

$$\frac{d}{dx} \ln x = \frac{1}{x}$$ ⸻ (2)

$$\frac{d}{dx} \ln u = \frac{1}{u} \frac{du}{dx}$$ ⸻ (3)

　　　　　　由(1)可找出使得積分結果為 1 之 x 值，將此值表示為 e，亦即

$$\ln e = \int_1^e \frac{1}{t} \, dt = 1$$ ⸻ (4)

定理 1

對數函數的運算法則

(1) $\ln (xy) = \ln x + \ln y$

(2) $\ln \left(\dfrac{x}{y} \right) = \ln x - \ln y$

(3) $\ln (x^r) = r \ln x$

證明：(1) Let $f(x) = \ln (ax) \Rightarrow f'(x) = \dfrac{1}{ax} \times a = \dfrac{1}{x}$

　　　　　故 $\ln (ax), \ln x$ 之微分相同，因此

　　　　　$\ln (ax) = \ln x + c$

　　　　　$x = 1 \Rightarrow \ln (a) = c$

　　　　　$\Rightarrow \ln (ax) = \ln x + \ln (a)$

　　　　　$\Rightarrow \ln (xy) = \ln x + \ln y$

　　　(2) 由(1)$\ln (xy) = \ln x + \ln y$. Let $x = \dfrac{1}{y}$

$$\Rightarrow \ln(1) = 0 = \ln\frac{1}{y} + \ln y$$

$$\Rightarrow \ln\frac{1}{y} = -\ln y$$

$$\therefore \ln\left(\frac{x}{y}\right) = \ln x + \ln\frac{1}{y} = \ln x - \ln y$$

(3) $\dfrac{d}{dx}\ln x^r = \dfrac{1}{x^r}\dfrac{dx^r}{dx} = \dfrac{1}{x^r} \cdot rx^{r-1} = r\dfrac{1}{x} = \dfrac{d}{dx}(r\ln x)$

$$\Rightarrow \ln x^r = r\ln x + c$$

$$\Rightarrow \ln 1^r = r\ln(1) + c$$

$$\Rightarrow c = 0$$

$$\therefore \ln x^r = r\ln x$$

說例：$\ln\left(\dfrac{(x^2+5)^4\sin x}{x^3+1}\right) = 4\ln(x^2+5) + \ln\sin x - \ln(x^3+1)$

定理 2：函數 $\log_b x$ 的導函數為 $\dfrac{\log_b e}{x}$。（假設 $x>0$）

證明：依據微分的定義，我們須求出 $\displaystyle\lim_{h\to 0}\dfrac{\log_b(x+h) - \log_b x}{h}$

$$\frac{\log_b(x+h) - \log_b x}{h} = \frac{\log_b\left(\dfrac{x+h}{x}\right)}{h} = \frac{1}{h}\log_b\left(1+\frac{h}{x}\right) = \log_b\left(1+\frac{h}{x}\right)^{\frac{1}{h}}$$

$$= \log_b\left[\left(1+\frac{h}{x}\right)^{\frac{x}{h}}\right]^{\frac{1}{x}} = \frac{1}{x}\log_b\left(1+\frac{h}{x}\right)^{\frac{x}{h}}$$

因此 $\displaystyle\lim_{h\to 0}\dfrac{\log_b(x+h) - \log_b x}{h} = \frac{1}{x}\log_b\left[\lim_{h\to 0}\left(1+\frac{h}{x}\right)^{\frac{x}{h}}\right] = \frac{1}{x}\log_b e$

Remark：$\displaystyle\lim_{t\to 0}(1+t)^{\frac{1}{t}} = e$（證明見本章定理 5）

最好的底數

・對微積分的計算而言，用哪一個數 b 做為底數最方便？如果 $b=10$，則有

$$(\log_{10} x)' = \frac{\log_{10} e}{x} \approx \frac{0.434}{x}$$

・如果 $b=2$，則有

$$(\log_2 x)' = \frac{\log_2 e}{x} \approx \frac{1.443}{x}$$

- 我們當然會想要避開像 0.434 或 1.443 這種數；我們會希望使用某個 b 使得分子的 $\log_b e = 1$，因此選擇 $b = e$。

自然對數

- 因為這個原因，微積分裡喜歡用 e 當做底數，我們接下來都將 $\log_e x$ 寫成 $\ln x$，稱為 x 的自然對數（natural logarithm）。

- 因此，$\dfrac{d}{dx}(\ln x) = \dfrac{1}{x}, x > 0$

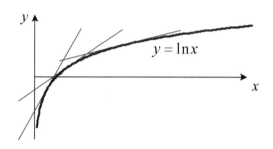

對數函數的微分

$$\frac{d}{dx}(\log_b x) = \frac{\log_b e}{x} = \frac{1}{x \log_e b} = \frac{1}{x \ln b} \tag{5}$$

定理 3：power rule

$$\frac{d}{dx} x^n = n x^{n-1}; n \in R \tag{6}$$

證明：已知 $\ln x^n = n \ln x$

$$\frac{d}{dx} x^n = \frac{d}{dx} e^{n \ln x}$$

$$= e^{n \ln x} \frac{d}{dx}(n \ln x)$$

$$= x^n \cdot \frac{n}{x}$$

$$= n x^{n-1}; x > 0$$

若 $x < 0$, let $y = x^n \Rightarrow$

$$\ln|y| = \ln|x|^n = n \ln|x|$$

同時微分可得

$$\frac{y'}{y} = \frac{n}{x} \Rightarrow y' = n\frac{y}{x} = nx^{n-1}$$

例題 1：$\dfrac{d}{dx} \ln(|x|) = ?$

解　　若 $x > 0$

$$\frac{d}{dx} \ln(|x|) = \frac{d}{dx} \ln(x) = \frac{1}{x}$$

若 $x < 0$

$$\frac{d}{dx} \ln(|x|) = \frac{d}{dx} \ln(-x) = -\frac{1}{x} \cdot (-1) = \frac{1}{x}$$

Remark：由本題可知 $\displaystyle\int \frac{1}{x}\, dx = \ln(|x|) + c$　　　　　　　(7)

例題 2：$y = \ln(x^2 + 1)$，求 $\dfrac{dy}{dx}$

解　　$\dfrac{d}{dx} \ln(x^2 + 1) = \dfrac{1}{x^2 + 1} \dfrac{d}{dx} \ln(x^2 + 1) = \dfrac{2x}{x^2 + 1}$

例題 3：$y = \ln(\ln x)$，求 $\dfrac{dy}{dx}$　　　　　　【101 中興大學轉學考】

解　　$\dfrac{d}{dx} \ln(\ln x) = \dfrac{1}{\ln x} \cdot \dfrac{1}{x} = \dfrac{1}{x \ln x}$

例題 4：$y = \ln(x^2 + 1)^5$，求 $\dfrac{dy}{dx}$。

解　　$\dfrac{dy}{dx} = \dfrac{1}{(x^2 + 1)^5} \dfrac{d}{dx} (x^2 + 1)^5 = \dfrac{1}{(x^2 + 1)^5} \cdot 5 (x^2 + 1)^4 (2x) = \dfrac{10x}{x^2 + 1}$

例題 5：$y = (\ln(x^2 + 1))^5$，求 $\dfrac{dy}{dx}$。

解　　$\dfrac{dy}{dx} = 5(\ln(x^2 + 1))^4 \dfrac{d}{dx} \ln(x^2 + 1) = \dfrac{10x}{x^2 + 1}(\ln(x^2 + 1))^4$

例題 6：$y = \sin(\ln(x^2 + 1))$，求 $\dfrac{dy}{dx}$。

解　　$\dfrac{dy}{dx} = \cos(\ln(x^2 + 1)) \dfrac{d}{dx} \ln(x^2 + 1) = \dfrac{2x}{x^2 + 1}\cos(\ln(x^2 + 1))$

例題 7：$y = \ln|\sec x + \tan x|$，求 $\dfrac{dy}{dx}$　　　　　　　【101 中興大學轉學考】

解　$\dfrac{dy}{dx} = \dfrac{1}{\sec x + \tan x}(\sec x \tan x + \sec^2 x)$

$\qquad = \sec x$

例題 8：(1) given $y = 3^{\ln x}$，求 $\dfrac{dy}{dx}$

$\qquad$ (2) given $y = \ln 3^x$，求 $\dfrac{dy}{dx}$　　　　　　　【101 中山大學電機系轉學考】

解　(1) $y = 3^{\ln x} \Rightarrow \ln y = \ln x \cdot \ln 3$

$\qquad \Rightarrow \dfrac{dy}{dx} \dfrac{1}{y} = \dfrac{1}{x} \ln 3$

$\qquad \Rightarrow \dfrac{dy}{dx} = \dfrac{3^{\ln x}}{x} \ln 3$

$\qquad$ (2) $y = \ln 3^x = x \ln 3$

$\qquad \Rightarrow \dfrac{dy}{dx} = \ln 3$

例題 9：令 a 為任意正整數，求 a 使得曲線 $y = ax^n$, $y = \ln x$ 相切，並求出切點。
　　　　　　　　　　　　　　　　　　　　　　　　　【101 台灣大學轉學考】

解
$\left. \begin{array}{l} y = ax^n \Rightarrow y' = anx^{n-1} \\ y = \ln x \Rightarrow y' = \dfrac{1}{x} \end{array} \right\} \Rightarrow anx^{n-1} = \dfrac{1}{x} \Rightarrow a = \dfrac{1}{nx^n}$

$y = ax^n = \ln x \Rightarrow \dfrac{1}{nx^n} \cdot x^n = \ln x \Rightarrow x = e^{\frac{1}{n}} \Rightarrow y = \ln e^{\frac{1}{n}} = \dfrac{1}{n}$

$\therefore (x_0, y_0) = \left(e^{\frac{1}{n}}, \dfrac{1}{n} \right)$

例題 10：$f(x) = (x^2 - 3)(x^3 - 4)(x^7 - 5)(x^2 - 6)$，求 $f'(x)$

解　兩邊同取對數

$\ln f(x) = \ln (x^2 - 3)(x^3 - 4)(x^7 - 5)(x^2 - 6)$

$\qquad = \ln (x^2 - 3) + \ln (x^3 - 4) + \ln (x^7 - 5) + \ln (x^2 - 6)$

兩邊同時微分

$$\frac{f'(x)}{f(x)} = \frac{2x}{x^2-3} + \frac{3x^2}{x^3-4} + \frac{7x^6}{x^7-5} + \frac{2x}{x^2-6}$$

因此 $f'(x) = f(x)\left(\frac{2x}{x^2-3} + \frac{3x^2}{x^3-4} + \frac{7x^6}{x^7-5} + \frac{2x}{x^2-6}\right)$

$$= (x^2-3)(x^3-4)(x^7-5)(x^2-6)\left(\frac{2x}{x^2-3} + \frac{3x^2}{x^3-4} + \frac{7x^6}{x^7-5} + \frac{2x}{x^2-6}\right)$$

例題 11：$y = \dfrac{x^{\frac{2}{3}}\sqrt{x^2+1}}{(x+1)^5}$，求 $\dfrac{dy}{dx}$

解　兩邊同取對數

$$\ln y = \frac{2}{3}\ln x + \frac{1}{2}\ln(x^2+1) - 5\ln(x+1)$$

兩邊同時微分

$$\frac{1}{y}\frac{dy}{dx} = \frac{2}{3}\frac{1}{x} + \frac{1}{2}\frac{2x}{x^2+1} - 5\frac{1}{x+1}$$

因此

$$\frac{dy}{dx} = y\left(\frac{2}{3}\frac{1}{x} + \frac{1}{2}\frac{2x}{x^2+1} - 5\frac{1}{x+1}\right) = \frac{x^{\frac{2}{3}}\sqrt{x^2+1}}{(x+1)^5}\left(\frac{2}{3}\frac{1}{x} + \frac{1}{2}\frac{2x}{x^2+1} - 5\frac{1}{x+1}\right)$$

例題 12：微分 $f(x) = x^{\sin x}$　　　　　　　　【101 台聯大轉學考】

解　兩邊同取對數

$$\ln f(x) = \ln x^{\sin x} = (\sin x)\ln x$$

兩邊同時微分

$$\frac{d}{dx}\ln f(x) = \frac{d}{dx}((\sin x)\ln x)$$

$$\frac{f'(x)}{f(x)} = (\cos x)\ln x + (\sin x)\cdot\frac{1}{x}$$

因此　$f'(x) = x^{\sin x}\left((\cos x)\ln x + \frac{\sin x}{x}\right)$

例題 13：$y = x^x$，求 $\dfrac{dy}{dx}$。　　　　　　【101 元智大學電機系轉學考】

解 1　$x^x = e^{\ln x^x} = e^{x\ln x}$

所以　$\dfrac{d}{dx}(x^x) = \dfrac{d}{dx}(e^{x\ln x}) = e^{x\ln x}\dfrac{d}{dx}(x\ln x)$

$$= e^{x \ln x}\left(x \cdot \frac{1}{x} + \ln x\right) = x^x(1 + \ln x)$$

解 2　令 $y = x^x$，等號兩邊同時取對數：$\ln y = \ln x^x = x \ln x$

等號兩邊同時對 x 微分：$\dfrac{y'}{y} = 1 + \ln x$

所以 $y' = y(1 + \ln x) = x^x(1 + \ln x)$

解 3　$f'(x) = f(x)(\ln f(x))'$

$$\frac{dx^x}{dx} = x^x(\ln x^x)' = x^x(x \ln x)' = x^x(\ln x + 1)$$

例題 14：let $f(x) = \dfrac{(x^2 - 1)(x^2 - 2)(x^2 - 3)}{(x^2 + 1)(x^2 + 2)(x^2 + 3)}$. Find $f'(2)$ 【100 中興大學資管系轉學考】

解　$\ln f(x) = \ln(x^2 - 1) + \ln(x^2 - 2) + \ln(x^2 - 3) - \ln(x^2 + 1) - \ln(x^2 + 2) - \ln(x^2 + 3)$

$$\frac{1}{f(x)} f'(x) = \frac{2x}{x^2 - 1} + \frac{2x}{x^2 - 2} + \frac{2x}{x^2 - 3} - \frac{2x}{x^2 + 1} - \frac{2x}{x^2 + 2} - \frac{2x}{x^2 + 3}$$

$$\therefore f'(2) = \left(\frac{4}{4 - 1} + \frac{4}{4 - 2} + \frac{4}{4 - 3} - \frac{4}{4 + 1} - \frac{4}{4 + 2} - \frac{4}{4 + 3}\right) f(2) = \frac{556}{3675}$$

例題 15：$f(x) = \dfrac{\ln x}{x}; x \geq 1$

(1) 求 $f(x) = \dfrac{\ln x}{x}$ 之極大值

(2) 證明 $e^\pi > \pi^e$　　　　　【101 東吳大學財務與精算數學系轉學考】

解　(1) $f'(x) = \dfrac{1 - \ln x}{x^2} = 0 \Rightarrow x = e$

max: $f(e) = 0$

(2) $e < \pi \Rightarrow f(e) > f(\pi) \Rightarrow \dfrac{\ln e}{e} > \dfrac{\ln \pi}{\pi}$

$\Rightarrow \pi \ln e > e \ln \pi$

$\Rightarrow \ln e^\pi > \ln \pi^e$

$\Rightarrow e^\pi > \pi^e$

對數函數的積分

・我們知道當 $a \neq -1$，$\displaystyle\int x^a dx = \dfrac{x^{a+1}}{a + 1} + C$。如果 $a = -1$ 呢？

・既然 $\dfrac{d}{dx}(\ln x) = \dfrac{1}{x}$（當 $x > 0$），可知

$$\int \frac{1}{x}dx = \ln x + C \quad (x > 0)$$

・自然對數 $\ln x$ 重要的原因之一是：它是 $\frac{1}{x}$ 的積分。

例題 16：求出位於曲線 $y = \frac{1}{x}$ 下方且區間[1, 6]上方的區域的面積。

 解

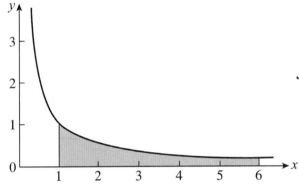

$$\int_1^6 \frac{1}{x}dx = \ln x \Big|_1^6 = \ln 6 - \ln 1$$
$$= \ln 6 \approx 1.792$$

當 $x > 0$，$\dfrac{d}{dx}(\ln|x|) = \dfrac{d}{dx}\ln x = \dfrac{1}{x}$

當 $x < 0$，$\dfrac{d}{dx}(\ln|x|) = \dfrac{d}{dx}(\ln(-x)) = \dfrac{1}{-x}\dfrac{d}{dx}(-x) = \dfrac{1}{-x}(-1) = \dfrac{1}{x}$

・因此，當 $x \neq 0$，

$$\int \frac{1}{x}dx = \ln|x| + C$$

例題 17：求 $\displaystyle\int_{-3}^{-1} \frac{dx}{x}$

 解 　$\displaystyle\int_{-3}^{-1} \frac{dx}{x} = [\ln|x|]_{-3}^{-1} = \ln|-1| - \ln|-3| = \ln 1 - \ln 3 = 0 - \ln 3 = -\ln 3$

定理 4

假設 $f(x)$ 為一可微函數，那麼當 $f(x) \neq 0$，

$$\int \frac{f'(x)}{f(x)}dx = \ln|f(x)| + C \tag{8}$$

證明：令 $u = f(x) \Rightarrow du = f'(x)dx$，帶回原式可得：

$$\int \frac{f'(x)}{f(x)}\, dx = \int \frac{1}{u}\, du = \ln|u| + C = \ln|f(x)| + C$$

例題 18：求 $\int \dfrac{3x^2}{(x^2+1)}\, dx$.

解　$\ln|x^3+1| + C$

例題 19：求 $\int \dfrac{x}{(x^2+1)}\, dx$.

解　$\dfrac{1}{2}\ln|x^2+1| + C$

例題 20：求 $\int_1^e \dfrac{\ln x}{x}\, dx$

解　$\displaystyle\int_1^e \frac{\ln x}{x}\, dx = \int_1^e \ln x\, d(\ln x) = \left.\frac{(\ln x)^2}{2}\right|_1^e = \frac{1}{2}$

例題 21：求 $\int \dfrac{dx}{x\ln|x|}$

解　$\displaystyle\int \frac{dx}{x\ln|x|} = \int \frac{1}{\ln|x|}\, d(\ln|x|) = \ln(\ln|x|) + c$

例題 22：求 $\int \sec x\, dx$

解　$\displaystyle\int \sec x\, dx = \int \frac{1}{\cos x}\frac{\cos x}{\cos x}\, dx = \int \frac{1}{1-\sin^2 x}\, d(\sin x)$
$$= \frac{1}{2}\ln\left|\frac{1+\sin x}{1-\sin x}\right| + c$$

7-2　指數函數的微分與積分

指數函數（exponential function）為對數函數的反函數，若 $y = b^x$，則 $x = \log_b y$，

因此**指數函數** $y=b^x$ 和**對數函數** $x=\log_b y$（$b\neq 1$）互為對方的反函數，如圖 1 所示。
若底數 $b=e$，則有

$$\begin{cases} f(x)=\ln x \\ f^{-1}(x)=e^x \end{cases} \tag{9}$$
$$e^{\ln x}=x=\ln e^x$$

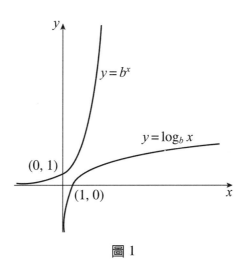

圖 1

定理 5

e 可以表示成以下之極限

$$e=\lim_{x\to 0}(1+x)^{\frac{1}{x}} \tag{10}$$

證明：若 $f(x)=\ln x \Rightarrow f'(x)=\dfrac{1}{x}$

$$\begin{aligned} f'(1)=1 &=\lim_{h\to 0}\frac{f(1+h)-f(1)}{h}=\lim_{x\to 0}\frac{f(1+x)-f(1)}{x} \\ &=\lim_{x\to 0}\frac{\ln(1+x)-\ln(1)}{x}=\lim_{x\to 0}\frac{\ln(1+x)}{x} \\ &=\lim_{x\to 0}\ln(1+x)^{\frac{1}{x}}=\ln\left[\lim_{x\to 0}(1+x)^{\frac{1}{x}}\right] \\ &\Rightarrow \lim_{x\to 0}(1+x)^{\frac{1}{x}}=e \end{aligned}$$

定理 6：指數函數的運算法則

(1) $e^{x+y}=e^x\cdot e^y$

(2) $e^{x-y} = \dfrac{e^x}{e^y}$

(3) $(e^x)^r = e^{xr}$

(4) $e^{-x} = \dfrac{1}{e^x}$

證明：(1) $\ln(e^x \cdot e^y) = \ln e^x + \ln e^y = x + y = \ln(e^{x+y})$

　　　　(2) $\ln\left(\dfrac{e^x}{e^y}\right) = \ln e^x - \ln e^y = x - y = \ln e^{x-y}$

　　　　(3) $\ln(e^x)^r = r\ln(e^x) = rx = \ln e^{xr}$

　　　　(4) $e^x \cdot e^{-x} = e^{x-x} = e^0 = 1 \Rightarrow e^{-x} = \dfrac{1}{e^x}$

定理 7：指數函數的導函數

(1) $\dfrac{d}{dx}e^x = e^x$ 　　　　　　　　　　　　　　　　　　　(11)

(2) $\dfrac{d}{dx}e^u = e^u\dfrac{du}{dx}$ 　　　　　　　　　　　　　　　(12)

證明：(1) $y = e^x \Rightarrow \ln y = x \Rightarrow \dfrac{1}{y}\dfrac{dy}{dx} = 1 \Rightarrow \dfrac{dy}{dx} = y = e^x$

　　　　(2) chain rule

定理 8：指數函數的運算法則

(1) $b^{x+y} = b^x \cdot b^y$

(2) $b^{x-y} = \dfrac{b^x}{b^y}$

(3) $(b^x)^r = b^{xr}$

(4) $(ab)^x = a^x b^x$

定理 9

假設 $b > 0, b \neq 1$。指數函數 $y = f(x) = b^x$ 的導函數為

$\dfrac{d}{dx}(b^x) = (\ln b)b^x$ 　　　　　　　　　　　　　　　　(13)

證明：$y = b^x$

$\quad\quad \ln y = x \ln b$

$\quad\quad \dfrac{1}{y}\dfrac{dy}{dx} = \ln b$

$\quad\quad \dfrac{dy}{dx} = (\ln b)y = (\ln b)\, b^x$

觀念提示：依照微分的定義可得：

$$\frac{dy}{dx} = f'(x) = \lim_{\Delta x \to 0} \frac{b^{x+\Delta x} - b^x}{\Delta x} = b^x \lim_{\Delta x \to 0} \frac{b^{\Delta x} - 1}{\Delta x} = b^x f'(0)$$

換言之，$y = f(x) = b^x$ 的導函數為原函數乘上一常數 $f'(0)$。由數值方法可知：

$b = 2 \Rightarrow f'(0) \approx 0.69$

$b = 3 \Rightarrow f'(0) \approx 1.10$

故顯然有一數介於 $2 \sim 3$ 之間，使得 $f'(0) = 1$，將此數表示為 e

故若 $y = f(x) = e^x \Rightarrow f'(x) = e^x f'(0) = e^x$

$\dfrac{d}{dx}(10^x) = (\ln 10)10^x$（請注意：不是 $x \cdot 10^{x-1}$）

$\dfrac{d}{dx}(2^x) = (\ln 2)2^x.\quad \dfrac{d}{dx}(e^x) = e^x.\quad \dfrac{d}{dx}(e^{\square}) = e^{\square} \cdot \dfrac{d}{dx}\square$

定理 10：指數函數的導函數

(1) $\dfrac{d}{dx}b^x = b^x \ln b$ $\hspace{10em}$ (13)

(2) $\dfrac{d}{dx}b^u = b^u \ln b\, \dfrac{du}{dx}$ $\hspace{9em}$ (14)

(3) $\displaystyle\int b^x dx = \dfrac{b^x}{\ln b} + c$ $\hspace{9em}$ (15)

說例：$\dfrac{d}{dx}(e^{3x}) = e^{3x}\dfrac{d}{dx}(3x) = 3e^{3x}$

說例：$\dfrac{d}{dx}(e^{\sin(3x)}) = e^{\sin(3x)}\dfrac{d}{dx}(\sin(3x)) = 3e^{\sin(3x)}\cos(3x)$

例題 23：$f(x) = \dfrac{e^{3x}}{27}(9x^2 - 6x + 2)$，求 $f'(x)$

解 $\quad f'(x) = \dfrac{1}{27}\left[e^{3x}(18x - 6) + (9x^2 - 6x + 2)3e^{3x}\right]$

$\quad\quad\quad = \dfrac{1}{27}e^{3x}[18x - 6 + 27x^2 - 18x + 6]$

$$= x^2 e^{3x}$$

定理 11：假設 a 為某常數。當 $x > 0$，$\dfrac{d}{dx}(x^a) = ax^{a-1}$

證明：$x^a = e^{\ln x^a} = e^{a \ln x}$

$$\frac{d}{dx}(e^{a \ln x}) = e^{a \ln x} \frac{d}{dx}(a \ln x)$$

$$= x^a \frac{a}{x}$$

$$= ax^{a-1}$$

說例：$\dfrac{d}{dx}(x^{\sqrt{2}}) = \sqrt{2}\, x^{\sqrt{2}-1}$, $\dfrac{d}{dx}(x^{\pi}) = \pi x^{\pi-1}$。

定理 12：雙曲線函數的微分

(1) $\dfrac{d}{dx} \sinh u = \cosh u \dfrac{du}{dx}$ (16)

(2) $\dfrac{d}{dx} \cosh u = \sinh u \dfrac{du}{dx}$ (17)

(3) $\dfrac{d}{dx} \tanh u = \text{sech}^2 u \dfrac{du}{dx}$ (18)

(4) $\dfrac{d}{dx} \coth u = -\text{csch}^2 u \dfrac{du}{dx}$ (19)

例題 24：$y = e^{\tan x}$, $\dfrac{dy}{dx} = ?$

解 $y = e^{\tan x}$, $\dfrac{dy}{dx} = e^{\tan x} \sec^2 x$

例題 25：$y = 5^{x^2}$, $\dfrac{dy}{dx} = ?$

解 $\dfrac{dy}{dx} = 5^{x^2} \ln 5 \dfrac{d}{dx}(x^2) = 2x \ln 5 \cdot 5^{x^2}$

例題 26：$y = x^x$，求 $\dfrac{dy}{dx}$

解 $\ln y = x \ln x \Rightarrow \dfrac{1}{y} \dfrac{dy}{dx} = 1 + \ln x \Rightarrow \dfrac{dy}{dx} = (1 + \ln x)y = x^x(1 + \ln x)$

例題 27：$y = x^{x^x}$，求 $\dfrac{dy}{dx}$

解　$\ln y = x^x \ln x \Rightarrow \dfrac{1}{y}\dfrac{dy}{dx} = \dfrac{x^x}{x} + \ln x \dfrac{d}{dx} x^x$

$\Rightarrow \dfrac{dy}{dx} = \left(\dfrac{x^x}{x} + \ln x \cdot x^x(1 + \ln x) \right) y = \left(\dfrac{x^x}{x} + \ln x \cdot x^x(1 + \ln x) \right) x^{x^x}$

例題 28：$\displaystyle\int 3^x \, dx = ?$

解　$\displaystyle\int 3^x \, dx = \int e^{x \ln 3} \, dx = \dfrac{1}{\ln 3} e^{x \ln 3} + c = \dfrac{1}{\ln 3} 3^x + c$

例題 29：$\displaystyle\lim_{n \to \infty} \dfrac{1}{n}[(n+1)(n+2)\cdots(n+n)]^{\frac{1}{n}} = ?$　　【交通大學轉學考】

解　$\displaystyle\lim_{n \to \infty} \dfrac{1}{n}[(n+1)(n+2)\cdots(n+n)]^{\frac{1}{n}}$

$= \displaystyle\lim_{n \to \infty}\left[\left(\dfrac{n+1}{n}\right)\left(\dfrac{n+2}{n}\right)\cdots\left(\dfrac{n+n}{n}\right) \right]^{\frac{1}{n}}$

$= \exp\left\{ \displaystyle\lim_{n \to \infty} \dfrac{1}{n} \ln\left[\left(\dfrac{n+1}{n}\right)\left(\dfrac{n+2}{n}\right)\cdots\left(\dfrac{n+n}{n}\right) \right] \right\}$

$= \exp\left\{ \displaystyle\lim_{n \to \infty} \dfrac{1}{n} \left[\ln\left(1 + \dfrac{1}{n}\right) + \ln\left(1 + \dfrac{2}{n}\right)\cdots + \ln\left(1 + \dfrac{n}{n}\right) \right] \right\}$

$= \exp\left\{ \displaystyle\int_0^1 \ln(1+x)dx \right\} = e^{2\ln 2 - 1} = \dfrac{4}{e}$

例題 30：求積分式：$\displaystyle\int_0^1 \dfrac{x^\alpha - 1}{\ln x} \, dx \quad \alpha \geq 0$　　【淡江大學轉學考】

解　由 *Leibniz* 積分式之微分公式可知：

$\dfrac{d}{d\alpha} \displaystyle\int_0^1 \dfrac{x^\alpha - 1}{\ln x} \, dx = \int_0^1 \dfrac{\partial}{\partial \alpha}\left(\dfrac{x^\alpha - 1}{\ln x} \right) dx = \int_0^1 x^\alpha \, dx = \dfrac{x^{\alpha+1}}{\alpha+1} \bigg|_0^1 = \dfrac{1}{\alpha+1}$

$\displaystyle\int_0^1 \dfrac{x^\alpha - 1}{\ln x} \, dx = \int \dfrac{1}{\alpha+1} \, d\alpha = \ln(\alpha+1) + c$

已知當 $\alpha = 0$ 時 $\displaystyle\int_0^1 \dfrac{x^\alpha - 1}{\ln x} \, dx = 0 = \ln 1 + c$

$\therefore c = 0$；$\displaystyle\int_0^1 \dfrac{x^\alpha - 1}{\ln x} \, dx = \ln(\alpha+1)$

另解：已知 $\int_0^\alpha x^y \, dy = x^y \dfrac{1}{\ln x} \bigg|_0^\alpha = \dfrac{x^\alpha - 1}{\ln x}$

$$\int_0^1 \frac{x^\alpha - 1}{\ln x} \, dx = \int_0^1 \left(\int_0^\alpha x^y \, dy \right) dx = \int_0^1 \int_0^\alpha x^y \, dy \, dx$$

$$= \int_0^\alpha \int_0^1 x^y \, dy \, dx$$

$$= \int_0^\alpha \frac{x^{y+1}}{y+1} \bigg|_0^1 \, dy = \int_0^\alpha \frac{1}{y+1} \, dy$$

$$= \ln(y+1) \bigg|_0^\alpha = \ln(\alpha + 1)$$

7-3　反三角函數的微分與積分

反正切函數的導函數

定理 13： $\dfrac{d}{dx}(\tan^{-1} x) = \dfrac{1}{1+x^2}$　　　　　　　　　　(20)

證明：令 $y = \tan^{-1} x$，則 $x = \tan y$。

$$\frac{d}{dx}(x) = \frac{d}{dx}(\tan y)$$

$$1 = \sec^2 y \frac{dy}{dx}$$

因此

$$\frac{dy}{dx} = \frac{1}{\sec^2 y} = \frac{1}{1+x^2}$$

同理可得

$$\frac{d}{dx}(\tan^{-1} u) = \frac{1}{1+\mu^2} \cdot \frac{d}{dx} u \qquad (21)$$

$x = \tan y$ 　$\sqrt{1+x^2}$ 　x 　y 　1

例題 31： $y = \tan^{-1} \sqrt{x}$，求 $\dfrac{dy}{dx}$。

解　　$\dfrac{dy}{dx} = \dfrac{1}{1+(\sqrt{x})^2} \dfrac{d}{dx}\sqrt{x} = \dfrac{1}{1+x} \cdot \dfrac{1}{2\sqrt{x}} = \dfrac{1}{2\sqrt{x}(1+x)}$

例題 32： $y = (\tan^{-1} x^2)^5$，求 $\dfrac{dy}{dx}$。

解　　$\dfrac{dy}{dx} = 5(\tan^{-1} x^2)^4 \dfrac{d}{dx}\tan^{-1} x^2 = 5(\tan^{-1} x^2)^4 \dfrac{2x}{1+x^4} = \dfrac{10x}{1+x^4}(\tan^{-1} x^2)^4$

反正弦函數的導函數

定理 14： $\dfrac{d}{dx}(\sin^{-1}x)=\dfrac{1}{\sqrt{1-x^2}}$ 　　　　　　　　　　　　　　　　(22)

證明：令 $y=\sin^{-1}x$，則 $x=\sin y$

$$\frac{d}{dx}(x)=\frac{d}{dx}(\sin y)$$

$$1=\cos y\,\frac{dy}{dx}$$

因此

$$\frac{dy}{dx}=\frac{1}{\cos y}=\frac{1}{\sqrt{1-x^2}}$$

$x=\sin y$

（圖：直角三角形，斜邊 1，對邊 x，角 y，鄰邊 $\sqrt{1-x^2}$）

例題 33： $y=f(x)=\sin^{-1}(x^2-1)$

　　　　(1) 求 domain of $f(x)$

　　　　(2) 求 $f'(x)$

　　　　(3) 求 domain of $f'(x)$

(1) $|x^2-1|\le 1\Rightarrow -\sqrt{2}\le x\le\sqrt{2}$

(2) $f'(x)=\dfrac{1}{\sqrt{1-(x^2-1)^2}}\dfrac{d}{dx}(x^2-1)=\dfrac{2x}{\sqrt{1-(x^2-1)^2}}$

(3) $|x^2-1|\le 1\Rightarrow -\sqrt{2}\le x\le\sqrt{2}$

例題 34：微分 $\sin^{-1}(3x/4)$

$$\frac{d}{dx}\sin^{-1}(3x/4)=\frac{1}{\sqrt{1-(3x/4)^2}}\frac{d}{dx}(3x/4)$$

$$=\frac{1}{\sqrt{1-9x^2/16}}\cdot\frac{3}{4}$$

$$=\frac{3}{\sqrt{16-9x^2}}$$

定理 15：$\dfrac{d}{dx}(\cos^{-1}x)=\dfrac{-1}{\sqrt{1-x^2}}$　　　　　　　　　　　　　　　　　　　(23)

證明：

$$y=\cos^{-1}x\Rightarrow\cos y=x\Rightarrow-\sin y\dfrac{dy}{dx}=1\Rightarrow\dfrac{dy}{dx}=-\dfrac{1}{\sin y}=-\dfrac{1}{\sqrt{1-x^2}}$$

反正割函數的導函數

定理 16：$\dfrac{d}{dx}(\sec^{-1}x)=\dfrac{1}{|x|\sqrt{x^2-1}},\ |x|>1$　　　　　　　　　　　　　　(24)

證明：

$$y=\sec^{-1}x\Rightarrow\sec y=x\Rightarrow x\cos y=1\Rightarrow\cos y-x\sin y\dfrac{dy}{dx}=0$$

$$\therefore\dfrac{d}{dx}(\sec^{-1}x)=\dfrac{1}{x\tan y}=\dfrac{1}{|x|\sqrt{x^2-1}}$$

例題 35：$y=\sec^{-1}5x$，$\dfrac{dy}{dx}=$?

解　　$$\dfrac{d}{dx}\sec^{-1}5x=\dfrac{1}{|5x|\sqrt{25x^2-1}}\dfrac{d}{dx}(5x)$$

$$=\dfrac{1}{|x|\sqrt{25x^2-1}}$$

定理 17

(1) $\displaystyle\int\dfrac{du}{a^2+u^2}=\dfrac{1}{a}\tan^{-1}\left(\dfrac{u}{a}\right)+c$　　　　　　　　　　　　　　　　(25)

(2) $\displaystyle\int\dfrac{du}{\sqrt{a^2-u^2}}=\sin^{-1}\left(\dfrac{u}{a}\right)+c$　　　　　　　　　　　　　　　　(26)

(3) $\displaystyle\int\dfrac{du}{u\sqrt{u^2-a^2}}=\dfrac{1}{a}\sec^{-1}\left|\dfrac{u}{a}\right|+c$　　　　　　　　　　　　　　(27)

證明：(1) $\displaystyle\int\dfrac{du}{a^2+u^2}=\dfrac{1}{a^2}\int\dfrac{du}{1+\left(\dfrac{u}{a}\right)^2}$，令 $t=\dfrac{u}{a}\Rightarrow dt=\dfrac{1}{a}du$

$$\dfrac{1}{a^2}\int\dfrac{du}{1+\left(\dfrac{u}{a}\right)^2}=\dfrac{1}{a}\int\dfrac{dt}{1+t^2}=\dfrac{1}{a}\tan^{-1}t+c=\dfrac{1}{a}\tan^{-1}\left(\dfrac{u}{a}\right)+c$$

(2), (3)之證明方法與(1)類似

例題 36：$\displaystyle\int_0^{\frac{1}{4}} \frac{1}{\sqrt{1-4x^2}}dx = ?$

解 $\displaystyle\int_0^{\frac{1}{4}} \frac{1}{\sqrt{1-4x^2}}dx = \frac{1}{2}\int_0^{\frac{1}{2}} \frac{1}{\sqrt{1-u^2}}du = \frac{1}{2}\sin^{-1}u \Big|_0^{\frac{1}{2}} = \frac{1}{2}\left(\frac{\pi}{6}-0\right) = \frac{\pi}{12}$

7-4 羅必達法則

如果一個分式當 x 趨近某數時分子與分母的極限值都是 0，我們稱這種式子為不定型或不定式（indeterminate form）。

定理 18：羅必達法則（L'Hôpital's rule）

(1) 假設 a 為常數而 f 和 g 為在 a 附近可微的函數。

若 $\displaystyle\lim_{x\to a}f(x)=0$ 且 $\displaystyle\lim_{x\to a}g(x)=0$ 且 $\displaystyle\lim_{x\to a}\frac{f'(x)}{g'(x)}=L$

則 $\displaystyle\lim_{x\to a}\frac{f(x)}{g(x)}=L.$

(2) 若 $\displaystyle\lim_{x\to\infty}f(x)=\infty$ 且 $\displaystyle\lim_{x\to\infty}g(x)=\infty$ 且 $\displaystyle\lim_{x\to\infty}\frac{f'(x)}{g'(x)}=L$

則 $\displaystyle\lim_{x\to\infty}\frac{f(x)}{g(x)}=L$

證明：(1) 考慮當 $x>a$ 時，根據均值定理，在 x 與 a 之間必可找到一點 c 使得

$$f'(c)=\frac{f(x)-f(a)}{x-a}, g'(c)=\frac{g(x)-g(a)}{x-a}$$

$$\Rightarrow \frac{f'(c)}{g'(c)}=\frac{f(x)-f(a)}{g(x)-g(a)}$$

但已知 $f(a)=g(a)=0$

$$\Rightarrow \frac{f'(c)}{g'(c)}=\frac{f(x)}{g(x)}$$

當 $x\to a^+$，$\Rightarrow c\to a^+$ 因為 c 必然在 x 與 a 之間

$$\lim_{x\to a^+}\frac{f(x)}{g(x)}=\lim_{c\to a^+}\frac{f'(c)}{g'(c)}=\lim_{x\to a^+}\frac{f'(x)}{g'(x)}$$

同理可得

$$\lim_{x\to a^-}\frac{f(x)}{g(x)}=\lim_{c\to a^-}\frac{f'(c)}{g'(c)}=\lim_{x\to a^-}\frac{f'(x)}{g'(x)}$$

觀念提示：如 $x \to a$, $x \to a^-$, $x \to a^+$, $x \to \infty$ 等當類似的情形也都適用，而且 $\lim\limits_{x \to \infty} f(x)$ 和 $\lim\limits_{x \to \infty} g(x)$ 可以都是 $-\infty$，或一個是 ∞ 而另一個是 $-\infty$ 等。

例題 37：求 $\lim\limits_{x \to \infty} x^2 e^{-x}$ 　　　　　　　　　　　　【100 中山大學轉學考】

解　　$\lim\limits_{x \to \infty} x^2 e^{-x} = \lim\limits_{x \to \infty} \dfrac{x^2}{e^x} = \lim\limits_{x \to \infty} \dfrac{2x}{e^x} = \lim\limits_{x \to \infty} \dfrac{2}{e^x} = 0$

例題 38：求 $\lim\limits_{x \to 0} \dfrac{\sin x}{x}$

解　　$\lim\limits_{x \to 0} \sin x = 0.$ $\lim\limits_{x \to 0} x = 0.$

根據羅必達法則，$\lim\limits_{x \to 0} \dfrac{\sin x}{x} = \lim\limits_{x \to 0} \dfrac{(\sin x)'}{x'} = \lim\limits_{x \to 0} \dfrac{\cos x}{1} = 1$

例題 39：求 $\lim\limits_{x \to 1} \dfrac{x^2 - 1}{x - 1}$

解　　$\lim\limits_{x \to 1} (x^2 - 1) = 0.$ $\lim\limits_{x \to 1} (x - 1) = 0.$

根據羅必達法則，$\lim\limits_{x \to 1} \dfrac{x^2 - 1}{x - 1} = \lim\limits_{x \to 1} \dfrac{(x^2 - 1)'}{(x - 1)'} = \lim\limits_{x \to 1} \dfrac{2x}{1} = 2$

例題 40：Compute $\lim\limits_{x \to \frac{2}{\pi}} \dfrac{1 - \sin\left(\dfrac{1}{x}\right)}{\pi x - 2}$ 　　　　【101 台北大學資工系轉學考】

解　　$\lim\limits_{x \to \frac{2}{\pi}} \dfrac{1 - \sin\left(\dfrac{1}{x}\right)}{\pi x - 2} = \lim\limits_{x \to \frac{2}{\pi}} \dfrac{\dfrac{1}{x^2} \cos\left(\dfrac{1}{x}\right)}{\pi} = 0$

例題 41：求 $\lim\limits_{x \to 1} \dfrac{x^5 - 1}{x^3 - 1}$

解　　$\lim\limits_{x \to 1} (x^5 - 1) = 0.$ $\lim\limits_{x \to 1} (x^3 - 1) = 0.$

根據羅必達法則，$\displaystyle\lim_{x\to 1}\frac{x^5-1}{x^3-1}=\lim_{x\to 1}\frac{5x^4}{3x^2}=\lim_{x\to 1}\left(\frac{5}{3}x^2\right)=\frac{5}{3}$

有時候可能須不只一次對一個分式使用羅必達法則。

例題 42：求 $\displaystyle\lim_{x\to 0}\frac{\sin x-x}{x^3}$

解　當 $x\to 0$，分子和分母都趨近 0，根據羅必達法則，

$$\lim_{x\to 0}\frac{\sin x-x}{x^3}=\lim_{x\to 0}\frac{\cos x-1}{3x^2}$$

但是當 $x\to 0$，$\cos x-1\to 0$ 且 $3x^2\to 0$，因此再次根據羅必達法則，

$$\lim_{x\to 0}\frac{\cos x-1}{3x^2}=\lim_{x\to 0}\frac{-\sin x}{6x}$$

但是當 $x\to 0$，$\sin x$ 和 $6x$ 都趨近 0，因此再次根據羅必達法則，

$$\lim_{x\to 0}\frac{-\sin x}{6x}=\lim_{x\to 0}\frac{-\cos x}{6}=\frac{-1}{6}$$

因此答案為 $-\dfrac{1}{6}$。

例題 43：$\displaystyle\lim_{x\to 0}\frac{\sin^2 2x}{x^2}=$ ？　　　　　　　　【100 嘉義大學轉學考】

解　$\displaystyle\lim_{x\to 0}\frac{\sin^2 2x}{x^2}=\lim_{x\to 0}\frac{4\sin 2x\cos 2x}{2x}=\lim_{x\to 0}\frac{\sin 4x}{x}=\lim_{x\to 0}\frac{4\cos 4x}{1}=4$

有時候當我們應用羅必達法則之前可以先對式子進行一些簡化。

例如求 $\displaystyle\lim_{x\to 0}\frac{(\sin x-x)\cos^5 x}{x^3}$，既然 $\displaystyle\lim_{x\to 0}\cos^5 x=1$，因此

$$\lim_{x\to 0}\frac{(\sin x-x)\cos^5 x}{x^3}=\left(\lim_{x\to 0}\frac{\sin x-x}{x^3}\right)\cdot 1=\frac{-1}{6}$$

這對時間和心力都是很大的節省。

例題 44：$\displaystyle\lim_{x\to\infty}x\sin\frac{1}{x}$　　　　　　　　　　【100 輔大電機系轉學考】

解　$\displaystyle\lim_{x\to\infty}x\sin\frac{1}{x}=\lim_{t\to 0^+}\frac{\sin t}{t}=1$

例題 45：求 $\lim\limits_{x \to \infty} \dfrac{\ln x}{x^2}$

解　當 $x \to \infty$，$\ln x \to \infty$ 且 $x^2 \to \infty$

根據羅必達法則，

$$\lim_{x \to \infty} \frac{\ln x}{x^2} = \lim_{x \to \infty} \frac{1/x}{2x} = \lim_{x \to \infty} \frac{1}{2x^2} = 0$$

例題 46：求 $\lim\limits_{x \to \infty} x^{\frac{1}{x}} = ?$　　　　　　　　　【101 中興大學轉學考】

解　　$\lim\limits_{x \to \infty} x^{\frac{1}{x}} = \lim\limits_{x \to \infty} e^{\ln x^{\frac{1}{x}}} = e^{\lim\limits_{x \to \infty} \frac{\ln x}{x}} = 1$

例題 47：Calculate the following limits

$(1)\lim\limits_{x \to \infty} \left(1 + \dfrac{2}{x}\right)^x$ 　$(2)\lim\limits_{x \to 1^-} \dfrac{\cos^{-1} x}{x - 1}$　　　【101 政大轉學考】

解　$(1)\ \lim\limits_{x \to \infty} \left(1 + \dfrac{2}{x}\right)^x = \lim\limits_{x \to \infty} \exp\left\{x \ln\left(1 + \dfrac{2}{x}\right)\right\} = \exp\left\{\lim\limits_{x \to \infty} \dfrac{\ln\left(1 + \dfrac{2}{x}\right)}{\dfrac{1}{x}}\right\}$

$$= \exp\left\{\lim_{x \to \infty} \frac{\dfrac{1}{\left(1 + \dfrac{2}{x}\right)} \cdot \left(\dfrac{2}{x^2}\right)}{-\dfrac{1}{x^2}}\right\} = e^2$$

$(2)\ \lim\limits_{x \to 1^-} \dfrac{\cos^{-1} x}{x - 1} = \lim\limits_{x \to 1^-} \dfrac{\dfrac{-1}{\sqrt{1 - x^2}}}{1} = -\infty$

　　　極限的改寫：有些求極限的問題雖然看起來不是分式，不過卻可以被改寫成分式，然後再利用羅必達法則來解決。

例題 48：求 $\lim\limits_{x \to \infty} x\left(e^{\frac{1}{x}} - 1\right)$　　　　　　　【100 輔大電機系轉學考】

解　　$\lim\limits_{x \to \infty} x\left(e^{\frac{1}{x}} - 1\right) = \lim\limits_{x \to \infty} \dfrac{e^{\frac{1}{x}} - 1}{\dfrac{1}{x}} = \lim\limits_{x \to \infty} \dfrac{e^{\frac{1}{x}}\left(-\dfrac{1}{x^2}\right)}{-\dfrac{1}{x^2}} = \lim\limits_{x \to \infty} e^{\frac{1}{x}} = 1$

例題 49：求 $\lim\limits_{x \to 0^+} x \ln x$

解　$x \ln x = \dfrac{\ln x}{\dfrac{1}{x}}$。極限值 $\lim\limits_{x \to 0^+} \ln x = -\infty$　且　$\lim\limits_{x \to 0^+}\left(\dfrac{1}{x}\right) = \infty$。

根據羅必達法則，

$$\lim_{x \to 0^+} \frac{\ln x}{\dfrac{1}{x}} = \lim_{x \to 0^+} \frac{\dfrac{1}{x}}{-\dfrac{1}{x^2}} = \lim_{x \to 0^+} (-x) = 0$$

因此 $\lim\limits_{x \to 0^+} x \ln x = 0$

例題 50：求 $\lim\limits_{x \to 0^+} x^x$

解　令 $y = x^x$，因此 $\ln y = \ln x^x = x \ln x$

由前一個例題我們已知 $\lim\limits_{x \to 0^+} x \ln x = 0$

因此 $\lim\limits_{x \to 0^+} \ln y = 0$，而且

$\lim\limits_{x \to 0^+} y = \lim\limits_{x \to 0^+} e^{\ln y} = e^0 = 1$

例題 51：求 $\lim\limits_{t \to \left(\frac{\pi}{2}\right)^-} (\sec x - \tan x) = ?$

解　$\lim\limits_{x \to \left(\frac{\pi}{2}\right)^-} (\sec x - \tan x) = \lim\limits_{x \to \left(\frac{\pi}{2}\right)^-}\left(\dfrac{1 - \sin x}{\cos x}\right) = \lim\limits_{x \to \left(\frac{\pi}{2}\right)^-}\left(\dfrac{-\cos x}{-\sin x}\right) = 0$

例題 52：試求極限 $\lim\limits_{t \to -2} \dfrac{\dfrac{\sqrt{1-t^3}}{t} + \dfrac{3}{2}}{t+2} = ?$　【100 台大轉學考】

解　$\lim\limits_{t \to -2} \dfrac{\dfrac{\sqrt{1-t^3}}{t} + \dfrac{3}{2}}{t+2} = \lim\limits_{t \to -2} \dfrac{2\sqrt{1-t^3} + 3t}{2t^2 + 4} = \lim\limits_{t \to -2} \dfrac{-3t^2(1-t^3)^{-\frac{1}{2}} + 3}{4t + 4} = \dfrac{1}{4}$

例題 53：Find $\lim\limits_{x \to 0} \dfrac{1}{3x^2} \displaystyle\int_{x^2}^{0} \cos t\, dt = ?$　【101 台聯大轉學考】

解　$\lim\limits_{x\to0}\dfrac{1}{3x^2}\displaystyle\int_{x^2}^{0}\cos t\,dt=\lim\limits_{x\to0}\dfrac{-\cos x^2\cdot2x}{6x}=-\dfrac{1}{3}$

例題 54：試求極限 $\lim\limits_{x\to0}\left(\dfrac{\sin x}{x}\right)^{\frac{1}{x^2}}=\,?$

【101 東吳大學財務與精算數學系轉學考，清大轉學考】

$\lim\limits_{x\to0}\left(\dfrac{\sin x}{x}\right)^{\frac{1}{x^2}}=\exp\left(\lim\limits_{x\to0}\dfrac{\ln\left(\dfrac{\sin x}{x}\right)}{x^2}\right)=\exp\left(\lim\limits_{x\to0}\dfrac{1}{2}\dfrac{\sin x}{x}\dfrac{x\cos x-\sin x}{x^3}\right)$

$=e^{\frac{1}{2}\cdot1\cdot\left(-\frac{1}{3}\right)}=e^{-\frac{1}{6}}$

例題 55：試求極限 $\lim\limits_{x\to0^+}(\sin x)^{\tan x}=\,?$

解　$\lim\limits_{x\to0^+}(\sin x)^{\tan x}=\lim\limits_{x\to0^+}e^{\tan x\ln(\sin x)}=\exp\left(\lim\limits_{x\to0^+}\dfrac{\ln(\sin x)}{\cot x}\right)=e^0=1$

例題 56：$f(x)=\begin{cases}0;\ x=0\\\dfrac{1-\cos x}{x};\ x\ne0\end{cases}$，試求 $f'(0)$

$f'(0)=\lim\limits_{x\to0}\dfrac{f(x)-f(0)}{x-0}=\lim\limits_{x\to0}\dfrac{1-\cos x}{x^2}=\dfrac{1}{2}$

例題 57：Compute the following limits, if exist:

(1) $\lim\limits_{x\to0}\dfrac{\sin x}{x-[x]}$, where $[x]$ is the Gauss function

(2) $\lim\limits_{x\to1}\dfrac{\displaystyle\int_{1}^{\sqrt{x}}e^{-t^2}\,dt}{\ln x}$

【100 成大轉學考】

解　(1) $\lim\limits_{x\to0^+}\dfrac{\sin x}{x-[x]}=\lim\limits_{x\to0^+}\dfrac{\sin x}{x}=\lim\limits_{x\to0^+}\dfrac{\cos x}{1}=1$

$\lim\limits_{x\to0^-}\dfrac{\sin x}{x-[x]}=\lim\limits_{x\to0^-}\dfrac{\sin x}{x+1}=\dfrac{0}{1}=0$

$\lim\limits_{x\to0^+}\dfrac{\sin x}{x-[x]}\ne\lim\limits_{x\to0^-}\dfrac{\sin x}{x-[x]}$　故極限不存在

(2) $\lim_{x \to 1} \dfrac{\displaystyle\int_1^{\sqrt{x}} e^{-t^2} dt}{\ln x} = \lim_{x \to 1} \dfrac{e^{-x} \dfrac{1}{2\sqrt{x}}}{\dfrac{1}{x}} = \dfrac{1}{2e}$

例題 58：Find the limit $\lim_{x \to 0} \left(\dfrac{\sin x}{x}\right)^{\frac{1}{x^2}}$ 　　　　　　　　　　　【100 中興大學轉學考】

解

$$\lim_{x \to 0} \left(\dfrac{\sin x}{x}\right)^{\frac{1}{x^2}} = \lim_{x \to 0} \exp\left(\dfrac{1}{x^2} \ln\left(\dfrac{\sin x}{x}\right)\right) = \exp\left[\lim_{x \to 0} \dfrac{\ln \sin x - \ln x}{x^2}\right]$$

$$= \exp\left[\lim_{x \to 0} \dfrac{\dfrac{\cos x}{\sin x} - \dfrac{1}{x}}{2x}\right] = \exp\left[\lim_{x \to 0} \dfrac{x \cos x - \sin x}{2x^2 \sin x}\right]$$

$$= \exp\left[\lim_{x \to 0} \dfrac{-\sin x}{4\sin x + 2x \cos x}\right]$$

$$= e^{-\frac{1}{6}}$$

例題 59：求下列各極限

(1) $\lim_{x \to \infty} (1 + e^x) e^{-x}$

(2) $\lim_{x \to 1} \left(\dfrac{1}{x-1} - \dfrac{1}{\ln x}\right)$

(3) $\lim_{x \to \infty} \left(\dfrac{x^2}{x-1} - \dfrac{x^2}{x+1}\right)$ 　　　　　　【100 台北大學經濟系轉學考】

解

(1) $\lim_{x \to \infty} (1 + e^x) e^{-x} = \lim_{x \to \infty} \dfrac{(1 + e^x)}{e^x} = \lim_{x \to \infty} \dfrac{e^x}{e^x} = 1$

(2) $\lim_{x \to 1} \left(\dfrac{1}{x-1} - \dfrac{1}{\ln x}\right) = \lim_{x \to 1} \left(\dfrac{\ln x - (x-1)}{(x-1)\ln x}\right) = \lim_{x \to 1} \left(\dfrac{\dfrac{1}{x} - 1}{\dfrac{(x-1)}{x} + \ln x}\right) = \cdots = -\dfrac{1}{2}$

(3) $\lim_{x \to \infty} \left(\dfrac{x^2}{x-1} - \dfrac{x^2}{x+1}\right) = \lim_{x \to \infty} \left(\dfrac{2x^2}{x^2-1}\right) = 2$

例題 60：Find the limit of

(1) $\lim_{x \to 0} \dfrac{x^2 \cos \dfrac{1}{x}}{\sin x}$ 　　(2) $\lim_{x \to 0^+} \sqrt{x}^{\sqrt{x}}$ 　　　　　【100 屏東教大轉學考】

解
(1) $\displaystyle\lim_{x\to 0}\frac{x^2\cos\dfrac{1}{x}}{\sin x}=\lim_{x\to 0}\frac{x}{\sin x}\lim_{x\to 0}x\cos\frac{1}{x}=\lim_{x\to 0}x\cos\frac{1}{x}=0$

(2) $\displaystyle\lim_{x\to 0^+}\sqrt{x}^{\sqrt{x}}=\exp\left(\lim_{x\to 0^+}\sqrt{x}\ln\sqrt{x}\right)=\exp\left(\lim_{x\to 0^+}\frac{\ln\sqrt{x}}{\dfrac{1}{\sqrt{x}}}\right)$

$\qquad\qquad = e^0 = 1$

例題 61：Compute $\displaystyle\lim_{x\to 0^+}x^2\int_0^{\frac{1}{x}}\sin^2 t\,dt$ 　　　　　　　【101 台北大學資工系轉學考】

解
$\displaystyle\lim_{x\to 0^+}x^2\int_0^{\frac{1}{x}}\sin^2 t\,dt=\lim_{x\to 0^+}\frac{\displaystyle\int_0^{\frac{1}{x}}\sin^2 t\,dt}{\dfrac{1}{x^2}}=\lim_{x\to 0^+}\frac{-\dfrac{1}{x^2}\sin^2\left(\dfrac{1}{x}\right)}{-\dfrac{2}{x^3}}$

$\qquad\qquad\qquad\qquad =\lim_{x\to 0^+}\frac{x}{2}\sin^2\left(\frac{1}{x}\right)$

$\qquad\qquad\qquad\qquad =\lim_{x\to 0^+}\frac{x}{2}\left(\frac{1-\cos\left(\dfrac{2}{x}\right)}{2}\right)$

$\qquad\qquad\qquad\qquad =\lim_{x\to 0^+}\left(\frac{x}{4}-\frac{x}{4}\cos\left(\frac{2}{x}\right)\right)$

$\qquad\qquad\qquad\qquad =0$（夾擠定理）

例題 62：Compute the following limits:

(1) $\displaystyle\lim_{n\to\infty}\left(1-\frac{1}{n}\right)^n$

(2) $\displaystyle\lim_{x\to 1}\frac{\sqrt{x}+\sqrt[3]{x}+\sqrt[4]{x}-3}{x-1}$ 　　　　　　　【101 台北大學經濟系轉學考】

解
(1) $\displaystyle\lim_{n\to\infty}\left(1-\frac{1}{n}\right)^n=\lim_{n\to\infty}\exp\left\{n\ln\left(1-\frac{1}{n}\right)\right\}=\exp\left\{\lim_{n\to\infty}\frac{\ln\left(1-\dfrac{1}{n}\right)}{\dfrac{1}{n}}\right\}$

$\qquad\qquad\qquad\qquad =\exp\left\{\lim_{n\to\infty}\frac{\dfrac{1}{n^2}\times\dfrac{1}{1-\dfrac{1}{n}}}{-\dfrac{1}{n^2}}\right\}=\exp\left\{\lim_{n\to\infty}\frac{-1}{1-\dfrac{1}{n}}\right\}$

$\qquad\qquad\qquad\qquad =e^{-1}$

(2) $\displaystyle\lim_{x \to 1} \frac{\sqrt{x} + \sqrt[3]{x} + \sqrt[4]{x} - 3}{x - 1} = \lim_{x \to 1} \frac{\frac{1}{2}x^{-\frac{1}{2}} + \frac{1}{3}x^{-\frac{2}{3}} + \frac{1}{4}x^{-\frac{3}{4}}}{1} = \frac{13}{12}$

例題 63：Compute the following limits:

(1) $\displaystyle\lim_{x \to \pi} \frac{\tan x}{\sin 2x}$

(2) $\displaystyle\lim_{x \to 0} \frac{1 - \cos x}{2x^2}$

(3) $\displaystyle\lim_{x \to 0} \frac{\sin(\sin x)}{\sin x}$　　　　　　　　　【101 中興大學土木系轉學考】

解

(1) $\displaystyle\lim_{x \to \pi} \frac{\tan x}{\sin 2x} = \lim_{x \to \pi} \frac{\sec^2 x}{2\cos 2x} = \frac{1}{2}$

(2) $\displaystyle\lim_{x \to 0} \frac{1 - \cos x}{2x^2} = \lim_{x \to 0} \frac{\sin x}{4x} = \frac{1}{4}$

(3) $\displaystyle\lim_{x \to 0} \frac{\sin(\sin x)}{\sin x} = \lim_{x \to 0} \frac{\cos(\sin x)\cos x}{\cos x} = \lim_{x \to 0} \cos(\sin x) = 1$

例題 64：Compute the following limits:

(1) $\displaystyle\lim_{x \to 0^+} (2x + 1)^{\cot x}$

(2) $\displaystyle\lim_{x \to 0} \frac{x - \displaystyle\int_0^x \cos t^2\, dt}{x^5}$　　　　　【101 中興大學物理、資工系轉學考】

解

(1) $\displaystyle\lim_{x \to 0^+} (2x + 1)^{\cot x} = \exp\left(\lim_{x \to 0^+} \frac{\ln(2x + 1)}{\tan x} \right) = \exp\left(\lim_{x \to 0^+} \frac{\frac{2}{2x + 1}}{\sec^2 x} \right) = e^2$

(2) $\displaystyle\lim_{x \to 0} \frac{x - \displaystyle\int_0^x \cos t^2\, dt}{x^5} = \lim_{x \to 0} \frac{1 - \cos(x^2)}{5x^4} = \lim_{x \to 0} \frac{2x\sin(x^2)}{20x^3} = \frac{1}{10}$

例題 65：Compute the following limits:

(1) $\displaystyle\lim_{n \to \infty} n^2 \left(5^{\frac{1}{n}} - 3^{\frac{1}{n}} \right)$

(2) $\displaystyle\lim_{x \to 0^-} (1 + 2x)^{\frac{1}{x}}$　　　　　　　　　　【101 中興大學轉學考】

解　　(1) let $x = \dfrac{1}{n}$,

$$\Rightarrow \lim_{n \to \infty} n^2 \left(5^{\frac{1}{n}} - 3^{\frac{1}{n}}\right) = \lim_{x \to 0} \frac{5^x - 3^x}{x^2} = \lim_{x \to 0} \frac{5^x \ln 5 - 3^x \ln 3}{2x} = \infty$$

(2) $\displaystyle \lim_{x \to 0^-} (1 + 2x)^{\frac{1}{x}} = \exp\left\{ \lim_{x \to 0^-} \frac{\ln(1 + 2x)}{x} \right\} = \exp\left\{ \lim_{x \to 0^-} \frac{\frac{2}{1 + 2x}}{1} \right\} = e^2$

例題 66：$\displaystyle \lim_{h \to 0} \frac{1}{h} \int_2^{2+h} \sqrt{1 + t^3}\, dt$ 　　　　　　【100 中興大學財金系轉學考】

解　　$\displaystyle \lim_{h \to 0} \frac{1}{h} \int_2^{2+h} \sqrt{1 + t^3}\, dt = \lim_{h \to 0} \frac{\sqrt{(1 + (2 + h)^3)}}{1} = 3$

例題 67：$\displaystyle \lim_{x \to 0} \frac{1}{x} \int_0^x \frac{\sin t}{t}\, dt = ?$ 　　　　　　【101 東吳大學經濟系轉學考】

解　　$\displaystyle \lim_{x \to 0} \frac{1}{x} \int_0^x \frac{\sin t}{t}\, dt = \lim_{x \to 0} \frac{\frac{\sin x}{x}}{1} = 1$

例題 68：Define $f(x) = \begin{cases} e^{-\frac{1}{x^2}}; & x \neq 0 \\ 0; & x = 0 \end{cases}$

(1) Find $f'(0)$

(2) Is $f'(x)$ continuous at $x = 0$? 　　　　　　【101 成功大學轉學考】

解　　(1) $f'(0) = \displaystyle \lim_{x \to 0} \frac{f(x) - f(0)}{x - 0} = \lim_{x \to 0} \frac{e^{-\frac{1}{x^2}}}{x} = \lim_{x \to 0} \frac{\frac{1}{x}}{e^{\frac{1}{x^2}}}$

$$= \lim_{x \to 0} \frac{-\frac{1}{x^2}}{-\frac{2}{x^3} e^{\frac{1}{x^2}}} = \lim_{x \to 0} \frac{x}{2 e^{\frac{1}{x^2}}} = 0$$

(2) $f'(x) = \dfrac{2}{x^3} e^{-\frac{1}{x^2}}$; $x \neq 0$

$$\lim_{x \to 0} f'(x) = \lim_{x \to 0} \frac{\frac{2}{x^3}}{e^{\frac{1}{x^2}}} = \lim_{x \to 0} \frac{-\frac{6}{x^4}}{-\frac{2}{x^3} e^{\frac{1}{x^2}}} = \lim_{x \to 0} \frac{\frac{3}{x}}{e^{\frac{1}{x^2}}}$$

$$= \lim_{x \to 0} \frac{-\dfrac{3}{x^2}}{-\dfrac{2}{x^3} e^{\frac{1}{x^2}}} = \lim_{x \to 0} \frac{3x}{2e^{\frac{1}{x^2}}} = 0 = f'(0)$$

$\therefore$ *continuous*

例題 69：$\displaystyle\lim_{x \to 0} \frac{(e^{3x}-1)x^2}{\sin^3 x} = ?$　　　　　　　　　　　【101 北科大光電系轉學考】

解

$$\lim_{x \to 0} \frac{(e^{3x}-1)}{x} = \lim_{x \to 0} \frac{3e^{3x}}{1} = 3$$

$$\lim_{x \to 0} \frac{x}{\sin x} = \lim_{x \to 0} \frac{1}{\cos x} = 1$$

$$\lim_{x \to 0} \frac{(e^{3x}-1)x^2}{\sin^3 x} = \lim_{x \to 0} \frac{(e^{3x}-1)}{x} \lim_{x \to 0} \left(\frac{x}{\sin x}\right)^3 = 3 \cdot 1^3 = 3$$

例題 70：Let $f(x) = x^2 \ln (x^2)$; $x \neq 0$, $f(0) = 0$. Find $f'(0)$, $f''(0)$　【101 中興大學轉學考】

解

$$f(x) = x^2 \ln (x^2) = 2x^2 \ln (x) \Rightarrow f'(x) = 4x \ln x + 2x$$

$$f'(0) = \lim_{x \to 0} \frac{2x^2 \ln (x) - 0}{x - 0} = \lim_{x \to 0} 2x \ln (x) = \lim_{x \to 0} \frac{2 \ln (x)}{\dfrac{1}{x}} = \lim_{x \to 0} \frac{2\dfrac{1}{x}}{-\dfrac{1}{x^2}} = 0$$

$$f''(0) = \lim_{x \to 0} \frac{f'(x) - f'(0)}{x - 0} = \lim_{x \to 0} \frac{4x \ln(x) + 2x - 0}{x} = \lim_{x \to 0} (4\ln (x) + 2) = -\infty$$

例題 71：$\displaystyle\lim_{x \to 0^+} (1 + 3x)^{\csc x} = ?$　　　　　　　　　　　【100 中正大學電機系轉學考】

解

$$\lim_{x \to 0^+} (1 + 3x)^{\csc x} = \exp \left[\lim_{x \to 0^+} \csc x \cdot \ln(1 + 3x)\right]$$

$$= \exp\left[\lim_{x \to 0^+} \frac{\ln (1 + 3x)}{\sin x}\right]$$

$$= \exp\left[\lim_{x \to 0^+} \frac{\dfrac{3}{1 + 3x}}{\cos x}\right] = e^3$$

例題 72：$\displaystyle\lim_{x \to 0} \frac{\sin(1 - \cos x)}{x^2} = ?$　　　　　　　　　　　【交通大學轉學考】

解　　$$\lim_{x \to 0} \frac{\sin(1 - \cos x)}{x^2} = \lim_{x \to 0} \frac{\cos(1 - \cos x) \cdot \sin x}{2x}$$

$$= \lim_{x \to 0} \frac{\cos(1 - \cos x) \cdot \cos x - \sin(1 - \cos x) \cdot \sin^2 x}{2}$$

$$= \frac{1}{2}$$

綜合練習

1. 若 $y = (\ln x)^3$，求 $\dfrac{dy}{dx}$。

2. 若 $y = \ln(\ln x)$，求 $\dfrac{dy}{dx}$。

3. 若 $y = \ln\left(\dfrac{x - 1}{x + 1}\right)$，求 $\dfrac{dy}{dx}$。

4. 求 $\displaystyle\int \dfrac{1}{3x}\,dx$

5. 求 $\displaystyle\int \dfrac{3x^5 + 2x^2 - 3}{x^3}\,dx$

6. 若 $y = e^{1/x}$，求 $\dfrac{dy}{dx}$。

7. 若 $y = e^{\cos x}$，求 $\dfrac{dy}{dx}$。

8. 若 $y = \tan e^x$，求 $\dfrac{dy}{dx}$。

9. 若 $y = \ln(3x + 4)^2$，求 $\dfrac{dy}{dx}$。

10. 若 $y = e^x \ln x$，求 $\dfrac{dy}{dx}$。

11. 若 $y = e^{3x} + \ln(5x)$，求 $\dfrac{dy}{dx}$。

12. 若 $y = e^{\tan x}$，求 $\dfrac{dy}{dx}$。

13. 若 $y = x \tan^{-1} x$，求 $\dfrac{dy}{dx}$。

14. 若 $y = \sin^{-1} \sqrt{x}$，求 $\dfrac{dy}{dx}$。

15. 若 $y = \tan^{-1}(\cos x)$，求 $\dfrac{dy}{dx}$。

16. 求 $\displaystyle\lim_{x \to 0}\left(\dfrac{1}{x} - \dfrac{1}{\sin x}\right)$

17. 求 $\displaystyle\lim_{x \to 0} \dfrac{1 - e^x}{x}$

18. 求 $\displaystyle\lim_{x \to 1} \dfrac{x^3 - x^2 + x - 7}{x + \ln x - 1}$

19. 求 $\displaystyle\lim_{x \to 0}\left[\dfrac{1}{\ln(x + 1)} - \dfrac{1}{x}\right]$

20. 求 $\displaystyle\lim_{x \to 0} \dfrac{1 - \cos^2 2x}{x^2}$

21. 求 $\displaystyle\lim_{x \to 0} \dfrac{\tan 3x}{x\sqrt{3}}$

22. 求 $\lim\limits_{x\to\frac{\pi}{2}}\dfrac{\cos x}{2x-\pi}$

23. 求 $\lim\limits_{x\to 0}\dfrac{x+\sin 2x}{x-\sin x}$

24. 求 $\lim\limits_{x\to 0}\dfrac{\cos 2x-\cos x}{\sin^2 x}$

25. 求 $\lim\limits_{x\to 0}\dfrac{\sin 2x}{2x^2+3x}$

26. 求 $\lim\limits_{x\to 1}\dfrac{\sin(x^2-1)}{x-1}$

27. 求 $\lim\limits_{x\to 1}\dfrac{\ln x}{\sin \pi x}$

28. 求 $\lim\limits_{x\to 0}\dfrac{1-\cos x}{x^2}$

29. 求 $\lim\limits_{x\to 0}\dfrac{1+x-e^x}{x^2}$

30. 求 (1) $\lim\limits_{x\to 0}\dfrac{1-\cos x}{x^2}$ (2) $\lim\limits_{x\to 0}\dfrac{3x-\sin x}{x}$ (3) $\lim\limits_{x\to 0}\dfrac{\sqrt{1+x}-1}{x}$

31. 求 (1) $\lim\limits_{x\to \infty}\dfrac{x-\cos x}{x}$ (2) $\lim\limits_{x\to \infty}\dfrac{e^x}{x^2}$ (3) $\lim\limits_{x\to \infty}\dfrac{\ln x}{x^{\frac{1}{3}}}$ (4) $\lim\limits_{x\to 0}x\sin\dfrac{1}{x}$

32. $\lim\limits_{x\to 0}\left(\dfrac{1}{\sin x}-\dfrac{1}{x}\right)=$?

33. $\lim\limits_{x\to \infty}\dfrac{x-2x^2}{3x^2+5x}=$?

34. $\lim\limits_{x\to \frac{\pi}{2}}\dfrac{\sec x}{1+\tan x}=$?

35. 若 (1) $y=\ln(3x^3+4)$ (2) $y=\ln(\sin x)$ (3) $y=\ln\left(\dfrac{2x+3}{x^2+4x}\right)$ (4) $y=\ln\left(\dfrac{\sqrt{1+x^2}}{\sqrt{1-x^2}}\right)$ ，求 $\dfrac{dy}{dx}$ 。

36. 求 $\int\dfrac{\sqrt{\ln|x|}}{x}dx$

37. 求 (1) $\int\tan x\,dx$ (2) $\int\cot x\,dx$

38. 若 (1) $y=e^{\sin x}$ (2) $y=e^{e^{x^2}}$ ，求 $\dfrac{dy}{dx}$

39. 求 (1) $\int\dfrac{e^x}{1+e^x}$ (2) $\int_0^{\frac{\pi}{2}}e^{\sin x}\cos x\,dx$

40. $y=x^{\sqrt{x}}$ ，求 $\dfrac{dy}{dx}$

41. 求 $\int\dfrac{\log_2 x}{x}dx$

42. $y=\log_{10}(2+\sin x)$ ，求 $\dfrac{dy}{dx}$

43. $y=\sec^{-1}(5x^4)$ ，求 $\dfrac{dy}{dx}$

44. $y=x\tan^{-1}(\sqrt{x})$ ，求 $\dfrac{dy}{dx}$

45. 求(1) $\int_{\frac{\sqrt{2}}{2}}^{\frac{\sqrt{3}}{2}}\dfrac{1}{\sqrt{1-x^2}}dx$ (2) $\int_0^1\dfrac{1}{1+x^2}dx$ (3) $\int_{\frac{2}{\sqrt{3}}}^{\sqrt{2}}\dfrac{1}{x\sqrt{x^2-1}}dx$

46. 求 $\int\dfrac{dx}{\sqrt{3-4x^2}}$

47. If $f(x) = x^\pi + \pi^x$, then $f'(1) = ?$ 【100 中原大學轉學考】

48. If $f(x) = \begin{cases} \dfrac{\sin x}{x}, & x \neq 0 \\ 1, & x = 0 \end{cases}$, then $f'(0) = ?$ 【100 輔大電機系轉學考】

49. $\lim_{x \to 0} x \cot x = ?$ 【101 逢甲大學轉學考】

50. $\lim_{x \to 0} \dfrac{\sin(x^3)}{x^2} = ?$ 【101 淡江大學轉學考】

51. If $f(x) = \dfrac{1 + \ln x}{x}$, $f'(1) = ?$ 【101 中原大學轉學考理工組】

52. Evaluate the limit $\lim_{x \to \infty} (101^n + 2012^n)^{\frac{1}{n}}$ 【101 中原大學轉學考理工組】

53. Find $\lim_{x \to 0} \dfrac{1 - \cos x}{x^2 + x} = ?$ 【101 屏教大轉學考】

54. Find the derivatives

(1) $y = 2e^{-x} + e^{3x}$

(2) $y = \dfrac{x^4}{2} - \dfrac{3}{2} x^2 - x$

(3) $y = (1 + 2x)e^{-2x}$

(4) $y = x^x$, $x > 0$ 【101 中山大學資工系轉學考】

55. Find the limits

(1) $\lim_{x \to 0} \dfrac{\sin 3x}{4x}$

(2) $\lim_{x \to \infty} \dfrac{-2x^3 - 2x + 3}{3x^3 + 3x^2 - 5x}$

(3) $\lim_{x \to 0} \dfrac{1 - \cos x}{x + x^2}$ 【101 中山大學資工系轉學考】

56. Let $f(x) = x \tanh^{-1} x + \ln\sqrt{1 - x^2}$. Find $f'(x)$ 【101 中山大學機電系轉學考】

57. $y = x^2 e^{-x}$, find $\dfrac{dy}{dx}$

58. $y = 3^{2x}$, find $\dfrac{dy}{dx}$ （提示：$\dfrac{d(a^x)}{dx} = a^x \ln a$）

59. $y = \sin^{-1} x$，證明：$\dfrac{dy}{dx} = \dfrac{1}{\sqrt{1 - x^2}}$

60. $y = \tan^{-1}(3x)$, find $\dfrac{dy}{dx}$

61. $y = \ln(\ln x)$, find $\dfrac{dy}{dx}$

62. $y = x(\ln x)^2$, find $\dfrac{dy}{dx}$

63. Find $\lim_{x \to 0} \dfrac{e^x - 1 - x}{x^2}$

64. Find $\lim_{x \to 0^+} x^x$

65. Which value of x corresponds to the inflection point of the function $f(x) = \dfrac{15}{5 + 8e^{-\frac{x}{120}}}$

【101 中興大學資管系轉學考】

66. If $f(x) = 3^{x^2}$, $f'(1) = ?$ 【100 東吳大學經濟系轉學考】

67. Evaluate the limit $\lim_{x \to \infty} \left(\cos \dfrac{1}{x} \right)^x$ 【100 東吳大學數學系轉學考】

68. Find the derivative of each function

(1) $f(x) = \left(x^2 + 8x - \dfrac{1}{x}\right)^9$

(2) $g(x) = -e^{-\sqrt{2}x}$

(3) $h(x) = \dfrac{\ln(e^x - x)}{\sqrt{x}}$ 　　　　　【100 淡江大學商管組轉學考】

69. If $\lim\limits_{x \to 1} \dfrac{x^{10} + 8x^2 - 10x + k}{x^2 - 1}$ exists, find the value of k 　　【100 逢甲大學轉學考】

70. $y = \sin^{-1} x$, prove: $(1 - x^2)y'' = xy'$ 　　　　【交通大學轉學考】

71. $\lim\limits_{n \to \infty} \dfrac{1}{n} \sqrt[n]{n!} = $? 　　　　　【交通大學轉學考】

72. $\lim\limits_{n \to \infty} \left[\dfrac{(2n)!}{n!\, n^n}\right]^{\frac{1}{n}} = $? 　　　　　【交通大學轉學考】

8 積分的技巧

對於能力之外的事，絕不強求；

對於能力所及之事，全力以赴。

對於成之於人之事，處之泰然；

對於操之在己之事，力求完美。

8-1　變數代換法

　　變數代換法（substitution method 或 u-substitution method）是透過轉換被積函數使其較容易求積分的一種技巧。變數代換法其實是根據連鎖律而來。

說例：求 $\int (x^3 - 5x)^4(3x^2 - 5)dx$

[解]　　請注意 $3x^2 - 5$ 是 $x^3 - 5x$ 微分的結果。如果令變數 $u = x^3 - 5x$，那麼

$\dfrac{du}{dx} = 3x^2 - 5,\ du = (3x^2 - 5)dx,\ \int (x^3 - 5x)^4(3x^2 - 5)dx = \int u^4 du$

這樣一來已經不難求積分了：

$\int u^4 du = \dfrac{1}{5}u^5 + C$

將 $u(x)$ 換回原來的 $x^3 - 5x$，得答案

$\int (x^3 - 5x)^4(3x^2 - 5)dx = \dfrac{1}{5}(x^3 - 5x)^5 + C$。

說例：求 $\int (\sin x^2)\, 2x dx$

[解]　　請注意 $2x$ 是 x^2 微分的結果。如果令變數 $u(x) = x^2$，那麼

$\dfrac{du}{dx} = 2x,\ du = 2x dx,\ \int (\sin x^2)\, 2dx = \int \sin u du$

這樣一來已經不難求積分了：

$\int \sin u du = -\cos u + C$

將 $u(x)$ 換回原來的 x^2，得答案

$\int (\sin x^2)\, 2x dx = -\cos x^2 + C$。

說例：求 $\int 5e^{x^5} x^4 dx$

[解]　　令 $u(x) = x^5$，則

$\dfrac{du}{dx} = 5x^4,\ du = 5x^4 dx$

因此

$\int 5e^{x^5} x^4 dx = \int e^u\, du = e^u + C = e^{x^5} + C$

說例：求 $\int (\sin^2 x \cos x)dx$

[解]　　請注意 $\cos x$ 是 $\sin x$ 微分的結果。

令 $u(x) = \sin x$，那麼 $du = \cos x dx$ 且

$\int (\sin^2 x \cos x)dx = \int u^2\, du = \dfrac{1}{3}u^3 + C$

因此

$$\int (\sin^2 x \cos x)dx = \frac{1}{3}\sin^3 x + C$$

．題目裡的變數是 x，因此最後的答案要記得將 u 換回 x。

在上面幾個例題中，被積函數都具有（或可寫成）如下形式：$f(g(x))g'(x)$，頂多差個常數係數。如果是這種情況，我們可令變數 $u = g(x)$，這樣一來，由於 $du = g'(x)dx$，我們可將原來的積分轉換成另一個積分：

$$\int f(g(x))g'(x)dx = \int f(u)du \tag{1}$$

證明：令 F 為 f 之反導數，則由連微法則：

$$\frac{d}{dx}F(g(x)) = F'(g(x))\frac{dg(x)}{dx}$$
$$= f(g(x))g'(x)$$

令 $u = g(x)$，則

$$\int f(g(x))g'(x)dx = \int \frac{d}{dx}F(g(x))dx$$
$$= F(g(x)) + c = F(u) + c$$
$$= \int F'(u)du$$
$$= \int f(u)du$$

定積分與變數代換：變數代換的技巧也可以用來求定積分 $\int_a^b f(x)dx$，此時請注意須改變積分的上下限，由原來的 a 和 b 變成 $u(a)$ 和 $u(b)$。

$$\int_a^b f(g(x))g'(x)dx = \int_{g(a)}^{g(b)} f(u)du \tag{2}$$

證明：令 F 為 f 之反導數，則

$$\int_a^b f(g(x))g'(x)dx = F(g(x))\Big]_{x=a}^{x=b}$$
$$= F(g(b)) - F(g(a))$$
$$= F(u)\Big]_{u=g(a)}^{u=g(b)}$$
$$= \int_{g(a)}^{g(b)} f(u)du$$

觀念提示：使用這個方法成敗的關鍵（也是最困難的地方）是要決定讓 $u(x)$ 代表什麼。

例題 1：求 $\int (1+x^3)^5 x^2 dx$

解　令 $u(x) = 1 + x^3$，那麼 $du = 3x^2 dx$ 且
$$\int (1+x^3)^5 x^2 dx = \int u^5 \frac{du}{3} = \frac{1}{3} \int u^5 du = \frac{1}{18} u^6 + C$$
$$= \frac{(1+x^3)^5}{18} + C$$

例題 2：$\int \frac{1}{x^2} \cos \frac{1}{x} dx$　　　　　　　【101 元智大學電機系轉學考】

解　$\int \frac{1}{x^2} \cos \frac{1}{x} dx = -\int \cos\left(\frac{1}{x}\right) d\left(\left(\frac{1}{x}\right)\right) = -\sin\left(\frac{1}{x}\right) + c$

定理 1

(1) $\int \tan x dx = \ln|\sec x| + c$

(2) $\int \cot x dx = \ln|\sin x| + C$

(3) $\int \sec x dx = \ln|\sec x + \tan x| + c$

(4) $\int \csc x dx = \ln|\csc x - \cot x| + C$

證明：(1) $\int \tan x dx = \int \frac{\sin x}{\cos x} dx = \int \frac{-du}{u}$　（令 $u(x) = \cos x$）
$$= \ln|u| + C = -\ln|\cos x| + C$$

(2) $\int \cot x dx = \int \frac{\cos x}{\sin x} dx$　（令 $u(x) = \sin x$）
$$= \int \frac{du}{u} = \ln|u| + C = \ln|\sin x| + C$$

(3) $\int \sec x dx = \int \sec x \frac{\sec x + \tan x}{\sec x + \tan x} dx$
$$= \int \frac{\sec^2 x + \sec x \tan x}{\sec x + \tan x} dx \quad (\text{令 } u(x) = \sec x + \tan x)$$
$$= \int \frac{1}{u} du = \ln|\sec x + \tan x| + c$$

(4) $\int \csc x dx = \int \csc x \dfrac{\csc x - \cot x}{\csc x - \cot x} dx$

$\qquad = \int \dfrac{\csc^2 x - \csc x \cot x}{\csc x - \cot x} dx$ （令 $u(x) = \csc x - \cot x$）

$\qquad = \int \dfrac{1}{u} du = \ln|\csc x - \cot x| + c$

例題 3：求 $\int \tan^2 x dx$

解　$\int \tan^2 x dx = \int (\sec^2 x - 1) dx = \tan x - x + C$

例題 4：求 $\int \sqrt{2x+1}\, dx$　　　　　　　　【101 逢甲大學轉學考】

解 1　令 $u(x) = 2x + 1$，則 $du = 2dx$

$\quad \int \sqrt{2x+1}\, dx = \int \sqrt{u} \cdot \dfrac{1}{2} du = \dfrac{1}{3} u^{\frac{3}{2}} + C = \dfrac{1}{3}(2x+1)^{\frac{3}{2}} + C$

解 2　令 $u = \sqrt{2x+1}$，則 $du = \dfrac{dx}{\sqrt{2x+1}}$，$udu = dx$

$\quad \int \sqrt{2x+1}\, dx = \int u \cdot u du = \dfrac{1}{3} u^3 + C = \dfrac{1}{3}(2x+1)^{\frac{3}{2}} + C$

下個例題中，要讓 $u(x)$ 代表什麼是由要將分母簡化的想法而來。

例題 5：求 $\displaystyle\int_2^4 \dfrac{x^2+1}{(2x-3)^2} dx$

解　令 $u(x) = 2x - 3$，那麼 $du = 2dx$ 且

$\displaystyle\int \dfrac{x^2+1}{(2x-3)^2} dx = \int \dfrac{((u+3)/2)^2 + 1}{u^2} \dfrac{du}{2} = \int \dfrac{u^2 + 6u + 13}{8u^2} du$

$\qquad = \displaystyle\int \left(\dfrac{1}{8} + \dfrac{3}{4u} + \dfrac{13}{8u^2} \right) du = \dfrac{u}{8} + \dfrac{3}{4} \ln|u| - \dfrac{13}{8u} + C$

$\qquad = \dfrac{2x-3}{8} + \dfrac{3}{4} \ln|2x-3| - \dfrac{13}{8(2x-3)} + C$

所以

$\displaystyle\int_2^4 \dfrac{x^2+1}{(2x-3)^2} dx = \left[\dfrac{2x-3}{8} + \dfrac{3}{4} \ln|2x-3| - \dfrac{13}{8(2x-3)} + C \right]_2^4$

$\qquad = \dfrac{9}{5} + \dfrac{3}{4} \ln 5$

因此，如果要計算 $\displaystyle\int \dfrac{P(x)}{(ax+b)^n} dx$，其中的 $P(x)$ 為一個多項式時，通常可令

$u(x) = ax + b$。

定理 2：$\int \dfrac{dx}{ax+b} = \dfrac{1}{a}\ln|ax+b| + C$

定理 3：$\int \dfrac{dx}{(ax+b)^n} = \dfrac{1}{a(-n+1)(ax+b)^{n-1}} + C$

例題 6：$\int \dfrac{e^{3x}}{1+3e^x}dx = ?$　　　　　　　　　　【101 北科大光電系轉學考】

解　　let $t = 1 + 3e^x \Rightarrow dt = 3e^x dx$

$$\int \frac{e^{3x}}{1+3e^x}dx = \int \frac{1}{27}\frac{(t-1)^2}{t}dt = \frac{1}{27}\int\left(t - 2 + \frac{1}{t}\right)dt$$

$$= \frac{1}{54}(1+3e^x)^2 - \frac{2}{27}(1+3e^x) + \frac{1}{27}\ln(1+3e^x) + c$$

例題 7：$\int \dfrac{1}{t^{\frac{1}{2}}+t^{\frac{3}{2}}}dt = ?$　　　　　　　　　【100 中正大學電機系轉學考】

解　　令 $t = x^2 \Rightarrow dt = 2xdx$

$$\int \frac{1}{t^{\frac{1}{2}}+t^{\frac{3}{2}}}dt = \int \frac{2x}{x+x^3}dx = 2\tan^{-1}x + c = 2\tan^{-1}\sqrt{t} + c$$

例題 8：求 $\int_1^2 3(1+x^3)^5 x^2 dx$

解　　令 $u = 1 + x^3$，那麼 $du = 3x^2 dx$。

當 x 由 1 到 2，$u = 1 + x^3$ 將由 2 到 9，因此

$$\int_1^2 3(1+x^3)^5 x^2 dx = \int_2^9 u^5 du = \frac{u^6}{6}\bigg|_2^9 = \frac{9^6 - 2^6}{6}$$

也可以用原來的變數來算：

$$\int_1^2 3(1+x^3)^5 x^2 dx = \frac{(1+x^3)^6}{6}\bigg|_1^2 = \frac{9^6 - 2^6}{6}$$

例題 9：求 $\int_4^7 x^2\sqrt{3x+4}\,dx$

解　　令 $u = \sqrt{3x+4}$，那麼 $u^2 = 3x+4$，$x = (u^2-4)/3$，$dx = (2u\,du)/3$

當 x 由 4 到 7，u 將由 4 到 5，因此

$$\int_4^7 x^2\sqrt{3x+4}\,dx = \int_4^5 \left(\frac{u^2-4}{3}\right)^2 u\,\frac{2u\,du}{3} = \frac{2}{27}\int_4^5 (u^2-4)^2 u^2\,du$$

$$= \frac{2}{27}\int_4^5 (u^6 - 8u^4 + 16u^2)\,du = \frac{2}{27}\left(\frac{u^7}{7} - \frac{8u^5}{5} + \frac{16u^3}{3}\right)\Big|_4^5$$

$$= \frac{2}{27}\left[\left(\frac{5^7}{7} - \frac{8\cdot 5^5}{5} + \frac{16\cdot 5^3}{3}\right) - \left(\frac{4^7}{7} - \frac{8\cdot 4^5}{5} + \frac{16\cdot 4^3}{3}\right)\right]\Big|$$

例題 10： $\displaystyle\int_0^9 \frac{3}{\sqrt{1+\sqrt{x}}}\,dx = ?$　　　　　　　　　　【100 台大轉學考】

解　　令 $t = \sqrt{1+\sqrt{x}} \Rightarrow t^2 = 1+\sqrt{x} \Rightarrow x = (t^2-1)^2 \Rightarrow dx = 4t\,(t^2-1)\,dt$

$$\int_0^9 \frac{3}{\sqrt{1+\sqrt{x}}}\,dx = \int_1^2 12t\,(t^2-1)\,\frac{1}{t}\,dt = 16$$

例題 11： $\displaystyle\int_{-1}^1 \frac{e^{\tan^{-1}y}}{1+y^2}\,dy = ?$　　　　　　　　　　【101 台聯大轉學考】

解　　令 $t = \tan^{-1}y \Rightarrow dt = \dfrac{1}{1+y^2}\,dy$

$$\int_{-1}^1 \frac{e^{\tan^{-1}y}}{1+y^2}\,dy = \int_{-\frac{\pi}{4}}^{\frac{\pi}{4}} e^t\,dt = e^{\frac{\pi}{4}} - e^{-\frac{\pi}{4}}$$

例題 12： $\displaystyle\int_1^e \frac{\ln x}{x}\,e^{(\ln x)^2}\,dx = ?$　　　　　　　　　　【100 逢甲大學轉學考】

解　　令 $y = (\ln x)^2 \Rightarrow dy = 2\ln x\,\dfrac{1}{x}\,dx$

$$\int_1^e \frac{\ln x}{x}\,e^{(\ln x)^2}\,dx = \frac{1}{2}\int_0^1 e^y\,dy = \frac{1}{2}\,(e-1)$$

例題 13： $\displaystyle\int \frac{x}{x^4+9}\,dx = ?$

解　令 $u = x^2$

$$\int \frac{x}{x^4 + 9} dx = \frac{1}{2} \int \frac{1}{u^2 + 9} du = \frac{1}{6} \tan^{-1} \left(\frac{u}{3} \right) + c = \frac{1}{6} \tan^{-1} \left(\frac{x^2}{3} \right) + c$$

例題 14：求(1) $\int \dfrac{e^{1 + \frac{1}{x^2}}}{x^3} dx$　(2) $\int x^{11} \sqrt{1 + x^4} dx$

解　(1) Let $u = e^{1 + \frac{1}{x^2}} \Rightarrow du = -2 e^{1 + \frac{1}{x^2}} \dfrac{1}{x^3} dx$

$$\int \frac{e^{1 + \frac{1}{x^2}}}{x^3} dx = -\frac{1}{2} \int e^u du = -\frac{1}{2} e^u + c = -\frac{1}{2} e^{1 + \frac{1}{x^2}} + c$$

(2) Let $u = 1 + x^4 \Rightarrow du = 4x^3 dx$

$$\int x^{11} \sqrt{1 + x^4} dx = \frac{1}{4} \int x^8 \sqrt{u} du = \frac{1}{4} \int (u - 1)^2 \sqrt{u} du$$

$$= \frac{1}{4} \int \left(u^{\frac{5}{2}} - 2u^{\frac{3}{2}} + u^{\frac{1}{2}} \right) du$$

$$= \frac{1}{4} \int \left(\frac{2}{7} u^{\frac{7}{2}} - \frac{4}{5} u^{\frac{5}{2}} + \frac{2}{3} u^{\frac{1}{2}} \right) + c$$

$$= \frac{1}{4} \int \left(\frac{2}{7} (1 + x^4)^{\frac{7}{2}} - \frac{4}{5} (1 + x^4)^{\frac{5}{2}} + \frac{2}{3} (1 + x^4)^{\frac{1}{2}} \right) + c$$

例題 15：Prove: $\int_{2b+1}^{2a+1} f(x) dx = 2 \int_b^a f(2x + 1) dx$

解　Let $x = 2t + 1 \Rightarrow dx = 2dt$

$$\int_{2b+1}^{2a+1} f(x) dx = 2 \int_b^a f(2t + 1) dt = 2 \int_b^a f(2x + 1) dx$$

例題 16：計算 $\int_0^3 \dfrac{\sqrt{x}}{\sqrt{x} + \sqrt{3 - x}} dx$　　　【100 嘉義大學轉學考】

解　

$$\int_0^3 \frac{\sqrt{x}}{\sqrt{x} + \sqrt{3 - x}} dx = \int_0^3 \frac{1}{1 + \sqrt{\dfrac{3 - x}{x}}} dx$$

$$\frac{3 - x}{x} = u^2 \Rightarrow \frac{3}{x} = 1 + u^2 \Rightarrow x = \frac{3}{1 + u^2}$$

$$dx = \frac{-6u}{(1 + u^2)^2} du$$

$$\int \frac{1}{1 + \sqrt{\dfrac{3 - x}{x}}} dx$$

$$= \int \frac{1}{1+u} \frac{-6u}{(1+u^2)^2} du$$

$$= \frac{3}{2} \int \frac{1}{1+u} du - \frac{3}{2} \int \frac{u-1}{1+u^2} du - 3 \int \frac{u+1}{(1+u^2)^2} du$$

$$= \frac{3}{2}\ln|1+u| - \frac{3}{2}\left(\frac{1}{2}\ln|1+u^2| - \tan^{-1}u\right) - 3\left(\frac{-\frac{1}{2}}{1+u^2} + \frac{1}{2}\tan^{-1}u + \frac{u}{2(1+u^2)}\right) + c$$

$$= \frac{3}{2}\ln\left|1+\sqrt{\frac{3-x}{x}}\right| - \frac{3}{4}\ln\left|\frac{3}{x}\right| + \frac{x}{2} - \frac{x}{2}\sqrt{\frac{3-x}{x}} + c$$

$$\int_0^3 \frac{1}{1+\sqrt{\frac{3-x}{x}}} dx = \frac{3}{2}\ln\left|1+\sqrt{\frac{3-x}{x}}\right| - \frac{3}{4}\ln\left|\frac{3}{x}\right| + \frac{x}{2} - \frac{x}{2}\sqrt{\frac{3-x}{x}}\Big|_0^3$$

$$= \frac{3}{2}$$

例題 17：Evaluate the given integral

$$\int \frac{\sqrt{x}}{2+\sqrt{x}} dx$$ 【100 淡江大學轉學考理工組】

解
$$\text{let } t = \sqrt{x} \Rightarrow dt = \frac{1}{2\sqrt{x}} dx \Rightarrow dx = 2tdt$$

$$\int \frac{\sqrt{x}}{2+\sqrt{x}} dx = \int \frac{t}{2+t} 2tdt = 2\int \left(\frac{4}{2+t} + (t-2)\right) dt$$

$$= x - 4\sqrt{x} + 8\ln(2+\sqrt{x}) + c$$

例題 18：$\int_{-6}^{-3} \frac{\sqrt{x^2-9}}{x} dx =$ ？ 【100 中原大學轉學考】

解
$$\text{Let } t = \sqrt{x^2-9} \Rightarrow t^2 = x^2 - 9 \Rightarrow 2tdt = 2xdx$$

$$\text{原式} = \int_{-6}^{-3} \frac{\sqrt{x^2-9}}{x^2} xdx = \int_{3\sqrt{3}}^0 \frac{t}{t^2+9} tdt = \int_{3\sqrt{3}}^0 \left(1 - \frac{9}{t^2+9}\right) dt$$

$$= \pi - 3\sqrt{3}$$

例題 19：Evaluate the given integral: $\int_0^2 x^3\sqrt{4-x^2}\, dx$ 【101 中興大學土木系轉學考】

解
$$\text{let } u = \sqrt{4-x^2} \Rightarrow udu = -xdx$$

$$\int_0^2 x^3\sqrt{4-x^2}\,dx = \int_0^2 (4-u^2)u^2 du = \frac{64}{15}$$

例題 20：Evaluate the given integral: $\displaystyle\int \frac{\sin 2x}{\sqrt{9-\cos^4 x}}\,dx$　【101 中興大學土木系轉學考】

解

$$\text{let } u = \sqrt{9-\cos^4 x} \Rightarrow udu = \sin 2x\cos^2 x\,dx \Rightarrow \sin 2xdx = \frac{udu}{\cos^2 x} = \frac{udu}{\sqrt{9-u^2}}$$

$$\int \frac{\sin 2x}{\sqrt{9-\cos^4 x}}\,dx = \int \frac{du}{\sqrt{9-u^2}} = \sin^{-1}\left(\frac{u}{3}\right) + c$$

$$= \sin^{-1}\left(\frac{\sqrt{9-\cos^4 x}}{3}\right) + c$$

例題 21：Evaluate the given integral: $\displaystyle\int \frac{2+x}{(x+1)^2}\,dx$　　　　【100 中興大學轉學考】

解

$$\text{let } t = x+1$$

$$\int \frac{2+x}{(x+1)^2}\,dx = \int \frac{1+t}{t^2}\,dt = \ln|t| - \frac{1}{t} + c$$

例題 22：Evaluate the given integral: $\displaystyle\int \frac{1}{x^{\frac{1}{2}}+x^{\frac{1}{3}}}\,dx$　　　　【中原大學轉學考】

解

$$\text{let } y = x^{\frac{1}{6}} \Rightarrow dx = 6y^5 dy$$

$$\int \frac{1}{x^{\frac{1}{2}}+x^{\frac{1}{3}}}\,dx = 6\int \frac{y^3}{y+1}\,dy = 6\int \left[y^2 - y + 1 - \frac{1}{y+1}\right]dy$$

$$= 2x^{\frac{1}{2}} - 3x^{\frac{1}{3}} + 6x^{\frac{1}{6}} - 6\ln\left|x^{\frac{1}{6}}+1\right| + c$$

例題 23：Evaluate the given integral: $\displaystyle\int \frac{\tan^{-1}x^{\frac{1}{2}}}{x^{\frac{1}{2}}(1+x)}\,dx$　　　　【清華大學轉學考】

解

$$\text{let } y = x^{\frac{1}{2}} \Rightarrow dx = 2ydy$$

$$\int \frac{\tan^{-1}x^{\frac{1}{2}}}{x^{\frac{1}{2}}(1+x)}\,dx = 2\int \frac{\tan^{-1}y}{1+y^2}\,dy = 2\int \tan^{-1}y\,d(\tan^{-1}y)$$

$$= (\tan^{-1}\sqrt{x})^2 + c$$

8-2　分部積分

對任意兩個函數 $u(x)$ 和 $v(x)$，由於 $(uv)' = uv' + vu'$，即 $\dfrac{d(uv)}{dx} = u\dfrac{dv}{dx} + v\dfrac{du}{dx}$，因此 $d(uv) = udv + vdu$　而且

$$\int d(uv) = uv = \int udv + \int vdu$$

因此我們可將 $\int udv$ 用 $\int vdu$ 表示：

$$\int udv = uv - \int vdu \tag{3}$$

希望 $\int vdu$ 比 $\int udv$ 更容易求得。這種方法稱作**分部積分法**（integration by parts）。

說例：求 $\int xe^x dx$

解　　如果要使用式子 $\int udv = uv - \int vdu$，我們必須將 $xe^x dx$ 寫爲 udv。

一種可能的作法是讓 $u = x,\ dv = e^x dx$，那麼 $v = e^x$。既然式子的等號兩邊都有不定積分，不須兩邊都有積分常數，我們最後只要在等號右邊加上 C 即可。

$$u = x \qquad dv = e^x dx$$
$$du = dx \qquad v = e^x$$

由分部積分得 $\int xe^x dx = xe^x - \int e^x dx$，因此 $\int xe^x dx = xe^x - e^x + C$。

例題 24：求 $\int x \ln x dx =$ ？

解　　令 $u = \ln x \Rightarrow dv = xdx$
$$du = \frac{dx}{x},\ v = \frac{x^2}{2}$$

因此 $\int x \ln x = \ln x \dfrac{x^2}{2} - \int \dfrac{x^2}{2} \dfrac{dx}{x} = \dfrac{x^2 \ln x}{2} - \int \dfrac{xdx}{2} = \dfrac{x^2 \ln x}{2} - \dfrac{x^2}{4} + C$

例題 25：求 $\int x^2 \ln xdx = $ ？　　　　　　　　　　　　【100 中興大學轉學考】

解　　$\left(\dfrac{x^3}{3} \right) \ln x - \dfrac{x^3}{9} + C$

觀念提示：如何決定什麼當 u？什麼當 dv？
　　　　1. dv 必須是你知道如何求積分的東西。
　　　　2. 等號右邊的積分 $\int vdu$ 必須比原來的積分好積（如果更難積的話，可嘗試不同的 u 和 dv）。

例題 26：求 $\int \tan^{-1} xdx = $ ？

解　　令 $u = \tan^{-1} x \Rightarrow dv = dx$
　　　　$du = \dfrac{dx}{1 + x^2}, v = x$
　　　　因此
$$\int \tan^{-1} xdx = x \tan^{-1} x - \int \dfrac{xdx}{1 + x^2}$$
$$= x \tan^{-1} x - \dfrac{1}{2} \ln(1 + x^2) + C$$

　　　　所有其他反三角函數的積分都可用類似的方法來求得，整理得如下定理：

定理 4

(1) $\int \sin^{-1} xdx = x \sin^{-1} x + \sqrt{1 - x^2} + C$
(2) $\int \cos^{-1} xdx = x \cos^{-1} x - \sqrt{1 - x^2} + C$
(3) $\int \cot^{-1} xdx = x \cot^{-1} x + \ln \sqrt{1 + x^2} + C$
(4) $\int \sec^{-1} xdx = x \sec^{-1} x - \ln|x + \sqrt{x^2 - 1}| + C$
(5) $\int \csc^{-1} xdx = x \csc^{-1} x + \ln|x + \sqrt{x^2 - 1}| + C$

定理 5

設函數 $f: R \to R$ 為一對一之可微分函數，g 為 f 的反函數，若 $\int f(x)dx = F(x) + c$，則

$$\int g(x)dx = xg(x) - F(g(x)) + C \tag{4}$$

證明：由分部積分得：$\int g(x)dx = xg(x) - \int x d(g(x))$，因 $f(g(x)) = x$，故

$$\int g(x)dx = xg(x) - \int x d(g(x)) = xg(x) - \int f(g(x)) \, d(g(x))$$
$$= xg(x) - \int f(u)d(u)$$
$$= xg(x) - F(u) + C = xg(x) - F(g(x)) + C$$

例題 27：$\int_0^1 \tan^{-1}\left(\dfrac{1}{x}\right) dx = ?$ 【101 中興大學轉學考】

解

$$\int_0^1 \tan^{-1}\left(\frac{1}{x}\right) dx = x \tan^{-1}\left(\frac{1}{x}\right)\Big|_0^1 + \int_0^1 \frac{x}{x^2 + 1} dx$$
$$= x \tan^{-1}\left(\frac{1}{x}\right)\Big|_0^1 + \frac{1}{2} \ln (x^2 + 1)\Big|_0^1$$
$$= \frac{\pi}{4} + \frac{1}{2} \ln 2$$

例題 28：求 $\int x \sin x dx = ?$

解

令 $u = x \Rightarrow dv = \sin x dx$

$du = dx,\ v = -\cos x$

於是

$$\int x \sin x dx = -x \cos x - \int (-\cos x)\, dx = -x \cos x + \int \cos x dx$$
$$= -x \cos x + \sin x + C$$

分部積分常見的題型：

(1) $\int (多項式) \times (指數函數) dx$，例如 $\int x^m e^{ax} dx$

(2) $\int (多項式) \times (對數函數) dx$，例如 $\int x^m \ln (ax) dx$

(3) $\int (多項式) \times (三角函數) dx$，例如 $\int x^m \sin (ax) dx$

(4) $\int (指數函數) \times (三角函數) dx$，例如 $\int e^{ax} \sin (bx) dx$

例題 29：求 $\int x^2 e^x dx$

解　令 $u = x^2$, $dv = e^x dx$

$du = 2x dx$, $v = e^x$

因此

$$\int x^2 e^x dx = x^2 e^x - \int e^x 2x dx$$
$$= x^2 e^x - 2 \int e^x x dx \quad（利用前面例題的結果）$$
$$= x^2 e^x - 2x e^x + 2e^x + C$$

例題 30：求位於區間$[0, 1]$上方且曲線 $y = \tan^{-1} x$ 下方區域之面積。

解　由例題 26 知 $\int \tan^{-1} x dx = x \tan^{-1} x - \dfrac{1}{2} \ln(1 + x^2) + C$

因此 $\int_0^1 \tan^{-1} x dx = x \tan^{-1} x \Big|_0^1 - \dfrac{1}{2} \ln(1 + x^2) \Big|_0^1 = \dfrac{\pi}{4} - \dfrac{1}{2} \ln 2$

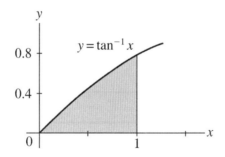

例題 31：求 $\int e^x \cos x dx = ?$

解　利用分部積分可得

$$\int \underset{u}{\underbrace{e^x}} \underset{dv}{\underbrace{\cos x \, dx}} = e^x \sin x - \int e^x \sin x dx$$

$$\int e^x \sin x dx = -e^x \cos x + \int e^x \cos x dx$$

結合以上二式得

$$\int e^x \cos x dx = \frac{1}{2} e^x (\sin x + \cos x) + C$$

例題 32：求 $\int \ln x dx = ?$　　　　　　　　【101 中興大學轉學考】

解 令 $u = \ln x$，$dv = dx$

則 $du = \dfrac{1}{x} dx$，$v = x$

故 $\displaystyle\int \ln x \, dx = x \ln x - \int dx + c = x \ln x - x + c$

例題 33： 求 $\displaystyle\int_0^{\frac{\pi}{3}} x \tan^2 x \, dx = ?$

解 let $u = x$, $dv = \tan^2 x \, dx = (\sec^2 x - 1) \, dx \Rightarrow du = dx$, $v = \displaystyle\int \sec^2 x \, dx - x = \tan x - x$

$$\therefore \int_0^{\frac{\pi}{3}} x \tan^2 x \, dx = x(\tan x - x) \Big|_0^{\frac{\pi}{3}} - \int_0^{\frac{\pi}{3}} (\tan x - x) \, dx$$

$$= \frac{\pi}{3}\left(\sqrt{3} - \frac{\pi}{3}\right) - \left(\ln|\cos x| + \frac{x^2}{2}\right)\Big|_0^{\frac{\pi}{3}}$$

$$= \frac{\sqrt{3}}{3}\pi - \frac{\pi^2}{6} + \ln 2$$

例題 34： 求 $\displaystyle\int \ln(x^2 + 2x + 2) \, dx = ?$

解 let $u = \ln(x^2 + 2x + 2)$, $dv = dx \Rightarrow$

$$\int \ln(x^2 + 2x + 2) \, dx = x \ln(x^2 + 2x + 2) - \int x \frac{2x+2}{(x^2+2x+2)} dx$$

$$= x \ln(x^2 + 2x + 2) - \int \left(2 - \frac{2x+2}{(x^2+2x+2)} - \frac{2}{(x+1)^2+1}\right) dx$$

$$= x \ln(x^2 + 2x + 2) - 2x + \ln(x^2 + 2x + 2) + 2\tan^{-1}(x+1) + C$$

$$= (x+1)\ln(x^2 + 2x + 2) - 2x + 2\tan^{-1}(x+1) + C$$

例題 35： $\displaystyle\int_0^1 x^2 \ln(x^3 + 1) \, dx = ?$ 　　　　　　【101 成功大學轉學考】

解 Let $t = x^3 + 1 \Rightarrow dt = 3x^2 \, dx$

$$\int_0^1 x^2 \ln(x^3 + 1) \, dx = \frac{1}{3}\int_1^2 \ln t \, dt = \frac{1}{3}\left[t \ln t \Big|_1^2 - \int_1^2 dt\right]$$

$$= \frac{1}{3}(2\ln 2 - 1)$$

例題 36：求 $\int x^2 \cos x\,dx = ?$

解　$x^2 \sin x + 2x \cos x - 2\sin x + C$

例題 37：$\int e^x \sin(2e^x + 1)dx = ?$

解　$\text{let } u = 2e^x + 1 \Rightarrow du = 2e^x dx$

$\Rightarrow \int e^x \sin(2e^x + 1)dx = \int \dfrac{(u-1)}{2} \sin u \dfrac{1}{2} du = \dfrac{1}{4} \int (u-1)\sin u\,du$

$= \dfrac{1}{4}\left[-(u-1)\cos u + \sin u\right] + c$

$= \dfrac{1}{4}\left[-2e^x \cos(2e^x + 1) + \sin(2e^x + 1)\right] + c$

例題 38：Calculate the following integrals

(1) $\displaystyle\int_2^4 \dfrac{dx}{x \ln \sqrt{x}}$　(2) $\displaystyle\int_0^1 x \tan^{-1} x^2 dx$　　　　【100 成大轉學考】

解　(1) $\text{let } t = \ln \sqrt{x} \Rightarrow dt = \dfrac{1}{2x} dx$

$\displaystyle\int_2^4 \dfrac{dx}{x \ln \sqrt{x}} = \int_{\frac{1}{2}\ln 2}^{\ln 2} \dfrac{2dt}{t} = 2\ln 2$

(2) $\text{let } u = \tan^{-1} x^2 \Rightarrow du = -\dfrac{2x}{1+x^4} dx$　$dv = xdx \Rightarrow v = \dfrac{1}{2}x^2$

$\displaystyle\int_0^1 x \tan^{-1} x^2 dx = \dfrac{\pi}{8} - \int_0^1 \dfrac{1}{2}x^2 \dfrac{2x}{1+x^4} dx$

$= \dfrac{\pi}{8} - \dfrac{1}{4} \ln 2$

例題 39：Evaluate the given integral

$\int (\ln x)^2 dx$　　　　　　　　　　【100 中興大學財金系轉學考】

解　$\int (\ln x)^2 dx = x(\ln x)^2 - \int 2\ln x\,dx$

$= x(\ln x)^2 - 2(x\ln x - x) + c$

例題 40：Evaluate the given integral $\int\limits_{1}^{e} \sin(\ln x)dx$　　【100 中興大學資管系轉學考】

解　　　let $t = \ln x \Rightarrow dt = \dfrac{1}{x}dx$

$$\int\limits_{1}^{e} \sin(\ln x)dx = \int\limits_{0}^{1} e^t \sin t\, dt = \dfrac{1 + e(\sin 1 - \cos 1)}{2}$$

例題 41：Evaluate the given integral: $\int\limits_{0}^{1} \exp\left(x^{\frac{1}{3}}\right)dx$　【101 中山大學電機系轉學考】

解　　　let $t = x^{\frac{1}{3}} \Rightarrow dx = 3t^2 dt$

$$\int\limits_{0}^{1} \exp\left(x^{\frac{1}{3}}\right)dx = \int\limits_{0}^{1} 3t^2 \exp(t)dt$$
$$= 3e - 6$$

例題 42：Evaluate the given integral: $\int\limits_{0}^{\frac{\pi}{2}} \sin^5 x\, dx$　　　　　【101 淡江大學轉學考】

解　　　let $t = \cos x \Rightarrow dt = -\sin x\, dx$

$$\int\limits_{0}^{\frac{\pi}{2}} \sin^5 x\, dx = \int\limits_{0}^{\frac{\pi}{2}} (1 - \cos^2 x)^2 \sin x\, dx = -\int\limits_{1}^{0} (1 - t^2)^2\, dt$$
$$= \dfrac{8}{15}$$

例題 43：Evaluate the given integral: $\int\limits_{0}^{\frac{\pi^2}{4}} \cos\sqrt{x}\, dx$　　　　【101 中興大學轉學考】

解　　　let $u = \sqrt{x} \Rightarrow du = \dfrac{1}{2\sqrt{x}}dx = \dfrac{1}{2u}dx$

$$\int\limits_{0}^{\frac{\pi^2}{4}} \cos\sqrt{x}\, dx = \int\limits_{0}^{\frac{\pi}{2}} 2u\cos u\, du = 2u\sin u\, \Big|_{x=0}^{\frac{\pi}{2}} + 2\cos u\, \Big|_{x=0}^{\frac{\pi}{2}} = \pi - 2$$

例題 44：Evaluate the given integral: $\int x\tan^{-1}xdx$ 【101 中興大學土木系轉學考】

解
$$\int x\tan^{-1}xdx = \frac{x^2}{2}\tan^{-1}x - \frac{1}{2}\int\frac{x^2}{1+x^2}dx$$
$$= \frac{x^2}{2}\tan^{-1}x - \frac{x}{2} + \frac{1}{2}\tan^{-1}x + c$$

例題 45：Evaluate the given integral: $\int\frac{\ln x}{x^2}dx$ 【100 元智大學電機系轉學考】

解
$$\int\frac{\ln x}{x^2}dx = -\int\ln x\,d\left(\frac{1}{x}\right) = -\frac{\ln x}{x} + \int\frac{1}{x}d(\ln x)$$
$$= -\frac{\ln x}{x} + \int\frac{1}{x^2}dx$$
$$= -\frac{\ln x}{x} - \frac{1}{x} + c$$

8-3　三角函數的積分

與三角函數相關的積分問題中，有些情形特別容易，例如：

$$\int(7\sin^3 x + 8\sin^2 x - 6\sin x)\cos x\,dx = \frac{7}{4}\sin^4 x + \frac{8}{3}\sin^3 x - 3\sin^2 x + C$$

$$\int\sin(5x)\cos(5x)dx = \int\frac{\sin(10x)}{2}dx = \frac{-1}{20}\cos(10x) + C$$

也可由變數代換 $u = \sin(5x)$ 導出

$$\int\sin(5x)\cos(5x)dx = \frac{1}{10}\sin^2(5x) + C$$

接下來我們將探討具以下形式的積分：

$\int \sin^m x \cos^n x\, dx$	其中的 m 和 n 有至少一個是正奇數
$\int \sin^m x \cos^n x\, dx$	其中的 m 和 n 都是正偶數
$\int \sin^n x\, dx$ $\int \cos^n x\, dx$	其中的 n 是一個正整數
$\int \sin mx \cos nx\, dx$ $\int \sin mx \sin nx\, dx$ $\int \cos mx \cos nx\, dx$	其中的 m 和 n 都是正整數且 $m \neq n$

三角函數的乘積與次方

· 當 $\int \sin^m x \cos^n x\, dx$ 中的 m 或 n 爲正奇數，假設 n 爲正奇數且 $n = 1$，那麼

$$\int \sin^m x \cos x\, dx = \frac{1}{m+1} \sin^{m+1} x + C,\ m \neq 1 \tag{5}$$

· 如果 n 爲大於 1 的正奇數，將 $\cos^n x$ 寫爲 $\cos^{n-1} x \cos x$。既然 $n-1$ 爲偶數，$\cos^{n-1} x$ 一定可用 $\sin^2 x$ 的次方表示，因此積分將形如

$$\int (\sin x \text{ 的次方的和}) \cdot \cos x\, dx$$

· 同理，如果 m 是奇數，利用 $\sin^m x = \sin^{m-1} x \sin x$ 即可。

例題 46：求 $\int \sin^2 x \cos^5 x\, dx$

解
$$\begin{aligned}
\int \sin^2 x \cos^5 x\, dx &= \int \sin^2 x \cos^4 x \cos x\, dx \\
&= \int \sin^2 x (1 - \sin^2 x)^2 \cos x\, dx \\
&= \int (\sin^2 x - 2\sin^4 x + \sin^6 x) \cos x\, dx \\
&= \frac{1}{3} \sin^3 x - \frac{2}{5} \sin^5 x + \frac{1}{7} \sin^7 x + C
\end{aligned}$$

例題 47：求 $\int \sin^5 x\, dx$

解
$$\int \sin^5 x\, dx = \int \sin^4 x \sin x\, dx$$

$$= \int (1 - \cos^2 x)^2 \sin x \, dx$$
$$= \int (1 - 2\cos^2 x + \cos^4 x) \sin x \, dx$$
$$= \int \sin x dx - 2 \int \cos^2 x \sin x \, dx + \int \cos^4 x \sin x \, dx$$
$$= -\cos x + \frac{2}{3} \cos^3 x - \frac{1}{5} \cos^5 x + C$$

當 $\int \sin^m x \cos^n x dx$ 中的 m 和 n 都是正偶數，利用以下恆等式：

$$\sin^2 x = \frac{1 - \cos 2x}{2}, \cos^2 x = \frac{1 + \cos 2x}{2}, \sin x \cos x = \frac{1}{2} \sin 2x.$$

例題 48：求 $\int \cos^2 x dx$

解

$$\int \cos^2 x dx = \int \left(\frac{1}{2} + \frac{1}{2} \cos 2x \right) dx$$
$$= \frac{1}{2} \int dx + \frac{1}{2} \int \cos 2x dx = \frac{1}{2} x + \frac{1}{4} \sin 2x + C$$

例題 49：求 $\int \sin^4 x dx$

解

$$\int \sin^4 x dx = \int \left(\frac{1 - \cos 2x}{2} \right)^2 dx$$
$$= \frac{1}{4} \int (1 - 2\cos 2x + \cos^2 2x) dx$$
$$= \frac{1}{4} \int dx - \frac{1}{2} \int \cos 2x dx + \frac{1}{8} \int (1 + \cos 4x) dx$$
$$= \frac{1}{4} x - \frac{1}{4} \sin 2x + \frac{1}{8} x + \frac{1}{32} \sin 4x + C$$
$$= \frac{3}{8} x - \frac{1}{4} \sin 2x + \frac{1}{32} \sin 4x + C$$

例題 50：求 $\int\limits_0^\pi \cos^9 x dx = $?　　　　　　　　　　【100 中原大學轉學考】

解

$$\int\limits_0^\pi \cos^9 x dx = \int\limits_0^\pi (1 - \sin^2 x)^4 \cos x dx = \int\limits_0^0 (1 - t^2)^4 \, dt = 0$$

例題 51：求 $\int \sin^2 x \cos^2 x dx = $?

解 $$\int \sin^2 x \cos^2 x dx = \int (\sin x \cos x)^2 \, dx$$
$$= \frac{1}{4} \int \sin^2 2x \, dx$$
$$= \frac{1}{4} \int \left(\frac{1}{2} - \frac{1}{2} \cos 4x \right) dx$$
$$= \frac{1}{8} \int dx - \frac{1}{8} \int \cos 4x dx = \frac{1}{8} x - \frac{1}{32} \sin 4x + C$$

例題 52：求 $\int \sin^4 x \cos^6 x dx = $？

解 $$\int \sin^4 x \cos^6 x dx = \int (1 - \cos^2 x)^2 \cos^6 x dx$$
$$= \int (\cos^6 x - 2\cos^8 x + \cos^{10} x) dx$$
$$= \int \cos^6 x dx - 2 \int \cos^8 x dx + \int \cos^{10} x dx$$
$$= \cdots\cdots \text{（略）}$$
$$= \frac{-\sin 6x}{1024} - \frac{\sin 4x}{256} + \frac{\sin 2x}{512} + \frac{\sin 8x}{2048} + \frac{\sin 10x}{5120} + \frac{3x}{256} + C$$

例題 53：計算 $\int_0^\pi (\sin x + |\cos x|) dx = $？ 【101 中山大學電機系轉學考】

解 $$\int_0^\pi (\sin x + |\cos x|) dx = \int_0^\pi \sin x dx + 2 \int_0^{\frac{\pi}{2}} \cos x dx$$
$$= 4$$

降階式

以下我們將推導出 $\int \sin^n x dx$ 的一個**降階式**（reduction formula）。首先，我們將 $\sin^n x$ 寫為 $\sin^{n-1} x \sin x$，然後令

$u = \sin^{n-1} x$, $dv = \sin x dx$

$du = (n-1)\sin^{n-2} x \cos x dx$, $v = -\cos x$,

於是

$$\int \sin^n x dx = -\sin^{n-1} x \cos x + (n-1) \int \sin^{n-2} x \cos^2 x dx$$

$$= -\sin^{n-1}x\cos x + (n-1)\int \sin^{n-2}x(1-\sin^2 x)dx$$

$$= -\sin^{n-1}x\cos x + (n-1)\int \sin^{n-2}xdx - (n-1)\int \sin^n xdx$$

因此 $\int \sin^n xdx = -\dfrac{1}{n}\sin^{n-1}x\cos x + \dfrac{n-1}{n}\int \sin^{n-2}xdx$ (6)

說例： $\int \sin^5 xdx = -\dfrac{1}{5}\sin^4 x\cos x + \dfrac{4}{5}\int \sin^3 xdx$

$$= -\dfrac{1}{5}\sin^4 x\cos x + \dfrac{4}{5}\left[-\dfrac{1}{3}\sin^2 x\cos x + \dfrac{2}{3}\int \sin xdx\right]$$

$$= -\dfrac{1}{5}\sin^4 x\cos x - \dfrac{4}{15}\sin^2 x\cos x - \dfrac{8}{15}\cos x + C$$

同理可得： $\int \cos^n xdx = \dfrac{1}{n}\cos^{n-1}x\sin x + \dfrac{n-1}{n}\int \cos^{n-2}xdx$ (7)

三角函數的乘積

(1) 對於求 $\int \sin(mx)\cos(nx)\,dx$, $\int \sin(mx)\sin(nx)\,dx$, $\int \cos(mx)\cos(nx)\,dx$，若 $m = n$，則可利用倍角公式降冪求解。

(2) 若 $m \neq n$，則可利用以下恆等式：

$$\sin A\cos B = \dfrac{1}{2}[\sin(A-B) + \sin(A+B)]$$

$$\sin A\sin B = \dfrac{1}{2}[\cos(A-B) - \cos(A+B)]$$

$$\cos A\cos B = \dfrac{1}{2}[\cos(A-B) + \cos(A+B)]$$

例題 54：求 $\int \sin(5x)\sin(3x)dx = ?$

解

$$\int \sin(5x)\sin(3x)dx = \int \dfrac{1}{2}[\cos(5x-3x) - \cos(5x+3x)]\,dx$$

$$= \int \dfrac{1}{2}(\cos(2x) - \cos(8x))dx$$

$$= \dfrac{1}{4}\sin(2x) - \dfrac{1}{16}\sin(8x) + C$$

定理 6： $\int \tan^m x\sec^n xdx$

(1) $n = 2k$，$\int \tan^m x\sec^n xdx = \int \tan^m x(\sec^2 x)^{k-1}d(\tan x) = \int \tan^m x(1+\tan^2 x)^{k-1}d(\tan x)$

(2) $m = 2k + 1$，$\displaystyle\int \tan^m x \sec^n x dx = \int (\tan^2 x)^k \sec^{n-1} x \sec x \tan x dx$

$$= \int (\sec^2 x - 1)^k \sec^{n-1} x d(\sec x)$$

例題 55：求 $\displaystyle\int \tan^3 x dx$

解

$$\int \tan^3 x dx = \int \tan^2 x \tan x dx = \int (\sec^2 x - 1) \tan x dx$$
$$= \int \tan x d(\tan x) - \int \tan x dx$$
$$= \frac{1}{2} \tan^2 x + \ln |\cos x| + C$$

例題 56：求 $\displaystyle\int \sec^3 x dx$

解

令 $u = \sec x \quad dv = \sec^2 x dx$

$du = \sec x \tan x dx \quad v = \tan x$

於是 $\displaystyle\int \sec^3 x dx = \sec x \tan x - \int \sec x \tan^2 x dx$

$$= \sec x \tan x - \int \sec x (\sec^2 x - 1) dx$$
$$= \sec x \tan x - \int \sec^3 x dx + \int \sec x dx$$

因此

$$\int \sec^3 x dx = \frac{1}{2} \sec x \tan x + \frac{1}{2} \ln|\sec x + \tan x| + C$$

一般而言，

$$\int \sec^n x dx = \frac{1}{n-1} \sec^{n-2} x \tan x + \frac{n-2}{n-1} \int \sec^{n-2} x dx, \, n \geq 2 \qquad (8)$$

例題 57：(1) $I_n = \displaystyle\int \sec^n x dx$. Show that $I_n = \dfrac{\sec^{n-2} x \tan x}{(n-1)} + \dfrac{(n-2)}{(n-1)} I_{n-2}$

(2) Use the result of (1), calculate $\displaystyle\int_2^{2\sqrt{2}} \frac{x^4}{\sqrt{x^2 - 4}} dx = $?

解

(1) *let* $u = \sec^{n-2} x, \, dv = \sec^2 x dx$

$\Rightarrow du = (n-2) \sec^{n-3} x (\sec x \tan x) dx, \, v = \tan x$

$\Rightarrow I_n = \displaystyle\int \sec^n x dx = \sec^{n-2} x \tan x - (n-2) \int \sec^{n-2} x \tan^2 x dx$

$= \sec^{n-2} x \tan x - (n-2) \displaystyle\int \sec^{n-2} x (\sec^{n-2} x - 1) dx$

$= \sec^{n-2} x \tan x - (n-2)(I_n - I_{n-2})$

$$\Rightarrow (n-1)I_n = \sec^{n-2} x \tan x + (n-2)I_{n-2}$$

$$\therefore I_n = \frac{\sec^{n-2} x \tan x}{(n-1)} + \frac{(n-2)}{(n-1)} I_{n-2}$$

(2) $let\ x = 2\sec\theta \Rightarrow dx = 2\sec\theta\tan\theta\,d\theta$

$$\therefore \int_2^{2\sqrt{2}} \frac{x^4}{\sqrt{x^2-4}}\,dx = 16\int_0^{\frac{\pi}{4}} \sec^5\theta\,d\theta = 16\left(\frac{1}{4}\sec^3\theta\tan\theta\Big|_0^{\frac{\pi}{4}} + \frac{3}{4}\int_0^{\frac{\pi}{4}}\sec^3\theta\,d\theta\right)$$

$$= 16\left(\frac{(\sqrt{2})^3}{4} + \frac{3}{4}\left(\frac{1}{2}\sec\theta\tan\theta\Big|_0^{\frac{\pi}{4}} + \frac{1}{2}\int_0^{\frac{\pi}{4}}\sec\theta\,d\theta\right)\right)$$

$$= 16\left(\frac{2\sqrt{2}}{4} + \frac{3}{4}\left(\frac{\sqrt{2}}{2} + \frac{1}{2}\ln|\sec\theta+\tan\theta|\Big|_0^{\frac{\pi}{4}}\right)\right)$$

$$= 8\sqrt{2} + 6\sqrt{2} + 6\ln(\sqrt{2}+1)$$

$$= 14\sqrt{2} + 6\ln(\sqrt{2}+1)$$

8-4　有理函數的積分

接下來我們將學習如何求有理函數 $\frac{P(x)}{Q(x)}$ 的積分，其中的 $P(x)$ 和 $Q(x)$ 都是多項式。基本想法是：將複雜的分式表為一些較簡單的分式的和，再將這些較簡單的分式分別積分。例如：要計算 $\int \frac{x+5}{x^2+x-2}\,dx$，由於 $\frac{x+5}{x^2+x-2} = \frac{2}{x-1} - \frac{1}{x+2}$，因此

$$\int \frac{x+5}{x^2+x-2}\,dx = \int\left(\frac{2}{x-1} - \frac{1}{x+2}\right)dx = 2\ln|x-1| - \ln|x+2| + C$$

數學上可證明：任意一個實係數多項式都一定可以分解為一次式和二次式的乘積。
數學上可證明：任意一個有理函數都一定可以表為一個多項式與一些具下面形式的有理函數的常數倍的和。

$$\frac{1}{(ax+b)^n},\ \frac{1}{(ax^2+bx+c)^n},\ \frac{x}{(ax^2+bx+c)^n}$$

因此我們只須知道如何求以上這三種有理函數的積分就夠了。

說例：$\dfrac{3x^3+2x^2+x-3}{x^2-1} = 3x+2 + \dfrac{\frac{5}{2}}{x+1} + \dfrac{\frac{5}{3}}{x-1}$（商式可用長除法求得）

例題 58：求 $\int \dfrac{dx}{4x^2+1} = ?$

解　令 $u=2x$，那麼 $du=2dx$　且

$$\int \frac{dx}{4x^2+1} = \int \frac{1}{u^2+1}\frac{du}{2} = \frac{1}{2}\int \frac{du}{u^2+1} = \frac{1}{2}\tan^{-1}u + C = \frac{1}{2}\tan^{-1}2x + C$$

例題 59：求 $\int \dfrac{dx}{4x^2+9} = ?$

解　$\int \dfrac{dx}{4x^2+9} = \dfrac{1}{9}\int \dfrac{dx}{(4/9)x^2+1}$，選擇 u 使滿足 $\dfrac{4}{9}x^2=u^2$（也就是 $4x^2=9u^2$），接

著仿照上個例題的作法，可求得答案為 $\dfrac{1}{6}\tan^{-1}\dfrac{2x}{3} + C$。

技巧：若想求積分 $\int \dfrac{dx}{ax^2+c}$，其中 $a>0$ 且 $c>0$，可選擇 u 使其滿足 $ax^2 = cu^2$。

例題 60：求 $\int \dfrac{dx}{x^2+4x+13} = ?$

解　對分母作配方：$\int \dfrac{dx}{x^2+4x+13} = \int \dfrac{dx}{(x+2)^2+9}$

因此我們應選擇 u 使其滿足 $(x+2)^2=9u^2$

令 $3u=x+2$，則

$$\int \frac{dx}{(x+2)^2+9} = \int \frac{3du}{9u^2+9} = \frac{3}{9}\int \frac{du}{u^2+1} = \frac{1}{3}\tan^{-1}u + C = \frac{1}{3}\tan^{-1}\frac{x+2}{3} + C$$

例題 61：求 $\int \dfrac{dx}{4x^2+8x+13} = ?$

解　$\int \dfrac{dx}{4x^2+8x+13} = \dfrac{1}{4}\int \dfrac{dx}{(x+1)^2+\left(\dfrac{9}{4}\right)}$

選擇 u 使其滿足 $(x+1)^2 = \dfrac{9}{4}u^2$

令 $x+1 = \dfrac{3}{2}u$，則

$$\frac{1}{4}\int \frac{dx}{(x+1)^2+\left(\frac{9}{4}\right)} = \frac{1}{4}\int \frac{\frac{3}{2}du}{\left(\frac{9}{4}\right)u^2+\left(\frac{9}{4}\right)} = \frac{1}{6}\int \frac{du}{u^2+1} = \frac{1}{6}\tan^{-1}u + C$$
$$= \frac{1}{6}\tan^{-1}\frac{2(x+1)}{3} + C$$

例題 62：求 $\displaystyle\int \frac{xdx}{4x^2+8x+13}=$ ？

解
$$\int \frac{xdx}{4x^2+8x+13}=\frac{1}{8}\int \frac{(8x+8)-8}{4x^2+8x+13}dx$$
$$=\frac{1}{8}\left(\int \frac{8x+8}{4x^2+8x+13}dx-\int \frac{8}{4x^2+8x+13}dx\right)$$
$$=\frac{1}{8}\left[\ln(4x^2+8x+13)-\frac{4}{3}\tan^{-1}\frac{2(x+1)}{3}\right]+C$$

多項式的性質

· 任意有理函數 $\dfrac{A(x)}{B(x)}$ 必可表示爲一個多項式以及一些具下面形式的有理函數的常數倍的和

$$\frac{k}{(px+q)^n} \quad and \quad \frac{(rx+s)}{(ax^2+bx+c)^m}$$

所得結果稱爲原有理函數 $\dfrac{A(x)}{B(x)}$ 的**部分分式表示式**（partial-fraction representation）。

· 如果一個非常數多項式可被分解成兩個較低次的因式的乘積，我們稱其爲「可分解」（reducible），否則稱爲「不可分解」（irreducible）。

· 例如：x^2-5 可分解，因爲 $x^2-5=(x+\sqrt{5})(x-\sqrt{5})$，然而 x^2+5 則不可分解。

· 如果 $A(x)$ 的次數大於或等於 $B(x)$ 的次數，那麼

$$\frac{A(x)}{B(x)} \text{ 一定可以寫爲 } Q(x)+\frac{R(x)}{B(x)}$$

其中的 $Q(x)$ 和 $R(x)$ 都是多項式而且 $R(x)$ 的次數小於 $B(x)$ 的次數。$Q(x)$ 通常可利用「長除法」求得。

· 一個有理函數 $\dfrac{A(x)}{B(x)}$ 中，若 $A(x)$ 的次數小於 $B(x)$ 的次數，我們稱這個有理函數爲一個「眞分式」。

透過以下四個步驟可將一個眞分式 $\dfrac{A(x)}{B(x)}$ 表爲其部分分式表示式：

1. 將 $B(x)$ 展開成一次式與不可分解的二次式的乘積。

2. 如果 $px+q$ 在上面的 $B(x)$ 展開式中總共出現了 n 次，寫出

$$\frac{k_1}{px+q}+\frac{k_2}{(px+q)^2}+\cdots+\frac{k_n}{(px+q)^n}$$

其中的常數 $k_1, k_2, \cdots, k_n$ 我們稍後將決定其值。

3. 如果 ax^2+bx+c 在上面的 $B(x)$ 展開式中總共出現了 m 次，寫出

$$\frac{r_1x+s_1}{ax^2+bx+c}+\frac{r_2x+s_2}{(ax^2+bx+c)^2}+\cdots+\frac{r_mx+s_m}{(ax^2+bx+c)^m}$$

其中的常數 $r_1, r_2, \cdots, r_n$ 和 $s_1, s_2, \cdots, s_n$ 我們稍後將決定其值。

4. 求出步驟 2 和步驟 3 中的所有未定常數，這些分式的和就等於 $\frac{A(x)}{B(x)}$。

說例：將上面的步驟 2 和步驟 3 用於 $\dfrac{A(x)}{B(x)}=\dfrac{x^3-2x+1}{(x+2)^3(x+1)(x^2+x+1)^2}$

解
$$\frac{x^3-2x+1}{(x+2)^3(x+1)(x^2+x+1)^2}=\frac{c_1}{x+2}+\frac{c_2}{(x+2)^2}+\frac{c_3}{(x+2)^3}+\frac{c_4}{x+1}$$
$$+\frac{c_5x+c_6}{x^2+x+1}+\frac{c_7x+c_8}{(x^2+x+1)^2}$$

說例：求 $\dfrac{4x-1}{x^2+x-2}$ 的部分分式表示式。

解
$$\frac{4x-1}{x^2+x-2}=\frac{4x-1}{(x+2)(x-1)}=\frac{c_1}{x+2}+\frac{c_2}{x-1}$$
因此 $4x-1=c_1(x-1)+c_2(x+2)$

上式為恆等式，對任意 x 皆須成立。如果我們將 $x=1$ 和 $x=-2$ 分別代入

上式可解得 $c_1=3$ 和 $c_2=1$，因此 $\dfrac{4x-1}{x^2+x-2}=\dfrac{3}{x+2}+\dfrac{1}{x-1}$。

・即使代入不同的兩個 x 值也可求得相同的 c_1 和 c_2。

說例：求 $\dfrac{5}{x^2-4}$ 的部分分式表示式。

解
$$\frac{5}{x^2-4}=\frac{5}{4}\left(\frac{1}{x-2}-\frac{1}{x+2}\right)$$

說例：求 $\dfrac{6x^2-7x-1}{(x-1)(x+1)(x-2)}$ 的部分分式表示式。

解
$$\frac{6x^2-7x-1}{(x-1)(x+1)(x-2)}=\frac{1}{x-1}+\frac{2}{x+1}+\frac{3}{x-2}$$

說例：求 $\dfrac{-x^2+2x+4}{(x+1)^2(2x+3)}$ 的部分分式表示式。

解　　　$\dfrac{-x^2+2x+4}{(x+1)^2(2x+3)} = \dfrac{2}{x+1} + \dfrac{1}{(x+1)^2} - \dfrac{5}{2x+3}$

說例：求 $\dfrac{x^2}{x^4-1}$ 的部分分式表示式。

解　　　$\dfrac{x^2}{x^4-1} = \dfrac{-\dfrac{1}{4}}{x+1} + \dfrac{\dfrac{1}{4}}{x-1} + \dfrac{\dfrac{1}{2}}{x^2+1}$

說例：求 $\dfrac{3x^3+2x^2+x-3}{x^2-1}$ 的部分分式表示式。

解　　　$\dfrac{3x^3+2x^2+x-3}{x^2-1} = 3x+2 + \dfrac{\dfrac{5}{2}}{x+1} + \dfrac{\dfrac{3}{2}}{x-1}$

例題 63：求 $\displaystyle\int \dfrac{1-x+2x^2-x^3}{x(x^2+1)^2}dx =$ ？

解　　　$\dfrac{1-x+2x^2-x^3}{x(x^2+1)^2} = \dfrac{1}{x} - \dfrac{x+1}{x^2+1} + \dfrac{x}{(x^2+1)^2}$ （過程省略）

因此

$\displaystyle\int \dfrac{1-x+2x^2-x^3}{x(x^2+1)^2}dx$

$= \displaystyle\int \left(\dfrac{1}{x} - \dfrac{x+1}{x^2+1} + \dfrac{x}{(x^2+1)^2} \right)dx = \ln|x| - \dfrac{1}{2}\ln(x_2+1) - \tan^{-1}x - \dfrac{1}{2(x^2+1)} + C$

例題 64：求 $\displaystyle\int \dfrac{x^2+3x+1}{(x^2+1)^2}dx =$ ？　　　　　　　　　【101 淡江大學轉學考】

解　　　$\displaystyle\int \dfrac{x^2+3x+1}{(x^2+1)^2}dx = \int \left(\dfrac{1}{(x^2+1)} + \dfrac{3x}{(x^2+1)^2} \right)dx$

$= \tan^{-1}x - \dfrac{3}{2}\dfrac{1}{(x^2+1)} + c$

例題 65：Evaluate the given integral: $\displaystyle\int \dfrac{1}{x(x^3+a^3)}dx$ $(a \neq 0)$　　【中興大學轉學考】

解　　　let $y = x^3 \Rightarrow dy = 3x^2 dx$

$$\int \frac{1}{x(x^3 + a^3)}dx = \frac{1}{3}\int \frac{1}{y(y + a^3)}dy = \frac{1}{3a^3}\int \left(\frac{1}{y} - \frac{1}{y + a^3}\right)dy$$
$$= \frac{1}{3a^3}\ln \left|\frac{x^3}{x^3 + a^3}\right| + c$$

配方法（Completing the squares）：

某些有理函數之分母必須改寫爲完全平方式才能求解，如下列例題

例題 66：求 $\int \dfrac{1}{\sqrt{4x - x^2}}dx = ?$

解　$\displaystyle\int \frac{1}{\sqrt{4x - x^2}}dx = \int \frac{1}{\sqrt{4 - (x - 2)^2}}dx = \sin^{-1}\left(\frac{x - 2}{2}\right) + c$

例題 67：求 $\int \dfrac{1}{4x^2 + 4x + 2}dx = ?$

解　$\displaystyle\int \frac{1}{4x^2 + 4x + 2}dx = \int \frac{1}{(2x + 1)^2 + 1}dx = \frac{1}{2}\tan^{-1}(2x + 1) + c$

例題 68：求 $\int \dfrac{1}{x^3 - 1}dx$

解　$\displaystyle\int \frac{1}{x^3 - 1}dx = \frac{1}{3}\int \left(\frac{1}{x - 1} - \frac{x + 2}{x^2 + x + 1}\right)dx$
$$= \frac{1}{3}\ln|x - 1| - \frac{1}{6}\int \frac{2x + 1}{x^2 + x + 1}dx - \frac{1}{2}\int \frac{1}{\left(x + \frac{1}{2}\right)^2 + \left(\frac{\sqrt{3}}{2}\right)^2}dx$$
$$= \frac{1}{3}\ln|x - 1| - \frac{1}{6}|x^2 + x + 1| - \frac{1}{2}\tan^{-1}\left(\frac{2x + 1}{\sqrt{3}}\right) + c$$

例題 69：$\int \dfrac{3x^3 - 2x - 20}{(x^2 + 3)(2x^2 - 6x + 5)}dx = ?$

解　$\dfrac{3x^3 - 2x - 20}{(x^2 + 3)(2x^2 - 6x + 5)}$
$$= \frac{-x + 2}{(x^2 + 3)} + \frac{5x - 10}{2x^2 - 6x + 5}$$
$$= -\frac{1}{2}\frac{2x}{(x^2 + 3)} + \frac{2}{(x^2 + 3)} + \frac{5}{4}\frac{4x - 6}{(2x^2 - 6x + 5)} - \frac{5}{2}\frac{1}{(2x^2 - 6x + 5)}$$

$$\int \frac{3x^3 - 2x - 20}{(x^2+3)(2x^2-6x+5)}dx = -\frac{1}{2}\int \frac{2x}{(x^2+3)}dx + \frac{2}{\sqrt{3}}\int \frac{1}{1+\left(\frac{x}{\sqrt{3}}\right)^2}d\left(\frac{x}{\sqrt{3}}\right)$$

$$+ \frac{5}{4}\int \frac{4x-6}{(2x^2-6x+5)}dx - \frac{5}{2}\int \frac{1}{1+(2x+3)^2}d(2x+3)$$

$$= -\frac{1}{2}\ln|(x^2+3)| + \frac{2}{\sqrt{3}}\tan^{-1}\left(\frac{x}{\sqrt{3}}\right) + \frac{5}{4}\ln|(2x^2-6x+5)|$$

$$- \frac{5}{2}\tan^{-1}(2x+3) + c$$

例題 70： $\int_0^2 \frac{7x^2+10x-9}{(x^2-4x+9)(2x+1)}dx = ?$

解

$$\frac{7x^2+10x-9}{(x^2-4x+9)(2x+1)} = \frac{\frac{182}{45}x + \frac{4}{5}}{(x^2-4x+9)} - \frac{\frac{49}{45}}{(2x+1)}$$

$$\int_0^2 \frac{7x^2+10x-9}{(x^2-4x+9)(2x+1)}dx$$

$$= \int_0^2 \frac{\frac{182}{45}x + \frac{4}{5}}{(x^2-4x+9)}dx - \int_0^2 \frac{\frac{49}{45}}{(2x+1)}dx$$

$$= \frac{91}{45}\int_0^2 \frac{2x-4}{(x^2-4x+9)}dx + \frac{80}{9}\int_0^2 \frac{1}{(x^2-4x+9)}dx - \frac{49}{45}\times\frac{1}{2}\ln(2x+1)\Big|_0^2$$

$$= \frac{91}{45}\ln(x^2-4x+9)\Big|_0^2 - \frac{49}{90}\ln 5 + \frac{80}{9}\int_0^2 \frac{1}{((x-2)^2+5)}dx$$

$$= \frac{91}{45}(\ln 5 - \ln 9) - \frac{49}{90}\ln 5 + \frac{80\sqrt{5}}{45}\tan^{-1}\left(\frac{x-2}{\sqrt{5}}\right)\Big|_0^2$$

$$= \frac{133}{90}\ln 5 - \frac{182}{45}\ln 3 + \frac{16\sqrt{5}}{9}\tan^{-1}(2)$$

例題 71： 求 $\int \frac{1}{x^3+1}dx = ?$

解

$$\frac{1}{x^3+1} = \frac{1}{(x+1)(x^2-x+1)} = \frac{\frac{1}{3}}{(x+1)} + \frac{-\frac{1}{3}x + \frac{2}{3}}{(x^2-x+1)}$$

$$\int \left(\frac{\frac{1}{3}}{(x+1)} + \frac{-\frac{1}{3}x + \frac{2}{3}}{(x^2-x+1)}\right)dx$$

$$= \frac{1}{3}\ln|x+1| - \frac{1}{6}\int \frac{2x-1}{(x^2-x+1)}dx + \frac{1}{2}\int \frac{1}{(x^2-x+1)}dx$$

$$= \frac{1}{3}\ln|x+1| - \frac{1}{6}\ln|x^2-x+1| + \frac{1}{2}\int \frac{1}{\left(\left(x-\frac{1}{2}\right)^2+\left(\frac{\sqrt{3}}{2}\right)^2\right)} dx$$

$$let\ u = \frac{2}{\sqrt{3}}\left(x-\frac{1}{2}\right)$$

$$\Rightarrow \frac{1}{2}\int \frac{1}{\left(\left(x-\frac{1}{2}\right)^2+\left(\frac{\sqrt{3}}{2}\right)^2\right)} dx = \frac{1}{2}\int \frac{1}{\frac{3}{4}(u^2+1)} \frac{\sqrt{3}}{2} du = \frac{1}{\sqrt{3}}\tan^{-1}u + c$$

$$= \frac{1}{\sqrt{3}}\tan^{-1}\frac{2}{\sqrt{3}}\left(x-\frac{1}{2}\right) + c$$

8-5　三角代換法

　　牽涉到形如 $\sqrt{a^2-x^2}, \sqrt{a^2+x^2}, \sqrt{x^2-a^2}$ 的積分常可利用三角代換（trigonometric substitution）的技巧來解決：

　　如果是 $\sqrt{a^2-x^2}$，就令 $x=a\sin u$，則 $\sqrt{a^2-x^2}=a\sqrt{\cos^2 u}$

　　如果是 $\sqrt{a^2+x^2}$，就令 $x=a\tan u$，則 $\sqrt{a^2+x^2}=a\sqrt{\sec^2 u}$

　　如果是 $\sqrt{x^2-a^2}$，就令 $x=a\sec u$，則 $\sqrt{x^2-a^2}=a\sqrt{\tan^2 u}$

　　以上各種情形中，假設 $a>0$。其目的在於經由變數轉換消除根號。

例題 72：求 $\displaystyle\int \frac{dx}{(4-x^2)^{\frac{3}{2}}}$

解　　令 $x=2\sin u$，因此 $dx=2\cos u\,du$　且　$\sqrt{4-x^2}=2\cos u$

$$\int \frac{dx}{(4-x^2)^{\frac{3}{2}}} = \int \frac{2\cos u}{(2\cos u)^3} du$$

$$= \frac{1}{4}\int \frac{\cos u}{(\cos u)^3} du = \frac{1}{4}\int \sec^2 u\,du$$

$$= \frac{1}{4}\tan u + C = \frac{x}{x\sqrt{4-x^2}} + C.$$

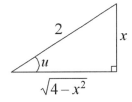

例題 73：求 $\int \sqrt{1+x^2}\,dx = ?$

解　令 $x = \tan u$，因此 $dx = \sec^2 u\,du$　且　$\sqrt{1+x^2} = \sec u$

$$\int \sqrt{1+x^2}\,dx = \int \sec u\,\sec^2 u\,du = \int \sec^3 u\,du$$

$$= \frac{1}{2}\sec u \tan u + \frac{1}{2}\ln|\sec u + \tan u| + C$$

因此

$$\int \sqrt{1+x^2}\,dx = \frac{1}{2}x\sqrt{1+x^2} + \frac{1}{2}\ln\left(\sqrt{1+x^2} + x\right) + C$$

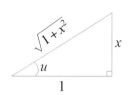

例題 74：求 $\int \dfrac{dx}{x^2\sqrt{x^2-4}} = ?$

解　令 $x = 2\sec x$，因此 $dx = 2\sec u \tan u\,du$　且　$\sqrt{x^2-4} = 2\tan u$

$$\int \frac{dx}{x^2\sqrt{x^2-4}} = \int \frac{2\sec u \tan u}{4\sec^2 u \cdot 2\tan u}\,du$$

$$= \frac{1}{4}\int \frac{1}{\sec u}\,du = \frac{1}{4}\int \cos u\,du$$

$$= \frac{1}{4}\sin u + C = \frac{\sqrt{x^2-4}}{4x} + C$$

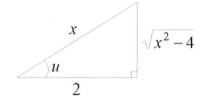

例題 75：求 $\int \dfrac{dx}{x\sqrt{4x^2+9}} = ?$

解　令 $2x = 3\tan u$，因此 $2dx = 3\sec^2 u\,du$　且　$\sqrt{4x^2+9} = 3\sec u$

$$\int \frac{dx}{x\sqrt{4x^2+9}} = \int \frac{\frac{3}{2}\sec^2 u}{\frac{3}{2}\tan u \cdot 3\sec u}\,du$$

$$= \frac{1}{3}\int \frac{\sec u}{\tan u}\,du = \frac{1}{3}\int \csc u\,du$$

$$= \frac{1}{3}\ln|\csc u - \cot u| + C$$

$$= \frac{1}{3}\ln\left|\frac{\sqrt{4x^2+9}-3}{2x}\right| + C$$

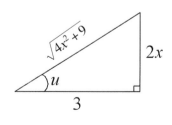

例題 76：計算 $\int_{-r}^{r} \sqrt{r^2-x^2}\,dx$，其中的 r 是一個正的常數。

解　令 $x = r\sin u$，因此 $dx = r\cos u\,du$　且　$\sqrt{r^2-x^2} = r\cos u$

$$\int_{-r}^{r}\sqrt{r^2-x^2}\,dx = \int_{-\frac{\pi}{2}}^{\frac{\pi}{2}}(r\cos u)\cdot r\cos u\,du$$

$$= r^2\int_{-\frac{\pi}{2}}^{\frac{\pi}{2}}\cos^2 u\,du$$

$$= r^2\int_{-\frac{\pi}{2}}^{\frac{\pi}{2}}\left(\frac{1}{2}+\frac{1}{2}\cos 2u\right)du$$

$$= \frac{r^2}{2}\left[u+\frac{1}{2}\sin 2u\right]_{-\frac{\pi}{2}}^{\frac{\pi}{2}} = \frac{\pi r^2}{2}$$

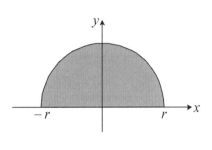

例題 77： 求 $\displaystyle\int_{0}^{1}\frac{dx}{\sqrt{1-x^2}}$ 　　　　　　　　【101 北科大光電系轉學考】

解　 let $x=\sin\theta \Rightarrow dx=\cos\theta\,d\theta$

$$\int_{0}^{1}\frac{dx}{\sqrt{1-x^2}}=\int_{0}^{\frac{\pi}{2}}\frac{1}{\sqrt{1-\sin^2\theta}}\cos\theta\,d\theta=\frac{\pi}{2}$$

例題 78： $\displaystyle\int x^2\cos^{-1}(3x)dx=$?

解　 $let\ u=\cos^{-1}(3x)\quad dv=x^2 dx$

$$\Rightarrow du=-\frac{3}{\sqrt{1-9x^2}}dx\qquad v=\frac{x^3}{3}$$

$$\int x^2\cos^{-1}(3x)dx=\frac{x^3}{3}\cos^{-1}(3x)+\int x^3\frac{1}{\sqrt{1-9x^2}}dx$$

$let\ x=\frac{1}{3}\sin\theta\Rightarrow dx=\frac{1}{3}\cos\theta\,d\theta$

$$\int x^3\frac{1}{\sqrt{1-9x^2}}dx=\frac{1}{81}\int\sin^3\theta\,d\theta=\frac{-1}{81}\int\sin^2\theta\,d(\cos\theta)$$

$$=\frac{-1}{81}\int(1-\cos^2\theta)d(\cos\theta)$$

$$=\frac{-1}{81}\left(\cos\theta-\frac{\cos^3\theta}{3}\right)+c$$

$\because x=\frac{1}{3}\cos\theta,\ \therefore\cos\theta=\sqrt{1-9x^2}$

$$\Rightarrow\int x^2\cos^{-1}(3x)\,dx=\frac{x^3}{3}\cos^{-1}(3x)+\frac{\sqrt{1-9x^2}}{81}\left(\frac{1-9x^2}{3}-1\right)+c$$

$$=\frac{x^3}{3}\cos^{-1}(3x)-\frac{\sqrt{1-9x^2}}{243}(9x^2+2)+c$$

例題 79：求 (1) $\displaystyle\int \frac{1}{(1+3x^2)^{\frac{3}{2}}}dx$　(2) $\displaystyle\int \frac{1}{x^2\sqrt{1-x^2}}dx$

解　(1) Let $x=\dfrac{1}{\sqrt{3}}\tan\theta \Rightarrow dx=\dfrac{1}{\sqrt{3}}\sec^2\theta d\theta$

$$\int \frac{1}{(1+3x^2)^{\frac{3}{2}}}dx = \frac{1}{\sqrt{3}}\int \frac{1}{(1+\tan^2\theta)^{\frac{3}{2}}}\sec^2\theta d\theta = \frac{1}{\sqrt{3}}\int \frac{\sec^2\theta}{\sec^3\theta}d\theta$$

$$=\frac{1}{\sqrt{3}}\int \cos\theta d\theta = \frac{1}{\sqrt{3}}\sin\theta + c$$

$$=\frac{1}{\sqrt{3}}\frac{\sqrt{3}x}{\sqrt{1+3x^2}}+c = \frac{x}{\sqrt{1+3x^2}}+c$$

(2) Let $x=\sin\theta \Rightarrow dx=\cos\theta d\theta$

$$\int \frac{1}{x^2\sqrt{1-x^2}}dx = \int \frac{1}{\sin^2\theta\cos\theta}\cos\theta d\theta = \int \csc^2\theta d\theta$$

$$=-\cot\theta + c = -\frac{\sqrt{1-x^2}}{x}+c$$

例題 80：求 (1) $\displaystyle\int x\sqrt{1+x}dx$　(2) $\displaystyle\int \frac{\ln x}{x^2}dx$　(3) $\displaystyle\int \frac{1}{x(1+x^2)^2}dx$

【100 台北大學經濟系轉學考】

解　(1) let $t=x+1$,

$$\int x\sqrt{1+x}dx = \int (t-1)\sqrt{t}dt = \frac{2}{5}(1+x)^{\frac{5}{2}} - \frac{2}{3}(1+x)^{\frac{3}{2}}+c$$

(2) let $u=\ln x$, $dv=\dfrac{1}{x^2}dx$

$$\int \frac{\ln x}{x^2}dx = -\frac{\ln x}{x} - \frac{1}{x}+c$$

(3) let $t=1+x^2 \Rightarrow dt=2xdx$

$$\int \frac{1}{x(1+x^2)^2}dx = \frac{1}{2}\int \frac{1}{(t-1)t^2}dt = \frac{1}{2}\int \left(\frac{1}{(t-1)} - \frac{t+1}{t^2}\right)dt$$

$$=\frac{1}{2}\left(\ln x^2 - \ln(1+x^2) + \frac{1}{1+x^2}\right)+c$$

例題 81：求 (1) $\displaystyle\int_{-1}^{2}|x|[x]dx$，其中 $[x]$ 為最大整數函數（Gauss function, Floor function）

(2) $\displaystyle\int_{0}^{\infty} \frac{\ln x}{1+x^2}dx$

【100 台北大學經濟系轉學考】

解 $(1) \int\limits_{-1}^{2} |x| \, [x] dx = \int\limits_{-1}^{0} (-x)(-1)dx + \int\limits_{0}^{1} x \cdot 0 dx + \int\limits_{1}^{2} x \cdot 1 dx = 1$

(2) let $t = \dfrac{1}{x} \Rightarrow dx = -\dfrac{1}{t^2}dt$

$$\Rightarrow \int\limits_{0}^{1} \frac{\ln x}{1+x^2}dx = \int\limits_{\infty}^{1} \frac{\ln\left(\dfrac{1}{t}\right)}{1+\dfrac{1}{t^2}}\left(-\frac{1}{t^2}\right)dt = \int\limits_{1}^{\infty} \frac{-\ln t}{1+t^2}dt = -\int\limits_{1}^{\infty} \frac{\ln x}{1+x^2}dx$$

$$\therefore \int\limits_{0}^{\infty} \frac{\ln x}{1+x^2}dx = \int\limits_{0}^{1} \frac{\ln x}{1+x^2}dx + \int\limits_{1}^{\infty} \frac{\ln x}{1+x^2}dx$$

$$= -\int\limits_{1}^{\infty} \frac{\ln x}{1+x^2}dx + \int\limits_{1}^{\infty} \frac{\ln x}{1+x^2}dx = 0$$

例題 82：Evaluate the integral $\int\limits_{0}^{\frac{\pi}{6}} \cos(2x)\sqrt{1+4\sin^2(2x)}dx$ 　　【100 北科大轉學考】

解 let $2\sin(2x) = \tan\theta \Rightarrow 4\cos(2x)\,dx = \sec^2\theta d\theta$

$$\int\limits_{0}^{\frac{\pi}{6}} \cos(2x)\sqrt{1+4\sin^2(2x)}dx = \frac{1}{4}\int\limits_{0}^{\frac{\pi}{3}} \sec^3\theta d\theta$$

$$= \frac{\sqrt{3}}{4} + \frac{1}{8}\ln(2+\sqrt{3})$$

例題 83：Evaluate the given integral

$\int \sqrt{9-x^2}\,dx$ 　　【100 中興大學財金系轉學考】

解 $\int \sqrt{9-x^2}\,dx = \int \sqrt{9-(3\sin\theta)^2}\,d(3\sin\theta)$

$$= \int 9\cos^2\theta d\theta$$

$$= \frac{9}{2}\int (1+\cos 2\theta)\,d\theta$$

$$= \frac{9}{2}(\sin\theta\cos\theta + \theta) + c$$

綜合練習

1. 求 $\int \sqrt{7x+4}\,dx$

2. 求 $\int (3x-5)^{12}\,dx$

3. 求 $\int \sin(3x-1)dx$

4. 求 $\int \dfrac{\cos\sqrt{x}}{\sqrt{x}}\,dx$

5. 求 $\int (4-2x^2)^7 x\,dx$

6. 求 $\int \dfrac{x}{\sqrt{x+1}}\,dx$

7. 求 $\int \dfrac{x}{\sqrt{1+5x^2}}\,dx$

8. 求 $\int \sin(3x)\cos(3x)\,dx$

9. 求 (1) $\int \dfrac{4x\,dx}{\sqrt[5]{x^2+3}}$ 　(2) $\int \dfrac{2x-9}{\sqrt{x^2-9x+1}}\,dx$

10. 求 $\int \dfrac{1}{7x-2}\,dx$

11. 求 $\int \dfrac{x^3}{x^4-1}\,dx$

12. 求 $\int \dfrac{\cos(2x)}{1-\sin(2x)}\,dx$

13. 求 $\int \dfrac{1}{\sqrt{x}(1-\sqrt{x})}\,dx$

14. 求 $\int \dfrac{\ln x}{x}\,dx$

15. 求 $\int \dfrac{x}{3x^2+1}\,dx$

16. 求 $\int e^x\sqrt{e^x-2}\,dx$

17. 求 $\int \dfrac{e^{2x}}{e^x+1}\,dx$

18. 求 $\int x\sin(x^2)dx$

19. 求 $\int e^{3x}\,dx$

20. 求 $\int_0^8 \dfrac{x}{(x+1)^{\frac{3}{2}}}\,dx$

21. 求 $\int_0^1 \dfrac{x}{(2x^2+1)^3}\,dx$

22. 求 $\int \dfrac{x\,dx}{\sqrt{2-x^2}}$

23. 求 $\int_1^3 \dfrac{dx}{3x-2}$

24. 求 $\int_0^1 \dfrac{dx}{5x+7}$

25. $\int (2x^3+5x^2)^4(6x^2+10x)dx$

26. 求 $\int_1^2 \dfrac{2x}{(3x^2-1)^2}\,dx$

27. 求 $\int (5\sin^3 x+2\sin x)(\cos x)dx$

28. 求 $\int xe^{x^2}dx$

29. 求 $\int_1^2 \dfrac{dx}{7-3x}$

30. 求 $\int \dfrac{3xdx}{\sqrt{5-x^2}}$

31. 求 $\int x^2 e^{-x} dx$

32. 求 $\int xe^{-2x} dx$

33. 求 $\int e^x \sin x\, dx$

34. 求 $\int (\ln x)^2\, dx$

35. 求 $\int x \sin(2x) dx$

36. 求 $\int \dfrac{\ln x}{x^2} dx$

37. 求 $\int x \ln(5x) dx$

38. 求 $\int x \sin(3x+2) dx$

39. 求 $\int x \ln x\, dx$

40. 求 $\int x \cos(5x-1) dx$

41. 求 $\int xe^{3x}\, dx$

42. 求 $\int \cos^3 x\, dx$

43. 求 $\int \cos^2(5x) dx$

44. 求 $\int \sin^2(3x) dx$

45. 求 $\int \sin x \cos^2 x\, dx$

46. 求 $\int \sin(2x) \cos(2x) dx$

47. 求 $\int \sin(5x) \sin(7x) dx$

48. 求 $\int \cos^3 x \sin^{20} x\, dx$

49. 求 $\int \cos x \sin^{30} x\, dx$

50. 求 $\int \cos(4x) \cos(9x) dx$

51. $P(x) = \dfrac{1}{x^2-9}$

　　求：(1) $P(x)$ 的部分分式表示式　　(2) $\int P(x) dx$

52. $P(x) = \dfrac{x}{(x+2)(x+3)}$

　　求：(1) $P(x)$ 的部分分式表示式　　(2) $\int P(x) dx$

53. $P(x) = \dfrac{x-5}{x^2(x+1)}$

　　求：(1) $P(x)$ 的部分分式表示式　　(2) $\int P(x) dx$

54. $P(x) = \dfrac{2x}{(x-2)^2(x+2)}$

　　求：(1) $P(x)$ 的部分分式表示式　　(2) $\int P(x) dx$

55. $P(x) = \dfrac{x+4}{x^3+6x^2+9x}$

　　求：(1) $P(x)$ 的部分分式表示式　　(2) $\int P(x) dx$

56. $P(x) = \dfrac{2x^2+5x-1}{x^3+x^2-2x}$

　　求：(1) $P(x)$ 的部分分式表示式　　(2) $\int P(x) dx$

57. 求 $\int \dfrac{dx}{x^2+5}$

58. 求 $\int \dfrac{dx}{x^2\sqrt{x^2-9}}$

59. 求 $\int x\cos x\,dx$

60. 求 $\int \dfrac{1}{x^4-16}\,dx$

61. 求(1) $\int \dfrac{1}{\sqrt{8x-x^2}}\,dx$　(2) $\int \dfrac{3x+2}{\sqrt{1-x^2}}\,dx$

62. $\displaystyle\int_0^1 \tan^{-1}x\,dx=$?

63. 求 $\int \sin^5 x\cos^2 x\,dx$

64. 求 $\int \tan^6 x\sec^4 x\,dx$

65. 求 $\int \sin^2 x\cos^4 x\,dx$

66. $\displaystyle\int_0^{\frac{\pi}{4}} \sqrt{1+\cos 4x}\,dx=$?

67. 求 $\int \tan^4 x\,dx$

68. (1) $\int \dfrac{\sqrt{9-x^2}}{x^2}\,dx$　(2) $\int \dfrac{x^2}{\sqrt{9-x^2}}\,dx$

69. (1) $\int \dfrac{1}{x^2\sqrt{x^2+4}}\,dx$　(2) $\int \dfrac{x}{\sqrt{x^2+4}}\,dx$

70. $\displaystyle\int_0^{\frac{3\sqrt{3}}{2}} \dfrac{x^3}{(4x^2+9)^{\frac{3}{2}}}\,dx$

71. $\int \dfrac{1}{\sqrt{25x^2-4}}\,dx$

72. 求橢圓 $\dfrac{x^2}{a^2}+\dfrac{y^2}{b^2}=1$ 之面積

73. 求 $\int \dfrac{2x^2-x+4}{x^3+4x}\,dx$

74. 求 $\int \dfrac{e^{4t}+2e^{2t}-e^t}{e^{2t}+1}\,dt$

75. 求 $\displaystyle\int_1^e \left(\dfrac{\ln x}{x}\right)^2 dx=$?

76. 求(1) $\int x^2\sqrt{x^3+1}\,dx$　(2) $\int x^2 e^{x^3}\,dx$　(3) $\int x\sqrt{1-x}\,dx$

77. (1) $\int \sin(\ln x)\,dx$　(2) $\int \tan^{-1}\sqrt{x}\,dx$

78. Evaluate the following integrals:

　(1) $\int x\sqrt{3x^2-4}\,dx$

　(2) $\int x\sin x\,dx$

　(3) $\int \dfrac{x+7}{x^2-x-6}\,dx$　　　　　　　　　　　　　【100 中興大學轉學考】

79. Evaluate the following integrals:

　(1) $\int \sqrt{1+\sqrt{x}}\,dx$

　(2) $\int x^2\sin 4x\,dx$　　　　　　　　　　　　　　　　　【101 政大轉學考】

80. $\displaystyle\int_1^{\infty}(1-x)e^{-x}\,dx=$?　　　　　　　　　　　　　【100 嘉義大學轉學考】

81. Evaluate the integral: $\int e^x\sin x\,dx$　　　　　　　　　【101 逢甲大學轉學考】

82. $(xy - y - 4x + 4)\dfrac{dy}{dx} = x + 1$，求 $y(x) =$ ？

83. $\dfrac{dy}{dx} = x^2 + \ln x$, find y　　　　　　　　【101 元智大學電機系轉學考】

84. $\displaystyle\int_0^2 e^{x^2} x^3 dx =$ ？　　　　　　　　　　【101 淡江大學轉學考商管組】

85. $\displaystyle\int_0^\pi \sin^2 x \cos x\, dx =$ ？　　　　　　　　【101 中原大學轉學考理工組】

86. $\displaystyle\int_1^\infty x^2 e^{-x}\, dx =$ ？　　　　　　　　　【101 中原大學轉學考理工組】

87. 將 $\displaystyle\int \sin^n x\, dx$ 化為降二階的一個降階式，並計算 $\displaystyle\int \sin^8 x\, dx$【101 東吳大學財務與精算數學系轉學考】

88. 求 $\displaystyle\int \sin 7x\, dx$

89. 求 $\displaystyle\int e^{5x}\, dx$

90. 求 $\displaystyle\int (3x^2 + 2)^{\frac{1}{4}} x\, dx$

91. 求 $\displaystyle\int \dfrac{1}{\sqrt{x - 1}}\, dx$

92. 求 $\displaystyle\int \dfrac{1}{x \ln x}\, dx$

93. 求 $\displaystyle\int e^{\cos x} \sin x\, dx$

94. 求 $\displaystyle\int \dfrac{1}{\sqrt{1 + \sqrt{x}}}\, dx$　　　　　　　　　【101 宜蘭大學轉學考】

95. Evaluate the definite integrals:

$(1)\displaystyle\int_0^1 x e^{x^2}\, dx$　$(2)\displaystyle\int_0^{\frac{\pi}{8}} \sin 2x\, dx$　　　　　【101 中山大學資工系轉學考】

96. Evaluate the indefinite integrals:

$(1)\displaystyle\int x^5 e^x\, dx$　$(2)\displaystyle\int \dfrac{x^2 + 4x + 1}{(x - 1)(x + 1)(x + 3)}\, dx$　　【101 中山大學資工系轉學考】

97. Evaluate the given integral: $\displaystyle\int \dfrac{x + 2}{x^2 + x + 2}\, dx$　　　【101 中興大學土木系轉學考】

98. Calculate the following integrals

$(1)\displaystyle\int \dfrac{2x}{(x - 1)(x - 2)(x - 3)}\, dx$　$(2)\displaystyle\int \dfrac{(1 + \sqrt{x})^3}{\sqrt{x}}\, dx$　　【100 輔仁大學國企系轉學考】

99. Find $\displaystyle\int \sin^5 x \cos^2 x\, dx$

100. Find $\displaystyle\int \dfrac{1}{x^2 \sqrt{x^2 + 4}}\, dx$

101. Evaluate $\displaystyle\int \dfrac{10}{(x - 1)(x^2 + 9)}\, dx$

102. Evaluate the given integral: $\displaystyle\int \exp(-4\sqrt{x})\, dx$　　　　【101 中興大學資管系轉學考】

103. Evaluate the given integral: $\displaystyle\int_0^5 \sqrt{25 - x^2}\, dx$　　　　【101 中興大學資管系轉學考】

104. Evaluate the following integrals:

$(1)\displaystyle\int (\ln x)^2\, dx$

$(2)\displaystyle\int \sec x\, dx$

$(3)\displaystyle\int 2x \tan^{-1} x\, dx$　　　　　　　　　　【101 台北大學資工系轉學考】

105. $f(x) = x + \int_0^1 f(t)e^t dt$, find $f(x)$　　　　　　　　　　【101 台灣大學轉學考】

106. $\int_4^9 \dfrac{1}{\sqrt{t-1}} dt$　　　　　　　　　　　　　　　　【100 東吳大學經濟系轉學考】

107. Calculate the following integrals

　　(1) $\int x^3 3^{x^2} dx$　　(2) $\int \dfrac{x^2+3}{x^2-3x+2} dx$

　　(3) $\int_1^{\sqrt{e}} \dfrac{1}{x[1+4(\ln x)^2]} dx$　　(4) $\int_0^{\frac{\pi}{8}} (\sec 2x - \tan 2x)^2 dx$　　【100 東吳大學數學系轉學考】

108. 求 $\int x\sqrt{1-3x}\, dx = $?

江流有聲，斷岸千尺，山高月小，水落石出。

蘇軾　後赤壁賦

附錄：常用的積分公式

$\forall c \in R$（以下 c 是一任意常數）

1.　$\int k\, dx = kx + c$，k 是常數

2.　$\int x^n dx = \dfrac{1}{n+1} x^{n+1} + c$，（$n \neq -1$）

3.　$\int e^x dx = e^x + c$

4.　$\int \dfrac{1}{x} dx = \ln|x| + c$

5.　$\int \ln x\, dx = x\ln x + c$

6.　$\int a^x dx = \dfrac{1}{\ln a} a^x + c$

7.　$\int \sin kx\, dx = -\dfrac{\cos kx}{k} + c$，$k \neq 0$ 是常數

8.　$\int \cos kx\, dx = -\dfrac{\sin kx}{k} + c$，$k \neq 0$ 是常數

9.　$\int \tan x\, dx = \ln|\sec x| + c$

10.　$\int \cot x\, dx = \ln|\sin x| + c$

11.　$\int \sec x\, dx = \ln|\sec x + \tan x| + c$

12.　$\int \csc x\, dx = \ln|\csc x - \cot x| + c$

13.　$\int \sec^2 x\, dx = \tan x + c$

14.　$\int \csc^2 x\, dx = -\cot x + c$

15.　$\int \sec x \tan x\, dx = \sec x + c$

16.　$\int \csc x \cot x\, dx = -\csc x + c$

17.　$\int \dfrac{1}{a^2 + x^2} dx = \dfrac{1}{a} \tan^{-1}\left(\dfrac{x}{a}\right) + c$；（$a > 0$）

18.　$\int \dfrac{1}{\sqrt{a^2 + x^2}} dx = \ln\left(x + \sqrt{a^2 + x^2}\right) + c$

19. $\displaystyle\int \frac{1}{\sqrt{a^2-x^2}}dx = \sin^{-1}\left(\frac{x}{a}\right)+c$

20. $\displaystyle\int \frac{1}{a^2-x^2}dx = \frac{1}{2a}\ln\left(\frac{a+x}{a-x}\right)+c$

21. $\displaystyle\int \frac{1}{\sqrt{x^2-a^2}}dx = \ln\left|x+\sqrt{x^2-a^2}\right|+c$，（$a>0$）

22. $\displaystyle\int \frac{1}{\sqrt{(a^2-x^2)^3}}dx = \frac{x}{a^2\sqrt{a^2-x^2}}+c$

23. $\displaystyle\int \sqrt{a^2-x^2}\,dx = \frac{x}{2}\sqrt{a^2-x^2}+\frac{a^2}{2}\sin^{-1}\left(\frac{x}{a}\right)+c$，（$a>0$）

24. $\displaystyle\int \sin^{-1}\frac{x}{a}dx = x\sin^{-1}\frac{x}{a}+\sqrt{a^2-x^2}+c$，（$a>0$）

25. $\displaystyle\int \cos^{-1}\frac{x}{a}dx = x\cos^{-1}\frac{x}{a}-\sqrt{a^2-x^2}+c$，（$a>0$）

26. $\displaystyle\int \tan^{-1}\frac{x}{a}dx = x\tan^{-1}\frac{x}{a}-\frac{a}{2}\ln\left(a^2+x^2\right)+c$，（$a>0$）

27. $\displaystyle\int \sin^n x\,dx = -\frac{\sin^{n-1}x\cos x}{n}+\frac{n-1}{n}\int \sin^{n-2}x\,dx+c$

28. $\displaystyle\int \cos^n x\,dx = \frac{\cos^{n-1}x\sin x}{n}+\frac{n-1}{n}\int \cos^{n-2}x\,dx+c$

29. $\displaystyle\int \tan^n x\,dx = \frac{\tan^{n-1}x}{n-1}-\int \tan^{n-2}x\,dx+c$，（$n\neq-1$）

30. $\displaystyle\int \cot^n x\,dx = \frac{\cot^{n-1}x}{n-1}-\int \cot^{n-2}x\,dx+c$，（$n\neq-1$）

31. $\displaystyle\int \sec^n x\,dx = \frac{\sec^{n-2}x\tan x}{n-1}+\frac{n-2}{n-1}\int \sec^{n-2}x\,dx+c$，（$n\neq-1$）

32. $\displaystyle\int \csc^n x\,dx = \frac{\csc^{n-2}x\cot x}{n-1}+\frac{n-2}{n-1}\int \csc^{n-2}x\,dx+c$，（$n\neq-1$）

33. $\displaystyle\int \sinh x\,dx = \cosh x+c$

34. $\displaystyle\int \cosh x\,dx = \sinh x+c$

35. $\displaystyle\int \tanh x\,dx = \ln|\cosh x|+c$

36. $\displaystyle\int \coth x\,dx = \ln|\sinh x|+c$

37. $\displaystyle\int f^{-1}(x)\,dx = xf^{-1}(x)-F\left(f^{-1}(x)\right)+c$

    其中 $F(x)=\int f(x)dx$

38. $\displaystyle\int e^{ax}\cos bx\,dx = \frac{e^{ax}}{a^2+b^2}\left(a\cos bx+b\sin bx\right)+c$

39. $\displaystyle\int e^{ax}\sin bx\,dx = \frac{e^{ax}}{a^2+b^2}\left(a\sin bx-b\cos bx\right)+c$

9 定積分的應用

The more you know, the less sure you are.

Voltaire

9-1 定積分求面積

定積分可求出函數圖形與 x 軸之間的面積：

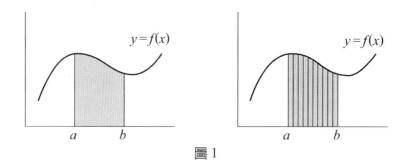

圖 1

面積 $= \int_a^b f(x)dx =$ 圖 1 所有長條狀面積的和

- 如圖 1 所示，雖然每個長條狀面積的頂端是一條曲線，只要將[a, b]區間切得夠細，每個長條狀會很接近一個梯形，甚至是長方形。
- 每個長方形的面積爲 $f(x_i)\Delta x$，因此

$$\int_a^b f(x)dx \approx \sum_{i=1}^n f(x_i)\Delta x \text{（黎曼和）}$$

當 n 趨於無窮大時，

$$\int_a^b f(x)dx = \lim_{n\to\infty} \sum_{i=1}^n f(x_i)\Delta x \tag{1}$$

- 積分式中的 dx 可看成是 x 軸上的一條很短的線段的長度。

曲線間的面積

如圖 2 所示，如果函數 $f(x)$ 和 $g(x)$ 都在區間[a, b]連續，而且對所有位於區間[a, b]中的 x 而言，$f(x) \geq g(x)$，那麼上下邊界分別爲 $y=f(x)$ 和 $y=g(x)$ 且左右邊界分別爲鉛直線 $x=a$ 和 $x=b$ 的封閉區域的面積爲

$$\int_a^b (f(x) - g(x))dx$$

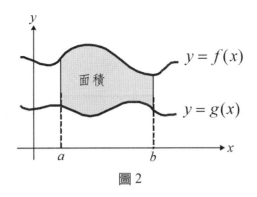

圖 2

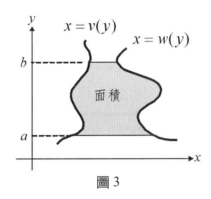

圖 3

　　如圖 3 所示，如果 w 和 v 為連續函數，而且對所有位於區間 $[a, b]$ 中的 y 而言，$w(y) \geq v(y)$，那麼左右邊界分別為 $x = v(y)$ 和 $x = w(y)$ 且上下邊界分別為鉛直線 $y = b$ 和 $y = a$ 的封閉區域的面積為

$$\int_a^b (w(y) - v(y))dy$$

例題 1：Find the area of the region bounded by the curves $y = \sin x$, $y = \cos x$, $x = 0$, $x = \dfrac{\pi}{2}$
【100 台聯大轉學考】

解　$A = \displaystyle\int_0^{\frac{\pi}{4}} (\cos x - \sin x)dx + \int_{\frac{\pi}{4}}^{\frac{\pi}{2}} (\sin x - \cos x)dx$

$\quad = 2\sqrt{2} - 2$

例題 2：試求 $y = \cos x$ 以及 $y = -\sin x$ 在範圍 $-\dfrac{\pi}{6} \leq x \leq \dfrac{\pi}{6}$ 所包圍區域之面積為何？
【100 輔大電機系轉學考】

解　　　$A = \int_{-\frac{\pi}{6}}^{\frac{\pi}{6}} (\cos x + \sin x) dx$

　　　　　$= 1$

例題 3：Find the area of the region R bounded by the line $y = \frac{1}{2}x$ and the parabola $y^2 = 8 - x$. 　　　　　　　　　　　　　　　　　　【100 屏東教大轉學考】

解　　　$y^2 = 8 - x = \left(\frac{1}{2}x\right)^2 \Rightarrow x = 4,$ or, -8

　　　　　$A = \int_{-8}^{4} \left(\frac{1}{2}x + \sqrt{8-x}\right) dx + 2\int_{4}^{8} \sqrt{8-x}\,dx$

　　　　　$= 36$

例題 4：求上下邊界分別為 $y = x + 6$ 和 $y = x^2$ 且左右邊界分別為 $x = 0$ 和 $x = 2$ 的封閉區域的面積。

解　　　$\int_{0}^{2} [(x+6) - x^2] dx = \left[\frac{x^2}{2} + 6x - \frac{x^3}{3}\right]_{0}^{2} = \frac{34}{3}$

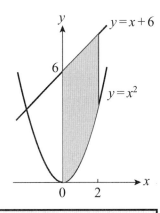

例題 5：求由曲線 $y = x^2$ 和 $y = x + 6$ 所圍成之封閉區域面積。

解　　　曲線的交點為 $(-2, 4)$ 和 $(3, 9)$，因此面積為

　　　　　$\int_{-2}^{3} [(x+6) - x^2] dx$

　　　　　$= \left[\frac{x^2}{2} + 6x - \frac{x^3}{3}\right]_{-2}^{3} = \frac{125}{6}$

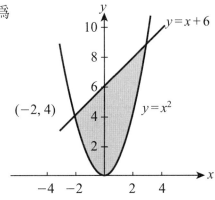

例題 6：求由曲線 $y = e^{2x} - 3e^x - 1$ 和 $y = e^x - 4$，以及 $-2 \leq x \leq 2$ 所圍成之封閉區域面積。

解　　$f_1(x) = e^{2x} - 3e^x - 1, f_2(x) = e^x - 4$

$f_1(x) = f_2(x) \Rightarrow e^{2x} - 3e^x - 1 = e^x - 4$

$let\ u = e^x \Rightarrow u^2 - 4u + 3 = 0 \Rightarrow u = 1, 3 \Rightarrow x = 0, \ln 3$

$\therefore Area = \left| \int\limits_{-2}^{0} (f_1(x) - f_2(x))\, dx + \int\limits_{0}^{\ln 3} (f_2(x) - f_1(x))\, dx + \int\limits_{\ln 3}^{2} (f_1(x) - f_2(x))\, dx \right|$

$= \dfrac{39}{2} - 6\ln 3 - 4e^2 + \dfrac{1}{2}e + 4e^{-2}$

Note:

$f_1(2) - f_2(2) = e^4 - 4e^2 + 3 = (e^2 - 1)(e^2 - 3) > 0 \Rightarrow f_1(x) > f_2(x)\ within\ \ln 3 < x < 2$

$f_1(1) - f_2(1) = e^2 - 4e + 3 = (e - 1)(e - 3) < 0 \Rightarrow f_1(x) < f_2(x)\ within\ 0 < x < \ln 3$

$f_1(-2) - f_2(-2) = e^{-4} - 4e^{-2} + 3 = (e^{-2} - 1)(e^{-2} - 3) > 0$

$\Rightarrow f_1(x) > f_2(x)\ within\ -2 < x < 0$

例題 7：求由曲線 $y = x^2$ 和 $y = x^{1/3}$ 圍成且左右邊界爲 $x = -1$ 和 $x = 1$ 的封閉區域之面積。

解　　面積爲 $\int_{-1}^{0} (x^2 - x^{1/3})dx + \int_{0}^{1} (x^{1/3} - x^2)dx$

$= \left(\dfrac{1}{3} + \dfrac{3}{4} \right) + \left(\dfrac{3}{4} - \dfrac{1}{3} \right) = \dfrac{3}{2}$

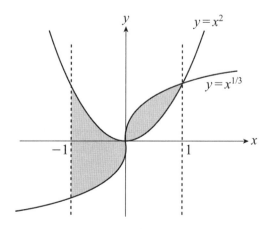

例題 8：求由曲線 $y = 1 - (x - 1)^2$ 和 $y + x = 1, y = x - 1$ 圍成的封閉區域之面積。

解　　$A = 2 \int\limits_{\frac{3-\sqrt{5}}{2}}^{1} \int\limits_{1-x}^{1-(x-1)^2} dy\,dx = \dfrac{-7+5\sqrt{5}}{6}$

例題 9：將圖 4 中的塗色區域的總面積用積分表示。

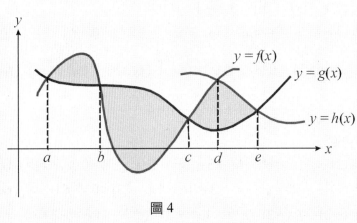

圖 4

解　　面積為

$\int_a^b [f(x) - g(x)]\,dx + \int_b^c [g(x) - f(x)]\,dx + \int_c^d [f(x) - g(x)]\,dx + \int_d^e [h(x) - g(x)]\,dx$

例題 10：求由曲線 $x = y^2$ 和 $y = x - 2$ 圍成之封閉區域面積。

解　　面積為

$\int_{-1}^{2} [y + 2 - y^2]\,dy$

$= \left[\dfrac{y^2}{2} + 2y - \dfrac{y^3}{3} \right]_{-1}^{2}$

$= \dfrac{9}{2}$

例題 11：Find the total area A lying between the curves $y = \cos x$, $y = \sin x$ from $x = 0$ to $x = \dfrac{5}{4}\pi$　　　　　　　　　　　　【100 中興大學資管系轉學考】

解　　$A = \int\limits_{0}^{\frac{5}{4}\pi} |\sin x - \cos x|\,dx = \int\limits_{0}^{\frac{1}{4}\pi} (-\sin x + \cos x) + \int\limits_{\frac{1}{4}\pi}^{\frac{5}{4}\pi} (\sin x - \cos x)\,dx$

$$= 3\sqrt{2} - 1$$

例題 12：Calculate the area of the region bounded by $y = 2 - x^2$, $y = -x$.

【101 中興大學轉學考】

解 $\begin{cases} y = 2 - x^2 \\ y = -x \end{cases} \Rightarrow x = -1, 2$

$A = \int_{-1}^{2} [2 - x^2 - (-x)] dx = \frac{9}{2}$

例題 13：求一水平線 $y = k$ 使其將 $y = x^2$, $y = 9$ 之間的面積分成兩等分

【中山大學、淡江大學轉學考】

解 $A_1 = 2 \int_{0}^{k} \int_{0}^{\sqrt{y}} dx dy = \frac{4}{3} k^{\frac{3}{2}}$

$A_2 = 2 \int_{k}^{9} \int_{0}^{\sqrt{y}} dx dy = 36 - \frac{4}{3} k^{\frac{3}{2}}$

$A_1 = A_2 \Rightarrow k = \frac{9}{\sqrt[3]{4}}$

9-2 定積分求體積

柱狀體的體積

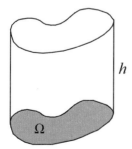 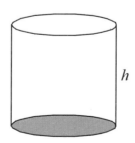 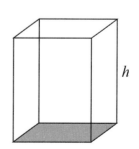

· 立體（solid）為空間中的一個封閉區域。

· 假設Ω為平面上一面積為 A 的封閉區域，如果將Ω沿著一條與該平面垂直的

直線移動一段距離 h，所得的立體為一柱狀體（cylinder），其體積為 $A \cdot h$。

平行截面間的體積

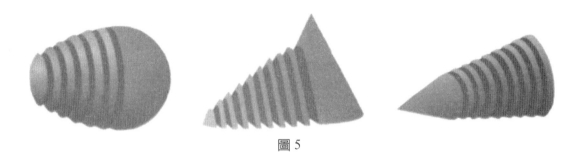

圖 5

如圖 5 所示，當要計算空間中的某個形狀較不規則的立體的體積時，我們可以將該立體用互相平行的平面切成薄片（像用菜刀切馬鈴薯一樣），然後求出各薄片的近似體積，然後將所有近似體積相加以得到總體積的近似值（為一黎曼和）。

· 如同我們之前用黎曼和求面積的情形，現在只要我們把薄片切得夠薄，上述黎曼和的極限值就是該立體的體積。

如圖 6 所示，如果截面積 $A(x)$ 隨著 x 而連續變化，那麼立體的體積為 $\int_a^b A(x)dx$。此法常被稱做「平板法」。

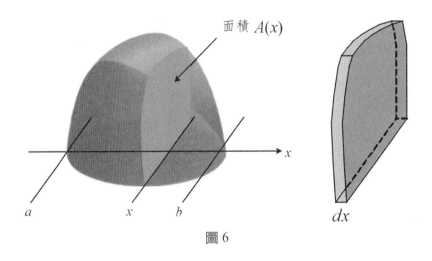

面積 $A(x)$

圖 6

例題 14：求高度為 h 且底是一個邊長為 r 的正方形的金字塔的體積。

 解　如圖 7，在圖形上加上座標軸，在標為 x 處的截面是一個邊長為

$\frac{r}{h}(h-x)$的正方形，因此金字塔的體積爲

$$\int_0^h \frac{r^2}{h^2}(h-x)^2\,dx = \frac{r^2}{h^2}\int_0^h(h-x)^2\,dx = \frac{r^2}{h^2}\left[-\frac{(h-x)^3}{3}\right]_0^h = \frac{1}{3}r^2h$$

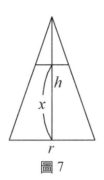

圖 7

例題 15：某個立體的底是由橢圓 $\frac{x^2}{a^2}+\frac{y^2}{b^2}=1$ 圍成的區域，此立體的每個與 x 軸垂直的截面都是一個等腰三角形，三角形的底在橢圓內部而高則爲底長之半。求此立體的體積。

解　在座標爲 x 的截面是一個面積爲 $\frac{1}{2}\left(\frac{2b}{a}\sqrt{a^2-x^2}\right)\left(\frac{b}{a}\sqrt{a^2-x^2}\right)$ 的等腰三角形，因此立體的體積

$$2\int_0^a \frac{b^2}{a^2}(a^2-x^2)\,dx$$
$$=\frac{2b^2}{a^2}\left[a^2x-\frac{x^3}{3}\right]_0^a$$
$$=\frac{4}{3}ab^2$$

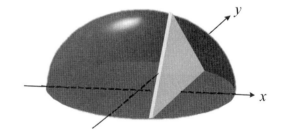

旋轉體

假設函數 f 在區間 $[a, b]$ 非負且連續。如果我們將由 f 和 x 軸圍成的區域繞 x 軸旋轉一圈，如圖 8 所示，所得的立體稱爲**旋轉體**（solids of revolution），其體積爲 $\int_a^b \pi\,[f(x)]^2\,dx$（此法常被稱做「圓盤法」）

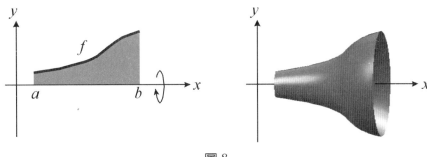

圖 8

例題 16：將位於直線 $f(x) = \dfrac{r}{h}x$, $0 \leq x \leq h$ 下方的區域繞 x 軸旋轉可得一圓錐，其高是 h，底則是半徑為 r 的圓，求此圓錐的體積。

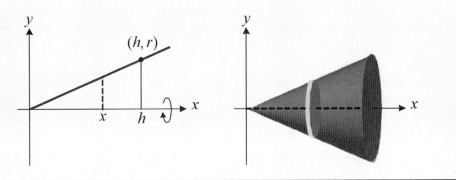

解　　$\displaystyle\int_0^h \pi\left[\frac{r}{h}x\right]^2 dx = \frac{\pi r^2}{h^2}\int_0^h x^2 dx = \frac{\pi r^2}{h^2}\left[\frac{x^3}{3}\right]_0^h = \frac{1}{3}\pi r^2 h$

例題 17：將位於曲線 $f(x) = \sqrt{r^2 - x^2}$, $-r \leq x \leq r$ 下方的區域繞 x 軸旋轉可得一半徑為 r 的球，此球的體積為何？

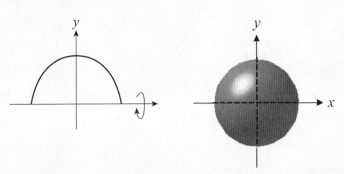

解　　$\displaystyle\int_{-r}^r \pi\,(r^2 - x^2)dx = \pi\left[r^2 x - \frac{x^3}{3}\right]_{-r}^r = \frac{4}{3}\pi r^3$

例題 18：令 Ω 表位於 y 軸右方且直線 $y=5$ 下方且曲線 $y=x^{2/3}+1$ 上方的區域，求 將 Ω 繞 y 軸旋轉所得旋轉體的體積。

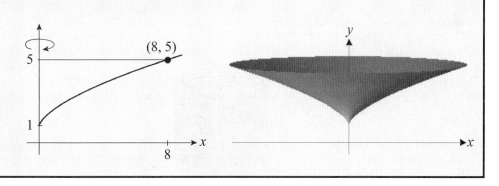

解　由 $y=x^{2/3}+1$ 可得 $x=(y-1)^{3/2}$，所求體積為

$$\int_1^5 \pi[(y-1)^{3/2}]^2\,dy = \pi \int_1^5 (y-1)^3 dy = \pi\left[\frac{(y-1)^4}{4}\right]_1^5 = 64\pi$$

例題 19：某圓柱體的高為 h，底是半徑為 r 的圓，求此圓柱體體積。

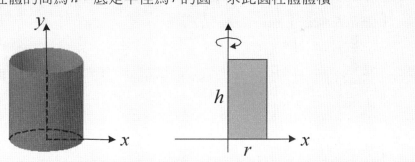

解　體積為 $\int_0^h \pi r^2 dy = \pi r^2 \int_0^h dy = \pi r^2 h$

例題 20：The region R between the curves $y=2-x^2$, $y=x^2$ is rotated about the x-axis generating a solid S. Find the volume of S.　　【100 淡江轉學考理工組】

解　使用圓盤法

$y=2-x^2=x^2 \Rightarrow x=\pm 1$

$$V = \int_{-1}^{1} \pi[(2-x^2)^2 - (x^2)^2]\,dx = \frac{16\pi}{3}$$

殼層法

我們也可以將圓柱體想像成是由一層一層的空心圓柱體包覆而成（就像洋蔥一樣）：

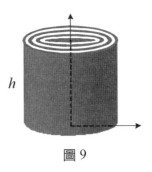

圖 9

底面半徑爲 x 的空心圓柱體的體積爲 $2\pi xhdx$（想像用剪刀剪開然後攤平），因此圓柱體的體積爲

$$\int_0^r 2\pi xhdx = 2\pi h\int_0^r xdx = 2\pi h \cdot \frac{1}{2}r^2 = \pi r^2h$$

· 此法常被稱做「殼層法」（shell method）或「柱形殼法」（method of cylinder shells）。

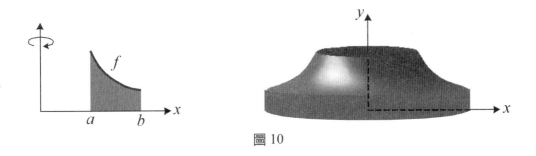

圖 10

假設函數 f 在區間 $[a, b]$ 非負且連續。如果我們將由 f 和 x 軸圍成的區域繞 y 軸旋轉，所得是一立體，體積爲

$$\int_a^b 2\pi xf(x)dx$$

例題 21：求由 $f(x)=4x-x^2$ 和 x 軸、$x=1$、$x=4$ 所圍成的區域繞 y 軸旋轉所得立體的體積。

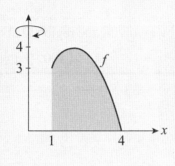 

解　體積為

$$\int_1^4 2\pi x(4x-x^2)\,dx = 2\pi\left[\frac{4}{3}x^3-\frac{1}{4}x^4\right]_1^4 = \frac{81}{2}\pi$$

例題 22：求由 $y=\sin x, y>\dfrac{1}{2}, 0\le x\le\pi$ 所圍成的區域繞 y 軸旋轉所得立體的體積。

解　

$$V=2\pi\int_{\frac{\pi}{6}}^{\frac{5\pi}{6}} x\left(\sin x-\frac{1}{2}\right)dx = \sqrt{3}\pi^2$$

例題 23：某個半徑為 a 的半球被挖去一個圓形且半徑為 r 的洞（$r<a$，見圖 11），求此半球剩下的部分的體積。

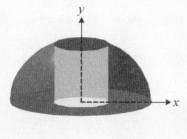 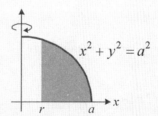

圖 11

解　體積為

$$\int_r^a 2\pi x\sqrt{a^2-x^2}\,dx = \frac{2}{3}\pi\,(a^2-r^2)^{3/2}$$

例題 24：Sketch the region Ω bounded by the x-axis, y-axis and the function

$$f(x) = \begin{cases} \dfrac{\sin x}{x}; & 0 < x \leq \pi \\ 1 & ; x = 0 \end{cases}$$

Find the volume of the solid generated by revolving the region Ω about the y-axis. 【100 中正轉學考】

解　Using shell method, 體積爲

$$\int_0^\pi 2\pi x \cdot y\, dx = \int_0^\pi 2\pi x \cdot \frac{\sin x}{x}\, dx = 4\pi$$

例題 25：Let S be the solid obtained by rotating the region of $y = \sin(x^2)$; $0 \leq x \leq \sqrt{\pi}$ about the y-axis. Compute the volume of S. 【100 台北大學資工系轉學考】

解　$$V = \int_0^{\sqrt{\pi}} 2\pi x \sin(x^2)\, dx = 2\pi$$

例題 26：Find the volume of the solid obtained by rotating the region bounded by the graphs of $y = \tan^{-1} x$, $y = 0$, $x = 1$ about the line $x = 2$. 【100 北科大轉學考】

解　使用柱殼法

$$V = \int_0^1 2\pi(2 - x)\tan^{-1} x\, dx$$

Let $u = \tan^{-1} x$, $dv = (2 - x)$

$$V = \int_0^1 2\pi(2 - x)\tan^{-1} x\, dx$$

$$= 2\pi \left[\left(2x - \frac{1}{2}x^2\right)\tan^{-1} x \Big|_0^1 - \int_0^1 \frac{2x - \frac{1}{2}x^2}{1 + x^2}\, dx \right]$$

$$= 2\pi \left(\frac{3\pi}{8} + \frac{1}{2} - \ln 2 - \frac{\pi}{8} \right)$$

9-3　瑕積分

到目前爲止，我們看過的定積分都形如

$$\int_a^b f(x)dx$$

其中的積分上下限都是實數而且被積函數都有界（bounded），若上或下限或積分函數不是有界的情形的積分稱爲**瑕積分**（improper integral），因爲原來的定積分的定義無法涵蓋這種情形。

說例：假設我們想計算以下兩個區域的面積分別是多少：

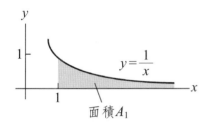

面積 A_1

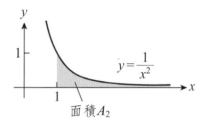

面積 A_2

爲了要算出左圖的面積 A_1，我們也許會寫出式子 $\int_1^\infty \frac{1}{x}dx$，但是像這樣的式子卻是我們目前爲止所學的定積分無法處理的（因爲無法將區間 $[1,\infty]$ 切割成 n 個小區間）。

但是對任意 $b>1$，我們都能求出從 $x=1$ 到 $x=b$ 的面積，而 A_1 其實就是 $b\to\infty$ 的情形。

$$\int_1^b \frac{dx}{x} = \ln x \Big|_1^b = \ln b - \ln 1 = \ln b$$

因此

$$A_1 = \lim_{b\to\infty} \int_1^b \frac{dx}{x} = \lim_{b\to\infty} \ln b = \infty$$

要算出右圖的面積 A_2 情況也類似：

$$\int_1^b \frac{dx}{x^2} = \frac{-1}{x} \Big|_1^b = \frac{-1}{b} - \left(\frac{-1}{1}\right) = 1 - \frac{1}{b}$$

因此

$$A_2 = \lim_{b\to\infty} \int_1^b \frac{dx}{x^2} = \lim_{b\to\infty} \left(1 - \frac{1}{b}\right) = 1$$

雖然以上兩個區域的圖形看起來很像，其中一個的面積是無窮大，另一個

的面積是則是有限的。

1. 瑕積分：積分區間不是有界

定義：假設函數 f 在 $x \geq a$ 時連續。如果 $\lim_{b \to \infty} \int_a^b f(x)dx$ 存在，我們稱 f 在區間 $[a, \infty]$ 的瑕積分收斂（convergent），並將極限值記作 $\int_a^\infty f(x)dx$：

$$\int_a^\infty f(x)dx = \lim_{b \to \infty} \int_a^b f(x)dx$$

定義：假設函數 f 在 $x \geq a$ 時連續。如果 $\lim_{b \to \infty} \int_a^b f(x)dx$ 不存在，我們稱 f 在區間 $[a, \infty)$ 的瑕積分發散（divergent）。

2. 瑕積分：被積函數不是有界

另一種瑕積分是被積函數在積分區間中不是有界的情形。

定義：假設函數 f 在區間 $[a, b]$ 中除了 a 之外的每個點都連續（f 在 a 不連續）。如果

$$\lim_{t \to a^+} \int_t^b f(x)dx = L,$$

那麼我們記作 $\int_a^b f(x)dx = L$ 並且稱瑕積分 $\int_a^b f(x)dx$ 收斂到 L；否則我們稱該瑕積分發散。

同理，如果 f 在區間 $[a, b]$ 中除了 b 之外的每個點都連續，當 $\lim_{t \to b^-} \int_a^t f(x)dx$ 存在，我們將其記作 $\int_a^b f(x)dx$。

例題 27：求由 $y = \dfrac{1}{\sqrt{x}}$、$x = 1$ 以及坐標軸所圍成區域的面積。

解　被積函數在 0 沒有定義而且在 $[0, 1]$ 不是有界。

考慮當 t 由右邊接近 0 時 $\int_t^1 \dfrac{1}{\sqrt{x}} dx$ 的行為，由於

$$\int_t^1 \frac{1}{\sqrt{x}} dx = 2\sqrt{x} \Big|_t^1 = 2\sqrt{1} - 2\sqrt{t} = 2(1 - \sqrt{t})$$

因此 $\lim_{t \to 0^+} \int_t^1 \dfrac{dx}{\sqrt{x}} = 2$，所求面積為 2。

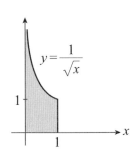

例題 28：求 $\int_{-2}^1 \dfrac{dx}{x^{\frac{4}{5}}} = ?$

解　$\int_{-2}^0 \dfrac{dx}{x^{\frac{4}{5}}} + \int_0^1 \dfrac{dx}{x^{\frac{4}{5}}}$

$$= 5\left(2^{\frac{1}{5}}\right) + 5$$

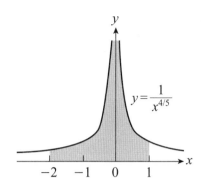

例題 29：$\int_0^3 \dfrac{dx}{x-1} = ?$

解　　$\int_0^1 \dfrac{dx}{x-1} + \int_1^3 \dfrac{dx}{x-1} = -\infty$

例題 30：For what value of p is the following integral convergent?

$$\int_0^1 \dfrac{dx}{x^p} = ?$$

解　　if $p \neq 1 \Rightarrow$

$$\int_0^1 \dfrac{dx}{x^p} = \lim_{b \to 0^+} \dfrac{x^{1-p}}{1-p}\Big|_b^1 = \lim_{b \to 0^+} \dfrac{1}{1-p}(1 - b^{1-p})$$

$$= \begin{cases} \dfrac{1}{1-p}\ ; & 1-p > 0 \\ \infty\ \ \ \ ; & 1-p < 0 \end{cases}$$

if $p = 1 \Rightarrow$

$$\int_0^1 \dfrac{dx}{x} = \lim_{b \to 0^+} \int_b^1 \dfrac{dx}{x} = \lim_{b \to 0^+} \ln|x|\Big|_b^1$$

$$= 0 - (-\infty) = \infty$$

例題 31：$\int_1^\infty \dfrac{\ln x}{x^2}\, dx = ?$

解　　$\int_1^\infty \dfrac{\ln x}{x^2}\, dx = \lim_{b \to \infty} \int_1^b \ln x\, d\left(-\dfrac{1}{x}\right) = \ln x\left(-\dfrac{1}{x}\right)\Big|_b^1 + \int_1^\infty \dfrac{1}{x^2}\, dx$

$$= \lim_{b \to \infty}\left(-\dfrac{\ln b}{b} - \dfrac{1}{b} + 1\right) = 1$$

例題 32：將 $f(x) = \dfrac{1}{x}$ 當 $x \geq 1$ 時的圖形與 x 軸之間的區域繞 x 軸旋轉，求所得旋轉體的體積。

解　體積為 $\displaystyle\int_1^\infty \pi\,[f(x)]^2\,dx = \pi\int_1^\infty \dfrac{dx}{x^2} = \pi \cdot 1 = \pi$

例題 33：(1) Evaluate

$$\int_1^\infty \frac{1}{1+e^x}\,dx$$

(2) Evaluate

$$\int_0^\infty t^2\,e^{-st}\,dt;\ s>0 \qquad\qquad 【100 中山大學機電系轉學考】$$

解　(1) $\displaystyle\int_1^\infty \frac{1}{1+e^x}\,dx = \int_1^\infty \frac{e^{-x}}{1+e^{-x}}\,dx = -\int_1^\infty \frac{1}{1+e^{-x}}\,d(1+e^{-x}) = \ln(1+e^{-1})$

(2) $\displaystyle\int_0^\infty t^2\,e^{-st}\,dt = \frac{2}{s^3}$

例題 34：$\displaystyle\int_0^6 \frac{1}{(x-4)^{\frac{2}{3}}}\,dx = ?$ 　　　　　　　　　　【101 政治大學轉學考】

解　$\displaystyle\int_0^6 \frac{1}{(x-4)^{\frac{2}{3}}}\,dx = \int_0^4 \frac{1}{(x-4)^{\frac{2}{3}}}\,dx + \int_4^6 \frac{1}{(x-4)^{\frac{2}{3}}}\,dx$

$$= 3\sqrt[3]{4} + 3\sqrt[3]{2}$$

例題 35：Find the value of p for which the integral $\int\limits_{e}^{\infty} \dfrac{1}{x(\ln x)^p}\, dx$ converges

【101 東吳大學財務與精算數學系轉學考，台北大學資工系轉學考】

解　(1) $p = 1$,

$$\int\limits_{e}^{\infty} \frac{1}{x\ln x}\, dx = \lim_{b\to\infty} \ln(\ln x)\Big|_{e}^{b} = \infty \Rightarrow \text{diverge}$$

(2) $p \neq 1$

$$\int\limits_{e}^{\infty} \frac{1}{x(\ln x)^p}\, dx = \lim_{b\to\infty} \frac{(\ln x)^{1-p}}{1-p}\Big|_{e}^{b} = \begin{cases} \infty; & p < 1 \\[2mm] \dfrac{1}{1-p}; & p > 1 \end{cases}$$

故當 $p > 1$ 時收斂

例題 36：Find $\int\limits_{0}^{2}\left(\dfrac{2}{\sqrt{x}} + \dfrac{1}{\sqrt{2-x}}\right)dx$ 　【100 淡江大學轉學考理工組】

解

$$\int\limits_{0}^{2}\left(\frac{2}{\sqrt{x}} + \frac{1}{\sqrt{2-x}}\right)dx = \lim_{b\to 0^{+}} \int\limits_{b}^{1}\left(\frac{2}{\sqrt{x}} + \frac{1}{\sqrt{2-x}}\right)dx + \lim_{c\to 2^{-}} \int\limits_{1}^{c}\left(\frac{2}{\sqrt{x}} + \frac{1}{\sqrt{2-x}}\right)dx$$

$$= \lim_{b\to 0^{+}}\left(4\sqrt{x} - 2\sqrt{2-x}\,\Big|_{b}^{1}\right) + \lim_{c\to 2^{-}}\left(4\sqrt{x} - 2\sqrt{2-x}\,\Big|_{1}^{c}\right)$$

$$= 6\sqrt{2}$$

例題 37：$\int\limits_{0}^{\infty} y e^{-\sqrt{y}}\, dy = ?$ 　【101 東吳大學經濟系轉學考】

解　let $x = \sqrt{y} \Rightarrow dx = \dfrac{1}{2\sqrt{y}}\, dy \Rightarrow dy = 2x\, dx$

$$\int\limits_{0}^{\infty} y e^{-\sqrt{y}}\, dy = 2\int\limits_{0}^{\infty} x^{3} e^{-x}\, dx = \cdots$$

$$= \lim_{a\to\infty}\left(-2x^{3}e^{-x} - 6x^{2}e^{-x} - 12x e^{-x} - 12 e^{-x}\,\Big|_{0}^{a}\right)$$

$$= 12$$

9-4　特殊函數

一、Gamma 函數

定義：Gamma 函數之第一定義式

$$\Gamma(\alpha) = \int_0^\infty x^{\alpha-1} e^{-x} dx \quad (\alpha > 0)$$　　　　　　(2)

其圖形如圖 12 所示

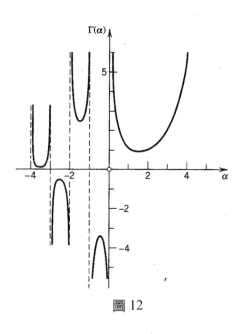

圖 12

定理 1：Gamma 函數之循環公式

(1)$\Gamma(n+1) = n\Gamma(n), n \in R, n > 0$　　　　　　(3)

(2)$\Gamma(k+1) = k!, k \in N$　　　　　　(4)

證明：(1) 依定義：$\Gamma(n) = \int_0^\infty x^{n-1} e^{-x} dx$, $\Gamma(n+1) = \int_0^\infty x^n e^{-x} dx$
　　　　利用分部積分法 $\int u dv = uv - \int v du$
　　　　令 $u = x^n, dv = e^{-x} dx \Rightarrow du = n x^{n-1} dx, v = -e^{-x}$

$$\therefore \Gamma (n+1) = x^n (-e^x) \Big|_0^\infty + n \int_0^\infty x^{n-1} e^{-x} dx$$

$$= \lim_{x \to \infty} \left(-\frac{x^n}{e^n} \right) + n\Gamma (n)$$

$$= n\Gamma (n)$$

(2) 若 n 爲正整數

$$\Gamma (\alpha+n) = (\alpha+n-1)\Gamma (\alpha+n-1)$$

$$= \cdots = (\alpha+n-1)\cdots(\alpha+1)\alpha\Gamma (\alpha)$$

故可得 $\Gamma (n+1) = n!$

定義：Gamma 函數之第二定義式

$$\Gamma (n) = \int_0^1 (-\ln y)^{n-1} dy = \int_0^1 \left(\ln \left(\frac{1}{y} \right) \right)^{n-1} dy \tag{5}$$

證明：令 $x = -\ln y$ 代入(2)中即可得(5)式

定理 2

(1) $\Gamma(1) = 1$

(2) $\Gamma \left(\frac{1}{2} \right) = \sqrt{\pi}$

證明：$\Gamma(0.5) = \int_0^\infty x^{-\frac{1}{2}} e^{-x} dx$　令　$x = t^2 \Rightarrow dx = 2tdt$

$\Rightarrow \Gamma(0.5) = 2 \int_0^\infty e^{-t^2} dt = 2\frac{\sqrt{\pi}}{2} = \sqrt{\pi}$（見第 12 章定理 3）

例題 38：Compute $\Gamma \left(-\frac{3}{2} \right)$

解　$\Gamma \left(-\frac{3}{2} \right)$ 可依 $\Gamma (n)$ 之循環公式求解

$$\Gamma \left(\frac{1}{2} \right) = \left(-\frac{1}{2} \right)\Gamma \left(-\frac{1}{2} \right) = \left(-\frac{1}{2} \right)\left(-\frac{3}{2} \right)\Gamma \left(-\frac{3}{2} \right)$$

$$\Gamma \left(-\frac{3}{2} \right) = \frac{\Gamma \left(\frac{1}{2} \right)}{\left(-\frac{1}{2} \right)\left(-\frac{3}{2} \right)} = \frac{4}{3}\sqrt{\pi}$$

例題 39：$\int_0^1 \frac{dx}{\sqrt{-\ln x}} = ?$

解　令 $t = -\ln x \Rightarrow x = e^{-t}, dx = -e^{-t} dt$

$$\int_0^1 \frac{dx}{\sqrt{-\ln x}} = \int_\infty^0 \frac{-e^{-t}}{\sqrt{t}} dt = \int_0^\infty t^{-\frac{1}{2}} e^{-t} dt = \Gamma\left(\frac{1}{2}\right) = \sqrt{\pi}$$

二、Bata 函數

定義：Bata 函數之第一定義式

$$B(m, n) = \int_0^1 x^{m-1}(1-x)^{n-1} dx; \; m > 0, \, n > 0 \tag{6}$$

定義：Bata 函數之第二定義式

$$B(m, n) = \frac{1}{a^{m+n-1}} \int_0^a y^{m-1}(a-y)^{n-1} dy \tag{7}$$

證明：令 $y = ax, \Rightarrow dy = adx$ 代入(6)中即可得(7)式

定義：Bata 函數之第三定義式

$$B(m, n) = 2\int_0^{\frac{\pi}{2}} (\sin\theta)^{2m-1}(\cos\theta)^{2n-1} d\theta \tag{8}$$

證明：令 $x = \sin^2\theta \Rightarrow 1 - x = \cos^2\theta, \, dx = 2\sin\theta\cos\theta \, d\theta$ 代入(6)中即可得(8)式

定義：Bata 函數之第四定義式

$$B(m, n) = \int_0^\infty \left(\frac{y}{y+a}\right)^{m-1} \left(\frac{a}{y+a}\right)^{n-1} \frac{ady}{(y+a)^2} = a^n \int_0^\infty \frac{y^{m-1}}{(y+a)^{m+n}} dy \tag{9}$$

證明：令 $x = \dfrac{y}{y+a} \Rightarrow dx = \dfrac{ady}{(y+a)^2}$ 代入(6)中即可得(9)式

　　觀念提示：$B(m, n) = B(n, m)$（具變數對稱性）

定理 3

$$\int_0^{\frac{\pi}{2}} \sin^a\theta \cos^b\theta \, d\theta = \frac{1}{2} B\left(\frac{1+a}{2}, \frac{1+b}{2}\right) \tag{10}$$

證明：令 $\begin{cases} 2m - 1 = a \\ 2n - 1 = b \end{cases} \Rightarrow \begin{cases} m = \dfrac{1+a}{2} \\ n = \dfrac{1+b}{2} \end{cases}$ 代入(8)式即可得(10)式

定理 4：Bata 函數與 Gamma 函數的關係：

$$B\,(m, n) = \frac{\Gamma(m)\Gamma(n)}{\Gamma(m+n)} \tag{11}$$

證明：$\Gamma\,(m) = \displaystyle\int_0^\infty u^{m-1} e^{-u}\,du$，令 $u = x^2$，$du = 2xdx$，代入可得：

$\Gamma\,(m) = 2\displaystyle\int_0^\infty x^{2m-1} e^{-x^2}\,dx$

同理　$\Gamma\,(n) = 2\displaystyle\int_0^\infty y^{2n-1} e^{-y^2}\,dy$

$\Gamma\,(m)\Gamma\,(n) = 4\displaystyle\int_0^\infty \int_0^\infty y^{2n-1} x^{2m-1} e^{-(x^2+y^2)}\,dxdy$

利用變數轉換（見第 12 章第 2 節）$x = \rho\cos\theta, y = \rho\sin\theta$，代入可得：

$\Gamma\,(m)\Gamma\,(n) = 4\displaystyle\int_0^{\frac{\pi}{2}} \int_0^\infty (\rho\sin\theta)^{2n-1}\,(\rho\cos\theta)^{2m-1} e^{-\rho^2}\,\rho\,d\rho\,d\theta$

$\qquad\qquad\quad = [2\displaystyle\int_0^{\frac{\pi}{2}} (\sin\theta)^{2n-1}(\cos\theta)^{2m-1}\,d\theta][2\int_0^\infty \rho^{2(m+n)-1} e^{-\rho^2}\,d\rho]$

$\qquad\qquad\quad = B\,(m, n)\Gamma\,(m+n)$

$\therefore B\,(m, n) = \dfrac{\Gamma(m)\Gamma(n)}{\Gamma(m+n)}$

得證

定理 5

$$B\,(n, 1-n) = \Gamma\,(n)\Gamma(1-n) = \frac{\pi}{\sin n\pi};\; n \neq 0, \pm 1, \pm 2, \cdots \tag{12}$$

例題 40：證明 $\displaystyle\int_0^2 x^3\sqrt{8 - x^3}\,dx = \dfrac{16\pi}{9\sqrt{3}}$

解　　令 $x^3 = 8y \Rightarrow dx = \dfrac{2}{3} y^{-2/3}\,dy$

$\qquad \displaystyle\int_0^2 x^3\sqrt{8 - x^3}\,dx = \int_0^1 2y^{\frac{1}{3}} \sqrt[3]{8(1-y)}\, \frac{2}{3} y^{\frac{2}{3}}\,dy$

$\qquad\qquad\qquad\qquad\quad = \dfrac{8}{3}\displaystyle\int_0^1 y^{\frac{1}{3}}(1-y)^{\frac{1}{3}}\,dy = \frac{8}{3}B\!\left(\frac{2}{3}, \frac{4}{3}\right)$

$\qquad\qquad\qquad\qquad\quad = \dfrac{8}{3}\dfrac{\Gamma\!\left(\dfrac{2}{3}\right)\Gamma\!\left(\dfrac{4}{3}\right)}{\Gamma(2)}$

$$= \frac{8}{9}\Gamma\left(\frac{1}{3}\right)\Gamma\left(\frac{2}{3}\right) = \frac{8}{9}\frac{\pi}{\sin\frac{\pi}{3}} = \frac{16\pi}{9\sqrt{3}}$$

例題 41：求 $I = \int_0^{\frac{\pi}{2}} \sqrt{\tan\theta}\,d\theta = ?$

解　　$I = \int_0^{\frac{\pi}{2}} \sin^{\frac{1}{2}}\theta \cos^{-\frac{1}{2}}\theta$　因此

$$\begin{cases} 2m - 1 = \dfrac{1}{2} \\ 2n - 1 = -\dfrac{1}{2} \end{cases} \Rightarrow m = \frac{3}{4},\ n = \frac{1}{4}$$

$$\therefore I = \int_0^{\frac{\pi}{2}} \sin^{\frac{1}{2}}\theta \cos^{-\frac{1}{2}}\theta\,d\theta = \frac{1}{2}B\left(\frac{3}{4},\ \frac{1}{4}\right) = \frac{1}{2}\Gamma\left(\frac{3}{4}\right)\Gamma\left(\frac{1}{4}\right) = \frac{1}{2}\frac{\pi}{\sin\frac{\pi}{4}} = \frac{\pi}{\sqrt{2}}$$

綜合練習

1. 求：(1) 由雙曲線 $xy = 9$ 與 x 軸、$x = 3$、$x = 9$ 等直線所圍成區域之面積（如圖 13）。(2) 上述區域繞 x 軸旋轉所得旋轉體之體積。

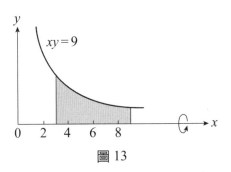

圖 13

2. 求：(1) 由抛物線 $y^2 = 4x$ 與 x 軸、y 軸、$x = 4$ 等直線所圍成區域之面積（如圖 14）。(2) 上述區域繞 x 軸旋轉所得旋轉體之體積。

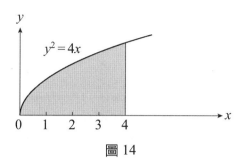

圖 14

3.　求由曲線 $y=\sqrt{x}$ 及直線 $y=1$、$x=4$ 所圍成區域之面積。

4.　求 $\int_{-\infty}^{-1} xe^{-x^2}\,dx$

5.　求 $\int_{-\infty}^{-1} \dfrac{1}{(2x-1)^2}\,dx$

6.　求 $\int_{-\infty}^{0} xe^x\,dx$

7.　求 $\int_{0}^{16} \dfrac{1}{\sqrt[4]{x}}\,dx$

8.　求 $\int_{2}^{5} \dfrac{1}{\sqrt{x-2}}\,dx$

9.　求 $\int_{2}^{\infty} \dfrac{x+3}{(x-1)(x^2+1)}\,dx$

10.　求 $\int_{0}^{3} \dfrac{1}{(x-1)^{\frac{3}{2}}}\,dx$

11.　求 $\int_{0}^{1} \dfrac{1}{1-x}\,dx$

12.　求由曲線 $y=x^2$ 和 $y=2x-x^2$ 所圍成之封閉區域面積。

13.　求由曲線 $y=\sin x$, $y=\cos x$, $x=0$, $x=\dfrac{\pi}{2}$ 所圍成之封閉區域面積。

14.　求由曲線 $y=x-1$ 和 $y^2=2x+6$ 所圍成之封閉區域面積。

15　.求由曲線 $y=2-x^2$ 和 $y=-x$ 所圍成之封閉區域面積。

16.　求由曲線 $y=\sqrt{x}$, $y=x-2$, $y=0$ 所圍成之封閉區域面積。

17.　For what value of p is the following integral convergent?

$\int_{1}^{\infty} \dfrac{dx}{x^p} = ?$ 　　　　　　　　　　　　　　　【100 中興大學財金系轉學考】

18.　試求 $\int_{-1}^{1} \dfrac{x^5+x^4+x^3+x^2+x}{x^2+1}\,dx = ?$ 　　　　　　　　　　【100 輔大電機系轉學考】

19.　$\int_{e}^{\infty} \dfrac{1}{x}(\ln x)^{-2}\,dx = ?$ 　　　　　　　　　　　　　　【101 淡江大學轉學考商管組】

20.　Prove that $\int_{1}^{\infty} \dfrac{1}{x^n}\,dx$ converges $\Leftrightarrow n>1$ 　　　　　【101 中原大學轉學考理工組】

21.　Find the area of the region R enclosed by the parabola $y=x^2$ and the line $y=x+2$

　　　　　　　　　　　　　　　　　　　　　　　　　　　【101 中原大學轉學考理工組】

22.　The region bounded by the curve $y=\sqrt{x}$, the x-axis, and the line $x=4$ is revolved about the y-axis to generate a solid. Find the volume of the solid. 　　　　　【101 中山大學資工系轉學考】

23.　(1) Evaluate $\int_{0}^{\infty} \dfrac{1}{\sqrt{x}(1+x)}\,dx$

　　　(2) Evaluate $\int_{0}^{\infty} \sin xe^{-sx}\,dx$; $s>0$ 　　　　　　　　【101 中山大學機電系轉學考】

24. 求由兩圓柱 $x^2+y^2=a^2$ 與 $x^2+z^2=a^2$ 之共同部分體積　　　　　【101 中興大學轉學考】

25. Evaluate

$$\int_0^\infty \frac{1}{1+e^x} dx$$ 　　　　　【101 中興大學轉學考】

26. Let R be the region bounded by upper half of a circle $(x-1)^2+y^2=4$ and the line $y=1$. Find the volume of the solid generated by revolving the region R about the line $y=1$.

27. Find the volume of the solid generated by revolving the area bounded by the curve $y=e^{-x}$, x-axis, y-axis, about y-axis.

28. Let R be the region bounded by the curve $y=e^{-x}$, $y=e^x$ and the line $x=2$. Find the volume of the solid generated by revolving the region R about the line $x=-1$.

29. (1) Find the intersections of the two curves $y=x^2$ and $y=2x-x^2$.

(2) Find the area between $y=x^2$ and $y=2x-x^2$

30. Find the area of the region bounded by the curve $x=2y-y^2$ and the line $y=2+x$

【101 中興大學資管系轉學考】

31. Find $\int_{-3}^1 \frac{1}{x^2} dx=$?　　　　　【100 元智大學電機系轉學考】

32. Find $\int_0^\infty te^{-st} dt, s>0$　　　　　【100 元智大學電機系轉學考】

33. Determine whether each integral is convergent or divergent.

(1) $\int_0^\infty \frac{x}{x^2+2} dx$　(2) $\int_1^\infty \frac{\ln x}{x^3} dx$　　　　　【100 中興大學轉學考】

34. Determine $\int_{-1}^2 \frac{1}{x^3} dx$　　　　　【100 東吳大學經濟系轉學考】

35. Find the area bounded by the curves $y=x^2, y=x^3-2x$　　　　　【100 東吳大學經濟系轉學考】

36. 求 $\int_0^\infty e^{-2x} dx$

37. 求 $\int_0^1 (1-x)^{-\frac{2}{3}} dx$

38. 求 $\int_0^{\frac{\pi}{6}} \cos^7 3\theta \sin^4 6\theta d\theta=$?

39. 證明：(1) $\int_0^\infty x^a e^{-bx} dx = \frac{\Gamma(a+1)}{b^{a+1}}; a>-1, b>0$

(2) $\int_0^\infty x^n b^{-x} dx = \frac{n!}{(\ln b)^{n+1}}; b>0, n \in N$

不做無益事，一日當三日！

寧鳴而死，不默而生！

胡適

10 無窮數列與級數

在孤獨與沉靜時，解決問題之答案自然浮現

10-1　數列

所謂**數列**（序列，sequence）是以正整數爲自變數之函數，或是將每個正整數 n 對應到一個實數 a_n 的函數，數列也可表示爲 $\{a_1, a_2, a_3, \cdots\}$ 或 $\{a_n\}$ 或 $\{a_n\}_{n=1}^{\infty}$。我們稱 a_n 爲此數列之第 n 項，例如：

1. 數列 $a_n = 2n \Rightarrow \{a_n\} = \{2, 4, 6, \cdots\}$

2. 數列 $a_n = (-1)^{n+1} \dfrac{n}{n+1} \Rightarrow \{a_n\} = \left\{ \dfrac{1}{2}, -\dfrac{2}{3}, \dfrac{3}{4}, \cdots \right\}$。

一個數列可以與常數相乘，也可以與其他數列相加、相減、相乘。由數列 a_1, a_2, a_3, $\cdots$, a_n, $\cdots$ 和 b_1, b_2, b_3, $\cdots$, b_n, $\cdots$ 可得以下新數列：

數列與常數相乘：$k\{a_n\} = ka_1, ka_2, ka_3, \cdots, ka_n, \cdots$

　　　數列相加：$\{a_n\} + \{b_n\} = a_1 + b_1, a_2 + b_2, a_3 + b_3, \cdots, a_n + b_n, \cdots$

　　　數列相減：$\{a_n\} - \{b_n\} = a_1 - b_1, a_2 - b_2, a_3 - b_3, \cdots, a_n - b_n, \cdots$

　　　數列相乘：$a_1 b_1, a_2 b_2, a_3 b_3, \cdots, a_n b_n, \cdots$

如果所有的 b_i 都不爲 0，那麼還可以產生以下新數列：

數列的倒數：$\dfrac{1}{b_1}, \dfrac{1}{b_2}, \dfrac{1}{b_3}, \cdots, \dfrac{1}{b_n}, \cdots$

　數列相除：$\dfrac{a_1}{b_1}, \dfrac{a_2}{b_2}, \dfrac{a_3}{b_3}, \cdots, \dfrac{a_n}{b_n}, \cdots$

數列的極限

・如果當 n 越來越大，a_n 的值將趨近某個實數 L，我們稱 L 爲此數列的**極限**（limit）。

・當數列 $a_1, a_2, a_3, \cdots$ 的極限爲 L，我們記作 $\lim\limits_{n \to \infty} a_n = L$。

・如果當 n 越來越大，a_n 的值將趨近無窮大（極限不存在），我們記作 $\lim\limits_{n \to \infty} a_n = \infty$。

定義：數列 $\{a_n\}$，若對任意 $\varepsilon > 0$，我們都能找到一個正整數 N，使得當 $n > N$ 時 $|a_n - L| < \varepsilon$，則稱 L 爲此數列 $\{a_n\}$ 之極限（limit），可表示爲 $\lim\limits_{n \to \infty} a_n = L$ 或

　　$a_n \to L$　當　$n \to \infty$

觀念提示：(1) 顯然的，N 爲 ε 之函數，即 $N(\varepsilon)$，換言之，不論所要求之 ε 值有多小，若我們都能夠找到一個夠大之 N，使得當 $n > N$ 時，數列之值 a_n 與 L 之差的絕對值比 ε 小，則稱此數列之極限存在。

(2) 若 $\{a_n\}$ 之極限值存在，必爲唯一。

(3) 若 $\{a_n\}$ 之極限值存在，則稱此數列爲收斂，否則稱此數列爲發散。

例如：$\lim\limits_{n \to \infty} 2^n = \infty$，$\lim\limits_{n \to \infty} (-2^n) = -\infty$。

例題 1：求數列 $\left\{ \dfrac{\ln n}{n} \right\}$ 的極限。

解　此數列的極限會等於當 x 趨近 ∞ 時函數 $\dfrac{\ln x}{x}$ 的極限。

由於當 x 趨近 ∞ 時分式爲不定式 $\dfrac{\infty}{\infty}$，由 L'Hôpital's rule 可得：

$$\lim_{x \to \infty} \frac{\ln x}{x} = \lim_{x \to \infty} \frac{1/x}{1} = 0$$

$f(x) = (\ln x)/x$

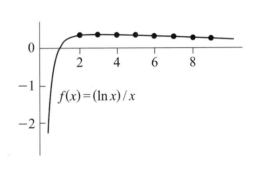

$f(x) = (\ln x)/x$

說例：$\lim\limits_{n \to \infty} \dfrac{4n-1}{n} = 4.$ $\lim\limits_{n \to \infty} \left(1 + \dfrac{1}{n}\right)^n = e.$

數列的收斂與發散：

若一個數列的極限存在，我們稱此數列**收斂**（convergent），若極限不存在則爲**發散**（divergent）的數列。

定理 1：如果 r 是開區間 $(-1, 1)$ 中的一數，那麼 $\lim\limits_{n \to \infty} r^n = 0$。

說例：數列 $\{0.8^n\}$ 和 $\{0.999^n\}$ 都收斂到 0。

例題 2：數列 $a_n = \dfrac{3^n}{n!}$ 收斂或發散？

解　a_{10} 可表爲 10 個分數的乘積：

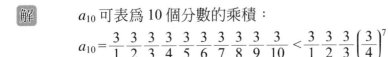

$$a_{10} = \frac{3}{1} \frac{3}{2} \frac{3}{3} \frac{3}{4} \frac{3}{5} \frac{3}{6} \frac{3}{7} \frac{3}{8} \frac{3}{9} \frac{3}{10} < \frac{3}{1} \frac{3}{2} \frac{3}{3} \left(\frac{3}{4}\right)^7$$

一般而言，當 $n > 4$，$a_n = \dfrac{3}{1} \dfrac{3}{2} \dfrac{3}{3} \left(\dfrac{3}{4}\right)^{n-3}$，既然 $\lim\limits_{n \to \infty} \left(\dfrac{3}{4}\right)^n = 0$，可知 $\lim\limits_{n \to \infty} a_n = 0$。

定理 2：對任意常數 k，$\lim\limits_{n \to \infty} \dfrac{k^n}{n!} = 0$

本定理說明階乘函數增大的速度比指數函數還快。

定理 3：數列的收斂法則

假設數列 $\{a_n\}$ 和 $\{b_n\}$ 分別收斂到 L_1 和 L_2 而且 c 為任意常數，那麼以下性質成立：

(a)常數乘積法則：$\lim\limits_{n \to \infty} c = c$

(b)$\lim\limits_{n \to \infty} c a_n = c \lim\limits_{n \to \infty} a_n = c L_1$

(c)加法法則：$\lim\limits_{n \to \infty} (a_n \pm b_n) = \lim\limits_{n \to \infty} a_n \pm \lim\limits_{n \to \infty} b_n = L_1 \pm L_2$

(d)乘法法則：$\lim\limits_{n \to \infty} (a_n b_n) = \lim\limits_{n \to \infty} a_n \cdot \lim\limits_{n \to \infty} b_n = L_1 L_2$

(e)除法法則：$\lim\limits_{n \to \infty} \left(\dfrac{a_n}{b_n}\right) = \dfrac{\lim\limits_{n \to \infty} a_n}{\lim\limits_{n \to \infty} b_n} = \dfrac{L_1}{L_2}$ （假設 $L_2 \neq 0$）

(f)次冪法則：$\lim\limits_{n \to \infty} (a_n)^p = L_1{}^p$，其中 $p > 0, a_n > 0$

例題 3：試判斷下列序列之斂散

(1)$\left\{\dfrac{(-1)^n}{n}\right\}$　　(2)$\{\ln(n+1) - \ln n\}$　　(3)$\left\{\dfrac{2n^3 - 3n + 4}{3n^2 + 1}\right\}$　　(4)$\left\{\dfrac{n^n}{n!}\right\}$

【101 逢甲大學轉學考】

解

(1) $\lim\limits_{n \to \infty} \dfrac{(-1)^n}{n} = 0$,　$\therefore \left\{\dfrac{(-1)^n}{n}\right\} converge$

(2) $\lim\limits_{n \to \infty} (\ln(n+1) - \ln n) = \lim\limits_{n \to \infty} \ln\left(\dfrac{n+1}{n}\right) = \ln 1 = 0$

　　$\therefore \{\ln(n+1) - \ln n\} converge$

(3) $\lim\limits_{n \to \infty} \dfrac{2n^3 - 3n + 4}{3n^2 + 1} = \infty$　　$\therefore \left\{\dfrac{2n^3 - 3n + 4}{3n^2 + 1}\right\} diverge$

(4) $\lim\limits_{n \to \infty} \dfrac{n^n}{n!} = \lim\limits_{n \to \infty} \left(\dfrac{n}{1} \cdot \dfrac{n}{2} \cdots \dfrac{n}{n}\right) \geq \lim\limits_{n \to \infty} \dfrac{n}{1} = \infty$　　$\therefore \left\{\dfrac{n^n}{n!}\right\} diverge$

定理 4：夾擠定理（Squeeze Theorem）

假設數列 $\{a_n\}, \{b_n\}, \{c_n\}$ 滿足

$a_n \leq b_n \leq c_n$　對所有 $n \geq N$

如果當 $n \to \infty$，數列 $\{a_n\}$ 和 $\{c_n\}$ 的極限值同為 L，那麼 $\{b_n\}$ 的極限值也是 L。

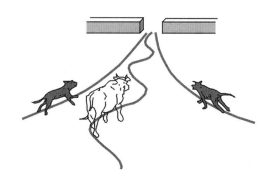

例題 4：求 $\lim\limits_{n \to \infty} \dfrac{\cos n}{n} = ?$

解　　顯然的 $-\dfrac{1}{n} \leq \dfrac{\cos n}{n} \leq \dfrac{1}{n}$，且已知 $\lim\limits_{n \to \infty}\left(-\dfrac{1}{n}\right) = \lim\limits_{n \to \infty}\left(\dfrac{1}{n}\right) = 0$

　　依夾擠定理，得 $\lim\limits_{n \to \infty} \dfrac{\cos n}{n} = 0$

例題 5：判斷數列 $a_n = \dfrac{n!}{n^n}$ 收斂或發散。

解　　我們可將 a_n 寫成
　　$a_n = \dfrac{1}{n}\left(\dfrac{2 \cdot 3 \cdots n}{n \cdot n \cdots n}\right)$
　　因此 $0 \leq a_n \leq \dfrac{1}{n}$。
　　既然左右兩邊的數列都收斂到 0，a_n 也收斂到 0。

含正負數的數列

定理 5：如果 $\lim\limits_{n \to \infty}|a_n|=0$，那麼 $\lim\limits_{n \to \infty} a_n=0$。

例題 6：$\lim\limits_{n \to \infty}\left((-1)^n \dfrac{1}{2^n}\right)= ?$

解　如果我們將數列
$$1, -\frac{1}{2}, \frac{1}{2^2}, -\frac{1}{2^3}, \cdots, (-1)^n \frac{1}{2^n}, \cdots$$
的每一項取絕對值，所得為數列
$$1, \frac{1}{2}, \frac{1}{2^2}, \frac{1}{2^3}, \cdots, \frac{1}{2^n}, \cdots$$
此數列收斂到 0，因此
$$\lim_{n \to \infty}\left((-1)^n \frac{1}{2^n}\right)=0$$

例題 7：求 $\lim\limits_{n \to \infty}\dfrac{4-7n^6}{n^6+3}$

解　$原式 = \lim\limits_{n \to \infty}\dfrac{\dfrac{4}{n^6}-7}{1+\dfrac{3}{n^6}}=\dfrac{0-7}{1+0}=-7$

定理 6：若 $a_n=f(n)$，（亦即 a_n 為 $f(x)$ 中 x 的等間隔之取樣值），

若 $\lim\limits_{x \to \infty} f(x)=L \Rightarrow \lim\limits_{n \to \infty} a_n=L$

證明：若 $\lim\limits_{x \to \infty} f(x)=L \Rightarrow \forall \varepsilon>0$ 必存在一正數 M，使得
$$x>M \Rightarrow |f(x)-L|<\varepsilon$$
令 N 為比 M 大的整數，則
$$n>N \Rightarrow a_n=f(n), |a_n-L|=|f(x)-L|<\varepsilon$$

例題 8：求 $\lim\limits_{n \to \infty}\dfrac{\ln n}{n}= ?$

解　$原式 = \lim\limits_{x \to \infty}\dfrac{\ln x}{x}=\lim\limits_{x \to \infty}\dfrac{\left(\dfrac{1}{x}\right)}{(1)}=\dfrac{0}{1}=0$

例題 9：求 $\lim_{n \to \infty} \sqrt[n]{n}$

解　原式 $= \lim_{n \to \infty} e^{\frac{\ln n}{n}} = e^{\lim_{n \to \infty} \frac{\ln n}{n}}$（因 exp 函數是連續的）

如例題 8，$\lim_{n \to \infty} \dfrac{\ln n}{n} = 0$

故 $\lim_{n \to \infty} \sqrt[n]{n} = e^0 = 1$

例題 10：求 $\lim_{n \to \infty} x^{\frac{1}{n}} = ?$　$(x > 0)$

解　原式 $= \lim_{n \to \infty} e^{\ln x^{\frac{1}{n}}} = \lim_{n \to \infty} e^{\frac{\ln x}{n}} = e^{\lim_{n \to \infty} \frac{\ln x}{n}} = e^0 = 1$

例題 11：求 $\lim_{n \to \infty} \dfrac{x^n}{n!}$　$(x > 0)$

解　$\dfrac{x^n}{n!} = \dfrac{x \cdot x \cdot \cdots \cdot x}{1 \cdot 2 \cdot \cdots \cdot n} = x \cdot \left(\dfrac{x}{2}\right) \cdot \cdots \cdot \left(\dfrac{x}{m}\right) \cdot \left\{\left(\dfrac{x}{m+1}\right) \cdot \cdots \cdot \left(\dfrac{x}{n}\right)\right\}$，

其中，m 為整數，使得 $m \le x \le m+1$，即 $\dfrac{x}{m+1} \le 1$

$\therefore \lim_{n \to \infty} \dfrac{x^n}{n!} = 0$

例題 12：決定下列數列發散或收斂，並找出其極限值。

(1) $a_n = \sin^2 \dfrac{n}{2n+1} + \cos^2 \dfrac{n}{2n+1}$

(2) $a_n = 1 + \dfrac{\cos\left(\cos\dfrac{\pi}{2}\right)^n}{n}$

(3) $a_n = n \sin\left(\dfrac{1}{n}\right)$

(4) $a_n = \dfrac{e^n}{n^4}$

【101 中山大學電機系轉學考】

解　(1) $\lim_{n \to \infty}\left(\sin^2 \dfrac{n}{2n+1} + \cos^2 \dfrac{n}{2n+1}\right) = \lim_{n \to \infty}(1) = 1$

(2) $\lim_{n \to \infty}\left(1 + \dfrac{\left(\cos\dfrac{\pi}{2}\right)^n}{n}\right) = \lim_{n \to \infty}\left(1 + \dfrac{0}{n}\right) = 1$

$$(3) \lim_{n \to \infty} n \sin\left(\frac{1}{n}\right) = \lim_{n \to \infty} \frac{\sin\left(\frac{1}{n}\right)}{\frac{1}{n}} = \lim_{n \to \infty} \frac{-\frac{1}{n^2}\cos\left(\frac{1}{n}\right)}{-\frac{1}{n^2}} = \lim_{n \to \infty} \cos\left(\frac{1}{n}\right) = 1$$

$$(4) \lim_{n \to \infty} \frac{e^n}{n^4} = \lim_{n \to \infty} \frac{e^n}{4n^3} = \cdots = \infty$$

考慮一個特別的數列

$$\left(1 + \frac{1}{1}\right)^1, \left(1 + \frac{1}{2}\right)^2, \left(1 + \frac{1}{3}\right)^3, \left(1 + \frac{1}{4}\right)^4, \cdots, \left(1 + \frac{1}{n}\right)^n, \cdots$$

n	1	2	4	10	100	1000	3000
$\left(1 + \frac{1}{n}\right)^n$	2	2.25	2.4414	2.5937	2.7048	2.7169	2.7178

‧ 當 $n \to \infty$ 極限 $\lim\limits_{n \to \infty}\left(1 + \frac{1}{n}\right)^n$ 存在，而且是一個無理數。

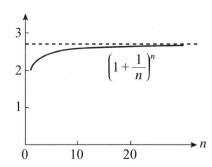

‧ 該無理數爲

$$e = \lim_{x \to \infty}\left(1 + \frac{1}{x}\right)^x = \lim_{x \to 0}(1 + x)^{\frac{1}{x}} \approx 2.718281828$$

亦可參考下例之方法求解：

例題 13：求 $\lim\limits_{n \to \infty}\left(1 + \dfrac{x}{n}\right)^n = ?$

解　令 $a_n = \left(1 + \dfrac{x}{n}\right)^n \Rightarrow \ln a_n = n \ln\left(1 + \dfrac{x}{n}\right) = \dfrac{\ln\left(1 + \dfrac{x}{n}\right)}{\dfrac{1}{n}}$

$$\therefore \lim_{n \to \infty} \frac{\ln\left(1 + \dfrac{x}{n}\right)}{\dfrac{1}{n}} = \lim_{n \to \infty} \frac{\left\{\dfrac{1}{1 + \dfrac{x}{n}}\right\} \cdot \left(-\dfrac{x}{n^2}\right)}{\left(-\dfrac{1}{n^2}\right)} = x$$

$$\therefore \lim_{n \to \infty} a_n = e^x$$

例題 14：求出 $\displaystyle\lim_{h \to 0}(1 + 2h)^{\frac{1}{h}}$

解　　$\displaystyle\lim_{h \to 0}(1 + 2h)^{\frac{1}{h}} = \lim_{h \to 0}(1 + 2h)^{\frac{2}{2h}} = \lim_{h \to 0}\left((1 + 2h)^{\frac{1}{2h}}\right)^2$

$$= \left(\lim_{h \to 0}(1 + 2h)^{\frac{1}{2h}}\right)^2$$

$$= e^2$$

10-2　常數級數

將一數列相加後稱之為級數（series），故級數可分為有限級數，如數列的前 n 項相加可表示為

$$s_n = \sum_{k=1}^{n} a_k = a_1 + a_2 + \cdots + a_n$$

以及無窮級數（infinite series）

$$S = \sum_{k=1}^{\infty} a_k = a_1 + a_2 + \cdots + a_n + \cdots$$

$$= \lim_{n \to \infty} s_n$$

定義：若 $\displaystyle\lim_{n \to \infty} s_n = \sum_{k=1}^{\infty} a_k = S$，其中 S 為一實數，則稱此級數收斂（convergent），否則，則稱此級數發散（divergent）。

定理 7：收斂級數法則

將一收斂的無窮級數的每一項均乘上一非零之常數，將不影響此級數之斂散性。

定理 8：若 $\sum\limits_{n=1}^{\infty} a_n$ 與 $\sum\limits_{n=1}^{\infty} b_n$ 皆收斂，則

(1) $\sum\limits_{n=1}^{\infty} ka_n = k\sum\limits_{n=1}^{\infty} a_n$

(2) $\sum\limits_{n=1}^{\infty} (a_n \pm b_n) = \sum\limits_{n=1}^{\infty} a_n \pm \sum\limits_{n=1}^{\infty} b_n$

(一)常見之無窮級數

1. 幾何級數（geometric series）：（首項為 a，公比為 r）

$$\sum_{n=1}^{\infty} ar^{n-1} = a + ar + ar^2 + \cdots + ar^{n-1} + \cdots , \; a \neq 0 \tag{1}$$

欲求級數的和，首先求部分和

$$s_n = a + ar + \cdots + ar^{n-1}$$

等號兩邊同時乘上 r 可得

$$rs_n = ar + ar^2 + \cdots + ar^n$$

將以上二式相減可得　$s_n(1-r) = a - ar^n$
故可得

$$s_n = \frac{a(1 - r^n)}{1 - r} \tag{2}$$

若公比 r 滿足 $|r| < 1$，則級數的和為

$$\lim_{n \to \infty} s_n = \lim_{n \to \infty} \frac{a(1 - r^n)}{1 - r} = \frac{a}{1 - r} \tag{3}$$

若$|r| \geq 1$，幾何級數發散，故幾何級數的收斂條件為$|r| < 1$。

例題 15：求下列幾何級數的和

(1) $5 - \dfrac{10}{3} + \dfrac{20}{9} - \dfrac{40}{27} + \cdots$

(2) $\displaystyle\sum_{n=1}^{\infty} 2^{2n} 3^{1-n}$

解

(1) 經觀察得知此級數首項為$a = 5$，公比$r = -\dfrac{2}{3}$的幾何級數，由於$|r| = \left| -\dfrac{2}{3} \right| < 1$，故此級數收斂，且級數的和為$S = \dfrac{a}{1-r} = \dfrac{5}{1 + \dfrac{2}{3}} = 3$

(2) 原式 $= \displaystyle\sum_{n=1}^{\infty} 4\left(\dfrac{4}{3}\right)^{n-1}$

由於$|r| = \left| \dfrac{4}{3} \right| > 1$，故此級數發散。

例題 16：將下列循環小數寫成分數形式　(1) $3.1\overline{52}$　(2) $5.\overline{23}$

解

(1) $3.1\overline{52} = 3 + \dfrac{1}{10} + \left\{ \dfrac{52}{1000} + \dfrac{52}{10^5} + \cdots \right\}$

$= \dfrac{31}{10} + \dfrac{52}{10^3}\left(1 + \dfrac{1}{10^2} + \dfrac{1}{10^4} + \cdots \right)$

$= \dfrac{31}{10} + \dfrac{52}{10^3} \cdot \dfrac{1}{1 - \dfrac{1}{10^2}}$

$= \dfrac{31}{10} + \dfrac{52}{990} = \dfrac{3121}{990}$

(2) $5.\overline{23} = 5 + \dfrac{23}{100} + \dfrac{23}{10^4} + \cdots = 5 + \dfrac{23}{10^2}\left(1 + \dfrac{1}{10^2} + \cdots \right)$

$= 5 + \dfrac{23}{100} \cdot \dfrac{1}{1 - \dfrac{1}{10^2}} = 5 + \dfrac{23}{99} = \dfrac{518}{99}$

例題 17：有一顆球從 6 英呎的高度落下，每次碰到地面後反彈的高度都是前一
次的三分之二，試問：這顆球上上下下總共走了多少英呎？

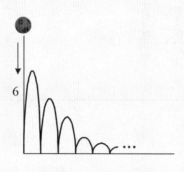

解 總距離爲

$$6 + 2(6)\left(\frac{2}{3}\right) + 2(6)\left(\frac{2}{3}\right)^2 + 2(6)\left(\frac{2}{3}\right)^3 + \cdots = 6 + 12\left(\frac{2}{3} + \left(\frac{2}{3}\right)^2 + \cdots\right) = 30 \text{ 英呎}$$

例題 18：求 $\sum\limits_{n=1}^{\infty} \dfrac{1}{n(n+1)}$ 級數的和。

解
$$\frac{1}{n(n+1)} = \frac{1}{n} - \frac{1}{n+1}$$
$$s_n = \left(1 - \frac{1}{2}\right) + \left(\frac{1}{2} - \frac{1}{3}\right) + \cdots + \left(\frac{1}{n} - \frac{1}{n+1}\right) = 1 - \frac{1}{n+1}$$
級數的和爲 $\quad S = \lim\limits_{n\to\infty} S_n = \lim\limits_{n\to\infty}\left(1 - \frac{1}{n+1}\right) = 1$

例題 19：求 $\sum\limits_{n=1}^{\infty}\left(\dfrac{5}{n(n+1)} + \dfrac{3}{2^n}\right)$

解
$$原式 = 5\sum_{n=1}^{\infty}\frac{1}{n(n+1)} + 3\sum_{n=1}^{\infty}\frac{1}{2^n}$$
$$= 5 \cdot 1 + 3 \cdot \left(\frac{\frac{1}{2}}{1 - \frac{1}{2}}\right) = 8$$

2. 調和級數（harmonic series）：

以下級數稱爲**調和級數**（harmonic series）：

$$\sum_{n=1}^{\infty} \frac{1}{n} = 1 + \frac{1}{2} + \frac{1}{3} + \frac{1}{4} + \cdots \tag{4}$$

$$\because s_1 = 1$$

$$s_2 = 1 + \frac{1}{2}$$

$$s_3 = 1 + \frac{1}{2} + \frac{1}{3}$$

$$s_4 = 1 + \frac{1}{2} + \left(\frac{1}{3} + \frac{1}{4}\right) > 1 + \frac{1}{2} + \left(\frac{1}{4} + \frac{1}{4}\right) = 1 + \frac{2}{2}$$

同理 $s_8 > 1 + \frac{1}{2} + \left(\frac{1}{4} + \frac{1}{4}\right) + \left(\frac{1}{8} + \frac{1}{8} + \frac{1}{8} + \frac{1}{8}\right) = 1 + \frac{3}{2}$

故可得 $s_{2^n} > 1 + \frac{n}{2}$

由於 $\lim\limits_{n \to \infty} \left(1 + \frac{n}{2}\right) = \infty$，亦即 $\lim\limits_{n \to \infty} s_n$ 不存在，所以調和級數發散；亦可用積分檢驗法判斷調和級數發散。（參考定理 10）

(二)無窮級數之斂散性

1. 第 n 項發散測試法：

定理 9：若 $\sum\limits_{n=1}^{\infty} a_n$ 收斂，則 $\lim\limits_{n \to \infty} a_n = 0$，但反之未必成立。

換句話說，我們僅可應用此定理證明級數發散：

若 $\lim\limits_{n \to \infty} a_n$ 不存在　或 $\lim\limits_{n \to \infty} a_n \neq 0$，則 $\sum\limits_{n=1}^{\infty} a_n$ 發散。

例題 20：證明 $\sum\limits_{n=1}^{\infty} \frac{9n^2}{2n^2 + 6}$ 發散

解　　因 $\lim\limits_{n \to \infty} a_n = \lim\limits_{n \to \infty} \frac{9n^2}{2n^2 + 6} = \frac{9}{2} \neq 0$，

依第 n 項發散測試法，此級數發散。

例題 21：級數 $\frac{1}{2} + \frac{2}{3} + \frac{3}{4} + \cdots + \frac{n}{n+1} + \cdots$ 收斂或發散？

解　　$\lim\limits_{n \to \infty} \frac{n}{n+1} = 1 \neq 0$，由第 n 項檢驗法可知此級數發散。

　　第 n 項發散測試法是當我們要判斷一個級數是收斂或發散時最基本的方法。

注意：$\lim\limits_{n \to \infty} a_n = 0$ 並不表示 Σa_n 一定收斂。

說明：儘管調和級數 $\sum\limits_{n=1}^{\infty} \dfrac{1}{n}$ 滿足 $\lim\limits_{n \to \infty} a_n = \lim\limits_{n \to \infty} \dfrac{1}{n} = 0$，但我們已證明它為發散。

　　2.積分測試法（integral test）

> 定理 10：若 $f(x)$ 在 $[1, \infty)$ 上為連續，正值，遞減函數，且 $a_n = f(n)$，對 $n \geq 1$，則 $\sum\limits_{n=1}^{\infty} a_n$ 的斂散性可由 $\int_1^{\infty} f(x)dx$ 判定，即 $\sum\limits_{n=1}^{\infty} a_n$ 與 $\int_1^{\infty} f(x)dx$ 同收斂或同發散。

　　許多數學及工程問題所面臨的級數為正項級數，也就是每一項都是正數的級數。積分檢驗法和接下來我們要介紹的其他方法都假設要判斷斂散性的級數為正項級數。

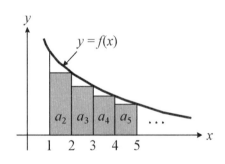

$$a_2 + a_3 + a_4 + \cdots < \int_1^{\infty} f(x)dx$$

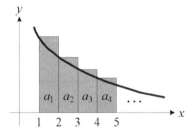

$$\int_1^{\infty} f(x)dx < a_1 + a_2 + a_3 + \cdots$$

說例：試用積分檢驗法來判斷調和級數 $\sum\limits_{n=1}^{\infty} \dfrac{1}{n} = 1 + \dfrac{1}{2} + \dfrac{1}{3} + \dfrac{1}{4} + \cdots$ 斂散性

解　　既然 $a_n = 1/n = f(n)$ 其中 $f(x) = 1/x$ 在 $x \geq 1$ 時為正值、連續且遞減，因此適合用積分檢驗法來判斷其斂散性，也就是 $\sum\limits_{n=1}^{\infty} \dfrac{1}{n}$ 和 $\int_1^{\infty} \dfrac{1}{x} dx$ 同時收斂或同時發散。由於

$$\int_1^{\infty} \dfrac{1}{x} dx = \lim_{b \to \infty} \ln x \Big|_1^b = \infty$$

因此兩級數同時發散。

例題 22：試問 $\sum\limits_{n=1}^{\infty} \dfrac{1}{n^2+1}$ 收斂或發散？

解

$$\int_1^\infty f(x)dx = \int_1^\infty \frac{1}{1+x^2}dx = \tan^{-1}x \Big|_1^\infty = \frac{\pi}{2} - \frac{\pi}{4} = \frac{\pi}{4}$$

$$\therefore \sum\limits_{n=1}^{\infty} \frac{1}{n^2+1} \text{ 收斂}$$

例題 23：Find $\lim\limits_{n\to\infty} \dfrac{1^k+\cdots+n^k}{n^{k+1}} = ?;\ k \geq 0$　　【100 中興大學轉學考】

解

$$\lim_{n\to\infty} \frac{1^k+\cdots+n^k}{n^{k+1}} = \lim_{n\to\infty}\left(\left(\frac{1}{n}\right)^k+\cdots+\left(\frac{n}{n}\right)^k\right)\frac{1}{n}$$
$$= \lim_{n\to\infty}\sum_{\lambda=1}^n \left(\frac{i}{n}\right)^k \frac{1}{n}$$
$$= \int_0^1 x^k dx = \frac{1}{k+1}$$

例題 24：Find $\lim\limits_{n\to\infty} \dfrac{(1^9+\cdots+n^9)(1^6+\cdots+n^6)}{(1^{10}+\cdots+n^{10})(1^5+\cdots+n^5)} = ?$　　【100 中原大學轉學考】

解

$$\lim_{n\to\infty} \frac{(1^9+\cdots+n^9)(1^6+\cdots+n^6)}{(1^{10}+\cdots+n^{10})(1^5+\cdots+n^5)} = \lim_{n\to\infty}\frac{\left(\left(\frac{1}{n}\right)^9+\cdots+\left(\frac{n}{n}\right)^9\right)\left(\left(\frac{1}{n}\right)^6+\cdots+\left(\frac{n}{n}\right)^6\right)}{\left(\left(\frac{1}{n}\right)^{10}+\cdots+\left(\frac{n}{n}\right)^{10}\right)\left(\left(\frac{1}{n}\right)^5+\cdots+\left(\frac{n}{n}\right)^5\right)}$$
$$= \lim_{n\to\infty}\frac{\left[\sum_{i=1}^n\left(\frac{i}{n}\right)^9\frac{1}{n}\right]\left[\sum_{i=1}^n\left(\frac{i}{n}\right)^6\frac{1}{n}\right]}{\left[\sum_{i=1}^n\left(\frac{i}{n}\right)^{10}\frac{1}{n}\right]\left[\sum_{i=1}^n\left(\frac{i}{n}\right)^5\frac{1}{n}\right]}$$
$$= \frac{\int_0^1 x^9 dx \int_0^1 x^6 dx}{\int_0^1 x^{10}dx \int_0^1 x^5 dx} = \frac{33}{35}$$

3. p 級數測試法（p-series test）

定理 11：$\sum\limits_{n=1}^{\infty} \dfrac{1}{n^p}$ 為 $\begin{cases}\text{收斂，當 } p>1 \\ \text{發散，當 } p\leq 1\end{cases}$

說明：$f(x) = \dfrac{1}{x^p}$ 在 $[1,\infty)$ 區間上為連續，正值，遞減函數。

p 級數檢驗法爲何可行？

(1) 當 $p=1$ 就是調和級數的情形。

(2) 假設 $p \neq 1$ 且 $p > 0$，我們將利用積分檢驗法來判斷 $a_n = \dfrac{1}{n^p} = f(n)$ 和 $f(x) = \dfrac{1}{x^p}$。

既然 $\dfrac{1}{x^p}$ 在 $x \geq 1$ 時爲正值、連續且遞減，積分檢驗法適用，而

$$\int_1^\infty \frac{1}{x^p}\,dx = \frac{1}{1-p} \lim_{b\to\infty} (x^{1-p})\Big|_1^b$$

$$= \begin{cases} \dfrac{1}{p-1} & \text{當 } p > 1 \\ \infty & \text{當 } p < 1 \end{cases}$$

則當 $p > 1$，指數 $(-p+1)$ 爲負，$x^{-p+1} = \dfrac{1}{x^{p-1}}$，當 $x \to \infty$ 時爲 0。因此積分收斂。而當 $p < 1$，積分的結果爲 ∞（發散）。

故 $p > 1$ 時收斂，$p < 1$ 時發散。

說例：由 p 級數測試法可知

(1) $\displaystyle\sum_{n=1}^\infty \frac{1}{n^3}$ 收斂，因 $p = 3 > 1$

(2) $\displaystyle\sum_{n=1}^\infty \frac{1}{n^{\frac{1}{2}}}$ 發散，因 $p = \dfrac{1}{2} < 1$

例題 25: Determine the value of p for which the series $\displaystyle\sum_{k=3}^\infty \frac{1}{k(\ln k)^p}$ converges

【101 中興大學資管系轉學考】

解　let $f(x) = \dfrac{1}{k(\ln k)^p}$，故於 $x \in [3, \infty)$ non-negative decreasing

$\displaystyle\int_3^\infty \frac{1}{x(\ln x)^p}\,dx$ converges only when $p > 1$, so $\displaystyle\sum_{k=3}^\infty \frac{1}{k(\ln k)^p}$ converges only when $p > 1$

(integral test)

4.比較測試法（comparison test）：

定理 12：若 $a_n > b_n > 0$，則

(1) $\displaystyle\sum_{n=1}^\infty a^n$ 收斂　$\Rightarrow \displaystyle\sum_{n=1}^\infty b^n$ 收斂

(2) $\sum\limits_{n=1}^{\infty} b^n$ 發散　$\Rightarrow \sum\limits_{n=1}^{\infty} a^n$ 發散

觀念提示：大級數收斂則小級數收斂，小級數發散則大級數發散。

例題 26：判斷下列各級數收斂或發散：

(a) $\sum\limits_{n=1}^{\infty} \dfrac{1}{2+3^n}$　(b) $\sum\limits_{n=2}^{\infty} \dfrac{1}{\sqrt{n}-1}$　(c) $\sum\limits_{n=1}^{\infty} \dfrac{1}{n+1}$

解

(a) $\dfrac{1}{2+3^n} \leq \dfrac{1}{3^n}$ ，而 $\sum\limits_{n=1}^{\infty} \dfrac{1}{3^n}$ 收斂，由比較檢驗法可知答案為收斂

(b) $\dfrac{1}{\sqrt{n}-1} > \dfrac{1}{\sqrt{n}}$ ，而 $\sum\limits_{n=2}^{\infty} \dfrac{1}{\sqrt{n}}$ 發散，由比較檢驗法可知答案為發散

(c) $\dfrac{1}{n+1} \geq \dfrac{1}{n+n}$ ，而 $\sum\limits_{n=1}^{\infty} \dfrac{1}{2n}$ 發散，由比較檢驗法可知答案為發散

例題 27：判斷下列級數之斂散性

(1) $\sum\limits_{n=1}^{\infty} \dfrac{5}{2n^2+4n+3}$　(2) $\sum\limits_{n=1}^{\infty} \dfrac{\ln n}{n}$　(3) $\sum\limits_{n=1}^{\infty} \dfrac{5}{5n-1}$

(4) $\sum\limits_{n=0}^{\infty} \dfrac{1}{n!}$　(5) $\sum\limits_{n=0}^{\infty} \dfrac{1}{2^n+\sqrt{n}}$

解

(1) $\dfrac{5}{2n^2+4n+3} < \dfrac{5}{2n^2}$ （收斂，p 級數測試法）

故收斂

(2) $\dfrac{\ln n}{n} > \dfrac{1}{n}$ ，對 $n>3$

$\because \sum \dfrac{1}{n}$ 發散　$\Rightarrow \sum \dfrac{\ln n}{n}$ 發散

(3) $\dfrac{5}{5n-1} = \dfrac{1}{n-\dfrac{1}{5}} > \dfrac{1}{n}$

$\because \sum \dfrac{1}{n}$ 發散　$\Rightarrow \sum \dfrac{5}{5n-1}$ 發散

(4) $\sum\limits_{n=0}^{\infty} \dfrac{1}{n!} = 1+1+\dfrac{1}{2!}+\dfrac{1}{3!}+\cdots$

$\qquad \leq 1+1+\dfrac{1}{2}+\dfrac{1}{4}+\cdots$

$\qquad = 1+\dfrac{1}{1-\dfrac{1}{2}} = 3$

故收斂

(5) $\dfrac{1}{2^n+\sqrt{n}}<\dfrac{1}{2^n}$ 　且　$\Sigma\dfrac{1}{2^n}$ 斂

故 $\displaystyle\sum_{n=0}^{\infty}\dfrac{1}{2^n+\sqrt{n}}$ 收斂

5. 極限比較測試法（limit comparison test）

定理 13：若 $a_n>0, b_n>0$，則

(1)若 $\displaystyle\lim_{n\to\infty}\dfrac{a_n}{b_n}=c>0$，則 Σa_n 與 Σb_n 同收斂或同發散

(2)若 $\displaystyle\lim_{n\to\infty}\dfrac{a_n}{b_n}=0$ 且 Σb_n 收斂，則 Σa_n 收斂

(3)若 $\displaystyle\lim_{n\to\infty}\dfrac{a_n}{b_n}=\infty$ 且 Σb_n 發散，則 Σa_n 發散

證明：根據極限的定義，必存在一正整數 N，使得

$$n>N\Rightarrow\left|\dfrac{a_n}{b_n}-c\right|<\varepsilon=\dfrac{c}{2}$$

$$\Rightarrow-\dfrac{c}{2}<\dfrac{a_n}{b_n}-c<\dfrac{c}{2}$$

$$\Rightarrow\dfrac{c}{2}<\dfrac{a_n}{b_n}<\dfrac{3c}{2}\Rightarrow\dfrac{c}{2}b_n<a_n<\dfrac{3c}{2}b_n$$

若 Σb_n 收斂則 $\Sigma\dfrac{3c}{2}b_n$ 收斂，由比較測試法（comparison test），Σa_n 收斂；

若 Σb_n 發散則 $\Sigma\dfrac{3c}{2}b_n$ 發散，由比較測試法，Σa_n 發散。

例題 28：判斷 $\displaystyle\sum_{n=1}^{\infty}\dfrac{1}{\sqrt{n+1}}$ 收斂或發散。

解　令 $a_n=\dfrac{1}{\sqrt{n+1}}$ 且 $b_n=\dfrac{1}{\sqrt{n}}$，由於

$$\lim_{n\to\infty}\dfrac{a_n}{b_n}=\lim_{n\to\infty}\dfrac{\dfrac{1}{\sqrt{n+1}}}{\dfrac{1}{\sqrt{n}}}=\lim_{n\to\infty}\dfrac{\sqrt{n}}{\sqrt{n+1}}=1$$

既然級數 $\displaystyle\sum_{n=1}^{\infty}\dfrac{1}{\sqrt{n}}$ 發散，由極限比較檢驗法可知答案爲發散。

例題 29：判斷下列級數之斂散性

(1) $\displaystyle\sum_{n=1}^{\infty} \frac{1}{2^n - 1}$

(2) $\displaystyle\sum_{n=1}^{\infty} \frac{2n^2 + 3n}{\sqrt{5 + n^5}}$

(3) $\displaystyle\sum_{n=2}^{\infty} \frac{1 + n \ln n}{n^2 + 5}$

(4) $\displaystyle\sum_{n=1}^{\infty} \sin \frac{\pi}{n^2}$

(5) $\displaystyle\sum_{n=1}^{\infty} \sin \frac{\pi}{n}$

(6) $\displaystyle\sum_{n=1}^{\infty} \ln\left(1 + \frac{1}{n}\right)$

(7) $\displaystyle\sum_{n=1}^{\infty} \ln\left(1 + \frac{1}{n^2}\right)$

解

(1) 令 $a_n = \dfrac{1}{2^n - 1}$，$b_n = \dfrac{1}{2^n}$

$\Rightarrow \lim\limits_{n \to \infty} \dfrac{a_n}{b_n} = 1$，$\because \Sigma \dfrac{1}{2^n}$ 收斂

$\therefore \Sigma a_n$ 亦收斂

(2) 令 $a_n = \dfrac{2n^2 + 3n}{\sqrt{5 + n^5}}$，$b_n = \dfrac{2n^2}{n^{5/2}} = \dfrac{2}{n^{1/2}}$

$\Rightarrow \lim\limits_{n \to \infty} \dfrac{a_n}{b_n} = 1$

$\because \Sigma b_n$ 發散（p 級數測試法）

$\therefore \Sigma a_n$ 亦發散

(3) 令 $a_n = \dfrac{1 + n \ln n}{n^2 + 5}$，$b_n = \dfrac{1}{n}$

$\Rightarrow \lim\limits_{n \to \infty} \dfrac{a_n}{b_n} = \infty$

$\because \Sigma b_n$ 發散

$\therefore \Sigma a_n$ 亦發散

(4) 令 $a_n = \sin \dfrac{\pi}{n^2}$，$b_n = \dfrac{\pi}{n^2}$ $\Rightarrow \lim\limits_{n \to \infty} \dfrac{\sin \frac{\pi}{n^2}}{\frac{\pi}{n^2}} = 1$

$\because \Sigma b_n$ 收斂（利用 p 級數測試法或積分測試法）

$\therefore \Sigma a_n$ 亦收斂

(5) 令 $a_n = \sin \dfrac{\pi}{n}$，$b_n = \dfrac{\pi}{n} \Rightarrow \lim\limits_{n \to \infty} \dfrac{\sin \dfrac{\pi}{n}}{\dfrac{\pi}{n}} = 1$

∵ Σb_n 發散　∴ Σa_n 亦發散

(6) 令 $a_n = \ln\left(1 + \dfrac{1}{n}\right)$，$b_n = \dfrac{1}{n}$

$\Rightarrow \lim\limits_{n \to \infty} \dfrac{\ln\left(1 + \dfrac{1}{n}\right)}{\dfrac{1}{n}} = 1$

∵ Σb_n 發散　∴ Σa_n 亦發散

(7) 令 $a_n = \ln\left(1 + \dfrac{1}{n^2}\right)$，$b_n = \dfrac{1}{n^2}$

$\Rightarrow \lim\limits_{n \to \infty} \dfrac{\ln\left(1 + \dfrac{1}{n^2}\right)}{\dfrac{1}{n^2}} = 1$

∵ Σb_n 收斂　∴ Σa_n 亦收斂

6. 交錯級數（alternating series）：

交錯級數為連續項之正、負號交互出現的級數

例如 $a_1 - a_2 + a_3 - a_4 + - \cdots = \sum\limits_{n=1}^{\infty} (-1)^{n+1} a_n$　其中 $a_n > 0$

定理 14：若交錯級數滿足下列兩個條件，則收斂。

(1) 遞減：$a_{n+1} \leq a_n$；

(2) $\lim\limits_{n \to \infty} a_n = 0$

證明：若 n 為偶數，則有 $S_{2m} = (a_1 - a_2) + (a_3 - a_4) + \cdots + (a_{2m-1} - a_{2m}) > 0$

此外，S_{2m} 另可表示為

$S_{2m} = a_1 - (a_2 - a_3) - (a_4 - a_5) - \cdots - (a_{2m-2} - a_{2m-1}) - a_{2m} < a_1$

∵ $S_{2m+2} \geq S_{2m}$　∴ $\{S_{2m}\}$ *nondecreasing and bounded*

令 $\lim\limits_{m \to \infty} S_{2m} = L$

若 n 為奇數，$S_{2m+1} = S_{2m} + a_{2m+1}$

∵ $\lim\limits_{n \to \infty} a_n = 0 \Rightarrow \lim\limits_{m \to \infty} a_{2m+1} = 0$

∴ $\lim\limits_{n \to \infty} S_{2m+1} = \lim\limits_{n \to \infty} S_{2m} + \lim\limits_{n \to \infty} S_{2m+1} = L + 0 = L$

$$\therefore \lim_{n \to \infty} S_n = L$$

例題 30：判斷 $\displaystyle\sum_{n=1}^{\infty} (-1)^{n+1} \frac{1}{n} = 1 - \frac{1}{2} + \frac{1}{3} - \frac{1}{4} + \cdots$ 收斂或發散。

解　所有 $a_1 = 1$, $a_2 = \frac{1}{2}$, $a_3 = \frac{1}{3}$, $\cdots$ 都是正數且

$a_{n+1} \le a_n$（因為 $\frac{1}{n+1} \le \frac{1}{n}$），而且 $\displaystyle\lim_{n \to \infty} \frac{1}{n}$

$= 0$，所以由交錯級數檢驗法可知答案為

收斂。

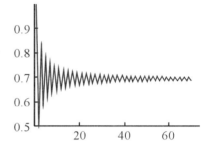

觀念提示：本題的級數是調和級數的交錯版，而調和級數發散。

例題 31：判斷 $\displaystyle\sum_{n=1}^{\infty} (-1)^{n+1} \frac{n}{n^2 + 1}$ 收斂或發散。

解　令 $a_n = \frac{n}{n^2 + 1}$，我們須判斷

是否 $a_{n+1} \le a_n$？

也就是 $\frac{n+1}{(n+1)^2 + 1} \le \frac{n}{n^2 + 1}$？

也就是 $(n^2 + 1)(n+1) \le ((n^2+1)+1)n$？

也就是 $0 \le n^2 + n - 1$？

此式對 $n \ge 1$ 皆成立。既然 $\displaystyle\lim_{n \to \infty} \frac{n}{n^2 + 1} = \lim_{n \to \infty} \frac{1}{2n} = 0$，由交錯級數檢驗法可

知答案為收斂。

例題 32：判斷下列交錯級數之斂散性

(1) $\displaystyle\sum_{n=1}^{\infty} (-1)^{n-1} \frac{1}{n}$

(2) $\displaystyle\sum_{n=1}^{\infty} (-1)^{n-1} \frac{3n}{4n - 1}$

解　(1)滿足上述兩個條件，故收斂。

(2)利用第 n 項發散測試法

因　$\lim\limits_{n \to \infty} \dfrac{3n}{4n-1} = \dfrac{3}{4}$

$\Rightarrow \lim\limits_{n \to \infty} (-1)^{n-1} \dfrac{3n}{4n-1}$ 不存在

故發散。

定義：絕對收斂與條件收斂：

(1) 若 $\sum\limits_{n=1}^{\infty} |a_n|$ 收斂，則稱級數 $\sum\limits_{n=1}^{\infty} a_n$ 為絕對收斂

(2) 若 $\sum\limits_{n=1}^{\infty} a_n$ 收斂，但 $\sum\limits_{n=1}^{\infty} |a_n|$ 發散，則稱此級數 $\sum\limits_{n=1}^{\infty} a_n$ 為條件收斂。

說例：$\sum\limits_{n=1}^{\infty} \dfrac{(-1)^n}{n^2}$ 不僅收斂而且是絕對收斂，而 $\sum\limits_{n=1}^{\infty} (-1)^n \dfrac{1}{n}$ 雖收斂但不是絕對收斂，我們稱這種級數為**條件收斂**（conditionally convergent）。

定理 15：若 $\sum\limits_{n=1}^{\infty} |a_n|$ 收斂，則 $\sum\limits_{n=1}^{\infty} a_n$ 收斂

證明：$-|a_n| \le a_n \le |a_n| \Rightarrow 0 \le |a_n| + a_n \le 2|a_n|$

若 $\sum\limits_{n=1}^{\infty} |a_n|$ 收斂，則 $\sum\limits_{n=1}^{\infty} 2|a_n|$ 收斂，由比較測試法知 $\sum\limits_{n=1}^{\infty} (a_n + |a_n|)$ 收斂

$\sum\limits_{n=1}^{\infty} a_n = \sum\limits_{n=1}^{\infty} (a_n + |a_n| - |a_n|) = \sum\limits_{n=1}^{\infty} (a_n + |a_n|) - \sum\limits_{n=1}^{\infty} (|a_n|)$

$\therefore \sum\limits_{n=1}^{\infty} a_n \quad converges$

例題 33：判斷下列交錯級數為絕對收斂，條件收斂，或發散

(1) $\sum\limits_{n=1}^{\infty} (-1)^{n-1} \dfrac{1}{n^2}$　　(4) $\sum\limits_{n=1}^{\infty} (-1)^{n+1} \dfrac{n}{n^2+1}$

(2) $\sum\limits_{n=1}^{\infty} \dfrac{\cos n}{n^2}$　　(5) $\sum\limits_{n=1}^{\infty} (-1)^{n+1} \dfrac{2^n}{n^2}$

(3) $\sum\limits_{n=1}^{\infty} \dfrac{(-1)^{n-1}}{n^p}$　　(6) $\sum\limits_{n=1}^{\infty} (-1)^{n+1} \dfrac{\sin\sqrt{n}}{n^{\frac{3}{2}}}$

解　(1) $\because \sum\limits_{n=1}^{\infty} \dfrac{1}{n^2}$ 為收斂（p 級數測試法）

$\therefore \sum\limits_{n=1}^{\infty} (-1)^{n-1} \dfrac{1}{n^2}$ 為絕對收斂

(2) $\because \dfrac{|\cos n|}{n^2} \le \dfrac{1}{n^2}$　所以 $\sum\limits_{n=1}^{\infty} \dfrac{|\cos n|}{n^2}$ 為收斂（比較測試法）

$\therefore \sum\limits_{n=1}^{\infty} \dfrac{\cos n}{n^2}$ 為絕對收斂

(3) 利用 p 級數測試法可知

$$\sum\limits_{n=1}^{\infty} \dfrac{(-1)^{n-1}}{n^p} \text{ 為} \begin{cases} \text{絕對收斂，若 } p > 1 \\ \text{條件收斂，若 } 0 < p \le 1 \end{cases}$$

(4) 令 $a_n = \dfrac{n}{n^2+1}$，因 $a_{n+1} < a_n$ 及 $a_n \to 0$ 故此級數收斂

但 $\sum\limits_{n=1}^{\infty} \dfrac{n}{n^2+1}$ 與 $\sum\limits_{n=1}^{\infty} \dfrac{1}{n}$ 同為發散（極限比較測試法）

故此級數為條件收斂

(5) $\because \lim\limits_{n \to \infty} \dfrac{2^n}{n^2} = \infty$

$\Rightarrow \lim\limits_{n \to \infty} (-1)^{n+1} \dfrac{2^n}{n^2}$ 不存在

故發散

(6) $\because \left| \dfrac{\sin\sqrt{n}}{n^{\frac{3}{2}}} \right| \le \dfrac{1}{n^{\frac{3}{2}}}$ 因 $\sum\limits_{n=1}^{\infty} \dfrac{1}{n^{\frac{3}{2}}}$ 收斂（比較測試法）

故絕對收斂

7.比值檢驗法（Ratio Test）：

定理 16：對於 $\sum\limits_{n=1}^{\infty} a_n$，若 $\rho = \lim\limits_{n \to \infty} \left| \dfrac{a_{n+1}}{a_n} \right|$ 存在，則

---

(1) 當 $\rho < 1$ 時，$\sum\limits_{n=1}^{\infty} a_n$ 為絕對收斂

(2) 當 $\rho > 1$ 時，$\sum\limits_{n=1}^{\infty} a_n$ 為發散

(3) 當 $\rho = 1$ 時，無法判定

例題 34：判斷 $\sum\limits_{n=1}^{\infty} \dfrac{(-1)^n n}{3^n}$ 收斂或發散。

解

$$\lim\limits_{n \to \infty} \left| \dfrac{a_{n+1}}{a_n} \right| = \lim\limits_{n \to \infty} \left| \dfrac{\dfrac{(-1)^n + 1}{3^{n+1}}}{\dfrac{(-1)^n n}{3^n}} \right| = \lim\limits_{n \to \infty} \left| \dfrac{n+1}{3n} \right| = \lim\limits_{n \to \infty} \dfrac{1 + 1/n}{3} = \dfrac{1}{3} < 1$$

由比值檢驗法可知此級數絕對收斂，因此收斂。

例題 35：判斷下列級數之斂散性

$$(1) \sum_{n=1}^{\infty} (-1)^n \frac{n^3}{3^n}$$

$$(6) \sum_{n=1}^{\infty} \frac{(-100)^n}{n!}$$

$$(2) \sum_{n=0}^{\infty} \frac{3^n}{2^n+5}$$

$$(7) \sum_{n=1}^{\infty} \frac{n!}{(2n+1)!}$$

$$(3) \sum_{n=1}^{\infty} \frac{2^n n!}{n^n}$$

$$(4) \sum_{n=1}^{\infty} \frac{n!}{n^n}$$

$$(5) \sum_{n=1}^{\infty} (-1)^n n^2 \left(\frac{2}{3}\right)^n$$

解

(1) $\left| \dfrac{a_{n+1}}{a_n} \right| = \dfrac{1}{3}\left(1+\dfrac{1}{n}\right)^3 \to \dfrac{1}{3} < 1$

∴絕對收斂

(2) $\left| \dfrac{a_{n+1}}{a_n} \right| = \dfrac{3(2^n+5)}{2^{n+1}+5} \to \dfrac{3}{2} > 1$

∴發散

(3) $\lim\limits_{n \to \infty} \left| \dfrac{a_{n+1}}{a_n} \right| = 2\lim\limits_{n \to \infty} \dfrac{1}{\left(1+\dfrac{1}{n}\right)^n} = \dfrac{2}{e} < 1$

∴絕對收斂

(4) $\lim\limits_{n \to \infty} \left(\dfrac{n}{n+1} \right)^n \to \dfrac{1}{e} < 1$

∴絕對收斂

(5) $\lim\limits_{n \to \infty} \dfrac{(n+1)^2 \left(\dfrac{2}{3}\right)^{n+1}}{n^2 \left(\dfrac{2}{3}\right)^n} = \dfrac{2}{3} < 1$

∴絕對收斂

(6) $\lim\limits_{n \to \infty} \dfrac{\dfrac{100^{n+1}}{(n+1)!}}{\dfrac{100^n}{n!}} = \lim\limits_{n \to \infty} \dfrac{100}{n+1} = 0$

∴絕對收斂

(7) $\lim\limits_{n \to \infty} \dfrac{\dfrac{(n+1)!}{(2n+3)!}}{\dfrac{n!}{(2n+1)!}} = \lim\limits_{n \to \infty} \dfrac{100}{n+1} = 0$

∴絕對收斂

8.根值檢驗法（Root Test）：

定理 17：對於 $\sum\limits_{n=1}^{\infty} a_n$，若 $\rho = \lim\limits_{n \to \infty} \sqrt[n]{|a_n|}$ 存在，則

(1)當 $\rho < 1$ 時，$\sum\limits_{n=1}^{\infty} a_n$ 為絕對收斂

(2)當 $\rho > 1$ 時，$\sum\limits_{n=1}^{\infty} a_n$ 為發散

(3)當 $\rho = 1$ 時，無法判定

證明：$\rho < 1$，選擇一足夠小之 $\varepsilon > 0$，使得 $\rho + \varepsilon < 1$。由於 $\sqrt[n]{|a_n|} \to \rho$，換言之，存在正
整數 $M \geq N$，使得
$$\sqrt[n]{|a_n|} < \rho + \varepsilon; \, n \geq M$$
亦即
$$a_n < (\rho + \varepsilon)^n; \, n \geq M$$
$\sum\limits_{n=M}^{\infty} (\rho + \varepsilon)^n$ 為一幾何級數，公比 $(\rho + \varepsilon) < 1$，由比較測試法知 $\sum\limits_{n=1}^{\infty} a_n$ 為絕對收斂

例題 36：判斷 $\sum\limits_{n=1}^{\infty} \dfrac{1}{e^n}$ 收斂或發散。

解
$$\lim_{n \to \infty} \left| \frac{1}{e^n} \right|^{1/n} = \lim_{n \to \infty} \left| \frac{1}{e} \right| = \frac{1}{e} = \frac{1}{2.718\cdots} < 1$$
由根值檢驗法可知此級數絕對收斂，因此收斂。
（此題也可利用比值檢驗法或幾何級數檢驗法來判斷）

例題 37：判斷下列級數之斂散性
　　(1) $\sum\limits_{n=1}^{\infty} \left(\dfrac{3n+2}{2n+3} \right)^n$　(2) $\sum\limits_{n=2}^{\infty} (-1)^n \dfrac{1}{n(\ln n)^n}$　(3) $\sum\limits_{n=1}^{\infty} \left(\dfrac{1}{1+n} \right)^n$

解
　　$(1) \sqrt[n]{|a_n|} = \dfrac{3n+2}{2n+3} \to \dfrac{3}{2} > 1$
　　　　$\therefore$ 發散
　　$(2) \lim\limits_{n \to \infty} \sqrt[n]{\dfrac{1}{n(\ln n)^n}} = \lim\limits_{n \to \infty} \dfrac{1}{\ln n} \left(\dfrac{1}{n} \right)^{\frac{1}{n}}$
　　　　　　$= 0 \cdot (1)$
　　　　　　$= 0 < 1$

∴絕對收斂

$(3)\lim_{n\to\infty}\sqrt[n]{\left(\dfrac{1}{1+n}\right)^n}=\lim_{n\to\infty}\dfrac{1}{1+n}=0<1$

∴絕對收斂

例題 38：Determine the convergence of the series $\displaystyle\sum_{n=1}^{\infty}\dfrac{1}{n!}$ and find its value if it converges

【101 政大轉學考】

 解

$$\lim_{n\to\infty}\dfrac{\dfrac{1}{(n+1)!}}{\dfrac{1}{n!}}=\lim_{n\to\infty}\dfrac{1}{(n+1)}=0<1$$

由比值審斂法知其收斂

$$\sum_{n=1}^{\infty}\dfrac{1}{n!}=e-1$$

例題 39：Determine if the given series converges or diverges

$(1)\displaystyle\sum_{n=1}^{\infty}(\sqrt{n+1}-\sqrt{n})$

$(2)\displaystyle\sum_{n=2}^{\infty}\dfrac{2}{n\ln n}$

【101 台聯大轉學考】

解

$(1)\displaystyle\sum_{n=1}^{\infty}(\sqrt{n+1}-\sqrt{n})=(\sqrt{2}-1)+(\sqrt{3}-\sqrt{2})+\cdots=\lim_{k\to\infty}(\sqrt{k+1}-1)=\infty$

$(2)\displaystyle\int_{2}^{\infty}\dfrac{2}{x\ln x}dx=\infty$

例題 40：$\displaystyle\lim_{n\to\infty}\left(\dfrac{n}{(1+n^2)}+\dfrac{n}{(4+n^2)}+\cdots+\dfrac{n}{(n^2+n^2)}\right)=?$ 【101 台大轉學考】

解

$\displaystyle\lim_{n\to\infty}\left(\dfrac{n}{(1+n^2)}+\dfrac{n}{(4+n^2)}+\cdots+\dfrac{n}{(n^2+n^2)}\right)$

$=\displaystyle\lim_{n\to\infty}\left(\dfrac{1}{\left(1+\dfrac{1}{n^2}\right)}+\dfrac{1}{\left(1+\dfrac{4}{n^2}\right)}+\cdots+\dfrac{1}{\left(1+\dfrac{n^2}{n^2}\right)}\right)\dfrac{1}{n}$

$=\displaystyle\lim_{n\to\infty}\dfrac{1}{n}\sum_{i=1}^{n}\dfrac{1}{1+\left(\dfrac{i}{n}\right)^2}=\int_{0}^{1}\dfrac{1}{1+x^2}dx$

$=\dfrac{\pi}{4}$

例題 41：$\lim\limits_{n\to\infty}\sum\limits_{i=1}^{n}\dfrac{i^4}{n^5}$　　　　　　　　　　　　　【100 中興大學財金系轉學考】

解　　$\lim\limits_{n\to\infty}\sum\limits_{i=1}^{n}\left(\dfrac{i}{n}\right)^4\cdot\dfrac{1}{n}=\int_0^1 x^4\,dx=\dfrac{1}{5}$

例題 42：Find the limit $\lim\limits_{n\to\infty}\sum\limits_{k=1}^{n}\dfrac{2}{n}\left(5+\dfrac{2k}{n}\right)^{10}$　　　【100 台北大學資工系轉學考】

解　　$\lim\limits_{n\to\infty}\sum\limits_{k=1}^{n}\dfrac{2}{n}\left(5+\dfrac{2k}{n}\right)^{10}=\int_0^2(5+x)^{10}\,dx=\dfrac{1}{10}(7^{11}-5^{11})$

例題 43：Find the limit $\lim\limits_{n\to\infty}\sum\limits_{k=1}^{n}\dfrac{k}{n^2}(\ln k-\ln n)$　　　【100 政大商學院轉學考】

解　　$\lim\limits_{n\to\infty}\sum\limits_{k=1}^{n}\dfrac{k}{n^2}(\ln k-\ln n)=\lim\limits_{n\to\infty}\sum\limits_{k=1}^{n}\dfrac{k}{n}\ln\left(\dfrac{k}{n}\right)\dfrac{1}{n}$

$$=\int_0^1 x\ln x\,dx$$

$$=-\infty$$

例題 44：計算 $\lim\limits_{n\to\infty}\sum\limits_{k=1}^{n}\left(1+\dfrac{2k}{n}\right)^3\dfrac{2}{n}$　　　　　【100 嘉義大學轉學考】

解　　$\lim\limits_{n\to\infty}\sum\limits_{k=1}^{n}\left(1+\dfrac{2k}{n}\right)^3\dfrac{2}{n}=\int_0^1 2(1+2x)^3\,dx=20$

例題 45：Find the limit $\lim\limits_{n\to\infty}\left(\dfrac{1}{\sqrt{2n-1^2}}+\dfrac{1}{\sqrt{4n-2^2}}+\cdots+\dfrac{1}{\sqrt{2n\cdot n-n^2}}\right)$

【100 北科大轉學考】

解　　$\lim\limits_{n\to\infty}\left(\dfrac{1}{\sqrt{2n-1^2}}+\dfrac{1}{\sqrt{4n-2^2}}+\cdots+\dfrac{1}{\sqrt{2n\cdot n-n^2}}\right)=\lim\limits_{n\to\infty}\sum\limits_{i=1}^{n}\dfrac{1}{\sqrt{2n\cdot i-i^2}}$

$$=\lim\limits_{n\to\infty}\sum\limits_{i=1}^{n}\dfrac{1}{\sqrt{2\left(\dfrac{i}{n}\right)-\left(\dfrac{i}{n}\right)^2}}\dfrac{1}{n}$$

$$= \int\limits_0^1 \frac{1}{\sqrt{2x-x^2}}dx$$

$$= \sin^{-1}(x-1)\Big|_0^1$$

$$= \frac{\pi}{2}$$

例題 46：Find the limit $\displaystyle\lim_{n\to\infty}\sum_{k=1}^{n}\frac{\sqrt{n^2-k^2}}{n^2}$　　　　【100 台聯大轉學考】

解

$$\lim_{n\to\infty}\sum_{k=1}^{n}\frac{\sqrt{n^2-k^2}}{n^2} = \lim_{n\to\infty}\sum_{k=1}^{n}\sqrt{1-\left(\frac{k}{n}\right)}\cdot\frac{1}{n}$$

$$= \int\limits_0^1 \sqrt{1-x^2}dx$$

$$= \int\limits_0^{\frac{\pi}{2}} \sqrt{1-\sin^2\theta}\cos\theta d\theta$$

$$= \frac{\pi}{4}$$

例題 47：Determine convergence or divergence of the series $\displaystyle\sum_{n=1}^{\infty}\sqrt{\sin\frac{1}{n^2}}$

【101 北科大光電系轉學考】

解

$$\sum_{n=1}^{\infty}\frac{\sqrt{\sin\frac{1}{n^2}}}{\sqrt{\frac{1}{n^2}}} = \sqrt{\lim_{n\to\infty}\frac{\sin\frac{1}{n^2}}{\frac{1}{n^2}}} = 1$$

且 $\displaystyle\sum_{n=1}^{\infty}\sqrt{\frac{1}{n^2}} = \sum_{n=1}^{\infty}\frac{1}{n}$ divergence (*p* series test)

故可由比較審斂法知 $\displaystyle\sum_{n=1}^{\infty}\sqrt{\sin\frac{1}{n^2}}$ divergence

---

例題 48：Determine convergence or divergence for each of the series

(1) $\displaystyle\sum_{n=1}^{\infty}\frac{n^3}{3n^3+2n^2}$

(2) $\displaystyle\sum_{n=1}^{\infty}\frac{\ln n}{n^2}$　　　　【100 中興大學財金系轉學考】

解 (1) nth term test

$$\lim_{n \to \infty} \frac{n^3}{3n^3 + 2n^2} = \frac{1}{3} \text{ (divergence)}$$

(2) Integral test

$$\int_1^\infty \frac{\ln x}{x^2} \, dx = \lim_{b \to \infty} \int_1^b \frac{\ln x}{x^2} \, dx = \lim_{b \to \infty} \left(-\frac{\ln b}{b} - \frac{1}{b} + 1 \right) = 1$$

$$\therefore \sum_{n=1}^\infty \frac{\ln n}{n^2} \quad \text{convergence}$$

例題 49：判斷 $\displaystyle\sum_{n=1}^\infty \frac{1}{2 + n(\ln n)^2}$ 收斂還是發散　　　　【101 台北大學統計系轉學考】

解 $$\sum_{n=1}^\infty \frac{1}{2 + n(\ln n)^2} \le \frac{1}{2} + \sum_{n=1}^\infty \frac{1}{n(\ln n)^2}$$

$$\because \int_2^\infty \frac{1}{x(\ln x)^2} \, dx \text{ converges}, \quad \therefore \sum_{n=1}^\infty \frac{1}{n(\ln n)^2} \text{ converges}$$

$$\frac{1}{2} + \sum_{n=1}^\infty \frac{1}{n(\ln n)^2} \text{ converges}, \Rightarrow \sum_{n=1}^\infty \frac{1}{2 + n(\ln n)^2} \text{ converges}$$

例題 50：判斷 $\displaystyle\sum_{n=1}^\infty \left(\frac{4n+3}{2n-1} \right)^n$ 收斂還是發散　　　　【100 嘉義大學轉學考】

解 root test

$$\lim_{n \to \infty} \sqrt[n]{\left(\frac{4n+3}{2n-1} \right)^n} = \lim_{n \to \infty} \left(\frac{4n+3}{2n-1} \right) = 2 > 1$$

$$\therefore \sum_{n=1}^\infty \left(\frac{4n+3}{2n-1} \right)^n \text{ divergence}$$

例題 51：Prove that $\displaystyle\sum_{n=1}^\infty (-1)^{n+1} \frac{3^n}{n!}$ converges absolutely　　　　【101 屏教大轉學考】

解 由比值審斂法知 $\displaystyle\sum_{n=1}^\infty \frac{3^n}{n!}$ 收斂

$$\sum_{n=1}^\infty \frac{3^n}{n!} = \sum_{n=1}^\infty \left| (-1)^{n+1} \frac{3^n}{n!} \right|$$

故知 $\displaystyle\sum_{n=1}^\infty (-1)^{n+1} \frac{3^n}{n!}$ converges absolutely

例題 52：Determine the convergence or divergence of the following series

(1) $\dfrac{2}{6} + \dfrac{4}{9} + \dfrac{6}{12} + \cdots + \dfrac{2n}{3n+3} + \cdots$

(2) $\dfrac{5}{36} + \dfrac{7}{144} + \cdots + \dfrac{2n+3}{(n+1)^2(n+2)^2} + \cdots$ 　　【100 輔仁大學國企系轉學考】

(1) $\dfrac{2}{6} + \dfrac{4}{9} + \dfrac{6}{12} + \cdots + \dfrac{2n}{3n+3} + \cdots$

$= \dfrac{2}{6} + \dfrac{4}{9} + \dfrac{6}{12} + \sum\limits_{n=4}^{\infty} \dfrac{2n}{3n+3} > \dfrac{2}{6} + \dfrac{4}{9} + \dfrac{6}{12} + \sum\limits_{n=4}^{\infty} \dfrac{2n}{3n+n}$

$= \dfrac{2}{6} + \dfrac{4}{9} + \dfrac{6}{12} + \sum\limits_{n=4}^{\infty} \dfrac{1}{2} \to \infty$

由比較審斂法，故知發散

(2) $\dfrac{5}{36} + \dfrac{7}{144} + \cdots + \dfrac{2n+3}{(n+1)^2(n+2)^2} + \cdots = \sum\limits_{n=1}^{\infty} \dfrac{2n+3}{(n+1)^2(n+2)^2}$

$\lim\limits_{n \to \infty} \dfrac{\dfrac{2n+3}{(n+1)^2(n+2)^2}}{\dfrac{n}{n^4}} = 1$

$\Rightarrow \sum\limits_{n=1}^{\infty} \dfrac{2n+3}{(n+1)^2(n+2)^2}$ 與 $\sum\limits_{n=1}^{\infty} \dfrac{n}{n^4} = \sum\limits_{n=1}^{\infty} \dfrac{1}{n^3}$ 有相同之斂散性

$\displaystyle\int_1^{\infty} \dfrac{1}{x^3}\,dx = \dfrac{1}{2} \Rightarrow \sum\limits_{n=1}^{\infty} \dfrac{1}{n^3}$ 收斂 $\Rightarrow \sum\limits_{n=1}^{\infty} \dfrac{2n+3}{(n+1)^2(n+2)^2}$ 收斂

例題 53：$\lim\limits_{n \to \infty} \dfrac{e^{-\frac{2}{n}} + e^{-\frac{4}{n}} + \cdots + e^{-\frac{2n}{n}}}{n} = ?$ 　　【101 中興大學轉學考】

$\lim\limits_{n \to \infty} \dfrac{e^{-\frac{2}{n}} + e^{-\frac{4}{n}} + \cdots + e^{-\frac{2n}{n}}}{n} = \lim\limits_{n \to \infty} \sum\limits_{n=1}^{\infty} e^{-\frac{2k}{n}} \dfrac{1}{n} = \int_0^1 e^{-2x}\,dx = \dfrac{1}{2} - \dfrac{1}{2}e^{-2}$

例題 54：$\sum\limits_{n=0}^{\infty} 2^n \dfrac{(n^2+1)}{n!} = ?$ 　　【100 台大轉學考】

$\sum\limits_{n=0}^{\infty} 2^n \dfrac{(n^2+1)}{n!} = \sum\limits_{n=0}^{\infty} \dfrac{2^n n^2}{n!} + \sum\limits_{n=0}^{\infty} \dfrac{2^n}{n!} = \sum\limits_{n=1}^{\infty} \dfrac{2^n n}{(n-1)!} + e^2$

$= 2\sum\limits_{n=1}^{\infty} \dfrac{2^{n-1}(n-2)}{(n-1)!} + 4\sum\limits_{n=1}^{\infty} \dfrac{2^{n-1}}{(n-1)!} + e^2$

$= 2e^2 + 4e^2 + e^2 = 7e^2$

定理 18：Cauchy-Schwarz inequality

$$\left(\sum_{k=1}^{n} a_k b_k\right)^2 \leq \left(\sum_{k=1}^{n} a_k^2\right)\left(\sum_{k=1}^{n} b_k^2\right)$$

證明：由 $\sum_{k=1}^{n} (a_k + \lambda b_k)^2 \geq 0 \Rightarrow \sum_{k=1}^{n} (a_k^2 + 2\lambda a_k b_k + b_k^2) \geq 0$

$\Rightarrow \sum_{k=1}^{n} (a_k^2) + 2\lambda \sum_{k=1}^{n} (a_k b_k) + \sum_{k=1}^{n} (b_k^2) \geq 0$

若 $a\lambda^2 + b\lambda + c \geq 0 \Rightarrow a > 0,\ \Delta = b^2 - 4ac \leq 0$

$\Rightarrow \Delta = 4\left(\sum_{k=1}^{n} a_k b_k\right)^2 - 4\left(\sum_{k=1}^{n} a_k^2\right)\left(\sum_{k=1}^{n} b_k^2\right) \leq 0$

$\therefore \left(\sum_{k=1}^{n} a_k b_k\right)^2 \leq \left(\sum_{k=1}^{n} a_k^2\right)\left(\sum_{k=1}^{n} b_k^2\right)$

10-3　函數級數與冪級數

前面所討論的為常數級數，若一常數級數收斂至 L，可表示為

$$\sum_{k=1}^{n} a_k = s_n,\ \lim_{n \to \infty} s_n = L$$

若每一項均是一個函數 $A_n(x)$，則稱此級數為函數級數。它與常數級數不同的是，當函數級數收斂，必收斂至一函數 $\lim_{n \to \infty} S_n(x) = S(x)$，其中 $S_n(x) = \sum_{k=1}^{n} A_k(x)$。

此外，我們可定義**收斂區間**（*interval of convergence*）為能讓 $\sum_{k=1}^{n} A_k(x)$ 收斂的所有 x 點所成的集合。

定義：**冪級數**（power series）

若一級數之形式如下：

$$c_0 + c_1 \cdot (x - a) + c_2 \cdot (x - a)^2 + \cdots\cdots + c_n \cdot (x - a)^n + \cdots\cdots = \sum_{n=0}^{\infty} c_n \cdot (x - a)^n$$

其中 $c_0, c_1, c_2, \cdots\cdots$ 為常數，則稱此級數為冪級數。

定理19：冪級數在其收斂區間內，對所有的 x 皆為絕對收斂。

定理20：冪級數之收斂區間必為 $|x-a|<r$，其中稱 r 為收斂半徑（radius of convergence）。

觀念提示：(1) 能讓一個冪級數收斂的所有 x 所成的集合稱為該冪級數的**收斂區間**，冪級數的收斂區間必定是數線上的一個以 $x=a$ 為中心 r 為半徑的區間。

(2) 任意一個 x 的冪級數當 $x=a$ 時都收斂。

(3) 如果某個級數只在 $x=a$ 時收斂，我們稱此級數的**收斂半徑**為 0；如果收斂區間為 $(-\infty, +\infty)$，我們稱此級數的收斂半徑為 ∞；如果收斂區間為 $a-r<x<a+r$，我們稱此級數的收斂半徑為 r，如圖 1 所示。

(4) 若冪級數在 $|x-a|<r$ 內收斂至 $f(x)$，則可稱此級數為 $f(x)$ 以 $x=a$ 為展開點的冪級數表示式。

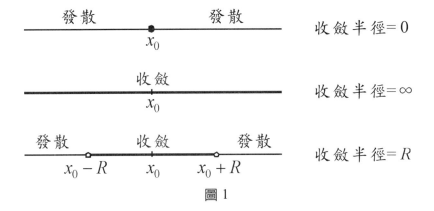

圖 1

定理 21

冪級數在收斂區間內的微分或積分可由逐項微分或逐項積分，分別得到導函數或不定積分（定積分），

冪級數的微分

定理22：假設函數 f 是一個 $x-x_0$ 的冪級數而且收斂半徑為 $R\neq 0$，即

$$f(x)=\sum_{k=0}^{\infty} a_k(x-x_0)^k$$

那麼：

(a) 函數 f 在區間 $(x_0 - R, x_0 + R)$ 可微。

(b) 如果將 f 一項一項微分，所得的級數的收斂半徑為 R 而且收斂到 f'，也就是說，

$$f'(x) = \sum_{k=0}^{\infty} \frac{d}{dx} [a_k (x - x_0)^k] = \sum_{k=1}^{\infty} ka_k (x - x_0)^{k-1}$$

$$f''(x) = \sum_{k=0}^{\infty} \frac{d^2}{dx^2} [a_k (x - x_0)^k] = \sum_{k=2}^{\infty} k(k-1)a_k (x - x_0)^{k-2}$$

冪級數的積分

定理 23：假設函數 f 是一個 $x - x_0$ 的冪級數而且收斂半徑為 $R \neq 0$，即

$$f(x) = \sum_{k=0}^{\infty} a_k (x - x_0)^k$$

那麼：

(a) 如果將 f 一項一項做不定積分，所得的級數的收斂半徑為 R，而且收斂到 $\int f(x)dx$，也就是說，

$$\int f(x)dx = \sum_{k=0}^{\infty} [\int a_k (x - x_0)^k dx] + C$$

(b) 如果 α 和 β 是區間 $(x_0 - R, x_0 + R)$ 中的點，而且將 f 一項一項做由 α 到 β 的定積分，所得的級數的收斂半徑為 R，而且

$$\int_{\beta}^{\alpha} f(x)dx = \sum_{k=0}^{\infty} [\int_{\beta}^{\alpha} a_k (x - x_0)^k dx]$$

值得注意的是冪級數在做逐項微分或積分之後，仍為冪級數，且其收斂半徑不變。

說例：
$$\int \cos x dx = \int \left[1 - \frac{x^2}{2!} + \frac{x^4}{4!} - \frac{x^6}{6!} + \cdots \right] dx$$
$$= \left[x - \frac{x^3}{3 \cdot 2!} + \frac{x^5}{5 \cdot 4!} - \frac{x^7}{7 \cdot 6!} + \cdots \right] + C$$

$$= \left[x - \frac{x^3}{3!} + \frac{x^5}{5!} - \frac{x^7}{7!} + \cdots \right] + C = \sin x + C$$

說例：由 $\dfrac{1}{1-x} = 1 + x + x^2 + x^3 + \cdots$ $\ (-1 < x < 1)$

得

$$\int \frac{1}{1-x} dx = \int (1 + x + x^2 + x^3 + \cdots) dx$$

$$-\ln(1-x) = \left[x + \frac{x^2}{2} + \frac{x^3}{3} + \cdots \right] + C$$

由 $\ln 1 = 0$ 可知 $C = 0$，因此可得

$$\ln(1-x) = -\left(x + \frac{x^2}{2} + \frac{x^3}{3} + \cdots \right) \tag{5}$$

說例：由 $\displaystyle\int \frac{1}{1+x^2} dx = \tan^{-1} x + C$ 及 $\dfrac{1}{1+x^2} = 1 - x^2 + x^4 - x^6 + x^8 - \cdots$ $\ (-1 < x < 1)$

$$\tan^{-1} x + C = \int \frac{1}{1+x^2} dx = \int [1 - x^2 + x^4 - x^6 + x^8 - \cdots] dx$$

也就是 $\quad \tan^{-1} x = \left[x - \dfrac{x^3}{3} + \dfrac{x^5}{5} - \dfrac{x^7}{7} + \dfrac{x^9}{9} - \cdots \right] - C$

由 $\tan^{-1} 0 = 0$ 可知 $C = 0$，因此

$$\tan^{-1} x = x - \frac{x^3}{5} + \frac{x^5}{5} - \frac{x^7}{7} + \frac{x^9}{9} - \cdots \quad (-1 < x < 1) \tag{6}$$

利用交錯級數檢驗法可知當 $x = -1$ 和 $x = 1$ 時級數皆收斂。

當 $x = 1$，級數為 $\tan^{-1} 1 = \dfrac{\pi}{4} = 1 - \dfrac{1}{3} + \dfrac{1}{5} - \dfrac{1}{7} + \dfrac{1}{9} - \cdots$

定理 24： 若冪級數在收斂區間內收斂至 $f(x)$，則 $f(x)$ 在此區間內為連續函數。

　　在討論冪級數時，首先必須決定其收斂區間（或收斂半徑），而求收斂半徑最有效的方法之一為比值測試法，亦即

$$令 \lim_{n \to \infty} \left| \frac{A_{n+1}(x)}{A_n(x)} \right| < 1 \Rightarrow \lim_{n \to \infty} \left\{ |x-a| \left| \frac{c_{n+1}}{c_n} \right| \right\} < 1$$

$$\Rightarrow |x-a| < r = \frac{1}{\displaystyle\lim_{n \to \infty} \left| \frac{c_{n+1}}{c_n} \right|} \quad 其中 A_n(x) = c_n \cdot (x-a)^n$$

例題 55： 求出以下級數的收斂區間：

$$\sum_{n=0}^{\infty} \frac{x^n}{n!} = 1 + x + \frac{x^2}{2!} + \frac{x^3}{3!} + \cdots$$

解　　由比值檢驗法：

$$\lim_{n \to \infty} \left| \frac{a_{n+1}}{a_n} \right| = \lim_{n \to \infty} \left| \frac{\frac{x^{n+1}}{(n+1)!}}{\frac{x^n}{n!}} \right| = \lim_{n \to \infty} \frac{|x|}{n+1} = 0$$

因此不論 x 是多少，此級數都收斂，也就是說，收斂區間為 $(-\infty, +\infty)$。

例題 56：求出以下級數的收斂區間：

$$\sum_{n=1}^{\infty} \frac{nx^n}{3^n} = \frac{x}{3} + \frac{2x^2}{9} + \frac{3x^3}{27} + \cdots$$

解　利用比值檢驗法：

$$\lim_{n \to \infty} \left| \frac{a_{n+1}}{a_n} \right| = \lim_{n \to \infty} \left| \frac{\frac{(n+1)x^{n+1}}{3^{n+1}}}{\frac{nx^n}{3^n}} \right| = \lim_{n \to \infty} \frac{|x|(n+1)}{3n} = \frac{|x|}{3}$$

可知當 $|x| < 3$ 此級數收斂，而當 $|x| > 3$ 則發散。

當 $x = 3$ 或 -3，級數為 $\sum_{n=1}^{\infty} n$ 或 $\sum_{n=1}^{\infty} (-1)^n n$，都是發散。

因此收斂區間為 $(-3, 3)$。

例題 57：求出級數 $\sum_{k=1}^{\infty} \frac{(x-5)^k}{k^2}$ 的收斂區間。

解　利用比值檢驗法：

$$\lim_{k \to \infty} \left| \frac{a_{n+1}}{a_n} \right| = \lim_{k \to \infty} \left| \frac{(x-5)^{k+1}}{(k+1)^2} \cdot \frac{k^2}{(x-5)^k} \right| = \lim_{k \to \infty} \left[|x-5| \left(\frac{k}{k+1} \right)^2 \right] = |x-5|$$

可知當 $|x-5| < 1$（也就是 $4 < x < 6$）時級數絕對收斂，而當 $x < 4$ 或 $x > 6$ 時發散。

當 $x = 6$，級數為 $\sum_{k=1}^{\infty} \frac{1}{k^2}$，此 p 級數收斂。當 $x = 4$，級數為 $\sum_{k=1}^{\infty} \frac{(-1)^k}{k^2}$，為絕對收斂。因此所求的收斂區間為 $[4, 6]$。

例題 58：(1) Find the radius of convergence of

$$\sum_{n=0}^{\infty} \binom{n+2}{2} x^n$$

(2) Find the sum of the power series in (1)【100 中山大學機電系轉學考】

解 (1) $\lim\limits_{n\to\infty}\left|\dfrac{\dbinom{n+3}{2}x^{n+1}}{\dbinom{n+2}{2}x^n}\right|=\lim\limits_{n\to\infty}\left|\dfrac{n+3}{n+1}\right||x|<1\Rightarrow|x|<1$

(2) $\sum\limits_{n=0}^{\infty}\dbinom{n+2}{2}x^n=\sum\limits_{n=0}^{\infty}\dbinom{n+2}{2}x^n=\dfrac{1}{2}\sum\limits_{n=0}^{\infty}(n+2)(n+1)x^n$

$=\dfrac{1}{2}\sum\limits_{n=0}^{\infty}(x^{n+2})''=\dfrac{1}{2}\left(\sum\limits_{n=0}^{\infty}(x^{n+2})\right)''=\dfrac{1}{2}\left(\dfrac{x^2}{1-x}\right)''=\dfrac{1}{(1-x)^3}$

例題 59：Find the radius and interval of convergence of the power series $\sum\limits_{n=1}^{\infty}\dfrac{(x-3)^n}{n2^n}$

【101 政大轉學考】

解 由比值審斂法：

$\lim\limits_{n\to\infty}\left|\dfrac{\dfrac{(x-3)^{n+1}}{(n+1)2^{n+1}}}{\dfrac{(x-3)^n}{n2^n}}\right|=\dfrac{|x-3|}{2}<1$

$\therefore|x-3|<2\Rightarrow1<x<4$

例題 60：試問下列冪級數的收斂半徑

(1) $\sum\limits_{n=0}^{\infty}n!x^n$　　　(2) $\sum\limits_{n=1}^{\infty}\dfrac{(x-3)^n}{n}$　　　(3) $\sum\limits_{n=0}^{\infty}\dfrac{(-3)^nx^n}{\sqrt{n+1}}$

(4) $\sum\limits_{n=1}^{\infty}\dfrac{(3x+1)^{n+1}}{2n+2}$　(5) $\sum\limits_{n=0}^{\infty}\dfrac{x^{2n+1}}{n!}$　　(6) $\sum\limits_{n=0}^{\infty}(-1)^n(4x+1)^n$

(7) $\sum\limits_{n=1}^{\infty}n^nx^n$　　　(8) $\sum\limits_{n=1}^{\infty}\left(1+\dfrac{1}{n}\right)^nx^n$

解 (1) 令 $\lim\limits_{n\to\infty}\left|\dfrac{A_{n+1}}{A_n}\right|=\lim\limits_{n\to\infty}(n+1)|x|<1$

故僅在 $x=0$ 收斂，所以收斂半徑為零。

(2) 令 $|x-3|<\dfrac{1}{\lim\limits_{n\to\infty}\left(\dfrac{n}{n+1}\right)}=1\Rightarrow2<x<4$

所以收斂半徑為 1

註：因在 $x=2$ 處，冪級數收斂，但在 $x=4$ 處，冪級數發散，所以稱

$[2,4)$ 為冪級數 $\sum\limits_{n=1}^{\infty}\dfrac{(x-3)^n}{n}$ 的收斂區間。

(3) 令 $\lim\limits_{n\to\infty}\left\{3\cdot\sqrt{\dfrac{1+\dfrac{1}{n}}{1+\dfrac{2}{n}}}\cdot|x|\right\}<1$　$\Rightarrow|x|<\dfrac{1}{3}$　收斂半徑 $\dfrac{1}{3}$

(4) 令 $|3x+1|<\dfrac{1}{\lim\limits_{n\to\infty}\dfrac{2n+2}{2n+4}}=1$　$\Rightarrow-\dfrac{2}{3}<x<0$　收斂半徑 $\dfrac{1}{3}$

(5) 令 $\lim\limits_{n\to\infty}\left|\dfrac{\dfrac{x^{2n+3}}{(n+1)!}}{\dfrac{x^{2n+1}}{n!}}\right|<1$　因在所有 x 點均收斂　$\Rightarrow|x|<\infty$　收斂半徑 ∞

(6) 令 $\lim\limits_{n\to\infty}\left|\dfrac{(4x+1)^{n+1}}{(4x+1)^n}\right|<1\Rightarrow\dfrac{-1}{2}<x<0$　收斂半徑 $\dfrac{1}{4}$

(7) 令 $\lim\limits_{n\to\infty}\left\{|x|\cdot(n+1)\cdot\left(1+\dfrac{1}{n}\right)^n\right\}<1$

　　則僅在 $x=0$ 收斂　收斂半徑 0

(8) 令 $|x|\dfrac{\lim\limits_{n\to\infty}\left(1+\dfrac{1}{n+1}\right)^{n+1}}{\lim\limits_{n\to\infty}\left(1+\dfrac{1}{n}\right)^n}<1\Rightarrow|x|\dfrac{e}{e}<1$　$\left(\lim\limits_{n\to\infty}\left(1+\dfrac{x}{n}\right)^n=e^x\right)$

　　$\Rightarrow|x|<1$　收斂半徑 1

例題 61：Find the interval of convergence of the series $\sum\limits_{n=1}^{\infty}\dfrac{(x-2)^n}{n^23^n}$

【100 屏東教大轉學考】

解　ratio test

$\lim\limits_{n\to\infty}\left|\dfrac{\dfrac{(x-2)^{n+1}}{(n+1)^23^{n+1}}}{\dfrac{(x-2)^n}{n^23^n}}\right|=\dfrac{1}{3}|x-2|<1$

$\Rightarrow|x-2|<3\Rightarrow-1<x<5$

$x=-1$, $\sum\limits_{n=1}^{\infty}\dfrac{(x-2)^n}{n^23^n}=\sum\limits_{n=1}^{\infty}\dfrac{(-1)^n}{n^2}$　$convergence$

$x=5$, $\sum\limits_{n=1}^{\infty}\dfrac{(x-2)^n}{n^23^n}=\sum\limits_{n=1}^{\infty}\dfrac{1}{n^2}$　$convergence$

∴收斂區間：$-1\le x\le5$

例題 62：Find the interval of convergence of the series $\sum\limits_{n=1}^{\infty}\dfrac{(x-5)^n}{n2^n}$

【100 中興大學資管系轉學考】

解 ratio test

$$\lim_{n \to \infty} \left| \frac{\frac{(x-5)^{n+1}}{(n+1)2^{n+1}}}{\frac{(x-5)^n}{n2^n}} \right| = \frac{1}{2}|x-5| < 1$$

$$\frac{1}{2}|x-5| < 1 \Rightarrow 3 < x < 7$$

$$x = 3, \quad \sum_{n=1}^{\infty} \frac{(x-5)^n}{n2^n} = \sum_{n=1}^{\infty} \frac{(-1)^n}{n} \quad convergence$$

$$x = 7, \quad \sum_{n=1}^{\infty} \frac{(x-5)^n}{n2^n} = \sum_{n=1}^{\infty} \frac{1}{n} \quad divergence$$

∴收斂區間：$3 \le x < 7$

例題 63：Find the radius of convergence of the power series $\sum_{n=0}^{\infty} x^{n^2}$

【100 東吳大學經濟系轉學考】

解 root test

$$\lim_{n \to \infty} \sqrt[n]{|a_n|} = \lim_{n \to \infty} \sqrt[n]{|x^{n^2}|} = \lim_{n \to \infty} |x|^n$$

$$\begin{cases} |x| < 1 \Rightarrow \lim_{n \to \infty} |x|^n = 0 \quad convergence \\ |x| > 1 \Rightarrow \lim_{n \to \infty} |x|^n = \infty \quad divergence \end{cases}$$

radius of convergence $\sum_{n=0}^{\infty} x^{n^2}$ is 1

例題 64：Find the interval of convergence of the series $\sum_{n=0}^{\infty} \frac{(n!)^2}{(2n)!} (x+5)^n$

【100 淡江大學轉學考理工組】

解 ratio test

$$\lim_{n \to \infty} \left| \frac{\frac{((n+1)!)^2}{(2(n+1))!}(x+5)^{n+1}}{\frac{(n!)^2}{(2n)!}(x+5)^n} \right| = \frac{1}{4}|x+5| < 1$$

$$\frac{1}{4}|x+5| < 1 \Rightarrow -9 < x < -1$$

$$x = -9, \quad \sum_{n=0}^{\infty} \frac{(n!)^2}{(2n)!} (x+5)^n = \sum_{n=0}^{\infty} \frac{(n!)^2 2^{2n}(-1)^n}{(2n)!} \quad divergence$$

$$x = -1, \quad \sum_{n=0}^{\infty} \frac{(n!)^2}{(2n)!} (x+5)^n = \sum_{n=0}^{\infty} \frac{(n!)^2 2^{2n}}{(2n)!} \quad divergence$$

$$\therefore 收斂區間：-9 < x < -1$$

例題 65：Find the radius of convergence of the series $\sum\limits_{n=0}^{\infty} \dfrac{n^n}{n!} x^n$ 【101 中興大學轉學考】

解　ratio test

$$\lim_{n \to \infty} \left| \frac{\dfrac{(n+1)^{n+1}}{(n+1)!} x^{n+1}}{\dfrac{n^n}{n!} x^n} \right| = \lim_{n \to \infty} \left| \left(\frac{n+1}{n} \right)^n \right| |x| < 1$$

$$\Rightarrow |x| < \frac{1}{\lim\limits_{n \to \infty} \left| \left(\dfrac{n+1}{n} \right)^n \right|} = \frac{1}{e}$$

函數的冪級數表示法

　　若函數在展開點為連續且任意階導數均存在，則可表示成冪級數，以下列出一些常見的函數的冪級數表示法，使用了(3)式中幾何級數的公式：

$$\sum_{n=1}^{\infty} ar^{n-1} = a + ar + ar^2 + \cdots + ar^{n-1} + \cdots = \frac{a}{1-r}; \ |r| < 1$$

(1) $f(x) = \dfrac{1}{1-x} = 1 + x + x^2 + x^3 + \cdots$ 　收斂半徑 1

(2) $f(x) = \dfrac{1}{1+x^2} = 1 - x^2 + x^4 - x^6 + \cdots$ 　收斂半徑 1

(3) $f(x) = \dfrac{1}{x+2} = \dfrac{1}{2}\left(\dfrac{1}{1+\dfrac{x}{2}} \right) = \dfrac{1}{2}\left(1 - \dfrac{x}{2} + \left(\dfrac{x}{2}\right)^2 - \left(\dfrac{x}{2}\right)^4 + \cdots \right)$ 　收斂半徑 2

(4) $f(x) = \dfrac{x^3}{x+2} = \dfrac{x^3}{2}\left(\dfrac{1}{1+\dfrac{x}{2}} \right) = \dfrac{x^3}{2}\left(1 - \dfrac{x}{2} + \left(\dfrac{x}{2}\right)^2 - \left(\dfrac{x}{2}\right)^4 + \cdots \right)$ 　收斂半徑 2

觀念提示：先由公比，r 決定冪級數的形式，再由 $|r| < 1$ 決定收斂半徑或收斂區間。

例題 66：求出 $\ln(1-x)$ 之冪級數表示法，並求出其收斂半徑

解　$\dfrac{d}{dx}\ln(1-x) = \dfrac{-1}{1-x} = -(1 + x + x^2 + \cdots)$，對 $|x| < 1$

$\Rightarrow \ln(1-x) = -x - \dfrac{x^2}{2} - \dfrac{x^3}{3} - \cdots + c$ 　收斂半徑 1

Let $x = 0 \Rightarrow c = 0$

例題 67：求出 $\tan^{-1} x$ 之冪級數表示法

解

$$\frac{d}{dx}\tan^{-1} x = \frac{1}{1+x^2} = 1 - x^2 + x^4 - x^6 + \cdots \quad 收斂半徑 \ 1$$

$$\Rightarrow \tan^{-1} x = \left\{ x - \frac{x^3}{3} + \frac{x^5}{5} - \cdots \right\} + c$$

代 $x = 0 \Rightarrow c = 0$

例題 68：Find the power series for $f(x) = \dfrac{1}{2+3x}$ and determine its interval of absolute convergence 【101 中興大學資管系轉學考】

解

$$f(x) = \frac{1}{2+3x} = \frac{1}{2}\frac{1}{1+\frac{3}{2}x} = \frac{1}{2}\sum_{n=0}^{\infty}\left(-\frac{3}{2}x\right)^n$$

ratio test

$$\lim_{n\to\infty}\left|\frac{\left(-\frac{3}{2}x\right)^{n+1}}{\left(-\frac{3}{2}x\right)^{n}}\right| = \lim_{n\to\infty}\frac{3}{2}|x| < 1$$

$$\Rightarrow |x| < \frac{2}{3} \Rightarrow -\frac{2}{3} < x < \frac{2}{3}$$

$x = \pm\dfrac{2}{3}$ 均發散（n 項審斂法）

例題 69：Find a power series representation for $\dfrac{x}{2x^2+1}$. In addition, find the interval of convergence. 【100 政大商學院轉學考】

解

$$\frac{x}{2x^2+1} = x[1 + (-2x^2) + (-2x^2)^2 + \cdots]$$

收斂區間：$|-2x^2| < 1 \Rightarrow |x| < \dfrac{1}{\sqrt{2}}$

10-4 泰勒級數（Taylor's series）與馬克勞林級數（Maclaurin's series）

考慮一展開點爲 $x=a$ 收斂半徑爲 r 之冪級數，其表示式爲：

$$f(x) = \sum_{n=0}^{\infty} c_n (x-a)^n = c_0 + c_1 (x-a) + c_2 (x-a)^2 + \cdots \tag{7}$$

由(7)式逐項微分可得：

$$f'(x) = c_1 + 2c_2 (x-a) + 3c_3 (x-a)^2 + \cdots \tag{8}$$

$$f''(x) = 2c_2 + 6c_3 (x-a) + 12c_4 (x-a)^2 + \cdots \tag{9}$$

$$f'''(x) = 6c_3 + 24c_4 (x-a) + \cdots \tag{10}$$

$$\vdots$$

可得　$c_0 = f(a),\ c_1 = f'(a),\ c_2 = \dfrac{1}{2!} f''(a),\ \cdots$

及　$c_n = \dfrac{f^{(n)}(a)}{n!}$ \hfill (11)

定義：(1) 稱 $\sum\limits_{n=0}^{\infty} \dfrac{f^{(n)}(a)}{n!} (x-a)^n$ 爲函數 $f(x)$ 以 $x=a$ 爲展開點的泰勒級數。

　　　(2) 若展開點 $a=0$，則稱 $\sum\limits_{n=0}^{\infty} \dfrac{f^{(n)}(0)}{n!} x^n$ 爲函數 $f(x)$ 的馬克勞林級數。

觀念提示：(1) 泰勒級數存在之條件爲 $f(x)$ 在 $x=a$ 處之所有階的導數均存在；

　　　　　(2) 馬克勞林級數是泰勒級數在展開點 $a=0$ 下之特例。

例題 70：求出下列函數之馬克勞林級數

　　(1) $f(x) = e^x$

　　(2) $f(x) = \cos x$

　　(3) $f(x) = \sin x$ \hfill 【100 中興大學財金系轉學考】

解　　(1) $f'(x) = e^x,\ f''(x) = e^x,\ f'''(x) = e^x,\ \cdots$

　　　因此

$f(0)=1, f'(0)=1, f''(0)=1, f'''(0)=1, \cdots, f^{(n)}(0)=1$

e^x 的 n 次馬克勞林多項式為：

$$P_n(x)=1+x+\frac{x^2}{2!}+\frac{x^3}{3!}+\cdots+\frac{x^n}{n!}$$

下面是 $y=e^x$ 與最低次的四個近似多項式的圖形：

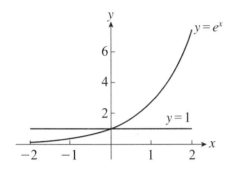
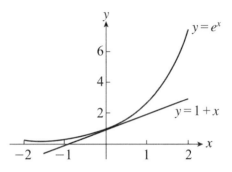

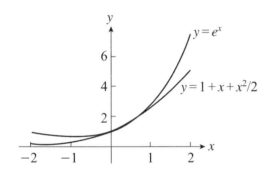
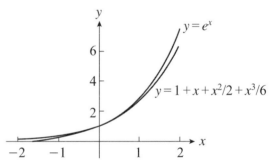

$$\sum_{n=0}^{\infty}\frac{f^{(n)}(0)}{n!}x^n=\sum_{n=0}^{\infty}\frac{x^n}{n!}=1+x+\frac{x^2}{2!}+\cdots \quad 收斂半徑\infty$$

$$(2)\sum_{n=0}^{\infty}\frac{f^{(n)}(0)}{n!}x^n=1-\frac{x^2}{2!}+\frac{x^4}{4!}-\cdots \quad 收斂半徑\infty$$

$(3)\, f(x)=\sin x \Rightarrow f(0)=0$

$\quad f'(x)=\cos x \Rightarrow f'(0)=1$

$\quad f''(x)=-\sin x \Rightarrow f''(0)=0$

$\quad f'''(x)=-\cos x \Rightarrow f'''(0)=-1$

持續微分將出現相同模式：

$f^{(4)}(x)=\sin x, f^{(5)}(x)=\cos x, f^{(6)}(x)=-\sin x, f^{(7)}(x)=-\cos x, \cdots$

因此馬克勞林多項式為：

$P_0(x)=0,$

$P_1(x)=P_2(x)=x,$

$$P_3(x) = P_4(x) = x - \frac{x^3}{3!},$$

$$P_5(x) = P_6(x) = x - \frac{x^3}{3!} + \frac{x^5}{5!},$$

$$P_7(x) = P_8(x) = x - \frac{x^3}{3!} + \frac{x^5}{5!} - \frac{x^7}{7!} \quad 等$$

多項式都只含 x 的奇數次方（這不令人訝異，因為 sine 是奇函數）。

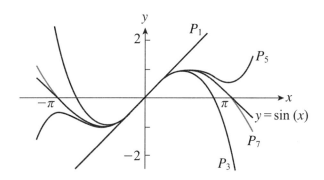

$$\therefore f(x) = \sin x = \sum_{n=0}^{\infty} \frac{f^{(n)}(0)}{n!} x^n = x - \frac{x^3}{3!} + \frac{x^5}{5!} - \cdots = \sum_{n=0}^{\infty} (-1)^n \frac{x^{2n+1}}{(2n+1)!}$$

$$\lim_{n \to \infty} \left| \frac{(-1)^{n+1} \dfrac{x^{2n+3}}{(2n+3)!}}{(-1)^n \dfrac{x^{2n+1}}{(2n+1)!}} \right| = x^2 \lim_{n \to \infty} \frac{1}{(2n+3)(2n+2)} < 1$$

$$\Rightarrow x^2 < \frac{1}{\lim\limits_{n \to \infty} (2n+3)(2n+2)} = \infty$$

故收斂半徑 ∞

例題 71：求出下列函數之泰勒級數

    (1) $f(x) = \dfrac{1}{x}$ 在 $a = 2$

    (2) $f(x) = \dfrac{1}{x(x+2)}$ 在 $a = 1$

解

(1) 解法 1：$f(x) = f(2) + f'(2)(x-2) + \dfrac{f''(2)}{2!}(x-2)^2 + \cdots$

解法 2：$f(x) = \dfrac{1}{x} = \dfrac{1}{x-2+2} = \dfrac{1}{2} \dfrac{1}{1 + \dfrac{x-2}{2}}$

$$= \frac{1}{2}\left(1 - \frac{x-2}{2} + \left(\frac{x-2}{2}\right)^2 - \cdots\right)$$

$\left| \dfrac{x-2}{2} \right| < 1 \quad \Rightarrow |x-2| < 2 \quad$ 收斂半徑 2

(2) $f(x) = \dfrac{1}{x(x+2)} = \dfrac{1}{2}\left(\dfrac{1}{x} - \dfrac{1}{x+2}\right)$

$\dfrac{1}{x} = \dfrac{1}{x-1+1} = 1 - (x-1) + (x-1)^2 - \cdots$ (a)

$\dfrac{1}{x+2} = \dfrac{1}{x-1+3} = \dfrac{1}{3}\dfrac{1}{1+\dfrac{x-1}{3}} = \dfrac{1}{3}\left(1 - \dfrac{x-1}{3} + \left(\dfrac{x-1}{3}\right)^2 - \cdots\right)$ (b)

$\therefore f(x) = \dfrac{1}{2}((a) - (b))$

例題 72：求 $\ln x$ 在 $x=2$ 最低次的四個泰勒多項式。

解 令 $f(x) = \ln x$，那麼

$f(x) = \ln x \qquad\qquad f(2) = \ln 2$

$f'(x) = 1/x \qquad\qquad f'(2) = 1/2$

$f''(x) = -1/x^2 \qquad\quad f''(2) = -1/4$

$f'''(x) = 2/x^3 \qquad\quad f'''(2) = 1/4$

因此

$P_0(x) = f(2) = \ln 2$

$P_1(x) = f(2) + f'(2)(x-2) = \ln 2 + (1/2)(x-2)$

$P_2(x) = f(2) + f'(2)(x-2) + \dfrac{f''(2)}{2!}(x-2)^2 = \ln 2 + (1/2)(x-2) - (1/8)(x-2)^2$

$P_3(x) = f(2) + f'(2)(x-2) + \dfrac{f''(2)}{2!}(x-2)^2 + \dfrac{f'''(2)}{3!}(x-2)^3$

$\qquad = \ln 2 + (1/2)(x-2) - (1/8)(x-2)^2 + (1/24)(x-2)^3$

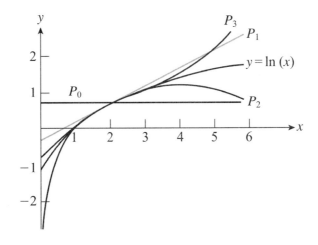

例題 73：(1)Find the Taylor series of $f(x)=xe^x$ at $x=-1$

(2) Determine the interval of convergence of $\sum\limits_{n=1}^{\infty} n^{-1}(2x-1)^n$

【101 中山大學機電系轉學考】

解

(1) $f(x)=xe^x \Rightarrow f'(x)=(x+1)e^x$

$\quad f''(x)=(x+2)e^x$

$\quad f'''(x)=(x+3)e^x$

$\quad f^{(n)}(x)=(x+n)e^x$

$\quad f(x)=f(-1)+\dfrac{f'(-1)}{1!}(x+1)+\dfrac{f''(-1)}{2!}(x+1)^2+\cdots$

$\quad\quad =\sum\limits_{n=0}^{\infty}\dfrac{(n-1)e^{-1}}{n!}(x+1)^n$

(2) $\lim\limits_{n\to\infty}\left|\dfrac{(n+1)^{-1}(2x-1)^{n+1}}{n^{-1}(2x-1)^n}\right|=\lim\limits_{n\to\infty}\left(\dfrac{n}{n+1}|(2x-1)|\right)=|(2x-1)|<1$

$\quad \Rightarrow 0<x<1$

$\quad$ (a)$x=0,\ \sum\limits_{n=1}^{\infty}n^{-1}(2x-1)^n=\sum\limits_{n=1}^{\infty}\dfrac{(-1)^n}{n}\quad$ converge (alternating series)

$\quad$ (b)$x=1,\ \sum\limits_{n=1}^{\infty}n^{-1}(2x-1)^n=\sum\limits_{n=1}^{\infty}\dfrac{1}{n}\quad$ diverge (p series)

$\quad \therefore$ 收斂區間：$0\le x<1$

例題 74：Find the first three nonzero terms of Maclaurin's series of the function $f(x)=$ $\ln(1+\sin x)$ 　【100 淡江大學轉學考理工組】

解

$f(x)=\ln(1+\sin x) \Rightarrow f(0)=0$

$f'(x)=\dfrac{\cos x}{1+\sin x} \Rightarrow f'(0)=1$

$f''(x)=\dfrac{-1}{1+\sin x} \Rightarrow f''(0)=-1$

$f'''(x)=\dfrac{\cos x}{(1+\sin x)^2} \Rightarrow f'''(0)=1$

$f(x)=f(0)+f'(0)x+\dfrac{f''(0)}{2!}x^2+\dfrac{f'''(0)}{3!}x^3+\cdots$

例題 75：求以下各函數的馬克勞林級數：

(a) $\ln(1-x)$ 　(b) $\ln(1+x)$ 　(c) 證明 $1-\dfrac{1}{2}+\dfrac{1}{3}-\dfrac{1}{4}+-\cdots=\ln 2$

解 (a) $f(x) = \ln(1-x) \Rightarrow f'(x) = \dfrac{1}{1-x} = 1 + x + x^2 + \cdots$

$\Rightarrow f(x) = x + \dfrac{1}{2}x^2 + \dfrac{1}{3}x^3 + \cdots$

(b) $f(x) = \ln(1+x) \Rightarrow f'(x) = \dfrac{1}{1+x} 1 - x + x^2 - + \cdots$

$\Rightarrow f(x) = x - \dfrac{1}{2}x^2 + \dfrac{1}{3}x^3 - + \cdots$

(c) $\ln 2 = f(1) = 1 - \dfrac{1}{2} + \dfrac{1}{3} - + \cdots$

例題 76：求 $f(x) = \displaystyle\int_0^x e^t dt$ 的馬克勞林級數

解 $f'(x) = \displaystyle\int_0^x e^t dt = e^x = 1 + x + \dfrac{1}{2!}x^2 + \cdots$

$\Rightarrow f(x) = x + \dfrac{1}{2!}x^2 + \dfrac{1}{3!}x^3 + \cdots$

例題 77：Consider the function

$$f(x) = \begin{cases} \dfrac{\cos x - 1}{x^2}; & x \neq 0 \\[2mm] -\dfrac{1}{2}; & x = 0 \end{cases}$$

(1) Write down the first three "nonzero terms" of the Taylor series for $f(x)$ about $x = 0$.

(2) Define $g(x) = 1 + \displaystyle\int_0^x f(t)dt$, write down the first three "nonzero terms" of the Taylor series for $g(x)$ about $x = 0$. 【101 政治大學國貿系轉學考】

解 (1) $\dfrac{\cos x - 1}{x^2} = \dfrac{\left(1 - \dfrac{x^2}{2!} + \dfrac{x^4}{4!} - \dfrac{x^6}{6!} + - \cdots\right) - 1}{x^2} = -\dfrac{1}{2!} + \dfrac{x^2}{4!} - \dfrac{x^2}{6!} + - \cdots$

(2) $g(x) = 1 + \displaystyle\int_0^x f(t)dt = 1 + \int_0^x \left(-\dfrac{1}{2!} + \dfrac{t^2}{4!} - \dfrac{t^4}{6!} + - \cdots\right)dt$

$= 1 - \dfrac{x}{2!} + \dfrac{x^3}{72} - \dfrac{x^5}{3600} + - \cdots$

例題 78：Find the Taylor polynomial of degree 6 for $\sin^2 x$ about $x = 0$ and use it to evaluate $\lim\limits_{x \to 0} \dfrac{3\sin^2 x - 3x^2 + x^4}{x^6}$　【100 中興大學資管系轉學考】

解
$$\lim_{x \to 0} \frac{3\sin^2 x - 3x^2 + x^4}{x^6} = \lim_{x \to 0} \frac{3\left(x - \dfrac{x^3}{3!} + \dfrac{x^5}{5!} - + \cdots\right)^2 - 3x^2 + x^4}{x^6}$$
$$= \lim_{x \to 0} \frac{\dfrac{2}{15}x^6 + \cdots}{x^6} = \frac{2}{15}$$

例題 79：Find the Taylor series for $f(x) = \ln(1 + 2x)$ centered at $x = 1$ and compute its interval of convergence.

【101 中興大學轉學考，100 東吳大學數學系轉學考】

解
let $t = x - 1 \Rightarrow \ln(1 + 2x) = \ln(3 + 2t) = \ln 3 + \ln\left(1 + \dfrac{2}{3}t\right)$

$$f(x) = \ln 3 + \ln\left(1 + \frac{2}{3}t\right) = \ln 3 + \sum_{n=0}^{\infty} \frac{(-1)^n \left(\dfrac{2}{3}t\right)^{n+1}}{n+1}$$
$$= \ln 3 + \sum_{n=0}^{\infty} \frac{(-1)^n 2^{n+1}}{3^{n+1}(n+1)} t^{n+1}$$
$$= \ln 3 + \sum_{n=0}^{\infty} \frac{(-1)^n 2^{n+1}}{3^{n+1}(n+1)} (x-1)^{n+1}$$

From ratio test
$$\lim_{n \to \infty} \left| \frac{\dfrac{(-1)^{n+1} 2^{n+2}}{3^{n+2}(n+2)}(x-1)^{n+2}}{\dfrac{(-1)^n 2^{n+1}}{3^{n+1}(n+1)}(x-1)^{n+1}} \right| = \lim_{n \to \infty} \left| \frac{2(n+1)}{3(n+2)} \right| |(x-1)| < 1$$

$$\therefore |(x-1)| < \lim_{n \to \infty} \left| \frac{3(n+2)}{2(n+1)} \right| = \frac{3}{2}$$

$$\Rightarrow -\frac{1}{2} < x < \frac{5}{2}$$

At $x = \dfrac{5}{2}$, $\sum\limits_{n=0}^{\infty} \dfrac{(-1)^n}{(n+1)}$: converge （交錯級數審斂法）

At $x = -\dfrac{1}{2}$, $\sum\limits_{n=0}^{\infty} \dfrac{-1}{(n+1)}$: diverge （積分審斂法）

例題 80：$\lim\limits_{x \to 0} \dfrac{\sin x^2 - \sin^2 x}{\sin^4 x}$　【100 中原大學轉學考】

解 　
$$\lim_{x \to 0} \frac{\sin x^2 - \sin^2 x}{\sin^4 x} = \lim_{x \to 0} \frac{\sin x^2 - \dfrac{1 - \cos 2x}{2}}{\left(\dfrac{1 - \cos 2x}{2}\right)^2} = \lim_{x \to 0} \frac{4\sin x^2 - 2(1 - \cos 2x)}{(1 - \cos 2x)^2}$$

$$= \lim_{x \to 0} \frac{4\left(\dfrac{x^2}{1} - \dfrac{x^6}{3!} - + \cdots\right) - 2\left(1 - \left(1 - \dfrac{4x^2}{2!} + \dfrac{16x^4}{4!} - + \cdots\right)\right)}{\left(1 - \left(1 - \dfrac{4x^2}{2!} + \dfrac{16x^4}{4!} - + \cdots\right)\right)}$$

$$= \frac{1}{3}$$

泰勒展開式的餘項

　　雖然利用泰勒多項式可算出 $f(x)$ 在 $x = x_0$ 附近的近似值，但畢竟不是準確值，與準確值之間有誤差。有時候我們會想知道誤差大概是多大。

　　泰勒多項式及誤差：

$$f(x) = \underbrace{f(x_0) + f'(x_0)(x - x_0) + \frac{f''(x_0)}{2}(x - x_0)^2 + \cdots + \frac{f^{(n)}(x_0)}{n!}(x - x_0)^n}_{\text{泰勒多項式 } P_n(x)}$$

$$\underbrace{+ \frac{f^{(n+1)}(c)}{(n+1)!}(x - x_0)^{n+1}}_{\text{誤差 } R_n(x)} \tag{12}$$

其中的 c 是某個介於 x_0 和 x 之間的數。

觀念提示：(1) 上式的 $R_n(x)$ 就是誤差（remainder 或 error term），也就是 n 次泰勒多項式在 x 的值與準確值 $f(x)$ 之間的差。

　　　　　(2) 不幸地，我們無法確定 c 的值是多少，只知道 c 會是一個介於 x_0 和 x 之間的數，因此當我們用泰勒多項式求近似值時，我們無法準確地知道誤差是多少。

　　　　　(3) 如果不論 c 是介於 x_0 和 x 之間的哪個數，$R_n(x)$ 的值都小於某數 M，那麼儘管我們不知道誤差是多少，卻可以肯定誤差一定小於 M。

例題 81：用一個 3 次泰勒多項式求出 $\sin(1)$ 的近似值，並且對誤差大小做出估計。

解 　 $\sin x$ 在 $x_0 = 0$ 的 3 次泰勒多項式為

$$\sin x \approx x - \frac{x^3}{3!}$$

用此式估計 $\sin(1)$ 的值：

$$\sin(1) \approx 1 - \frac{1^3}{6} = \frac{5}{6}$$

誤差 $R_3(1)$ 為

$$R_3(1) = \frac{(\sin(c))^{(4)}}{4!}(1)^4$$

其中的 c 滿足 $0 \le c \le 1$。既然 $(\sin x)^{(4)} = \sin x$ 而 $\sin x$ 的值一定介於 -1 和 1 之間，因此 $|(\sin(c))^{(4)}| \le 1$，

$$|R_3(1)| \le \frac{1}{4!} = \frac{1}{24}$$

誤差一定不會大於此數。

所以 $\sin(1)$ 的值一定介於

$$\frac{5}{6} - \frac{1}{24} = 0.7916\cdots \quad \text{和} \quad \frac{5}{6} + \frac{1}{24} = 0.875$$

之間；由其他方法可知 $\sin(1)$ 的實際值為 $0.84147\cdots$，的確是落在此範圍。

綜合練習

1. 求出 (1) $\lim\limits_{n \to \infty}\left(1 + \dfrac{2}{n}\right)^n$　(2) $\lim\limits_{n \to \infty}\left(1 + \dfrac{5}{n}\right)^n$

2. 判斷級數 $\sum\limits_{n=1}^{\infty} 3^{1/n}$ 是收斂還是發散。

3. 判斷 $\sum\limits_{n=1}^{\infty} \dfrac{3}{n^n}$ 收斂或發散。

4. 判斷 $\sum\limits_{n=1}^{\infty} \dfrac{n(n^2+1)}{(n+2)^4}$ 收斂或發散。

5. 求出級數 $\sum\limits_{n=0}^{\infty} e^{-n}$ 的值。

6. 判斷級數 $\sum\limits_{n=1}^{\infty} \dfrac{1}{\sqrt{n^3+3}}$ 是收斂還是發散。

7. 判斷級數 $\sum\limits_{n=1}^{\infty} \dfrac{n^3}{2n^4+1}$ 是收斂還是發散。

8. 判斷級數 $\sum\limits_{n=1}^{\infty} \dfrac{n^2}{e^n}$ 是收斂還是發散。

9. 判斷級數 $\sum\limits_{n=0}^{\infty} \dfrac{n!}{(2n)!}$ 是收斂還是發散。

10. 判斷級數 $\sum\limits_{n=1}^{\infty} n\left(\dfrac{3}{4}\right)^n$ 是收斂還是發散。

11. 判斷級數 $\sum\limits_{n=1}^{\infty} \dfrac{n^3}{(\ln 2)^n}$ 是收斂還是發散。

12. 判斷級數 $\sum\limits_{n=1}^{\infty} \dfrac{1}{\sqrt{n!}}$ 是收斂還是發散。

13. 求出級數 $\sum\limits_{n=1}^{\infty} \dfrac{x^n}{n^2}$ 的收斂區間。

14. 求出級數 $\sum\limits_{n=1}^{\infty} n!x^n$ 的收斂區間。

15. 求出級數 $\sum\limits_{n=1}^{\infty} \dfrac{x^n}{n5^n}$ 的收斂區間。

16. 求出級數 $\sum\limits_{n=1}^{\infty} \dfrac{x^n}{2^n}$ 的收斂區間。

17. 判斷下列級數之斂散性

    (a) $\sum\limits_{n=1}^{\infty} \dfrac{1}{n^2+n}$ 　(b) $\sum\limits_{n=1}^{\infty} \dfrac{3^n+2^n}{5^n}$ 　(c) $\sum\limits_{n=0}^{\infty} \dfrac{4}{2^n}$ 　(d) $\sum\limits_{n=1}^{\infty} \dfrac{3^{n-1}-1}{6^{n-1}}$

18. 判斷下列級數之斂散性

    (a) $\sum\limits_{n=1}^{\infty} \dfrac{\ln n}{n}$ 　(b) $\sum\limits_{n=1}^{\infty} \dfrac{5}{n+1}$ 　(c) $\sum\limits_{n=2}^{\infty} \dfrac{\sqrt{n}}{\ln n}$

    (d) $\sum\limits_{n=1}^{\infty} \dfrac{1}{(\ln 2)^n}$ 　(e) $\sum\limits_{n=1}^{\infty} n\sin\dfrac{1}{n}$ 　(f) $\sum\limits_{n=1}^{\infty} \dfrac{e^n}{1+e^{2n}}$

19. 判斷下列級數之斂散性

    (a) $\sum\limits_{n=1}^{\infty} n\ln\left(1+\dfrac{1}{n^2}\right)$ 　(b) $\sum\limits_{n=1}^{\infty} \dfrac{\ln n}{n}$ 　(c) $\sum\limits_{n=1}^{\infty} \dfrac{1}{2^{\ln n}}$

    (d) $\sum\limits_{n=1}^{\infty} \dfrac{\ln n}{n^{\frac{3}{2}}}$ 　(e) $\sum\limits_{n=1}^{\infty} \dfrac{\ln n}{n^2}$ 　(f) $\sum\limits_{n=2}^{\infty} \dfrac{1}{\ln n}$

20. 判斷下列級數之斂散性

    (a) $\sum\limits_{n=2}^{\infty} (-1)^n \dfrac{1}{n(\ln n)^n}$ 　(b) $\sum\limits_{n=1}^{\infty} (-1)^{n+1}\left(\dfrac{n}{10}\right)^n$ 　(c) $\sum\limits_{n=1}^{\infty} (-1)^{n+1}\dfrac{(2n)!}{2^n n! \, n}$

    (d) $\sum\limits_{n=1}^{\infty} \dfrac{\cos n\pi}{n\sqrt{n}}$ 　(e) $\sum\limits_{n=1}^{\infty} (-1)^n \left(\sqrt{n+1}-\sqrt{n}\right)$

21. 判斷下列級數之斂散性

    (a) $\sum\limits_{n=2}^{\infty} \dfrac{n}{(\ln n)^n}$ 　(b) $\sum\limits_{n=0}^{\infty} n! \, e^{-n}$ 　(c) $\sum\limits_{n=1}^{\infty} \dfrac{n^{\sqrt{2}}}{2^n}$

    (d) $\sum\limits_{n=1}^{\infty} \left(\dfrac{n}{n+1}\right)^{n^2}$ 　(e) $\sum\limits_{n=1}^{\infty} \dfrac{2^n}{n^2}$ 　(f) $\sum\limits_{n=1}^{\infty} \dfrac{(2n)!}{n! \, n!}$

22. 判斷下列級數之斂散性

    (a) $\sum\limits_{n=1}^{\infty} \dfrac{n^2}{5n^2+4}$ 　(b) $\sum\limits_{n=1}^{\infty} n^2$ 　(c) $\sum\limits_{n=1}^{\infty} \dfrac{n+1}{n}$

    (d) $\sum\limits_{n=1}^{\infty} (-1)^{n+1}$ 　(e) $\sum\limits_{n=1}^{\infty} \dfrac{-n}{2n+5}$

23. (a) 求 $f(x)=\dfrac{3}{2+x-x^2}$ 在 $x=1$ 處的泰勒級數並求其收斂半徑

    (b) 求 $\ln(1+x)$ 的馬克勞林級數，並證明 $1-\dfrac{1}{2}+\dfrac{1}{3}-\dfrac{1}{4}+\cdots=\ln 2$

    (c) 求 $f(x)=\int_0^x e^t dt$ 的馬克勞林級數

    (d) 求 $f(x)=\sin x$ 在 $x=\dfrac{\pi}{4}$ 處的泰勒級數

    (e) 求 $f(x)=\ln x$ 在 $x=1$ 處的泰勒級數

24. $\lim\limits_{x\to 0}\dfrac{e^x-1-x}{x^2}=$?

25. 若 $f(x)$ 的馬克勞林級數為 $f(x)=1+2x+3x^2+\cdots$ 求：

    (1) ROC 　(2) $f(x)$

26. (1) Derive the formula: $\int_0^1 x^n (\ln x)^k\, dx = \frac{-k}{n+1}\int_0^1 x^n(\ln x)^{k-1}\,dx$

    (2) Derive the formula: $\int_0^1 x^n(\ln x)^k\,dx = \frac{(-1)^n n!}{(n+1)^{n+1}}$

    (3) Use the formula $x^x = e^{x\ln x}$ and the Maclaurin series for e^x to derive the formula:

$$\int_0^1 x^n\,dx = \sum_{n=1}^{\infty}\frac{(-1)^{n-1}}{n^n}$$
【101 中正大學轉學考】

27. 判斷各數列收斂或發散，如果收斂求出其極限。

    (a)$\left\{\frac{n}{2n+1}\right\}_{n=1}^{\infty}$ (b)$\left\{(-1)^{n+1}\frac{n}{2n+1}\right\}_{n=1}^{\infty}$

    (c)$\left\{(-1)^{n+1}\frac{1}{n}\right\}_{n=1}^{\infty}$ (d)$\{8-2n\}_{n=1}^{\infty}$

28. 判斷各級數收斂或發散

    (1)$\sum_{n=1}^{\infty}\sqrt{2}\left(\frac{e}{\pi}\right)^{n-1}$ (2)$\sum_{n=1}^{\infty}\frac{1}{\sqrt{n}}$ (3)$\sum_{n=1}^{\infty}\frac{(-1)^n}{n^2}$ (4)$\sum_{n=1}^{\infty}(1-e^{-n})$
【101 逢甲大學轉學考】

29. Find the radius of convergence of the power series $\sum_{n=0}^{\infty}\frac{x^n}{n!}$
【101 逢甲大學轉學考】

30. Find the Maclaurin polynomial of degree 6 for $f(x)=e^{-x^2}$
【101 元智大學電機系轉學考】

31. $\lim_{n\to\infty}\left(\frac{1}{n+1}+\frac{1}{n+2}+\cdots+\frac{1}{n+n}\right)=$?
【101 淡江大學轉學考】

32. Find the radius of convergence of the power series

$$\sum_{n=1}^{\infty}\frac{(3x+2)^n}{\sqrt{n}}$$
【101 淡江大學轉學考】

33. $\lim_{n\to\infty}\left(\frac{n}{n^2+1^2}+\frac{n}{n^2+2^2}+\cdots+\frac{n}{n^2+n^2}\right)=$?
【101 中原大學轉學考理工組】

34. $\sum_{n=1}^{\infty}(-1)^n\frac{1}{n}=$?
【101 東吳大學經濟系轉學考】

35. What is the interval of convergence for $\sum_{n=0}^{\infty}\frac{(x-1)^n}{(n+1)^2}$
【101 屏教大轉學考】

36. What is the interval of convergence for the power series $1+x+2!x^2+3!x^3+\cdots$ 【101 宜蘭大學轉學考】

37. $\lim_{n\to\infty}\frac{1^6+2^6+\cdots+n^6}{n^7}=$?
【101 中山大學電機系轉學考】

38. $\lim_{n\to\infty}\sum_{k=1}^{n}\frac{k\sqrt{n^2-k^2}}{n^3}=$?
【101 中興大學轉學考】

39. Show that $\sum_{n=1}^{\infty}\frac{(-5)^n}{n!}$ converges absolutely.
【101 中興大學轉學考】

40. Determine whether the series converges or diverges

    (a)$\sum_{n=1}^{\infty}2^n3^{1-n}$ (b)$\sum_{n=1}^{\infty}\frac{4n^2}{n^2+1}$ (c)$\sum_{n=1}^{\infty}\frac{3}{5n^2+4n+1}$ (d)$\sum_{n=1}^{\infty}(-1)^n\frac{n^2}{5^n}$

41. Express 0.3121212... as a fraction
【101 中興大學資管系轉學考】

42. $A_n=1+\left(1+\left(\cdots\left(1+\left(1+\left(1+\frac{1}{n}\right)\frac{1}{n-1}\right)\frac{1}{n-2}\right)\cdots\right)\frac{1}{2}\right)1$, find $\lim_{n\to\infty}A_n$
【101 台北大學統計系轉學考】

43. Use $\sum_{n=0}^{\infty}\frac{x^n}{n!}=e^x$, prove $\sum_{n=0}^{\infty}\frac{n^2x^n}{n!}=(x^2+x)e^x$, and find the sum $\sum_{n=0}^{\infty}\frac{n^2}{n!}$
【100 成功大學轉學考】

44. (1) Find the Taylor series at $x=0$ for $f(x)=\cos x$

    (2) Find the Taylor series at $x=0$ for $g(x)=x^2\cos 5x$

    (3) Use the result of (2) to find $g^{(6)}(0)$
【100 東吳大學經濟系轉學考】

45. Use ratio test to determine which of the following series converges.

(1) $\sum\limits_{n=0}^{\infty} \dfrac{n!}{3^n}$ (2) $\sum\limits_{n=1}^{\infty} \dfrac{7n!}{2^{n+1}}$ (3) $\sum\limits_{n=1}^{\infty} \dfrac{n!}{(2n+1)!}$ 【100 東吳大學經濟系轉學考】

46. Find the interval of convergence of $\sum\limits_{n=1}^{\infty} \dfrac{(-1)^n (x+1)^n}{n}$ 【100 元智大學電機系轉學考】

47. Given that $\ln(1+x) = \sum\limits_{n=0}^{\infty} \dfrac{(-1)^n x^{n+1}}{n+1}, |x| < 1$. Then the sum of the series $\sum\limits_{n=1}^{\infty} \dfrac{1}{n2^n} = ?$ 【100 逢甲大學轉學考】

附錄：級數公式與常用之冪級數

1. 等比級數

$$S_n = \sum_{k=1}^{\infty} c_k = c_1 + c_2 + \cdots c_n = c_1 + c_1 r + \cdots + c_1 r^{n-1}$$

$$= \dfrac{c_1(1 - r^n)}{1 - r}$$

$$if \ |r| < 1 \Rightarrow \lim_{n \to \infty} S_n = \dfrac{c_1}{1 - r}$$

2. 常用之級數公式

(1) $\sum\limits_{k=1}^{\infty} k = 1 + 2 + \cdots + n = \dfrac{n(n+1)}{2}$

(2) $\sum\limits_{k=1}^{\infty} k^2 = 1^2 + 2^2 + \cdots + n^2 = \dfrac{n(n+1)(2n+1)}{6}$

(3) $\sum\limits_{k=1}^{\infty} k^3 = 1^3 + 2^3 + \cdots + n^3 = \left(\dfrac{n(n+1)}{2}\right)^2$

3. 常用之冪級數

(1) $e^x = 1 + x + \dfrac{x^2}{2!} + \dfrac{x^3}{3!} + \cdots$

(2) $\cos x = 1 - \dfrac{x^2}{2!} + \dfrac{x^4}{4!} - + \cdots$

(3) $\sin x = x - \dfrac{x^3}{3!} + \dfrac{x^5}{5!} - + \cdots$

(4) $e^{\pm ix} = \cos x \pm i \sin x$

(5) $\cos x = \dfrac{e^{ix} + e^{-ix}}{2}, \sin x = \dfrac{e^{ix} - e^{-ix}}{2i}$

(6) $\cosh x = \dfrac{e^x + e^{-x}}{2}, \sinh x = \dfrac{e^x - e^{-x}}{2}$

Young men should prove theorems, old men should write books.

Godfrey H. Hardy

11

多變數函數與偏微分

容忍比自由還更重要

胡適

11-1 多變數函數

我們前面所探討的函數都只有一個變數（如 $y=f(x)$），但是現實世界裡有許多物理量的值是同時與兩個（或更多個）變數有關。例如，三角形的面積同時與其底及高有關，長方體的體積同時與其長寬高有關，n 個實數的平均值同時與這 n 個數有關。

本章將考慮**多變數函數**（functions of several variables）。多變數函數的微積分常被稱作**多變數微積分**（Multivariable Calculus），我們前面所學的則可稱作**單變數微積分**（Single Variable Calculus）。

雙變數函數

定義：假設 D 是 xy 平面的某個非空部分集合。如果有一個規則 $f(x, y)$ 可將 D 中的每一點 (x, y) 對應到一個實數 $f(x, y)$，我們稱 $f(x, y)$ 為一個**雙變數函數**（function of two variables），集合 D 稱為 $f(x, y)$ 的**定義域**（domain），所有 $f(x, y)$ 所成的集合稱為 $f(x, y)$ 的**值域**（range）。

說例：令 $f(x, y)=3x^2\sqrt{y}-1$，求 $f(1, 4)$ 與 $f(0, 9)$。

解　　$f(1, 4)=3(1)^2\sqrt{4}-1=5, f(0, 9)=3(0)^2\sqrt{9}-1=-1$。

觀念提示：(1) 假設 D 是三維空間的某個非空部分集合。如果有一個規則 f 可將 D 中的每一點 (x, y, z) 對應到一個實數 $f(x, y, z)$，那麼 f 是一個**三個變數的函數**（function of three variables）。

　　　　(2) 一般而言，如果有一個規則 f 可將 n 維空間的某個非空部分集合 D 中的每一點 $(x_1, x_2, \cdots, x_n)$ 對應到一個實數 $f(x_1, x_2, \cdots, x_n)$，那麼 f 是一個 n **個變數的函數**（function of n variables）。

　　　　(3) 如果 f 是單變數函數，xy 平面上的 $f(x)$ 的**圖形**（graph）就是方程式 $y=f(x)$ 的圖形；一般而言，這樣的圖形是平面上的一條**曲線**（curve）。

　　　　(4) 如果 f 是雙變數函數，三維空間中的 $f(x, y)$ 的圖形就是方程式 $z=f(x, y)$ 的圖形；一般而言，這樣的圖形是三維空間中的一個**曲面**（surface）。

1. 球面及平面方程式

如圖 1 所示，$x^2+y^2+z^2=1$ 為一個以原點為球心，半徑為 1 之球面方程式。$x+\dfrac{1}{2}y+z=1$ 為一個與 x 軸，y 軸，z 軸之截距分別為 1，2，1，之平面方程式。

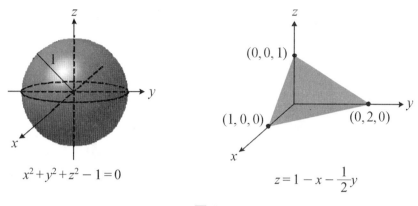

圖 1

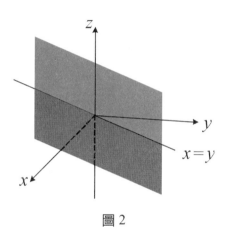

圖 2

· 如果某個曲面的方程式只用到了 x, y, z 中的兩個變數，要得出其圖形時首先我們先在那兩個變數所在的平面上畫出雙變數函數的圖形，然後將此圖往未用到的變數的坐標軸平移即可，如圖 2 所示。

2. 柱狀曲面

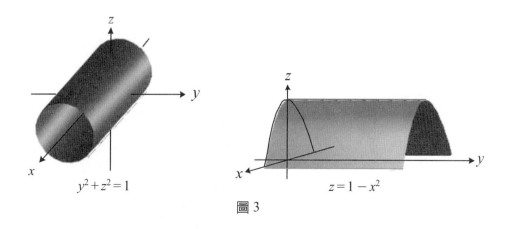

圖 3

‧一個曲面方程式若只用到 x, y, z 中的兩個變數，其圖形必為一柱狀曲面（cylindrical surface），如圖 3 及圖 4 所示。

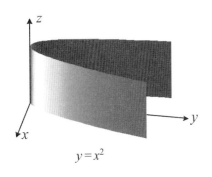

$y = x^2$

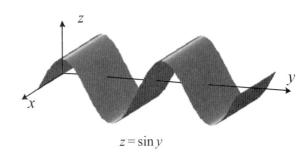

$z = \sin y$

圖 4

3. 其他曲面方程式如圖 5～圖 7

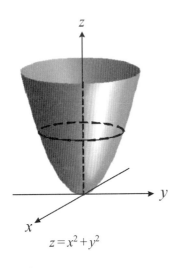

$z = x^2 + y^2$

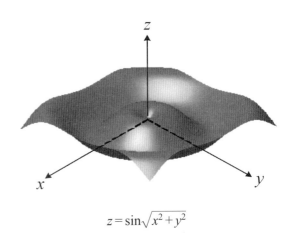

$z = \sin\sqrt{x^2 + y^2}$

圖 5

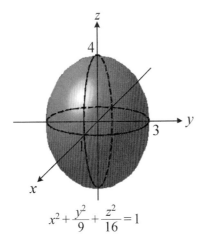

$x^2 + \dfrac{y^2}{9} + \dfrac{z^2}{16} = 1$

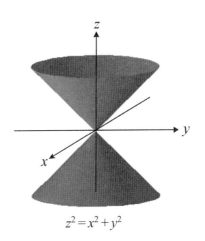

$z^2 = x^2 + y^2$

圖 6

圖 7

4. 等高線圖

- 雙變數函數除了用三維空間中的曲面表示外，還可用等值曲線圖來表示。
- 如果我們用水平平面 $z=k$ 切割曲面 $z=f(x, y)$，相交的點都滿足方程式 $f(x, y)=k$，將這條曲線投影到 xy 平面上的結果稱爲**高度爲 k 的等值曲線**（level curve of height k 或 level curve with constant k），如圖 8 所示。
- level curve 也常翻譯作**等高曲線、等高線**。

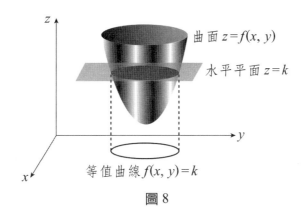

圖 8

5. 等值曲線圖

- 曲面 $z=f(x, y)$ 的一些等值曲線所成的集合稱爲 $f(x, y)$ 的**等值曲線圖**（contour plot 或 contour map），如圖 9 所示。

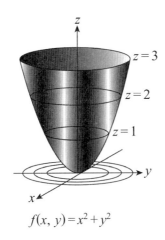

$f(x, y) = x^2 + y^2$

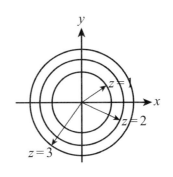

$f(x, y)$ 的 等 值 曲 線 圖

圖 9

- 如果將所有等高線提升到相對的
  高度,理論上就可以拼湊出曲面
  的圖形。
- 等高線在描繪山區地形圖中很常
  見。
- 在等高線很密集的地方圖形會比
  較陡(例如峭壁),在等高線較
  稀疏的地方圖形比較平坦(例如
  草坪)。
- 氣象學裡有用到等溫線和等壓
  線。
- 除非有軟體或其他工具協助,否
  則一般數學曲面的等值曲線圖常不容易繪製。

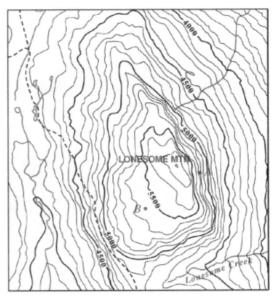

說例：

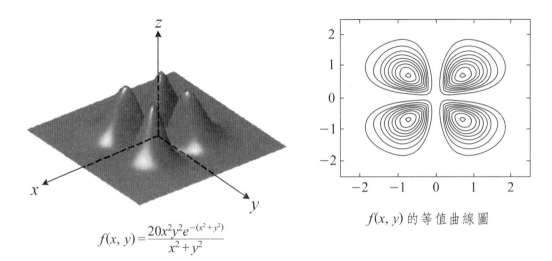

$$f(x, y) = \frac{20x^2y^2e^{-(x^2+y^2)}}{x^2+y^2}$$

$f(x, y)$ 的等值曲線圖

說例：

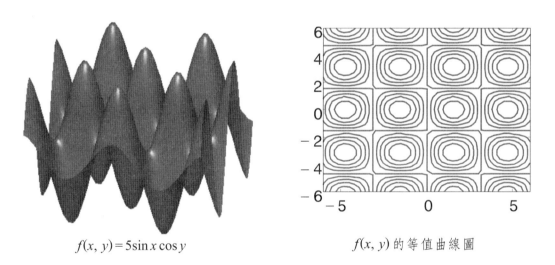

$f(x, y) = 5\sin x \cos y$

$f(x, y)$ 的等值曲線圖

6. 等值曲面

・單變數函數 $y = f(x)$ 的圖形是二維空間裡的一條曲線，雙變數函數 $z = f(x, y)$ 的圖形是三維空間裡的一個曲面，可看出：圖形所在的空間的維度都比自變數的個數多 1。

・方程式 $f(x, y, z) = k$ 的圖形是三維空間裡的一個曲面（例如 $x^2 + y^2 + z^2 = 1$ 的圖形是一個球面），這樣的曲面稱為**高度為 k 的等值曲面**或**等高面**（level surface with constant k），與 $z = f(x, y)$ 比較，$f(x, y, z) = k$ 是曲面之隱函數表示式。

11-2 多變數函數的極限

就單變數函數 $f(x)$ 而言，若 $f(x)$ 在 $x=x_0$ 點之極限存在，則表示左極限與右極限均存在，且收斂至相同的值。

$$\lim_{x \to x_0} f(x) = l \Leftrightarrow \lim_{x \to x_0^-} f(x) = \lim_{x \to x_0^+} f(x) = l$$

對多變數函數而言，當我們要趨近某個點時，情況較以前複雜，因為現在可能的方向有無窮多個，如圖 10 所示。

平面上的點可從各個方向趨近(a, b)：

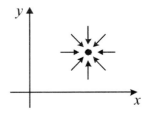

圖 10

定義：令 $f(x, y)$ 為一個雙變數函數且 (a, b) 為平面上一點，如果對任意 $\varepsilon > 0$ 我們都可找到一個 $\delta > 0$ 使得所有滿足

$$0 < \sqrt{(x-a)^2 + (y-b)^2} < \delta$$

的 (x, y) 都滿足 $|f(x, y) - L| < \varepsilon$，我們稱 L 為 $f(x, y)$ 在 (a, b) 的極限值，並記作

$$\lim_{(x, y) \to (a, b)} f(x, y) = L$$

‧以上的定義簡而言之就是：如果當 (x, y) 到 (a, b) 的距離很小時，$f(x, y)$ 到 L 的距離也會很小，那麼 $f(x, y)$ 在 (a, b) 的極限值為 L。

觀念提示：可將 ε 看成是誤差而 δ 是指使 $|f(x, y) - L| < \varepsilon$ 達成的方式，若不論誤差多小都能藉著縮小 δ 來達成 $\Rightarrow$ 稱 $f(x, y)$ 在點 (a, b) 之極限存在。

定理 1：若 $\lim_{\substack{x \to a \\ y \to b}} f(x, y) = l_1, \lim_{\substack{x \to a \\ y \to b}} g(x, y) = l_2$，則有

(a) $\lim_{\substack{x \to a \\ y \to b}} [f(x, y) \pm g(x, y)] = l_1 \pm l_2$

(b) $\lim_{\substack{x \to a \\ y \to b}} f(x, y) g(x, y) = l_1 \times l_2$

(c) $\lim_{\substack{x \to a \\ y \to b}} \dfrac{f(x, y)}{g(x, y)} = \dfrac{l_1}{l_2} \ (l_2 \neq 0)$

　　由極限之定義可知：若極限存在，則極限值與趨近的路徑無關；換言之，若極限存在，則由任何路徑趨近(a, b)，所得之極限值均相同。

定義：令$f(x, y)$為一個雙變數函數且(a, b)為平面上一點，如果

$$\lim_{(x, y) \to (a, b)} f(x, y) = f(a, b)$$

我們稱$f(x, y)$在(a, b)連續（continuous at (a, b)）。

‧ 如果f在xy平面上的某個區域 $\boldsymbol{R}$ 中的每個點都連續，我們稱$f(x, y)$在 $\boldsymbol{R}$ 連續（continuous on R）。

‧ 簡而言之，如果$f(x, y)$在 $\boldsymbol{R}$ 連續，那麼$f(x, y)$在三維空間中的圖形（一個曲面）在 $\boldsymbol{R}$ 內不會有「破洞」、「斷崖」或「火山口」。

以上對雙變數函數極限及連續的定義都能延伸到更多個變數的情形。

定理 2：多變數函數$f(x, y)$在某點(x_0, y_0)之極限（iterated limit）具有以下的性質：

$$\lim_{\substack{x \to x_0 \\ y \to y_0}} f(x, y) = l \Rightarrow \lim_{x \to x_0} \lim_{y \to y_0} f(x, y) = \lim_{y \to y_0} \lim_{x \to x_0} f(x, y) = l$$

觀念提示：　1. 若 $\lim\limits_{x \to x_0} \lim\limits_{y \to y_0} f(x, y) \neq \lim\limits_{y \to y_0} \lim\limits_{x \to x_0} f(x, y) \Rightarrow \lim\limits_{\substack{x \to x_0 \\ y \to y_0}} f(x, y)$ 不存在

　　　　　　　2. 若 $\lim\limits_{x \to x_0} \lim\limits_{y \to y_0} f(x, y) = \lim\limits_{y \to y_0} \lim\limits_{x \to x_0} f(x, y) \Rightarrow \lim\limits_{\substack{x \to x_0 \\ y \to y_0}} f(x, y)$ 不一定存在

　　　　　　　　因上式並不能包含所有(x, y)趨近(x_0, y_0)點可能的路徑，故定理 2 僅可用來證明極限不存在。

　　　　　　　3. $\lim\limits_{\substack{x \to 0 \\ y \to 0}} f(x, y) = l \Rightarrow \lim\limits_{x \to 0} f(x, mx) = \lim\limits_{x \to 0} f(x, mx^2) = \cdots = l$

　　　　　　　　若極限存在，則以任何方式逼近均可收斂至相同的值，通常上式用來證明極限不存在。

例題 1：$\lim\limits_{\substack{x \to 0 \\ y \to 0}} \dfrac{x^2 - y^2}{x^2 + y^2} = ?$　　　　　　　　　　　　　　　【交大工工所】

解　　（法一）疊極限：

$$\lim_{x \to 0} \lim_{y \to 0} \frac{x^2 - y^2}{x^2 + y^2} = \lim_{x \to 0} \frac{x^2}{x^2} = 1$$

$$\lim_{y \to 0} \lim_{x \to 0} \frac{x^2 - y^2}{x^2 + y^2} = \lim_{y \to 0} \frac{-y^2}{y^2} = -1$$

$$\therefore 極限不存在$$

（法二）令 $y=mx$ 代入

$$\lim_{(x,\,y)\to(0,\,0)}f(x,\,y)=\lim_{x\to0}\frac{1-m^2}{1+m^2}\text{ is a function of }m$$

∴極限不存在

例題 2： $\displaystyle\lim_{(x,\,y)\to(0,\,0)}\frac{x^3y}{x^6+y^2}=?$ 【逢甲大學轉學考】

解 令 $y=mx$ 代入 $\displaystyle\lim_{x\to0}\frac{m^2x^3}{x^2+m^4x^4}=0$

三次逼近：令 $y=mx^3$ 代入

$$\lim_{(x,\,y)\to(0,\,0)}\frac{x^3y}{x^6+y^2}=\lim_{x\to0}\frac{mx^6}{x^6+m^2x^6}=\frac{m}{1+m^2}\text{ is a function of }m$$

∴極限不存在

例題 3：Compute the limit: $\displaystyle\lim_{y\to0}\left(\lim_{x\to0}\frac{\cos x\sin y}{x-y}\right)$ 【101 中興大學土木系轉學考】

解 $\displaystyle\lim_{y\to0}\left(\lim_{x\to0}\frac{\cos x\sin y}{x-y}\right)=\lim_{y\to0}\frac{\sin y}{-y}=-1$

例題 4：Let $f(x,\,y)=\dfrac{x^3+y^3}{x^2+y^2}$ for $(x,\,y)\neq(0,\,0)$. Is it possible to define $f(0,\,0)$ in a way that makes f continuous at the origin? 【101 台聯大轉學考】

解 令 $\begin{cases}x=r\cos\theta\\y=r\sin\theta\end{cases}$

$$\lim_{(x,\,y)\to(0,\,0)}\frac{x^3+y^3}{x^2+y^2}=\lim_{r\to0}\frac{r^3(\cos^3\theta+\sin^3\theta)}{r^2}$$
$$=0$$

If we let $f(0,\,0)=0\Rightarrow\displaystyle\lim_{(x,\,y)\to(0,\,0)}f(x,\,y)=0\Rightarrow f(x,\,y)$ is continuous at the origin.

例題 5：計算 $\displaystyle\lim_{(x,\,y)\to(0,\,0)}\frac{5x^2y}{x^2+y^2}=?$ 【100 嘉義大學轉學考】

解 令 $\begin{cases}x=r\cos\theta\\y=r\sin\theta\end{cases}$

$$\lim_{(x,\,y)\to(0,\,0)}\frac{5x^2y}{x^2+y^2}=\lim_{r\to0}\frac{5r^2\cos^2\theta\cdot r\sin\theta}{r^2}$$
$$=5\cos^2\theta\sin\theta\lim_{r\to0}r$$
$$=0$$

例題 6：Compute $\displaystyle\lim_{(x,\,y)\to(0,\,0)}\frac{x^2\sin^2y}{x^2+100|y|}$ 　　　　【101 台北大學資工系轉學考】

解　　　$0\le\dfrac{x^2\sin^2y}{x^2+100|y|}\le\dfrac{x^2\sin^2y}{x^2}=\sin^2y$

$\displaystyle\lim_{(x,\,y)\to(0,\,0)}\sin^2y=0\Rightarrow\lim_{(x,\,y)\to(0,\,0)}\frac{x^2\sin^2y}{x^2+100|y|}=0$（夾擠定理）

11-3　偏微分

　　微分（導數）討論的是單變數函數（$y=f(x)$）中因變數（y）相對於自變數（x）之變化率，偏微分（偏導數）則在討論一多變數函數中函數（因變數）相對於某一個自變數的變化率。

定義：偏導數（Partial Derivatives），若 $z=f(x,y)$，則有

$$\frac{\partial f}{\partial x}=\lim_{\Delta x\to0}\frac{f(x+\Delta x,\,y)-f(x,\,y)}{\Delta x}\equiv f_x$$
$$\frac{\partial f}{\partial y}=\lim_{\Delta y\to0}\frac{f(x,\,y+\Delta y)-f(x,\,y)}{\Delta y}\equiv f_y$$
$$\frac{\partial}{\partial x}\left(\frac{\partial f}{\partial x}\right)=\frac{\partial^2 f}{\partial x^2}=\lim_{\Delta x\to0}\frac{f_x(x+\Delta x,\,y)-f_x(x,\,y)}{\Delta x}\equiv f_{xx}$$
$$\frac{\partial}{\partial y}\left(\frac{\partial f}{\partial y}\right)=\frac{\partial^2 f}{\partial y^2}=\lim_{\Delta y\to0}\frac{f_y(x,\,y+\Delta y)-f_y(x,\,y)}{\Delta y}\equiv f_{yy}\tag{1}$$
$$\frac{\partial}{\partial x}\left(\frac{\partial f}{\partial y}\right)=\frac{\partial^2 f}{\partial x\partial y}=\lim_{\Delta x\to0}\frac{f_y(x+\Delta x,\,y)-f_y(x,\,y)}{\Delta x}\equiv f_{yx}$$
$$\frac{\partial}{\partial y}\left(\frac{\partial f}{\partial x}\right)=\frac{\partial^2 f}{\partial y\partial x}=\lim_{\Delta y\to0}\frac{f_x(x,\,y+\Delta y)-f_x(x,\,y)}{\Delta y}\equiv f_{xy}$$

觀念提示：　1. 多變數函數對某一自變數偏微分時，其餘自變數均視為常數。

　　　　　　　對有三個變數的函數 $f(x,y,z)$，總共有三個偏導數：

　　　　　　　$f_x(x,y,z),f_y(x,y,z),$ 和 $f_z(x,y,z)$

(1) 計算 f_x 時，將函數 f 對 x 微分，將 y 和 z 看成常數。

(2) 計算 f_y 時，將 x 和 z 看成常數。

(3) 計算 f_z 時，將 x 和 y 看成常數。

2. 根據以上之結果可延伸出多變數函數的偏導數：

令 $f(x_1, x_2, \cdots, x_n)$ 是 n 個變數的函數，則 f 對 x_i（$1 \leq i \leq n$）的偏導數為 f_{x_i}

$$\frac{\partial f(x_1, \cdots, x_i, \cdots, x_n)}{\partial x_i} = \lim_{h \to 0} \frac{f(x_1, \cdots, x_i+h, \cdots, x_n) - f(x_1, \cdots, x_i, \cdots, x_n)}{h}$$

3. $z = f(x, y)$ 的偏導數在點 (x_0, y_0) 的值可記成

$$\frac{\partial f}{\partial x}\bigg|_{x=x_0,\, y=y_0},\ \frac{\partial z}{\partial x}\bigg|_{(x_0,\, y_0)},\ \frac{\partial f}{\partial x}\bigg|_{(x_0,\, y_0)},\ \frac{\partial f}{\partial x}(x_0, y_0),\ \frac{\partial z}{\partial x}(x_0, y_0)$$

說例：若 $f(x, y) = x \tan^{-1} xy$，則

$$f_x(x, y) = x\frac{y}{1+(xy)^2} + \tan^{-1} xy = \frac{xy}{1+x^2y^2} + \tan^{-1} xy$$

且

$$f_y(x, y) = x\frac{x}{1+(xy)^2} = \frac{x^2}{1+x^2y^2}$$

說例：若 $f(x, y) = e^{xy} + \ln(x^2 + y)$，則

$$f_x(x, y) = ye^{xy} + \frac{2x}{x^2+y}$$

且

$$f_y(x, y) = xe^{xy} + \frac{1}{x^2+y}$$

例題 7：Let $f(x, y) = \begin{cases} \dfrac{x^2+2y^3}{x^2+y^2}; & \text{if } (x, y) \neq (0, 0) \\ 0; & \text{if } (x, y) = (0, 0) \end{cases}$. Find $f_y(0, 0)$ 【100 台聯大轉學考】

解　　$$f_y(0, 0) = \lim_{h \to 0}\frac{f(0, 0+h) - f(0, 0)}{h} = \lim_{h \to 0}\frac{2h^3}{h^3} = 2$$

偏導數的幾何意義

· 變數只有一個時，實數 $f'(x_0)$ 為函數 $f(x)$ 在 $x = x_0$ 處對 x 的變化率。

· 當變數有兩個時，實數 $f_x(x_0, y_0)$ 為函數 $f(x, y_0)$ 在 $x = x_0$ 處對 x 的變化率，如圖 11 所示。

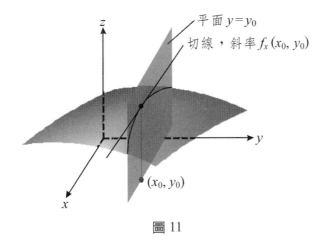

圖 11

‧實數 $f_y(x_0, y_0)$ 為函數 $f(x_0, y)$ 在 $y=y_0$ 處對 y 的變化率，如圖 12 所示。

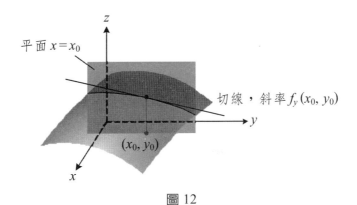

圖 12

例題 8：若 $f(x, y)=x^2y+5y^3$，求：

(a)曲面 $z=f(x, y)$ 於點$(1, -2)$處於 x 方向的變化率。

(b)曲面 $z=f(x, y)$ 於點$(1, -2)$處於 y 方向的變化率。

解　　(a)$f_x(x, y)=2xy$，因此變化率為$f_x(1, -2)=-4$。

　　　(b)$f_y(x, y)=x^2+15y^2$，因此變化率為$f_y(1, -2)=64$。

例題 9：$z=x^4\sin(xy^3)$，求 $\dfrac{\partial z}{\partial x}$ 和 $\dfrac{\partial z}{\partial y}$。

解　　$$\frac{\partial z}{\partial x}=\frac{\partial}{\partial x}[x^4\sin(xy^3)]=x^4\frac{\partial}{\partial x}[\sin(xy^3)]+\sin(xy^3)\cdot\frac{\partial}{\partial x}(x^4)$$

$$= x^4 \cos(xy^3) \cdot y^3 + \sin(xy^3) \cdot 4x^3 = x^4 y^3 \cos(xy^3) + 4x^3 \sin(xy^3)$$

$$\frac{\partial z}{\partial y} = \frac{\partial}{\partial y}[x^4 \sin(xy^3)] = x^4 \frac{\partial}{\partial y}[\sin(xy^3)]$$

$$= x^4 \cos(xy^3) \cdot 3xy^2 = 3x^5 y^2 \cos(xy^3)$$

例題 10： $\lim\limits_{(x,\,y)\to(1,\,0)} \dfrac{f(x,\,y)-1}{x-1}, f(x,\,y)=x\,(x^2+y^2)^{-1.5}\,e^{\sin(x^2 y)}$

【101 台北大學資工系轉學考】

解　　　 $\lim\limits_{(x,\,y)\to(1,\,0)} \dfrac{f(x,\,y)-1}{x-1} = \lim\limits_{(x,\,y)\to(1,\,0)} \dfrac{f(x,\,y)-f(1,\,0)}{x-1} = f_x(1,\,0)$

$f_x(x,\,y) = (x^2+y^2)^{-1.5}\,e^{\sin(x^2 y)} - 3x^2(x^2+y^2)^{-2.5}\,e^{\sin(x^2 y)} + 2x^2 y(x^2+y^2)^{-1.5}\,e^{\sin(x^2 y)}\cos(x^2 y)$

$\Rightarrow f_x(1,\,0) = 2$

說例：若 $f(x,\,y)=2x+y$，則 $f_y=1, f_{yx}=0, f_{yxy}=0$。

說例：若 $f(x,\,y)=x^2 y$，則 $f_x=2xy, f_{xy}=2x, f_{xx}=2y, f_{xxy}=2$。

說例：若 $f(x,\,y)=\sin x \cos y$，則

$$f_x = \cos x \cos y$$

$$f_y = -\sin x \sin y$$

$$f_{xy} = -\cos x \sin y$$

$$f_{yx} = -\cos x \sin y$$

$$f_{xx} = -\sin x \cos y$$

$$f_{xxxx} = \sin x \cos y$$

混合二階偏導數的重要性質

定理 3：令 f 為一個雙變數函數，如果 f_x, f_y, f_{xy} 和 f_{yx} 都在某個開區間連續，那麼在其中的每一點 $f_{xy}=f_{yx}$。

說例：假設 $f(x,\,y)=\ln(x^2+y^3)$，則

$$\frac{\partial f}{\partial x} = \frac{2x}{x^2+y^3} \quad 且 \quad \frac{\partial f}{\partial y} = \frac{3y^2}{x^2+y^3}$$

混合二階偏導數為

$$\frac{\partial^2 f}{\partial y \partial x} = \frac{-2x(3y^2)}{(x^2+y^3)^2} = -\frac{6xy^2}{(x^2+y^3)^2}$$

$$\frac{\partial^2 f}{\partial x \partial y} = \frac{-3y^2(2x)}{(x^2+y^3)^2} = -\frac{6xy^2}{(x^2+y^3)^2} = \frac{\partial^2 f}{\partial y \partial x}$$

例題 11：Let $z = \tan^{-1} \dfrac{x}{y}$. Verify that $\dfrac{\partial^2 z}{\partial x^2} + \dfrac{\partial^2 z}{\partial y^2} = 0$　　【101 逢甲大學轉學考】

解

$$\frac{\partial z}{\partial x} = \frac{\partial}{\partial x}\left(\tan^{-1}\frac{x}{y}\right) = \frac{y}{x^2+y^2}$$

$$\frac{\partial^2 z}{\partial x^2} = \frac{\partial}{\partial x}\left(\frac{y}{x^2+y^2}\right) = \frac{-2xy}{(x^2+y^2)^2}$$

$$\frac{\partial z}{\partial y} = \frac{\partial}{\partial y}\left(\tan^{-1}\frac{x}{y}\right) = \frac{-x}{x^2+y^2}$$

$$\frac{\partial^2 z}{\partial y^2} = \frac{\partial}{\partial y}\left(\frac{-x}{x^2+y^2}\right) = \frac{2xy}{(x^2+y^2)^2}$$

$$\therefore \frac{\partial^2 z}{\partial x^2} + \frac{\partial^2 z}{\partial y^2} = 0$$

臨界點

- 假設有一座山的表面是 $z = f(x, y)$ 的圖形，如果我們在爬這座山，我們如何知道我們正位於山頂？

- 當我們位於山頂時，任何一個方向的切線都是水平的，斜率必為 0。由於 $\dfrac{\partial f}{\partial x}$ 和 $\dfrac{\partial f}{\partial y}$ 是其中的兩條特殊的切線的斜率，因此 $\dfrac{\partial f}{\partial x} = 0$ 且 $\dfrac{\partial f}{\partial y} = 0$，如圖 13 所示。

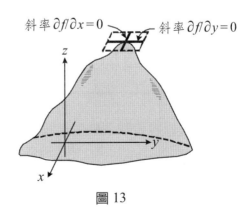

圖 13

- 我們可以利用上述觀念來求出一座山的山頂的位置，我們只需求出兩個偏微分，令它們等於 0，聯立解出滿足的 (x, y) 即可。

- 這樣的點（稱為**臨界點，**critical points）是山頂可能的位置，山頂只可能位

於這種位置。

·事實上，山谷的谷底也只可能位於這種位置。

·對雙變數函數 $f(x, y)$，這樣的技巧能讓我們求出函數的極大值和極小值。

例題 12：x, y, z 三數的和為 120，請問：當 x, y, z 分別是多少時，它們的乘積最大？

解　我們想要求函數 $f(x, y, z) = xyz$ 的極大值，而 x, y, z 須滿足 $x + y + z = 120$。

利用 $x + y + z = 120$，我們可以將變數個數由三個減少成兩個：

$$f(x, y) = xy(120 - x - y) = 120xy - x^2 y - xy^2$$

求出兩個偏微分並分別令其等於 0：

$$\frac{\partial f}{\partial x} = 120y - 2xy - y^2 = 0 \quad 且 \quad \frac{\partial f}{\partial y} = 120x - x^2 - 2xy = 0$$

$$y(120 - 2x - y) = 0 \quad 且 \quad x(120 - x - 2y) = 0$$

如果 x 或 y 為 0，我們將得極小值而非極大值，因此我們假設它們不是 0，因此

$$120 - 2x - y = 0$$

$$120 - x - 2y = 0$$

聯立求解得

$$x = 40 \quad 且 \quad y = 40$$

既然 $z = 120 - x - y$，因此 $z = 40$。因此當 x, y, z 三數都等於 40 時，它們的乘積有極大值 $(40)^3 = 64000$。

例題 13：x, y, z 三數的乘積為 8，請問：當 x, y, z 分別是多少時，函數 $f(x, y, z) = 2xy + xz + yz$ 有最小值？

解　利用 $xyz = 8$，我們可以將變數個數由三個減少成兩個：

$$f(x, y) = 2xy + x\frac{8}{xy} + y\frac{8}{xy} = 2xy + \frac{8}{y} + \frac{8}{x}$$

求出兩個偏微分並分別令其等於 0：

$$\frac{\partial f}{\partial x} = 2y - \frac{8}{x^2} = 0 \quad 且 \quad \frac{\partial f}{\partial x} = 2x - \frac{8}{y^2} = 0$$

解得 $x = 4^{\frac{1}{3}}$，由 $x = 4^{\frac{1}{3}}$ 可得 $y = 4^{\frac{1}{3}}$ 及 $z = 2\left(4^{\frac{1}{3}}\right)$。

例題 14：某個長方體的一個頂點是原點，與原點相鄰的三個面分別位於三個坐標平面上，而原點的斜對角是第一卦限中平面 $2x+3y+4z=12$ 上的一點。請問此長方體的最大體積是多少？

解　我們想要求函數 $f(x, y, z)=xyz$ 的極大值，而 x, y, z 須滿足 $2x+3y+4z=12$。

利用 $2x+3y+4z=12$，我們可以將變數個數由三個減少成兩個：

$$f(y, z)=\left(6-\frac{3}{2}y-2z\right)yz$$
$$=6yz-\frac{3}{2}y^2z-2yz^2$$

求出兩個偏微分並分別令其等於 0：

$$\frac{\partial f}{\partial y}=6z-3yz-2z^2=0 \quad 且 \quad \frac{\partial f}{\partial z}=6y-\frac{3}{2}y^2-4yz=0$$

因此

$$z(6-3y-2z)=0 \quad 且 \quad y\left(6-\frac{3}{2}y-4z\right)=0$$

如果 $z=0$ 或 $y=0$ 體積將為 0，不會是極大值，因此

$$6-3y-2z=0 \quad 且 \quad 6-\frac{3}{2}y-4z=0$$

聯立求解得 $y=\frac{4}{3}$ 且 $z=1$，由平面方程式得 $x=2$，因此長方體的最大體積為 $2 \cdot \frac{4}{3} \cdot 1=\frac{8}{3}$。

11-4　連鎖律

1. 多變數函數的全微分

若 f 為多變數函數，則全微分 df 的涵義是指多變數函數 f 內的每一個自變數均做一個無限小（但不是 0）的變化後，所導致 f 的總變化量。以雙變數函數為例，令 $z=f(x, y)$，則

$$\Delta z=f(x+\Delta x, y+\Delta y)-f(x, y) \tag{2}$$

$$= [f(x + \Delta x, y + \Delta y) - f(x + \Delta x, y)] + [f(x + \Delta x, y) - f(x, y)]$$

根據均值定理（MVT）及偏微分之定義式可得：

$$f(x + \Delta x, y + \Delta y) - f(x + \Delta x, y) = f_y\ (x + \Delta x, y + t_1 \Delta y) \Delta y;\ t_1, t_2 \in (0, 1) \tag{3}$$
$$f(x + \Delta x, y) - f(x, y) = f_x\ (x + t_2 \Delta x, y) \Delta x$$

則當 $\Delta z \to dz$, $\Delta x \to dx$, $\Delta y \to dy$

(2)式變為

$$dz = \frac{\partial f}{\partial x} dx + \frac{\partial f}{\partial y} dy \tag{4}$$

(4)式表示因變數的總變化量，dz，等於各自變數的微量變化所導致的變化量總和。

2. 多變數函數的連鎖律（Chain rule）

在第 4 章中曾經討論過單變數函數的連鎖律，主要應用於合成函數中。如果 f 是 g 的函數而且 g 是 x 的函數，那麼

$$\frac{df}{dx} = f'(g(x))g'(x) = \frac{df}{dg}\frac{dg}{dx} \tag{5}$$

例如：$f = g^4$，$g = x^2 + 3x$（也就是 $f = (x^2 + 3x)^4$），那麼
$$\frac{df}{dx} = f'(g(x)) \cdot g'(x) = 4g^3(2x + 3) = 4\ (x^2 + 3x)^3(2x + 3)$$
現在就以幾個不同的情況討論多變數函數的連鎖律

$Case\ 1$：假設 $f = f(u, v)$ 而 $u = u\ (x, y)$ 且 $v = v\ (x, y)$。

$$\frac{\partial f}{\partial x} = \frac{\partial f}{\partial u}\frac{\partial u}{\partial x} + \frac{\partial f}{\partial v}\frac{\partial v}{\partial x}$$

同理，

$$\frac{\partial f}{\partial y} = \frac{\partial f}{\partial u}\frac{\partial u}{\partial y} + \frac{\partial f}{\partial v}\frac{\partial v}{\partial y}$$

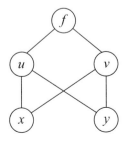

以 $\dfrac{\partial f}{\partial x}$ 為例，等號左邊表示因變數（f）相對於自變數 x 之變化率，而等號右邊則表示由於自變數 x 之微量變化導致變數 u, v 產生變化，其變化率分別為 $\dfrac{\partial u}{\partial x}$，$\dfrac{\partial v}{\partial x}$，而 u, v（相對於 f 而言為自變數）之微量變化分別導致 $f(u, v)$ 產生變化，其變化率分別為 $\dfrac{\partial f}{\partial u}$，$\dfrac{\partial f}{\partial v}$，不難理解，將所有可能因 x 之微量變化而導致 f 改變之路徑相加起來即為 $\dfrac{\partial f}{\partial x}$。

Case 2：Let $\phi = f(x, y)$ $\begin{cases} x = g(t) \\ y = h(t) \end{cases}$，則應用連微法則可得：

$$\Rightarrow \frac{d\phi}{dt} = \frac{\partial f}{\partial x}\frac{dx}{dt} + \frac{\partial f}{\partial y}\frac{dy}{dt}$$

Case 3：假設 $u = u(x, y, z)$ 而 $x = x(s, t), y = y(s, t), z = z(s, t)$。

$$\frac{\partial u}{\partial s} = \frac{\partial u}{\partial x}\frac{\partial x}{\partial s} + \frac{\partial u}{\partial y}\frac{\partial y}{\partial s} + \frac{\partial u}{\partial z}\frac{\partial z}{\partial s}$$

同理：

$$\frac{\partial u}{\partial t} = \frac{\partial u}{\partial x}\frac{\partial x}{\partial t} + \frac{\partial u}{\partial y}\frac{\partial y}{\partial t} + \frac{\partial u}{\partial z}\frac{\partial z}{\partial t}$$

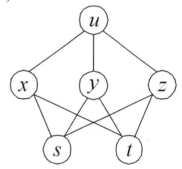

例題 15：已知 $w = u^2 v + 7v - u$ 而 $u = 2x^2 y$，$v = x + y^2$，求 $\dfrac{\partial w}{\partial x}$。

解

$$\frac{\partial w}{\partial x} = \frac{\partial w}{\partial u}\frac{\partial u}{\partial x} + \frac{\partial w}{\partial v}\frac{\partial v}{\partial x} = (2uv - 1)(4xy) + (u^2 + 7)(1)$$

將 u 和 v 用 x 和 y 表示，得

$$\frac{\partial w}{\partial x} = (2(2x^2 y)(x + y^2) - 1)(4xy) + ((2x^2 y)^2 + 7)(1)$$

$$= 20x^4 y^2 + 16x^3 y^4 - 4xy + 7$$

例題 16：假設 $(x(t), y(t)); 0 \le t \le 2$ 為一個平面內的路徑，$f(x, y)$ 為 x 與 y 的一階可微函數，假設 $\dfrac{dx(t)}{dt}f_x + \dfrac{dy(t)}{dt}f_y \le 0$, prove: $f(x(2), y(2)) \le f(x(0), y(0))$

【101 中山大學電機系轉學考】

解

$$\frac{df}{dt} = \frac{dx(t)}{dt}f_x + \frac{dy(t)}{dt}f_y \le 0$$

亦即 $f(x(t), y(t)); 0 \le t \le 2$ 爲一個遞減的函數，故

$f(x(2), y(2)) \le f(x(0), y(0))$

例題 17：Given $z = f(x^2y)$, find $x\dfrac{\partial z}{\partial x} - 2y\dfrac{\partial z}{\partial y} = ?$

【101 中興大學物理、資工系轉學考】

解　let $u = x^2y \Rightarrow z = f(x^2y) = f(u)$

$\begin{cases} \dfrac{\partial z}{\partial x} = \dfrac{dz}{du}\dfrac{\partial u}{\partial x} = 2xy\dfrac{dz}{du} \\[2mm] \dfrac{\partial z}{\partial y} = \dfrac{dz}{du}\dfrac{\partial u}{\partial y} = x^2\dfrac{dz}{du} \end{cases}$

$\therefore x\dfrac{\partial z}{\partial x} - 2y\dfrac{\partial z}{\partial y} = x\left(2xy\dfrac{dz}{du}\right) - 2y\left(x^2\dfrac{dz}{du}\right) = 0$

例題 18：某個長方形的長爲 8 呎而且正以 3 呎／秒的速率增加，長方形的寬爲 6 呎而且正以 2 呎／秒的速率增加，請問長方形的面積正以什麼速率增加？

解　令 x 表長方形的長而 y 表長方形的寬。長方形的面積爲 $A = xy$。

現在的 $x = 8$, $y = 6$ 而且 $\dfrac{dx}{dt} = 3$, $\dfrac{dy}{dt} = 2$

我們想求的是 $\dfrac{dA}{dt}$。由連鎖律得

$\dfrac{dA}{dt} = \dfrac{\partial A}{\partial x}\dfrac{dx}{dt} + \dfrac{\partial A}{\partial y}\dfrac{dy}{dt} = y(3) + x(2) = 6(3) + 8(2) = 34$ 呎^2／秒

例題 19：已知 $u = x^2y^3e^{xz}$ 而 $x = s^2 + t^2$，$y = 2st$，$z = s\ln t$，求 $\dfrac{\partial u}{\partial s}$。

解　利用 $\dfrac{\partial u}{\partial s} = \dfrac{\partial u}{\partial x}\dfrac{\partial x}{\partial s} + \dfrac{\partial u}{\partial y}\dfrac{\partial y}{\partial s} + \dfrac{\partial u}{\partial z}\dfrac{\partial z}{\partial s}$ 可求得，其中

$\dfrac{\partial u}{\partial x} = 2xy^3e^{xz} + x^2y^3ze^{xz}$, $\dfrac{\partial u}{\partial y} = 3x^2y^2e^{xz}$, $\dfrac{\partial u}{\partial z} = x^3y^3e^{xz}$

而且 $\dfrac{\partial x}{\partial s} = 2s$, $\dfrac{\partial y}{\partial s} = 2t$, $\dfrac{\partial z}{\partial s} = \ln t$

因此

$\dfrac{\partial u}{\partial s} = (2xy^3e^{xz} + x^2y^3ze^{xz})\, 2s + (3x^2y^2e^{xz})\, 2t + (x^3y^3e^{xz})\ln t$

例題 20：$u = f(x, y)$, $x = r\cos\theta$, $y = r\sin\theta$, prove

$$\frac{\partial^2 u}{\partial x^2} + \frac{\partial^2 u}{\partial y^2} = \frac{\partial^2 u}{\partial r^2} + \frac{1}{r^2}\frac{\partial^2 u}{\partial \theta^2} + \frac{1}{r}\frac{\partial u}{\partial r}$$

【100 台北大學經濟系轉學考，交大光電所】

解　$\begin{cases} r = \sqrt{x^2 + y^2} \\ \theta = \tan^{-1}\dfrac{y}{x} \end{cases} \Rightarrow \begin{cases} \dfrac{\partial r}{\partial x} = \dfrac{x}{\sqrt{x^2 + y^2}} = \cos\theta \\[2mm] \dfrac{\partial r}{\partial y} = \sin\theta \\[2mm] \dfrac{\partial \theta}{\partial x} = \dfrac{-y}{x^2 + y^2} = -\dfrac{1}{r}\sin\theta \\[2mm] \dfrac{\partial \theta}{\partial y} = \dfrac{1}{r}\cos\theta \end{cases}$

$\Rightarrow \begin{cases} \dfrac{\partial u}{\partial x} = \dfrac{\partial u}{\partial r}\dfrac{\partial r}{\partial x} + \dfrac{\partial u}{\partial \theta}\dfrac{\partial \theta}{\partial x} = \cos\theta\dfrac{\partial u}{\partial r} - \dfrac{1}{r}\sin\theta\dfrac{\partial u}{\partial \theta} \\[3mm] \dfrac{\partial u}{\partial y} = \dfrac{\partial u}{\partial r}\dfrac{\partial r}{\partial y} + \dfrac{\partial u}{\partial \theta}\dfrac{\partial \theta}{\partial y} = \dfrac{\partial u}{\partial r}\sin\theta + \dfrac{1}{r}\cos\theta\dfrac{\partial u}{\partial \theta} \end{cases}$

$\therefore \dfrac{\partial^2 u}{\partial x^2} = \dfrac{\partial}{\partial x}\left(\dfrac{\partial u}{\partial x}\right) = \left(\cos\theta\dfrac{\partial}{\partial r} - \dfrac{\sin\theta}{r}\dfrac{\partial}{\partial \theta}\right)\left(\cos\theta\dfrac{\partial u}{\partial r} - \dfrac{\sin\theta}{r}\dfrac{\partial u}{\partial \theta}\right)$

$\dfrac{\partial^2 u}{\partial y^2} = \dfrac{\partial}{\partial y}\left(\dfrac{\partial u}{\partial y}\right) = \left(\sin\theta\dfrac{\partial}{\partial r} + \dfrac{\cos\theta}{r}\dfrac{\partial}{\partial \theta}\right)\left(\sin\theta\dfrac{\partial u}{\partial r} + \dfrac{\cos\theta}{r}\dfrac{\partial u}{\partial \theta}\right)$

展開後可得 $\dfrac{\partial^2 u}{\partial x^2} + \dfrac{\partial^2 u}{\partial y^2} = \dfrac{\partial^2 u}{\partial r^2} + \dfrac{1}{r}\dfrac{\partial u}{\partial r} + \dfrac{1}{r^2}\dfrac{\partial^2 u}{\partial \theta^2}$ 得證

例題 21：Use the chain rule to find $\dfrac{dw}{dt}$, if $w = \ln(x^2 + y^2)$; $x = e^{5t}$, $y = 2t$

【101 中興大學轉學考】

解　$\dfrac{dw}{dt} = \dfrac{\partial w}{\partial x}\dfrac{dx}{dt} + \dfrac{\partial w}{\partial y}\dfrac{dy}{dt}$

$\quad\quad = \dfrac{2x}{x^2 + y^2}5e^{5t} + \dfrac{2x}{x^2 + y^2}2$

11-5　隱函數的微分

　　形如 $f(x, y) = c$（c 為常數）之方程式，顯然地，若已知 x 之值，則 y 將不再是自由變數，若已知 y 之值，x 則將不再是自由變數，換言之，$f(x, y) = c \Rightarrow y = g(x)$，稱 $f(x, y) = c$ 為隱函數（implicit function）。由隱函數 $f(x, y) = c$ 之表示式並無法明確

的分辨自變數與因變數，隱函數可視為隱藏了一個因變數，換言之，若隱函數之表示式中具有 n 個變數，則僅有 $(n-1)$ 個自由變數。

題型(一)：求單變數函數之微分：

已知隱函數 $f(x, y) = c$ or $y = g(x)$，則 f 之全微分可表示為：

$$df = \frac{\partial f}{\partial x} dx + \frac{\partial f}{\partial y} dy = 0 \tag{6}$$
$$\Rightarrow y' = \frac{dy}{dx} = \frac{-f_x}{f_y}$$

題型(二)：求雙變數函數之偏微分：

已知隱函數 $z = \psi(x, y)$ or $f(x, y, z) = c$，則 f 之全微分可表示為：

$$df = \frac{\partial f}{\partial x} dx + \frac{\partial f}{\partial y} dy + \frac{\partial f}{\partial z} dz = 0$$
$$= \frac{\partial f}{\partial x} dx + \frac{\partial f}{\partial y} dy + \frac{\partial f}{\partial z} \left[\frac{\partial z}{\partial x} dx + \frac{\partial z}{\partial y} dy \right] = 0$$

求 $\dfrac{\partial z}{\partial x}$ 時，y 被設定為常數 $\Rightarrow dy = 0$ 代入上式可得

$$\frac{\partial f}{\partial x} dx + \frac{\partial f}{\partial z} \frac{\partial z}{\partial x} dx = 0 \Rightarrow \frac{\partial z}{\partial x} = -\frac{f_x}{f_z} \tag{7}$$
$$同理可得 \frac{\partial z}{\partial y} = -\frac{f_y}{f_z} \tag{8}$$

題型(三)：聯立隱函數之微分

考慮以下之聯立隱函數方程式：

$$\begin{cases} f(x, y, u, v) = c_1 \\ g(x, y, u, v) = c_c \end{cases} \tag{9}$$

由以上之討論知(9)為二個各含有三個獨立自變數的隱函數，當聯立求解時，再失去一自由度（自變數的個數），故此聯立方程組含二獨立自變數，及二因變數，此為一曲面的表示方法，若 $u = u(x, y)$, $v = v(x, y)$，取全微分

$$df = 0 \Rightarrow f_x \, dx + f_y \, dy + f_u \, (u_x dx + u_y dy) + f_v \, (v_x dx + v_y dy) = 0 \tag{10}$$

求 $\dfrac{\partial u}{\partial x}, \dfrac{\partial v}{\partial x}$ 時，y 被視爲常數，$dy = 0$，代入(10)後同時除 dx 可得

$$\Rightarrow \begin{cases} f_u u_x + f_v \, v_x = -f_x \\ g_u u_x + g_v v_x = -g_x \end{cases} \tag{11}$$

由 Cramer's rule

$$\frac{\partial u}{\partial x} = \frac{\begin{vmatrix} -f_x & f_v \\ -g_x & g_v \end{vmatrix}}{\begin{vmatrix} f_u & f_v \\ g_u & g_v \end{vmatrix}} \qquad \frac{\partial v}{\partial x} = \frac{\begin{vmatrix} f_u & -f_x \\ g_u & -g_x \end{vmatrix}}{\begin{vmatrix} f_u & f_v \\ g_u & g_v \end{vmatrix}} \tag{12}$$

同理求 $\dfrac{\partial u}{\partial y}, \dfrac{\partial v}{\partial y}$ 時，x 被視爲常數，$dx = 0$，代入(12)後同時除 dy，可得

$$\Rightarrow \begin{cases} f_u u_y + f_v \, v_y = -f_y \\ g_u u_y + g_v v_y = -g_y \end{cases} \tag{13}$$

$$\frac{\partial u}{\partial y} = \frac{\begin{vmatrix} -f_y & f_v \\ -g_y & g_v \end{vmatrix}}{\begin{vmatrix} f_u & f_v \\ g_u & g_v \end{vmatrix}} \qquad \frac{\partial v}{\partial x} = \frac{\begin{vmatrix} f_u & -f_y \\ g_u & -g_y \end{vmatrix}}{\begin{vmatrix} f_u & f_v \\ g_u & g_v \end{vmatrix}} \tag{14}$$

例題 22：(1) Find $\dfrac{\partial z}{\partial x}$ if z is defined implicitly as a function of x and y by

$$x^3 = y^3 + z^3 + 6xyz$$

(2) In addition, find $\dfrac{\partial z}{\partial t}$, if $x = \sin t,\ y = \cos 2t$　【100 政大商學院轉學考】

解　(1) let $f(x, y, z) = x^3 - y^3 - z^3 - 6xyz$

$$\frac{\partial z}{\partial x} = -\frac{f_x}{f_z} = -\frac{3x^2 - 6yz}{-3z^2 - 6xy}$$

$$\frac{\partial z}{\partial t} = \frac{\partial z}{\partial x}\frac{dx}{dt} + \frac{\partial z}{\partial y}\frac{dy}{dt} = \frac{x^2 - 2yz}{z^2 + 2xy}\cos t + \frac{y^2 + 2xz}{z^2 + 2xy}(-2\sin 2t)$$

例題 23：分別求出球 $x^2+y^2+z^2=1$ 在點 $\left(\dfrac{2}{3},\dfrac{1}{3},\dfrac{2}{3}\right)$ 和點 $\left(\dfrac{2}{3},\dfrac{1}{3},-\dfrac{2}{3}\right)$ 於 y 方向的變化率。

解　　將方程式 $x^2+y^2+z^2=1$ 對 y 作隱微分（將 z 看成 x 和 y 的函數）：

$$\frac{\partial}{\partial y}(x^2+y^2+z^2)=\frac{\partial}{\partial y}(1), \ 0+2y+2z\frac{\partial z}{\partial y}=0, \ \frac{\partial z}{\partial y}=-\frac{y}{z}$$

將點 $\left(\dfrac{2}{3},\dfrac{1}{3},\dfrac{2}{3}\right)$ 和點 $\left(\dfrac{2}{3},\dfrac{1}{3},-\dfrac{2}{3}\right)$ 的 y 坐標和 z 坐標代入，得變化率分別爲 $-\dfrac{1}{2}$ 和 $\dfrac{1}{2}$。

例題 24：$y=\sin(x+y+2z)$，$\dfrac{\partial y}{\partial x}=$ ？　　　　【101 中興大學轉學考】

解　　let $f(x,y,z)=\sin(x+y+2z)-y=0 \Rightarrow$

$$y=\sin(x+y+2z), \ \frac{\partial y}{\partial x}=-\frac{f_x}{f_y}=-\frac{\cos(x+y+2z)}{\cos(x+y+2z)-1}$$

例題 25：Find $\dfrac{\partial z}{\partial x},\dfrac{\partial z}{\partial y}$, if $x+y^2+z^3=xyz$　　　　【100 中興大學轉學考】

解　　let $F(x,y,z)=x+y^2+z^3-xyz$

$$\frac{\partial z}{\partial x}=-\frac{F_x}{F_z}=\frac{yz-1}{3z^2-xy}$$

$$\frac{\partial z}{\partial y}=-\frac{F_y}{F_z}=\frac{xz-2y}{3z^2-xy}$$

例題 26：$F(x,y,z)=c$，求 $\left(\dfrac{\partial x}{\partial z}\right)_y\cdot\left(\dfrac{\partial y}{\partial x}\right)_z\cdot\left(\dfrac{\partial z}{\partial y}\right)_x=$ ？　　　【101 宜蘭大學轉學考】

解　　$F(x,y,z)=c \Rightarrow dF=\dfrac{\partial F}{\partial x}dx+\dfrac{\partial F}{\partial y}dy+\dfrac{\partial F}{\partial z}dz=0$

$$\frac{\partial x}{\partial z}\bigg|_{y=const}=-\frac{F_z}{F_x}, \ \frac{\partial y}{\partial x}\bigg|_{z=const}=-\frac{F_x}{F_y}, \ \frac{\partial z}{\partial y}\bigg|_{x=const}=-\frac{F_y}{F_z}$$

$$\therefore \frac{\partial x}{\partial z}\cdot\frac{\partial y}{\partial x}\cdot\frac{\partial z}{\partial y}=\left(-\frac{F_z}{F_x}\right)\left(-\frac{F_x}{F_y}\right)\left(-\frac{F_y}{F_z}\right)=-1$$

例題 27：Find $\dfrac{\partial w}{\partial x}$ at the point $(x, y, z) = (2, -1, 1)$ if $w = x^2 + y^2 + z^2$ and $z^3 - xy + yz + y^3 = 1$

【101 成功大學轉學考】

解

$$\frac{\partial w}{\partial x} = 2x + 2y\frac{\partial y}{\partial x} + 2z\frac{\partial z}{\partial x}$$

Let $F(x, y, z) = z^3 - xy + yz + y^3 - 1 = 0$

$$\frac{\partial y}{\partial x} = -\frac{F_x}{F_y} = -\frac{-y}{-x + z + 3y^2} = -\frac{1}{2}$$

$$\frac{\partial z}{\partial x} = -\frac{F_x}{F_z} = -\frac{-y}{y + 3z^2} = -\frac{1}{2}$$

$$\therefore \frac{\partial w}{\partial x} = 4$$

例題 28：已知 $x^2 + y^2 + xu + yu + 2uv = 6$, $xy - uv + u - v = 0$；試問在 $(x, y, u, v) = (1, 1, 1, 1)$，$\dfrac{\partial u}{\partial x} = ?$ $\dfrac{\partial v}{\partial y} = ?$

【101 東吳大學經濟系轉學考】

解

以 x, y 當自變數 → $u(x, y), v(x, y)$, 爲因變數：

$$x^2 + y^2 + xu + yu + 2uv = 6 \Rightarrow 2x + u + x\frac{\partial u}{\partial x} + y\frac{\partial v}{\partial x} + 2\frac{\partial u}{\partial x}v + 2u\frac{\partial v}{\partial x} = 0$$

$$xy - uv + u - v = 0 \Rightarrow y - \frac{\partial u}{\partial x}v - u\frac{\partial v}{\partial x} + \frac{\partial u}{\partial x} - \frac{\partial v}{\partial x} = 0$$

$$\Rightarrow \begin{cases} (x + 2v)\dfrac{\partial u}{\partial x} + (y + 2u)\dfrac{\partial v}{\partial x} = -2x - u \\[2mm] (1 - v)\dfrac{\partial u}{\partial x} + (-1 - u)\dfrac{\partial v}{\partial x} = -y \end{cases}$$

$$\Rightarrow \frac{\partial u}{\partial x}\bigg|_{(1,1,1,1)} = \frac{\begin{vmatrix} -2x - u & y + 2u \\ -y & -1 - u \end{vmatrix}}{\begin{vmatrix} x + 2v & y + 2u \\ 1 - v & -1 - u \end{vmatrix}}\bigg|_{(1,1,1,1)} = -\frac{3}{2}$$

同理可得

$$\frac{\partial v}{\partial y}\bigg|_{(1,1,1,1)} = \frac{\begin{vmatrix} x + 2v & -2y - v \\ 1 - v & -x \end{vmatrix}}{\begin{vmatrix} x + 2v & y + 2u \\ 1 - v & -1 - u \end{vmatrix}}\bigg|_{(1,1,1,1)} = \frac{1}{2}$$

綜合練習

1. 若 $f(x, y) = 4x^3 - 3x^2y^2 + 2x + 3y$，則 $f_x = ?$ $f_y = ?$

2. 若 $f(x, y) = x^5 \ln y$，則 $f_x = ?$ $f_y = ?$

3. 若 $f(x, y) = \cos(xy)$，則 $f_x = ?$ $f_y = ?$

4. 若 $f(x, y) = x \cos y$，則 $\dfrac{\partial f}{\partial x} = ?$ $\dfrac{\partial f}{\partial y} = ?$

5. 若 $xy - yz + xz = 0$，則 $\dfrac{\partial z}{\partial x} = ?$ $\dfrac{\partial z}{\partial y} = ?$

6. 若 $f(x, y) = 3x^2y - 2x^3 + 5y^2$，則 $f_x = ?$ $f_y = ?$

7. 若 $f(x, y) = 4x^2 - 6xy + 7y^2$，則 $f_x = ?$ $f_y = ?$

8. Let $z = x \exp(x^2 + y) + y^3$, please find $\dfrac{\partial z}{\partial x} = ?$ $\dfrac{\partial z}{\partial y} = ?$ at $x = 1, y = 2$　　【101 北科大光電系轉學考】

9. 若 $f(x, y) = xe^y + \cos(xy)$，則 $f_x = ?$, $f_y = ?$

10. 若 $f(x, y) = 4 - x^2 - 2y^2$，則 $f_x(1, 1) = ?$ $f_y(1, 1) = ?$

11. 若 $f(x, y) = \sin\left(\dfrac{x}{1+y}\right)$，則 $f_x = ?$, $f_y = ?$

12. $x^3 + y^3 + z^3 + 6xyz = 1$, $z = f(x, y) \Rightarrow \dfrac{\partial z}{\partial x} = ?$ $\dfrac{\partial z}{\partial y} = ?$

13. $x^2 + 2xz + y^2 = 0$, $z = f(x, y) \Rightarrow \dfrac{\partial z}{\partial x} = ?$ $\dfrac{\partial z}{\partial y} = ?$

14. $z = f(x, y)$, $x = r^2 + s^2$, $y = 2rs$, find (1) z_r　(2) z_{rr}

15. $u(x, y, z) = x^4y + y^2z^3$, $x(r, s, t) = rse^t$, $y(r, s, t) = rs^2e^{-t}$, $z(r, s, t) = r^2s \sin t$, find $\dfrac{\partial u}{\partial s}\bigg|_{(2, 1, 0)}$

16. $z(x, y) = x^2y + 3xy^4$, $x(t) = \sin 2t$, $y(t) = \cos t$, find $\dfrac{dz}{dt}\bigg|_{t=0}$

17. Show that the function $z = \sum\limits_{k=1}^{3} r^k(\cos k\theta + \sin k\theta)$ satisfies

$$\frac{\partial^2 z}{\partial x^2} + \frac{\partial^2 z}{\partial y^2} = \frac{\partial^2 z}{\partial r^2} + \frac{1}{r^2}\frac{\partial^2 z}{\partial \theta^2} + \frac{1}{r}\frac{\partial z}{\partial r} = 0$$ 　　【100 北科大轉學考】

18. $f(x, y) = \dfrac{x - y}{x + y}$，求 $\lim\limits_{(x, y) \to (0, 0)} f(x, y) = ?$

19. $f(x, y) = \dfrac{xy^2}{x^2 + y^4}$，求 $\lim\limits_{(x, y) \to (0, 0)} f(x, y) = ?$

20. $f(x, y) = e^{ny} \cos nx$，求 $f_{xx} + f_{yy} = ?$

21. $u = x^{y^z}$, $x > 0, y > 0, z > 0$，求 u_x, u_y, u_z　　【成大】

22. $z = x \ln\left(\dfrac{y}{x}\right)$　求證：$x^2 \dfrac{\partial^2 z}{\partial x^2} + 2xy \dfrac{\partial^2 z}{\partial x \partial y} + y^2 \dfrac{\partial^2 z}{\partial y^2} = 0$　　【逢甲】

23. $f(x, y) = \ln|x^2y^2 - 1|$ 求 $\dfrac{\partial^n f}{\partial x^n}(0, 1)$ 及 $\dfrac{\partial^n f}{\partial y^n}(1, 0)$　　【台大】

24. 若 $\omega = \sqrt{x^2 + y^2}$, $x = e^t$, $y = \sin t$，求 $\dfrac{d\omega}{dt} = ?$　　【交大運輸】

25. $x \dfrac{\partial \phi}{\partial x} - y \dfrac{\partial \phi}{\partial y} = x - y$，令 $\begin{cases} u = x + y \\ v = xy \end{cases}$ 代入後可化成 $a \dfrac{\partial \phi}{\partial u} + b \dfrac{\partial \phi}{\partial v} = c$ 求 a, b, c　　【成大土木】

26. If $Q = f(P, V, T)$, $PV = nRT$，且 f 為可微分，其中 n 及 R 為常數，求 $\left(\dfrac{\partial Q}{\partial T}\right)_P$ 及 $\left(\dfrac{\partial Q}{\partial T}\right)_V$　　【中興應數】

27. $u = x^u + u^y$ 求 $\dfrac{\partial u}{\partial x}, \dfrac{\partial u}{\partial y}$

28. $\begin{cases} v + \ln u = xy \\ u + \ln v = x - y \end{cases}$ 求 $\dfrac{\partial u}{\partial x}, \dfrac{\partial v}{\partial x}$

29. Let $x = 2s + t^3$, $y = 2t + s^2$

(a) Compute $\dfrac{\partial x}{\partial s}$, $\dfrac{\partial y}{\partial t}$

(b) Compute $\dfrac{\partial s}{\partial x}$, $\dfrac{\partial t}{\partial x}$

(c) Let $u = t^3 + s^2$, compute $\dfrac{\partial u}{\partial x}$ 【成大航太】

30. Find the derivatives

(1) $x = (e^y + 5)^2$, find $\dfrac{dy}{dx}$

(2) $y = \dfrac{x^2}{\ln x}$, find $\dfrac{dy}{dx}$

(3) $z = \exp(x^2 y^3)$, find $\dfrac{\partial z}{\partial x}$, $\dfrac{\partial z}{\partial y}$, $\dfrac{\partial^2 z}{\partial x \partial y}$ 【100 輔仁大學金融、國企系轉學考】

31. $f(x, y) = \int_y^x \sin(t^4) dt$, $\dfrac{\partial f}{\partial x} = $? 【101 淡江大學轉學考】

32. $F(x, y, z) = 0$，求 $\dfrac{\partial x}{\partial y} \dfrac{\partial y}{\partial z} \dfrac{\partial z}{\partial x}$ 【中正大學轉學考）

33. (a) Find $\dfrac{df}{dt}$, if $f(x, y) = 2x^2 y + xy^4$, where $x = \sin t$ and $y = \cos 2t$.

(b) Find $\dfrac{\partial u}{\partial s}$, if $u = x^2 y + y^2$, $x = re^s$, $y = s^2 e^{-r}$

34. If $\omega = x^2 y + z^2$; $\begin{cases} x = \rho \cos\theta \sin\phi \\ y = \rho \sin\theta \sin\phi, \Rightarrow \dfrac{\partial \omega}{\partial \theta}\bigg|_{\rho = 2,\, \theta = \pi,\, \phi = \frac{\pi}{2}} = ? \\ z = \cos\phi \end{cases}$ 【101 中興大學資管系轉學考】

35. Define $f(x, y) = \begin{cases} \dfrac{-3xy}{x^2 + y^2}, & (x, y) \neq (0, 0) \\ 0, & (x, y) = (0, 0) \end{cases}$

(1) Find $\lim\limits_{(x, y) \to (0, 0)} f(x, y)$ if it exists.

(2) Is $f(x, y)$ differentiable at $(0, 0)$? 【100 元智大學電機系轉學考】

滾滾長江東逝水，

浪花淘盡英雄。

是非成敗轉頭空。

青山依舊在，幾度夕陽紅。

白髮漁樵江渚上，

慣看秋月春風。

一壺濁酒喜相逢。

古今多少事，都付笑談中。

——明　楊慎《臨江仙》

12 多重積分

犯錯在所難免,錯誤是成熟的起點。

透過錯誤,發現自己的盲點,就是一種收穫與進步。

張忠樸

12-1 雙重積分

在第六章中，我們曾經學過單變數函數的定積分，其定義爲

$$\int_a^b f(x)dx = \lim_{n \to \infty} \sum_{k=1}^n f(x_k^*)\Delta x_k \tag{1}$$

在幾何上可用來求曲線下由 $x=a$ 至 $x=b$ 的面積。同理，雙變數函數的定積分在幾何上可用來求曲面下的體積，如圖 1 所示：

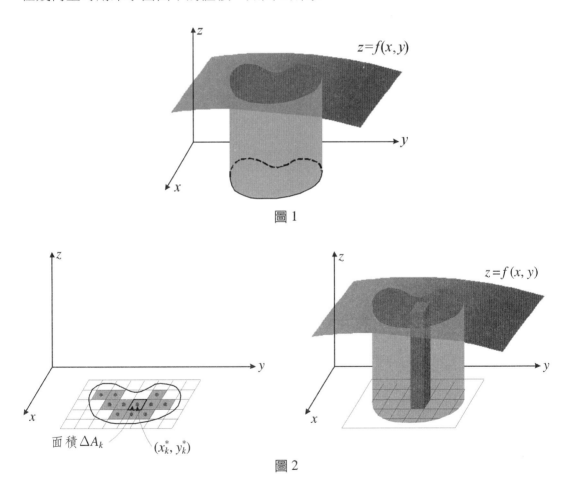

圖 1

圖 2

如圖 2 所示，體積 $\sum_{k=1}^n f(x_k^*, y_k^*)\Delta A_k$ 是一個黎曼和（Riemann sum），可被看成是曲面下的體積 V 的近似值。

定義：假設雙變數函數 $f(x, y)$ 在 xy 平面上的某區域 R 中連續且非負，那麼曲面 $z = f(x, y)$ 與 R 所夾體積（volume）爲

$$V = \lim_{n \to \infty} \sum_{k=1}^{n} f(x_k^*, y_k^*) \Delta A_k \tag{2}$$

觀念提示：如果 f 在 R 中的值有正有負，那麼上式算出來的是**有號體積**（signed volume），也就是位於 xy 平面上方的體積減去位於 xy 平面下方的體積的結果。

定義：雙重積分

(2)式中黎曼和的極限記作

$$\iint\limits_{R} f(x, y)dA = \lim_{n \to \infty} \sum_{k=1}^{n} f(x_k^*, y_k^*) \Delta A_k \tag{3}$$

稱為 $f(x, y)$ 在 R 上的**雙重積分**（double integral）。

觀念提示：如果 $f(x, y)$ 在 R 上連續且非負，那麼 $f(x, y)$ 與 R 之間的體積為

$$V = \iint\limits_{R} f(x, y)dA \tag{4}$$

雙重積分的性質

(1) $\displaystyle\iint\limits_{R} cf(x, y)dA = c\iint\limits_{R} f(x, y)dA$ （c：常數）

(2) $\displaystyle\iint\limits_{R} [f(x, y) + g(x, y)]dA = \iint\limits_{R} f(x, y)dA + \iint\limits_{R} g(x, y)dA$

(3) $\displaystyle\iint\limits_{R} [f(x, y) - g(x, y)]dA = \iint\limits_{R} f(x, y)dA - \iint\limits_{R} g(x, y)dA$

(4)如圖 3 所示，若 R 被分割成 R_1 和 R_2 兩個區域，那麼

$$\iint\limits_{R} f(x, y)dA = \iint\limits_{R_1} f(x, y)dA + \iint\limits_{R_2} f(x, y)dA$$

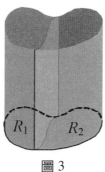

圖 3

雙重積分的計算

xy 平面上的 R 有各種可能，常見的一種 R 是左右分別被鉛直線 $x=a$ 和 $x=b$ 圍住，而上下分別被曲線 $y=g_2(x)$ 和 $y=g_1(x)$ 圍住，如圖 4 所示。

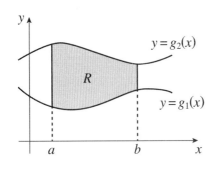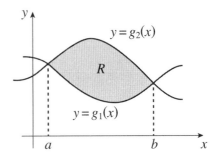

圖 4

這種類型的 R 通常被稱為**第一型區域**（type I region）。當 R 為第一型區域時，我們可將雙重積分表示為

$$\int_a^b \int_{g_1(x)}^{g_2(x)} f(x,\ y)\ dy\, dx \qquad\qquad \begin{array}{c} dy \\ dx\ \boxed{\ dA\ } \end{array}$$

計算上需要作兩次積分，內層積分先作，然後再作外層（iterated integral）：

$$\int_a^b \left[\int_{g_1(x)}^{g_2(x)} f(x,\ y)\ dy\right] dx$$

· 作內層積分 $\int_{g_1(x)}^{g_2(x)} f(x,\ y)\ dy$ 時，須將 x 看成常數而不是變數。

· 作完內層積分後，再將 x 看成變數來作外層的積分。

例題 1：求 $\iint\limits_R f(x,\ y)\,dy\,dx$，其中 $f(x,\ y)=8x+10y$ 而 R 為曲線 $y=x^2$ 和 $y=2x$ 所夾區域。

解
$$\begin{aligned}
&\int_0^2 \int_{x^2}^{2x}(8x+10y)dy\,dx \\
&= \int_0^2 \left[8xy+5y^2\right]_{x^2}^{2x} dx \\
&= \int_0^2 (36x^2 - 8x^3 - 5x^4)dx \\
&= 32
\end{aligned}$$

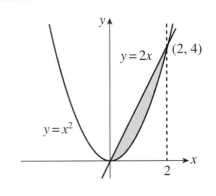

例題 2：計算 $\int_1^2 \int_x^{x^2} (4x + 10y) dy dx$

解
$$\int_1^2 \int_x^{x^2} (4x + 10y) dy dx$$
$$= \int_1^2 \left[4xy + 5y^2 \right]_x^{x^2} dx$$
$$= \int_1^2 [4x (x^2) + 5 (x^2)^2] - [4x (x) + 5 (x)^2] dx$$
$$= \int_1^2 [4x^3 + 5x^4 - 9x^2] dx$$
$$= [x^4 + x^5 - 3x^3]_1^2$$
$$= 25$$

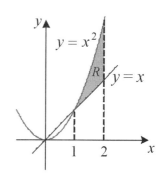

例題 3：求 $\iint_R y^2 x dA$，其中的 $R = \{(x, y): -3 \leq x \leq 2, 0 \leq y \leq 1\}$。

解
$$\int_{-3}^2 \int_0^1 y^2 x dy dx$$
$$= \int_{-3}^2 \left[\frac{1}{3} y^3 x \right]_0^1 dx$$
$$= \int_{-3}^2 \frac{1}{3} x dx = -\frac{5}{6}$$

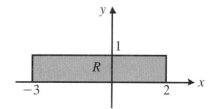

例題 4：求由平面 $z = 4 - x - y$ 及長方形 $R = \{(x, y): 0 \leq x \leq 1, 0 \leq y \leq 2\}$ 所夾區域之
　　　　體積。

解
$$V = \int_0^1 \int_0^2 (4 - x - y) dy dx$$
$$= \int_0^1 \left[4y - xy - \frac{1}{2} y^2 \right]_0^2 dx$$
$$= \int_0^1 (6 - 2x) dx$$
$$= 5$$

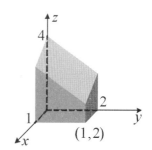

第二型區域

　　如果 xy 平面上的區域 R 的上下分別被水平線 $y = d$ 和 $y = c$ 圍住，而左右分別被
曲線 $x = h_1(y)$ 和 $x = h_2(y)$ 圍住，這種類型的 R 稱為第二型區域（type II region），如
圖 5 所示。

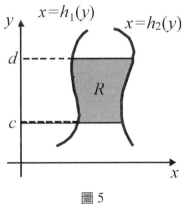

圖 5

我們將這種情形的雙重積分寫為：

$$\int_c^d \int_{h_1(y)}^{h_2(y)} f(x, y)dxdy$$

例題 5：在區域 R 上對 $f(x, y) = y + 1$ 作積分，其中的 R 是由 $y = 0$, $y = 1$, $x = -y^2 + 4$, $x = y^2 - 4$ 所圍成之區域。

解

$$\iint\limits_R f(x, y)dA$$
$$= \int_0^1 \int_{y^2-4}^{-y^2+4} (y+1)dxdy$$
$$= \int_0^1 (8y - 2y^3 - 2y^2 + 8)dy$$
$$= \frac{65}{6}$$

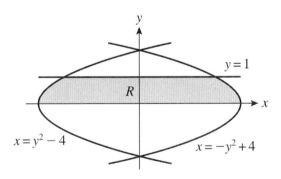

觀念提示：(1) 作雙重積分正確與否的關鍵常是在一開始能否為 R 定出正確的積分上下限。

(2) 有些雙重積分在計算上相當困難，此時可考慮對調積分次序，但積分上下限需要重新定義，參考下例。

例題 6：If we reverse the order of integration, then we have

$$\int_0^1 \int_{x^2}^1 f(x, y)dydx = ?$$ 　　　【101 逢甲大學轉學考】

解 $\displaystyle\int_0^1 \int_{x^2}^1 f(x,\,y)dydx = \int_0^1 \int_0^{\sqrt{y}} f(x,\,y)dydx$

例題 7：求由圓柱體 $x^2+y^2=4$ 以及平面 $y+z=4$ 和 $z=0$ 所圍成區域之體積。

解 體積為

$$\iint_R (4-y)dA$$

$$= \int_{-2}^2 \int_{-\sqrt{4-x^2}}^{\sqrt{4-x^2}} (4-y)dydx$$

$$= \int_{-2}^2 8\sqrt{4-x^2}\,dx$$

$$= 16\pi$$

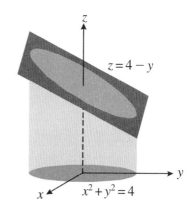

定理 1：Fubini 定理

如果 $f(x,\,y)$ 在 $R = \{(x,\,y)|a \le x \le b,\, c \le y \le d\}$ 連續，那麼

$$\iint_R f(x,\,y)\,dA = \int_a^b \int_c^d f(x,\,y)dydx = \int_c^d \int_a^b f(x,\,y)dxdy \tag{5}$$

· 也就是說，當積分上下限都是常數時，雙重積分的計算結果跟計算的順序無關。

可驗證： $\displaystyle\int_0^3 \int_1^2 x^2 ydydx = \frac{27}{2}$, $\displaystyle\int_1^2 \int_0^3 x^2 ydxdy = \frac{27}{2}$ 。

例題 8：Calculate the following integrals.

(1) $\displaystyle\int_1^2 \int_1^4 \left(\frac{x}{y} + \frac{y}{x}\right)dydx$

(2) $\displaystyle\int_0^2 \int_0^1 xy \exp\,(x^2 y)dxdy$ 　　　　　　　　　【100 中興大學轉學考】

解 (1) $\displaystyle\int_1^2 \int_1^4 \left(\frac{x}{y} + \frac{y}{x}\right)dydx = \int_1^2 \left(x \ln 4 + \frac{15}{2}x^{-1}\right)dx = \frac{21}{2}\ln 2$

(2) $\displaystyle\int_0^2 \int_0^1 xy \exp\,(x^2 y)dxdy = \frac{1}{2}\int_0^2 (e^y - 1)dy = \frac{1}{2}(e^2 - 3)$

例題 9：If $R = \{(x, y) | -1 \le x \le 1, -2 \le y \le 2\}$, $\Rightarrow \iint\limits_R \sqrt{1-x^2}\, dA = ?$

【101 逢甲大學轉學考】

 解

$$\iint\limits_R \sqrt{1-x^2}\, dA = \int_{-1}^{1}\int_{-2}^{2} \sqrt{1-x^2}\, dy\, dx = 4\int_{-1}^{1} \sqrt{1-x^2}\, dx$$

$$= 8\int_{0}^{1} \sqrt{1-x^2}\, dx = 8\int_{0}^{\frac{\pi}{2}} \sqrt{1-\sin^2\theta}\cos\theta\, d\theta$$

$$= 2\pi$$

用雙重積分求面積

雖然雙重積分常用來求體積，但是也可以用來求面積，因為：

某區域 R 的面積 $= \iint\limits_R 1\, dA = \iint\limits_R dA$

例題 10：求 xy 平面上的第一象限中由 $y = x^2$, $y = \dfrac{x^2}{8}$, $y = \dfrac{1}{x}$ 所圍成區域之面積。

解

面積為

$\int_0^1 \int_{x^2/8}^{x^2} dy\, dx + \int_1^2 \int_{x^2/8}^{1/x} dy\, dx$

$= \int_0^1 \left(x^2 - \dfrac{x^2}{8}\right) dx + \int_1^2 \left(\dfrac{1}{x} - \dfrac{x^2}{8}\right) dx$

$= \ln 2$

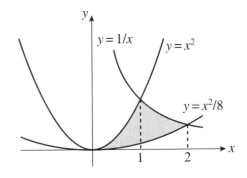

例題 11：利用雙重積分求出由拋物線 $y = \dfrac{x^2}{2}$ 和直線 $y = 2x$ 所圍成區域 R 之面積。

 解

1. 將 R 看成第一型區域：

$$\iint\limits_R dA = \int_0^4 \int_{x^2/2}^{2x} dy\, dx = \dfrac{16}{3}$$

2. 將 R 看成第二型區域：

$$\iint\limits_R dA = \int_0^8 \int_{y/2}^{\sqrt{2y}} dx\, dy = \dfrac{16}{3}$$

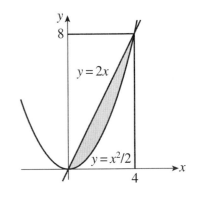

觀念提示：利用第 9 章定積分求面積的方法

$$\int_a^b [f(x) - g(x)]dx = \int_1^4 \left(2x - \frac{x^2}{2}\right)dx = \frac{16}{3}$$

亦可得到相同結果。

例題 12：Evaluate the iterated integral $\int_0^1 \int_{\sqrt{y}}^1 \frac{ye^{x^2}}{x^3}dxdy$ 【100 台聯大轉學考】

解 $\int_0^1 \int_{\sqrt{y}}^1 \frac{ye^{x^2}}{x^3}dxdy = \int_0^1 \int_0^{x^2} \frac{ye^{x^2}}{x^3}dydx = \frac{1}{4}(e-1)$

例題 13：Evaluate $F(x, y) = \int_0^\infty \frac{e^{-xt} - e^{-yt}}{t}dt; \; x>0, y>0$ 【100 成大轉學考】

解 $\int_0^\infty \frac{e^{-xt} - e^{-yt}}{t}dt = \int_0^\infty \int_x^y e^{-st}dsdt = \int_x^y \int_0^\infty e^{-st}dtds = \int_x^y \frac{1}{s}ds = \ln\left(\frac{y}{x}\right)$

例題 14：Evaluate the iterated integral $\int_0^1 \int_{x^2}^1 x^3 \sin y^3 \, dydx$ 【100 中興大學轉學考】

解 $\int_0^1 \int_{x^2}^1 x^3 \sin y^3 \, dydx = \int_0^1 \int_0^{\sqrt{y}} x^3 \sin y^3 \, dxdy = \frac{1}{12} - \frac{1}{12}\cos 1$

例題 15：Evaluate the iterated integral $\int_0^6 \int_{\frac{x}{3}}^2 x\sqrt{y^3+1} \, dydx$ 【101 政治大學轉學考】

解 $\int_0^6 \int_{\frac{x}{3}}^2 x\sqrt{y^3+1} \, dydx = \int_0^2 \int_0^{3y} x\sqrt{y^3+1} \, dxdy$

$$= \int_0^2 \frac{9}{2} y^2 \sqrt{y^3+1} \, dy$$

$$= 26$$

例題 16：Evaluate the given integral

$$\int_0^4 \int_{\frac{x}{2}}^2 \exp(y^2)dydx$$ 【100 中興大學財金系轉學考】

解 $$\int_0^4 \int_{\frac{x}{2}}^2 \exp(y^2)\,dy\,dx = \int_0^2 \int_0^{2y} \exp(y^2)\,dx\,dy$$

$$= \int_0^2 2y\exp(y^2)\,dy$$

$$= e^4 - 1$$

例題 17：For $\displaystyle\int_0^3 \int_{y^2}^9 \sqrt{x}\sin x\,dx\,dy$, switch the order of integration and evaluate the given integral 【100 中興大學轉學考】

解 $$\int_0^3 \int_{y^2}^9 \sqrt{x}\sin x\,dx\,dy = \int_0^9 \int_0^{\sqrt{x}} \sqrt{x}\sin x\,dy\,dx = \int_0^9 x\sin x\,dx = \sin 9 - 9\cos 9$$

例題 18：Evaluate $\displaystyle\iint_D (2x-y)\,dA$, where D is the region enclosed by the line $y=x-2$ and the parabola $x=y^2$ 【101 逢甲大學轉學考】

解 $$\begin{cases} y = x-2 \\ x = y^2 \end{cases} \Rightarrow y = -1,\, 2$$

$$\iint_D (2x-y)\,dA = \int_{-1}^2 \int_{y^2}^{y+2} (2x-y)\,dx\,dy = \frac{243}{20}$$

例題 19：Evaluate $\displaystyle\int_0^8 \int_{\sqrt[3]{x}}^2 \frac{1}{y^4+1}\,dy\,dx$ 【101 成功大學轉學考】

解 $$\int_0^8 \int_{\sqrt[3]{x}}^2 \frac{1}{y^4+1}\,dy\,dx = \int_0^2 \int_0^{y^3} \frac{1}{y^4+1}\,dx\,dy = \int_0^2 \frac{y^3}{y^4+1}\,dy = \frac{1}{4}\ln 17$$

例題 20：Evaluate $\displaystyle\int_{-1}^1 \int_{|y|}^1 (x^2+y)\,dx\,dy$ 【101 中山大學電機系轉學考】

解 $$\int_{-1}^1 \int_{|y|}^1 (x^2+y)\,dx\,dy = \int_0^1 \int_{-x}^x (x^2+y)\,dy\,dx = \frac{1}{2}$$

例題 21：Evaluate $\displaystyle\int_0^1 \int_{2y}^2 \exp(x^2) dx dy$ 　　　　　　　　【101 中興大學轉學考】

解 $\displaystyle\int_0^1 \int_{2y}^2 \exp(x^2) dx dy = \int_0^2 \int_0^{\frac{x}{2}} \exp(x^2) dy dx = \frac{1}{4}(e^4 - 1)$

例題 22：Evaluate the double integral $\displaystyle\int_0^1 \int_y^1 \frac{\sin x}{x} dx dy$ 　　　【101 台聯大轉學考】

解 $\displaystyle\int_0^1 \int_y^1 \frac{\sin x}{x} dx dy = \int_0^1 \int_0^x \frac{\sin x}{x} dy dx = 1 - \cos 1$

例題 23：Evaluate $\displaystyle\int_0^4 \int_{\frac{x}{2}}^2 \exp(y^2) dy dx$

【101 淡江大學轉學考商管組、中原大學轉學考理工組】

解 $\displaystyle\int_0^4 \int_{\frac{x}{2}}^2 \exp(y^2) dy dx = \int_0^2 \int_0^{2y} \exp(y^2) dx dy = e^4 - 1$

12-2　變數變換

　　有些重積分在計算上相當困難，此時可考慮對調積分次序；若仍無法簡化問題，則需藉助變數轉換，變數轉換的目的在簡化問題，例如在雙重積分中可將原來的一組變數(x, y)轉換成新的變數(u, v)來求解，新舊積分式的關係如下一定理所述：

定理 2

設$f(x, y)$定義於x-y平面上之一封閉區域R_{xy}且$f(x, y)$在R_{xy}上存在連續之一階偏導數，R_{uv}為R_{xy}對應於u-v平面上的封閉區域且$x(u, v)$，$y(u, v)$在R_{uv}上均存在連續之一階偏導數，定義$\dfrac{\partial(x, y)}{\partial(u, v)} \equiv \begin{vmatrix} \dfrac{\partial x}{\partial u} & \dfrac{\partial x}{\partial v} \\ \dfrac{\partial y}{\partial u} & \dfrac{\partial y}{\partial v} \end{vmatrix}$，若行列式$\begin{vmatrix} \dfrac{\partial x}{\partial u} & \dfrac{\partial x}{\partial v} \\ \dfrac{\partial y}{\partial u} & \dfrac{\partial y}{\partial v} \end{vmatrix} = x_u y_v - x_v y_u \neq 0$，則有

$$\iint_{R_{xy}} f(x,\ y)\,dxdy = \iint_{R_{uv}} f(x(u,\ v),\ y(u,\ v)) \left| \frac{\partial(x,\ y)}{\partial(u,\ v)} \right| dudv \tag{6}$$

其中 $\dfrac{\partial(x,\ y)}{\partial(u,\ v)}$ 稱為 *Jacobian*。若 *Jacobian* 行列式之值不為 0，則變數之轉換為一對一，或存在反轉換；反之若 *Jacobian* 之值為 0，則 $(x,\ y)$ 與 $(u,\ v)$ 間的轉換不是一對一的關係，這種轉換是無效的。

1. 單變數函數之變數轉換：令 $x = g(u)$ 則 $J = \dfrac{dx}{du} = g'(u)$

$$\int_a^b f(x)dx = \int_c^d f(g(u))g'(u)du \tag{7}$$

2. 雙變數函數之變數轉換：

$$令 \begin{cases} x = f(u,\ v) \\ y = g(u,\ v) \end{cases} 則 \quad J = \begin{vmatrix} \dfrac{\partial x}{\partial u} & \dfrac{\partial x}{\partial v} \\[2mm] \dfrac{\partial y}{\partial u} & \dfrac{\partial y}{\partial v} \end{vmatrix} = \frac{\partial(x,\ y)}{\partial(u,\ v)} \tag{8}$$

積分式如(6)式

3. 三變數函數之變數轉換：

$$令 \begin{cases} x = f(u,\ v,\ w) \\ y = g(u,\ v,\ w) \\ z = h(u,\ v,\ w) \end{cases} 則 J = \begin{vmatrix} \dfrac{\partial x}{\partial u} & \dfrac{\partial x}{\partial v} & \dfrac{\partial x}{\partial w} \\[2mm] \dfrac{\partial y}{\partial u} & \dfrac{\partial y}{\partial v} & \dfrac{\partial y}{\partial w} \\[2mm] \dfrac{\partial z}{\partial u} & \dfrac{\partial z}{\partial v} & \dfrac{\partial z}{\partial w} \end{vmatrix} = \frac{\partial(x,\ y,\ z)}{\partial(u,\ v,\ w)} \tag{9}$$

其餘 n 維變數轉換之 *Jacobian* 可依此類推，變數之間亦可進行連續的變數轉換：

$$(x,\ y) \rightarrow (u,\ v) \rightarrow (r,\ s)$$

例題 24：(1) Show that $\displaystyle\int_{-\infty}^{\infty} \exp(-9x^2)dx = \frac{\sqrt{\pi}}{3}$

(2) Apply the result of (1) to evaluate $\displaystyle\int_0^{\infty} x^2 \exp(-x^2)\,dx = ?$

【100 北科大轉學考】

解 (1) let $I = \int_{-\infty}^{\infty} \exp(-9x^2)dx = \int_{-\infty}^{\infty} \exp(-9y^2)dy$

$I^2 = \int_{-\infty}^{\infty} \exp(-9x^2)dx \int_{-\infty}^{\infty} \exp(-9y^2)dy = 4\int_0^{\infty}\int_0^{\infty} \exp(-(x^2+y^2))dxdy$

$= 4\int_0^{\frac{\pi}{2}}\int_0^{\infty} \exp(-9r^2)r\,dr\,d\theta$

$= \frac{\pi}{9}$

$\Rightarrow I = \frac{\sqrt{\pi}}{3}$

(2) $\int_0^{\infty} x^2 \exp(-x^2)dx = -\frac{1}{2}x \exp(-x^2)\Big|_0^{\infty} + \frac{1}{2}\int_0^{\infty} \exp(-x^2)dx$

$= 0 + \frac{\sqrt{\pi}}{4} = \frac{\sqrt{\pi}}{4}$

例題 25：A linear change of variables has $x = au$, $y = bv$, $z = cw$. Find the Jacobian of this transformation. 【100 淡江大學轉學考理工組】

解 $J = \begin{vmatrix} x_u & x_v & x_w \\ y_u & y_v & y_w \\ z_u & z_v & z_w \end{vmatrix} = \begin{vmatrix} a & 0 & 0 \\ 0 & b & 0 \\ 0 & 0 & c \end{vmatrix} = abc$

座標變換

利用上述變數轉換的法則可建立三個直角座標系統（卡式、圓柱（Cylindrical）、球（Spherical））之間的座標轉換關係。圖 6(a)為卡式與圓柱座標系統之關係，卡式與球座標系統之關係則表示於圖 6(b)。

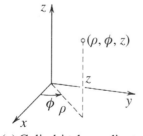

(a) Cylindrical coordinates

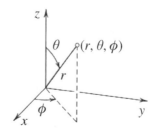

(b) Spherical coordinates

圖 6

(1)卡式$(x, y, z) \leftrightarrow$ 圓柱(ρ, ϕ, z)

$$\begin{cases} x = \rho \cos\phi \\ y = \rho \sin\phi \\ z = z \end{cases} \Rightarrow \frac{\partial(x, y, z)}{\partial(\rho, \phi, z)} = \begin{vmatrix} \cos\phi & -\rho \sin\phi & 0 \\ \sin\phi & \rho \cos\phi & 0 \\ 0 & 0 & 1 \end{vmatrix} = \rho \tag{10}$$

$$\therefore \iiint dxdydz = \iiint \rho \, d\rho \, d\phi \, dz$$

(2)卡式$(x, y, z) \leftrightarrow$ 球(r, θ, ϕ)

$$\begin{cases} x = r \sin\theta \cos\phi \\ y = r \sin\theta \sin\phi \\ z = r \cos\theta \end{cases} \Rightarrow \frac{\partial(x, y, z)}{\partial(r, \theta, \phi)} = \begin{vmatrix} \sin\theta \cos\phi & r \cos\theta \cos\phi & -r \sin\theta \sin\phi \\ \sin\theta \sin\phi & r \cos\theta \sin\phi & r \sin\theta \cos\phi \\ \cos\theta & -r \sin\theta & 0 \end{vmatrix} = r^2 \sin\theta$$

$$\tag{11}$$

$$\therefore \iiint dxdydz = \iiint r^2 \sin\theta \, dr \, d\theta \, d\phi$$

定理 3： $\displaystyle\int_{-\infty}^{+\infty} e^{-\lambda x^2} dx = \sqrt{\frac{\pi}{\lambda}}; \lambda > 0$ $\tag{12}$

證明： $\displaystyle\int_{-\infty}^{+\infty} e^{-\lambda x^2} dx = 2 \int_{0}^{+\infty} e^{-\lambda x^2} dx$. Let $I = \displaystyle\int_{0}^{+\infty} e^{-\lambda x^2} dx$

$$\Rightarrow I^2 = \int_{0}^{\infty} e^{-\lambda x^2} dx \int_{0}^{\infty} e^{-\lambda y^2} dy = \int_{0}^{\infty} \int_{0}^{\infty} e^{-\lambda(x^2+y^2)} dxdy$$

$$= \int_{0}^{\frac{\pi}{2}} \int_{0}^{\infty} e^{-\lambda \rho^2} \rho \, d\rho \, d\phi = \frac{\pi}{4\lambda} \Rightarrow I = \frac{\sqrt{\pi}}{2\sqrt{\lambda}}$$

$$\therefore \int_{-\infty}^{+\infty} e^{-\lambda x^2} dx = 2 \int_{0}^{+\infty} e^{-\lambda x^2} dx = \sqrt{\frac{\pi}{\lambda}}$$

定理 4： 若 $a > 0, b > 0$ 且 $b^2 < 4ac$，則有

$$\int_{-\infty}^{\infty} \int_{-\infty}^{\infty} e^{-(ax^2+bxy+cy^2)} dxdy = \frac{2\pi}{\sqrt{4ac - b^2}} \tag{13}$$

證明： $ax^2 + bxy + cy^2 = a\left(x + \frac{b}{2a}y\right)^2 + \frac{4ac - b^2}{4a}y^2$

$$\text{Let} \begin{cases} u = \sqrt{a}\left(x + \frac{b}{2a}y\right) \\ v = \sqrt{\frac{4ac - b^2}{4a}}y \end{cases} \Rightarrow dxdy = \frac{2}{\sqrt{4ac - b^2}} dudv$$

$$\int\limits_{-\infty}^{\infty}\int\limits_{-\infty}^{\infty} e^{-(ax^2+bxy+cy^2)}\,dxdy = \int\limits_{-\infty}^{\infty}\int\limits_{-\infty}^{\infty} e^{-(u^2+v^2)}\frac{2}{\sqrt{4ac-b^2}}\,dudv$$

$$= \frac{8}{\sqrt{4ac-b^2}}\int\limits_{0}^{\infty}\int\limits_{0}^{\infty} e^{-(u^2+v^2)}\,dudv = \frac{8}{\sqrt{4ac-b^2}}\int\limits_{0}^{\frac{\pi}{2}}\int\limits_{0}^{\infty} e^{-r^2} r\,drd\theta$$

$$= \frac{2\pi}{\sqrt{4ac-b^2}}$$

例題 26：Let $I=\int\limits_{0}^{x} e^{-t^2}dt$, Show that $\frac{\pi}{4}(1-e^{-x^2})<I^2<\frac{\pi}{4}(1-e^{-2x^2})$. Then show that

$\int\limits_{0}^{\infty} e^{-t^2}dt = \frac{\sqrt{\pi}}{2}$
【政大轉學考】

解　　$I^2 = \int\limits_{0}^{x}\int\limits_{0}^{x} e^{-(t^2+s^2)}\,dtds = \iint\limits_{R} e^{-(t^2+s^2)}\,dtds$

Let R_1, R_2 分別為半徑 $x, \sqrt{2}x$ 位於第一卦限之 $\frac{1}{4}$ 圓，則有 $R_1<R<R_2$

$$\iint\limits_{R_1} e^{-(t^2+s^2)}\,dtds = \int\limits_{0}^{\frac{\pi}{2}}\int\limits_{0}^{x} e^{-r^2} r\,drd\theta = \frac{\pi}{4}(1-e^{-x^2})$$

$$\iint\limits_{R_2} e^{-(t^2+s^2)}\,dtds = \int\limits_{0}^{\frac{\pi}{2}}\int\limits_{0}^{\sqrt{2}x} e^{-r^2} r\,drd\theta = \frac{\pi}{4}(1-e^{-2x^2})$$

故可得 $\frac{\pi}{4}(1-e^{-x^2})<I^2<\frac{\pi}{4}(1-e^{-2x^2})$

由夾擠定理

$\because \lim\limits_{x\to\infty}\frac{\pi}{4}(1-e^{-x^2}) = \lim\limits_{x\to\infty}\frac{\pi}{4}(1-e^{-2x^2}) = \frac{\pi}{4}$

$\therefore \lim\limits_{x\to\infty} I^2 = \frac{\pi}{4}$

$\Rightarrow \int\limits_{0}^{\infty} e^{-t^2}dt = \frac{\sqrt{\pi}}{2}$

例題 27：Evaluate the double integral $\int_{-1}^{1}\int_{-\sqrt{1-y^2}}^{0}\frac{4}{1+x^2+y^2}dxdy$

【101 台聯大轉學考】

解　　$\int_{-1}^{1}\int_{-\sqrt{1-y^2}}^{0}\frac{4}{1+x^2+y^2}dxdy = \int_{\frac{\pi}{2}}^{\frac{3\pi}{2}}\int_{0}^{1}\frac{4}{1+r^2} r\,drd\theta = \int_{\frac{\pi}{2}}^{\frac{3\pi}{2}} 2\ln 2\,d\theta = 2\pi\ln 2$

例題 28：試求積分：$\int_0^6 \int_0^{\sqrt{6x-x^2}} 6\sqrt{x^2+y^2}\, dydx = ?$　　　【100 台大轉學考】

解　令 $x = r\cos\theta,\ y = r\sin\theta \Rightarrow dxdy = r\,drd\theta$

$$\int_0^6 \int_0^{\sqrt{6x-x^2}} 6\sqrt{x^2+y^2}\, dydx = \int_0^{\frac{\pi}{2}} \int_0^{6\cos\theta} 6r r\, drd\theta$$

$$= 432 \int_0^{\frac{\pi}{2}} \cos^3\theta\, d\theta$$

$$= 288$$

例題 29：已知 $f(x) = ce^{-3x^2+6x}$ 且 $\int_{-\infty}^{\infty} f(x)dx = 1$，求 c 之值　　　【政治大學轉學考】

解　$$\int_{-\infty}^{\infty} ce^{-3x^2+6x}\, dx = ce^3 \int_{-\infty}^{\infty} e^{-3(x-1)^2}\, dx = ce^3 \sqrt{\frac{\pi}{3}} = 1$$

$$\Rightarrow c = e^{-3}\sqrt{\frac{\pi}{3}}$$

例題 30：Evaluate the double integral $\int_0^3 \int_0^{\sqrt{9-x^2}} \dfrac{\sqrt{x^2+y^2}}{1+x^2+y^2}\, dydx$

【100 中山大學機電系轉學考】

解　令 $x = r\cos\theta,\ y = r\sin\theta \Rightarrow dxdy = r\,drd\theta$

$$\int_0^3 \int_0^{\sqrt{9-x^2}} \frac{\sqrt{x^2+y^2}}{1+x^2+y^2}\, dydx = \int_0^{\frac{\pi}{2}} \int_0^3 \frac{r}{1+r^2} r\, drd\theta$$

$$= \int_0^{\frac{\pi}{2}} \int_0^3 dr d\theta - \int_0^{\frac{\pi}{2}} \int_0^3 \frac{1}{1+r^2}\, drd\theta$$

$$= \frac{3}{2}\pi - \frac{\pi}{2}\tan^{-1}3$$

例題 31：$I(r) = \iint\limits_{\Omega_r} \exp\left(-(x^2+2xy+3y^2)\right)dA$, where Ω_r is the region enclosed by $x^2 +$

$2xy + 3y^2 \le r^2$.

(1) Evaluate $I(1)$

(2) $\lim\limits_{r \to \infty} I(r) = ?$　　　【100 台灣大學轉學考】

解

(1) Let $\begin{cases} u = x + y \\ v = \sqrt{2}y \end{cases} \Rightarrow \begin{cases} x = u - \dfrac{1}{\sqrt{2}}v \\ y = \dfrac{1}{\sqrt{2}}v \end{cases} \Rightarrow J = \begin{vmatrix} \dfrac{\partial x}{\partial u} & \dfrac{\partial x}{\partial v} \\ \dfrac{\partial y}{\partial u} & \dfrac{\partial y}{\partial v} \end{vmatrix} = \dfrac{1}{\sqrt{2}}$

$I(r) = \iint\limits_{\Omega_r} \exp(-(x^2 + 2xy + 3y^2))dA = \iint\limits_{\Omega_r} \exp(-(u^2 + v^2))\dfrac{1}{\sqrt{2}}dudv$

$\qquad = \dfrac{1}{\sqrt{2}} \int_0^{2\pi} \int_0^r \exp(-\rho^2)\rho d\rho d\theta = \dfrac{\pi}{\sqrt{2}}(1 - e^{-r^2})$

$\Rightarrow I(1) = \dfrac{\pi}{\sqrt{2}}(1 - e^{-1})$

(2) $\lim\limits_{r \to \infty} I(r) = \dfrac{\pi}{\sqrt{2}}$

例題 32：Evaluate $\iint\limits_{\Omega} \left(\dfrac{x^2 - xy + y^2}{2} \right) dA$, where Ω is the region enclosed by the ellipse

$x^2 - xy + y^2 = 2$ and using the transformation

$\begin{cases} x = \sqrt{2}u - \sqrt{\dfrac{2}{3}}v \\ y = \sqrt{2}u + \sqrt{\dfrac{2}{3}}v \end{cases}$

【100 中正大學轉學考】

解

$\begin{cases} x = \sqrt{2}u - \sqrt{\dfrac{2}{3}}v \\ y = \sqrt{2}u + \sqrt{\dfrac{2}{3}}v \end{cases} \Rightarrow J = \begin{vmatrix} \dfrac{\partial x}{\partial u} & \dfrac{\partial x}{\partial v} \\ \dfrac{\partial y}{\partial u} & \dfrac{\partial y}{\partial v} \end{vmatrix} = \dfrac{4}{\sqrt{3}}$

$\iint\limits_{\Omega} \left(\dfrac{x^2 - xy + y^2}{2} \right) dA = \iint\limits_{\Omega} \dfrac{2u^2 + \dfrac{8}{3}v^2}{2} \dfrac{4}{\sqrt{3}}dudv$

$\qquad = \int_0^{2\pi} \int_0^1 (2r^2 \cos^2\theta + 2r^2 \sin^2\theta)rdrd\theta$

$\qquad = \pi$

例題 33：Find the average value of $f(x, y) = xy$ over the quarter circle $x^2 + y^2 \leq 1$ in the first quadrant.　　　　　　　　　　　【100 成大轉學考】

解

$\iint\limits_{R} f(x, y)dA = \iint\limits_{R} xydxdy = \int_0^{\frac{\pi}{2}} \int_0^1 (r\cos\theta)(r\sin\theta)rdrd\theta = \dfrac{1}{8}$

例題 34：試求積分：$\displaystyle\iint_R \exp(x^2+y^2)dydx$　$R=\{(x,y)|x^2+y^2\le 1, 0\le y\le x\}$

【100 台北大學轉學考】

解　令 $x=r\cos\theta, y=r\sin\theta \Rightarrow dxdy=rdrd\theta$

$$\iint_R \exp(x^2+y^2)dydx = \int_0^{\frac{\pi}{4}}\int_0^1 \exp(r^2)rdrd\theta$$

$$=\frac{\pi}{8}(e-1)$$

例題 35：Find the volume of the solid enclosed by the surface $z=4-x^2-4y^2$ and the x-y plane.

【100 北科大轉學考】

解　$V=\displaystyle\iint_R (4-x^2-(2y)^2)dA;\ R: \{(x,y)|x^2+(2y)^2\le 4\}$

Let $\begin{cases} x=r\cos\theta \\ 2y=r\sin\theta \end{cases} \Rightarrow J=\frac{1}{2}r$

$$V=\iint_R (4-x^2-4y^2)dA = \int_0^{2\pi}\int_0^2 (4-r^2)\frac{1}{2}rdrd\theta$$

$$=4\pi$$

例題 36：Find the volume of the solid bounded by the four planes,

$x=0, y=0, z=x+y, z=1-x-y$　【100 淡江轉學考理工組】

解　$\begin{cases} z=x+y \\ z=1-x-y \end{cases} \Rightarrow y=\frac{1}{2}-x$

$$V=\int_0^{\frac{1}{2}}\int_0^{\frac{1}{2}-x} [(1-x-y)-(x+y)]\,dydx$$

$$=\int_0^{\frac{1}{2}}\left(x^2-x+\frac{1}{4}\right)dx=\frac{1}{24}$$

例題 37：已知 D 為兩曲面 $z=2-2x^2-2y^2,\ z=(x^2+y^2)^2-1$ 所圍之立體區域，求此立體區域之體積　【101 淡江大學轉學考理工組】

解 $\begin{cases} z = 2 - 2x^2 - 2y^2 \\ z = (x^2 + y^2)^2 - 1 \end{cases}$,

$\Rightarrow x^2 + y^2 = 1$

$V = \iint\limits_D [(2 - 2x^2 - 2y^2) - ((x^2 + y^2)^2 - 1)]\, dA$

$\quad = \int\limits_0^{2\pi} \int\limits_0^1 (-\rho^4 - \rho^2 + 3)\rho\, d\rho\, d\theta$

$\quad = \dfrac{13}{6}\pi$

例題 38：Evaluate $\iint\limits_D x\, dA$，其中 D 表示 $x^2 - 2x + y^2 = 0$ 所圍的區域

【101 東吳大學轉學考財務與精算系】

解 $x^2 - 2x + y^2 = 0 \Rightarrow x^2 + y^2 = 2x$

$\qquad\qquad \Rightarrow r^2 = 2r\cos\theta$

$\qquad\qquad \Rightarrow r = 2\cos\theta$

$\iint\limits_D x\, dA = 2\int\limits_0^{\frac{\pi}{2}} \int\limits_0^{2\cos\theta} r\cos\theta\, r\, dr\, d\theta$

$\qquad\qquad = \dfrac{16}{3}\int\limits_0^{\frac{\pi}{2}} \cos^4\theta\, d\theta$

$\qquad\qquad = \pi$

例題 39：Evaluate $\int\limits_{-1}^1 \int\limits_0^{\sqrt{1 - x^2}} \exp\{-(x^2 + y^2)\}\, dy\, dx$ 【101 北科大光電系】

解 $\int\limits_{-1}^1 \int\limits_0^{\sqrt{1 - x^2}} \exp\{-(x^2 + y^2)\}\, dy\, dx = \int\limits_0^{\pi} \int\limits_0^1 \exp\{-r^2\}r\, dr\, d\theta$

$\qquad\qquad\qquad\qquad\qquad\qquad = \dfrac{\pi}{2}(1 - e^{-1})$

例題 40：Convert $\int\limits_0^2 \int\limits_0^{\sqrt{2x - x^2}} (x^2 + y^2)\, dy\, dx$ to polar coordinates and evaluate

【101 成功大學轉學考】

解　$\displaystyle\int_0^2 \int_0^{\sqrt{2x-x^2}} (x^2+y^2)dydx = \int_0^{\frac{\pi}{2}} \int_0^{2\cos\theta} (r^2)rdrd\theta = \frac{3\pi}{4}$

例題 41：Evaluate $\displaystyle\iint_{x^2+y^2<4} (18-2x^2-2y^2)dA$　　　【101 中興大學轉學考】

解　$\displaystyle\iint_{x^2+y^2<4} (18-2x^2-2y^2)dA = \int_0^{2\pi} \int_0^2 (18-2r^2)rdrd\theta = 56\pi$

例題 42：Let R be the annular region lying between the two circles $x^2+y^2=1$, $x^2+y^2=5$.

Evaluate $\displaystyle\iint_R (x^2+y)dA$　　　【100 元智大學電機系轉學考】

解　$\displaystyle\iint_R (x^2+y)dA = \int_0^{2\pi} \int_1^{\sqrt{5}} (r^2\cos^2\theta + r\sin\theta)rdrd\theta = 6\pi$

例題 43：Find the volume of the solid bounded by the cylinders $x^2+y^2=1$, $x^2+y^2=4$,

and the planes $z=0$, $z=3x+y$　　　【100 中正大學電機系轉學考】

解　let $\begin{cases} x=r\cos\theta \\ y=r\sin\theta \end{cases} \Rightarrow dxdy=rdrd\theta$

$V = 2\displaystyle\int_0^{\pi} \int_1^2 (3x+y)rdrd\theta = 2\int_0^{\pi} \int_1^2 (3r\cos\theta + r\sin\theta)rdrd\theta$

$= \dfrac{28}{3}$

例題 44：Evaluate the integral $\displaystyle\iint_R \exp\left(\frac{y-x}{x+y}\right)dxdy$, where R is the region in the first

quadrant bounded by the line $x+y=2$　　　【政治大學轉學考】

解　$\begin{cases} u=y-x \\ v=x+y \end{cases} \Rightarrow \begin{cases} x=\dfrac{1}{2}(v-u) \\ y=\dfrac{1}{2}(u+v) \end{cases}$

$|J| = \begin{Vmatrix} \dfrac{\partial x}{\partial u} & \dfrac{\partial x}{\partial v} \\ \dfrac{\partial y}{\partial u} & \dfrac{\partial y}{\partial v} \end{Vmatrix} = \begin{Vmatrix} -\dfrac{1}{2} & \dfrac{1}{2} \\ \dfrac{1}{2} & \dfrac{1}{2} \end{Vmatrix} = \dfrac{1}{2}$

$$\iint \exp\left(\frac{(y-x)}{(x+y)}\right) dxdy = \int_0^2 \int_{-v}^v \frac{1}{2} \exp\left(\frac{u}{v}\right) dudv = \int_0^2 \frac{v}{2}\left(e - e^{-1}\right) dv$$
$$= e - e^{-1}$$

例題 45：Evaluate the integral $\iint\limits_R \sin(b^2x^2 + a^2y^2)dxdy$, where R is the region bounded

by the ellipse $b^2x^2 + a^2y^2 = 1$; $(a>0, b>0)$　　　　【淡江大學轉學考】

解

$$\begin{cases} u = bx \\ v = ay \end{cases} \Rightarrow dxdy = \frac{1}{ab} dudv$$

$$\iint\limits_R \sin(b^2x^2 + a^2y^2)dxdy = \iint\limits_{u^2+v^2<1} \sin(u^2+v^2)\frac{1}{ab} dudv$$
$$= \int_0^{2\pi}\int_0^1 \sin(r^2)\frac{1}{ab} r\,drd\theta$$
$$= \frac{\pi}{ab}(1 - \cos 1)$$

12-3　三重積分

仿照雙重積分的定義，我們也可以定義三重積分。

定義：

$$\iiint\limits_V f(x, y, z)\, dV = \lim_{n \to \infty} \sum_{k=1}^n f(x_k^*, y_k^*, z_k^*)\Delta V_k \tag{14}$$

稱為 $f(x, y, z)$ 在立體區域 V 上的三重積分（triple integral）。

例題 46：計算 $\iiint\limits_V 12xy^2z^3dV$，其中的 V 是由不等式 $-1 \le x \le 2, 0 \le y \le 3, 0 \le z \le 2$

所決定之長方體。

解

$$\iiint\limits_V 12xy^2z^3dV = \int_{-1}^2 \int_0^3 \int_0^2 12xy^2z^3dzdydx = \int_{-1}^2 \int_0^3 48xy^2dydx = 648$$

如圖 7 所示，假設某立體區域 V 的上下為兩個曲面：

$h_1(x, y) \le z \le h_2(x, y),$

而 xy 平面上的區域 R 是由 $g_1(x) \le y \le g_2(x)$ 和 $a \le x \le b$ 決定。

這樣的區域的三重積分為

$$\int_a^b \int_{g_1(x)}^{g_2(x)} \int_{h_1(x, y)}^{h_2(x, y)} f(x, y, z)\, dzdydx$$

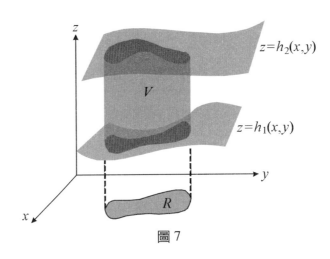

圖 7

例題 47：假設 V 是第一卦限中由圓柱體 $y^2 + z^2 \leq 1$ 以及平面 $y = x$ 和 $x = 0$ 所圍成的區域，求 $\iiint_V z\, dV$。

解　

$$\int_0^1 \int_0^y \int_0^{\sqrt{1 - y^2}} z\, dzdxdy$$

$$= \int_0^1 \int_0^y \frac{1}{2}(1 - y^2)\, dxdy$$

$$= \frac{1}{2} \int_0^1 (y - y^3)\, dy = \frac{1}{8}$$

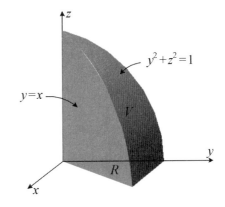

例題 48：利用三重積分求出圖 8 的四面體（tetrahedron）的體積。

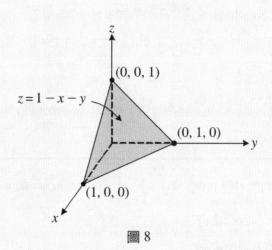

$z = 1 - x - y$

(0, 0, 1)

(0, 1, 0)

(1, 0, 0)

圖 8

解 $\int_0^1 \int_0^{1-x} \int_0^{1-x-y} dz\,dy\,dx = \int_0^1 \int_0^{1-x} (1 - x - y)\,dy\,dx = \int_0^1 \frac{1}{2}(1-x)^2\,dx = \frac{1}{6}$

例題 49：Find the volume bounded by $3x + 6y + 4z - 12 = 0$, xy-plane, xz-plane, yz-plane. 【101 屏教大轉學考】

解 $V = \int_0^4 \int_0^{\frac{12-3x}{6}} \int_0^{\frac{12-3x-6y}{4}} dz\,dy\,dx = \int_0^4 \int_0^{\frac{12-3x}{6}} \left[3 - \frac{3}{4}x - \frac{3}{2}y \right] dy\,dx$

$= 4$

例題 50：K 為如圖 8 之四面體，求：$\iiint_K \dfrac{12}{(1+x+y+z)^4}\,dV = ?$ 【100 台大轉學考】

解 $\int_0^1 \int_0^{1-x} \int_0^{1-x-y} \dfrac{12}{(1+x+y+z)^4}\,dz\,dy\,dx = \int_0^1 \int_0^{1-x} \left[4(1+x+y)^{-3} - \frac{1}{2} \right] dy\,dx$

$= \int_0^1 \left[-2(1+x+y)^{-2} - \frac{1}{2}y \,\Big|_0^{1-x} \right] dx$

$= \dfrac{1}{4}$

例題 51：Convert the integral $\int_0^1 \int_0^{\sqrt{1-x^2}} \int_{\sqrt{y^2+x^2}}^{\sqrt{2-y^2-x^2}} dz\,dy\,dx$ to an equivalent integral in spherical coordinates. 【100 台聯大轉學考】

$z=\sqrt{y^2+x^2}\rightarrow z=\sqrt{2-y^2-x^2}(\text{or } y^2+x^2+z^2=2)$

in spherical coordinates $y^2+x^2+z^2=2=r^2 \Rightarrow r=\sqrt{2}$

$z=\sqrt{y^2+x^2}$, $y^2+x^2+z^2=2$ 之交線為 $2z^2=2 \Rightarrow z=1$，積分區域為第一卦限

$z=r\cos\theta=\sqrt{2}\cos\theta=1 \Rightarrow \theta=\dfrac{\pi}{4}$

$\therefore \displaystyle\int_0^1\int_0^{\sqrt{1-x^2}}\int_{\sqrt{y^2+x^2}}^{\sqrt{2-y^2-x^2}}dzdydx=\int_0^{\frac{\pi}{2}}\int_0^{\frac{\pi}{4}}\int_0^{\sqrt{2}}r^2\sin\theta\,drd\theta d\phi$

例題 52：Rewrite the iterated integral $\displaystyle\int_0^1\int_0^{\sqrt{1-z}}\int_0^{1-x}f(x,y,z)dydxdz$ in the following orders:

(1) $\displaystyle\iiint f(x,y,z)\,dxdzdy$

(2) $\displaystyle\iiint f(x,y,z)\,dydzdx$　　　　　　　　　　　【101 中正大學轉學考】

$\begin{cases}0 \le y \le 1-x\\ 0 \le x \le \sqrt{1-z}\\ 0 \le z \le 1\end{cases}$

(1) $\displaystyle\iiint f(x,y,z)dxdzdy=\int_0^1\int_0^1\int_0^{\sqrt{1-z}}f(x,y,z)dxdzdy$

(2) $\displaystyle\iiint f(x,y,z)dydzdx=\int_0^1\int_0^{1-x^2}\int_0^{1-x}f(x,y,z)dydzdx$

例題 53：Evaluate $\displaystyle\int_{-2}^{5}\int_0^{3x}\int_y^{x+2}4dzdydx$　　　　　　【101 屏東教大轉學考】

$\displaystyle\int_{-2}^{5}\int_0^{3x}\int_y^{x+2}4dzdydx=\int_{-2}^{5}\int_0^{3x}(4x+8-4y)dydx=\int_{-2}^{5}(12x^2+24x-18x^2)dx$

$\qquad\qquad\qquad = -14$

例題 54：Evaluate $\displaystyle\iiint_V\frac{1}{x^2+y^2+z^2}dV$ where V is the region between the spheres x^2+y^2

$+z^2=9$ and $x^2+y^2+z^2=36$　　　　　　　　　　　　　【交大機械所】

解　　　V 內任一點之座標可表示為：

$\vec{r}=r\sin\theta\cos\phi\,\hat{i}+r\sin\theta\sin\phi\,\hat{j}+r\cos\theta\,\hat{k}=x\,\hat{i}+y\,\hat{j}+z\,\hat{k}$

其中 $3 \leq r \leq 6, 0 \leq \phi \leq 2\pi, 0 \leq \theta \leq \pi$

$$\Rightarrow J = \frac{\partial(x, y, z)}{\partial(r, \theta, \phi)} = \begin{vmatrix} x_r & x_\theta & x_\phi \\ y_r & y_\theta & y_\phi \\ z_r & z_\theta & z_\phi \end{vmatrix} = r^2 \sin\theta,\ dV = |J| dr d\theta d\phi = r^2 \sin\theta dr d\theta d\phi$$

$$\Rightarrow \iiint\limits_V \frac{1}{x^2 + y^2 + z^2} dV = \int_0^{2\pi} \int_0^\pi \int_3^6 \frac{1}{r^2} r^2 \sin\theta dr d\theta d\phi = 12\pi$$

例題 55：Evaluate $\iiint\limits_W z^2\, dxdydz$，其中 W 是由平面 $x=0, y=0, z=0$ 與 $x=0, y=0, z=1$ 及圓柱 $x^2+y^2=1, x, y \geq 0$ 所構成的封閉區域

【101 中山大學電機系轉學考】

解

$$\iiint\limits_W z^2\, dxdydz = \int_0^1 \int_0^{\sqrt{1-x^2}} \int_0^1 z^2\, dzdydx = \frac{\pi}{12}$$

例題 56：Find the volume in the first octant bounded by the x-z plane, the y-z plane, the cylinders $z = x^2$ and the plane $z = 1 - y$　　【101 中興大學轉學考】

解

$$\begin{cases} z = x^2 \\ z = 1 - y \end{cases} \Rightarrow y = 1 - x^2$$

$$V = \int_0^1 \int_0^{1-x^2} \int_{x^2}^{1-y} dzdydx = \frac{4}{15}$$

例題 57：Let $S = \left\{ (x, y, z) \,\middle|\, \left(\frac{x}{1}\right)^2 + \left(\frac{y}{2}\right)^2 + \left(\frac{z}{3}\right)^2 \leq 1 \right\}$. Find

$$\iiint\limits_s \sqrt{\left(\frac{x}{1}\right)^2 + \left(\frac{y}{2}\right)^2 + \left(\frac{z}{3}\right)^2}\, dxdydz = ?$$

【交通大學轉學考】

解　　Let $\begin{cases} x = r\sin\theta\cos\phi \\ y = 2r\sin\theta\sin\phi \\ z = 3r\cos\theta \end{cases}$；其中 $0 \leq r \leq 1, 0 \leq \phi \leq 2\pi, 0 \leq \theta \leq \pi$

$$\iiint\limits_s \sqrt{\left(\frac{x}{1}\right)^2 + \left(\frac{y}{2}\right)^2 + \left(\frac{z}{3}\right)^2}\, dxdydz = \int_0^{2\pi} \int_0^\pi \int_0^1 r\, (r^2 \sin\theta)\, 6 dr d\theta d\phi$$

$$= 6\pi$$

綜合練習

1. 求 $\int_2^3 \int_1^5 (x+2y)dxdy$

2. 用雙重積分求由曲線 $y=x^2$ 與 $y=x$ 所圍成區域之面積。

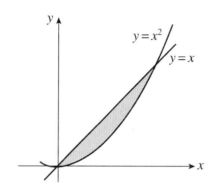

3. 求 $\int_{-1}^2 \int_0^3 (x+y)dydx$

4. 求 $\int_0^2 \int_{-1}^1 (1-6x^2y)dydx$

5. 求 $\int_0^3 \int_1^2 x^2 ydydx$

6. 求 $\int_0^{\frac{\pi}{2}} \int_0^{\frac{\pi}{2}} \sin x \cos ydydx$

7. Find the volume bounded by the elliptic paraboloid $x^2+2y^2+z=16$, $x=2$, $y=2$ and the three coordinate planes.

8. 計算 $\iint_D (x+2y)\,dA$，其中的 D 是由 $y=2x^2$, $y=1+x^2$ 所圍成之區域

9. 計算 $\iint_D (xy)dA$，其中的 D 是由 $y^2=2x+6$, $y=x-1$ 所圍成之區域

10. Find the volume bounded by the planes $x+2y+z=2$, $x=2y$, $x=0$, $y=0$

11. 求 $\int_0^1 \int_x^1 \sin y^2\,dydx$　　　　　　　　　　　　　　【清華大學轉學考】

12. 求 $\int_0^1 \int_y^1 \frac{\sin x}{x}dxdy$

13. 求 $\int_0^2 \int_{x^2}^{2x} (4x+2)\,dydx$

14. 計算 $\iiint_V xyz^2\,dV$，其中的 V 是由不等式 $0 \le x \le 1$, $-1 \le y \le 2$, $0 \le z \le 3$ 所決定之長方體。

15. K 為如圖 8 之四面體，求：$\iiint_K zdV =$?

16. Use the triple integral to find the volume bounded by $x+2y+z=2$, $x=2y$, $x=0$, $z=0$

17. Find the volume of the region D enclosed by $z=x^2+3y^2$, $z=8-x^2-y^2$

18. 求 $\int_0^1 \int_x^1 x^2 \sqrt{1+y^4}\,dydx =$?　　　　　　　　　　　【交大機械所】

19. 已知 $x=\dfrac{u^2-v^2}{2}$ 及 $y=uv$，求以下之積分值？

　　$\iint_R dxdy =$?, $R: u=-2, u=2, v=2, v=-2$ 所包圍之區域。　　　　【台大農工所】

20. 求下列三重積分之值：

(1) $I_1 = \iiint_T \phi(x,y,z)dxdydz$，其中 $\phi(x,y,z)=10xy$；T 代表由平面 $x=0, y=0, z=0$ 及 $x+y+z=6$ 所包

圍之區域。

(2) $I_2 = \iiint\limits_{T} dV$，其中 T 代表曲面 $y^2 + x^2 = a^2, z^2 + x^2 = a^2$ 在第一象限所包圍之區域。

(3) $I_1 = \iiint\limits_{T} \phi (x, y, z) dx dy dz$，其中 $\phi (x, y, z) = x^2 + y^2 + z^2$；$T$ 代表由平面 $x = 0, y = 0, z = 0$ 及 $x + y + z = a$ （$a > 0$）所包圍之區域。　　　　　　　　【交大土木所】

21. 求 $z = \dfrac{4}{y^2 + 1}, y = x, y = 3, x = 0, z = 0$ 所圍成之體積　　　　　【交大工工所】

22. Evaluate $\iint\limits_{R} xy dA$ over the region R as shown in Fig.9　　　【台科大自控所】

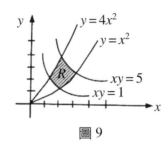

圖 9

23. Evaluate $\iint\limits_{R} xy dA$ over the region in $x \geq 0, y \geq 0$ bounded by $y = x^2 + 4, y = x^2, y = 6 - x^2$ and $y = 12 - x^2$

【台科大自控所】

24. Evaluate

$$\iint\limits_{A} (x + y)^3 dA$$

where A is the region shown in Fig.10　　　　　　　　　　　【台科大自控所】

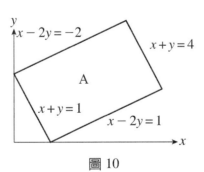

圖 10

25. Find the volume of the solid bounded above by the paraboloid $z = 4 - x^2 - y^2$ and below by the plane $z = 4 - 2x$　　　　　　　　　　　　　　　　　　　　　　　　【台大電機所】

26. $\iint_{R} 3xy^2 dA$，R 區域為 $y = x^2$ 及 $y = 2x$ 所圍區域。

27. $\displaystyle\int_0^4 \int_{\sqrt{y}}^2 y \cos x^5 \, dx dy = ?$

28. $\displaystyle\int_0^2 \int_0^{\sqrt{4 - x^2}} (x^2 + y^2) dy dx = ?$

29. Evaluate $\int\limits_{0}^{\frac{\pi}{2}}\int\limits_{0}^{\cos y}e^{x}\sin y\,dx\,dy$　　　　　　　　　　　　　　【101 中興大學轉學考】

30. Evaluate $\int\limits_{0}^{2}\int\limits_{\frac{y}{2}}^{1}e^{x^2}\,dx\,dy$　　　　　　　　　　　　　　　　　　【101 中興大學化學系轉學考】

31. Evaluate $\iint\limits_{D}xy\,dA$, D is the first-quadrant part of the disk with center $(0, 0)$ and radius 1

　　　　　　　　　　　　　　　　　　　　　　　　　　　　【101 中興大學土木系轉學考】

32. Evaluate

(1) $\int\limits_{0}^{1}\int\limits_{3x}^{3}e^{y^2}\,dy\,dx$

(2) $\iint\limits_{D}x^2y\,dy\,dx$, $D = \{(x, y)\,|\,y \geq 0,\ x^2 + y^2 \leq 9\}$　　　　　【101 台北大學經濟系轉學考】

33. Evaluate $\iint\limits_{D}xy\,dA$, D is the region bounded by the line $y = x - 1$ and the parabola $y^2 = 2x + 6$

　　　　　　　　　　　　　　　　　　　　　　　　　　　　【101 台北大學資工系轉學考】

34. Evaluate $\int\limits_{0}^{1}\int\limits_{x}^{1}\cos y^2\,dy\,dx$　　　　　　　　　　　　　　【100 中原大學轉學考】

35. (1) Show that $\int\limits_{-\infty}^{\infty}\exp(-ax^2)\,dx = \sqrt{\dfrac{\pi}{a}}$; $a > 0$

(2) Apply the result of (1) to evaluate $\int\limits_{0}^{\infty}x^4\exp(-x^2)\,dx = $?　　　【101 北科大光電系轉學考】

36. Evaluate $\iint_{D}(2x + y)\,dA$, where D is the region bounded by the parabola $y = 2x^2$ and $y = 1 + x^2$.

37. Evaluate $\int\limits_{1}^{2}\int\limits_{0}^{\pi}y\sin(xy)\,dy\,dx$　　　　　　　　　　　　　【100 逢甲大學轉學考】

38. Evaluate $\iint_{D}\sqrt{9 - x^2 - y^2}\,dA$, where $D = \{(x, y)\,|\,x^2 + y^2 \leq 9\}$.

39. (1) Evaluate $\int\limits_{0}^{8}\int\limits_{1}^{e}\dfrac{y}{x}\,dx\,dy$

(2) Determine the average value of the function $f(x, y) = 2x + 3y$ over the region defined by $1 \leq x \leq 4$, $0 \leq y \leq 5$　　　　　　　　　　　　　　　　　　　　　　　【100 淡江大學轉學考】

40. Let V be the volume of the solid S bounded by the surface $z = 4 - x^2 - y^2$ and $z = 4 - 2y$

$V = \int\limits_{e}^{f}\int\limits_{c}^{d}\int\limits_{a}^{b}dz\,dy\,dx$

Find $a, b, c, d, e, f = $?　　　　　　　　　　　　　　　　　　【交通大學轉學考】

41. Evaluate $\iiint\limits_{V}\dfrac{z^2}{\sqrt{x^2 + y^2 + z^2}}\,dV$ where V is the region between the spheres $x^2 + y^2 + z^2 = 1$ and $x^2 + y^2 + z^2 = 4$

　　　　　　　　　　　　　　　　　　　　　　　　　　　　　　　【台大轉學考】

42. Let V be the volume of the solid S bounded by $V = (x^2 + y^2 + z^2 \leq 9,\ x^2 + y^2 \leq 1)$. Evaluate V.

　　　　　　　　　　　　　　　　　　　　　　　　　　　　　　【中央大學轉學考】

43. Evaluate $\iint_{D}\ln(x^2 + y^2)\,dx\,dy$, where $D = \{(x, y)\,|\,4 \leq x^2 + y^2 \leq e^2\}$.　　【輔仁大學轉學考】

44. Evaluate $\iint_{D}\dfrac{1}{\sqrt{1 + x^2 + y^2}}\,dx\,dy$, where $D = \{(x, y)\,|\,0 \leq x^2 + y^2 \leq 1\}$　　【台大轉學考】

45. Evaluate $\int\limits_{0}^{1}\int\limits_{t}^{1}e^{x^2}\,dx\,dt = $?　　　　　　　　　　　　　　【台大轉學考】

46. Evaluate $\displaystyle\int_0^1 \int_0^x \frac{1}{\sqrt{x^2+y^2}}\,dy\,dx = $?　　　　　　　　　　　　　　【台大轉學考】

47. Evaluate $\displaystyle\int_0^1 \int_{\sqrt{x}}^1 \sqrt{1+y^3}\,dy\,dx = $?　　　　　　　　　　　　　【台大轉學考】

48. Evaluate $\displaystyle\int_0^1 \int_{2y}^2 \cos(x^2)\,dx\,dy = $?　　　　　　　　　　　　　　【台大轉學考】

49. Evaluate $\displaystyle\int_{-\infty}^{\infty} \int_{-\infty}^{\infty} e^{-(x^2+2xy+5y^2)}\,dx\,dy = $?　　　　　　　【清華大學轉學考】

50. Evaluate $\displaystyle\iint_R x^2 y^2\,dx\,dy$, where R is the region bounded by

    $xy=1$, $xy=2$, $y=x$, $y=4x$, $(x, y > 0)$　　　　　　　　　　【台大轉學考】

51. 求 $\left(\dfrac{x}{a}\right)^{\frac{1}{2}} + \left(\dfrac{y}{b}\right)^{\frac{1}{2}} + \left(\dfrac{z}{c}\right)^{\frac{1}{2}} \leq 1$ 之體積　　　　　　　　　　【台大轉學考】

13 向量分析

The art of doing mathematics is finding that special case that contains all the germs of generality

-David Hilbert

13-1 向量的運算

定義：向量（Vectors）就是具有方向的線段，每個向量都有一定的長度與方向。
　　　故向量基本要素包括：
　　　(1) 大小（長度，量）
　　　(2) 方向（向）

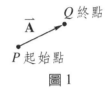

$$圖 1$$

如圖 1 之向量可表示為：

$$\vec{\mathbf{A}} = \overrightarrow{PQ} = |\vec{\mathbf{A}}|\hat{\mathbf{e}}_{\mathbf{A}} \tag{1}$$

$|\vec{\mathbf{A}}|$ 代表向量 $\vec{\mathbf{A}}$ 之長度（大小），$\hat{\mathbf{e}}_{\mathbf{A}}$ 代表向量 $\vec{\mathbf{A}}$ 之方向，$\hat{\mathbf{e}}_{\mathbf{A}}$ 為一單位向量（unit vector），其大小為 1，$\vec{\mathbf{A}}$ 之方向由 $\hat{\mathbf{e}}_{\mathbf{A}}$ 所定義，$\therefore \vec{\mathbf{A}}$ 即為 $\hat{\mathbf{e}}_{\mathbf{A}}$ 放大 $|\vec{\mathbf{A}}|$ 倍後的結果
　　由(1)可知單位向量即為向量除以其長度

$$\hat{\mathbf{e}}_{\mathbf{A}} = \frac{\vec{\mathbf{A}}}{|\vec{\mathbf{A}}|} \tag{2}$$

觀念提示：　1. 兩向量若相等則其長度與方向均要相同

$$\vec{\mathbf{A}} = \vec{\mathbf{B}} \Rightarrow \begin{cases} |\vec{\mathbf{A}}| = |\vec{\mathbf{B}}| \\ \hat{\mathbf{e}}_{\mathbf{A}} = \hat{\mathbf{e}}_{\mathbf{B}} \end{cases} \tag{3}$$

　　　　　　2. 物理上所提到的作用力與反作用力即為大小相等，但方向恰好相反
　　　　　　　之兩向量，如 $-\vec{\mathbf{A}}$（反作用力）與 $\vec{\mathbf{A}}$（作用力）
　　　　　　3. 一個向量可以改變位置，只要長度和方向不變就仍然是原向量。
　　　　　　4. 一個向量的長度（length）是它的起點與終點之間的距離，向量的長
　　　　　　　度也稱作 norm。

向量的基本運算：

1. 向量之加法：$(\vec{A}+\vec{B})$

   (1) 幾何（平行四邊形法）：二向量之和表示其所圍成之平行四邊形之對角線向量，如圖 2 所示：

圖 2

   (2) 物理：從物理的觀點來看，向量之加法可用以表示力之合成

2. 向量之減法：$(\vec{A}-\vec{B})$

   (1) 幾何：二向量之差表示其所圍成之三角形之斜邊向量，如圖 3 所示：

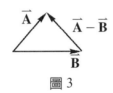

圖 3

   (2) 物理：從物理的觀點來看，向量之減法可用以表示相對位移。

   向量的相加與相減之幾何上的意義可參考圖 4 與圖 5 之例子：

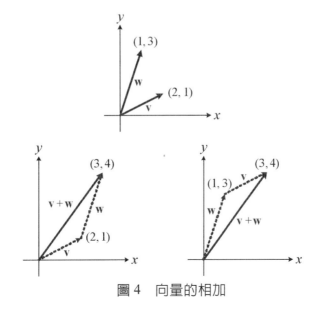

圖 4　向量的相加

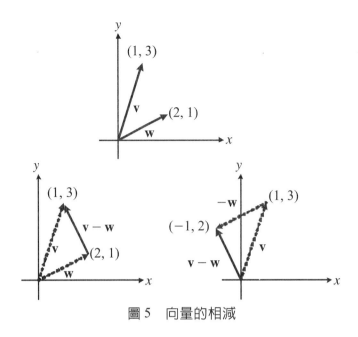

圖 5　向量的相減

3. 向量之內積：$(\vec{\mathbf{A}} \cdot \vec{\mathbf{B}})$

定義：$\vec{\mathbf{A}} \cdot \vec{\mathbf{B}} = |\vec{\mathbf{A}}||\vec{\mathbf{B}}|\cos\theta$　　　　　　　　　　　　　　　　　　(4)

　　其中 θ 為 $\vec{\mathbf{A}}, \vec{\mathbf{B}}$ 間之夾角

(1) 幾何：

　　a. 向量之內積可用以求向量在某方向上的投影量，如圖 6 所示：

圖 6

　　$\vec{\mathbf{A}} \cdot \hat{\mathbf{e}}_{\mathbf{B}} = |\vec{\mathbf{A}}|\cos\theta$（$\vec{\mathbf{A}}$ 在 $\hat{\mathbf{e}}_{\mathbf{B}}$ 方向上的投影量）

　　b. 向量之內積可用以檢查二向量是否垂直〈正交〉

　　　如圖 6 及(4)所示，若 $\theta = \dfrac{\pi}{2} \Rightarrow \vec{\mathbf{A}} \cdot \vec{\mathbf{B}} = 0$

　　c. 向量之內積可用以求向量之長度

　　$\vec{\mathbf{A}} \cdot \vec{\mathbf{A}} = |\vec{\mathbf{A}}|^2 \Rightarrow |\vec{\mathbf{A}}| = \sqrt{\vec{\mathbf{A}} \cdot \vec{\mathbf{A}}}$　　　　　　　　　　　　　　(5)

　　d. 向量之內積可用以求二向量間的夾角，根據(4)可得

$$\theta = \cos^{-1} \frac{\vec{\mathbf{A}} \cdot \vec{\mathbf{B}}}{|\vec{\mathbf{A}}||\vec{\mathbf{B}}|} = \cos^{-1} \frac{\vec{\mathbf{A}} \cdot \vec{\mathbf{B}}}{\sqrt{(\vec{\mathbf{A}} \cdot \vec{\mathbf{A}})(\vec{\mathbf{B}} \cdot \vec{\mathbf{B}})}} = \cos^{-1} (\hat{\mathbf{e}}_A \cdot \hat{\mathbf{e}}_B) \tag{6}$$

(2) 物理：從物理的觀點來看，向量之內積可用以求功（Work）

功＝力×物體在受力方向上之位移

4. 向量之外積：$(\vec{\mathbf{A}} \times \vec{\mathbf{B}})$

$$\vec{\mathbf{A}} \times \vec{\mathbf{B}} = |\vec{\mathbf{A}} \times \vec{\mathbf{B}}| \hat{\mathbf{e}}_n = |\vec{\mathbf{A}}||\vec{\mathbf{B}}||\sin\theta|\hat{\mathbf{e}}_n \tag{7}$$

其中 $\hat{\mathbf{e}}_n$ 為外積之方向，如圖 7 所示，$\hat{\mathbf{e}}_n$ 為 $\vec{\mathbf{A}}, \vec{\mathbf{B}}$ 之公垂向量，其方向由右手定則決定之。

(1) 幾何：

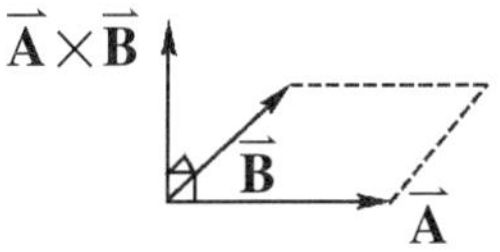

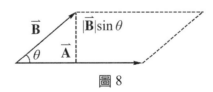

圖 7

a. 向量之外積可用以檢查二向量是否平行

如圖 7 及(7)所示，若 $\theta = 0, \pi \Rightarrow \sin\theta = 0 \Rightarrow \vec{\mathbf{A}} \times \vec{\mathbf{B}} = 0$

b. 向量之外積可用以求二向量所圍成之平行四面形面積

圖 8

如圖 8 及(7)所示，平行四邊形面積 $= |\vec{\mathbf{A}} \times \vec{\mathbf{B}}| = |\vec{\mathbf{A}}||\vec{\mathbf{B}}||\sin\theta|$

(2) 物理：從物理的觀點來看，向量之外積代表力矩。力矩＝力×力臂，為一種旋轉現象。對於以 $\vec{\mathbf{A}}$ 之力臂並施加 $\vec{\mathbf{B}}$ 之力所造成的力矩大小為 $|\vec{\mathbf{A}}||\vec{\mathbf{B}}|\sin\theta$，且力矩之方向恆與 $\vec{\mathbf{A}}, \vec{\mathbf{B}}$ 垂直，此即為向量之外積。

定理 1：Lagrange Identity

$$|\vec{\mathbf{A}} \times \vec{\mathbf{B}}| = \sqrt{(\vec{\mathbf{A}} \cdot \vec{\mathbf{A}})(\vec{\mathbf{B}} \cdot \vec{\mathbf{B}}) - (\vec{\mathbf{A}} \cdot \vec{\mathbf{B}})^2} \tag{8}$$

證明：由外積長度定義知：

$$|\vec{\mathbf{A}} \times \vec{\mathbf{B}}| = |\vec{\mathbf{A}}||\vec{\mathbf{B}}||\sin\theta| = \sqrt{|\vec{\mathbf{A}}|^2|\vec{\mathbf{B}}|^2\sin^2\theta} = \sqrt{|\vec{\mathbf{A}}|^2|\vec{\mathbf{B}}|^2(1-\cos^2\theta)}$$
$$= \sqrt{|\vec{\mathbf{A}}|^2|\vec{\mathbf{B}}|^2 - |\vec{\mathbf{A}}|^2|\vec{\mathbf{B}}|^2\cos^2\theta}$$
$$= \sqrt{(\vec{\mathbf{A}} \cdot \vec{\mathbf{A}})(\vec{\mathbf{B}} \cdot \vec{\mathbf{B}}) - (\vec{\mathbf{A}} \cdot \vec{\mathbf{B}})^2}$$

定理 2：三角不等式：若 $\vec{\mathbf{A}}, \vec{\mathbf{B}}$ 為任意二向量，則有

$$|\vec{\mathbf{A}} + \vec{\mathbf{B}}| \le |\vec{\mathbf{A}}| + |\vec{\mathbf{B}}| \tag{9}$$

證明：$|\vec{\mathbf{A}} + \vec{\mathbf{B}}|^2 = (\vec{\mathbf{A}} + \vec{\mathbf{B}}) \cdot (\vec{\mathbf{A}} + \vec{\mathbf{B}}) = |\vec{\mathbf{A}}|^2 + |\vec{\mathbf{B}}|^2 + 2\vec{\mathbf{A}} \cdot \vec{\mathbf{B}}$
$$\le |\vec{\mathbf{A}}|^2 + |\vec{\mathbf{B}}|^2 + 2|\vec{\mathbf{A}}||\vec{\mathbf{B}}| = (|\vec{\mathbf{A}}| + |\vec{\mathbf{B}}|)^2$$

定理 3：Cauchy-Schwartz inequality：$\vec{\mathbf{A}}, \vec{\mathbf{B}}$ 為任意二向量，則有

$$|\vec{\mathbf{A}} \cdot \vec{\mathbf{B}}| \le |\vec{\mathbf{A}}||\vec{\mathbf{B}}| \tag{10}$$

證明：$|\vec{\mathbf{A}} \cdot \vec{\mathbf{B}}| \le ||\vec{\mathbf{A}}||\vec{\mathbf{B}}|\cos\theta| = |\vec{\mathbf{A}}||\vec{\mathbf{B}}||\cos\theta| \le |\vec{\mathbf{A}}||\vec{\mathbf{B}}|$

定理 4：餘弦定律：設 a, b, c,為三角形三邊之邊長，θ 為 a, b,邊之夾角，

$$\Rightarrow c^2 = a^2 + b^2 - 2ab\cos\theta \tag{11}$$

證明：$c^2 = \vec{\mathbf{c}} \cdot \vec{\mathbf{c}} = (\vec{\mathbf{B}} - \vec{\mathbf{A}}) \cdot (\vec{\mathbf{B}} - \vec{\mathbf{A}}) = \vec{\mathbf{B}} \cdot \vec{\mathbf{B}} + \vec{\mathbf{A}} \cdot \vec{\mathbf{A}} - 2\vec{\mathbf{A}} \cdot \vec{\mathbf{B}}$
$$\therefore c^2 = a^2 + b^2 - 2ab\cos\theta$$

定理 5：正弦定律：設 a, b, c 為三角形三邊之邊長，α 為 b, c 邊之夾角，β 為 a, c 邊之夾角，γ 為 b, a 邊之夾角，

$$\Rightarrow \frac{\sin\gamma}{c} = \frac{\sin\alpha}{a} = \frac{\sin\beta}{b} \tag{12}$$

證明：三角形面積 $= \dfrac{1}{2}|\vec{\mathbf{A}}\times\vec{\mathbf{B}}| = \dfrac{1}{2}|\vec{\mathbf{A}}||\vec{\mathbf{B}}|\sin\gamma = \dfrac{1}{2}|\vec{\mathbf{B}}\times\vec{\mathbf{C}}| = \dfrac{1}{2}bc\sin\alpha = \dfrac{1}{2}|\vec{\mathbf{C}}\times\vec{\mathbf{A}}|$

$\qquad = \dfrac{1}{2}ca\sin\beta$

同除 abc 可得：$\dfrac{\sin\gamma}{c} = \dfrac{\sin\alpha}{a} = \dfrac{\sin\beta}{b}$

定理 6：交換性

$\vec{\mathbf{A}}+\vec{\mathbf{B}} = \vec{\mathbf{B}}+\vec{\mathbf{A}}$

$\vec{\mathbf{A}}\cdot\vec{\mathbf{B}} = \vec{\mathbf{B}}\cdot\vec{\mathbf{A}}$（內積符合交換律）

$\vec{\mathbf{A}}\times\vec{\mathbf{B}} = -\vec{\mathbf{B}}\times\vec{\mathbf{A}}$（外積不符合交換律）

定理 7：分配律：$\vec{\mathbf{A}}\cdot(\vec{\mathbf{B}}+\vec{\mathbf{C}}) = \vec{\mathbf{A}}\cdot\vec{\mathbf{B}}+\vec{\mathbf{A}}\cdot\vec{\mathbf{C}}$

向量的直角座標表示法：

定義：$\hat{\mathbf{i}}$ 大小為 1，方向朝向正 x 軸，$\hat{\mathbf{j}}$ 大小為 1，方向朝向正 y 軸，$\hat{\mathbf{k}}$ 大小為 1，方向朝向正 z 軸 3-維直角座標，方向符合右手定則，如圖 9 所示

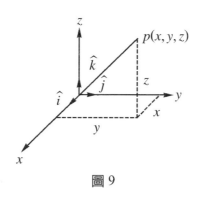

圖 9

由定義與圖 9 可得 $\hat{\mathbf{i}}$，$\hat{\mathbf{j}}$，$\hat{\mathbf{k}}$ 滿足如下關係

$$\hat{\mathbf{i}}\times\hat{\mathbf{j}}=\hat{\mathbf{k}} \quad \hat{\mathbf{j}}\times\hat{\mathbf{i}}=-\hat{\mathbf{k}} \tag{13}$$

$$\hat{\mathbf{j}}\times\hat{\mathbf{k}}=\hat{\mathbf{i}} \quad \hat{\mathbf{k}}\times\hat{\mathbf{j}}=-\hat{\mathbf{i}} \tag{14}$$

$$\hat{\mathbf{k}}\times\hat{\mathbf{i}}=\hat{\mathbf{j}} \quad \hat{\mathbf{i}}\times\hat{\mathbf{k}}=-\hat{\mathbf{j}} \tag{15}$$

向量的表示法可分為以下三種，且各表示法等價：

(1)座標表示法：$\vec{\mathbf{P}}=(x, y, z)$

(2)分量表示法：$\vec{\mathbf{P}}=x\hat{\mathbf{i}}+y\hat{\mathbf{j}}+z\hat{\mathbf{k}}$

(3)單位向量表示法：$\vec{\mathbf{P}}=|\vec{\mathbf{P}}|\hat{\mathbf{e}}_{\mathbf{p}}$

其中：
$$|\vec{\mathbf{P}}|=\sqrt{x^2+y^2+z^2}=\sqrt{\vec{\mathbf{P}}\cdot\vec{\mathbf{P}}} \tag{16}$$

$$\hat{\mathbf{e}}_{\mathbf{p}}=\frac{\vec{\mathbf{P}}}{|\vec{\mathbf{P}}|}=\frac{x\hat{\mathbf{i}}+y\hat{\mathbf{j}}+z\hat{\mathbf{k}}}{\sqrt{x^2+y^2+z^2}} \tag{17}$$

向量之方向角

定義：α：$\vec{\mathbf{P}}$與 x 軸之夾角，β：$\vec{\mathbf{P}}$與 y 軸之夾角，γ：$\vec{\mathbf{P}}$與 z 軸之夾角，如圖 10 所示

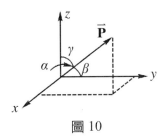

圖 10

$$|\vec{\mathbf{P}}|\cos\alpha=x, |\vec{\mathbf{P}}|\cos\beta=y, |\vec{\mathbf{P}}|\cos\gamma=z$$

or

$$\cos\alpha=\frac{x}{\sqrt{x^2+y^2+z^2}} \Rightarrow x=\vec{\mathbf{P}}\cdot\hat{\mathbf{i}}=\sqrt{x^2+y^2+z^2}\cos\alpha \tag{18}$$

$$\cos\beta=\frac{y}{\sqrt{x^2+y^2+z^2}} \Rightarrow y=\vec{\mathbf{P}}\cdot\hat{\mathbf{j}}=\sqrt{x^2+y^2+z^2}\cos\beta \tag{19}$$

$$\cos\gamma=\frac{z}{\sqrt{x^2+y^2+z^2}} \Rightarrow z=\vec{\mathbf{P}}\cdot\hat{\mathbf{k}}=\sqrt{x^2+y^2+z^2}\cos\gamma \tag{20}$$

與(17)式比較可得：

$$\hat{\mathbf{e}}_p = \frac{\vec{\mathbf{P}}}{|\vec{\mathbf{P}}|} = \cos\alpha\,\hat{\mathbf{i}} + \cos\beta\,\hat{\mathbf{j}} + \cos\gamma\,\hat{\mathbf{k}} \tag{21}$$

故可知方向餘弦之物理意義為：$\vec{\mathbf{P}}$ 之單位向量。因此有

$$\cos^2\alpha + \cos^2\beta + \cos^2\gamma = 1 \tag{22}$$

直角座標分量表示式

如圖 11 所示

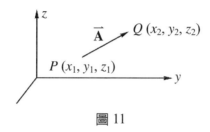

圖 11

$$\vec{\mathbf{A}} = \vec{PQ} = (x_2 - x_1)\,\hat{\mathbf{i}} + (y_2 - y_1)\,\hat{\mathbf{j}} + (z_2 - z_1)\,\hat{\mathbf{k}} \tag{23}$$

$$|\vec{\mathbf{A}}| = \sqrt{(x_2 - x_1)^2 + (y_2 - y_1)^2 + (z_2 - z_1)^2} = |\vec{PQ}| \tag{24}$$

故 $|\vec{\mathbf{A}}|$ 為 P 點至 Q 點的距離

球面方程式

空間中的一個球的位置及大小可由其球心 $P(a, b, c)$ 及半徑 r 決定，如果 $Q(x, y, z)$ 是球面上任一點，那麼

$$\sqrt{(x - a)^2 + (y - b)^2 + (z - c)^2} = r$$

故球面方程式可表示為：

$$(x - a)^2 + (y - b)^2 + (z - c)^2 = r^2 \tag{25}$$

說例：$(x - 3)^2 + (y - 4)^2 + (z + 1)^2 = 16$ 是一個球面方程式，球心為 $(3, 4, -1)$，半徑為 4。

定理 8

若 $\vec{\mathbf{A}} = x_a\hat{\mathbf{i}} + y_a\hat{\mathbf{j}} + z_a\hat{\mathbf{k}}, \vec{\mathbf{B}} = x_b\hat{\mathbf{i}} + y_b\hat{\mathbf{j}} + z_b\hat{\mathbf{k}}$，則有：

(1) $\vec{\mathbf{A}} = \vec{\mathbf{B}} \Leftrightarrow x_a = x_b, y_a = y_b, z_a = z_b$

(2) $k\vec{\mathbf{A}} = kx_a\hat{\mathbf{i}} + ky_a\hat{\mathbf{j}} + kz_a\hat{\mathbf{k}}$

(3) $\vec{\mathbf{A}} + \vec{\mathbf{B}} = (x_a + x_b)\hat{\mathbf{i}} + (y_a + y_b)\hat{\mathbf{j}} + (z_a + z_b)\hat{\mathbf{k}}$

(4) $\vec{\mathbf{A}} \cdot \vec{\mathbf{B}} = x_ax_b + y_ay_b + z_az_b = \vec{\mathbf{B}} \cdot \vec{\mathbf{A}}$

(5) $\vec{\mathbf{A}} \times \vec{\mathbf{B}} = \begin{vmatrix} \hat{\mathbf{i}} & \hat{\mathbf{j}} & \hat{\mathbf{k}} \\ x_a & y_a & z_a \\ x_b & y_b & z_b \end{vmatrix}$

$\quad = (y_az_b - y_bz_a)\hat{\mathbf{i}} + (z_ax_b - x_az_b)\hat{\mathbf{j}} + (x_ay_b - y_ax_b)\hat{\mathbf{k}} = -\vec{\mathbf{B}} \times \vec{\mathbf{A}}$

(6) $\vec{\mathbf{A}} \cdot (k_1\vec{\mathbf{B}} + k_2\vec{\mathbf{C}}) = k_1(\vec{\mathbf{A}} \cdot \vec{\mathbf{B}}) + k_2(\vec{\mathbf{A}} \cdot \vec{\mathbf{C}})$

(7) $\vec{\mathbf{A}} \times (k_1\vec{\mathbf{B}} + k_2\vec{\mathbf{C}}) = k_1(\vec{\mathbf{A}} \times \vec{\mathbf{B}}) + k_2(\vec{\mathbf{A}} \times \vec{\mathbf{C}})$

三重積

1. 純量三重積 $\vec{\mathbf{A}} \cdot (\vec{\mathbf{B}} \times \vec{\mathbf{C}})$

$$\vec{\mathbf{A}} \cdot (\vec{\mathbf{B}} \times \vec{\mathbf{C}}) = (x_a\hat{\mathbf{i}} + y_a\hat{\mathbf{j}} + z_a\hat{\mathbf{k}}) \cdot \begin{vmatrix} \hat{\mathbf{i}} & \hat{\mathbf{j}} & \hat{\mathbf{k}} \\ x_b & y_b & z_b \\ x_c & y_c & z_c \end{vmatrix}$$

$$= \begin{vmatrix} x_a & y_a & z_a \\ x_b & y_b & z_b \\ x_c & y_c & z_c \end{vmatrix} = \begin{vmatrix} x_b & y_b & z_b \\ x_c & y_c & z_c \\ x_a & y_a & z_a \end{vmatrix} = \vec{\mathbf{B}} \cdot (\vec{\mathbf{C}} \times \vec{\mathbf{A}})$$

$$= \begin{vmatrix} x_c & y_c & z_c \\ x_a & y_a & z_a \\ x_b & y_b & z_b \end{vmatrix} = \vec{\mathbf{C}} \cdot (\vec{\mathbf{A}} \times \vec{\mathbf{B}})$$

$$= [\overrightarrow{\mathbf{A}\mathbf{B}\mathbf{C}}] \tag{26}$$

觀念提示：(1) 純量三重積之幾何意義為 $\vec{\mathbf{A}}, \vec{\mathbf{B}}, \vec{\mathbf{C}}$ 三向量所圍成之平行六面體體積，如圖 12 所示。

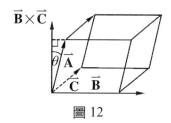

圖 12

$$\vec{B} \times \vec{C} = \hat{e}_n |\vec{B} \times \vec{C}|$$

$$\vec{A} \cdot (\vec{B} \times \vec{C}) = |\vec{A}| \cos \theta |\vec{B} \times \vec{C}| = 高 \times 底面積$$

(2) 純量三重積可用來檢查 $\vec{A}, \vec{B}, \vec{C}$ 是否共面

定理 9：若 $\vec{A}, \vec{B}, \vec{C}$ 共面，則有

$$\vec{A} \cdot (\vec{B} \times \vec{C}) = 0$$

證明：若 $\vec{A}, \vec{B}, \vec{C}$ 共面 $\Rightarrow \vec{C}$ 可表為 $\vec{C} = m_1 \vec{A} + m_2 \vec{B}$

$$\therefore \vec{A} \cdot (\vec{B} \times \vec{C}) = \vec{A} \cdot (\vec{B} \times (m_1 \vec{A} + m_2 \vec{B})) = 0$$

定理 10

$\vec{A} \cdot (\vec{B} \times \vec{C}) \neq 0 \Rightarrow$ 下列三敘述等價

(a) $\vec{A}, \vec{B}, \vec{C}$ 不共面

(b) $\vec{A}, \vec{B}, \vec{C}$ *linear independent*（線性獨立）

(c) $\vec{A}, \vec{B}, \vec{C}$ 形成空間之一組 *basis*（基底）

2. 向量三重積

$$\vec{A} \times (\vec{B} \times \vec{C}) = (\vec{A} \cdot \vec{C})\vec{B} - (\vec{A} \cdot \vec{B})\vec{C} \tag{27}$$

【成大電機，清大電機所】

證明：$\vec{A} \times (\vec{B} \times \vec{C})$ 之結果必與 $\vec{A}$ 與（$\vec{B} \times \vec{C}$）垂直，故必躺在 $\vec{B}, \vec{C}$ 面上

Let $\vec{A} \times (\vec{B} \times \vec{C}) = \alpha \vec{B} + \beta \vec{C}$

$\Rightarrow \vec{A} \cdot (\vec{A} \times (\vec{B} \times \vec{C})) = \alpha \vec{A} \cdot \vec{B} + \beta \vec{A} \cdot \vec{C} = 0$

$\Rightarrow \gamma = \dfrac{\alpha}{(\vec{A} \cdot \vec{C})} = \dfrac{-\beta}{(\vec{A} \cdot \vec{B})}$

其中 γ 爲任意實數

$$\Rightarrow \vec{A} \times (\vec{B} \times \vec{C}) = \gamma[(\vec{A} \cdot \vec{C})\vec{B} - (\vec{A} \cdot \vec{B})\vec{C}] \tag{28}$$

此爲一恆等式，令

$$\begin{cases} \vec{A} = \hat{i} + \hat{j} + \hat{k} \\ \vec{B} = \hat{j} \\ \vec{C} = \hat{k} \end{cases}$$

代入(28) $\Rightarrow \gamma = 1$

觀念提示：$\vec{A} \times (\vec{B} \times \vec{C}) \neq (\vec{A} \times \vec{B}) \times \vec{C}$

例題 1：$\vec{A} = 2\hat{i} + 3\hat{j} - \hat{k}$, $\vec{B} = -\hat{i} + 3\hat{j} + \hat{k}$, Find (1) $\vec{A} \cdot \vec{B}$　(2) $\vec{A} \times \vec{B}$　(3) The projection of $\vec{A}$ on $\vec{B}$　【101 雲科大電子、光電所】

解　　(1) 6　(2) $\vec{A} \times \vec{B} = 6\hat{i} - \hat{j} + 9\hat{k}$,

(3) $\dfrac{\vec{A} \cdot \vec{B}}{\vec{B} \cdot \vec{B}} \vec{B} = \dfrac{6}{11}(-\hat{i} + 3\hat{j} + \hat{k})$

例題 2：A tetrahedron（四面體）ABCD has four outward area vectors, S_1, S_2, S_3, S_4 to each of its four faces respectively. Prove the following equation

$$\sum_{i=1}^{4} S_i = 0$$　　【101 北科大光電所】

解　　$S_1 + S_2 + S_3 + S_4 = (\overrightarrow{AB} \times \overrightarrow{AC}) + (\overrightarrow{AC} \times \overrightarrow{AD}) + (\overrightarrow{AD} \times \overrightarrow{AB}) + (\overrightarrow{CB} \times \overrightarrow{CD})$

$= [(\overrightarrow{OB} - \overrightarrow{OA}) \times (\overrightarrow{OC} - \overrightarrow{OA})] + [(\overrightarrow{OC} - \overrightarrow{OA}) \times (\overrightarrow{OD} - \overrightarrow{OA})] +$

$[(\overrightarrow{OD} - \overrightarrow{OA}) \times (\overrightarrow{OB} - \overrightarrow{OA})] + [(\overrightarrow{OB} - \overrightarrow{OC}) \times (\overrightarrow{OD} - \overrightarrow{OC})]$

$= \cdots$

$= 0$

例題 3：Given vectors $u = (1, 0, 0)$, $v = (1, 2, 3)$ and $w = (0, 1, -1)$, solve each of the following.

(1) $3v \cdot (w + 2u)$　(2) $\|u\|v + \|v\|w$　(3) $(u \times v) \times w$　【95 中正電機、通訊所】

解　　(a) $3v \cdot (w + 2u) = (3, 6, 9) \cdot (2, 1, -1) = 3$

(b) $\|u\|v + \|v\|w = (1, 2, 3) + \sqrt{14}(0, 1, -1) = (1, 2 + \sqrt{14}, 3 - \sqrt{14})$

(c) $\begin{vmatrix} i & j & k \\ 1 & 0 & 0 \\ 1 & 2 & 3 \end{vmatrix} = -3j + 2k$

$\Rightarrow u \times v = (0, -3, 2)$

$\begin{vmatrix} i & j & k \\ 0 & -3 & 2 \\ 0 & 1 & -2 \end{vmatrix} = -i$

$\Rightarrow (u \times v) \times w = (-1, 0, 0)$

13-2 空間直線與平面方程式

定義：位置向量（Position vector）

$\vec{\mathbf{r}} = x\hat{\mathbf{i}} + y\hat{\mathbf{j}} + z\hat{\mathbf{k}}$, $x, y, z,$ 為任意實數，表示空間中任何一點之位置向量

一、空間直線方程式（點向式）

空間中之直線方程式必須包含二個要素：

(1)此直線之方向

(2)直線上任何一點之位置向量

故一空間中之直線不外乎以下列三種方程式表示之：

1. 直線的參數方程式（parametric equations）

如圖 13 所示，已知空間中之一直線 (1) 通過 r_0 點(x_0, y_0, z_0)

$\qquad\qquad$ (2) 平行方向 $\vec{\mathbf{l}} = a\hat{\mathbf{i}} + b\hat{\mathbf{j}} + c\hat{\mathbf{k}}$

則其直線方程式可表示為：

$$\frac{x - x_0}{a} = \frac{y - y_0}{b} = \frac{z - z_0}{c} \tag{29}$$

三度空間中的兩個點可以決定一條直線。

一條直線也可由線上一點與一個與直線平行的向量來決定。

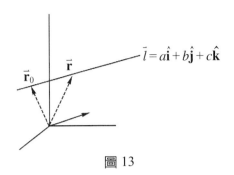

圖 13

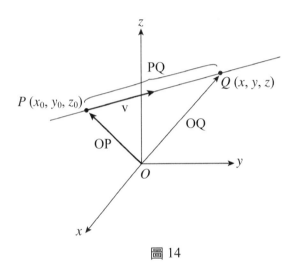

圖 14

　　假設 $P(x_0, y_0, z_0)$ 是線上一點而且 $\mathbf{v} = [a, b, c]$ 是一個與直線平行的向量，如果 $Q(x, y, z)$ 是線上另外一點，那麼連接 $P(x_0, y_0, z_0)$ 與 $Q(x, y, z)$ 之向量一定與 $\mathbf{v}$ 同方向。由此觀念即可得到(29)式。令(29)等於常數 t，可得

$$x = x_0 + ta$$
$$y = y_0 + tb$$
$$z = z_0 + tc$$

其中的變數 t 稱為**參數**（parameter），每個 t 對應的線上一點，當 t 的值改變，對應到的點也跟著改變（位置跟著移動）。

　　這個情況很像是一隻小蟲在線上爬行，當 $t = 0$，小蟲正位於它的出發點 $P(x_0, y_0, z_0)$；而當 $t = 1$，小蟲已爬到了向量 $\mathbf{v}$ 的尾端；隨著 t 的持續增大，小蟲循著直線越爬越遠。

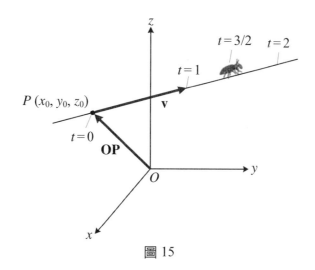

圖 15

2. 已知空間中之一直線通過點 r_0 且其
方向平行於 $\vec{l}=a\hat{i}+b\hat{j}+c\hat{k}$，則顯然的
直線上任何一點之位置向量 $\vec{r}=x\hat{i}+y\hat{j}+z\hat{k}$
至 r_0 點所形成之向量 $(\vec{r}-\vec{r}_0)$ 必平行於直線方向 $\vec{l}=a\hat{i}+b\hat{j}+c\hat{k}$，故(29)可改寫為：

$$(\vec{r}-\vec{r}_0)\times\vec{l}=0 \tag{30}$$

3. 已知空間直線通過二定點：$\vec{r}_1=x_1\hat{i}+y_1\hat{j}+z_1\hat{k}$；$\vec{r}_2=x_2\hat{i}+y_2\hat{j}+z_2\hat{k}$ 則直線上任
何一點 $\vec{r}$ 至 $\vec{r}_1$ 與 $\vec{r}_1$ 至 $\vec{r}_2$ 所形成之二向量 $(\vec{r}-\vec{r}_1)$、$(\vec{r}_1-\vec{r}_2)$ 必定互為平行，故
可得到直線方程式為：

$$(\vec{r}-\vec{r}_1)\times(\vec{r}_2-\vec{r}_1)=0 \tag{31}$$

題型一：求空間直線外一點至此直線的最短距離：

已知空間直線外一點之位置向量為 $\vec{P}$，直線通過二定點 $\vec{r}_1$ 與 $\vec{r}_2$，如圖 16 所示

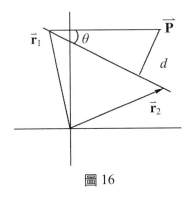

圖 16

設 $\vec{\mathbf{P}}$ 點至 $\vec{\mathbf{r}}_1$ 點之向量與直線之夾角爲 θ，則 $\vec{\mathbf{P}}$ 點至此直線的最短距離 d 可表示爲：

$$
\begin{aligned}
d &= |\vec{\mathbf{P}} - \vec{\mathbf{r}}_1| \sin\theta \\
&= \frac{|\vec{\mathbf{P}} - \vec{\mathbf{r}}_1||\vec{\mathbf{r}}_1 - \vec{\mathbf{r}}_2| \sin\theta}{|\vec{\mathbf{r}}_1 - \vec{\mathbf{r}}_2|} \\
&= \frac{|(\vec{\mathbf{P}} - \vec{\mathbf{r}}_1) \times (\vec{\mathbf{r}}_2 - \vec{\mathbf{r}}_1)|}{|\vec{\mathbf{r}}_2 - \vec{\mathbf{r}}_1|}
\end{aligned}
\tag{32}
$$

觀念提示：d 爲 $(\vec{\mathbf{P}} - \vec{\mathbf{r}}_1)$ 與 $(\vec{\mathbf{r}}_2 - \vec{\mathbf{r}}_1)$ 所圍平行四邊形之高，故 d 爲平行四邊形面積（由 $|(\vec{\mathbf{P}} - \vec{\mathbf{r}}_1) \times (\vec{\mathbf{r}}_2 - \vec{\mathbf{r}}_1)|$ 而得）除以底之長度（$|(\vec{\mathbf{r}}_2 - \vec{\mathbf{r}}_1)|$）得到。

題型二：兩歪斜線間之最短距離

　　歪斜線爲空間中之二不平行且不相交之二直線。已知空間中之兩歪斜線分別通過 $\vec{\mathbf{r}}_1$ 與 $\vec{\mathbf{r}}_2$ 點，方向分別爲 $\vec{\mathbf{l}}_1$ 與 $\vec{\mathbf{l}}_2$，則其直線方程式可表示爲：

$$
\begin{cases}
L_1 : (\vec{\mathbf{r}} - \vec{\mathbf{r}}_1) \times \vec{\mathbf{l}}_1 = 0 \\
L_2 : (\vec{\mathbf{r}} - \vec{\mathbf{r}}_2) \times \vec{\mathbf{l}}_2 = 0
\end{cases}
$$

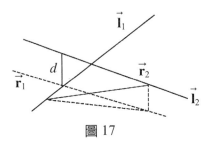

圖 17

　　如圖 17 所示，兩歪斜線間之最短距離必然發生在 L_1 與 L_2 之公垂方向上，即

$\vec{\mathbf{l}}_1 \times \vec{\mathbf{l}}_2$ 的方向，而 θ 為 $(\vec{\mathbf{r}}_2 - \vec{\mathbf{r}}_1)$ 與此方向之夾角，故可得：

$$d = |\vec{\mathbf{r}}_2 - \vec{\mathbf{r}}_1|\cos\theta = \frac{|\vec{\mathbf{r}}_2 - \vec{\mathbf{r}}_1||\vec{\mathbf{l}}_1 \times \vec{\mathbf{l}}_2|}{|\vec{\mathbf{l}}_1 \times \vec{\mathbf{l}}_2|}\cos\theta$$

$$= \frac{|(\vec{\mathbf{r}}_2 - \vec{\mathbf{r}}_1) \cdot (\vec{\mathbf{l}}_1 \times \vec{\mathbf{l}}_2)|}{|\vec{\mathbf{l}}_1 \times \vec{\mathbf{l}}_2|} \tag{33}$$

觀念提示：d 可看作是 $(\vec{\mathbf{r}}_2 - \vec{\mathbf{r}}_1), \vec{\mathbf{l}}_1, \vec{\mathbf{l}}_2$ 所圍平行六面體之高，故其大小為體積／底面積；而體積即為 $(\vec{\mathbf{r}}_2 - \vec{\mathbf{r}}_1), \vec{\mathbf{l}}_1, \vec{\mathbf{l}}_2$ 之純量三重積，底面積即為 $\vec{\mathbf{l}}_1, \vec{\mathbf{l}}_2$ 之外積長度。

二、空間中的平面方程式

描述空間中之平面必須包含二個要素：

(1)此平面之法向量

(2)平面上任何一點之位置向量

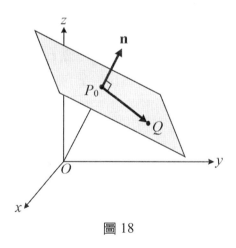

圖 18

1. 三個點可以決定一個平面。

2. 一個平面也可由平面上的一點與一個與平面垂直的向量（法向量，normal vector）來決定。

故一空間中之平面不外乎以下列二種方程式表示之：

1. 已知平面上一點 $\vec{\mathbf{r}}_1 = x_1\hat{\mathbf{i}} + y_1\hat{\mathbf{j}} + z_1\hat{\mathbf{k}}$，法向向量 $\vec{\mathbf{N}} = a\hat{\mathbf{i}} + b\hat{\mathbf{j}} + c\hat{\mathbf{k}}$

　　⇒平面上任何一點 $\vec{r}$ 至 $\vec{r}_1$ 點所形成之二向量 $(\vec{r}-\vec{r}_1)$ 必定與法向量正交，故
　　可得到平面方程式為：

$$(\vec{r}-\vec{r}_1)\cdot\vec{N}=0 \tag{34}$$
$$\Rightarrow a\,(x-x_1)+b\,(y-y_1)+c\,(z-z_1)=0$$
$$\text{or}$$
$$ax+by+cz=ax_1+by_1+cz_1$$

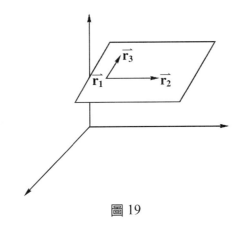

圖 19

2. 如圖 19 所示，若已知空間中不共線之三點 $\vec{r}_1, \vec{r}_2, \vec{r}_3$
　　此三點所形成之平面法向量必為 $(\vec{r}_2-\vec{r}_1)$ 與 $(\vec{r}_3-\vec{r}_2)$ 之公垂向量，i.e., $(\vec{r}_2-\vec{r}_1)\times(\vec{r}_3-\vec{r}_1)$，故 $\vec{r}_1, \vec{r}_2, \vec{r}_3$ 所形成之平面方程式為：

$$(\vec{r}-\vec{r}_1)\cdot[(\vec{r}_2-\vec{r}_1)\times(\vec{r}_3-\vec{r}_1)]=0 \tag{35}$$

觀念提示：　1. 平面之法向量為唯一（而曲面法向量則因曲面上不同之位置而異）。
　　　　　　　2. $\vec{N}$ 可由 $(\vec{r}_2-\vec{r}_1)\times(\vec{r}_3-\vec{r}_1)$ 決定

題型三：空間平面外一點至此平面的最短距離

　　如圖 20 所示 P 點，$\vec{r}_1$ 點與 P 點投影至平面上之點形成一直角三角形，故 P 點至平面之最短距離可表示為：

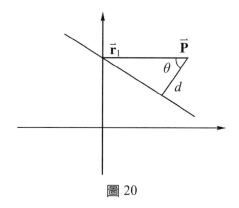

圖 20

$$
\begin{aligned}
d &= \left| |\vec{\mathbf{p}} - \vec{\mathbf{r}}_1| \cos\theta \right| \\
&= \frac{|\vec{\mathbf{p}} - \vec{\mathbf{r}}_1||\vec{\mathbf{N}}||\cos\theta|}{|\vec{\mathbf{N}}|} \\
&= \frac{|(\vec{\mathbf{p}} - \vec{\mathbf{r}}_1) \cdot \vec{\mathbf{N}}|}{|\vec{\mathbf{N}}|} \\
&= |(\vec{\mathbf{p}} - \vec{\mathbf{r}}_1) \cdot \hat{\mathbf{e}}_{\mathbf{N}}|
\end{aligned} \tag{36}
$$

觀念提示：d 即爲 $(\vec{\mathbf{p}} - \vec{\mathbf{r}}_1)$ 在平面之法向量上的投影量

題型四：求兩平面間之夾角

如圖 21 所示，兩平面間之夾角即爲兩平面法向向量之夾角

圖 21

已知二平面：

$$
\begin{aligned}
&a_1x + b_1y + c_1z = d_1\text{，}i.e.\ \vec{\mathbf{N}}_1 = a_1\hat{\mathbf{i}} + b_1\hat{\mathbf{j}} + c_1\hat{\mathbf{k}} \\
&a_2x + b_2y + c_2z = d_2\text{，}\quad\ \ \vec{\mathbf{N}}_2 = a_2\hat{\mathbf{i}} + b_2\hat{\mathbf{j}} + c_2\hat{\mathbf{k}}
\end{aligned}
$$

根據(6)，兩平面間之夾角爲：

$$
\theta = \cos^{-1}\frac{\vec{\mathbf{N}}_1 \cdot \vec{\mathbf{N}}_2}{|\vec{\mathbf{N}}_1||\vec{\mathbf{N}}_2|} \tag{37}
$$

例題 4：Find the point on the plane: $2x + y - z = 6$ which is closest to the origin

【101 中山電機所】

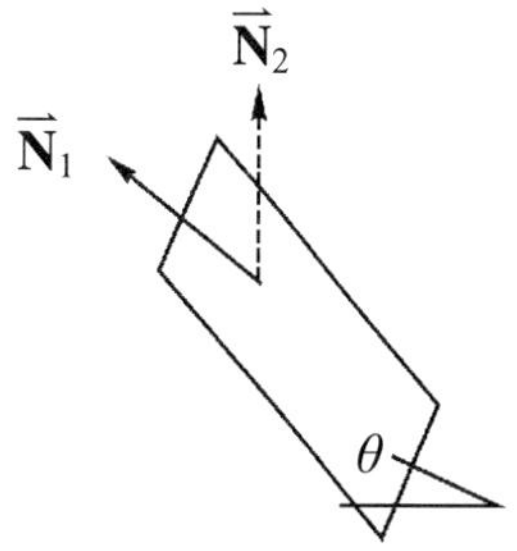

解 If $a\hat{\mathbf{i}}+b\hat{\mathbf{j}}+c\hat{\mathbf{k}}$ is the point on the plane

$\Rightarrow a\hat{\mathbf{i}}+b\hat{\mathbf{j}}+c\hat{\mathbf{k}}=t(2\hat{\mathbf{i}}+\hat{\mathbf{j}}-\hat{\mathbf{k}})$

$\therefore \begin{cases} a=2t \\ b=t \\ c=-t \end{cases}$ $2a+b-c=6 \Rightarrow t=1$

例題 5：Find the projection of $\vec{v}=4\hat{\mathbf{i}}+2\hat{\mathbf{j}}-\hat{\mathbf{k}}$ on the plane $x-2y+z=0$ in R^3

解 $\vec{n}=\hat{\mathbf{i}}-2\hat{\mathbf{j}}+\hat{\mathbf{k}}$

$\vec{v}-\dfrac{\langle\vec{v},\vec{n}\rangle}{\langle\vec{n},\vec{n}\rangle}\vec{n}=\dfrac{5}{6}(5\hat{\mathbf{i}}+2\hat{\mathbf{j}}-\hat{\mathbf{k}})$

例題 6：Two lines are defined as follows

$L_1：\begin{cases} x=1+2t \\ y=1+3t \\ z=2-t \end{cases}$ $L_2：\begin{cases} x=t \\ y=2t \\ z=3t \end{cases}$

(a) Find the shortest distance between L_1 and L_2

(b) Find the equation of the plane which passes through $(1, 0, 1)$ and parallel

lines L_1 and L_2 【成大電機所】

解 (a) $\vec{\mathbf{l}}_1=2\hat{\mathbf{i}}+3\hat{\mathbf{j}}-\hat{\mathbf{k}}$

$\vec{\mathbf{l}}_2=\hat{\mathbf{i}}+2\hat{\mathbf{j}}+3\hat{\mathbf{k}}$

$\Rightarrow$ 公垂向量 $\hat{\mathbf{n}}=\dfrac{\vec{\mathbf{l}}_1\times\vec{\mathbf{l}}_2}{|\vec{\mathbf{l}}_1\times\vec{\mathbf{l}}_2|}=\dfrac{11\hat{\mathbf{i}}-7\hat{\mathbf{j}}+\hat{\mathbf{k}}}{\sqrt{171}}$

最短距離即為二線上各取一點之連線在法向量上的投影量

$[(1, 1, 2)-(0, 0, 0)]\cdot\hat{\mathbf{n}}=\dfrac{6}{\sqrt{171}}$

(b) 平面方程式為：

$[\vec{\mathbf{r}}-(1, 0, 1)]\cdot\hat{\mathbf{n}}=0$

$\Rightarrow 11(x-1)-7y+(z-1)=0$

$\Rightarrow 11x-7y+z=12$

例題 7：已知二條直線

$L_1 : x = 1 + 6t, y = 2 - 4t, z = 8t - 1$ 及 $L_2 : x = 4 - 3t, y = 2t, z = 3 + 4t$

求：(a) 交點 (b) 夾角 (c) 包含此二直線的平面　　　　【交大環工所】

解

(a) $L_1 : \dfrac{x-1}{6} = \dfrac{y-2}{-4} = \dfrac{z+1}{8} = t$

$L_2 : \dfrac{x-4}{-3} = \dfrac{y}{2} = \dfrac{z-3}{4} = s$

$\Rightarrow \begin{cases} 1 + 6t = 4 - 3s \\ 2 - 4t = 2s \\ -1 + 8t = 3 + 4s \end{cases}$

可求得 $s = 0, t = \dfrac{1}{2}$

故二條線有交點，交點為$(4, 0, 3)$

(b) $\theta = \cos^{-1} \dfrac{\vec{\mathbf{l}}_1 \cdot \vec{\mathbf{l}}_2}{|\vec{\mathbf{l}}_1||\vec{\mathbf{l}}_2|} = \cos^{-1} \dfrac{3}{29}$

(c) 平面方程式之法向量為：$(3\hat{\mathbf{i}} - 2\hat{\mathbf{j}} + 4\hat{\mathbf{k}}) \times (-3\hat{\mathbf{i}} + 2\hat{\mathbf{j}} + 4\hat{\mathbf{k}})$

$\therefore (\vec{\mathbf{r}} - (\hat{\mathbf{i}} + 2\hat{\mathbf{j}} - \hat{\mathbf{k}})) \cdot [(3\hat{\mathbf{i}} - 2\hat{\mathbf{j}} + 4\hat{\mathbf{k}}) \times (-3\hat{\mathbf{i}} + 2\hat{\mathbf{j}} + 4\hat{\mathbf{k}})] = 0$

$\Rightarrow 2(x - 1) + 3(y - 2) + 0(z + 1) = 0$

$\Rightarrow 2x + 3y = 8$

例題 8：For what c are the plane $x + y + z = 1$ and $2x + cy + 7z = 0$ orthogonal ?

【成大化工所】

解

$\hat{\mathbf{n}}_1 = \pm \dfrac{\hat{\mathbf{i}} + \hat{\mathbf{j}} + \hat{\mathbf{k}}}{\sqrt{3}}$, $\hat{\mathbf{n}}_2 = \pm \dfrac{2\hat{\mathbf{i}} + c\hat{\mathbf{j}} + 7\hat{\mathbf{k}}}{\sqrt{4 + c^2 + 49}}$

若平面正交 $\Rightarrow \hat{\mathbf{n}}_1 \cdot \hat{\mathbf{n}}_2 = 0$

$\therefore 2 + c + 7 = 0, c = -9$

例題 9：Find the angle between the plane $2x - y + 2z = 1$ and $x - y = 2$　　【成大】

解

二平面之夾角即為法向量夾角：

$\hat{\mathbf{n}}_1 = \pm \dfrac{2\hat{\mathbf{i}} - \hat{\mathbf{j}} + 2\hat{\mathbf{k}}}{3}$, $\hat{\mathbf{n}}_2 = \pm \dfrac{\hat{\mathbf{i}} - \hat{\mathbf{j}}}{\sqrt{2}}$

$\therefore \hat{\mathbf{n}}_1 \cdot \hat{\mathbf{n}}_2 = \cos \theta = \dfrac{\pm 3}{3\sqrt{2}} = \dfrac{1}{\sqrt{2}}$

$$\therefore \theta = \frac{\pi}{4} \text{ or } \frac{3}{4}\pi$$

例題 10：Let θ be a fixed real number and let

$$\mathbf{x}_1 = \begin{bmatrix} \cos\theta \\ \sin\theta \end{bmatrix} \text{ and } \mathbf{x}_2 = \begin{bmatrix} -\sin\theta \\ \cos\theta \end{bmatrix}$$

(a) Show that $\{\mathbf{x}_1, \mathbf{x}_2\}$ is an orthonormal basis for R^2.

(b) Given a vector $\mathbf{y}$ in R^2, find c_1, c_2 such that $\mathbf{y}$ is a linear combination of $c_1\mathbf{x}_1 + c_2\mathbf{x}_2$.

(c) Verify that $c_1^2 + c_2^2 = \|\mathbf{y}\|^2 = y_1^2 + y_2^2$.　　　　【95 海洋通訊所】

解

(a) $\langle x_1, x_2 \rangle = (\cos\theta)(-\sin\theta) + (\sin\theta)(\cos\theta) = 0$

　　$\langle x_1, x_1 \rangle = (\cos\theta)(\cos\theta) + (\sin\theta)(\sin\theta) = 1$，

　　$\langle x_2, x_2 \rangle = (-\sin\theta)(-\sin\theta) + (\cos\theta)(\cos\theta) = 1$

　　$\Rightarrow \{x_1, x_2\}$ 為 orthonormal set

　　$\Rightarrow \{x_1, x_2\}$ 為 linearly independent set

　　$\Rightarrow \{x_1, x_2\}$ 為 R^2 的一組 basis

　　$\Rightarrow \{x_1, x_2\}$ 為 R^2 的一組 orthonormal basis

(b) $\langle \mathbf{y}, \mathbf{x}_1 \rangle = \langle c_1\mathbf{x}_1 + c_2\mathbf{x}_2, \mathbf{x}_1 \rangle = c_1 \langle \mathbf{x}_1, \mathbf{x}_1 \rangle + c_2 \langle \mathbf{x}_2, \mathbf{x}_1 \rangle = c_1$

　　$\langle \mathbf{y}, \mathbf{x}_2 \rangle = \langle c_1\mathbf{x}_1 + c_2\mathbf{x}_2, \mathbf{x}_1 \rangle = c_1 \langle \mathbf{x}_1, \mathbf{x}_2 \rangle + c_2 \langle \mathbf{x}_2, \mathbf{x}_2 \rangle = c_2$

(c)因為 $\langle x_1, x_2 \rangle = 0$

　　$\Rightarrow \langle c_1x_1, c_2x_2 \rangle = c_1c_2 \langle x_1, x_2 \rangle = 0$

根據畢氏定理

$\|\mathbf{y}\|^2 = \|c_1x_1 + c_2x_2\|^2 = \|c_1x_1\|^2 + \|c_2x_2\|^2 = c_1^2\|x_1\|^2 + c_2^2\|x_2\|^2 = c_1^2 + c_2^2$

另外，$\|\mathbf{y}\|^2 = \langle \mathbf{y}, \mathbf{y} \rangle = \langle \begin{bmatrix} y_1 \\ y_2 \end{bmatrix}, \begin{bmatrix} y_1 \\ y_2 \end{bmatrix} \rangle = y_1^2 + y_2^2$.

例題 11：Find an equation of the plane containing the line

$$x = -2 + 3t, y = 4 + 2t, z = 3 - t$$

And perpendicular to the plane: $x - 2y + z = 5$.　　　　【95 成大電信所】

假設題目要求的 plane 為 $P : a(x+2) + b(y-4) + c(z-3) = d$ 且假設 $P_1 : x - 2y + z = 5$

則因為 P 與 P_1 垂直，所以

$\Rightarrow a - 2b + c = 0$

另外，因為 P 經過 line：$(-2 + 3t, 4 + 2t, 3 - t) = (-2, 4, 3) + t(3, 2, -1)$

$\Rightarrow 3a + 2b - c = 0$

解方程式 $\begin{cases} a - 2b + c = 0 \\ 3a + 2b - c = 0 \end{cases}$ 得 $a = 0, c = 2b$

則 P：$(y - 4) + 2(z - 3) = 0$

例題 12：Find the equation for

(1) the plane that passes through the point $(-1, -5, 5)$ and is perpendicular to

the line of intersection of the planes $\begin{cases} 5x + 2y - 7z = 0 \\ z = 0 \end{cases}$

(2) the plane that passes through the point $(-1, -5, 5)$ and contains the line of

intersection of the planes $\begin{cases} 5x + 2y - 7z = 0 \\ z = 0 \end{cases}$ 　【99 交大電機所】

解　(1) $\mathbf{n} = \begin{vmatrix} \hat{i} & \hat{j} & \hat{k} \\ 5 & 2 & -7 \\ 0 & 0 & 1 \end{vmatrix} = 2\hat{i} - 5\hat{j}$

$\Rightarrow P$：$2(x + 1) - 5(y + 5) = 0$

(2) $\mathbf{n} = \begin{vmatrix} \hat{i} & \hat{j} & \hat{k} \\ 2 & -5 & 0 \\ -1 & -5 & 5 \end{vmatrix} = 25\hat{i} + 10\hat{j} + 15\hat{k} = 2\hat{i} + 2\hat{j} + 3\hat{k}$

$\Rightarrow P$：$5(x + 1) + 2(y + 5) + 3(z - 5) = 0$

13-3　向量函數的微分性質

(一) 純量函數與向量函數

純量函數 $\phi(x, y, z)$ 賦予了空間中任一點一個實數值，而此實數值在物理上可能代表了溫度、電位能、壓力…等，使得我們能夠藉由函數 $\phi(x, y, z)$ 清楚的瞭解物理量在空間中分佈或變化的情形。這樣的函數稱之為純量函數。純量函數亦可用以描述空間中任一點隨時間變化的情形，亦即我們所考慮的是一個時變的純量

場，記作 ϕ (x, y, z)，向量函數則賦予空間中的每一點一個向量，而此向量可代表電力、磁力、流力、重力⋯等含有方向性的物理量如：

$$\vec{F}(x, y, z) = P(x, y, z)\hat{\mathbf{i}} + Q(x, y, z)\hat{\mathbf{j}} + R(x, y, z)\hat{\mathbf{k}} \tag{38}$$

故向量函數不但定義了函數在空間中任一點的大小，亦描述了運動方向。同樣的，向量函數亦可以是時變的，例如在上節中所提到的空間直線方程式：

$$\vec{r}(t) = x(t)\hat{\mathbf{i}} + y(t)\hat{\mathbf{j}} + z(t)\hat{\mathbf{k}} \tag{39}$$

(39)式可看成是物體在空間中隨時間而運動的軌跡

說例：以下是三維空間中的一條直線的參數式：

$x(t) = 2 + t$

$y(t) = -1 + 3t$

$z(t) = 4 - 2t$

我們可將全部三個式子集中起來，表爲一個以 t 爲變數的**向量值函數**（或**向量函數**，vector-valued function）：

$\mathbf{r}(t) = [2 + t, -1 + 3t, 4 - 2t]$

或

$\mathbf{r}(t) = (2 + t)\hat{\mathbf{i}} + (-1 + 3t)\hat{\mathbf{j}} + (4 - 2t)\hat{\mathbf{k}}$

x, y, z 的三個式子分別成爲向量 $\mathbf{r}(t)$ 的三個分量，當 t 的值持續變化，由 $\mathbf{r}(t)$ 可得出直線上的每個點。如圖 22：

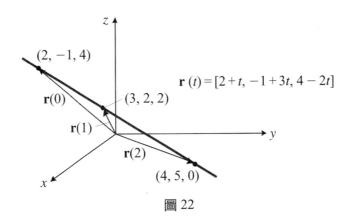

圖 22

　　我們可以用向量函數的觀念來表達比直線更複雜的曲線，我們稱這些曲線爲**參數曲線**（parametric curves）。

說例：螺旋線 helix（圖 23）

$\mathbf{r}(t) = [\sin t, \cos t, t]$

$x(t) = \sin t$

$y(t) = \cos t$

$z(t) = t$

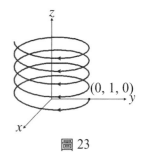

圖 23

(二)向量函數之極限與微分

定義：向量函數的極限

　　如(39)式之向量函數 $\mathbf{r}(t)$，若當 $t \to t_0$ 時

$\lim\limits_{t \to t_0} x(t) = a_1, \ \lim\limits_{t \to t_0} y(t) = a_2, \ \lim\limits_{t \to t_0} z(t) = a_3$ 則

$$\lim\limits_{t \to t_0} \mathbf{r}(t) = a_1 \hat{\mathbf{i}} + a_2 \hat{\mathbf{j}} + a_3 \hat{\mathbf{k}} \tag{40}$$

　　根據微分基本定義，向量函數 $\mathbf{r}(t)$ 的微分運算可定義爲：

$$\mathbf{r}'(t) = \frac{d\mathbf{r}(t)}{dt} = \lim\limits_{\Delta t \to 0} \frac{\mathbf{r}(t + \Delta t) - \mathbf{r}(t)}{\Delta t} \tag{41}$$

　　若 $\mathbf{r}'(t)$ 存在則稱 $\mathbf{r}(t)$ 爲可微分。如圖 24 所示，曲線表示物體隨著時間的變化在空間中運動的軌跡，故 $\mathbf{r}(t + \Delta t)$、$\mathbf{r}(t)$ 分別表示在時間 $(t + \Delta t)$ 及 t 時在空間中的位置向量而 $(\mathbf{r}(t + \Delta t) - \mathbf{r}(t))$ 則表示相對位移向量，顯然的，當 $\Delta t \to 0$ 時 $\mathbf{r}(t + \Delta t)$ 將無限靠近 $\mathbf{r}(t)$，而 $(\mathbf{r}(t + \Delta t) - \mathbf{r}(t))$ 則表示了曲線在該點的切線向量。將(39)式代入(41)式中，(41)式可進而表示爲

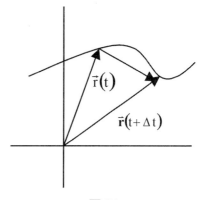

圖 24

$$\mathbf{r}'(t) = \lim_{\Delta t \to 0} \left[\frac{x(t + \Delta t) - x(t)}{\Delta t}\hat{\mathbf{i}} + \frac{y(t + \Delta t) - y(t)}{\Delta t}\hat{\mathbf{j}} + \frac{z(t + \Delta t) - z(t)}{\Delta t}\hat{\mathbf{k}} \right] \tag{42}$$

$$= \frac{dx(t)}{dt}\hat{\mathbf{i}} + \frac{dy(t)}{dt}\hat{\mathbf{j}} + \frac{dz(t)}{dt}\hat{\mathbf{k}}$$

$$= x'(t)\hat{\mathbf{i}} + y'(t)\hat{\mathbf{j}} + z'(t)\hat{\mathbf{k}}$$

向量函數亦可進行全微分的運算，全微分描述當每個自變數都產生一微量改變時，所導致因變數的改變量

$$d\mathbf{r}(t) = \mathbf{r}(t + dt) - \mathbf{r}(t)$$

$$= [x(t + dt) - x(t)]\hat{\mathbf{i}} + [y(t + dt) - y(t)]\hat{\mathbf{j}} + [z(t + dt) - z(t)]\hat{\mathbf{k}}$$

$$= dx\hat{\mathbf{i}} + dy\hat{\mathbf{j}} + dz\hat{\mathbf{k}} \tag{43}$$

$$= \left(\frac{dx}{dt}dt \right)\hat{\mathbf{i}} + \left(\frac{dy}{dt}dt \right)\hat{\mathbf{j}} + \left(\frac{dz}{dt}dt \right)\hat{\mathbf{k}}$$

$$= \frac{d\mathbf{r}(t)}{dt}dt$$

觀念提示：全微分之物理意義為切線向量，微分之物理意義為切線速度向量

向量 $\mathbf{r}'(t)$ 稱為該曲線在時間 t 的**速度向量**（velocity vector）或**切線向量**（tangent vector），原因是：如果我們以曲線上的一點為起點作向量 $\mathbf{r}'(t)$，此向量會與該曲線在此點相切。如圖 25 所示

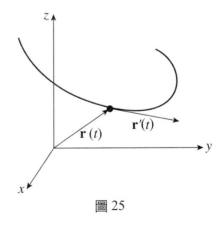

圖 25

請注意：

$\mathbf{r}'(t)$ 是向量，不是純量。

例題 13：某物體沿 2D 曲線 $\mathbf{r}(t)=[2\cos t, 2\sin t], 0 \le t \le 2\pi$ 移動，求其在點$(\sqrt{2}, \sqrt{2})$ 處的 (1) 速度　(2) 速率　(3) 切線斜率。

解　　在時間為 t 時的速度向量為

$\mathbf{v}(t)=\mathbf{r}'(t)=[-2\sin t, 2\cos t]$

$\mathbf{r}(t)$ 是在 $t=\dfrac{\pi}{4}$ 時通過$(\sqrt{2}, \sqrt{2})$，當時的速度

向量為

$\mathbf{v}\left(\dfrac{\pi}{4}\right)=\left[-2\sin\left(\dfrac{\pi}{4}\right), 2\cos\left(\dfrac{\pi}{4}\right)\right]$

$\qquad\quad = [-\sqrt{2}, \sqrt{2}]$

當時的切線斜率為 -1，

速率為 $\left\|\mathbf{v}\left(\dfrac{\pi}{4}\right)\right\|=\sqrt{(-\sqrt{2})^2+(\sqrt{2})^2}=2$。

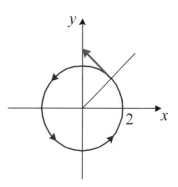

定理 11：向量函數微分的運算法則

1. $\dfrac{d}{dt}[\mathbf{r}(t)+\mathbf{s}(t)]=\dfrac{d}{dt}\mathbf{r}(t)+\dfrac{d}{dt}\mathbf{s}(t)$

2. $\dfrac{d}{dt}[c\mathbf{r}(t)]=c\dfrac{d}{dt}\mathbf{r}(t)$

3. $\dfrac{d}{dt}[f(t)\mathbf{r}(t)]=f(t)\dfrac{d}{dt}\mathbf{r}(t)+\dfrac{df(t)}{dt}\mathbf{r}(t)$

4. $\dfrac{d}{dt}[\mathbf{r}_1(t)\cdot\mathbf{r}_2(t)]=\dfrac{d\mathbf{r}_1(t)}{dt}\cdot\mathbf{r}_2(t)+\dfrac{d\mathbf{r}_2(t)}{dt}\cdot\mathbf{r}_1(t)$

5. $\dfrac{d}{dt}[\mathbf{r}(f(t))]=\mathbf{r}'(f(t))f'(t)$

例題 14：在直角座標系內，某物體其位置與時間 t 之關係為 $x=3\cos t$，$y=3\sin t$，

$z=t^2$，$0 \le t \le 4\pi$ 求：

(1) 速度向量，加速度向量

(2) 在 $t=1$ 時之速率

(3) 在 $t=1$ 時之單位切線向量

(4) 在 $t=1$ 時，沿 $\hat{\mathbf{i}}-3\hat{\mathbf{j}}+2\hat{\mathbf{k}}$ 方向之加速度。

解　　(1) $\mathbf{r}(t)$ 為空間中之位置向量，則 $\dfrac{d\mathbf{r}}{dt}$ 表示沿曲線上運動質點的速度向量，

$\dfrac{d^2\mathbf{r}}{dt^2}$ 則代表質點之加速度向量

$$\frac{d\mathbf{r}}{dt} = -3\sin t\,\hat{i} + 3\cos t\,\hat{j} + 2t\,\hat{k}$$

$$\frac{d^2\mathbf{r}}{dt^2} = -3\cos t\,\hat{i} - 3\sin t\,\hat{j} + 2\,\hat{k} \quad (\text{加速度向量})$$

(2) $\left|\dfrac{d\mathbf{r}}{dt}\right| = \sqrt{9 + 4t^2} = \sqrt{13}\ (t = 1)$

(3) $\dfrac{\dfrac{d\mathbf{r}}{dt}}{\left|\dfrac{d\mathbf{r}}{dt}\right|}\Bigg|_{t=1} = \dfrac{-3\sin t\,\hat{i} + 3\cos t\,\hat{j} + 2t\,\hat{k}}{\sqrt{9 + 4t^2}}\Bigg|_{t=1} = \dfrac{1}{\sqrt{13}}(-3\sin 1\,\hat{i} + 3\cos 1\,\hat{j} + 2\,\hat{k})$

(4) 沿方向 $\hat{\mathbf{i}} - 3\hat{\mathbf{j}} + 2\hat{\mathbf{k}}$ 之分量為

$$-3\cos t\,\hat{i} - 3\sin t\,\hat{j} + 2\,\hat{k}\Big|_{t=1} \cdot \frac{\hat{\mathbf{i}} - 3\hat{\mathbf{j}} + 2\hat{\mathbf{k}}}{\sqrt{14}} = \frac{1}{\sqrt{14}}(-3\cos 1 + 9\sin 1 + 4)$$

例題 15：在直角座標系內，某物體其加速度與時間 t 之關係為 $x = -3\cos t$，$y = -3\sin t$，$z = 2$，已知在 $t = 0$ 時之位置及速度向量分別為：$\mathbf{r}(0) = 3\,\hat{i}$，$\mathbf{v}(0) = 3\hat{j}$，求其位置與時間 t 之關係。

解

$\vec{v}(t) = \displaystyle\int \vec{a}(t)dt = -3\sin t\,\hat{i} + 3\cos t\,\hat{j} + 2t\,\hat{k} + c_1$

$\vec{v}(0) = 3\hat{j} \Rightarrow c_1 = 0$

$\vec{r}(t) = \displaystyle\int \vec{v}(t)dt = 3\cos t\,\hat{i} + 3\sin t\,\hat{j} + t^2\,\hat{k} + c_2$

$\vec{r}(0) = 3\,\hat{i} \Rightarrow c_2 = 0$

$\therefore \vec{r}(t) = 3\cos t\,\hat{i} + 3\sin t\,\hat{j} + t^2\,\hat{k}$

(三)空間曲面之向量函數表示法

(39)式所描述的是空間中的一條曲線，故 $\mathbf{r}(t)$ 表示空間曲線的向量函數，其中只有一個自由變數 t，t 一旦決定，則 x, y, z 同時被決定。另外一種向量函數則描述空間曲面：

$$\mathbf{r}(u, v) = x(u, v)\hat{\mathbf{i}} + y(u, v)\hat{\mathbf{j}} + z(u, v)\hat{\mathbf{k}} \tag{44}$$

由於向量函數 $\mathbf{r}(u, v)$ 為 u, v 之函數，故可定義 $\mathbf{r}(u, v)$ 之偏微分如下：

$$\frac{\partial \mathbf{r}}{\partial u} = \lim_{\Delta u \to 0} \frac{\mathbf{r}(u + \Delta u, v) - \mathbf{r}(u, v)}{\Delta u}$$

$$= \lim_{\Delta u \to 0}\left[\frac{x(u+\Delta u,\ v) - x(u,\ v)}{\Delta u}\hat{\mathbf{i}} + \frac{y(u+\Delta u,\ v) - y(u,\ v)}{\Delta u}\hat{\mathbf{j}} + \frac{z(u+\Delta u,\ v) - z(u,\ v)}{\Delta u}\hat{\mathbf{k}}\right]$$

$$\tag{45}$$

$$= \frac{\partial x}{\partial u}\hat{\mathbf{i}} + \frac{\partial y}{\partial u}\hat{\mathbf{j}} + \frac{\partial z}{\partial u}\hat{\mathbf{k}}$$

同理可得

$$\frac{\partial \mathbf{r}}{\partial v} = \frac{\partial x}{\partial v}\hat{\mathbf{i}} + \frac{\partial y}{\partial v}\hat{\mathbf{j}} + \frac{\partial z}{\partial v}\hat{\mathbf{k}}\tag{46}$$

由(44)式可知當 $u = c_1,\ c_1 \in R$ 時，(44)式與(39)式相似，均表示空間中的一條曲線，同理當 $v = c_2,\ c_2 \in R$ 時 $\mathbf{r}(u, c_2)$ 表示空間中的另一條曲線，換言之，空間曲面由不同的曲線族組合而成

$$\left.\frac{\partial \mathbf{r}}{\partial u}\right|_{v=c_2} \text{表示 } \mathbf{r}\,(u, c_2)\text{曲線的切線速度向量}$$

$$\left.\frac{\partial \mathbf{r}}{\partial v}\right|_{u=c_1} \text{表示 } \mathbf{r}\,(c_1, v)\text{曲線的切線速度向量}$$

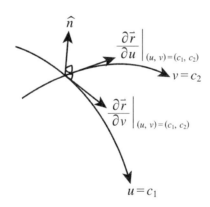

因此可知

$$\left.\frac{\partial \mathbf{r}}{\partial u}\right|_{(u,\ v)=(c_1,\ c_2)} \text{表示 } \mathbf{r}\,(u, c_2)\text{曲線在} \bar{\mathbf{r}}(c_1, c_2)\text{點之切線速度向量}$$

$$\left.\frac{\partial \mathbf{r}}{\partial v}\right|_{(u,\ v)=(c_1,\ c_2)} \text{表示 } \mathbf{r}\,(c_1, v)\text{曲線在} \bar{\mathbf{r}}(c_1, c_2)\text{點之切線速度向量}$$

更重要的是，可藉著 $\left.\dfrac{\partial \mathbf{r}}{\partial u}\right|_{(u,\ v)=(c_1,\ c_2)}$ 及 $\left.\dfrac{\partial \mathbf{r}}{\partial v}\right|_{(u,\ v)=(c_1,\ c_2)}$ 求出曲面在 $\mathbf{r}(c_1, c_2)$ 的法向

量

$$\hat{\mathbf{n}} = \frac{\partial \mathbf{r}}{\partial u}\bigg|_{(u,\, v)\,=\,(c_1,\, c_2)} \times \frac{\partial \mathbf{r}}{\partial v}\bigg|_{(u,\, v)\,=\,(c_1,\, c_2)} \tag{47}$$

觀念提示：平面上各點有相同之法向量，而曲面上之法向量則因點而異。

例題 16：已知曲線爲 $x(t) = (1+t)t^{-3}$ 及 $y(t) = \dfrac{3t^{-2}}{2} + \dfrac{3t^{-1}}{2}$. 求在 $(2, 2)$ 之切線與法平面方程式

解　　若 t 表時間則 $\vec{\mathbf{r}}(t) = x(t)\hat{\mathbf{i}} + y(t)\hat{\mathbf{j}}$ 代表空間中之曲線的位置向量及運動軌跡。

在 $(2, 2)$ 點時，t 爲：

$$\frac{1+t}{t^3} = 2 \,,\; \frac{3}{2t^2} + \frac{1}{2t} = 2 \Rightarrow t = 1$$

曲線 $\vec{\mathbf{r}}(t)$ 在 $t = 1$ 時之切線方向爲

$$\frac{d\vec{\mathbf{r}}(t)}{dt}\bigg|_{t=1} = \frac{dx}{dt}\hat{\mathbf{i}} + \frac{dy}{dt}\hat{\mathbf{j}}\bigg|_{t=1} = -5\hat{\mathbf{i}} - \frac{7}{2}\hat{\mathbf{j}}$$

故其切線方程式爲：

$$\frac{x-2}{10} = \frac{y-2}{7} \text{ or } (\vec{\mathbf{r}} - \vec{\mathbf{r}}_0) = \left(-5\hat{\mathbf{i}} - \frac{7}{2}\hat{\mathbf{j}}\right)t$$

切線向量即爲法平面之法向量，故法平面方程式爲：

$$10(x-2) + 7(y-2) = 0 \text{ or } 10x + 7y - 34 = 0$$

13-4　散度、旋度與梯度

定義向量及微分運算子：

$$\vec{\nabla} \equiv \frac{\partial}{\partial x}\hat{\mathbf{i}} + \frac{\partial}{\partial y}\hat{\mathbf{j}} + \frac{\partial}{\partial z}\hat{\mathbf{k}}$$

定義：純量函數的梯度 $\varphi(x, y, z)$（gradient，或稱梯度向量）爲

$$\vec{\nabla}\varphi(x, y, z) = \left(\frac{\partial}{\partial x}\hat{\mathbf{i}} + \frac{\partial}{\partial y}\hat{\mathbf{j}} + \frac{\partial}{\partial z}\hat{\mathbf{k}}\right)\varphi(x, y, z) = \frac{\partial \varphi}{\partial x}\hat{\mathbf{i}} + \frac{\partial \varphi}{\partial y}\hat{\mathbf{j}} + \frac{\partial \varphi}{\partial z}\hat{\mathbf{k}} \tag{48}$$

$\overrightarrow{\nabla}\varphi$ 也常記作 grad φ。對於純量函數 $\varphi(x, y, z)$，我們可以由(48)求其梯度，純量函數之梯度爲向量函數。其物理意義於第 15 章中有關於「方向導數」中再作闡述。

例題 17：求 $f(x, y) = x^2y^3 - 3x$ 的梯度。

解　$\dfrac{\partial f}{\partial x} = 2xy^3 - 3,\ \dfrac{\partial f}{\partial y} = 3x^2y^2$，因此 $\overrightarrow{\nabla}f = [2xy^3 - 3,\ 3x^2y^2]$

例題 18：$f(x, y) = xye^{xy}$, find $\overrightarrow{\nabla}f(x, y)$　　　　　　　【101 中興大學轉學考】

解　$\dfrac{\partial f}{\partial x} = ye^{xy} + xy^2e^{xy},\ \dfrac{\partial f}{\partial y} = xe^{xy} + x^2ye^{xy}$，因此 $\overrightarrow{\nabla}f = [ye^{xy} + xy^2e^{xy},\ xe^{xy} + x^2e^{xy}]$

另外兩種有關於 $\overrightarrow{\nabla}$ 的重要的運算爲散度及旋度，此兩者的運算均是針對向量函數。散度爲進行內積運算，而旋度則爲外積運算。

考慮一向量函數 $\mathbf{F}(x, y, z) = P(x, y, z)\hat{\mathbf{i}} + Q(x, y, z)\hat{\mathbf{j}} + R(x, y, z)\hat{\mathbf{k}}$；則

散度爲：

$$\overrightarrow{\nabla} \cdot \mathbf{F} = \left(\frac{\partial}{\partial x}\hat{\mathbf{i}} + \frac{\partial}{\partial y}\hat{\mathbf{j}} + \frac{\partial}{\partial z}\hat{\mathbf{k}}\right) \cdot (P\hat{\mathbf{i}} + Q\hat{\mathbf{j}} + R\hat{\mathbf{k}}) = \frac{\partial P}{\partial x} + \frac{\partial Q}{\partial x} + \frac{\partial R}{\partial x} \tag{49}$$

旋度爲：

$$\overrightarrow{\nabla} \times \mathbf{F} = \left(\frac{\partial}{\partial x}\hat{\mathbf{i}} + \frac{\partial}{\partial y}\hat{\mathbf{j}} + \frac{\partial}{\partial z}\hat{\mathbf{k}}\right) \times (P\hat{\mathbf{i}} + Q\hat{\mathbf{j}} + R\hat{\mathbf{k}}) = \begin{vmatrix} \hat{\mathbf{i}} & \hat{\mathbf{j}} & \hat{\mathbf{k}} \\ \dfrac{\partial}{\partial x} & \dfrac{\partial}{\partial y} & \dfrac{\partial}{\partial z} \\ P & Q & R \end{vmatrix} \tag{50}$$

散度與旋度之物理意義則於第 16 章中有關於「散度定理」與「旋度定理」中再作闡述。

觀念提示：$\overrightarrow{\nabla}$ 兼具微分與向量的特質。

定義：$\overrightarrow{\nabla} \cdot (\overrightarrow{\nabla}\varphi) = \dfrac{\partial^2\varphi}{\partial x^2} + \dfrac{\partial^2\varphi}{\partial y^2} + \dfrac{\partial^2\varphi}{\partial z^2} \equiv \overrightarrow{\nabla}^2\varphi$ (*Laplace operator*)

定理 12：零運算子

1. $\vec{\nabla} \cdot (\vec{\nabla} \times \mathbf{F}) = 0; \forall \mathbf{F}(x, y, z)$ 　　　　　　　　　　　　　　　　　　　　(51)

2. $\vec{\nabla} \times (\vec{\nabla} \varphi) = 0; \forall \varphi(x, y, z)$ 　　　　　　　　　　　　　　　　　　　　　(52)

證明：見例題 19

定理 13

$$\vec{\nabla}(\varphi\phi) = \frac{\partial}{\partial x}(\varphi\phi)\hat{\mathbf{i}} + \frac{\partial}{\partial y}(\varphi\phi)\hat{\mathbf{j}} + \frac{\partial}{\partial z}(\varphi\phi)\hat{\mathbf{k}}$$
$$= \varphi\vec{\nabla}\phi + \phi\vec{\nabla}\varphi$$

定理 14

$$\vec{\nabla} \cdot (\varphi\mathbf{F}) = \frac{\partial}{\partial x}(\varphi P) + \frac{\partial}{\partial y}(\varphi Q) + \frac{\partial}{\partial z}(\varphi R)$$
$$= \left(P\frac{\partial\phi}{\partial x} + Q\frac{\partial\phi}{\partial y} + R\frac{\partial\phi}{\partial z}\right) \times \phi\left(\frac{\partial P}{\partial x} + \frac{\partial Q}{\partial y} + \frac{\partial R}{\partial z}\right) = \vec{\nabla}\varphi \cdot \mathbf{F} + \varphi(\vec{\nabla} \cdot \mathbf{F})$$

定理 15

$$\vec{\nabla} \times (\varphi\mathbf{F}) = \vec{\nabla}\varphi \times \mathbf{F} + \varphi(\vec{\nabla} \cdot \mathbf{F})$$

例題 19：*Find* (a) *div* (*curl* **v**)

　　　　　　(b) *curl* (*grad f*)　　　　　　　　　　　　　　【成大環工所】

解　　　　(a) 令 $\mathbf{v} = v_1\hat{\mathbf{i}} + v_2\hat{\mathbf{j}} + v_3\hat{\mathbf{k}}$ 則

$$div \,(curl \, \mathbf{v}) = \vec{\nabla} \cdot (\vec{\nabla} \times \mathbf{v})$$
$$= \frac{\partial}{\partial x}\left(\frac{\partial v_3}{\partial y} - \frac{\partial v_2}{\partial z}\right) + \frac{\partial}{\partial y}\left(\frac{\partial v_1}{\partial z} - \frac{\partial v_3}{\partial x}\right) + \frac{\partial}{\partial z}\left(\frac{\partial v_2}{\partial x} - \frac{\partial v_1}{\partial y}\right) = 0$$

$$\vec{\nabla} \times (\vec{\nabla}f) = \begin{vmatrix} \hat{\mathbf{i}} & \hat{\mathbf{j}} & \hat{\mathbf{k}} \\ \dfrac{\partial}{\partial x} & \dfrac{\partial}{\partial y} & \dfrac{\partial}{\partial z} \\ \dfrac{\partial f}{\partial x} & \dfrac{\partial f}{\partial y} & \dfrac{\partial f}{\partial z} \end{vmatrix}$$

$$=\hat{\mathbf{i}}\left(\frac{\partial^2 f}{\partial y \partial z}-\frac{\partial^2 f}{\partial y \partial z}\right)+\hat{\mathbf{j}}\left(\frac{\partial^2 f}{\partial z \partial x}-\frac{\partial^2 f}{\partial x \partial z}\right)+\hat{\mathbf{k}}\left(\frac{\partial^2 f}{\partial x \partial y}-\frac{\partial^2 f}{\partial x \partial y}\right)=0$$

例題 20：If **r** = *radius vector*, $r=|\mathbf{r}|$ *and* **a** = constant vector, verify that

(a) $\vec{\nabla}(\mathbf{r}\cdot\mathbf{a})=\mathbf{a}$

(b) $\vec{\nabla}\cdot(\mathbf{r}\times\mathbf{a})=0$

(c) $\vec{\nabla}\times(\mathbf{r}\times\mathbf{a})=-2\mathbf{a}$

(d) $\vec{\nabla}^2\left(\dfrac{1}{r}\right)=0$ 　　　　　　　　　　　　　　【交大機械所】

解

(a) $\vec{\nabla}(\mathbf{r}\cdot\mathbf{a})=\left(\hat{\mathbf{i}}\dfrac{\partial}{\partial x}+\hat{\mathbf{j}}\dfrac{\partial}{\partial y}+\hat{\mathbf{k}}\dfrac{\partial}{\partial z}\right)(a_1 x+a_2 y+a_3 z)=a_1\hat{\mathbf{i}}+a_2\hat{\mathbf{j}}+a_3\hat{\mathbf{k}}$

(b) $\mathbf{r}\times\mathbf{a}=\begin{vmatrix}\hat{\mathbf{i}} & \hat{\mathbf{j}} & \hat{\mathbf{k}} \\ x & y & z \\ a_1 & a_2 & a_3\end{vmatrix}=\hat{\mathbf{i}}(a_3 y-a_2 z)+\hat{\mathbf{j}}(a_1 z-a_3 x)+\hat{\mathbf{k}}(a_2 x-a_1 y)$

$\Rightarrow \vec{\nabla}\cdot(\mathbf{r}\times\mathbf{a})=\dfrac{\partial}{\partial x}(a_3 y-a_2 z)+\dfrac{\partial}{\partial y}(a_1 z-a_3 x)+\dfrac{\partial}{\partial z}(a_2 x-a_1 y)=0$

(c) $\vec{\nabla}\times(\mathbf{r}\times\mathbf{a})=\begin{vmatrix}\hat{\mathbf{i}} & \hat{\mathbf{j}} & \hat{\mathbf{k}} \\ \dfrac{\partial}{\partial x} & \dfrac{\partial}{\partial y} & \dfrac{\partial}{\partial z} \\ a_3 y-a_2 z & a_1 z-a_3 x & a_2 x-a_1 y\end{vmatrix}=-2\mathbf{a}$

(d) $\vec{\nabla}^2\left(\dfrac{1}{r}\right)=\dfrac{\partial^2}{\partial x^2}\dfrac{1}{r}+\dfrac{\partial^2}{\partial y^2}\dfrac{1}{r}+\dfrac{\partial^2}{\partial z^2}\dfrac{1}{r}$

$=\dfrac{1}{(x^2+y^2+z^2)^{\frac{5}{2}}}[(2x^2-y^2-z^2)+(2y^2-z^2-x^2)+(2z^2-x^2-y^2)]=0$

綜合練習

1. 使用向量法證明任意四邊形之中點為平行四邊形，並證明此平行四邊形之周長等於原四邊形之對角線長度和

2. (a) Find the volume of the parallelepiped that has the following vectors as adjacent edges

   $\mathbf{a}=2\hat{\mathbf{i}}+\hat{\mathbf{k}},\ \mathbf{b}=\hat{\mathbf{i}}-\hat{\mathbf{j}},\ \mathbf{c}=-\hat{\mathbf{j}}+4\hat{\mathbf{k}}$

   (b) Let the pairs $(\vec{\mathbf{A}}, \vec{\mathbf{B}})$ and $(\vec{\mathbf{C}}, \vec{\mathbf{D}})$ each determine a plane. What does it mean geometrically if $(\vec{\mathbf{A}}\times\vec{\mathbf{B}})\cdot(\vec{\mathbf{C}}\times\vec{\mathbf{D}})=0$？ 　　　　　　　　　【交大機械所】

3. $\vec{\mathbf{a}}=\vec{\mathbf{a}}_1+\vec{\mathbf{a}}_2,\ \vec{\mathbf{a}}_1\perp\vec{\mathbf{b}},\ \vec{\mathbf{a}}_2//\vec{\mathbf{b}}$ *show that* $\vec{\mathbf{a}}_2=\dfrac{\vec{\mathbf{a}}\cdot\vec{\mathbf{b}}}{|\vec{\mathbf{b}}|^2}\vec{\mathbf{b}},\ \vec{\mathbf{a}}_1=\vec{\mathbf{a}}-\dfrac{\vec{\mathbf{a}}\cdot\vec{\mathbf{b}}}{|\vec{\mathbf{b}}|^2}\vec{\mathbf{b}}$ 　　　【成大機械所】

4. Given vectors $\vec{a} = 2\hat{i} + 3\hat{j}$, $\vec{b} = -\hat{i} + \hat{j}$, $\vec{c} = \hat{i} + \hat{j} + 3\hat{k}$ in a three dimensional linear space referred to a rectangular set of base vectors $\hat{i}, \hat{j}, \hat{k}$

   (a) show that $\vec{a}, \vec{b}, \vec{c}$ are linearly independent

   (b) find the area of the triangle formed by tip of vectors $\vec{a}, \vec{b}$ *and* $\vec{c}$

   (c) using $\vec{a}, \vec{b}, \vec{c}$ as a new basis for the space, express the vector
   $\vec{d} = 2\hat{i} + 3\hat{j} - 3\hat{k}$ in terms of $\vec{a}, \vec{b}$ *and* $\vec{c}$　　　　　　　　【台大土木所】

5. Prove $\vec{A} \times (\vec{B} \times \vec{C}) + \vec{B} \times (\vec{C} \times \vec{A}) + \vec{C} \times (\vec{A} \times \vec{B}) = 0$　　　【101 東華光電、材料所】

6. 求空間中二條歪斜線之最短距離
   $$L_1 : \frac{x+1}{-1} = \frac{y-2}{2} = \frac{z+3}{1}$$
   $$L_2 : \frac{x}{3} = \frac{y-1}{1} = \frac{z+2}{-2}$$

7. L_1 為通過 $(0, 0, 0)$ 與 $(1, 1, 1)$ 之直線，而 L_2 為通過 $(3, 4, 1)$ 與 $(0, 0, 1)$ 之直線；試求 L_1 與 L_2 間最短距離　　　　　　　　　　　　　　　　　　　　　　　　　　　【台大土木所】

8. 證明點 (x_0, y_0, z_0) 到平面 $ax + by + cz = d$ 之最短距離為 $\dfrac{|ax_0 + by_0 + cz_0 - d|}{\sqrt{a^2 + b^2 + c^2}}$　　【交大環工所】

9. 使用向量方法尋找

   (a) 垂直於平面 $x - 2y + 2 = 0$ 且過點 $(1, 3)$ 之直線方程式？

   (b) 原點到平面 $4x + 2y + 2z = -7$ 之距離　　　　　　　　　　　　　【台大環工所】

10. Find the volume of the tetrahedron with vectors as $\vec{a}, \vec{b}, \vec{c}$ adjacent edges where $\vec{a} = \hat{i} + 2\hat{k}$, $\vec{b} = 4\hat{i} + 6\hat{j} + 2\hat{k}$, $\vec{c} = 3\hat{i} + 3\hat{j} - 6\hat{k}$　　　　　　　　　　　　　　　　　　　　　　　【中山光電所】

11. 設 $\vec{v_1} = a\vec{i} - 2\vec{j} + \vec{k}$，$\vec{v_2} = \vec{i} + b\vec{j} - 4\vec{k}$，求 a, b 之值使 $\vec{v_1} \,/\!/\, \vec{v_2}$.

12. Let $\vec{a}, \vec{b}$ be two vectors such that $|\vec{a}| = 2$, $|\vec{b}| = 3$, and the angle between two vectors is $\cos^{-1}\dfrac{3}{5}$

    (a) Are the vectors $\vec{a} - 2\vec{b}$, $-9\vec{a} + 2\vec{b}$ perpendicular?

    (b) If the angle between vectors $\vec{a}, \vec{a} + k\vec{b}$ is $60°$, find the value of k.

13. $\vec{v_1} = \vec{i} + a\vec{j} + 2\vec{k}$，$\vec{v_2} = b\vec{i} + \vec{j} + 3\vec{k}$，$\vec{v_3} = b\vec{i} + \vec{j} + \vec{k}$，求 a, b 之值，使 $\vec{v_1} \perp \vec{v_2}$，且 $\vec{v_1}, \vec{v_2}, \vec{v_3}$ 共面。

14. The point $R = (x, x, x)$ is on a line through $(1, 1, 1)$. And, the point $S = (y + 1, 2y, 1)$ is on another line

    (a) Choose x and y to minimze the squared distance $\|R - S\|^2$

    (b) Find the minimum value of $\|R - S\|^2$　　　　　　　　　　　　　【95 交大電子所】

15. Let **u** and **v** be nonzero vectors in 2-or 3-space, and let $k = \|\mathbf{u}\|$ and $l = \|\mathbf{v}\|$. Show that the vector $\mathbf{w} = l\mathbf{u} + k\mathbf{v}$ bisects the angle between **u** and **v** (i.e., the angles between **u** and **w** and between **v** and **w** are equal).
　　　　　　　　　　　　　　　　　　　　　　　　　　　　　　　【100 中正電機通訊所】

16. Write the vector $\mathbf{v} = [4 \quad 9 \quad 19]$ as a linear combination of
    $\mathbf{u}_1 = [1 \quad -2 \quad 3]$, $\mathbf{u}_2 = [3 \quad -7 \quad 10]$, $\mathbf{u}_3 = [2 \quad 1 \quad 9]$,　　　　【94 中正電機所】

17. Let $\vec{a}, \vec{b}, \vec{c}$ be three non-zero vectors, show that

    (a) $(\vec{a} - \vec{b}) \times (\vec{a} + \vec{b}) = 2\,(\vec{a} \times \vec{b})$

    (b) $\left| \dfrac{\vec{a}}{|\vec{a}|^2} - \dfrac{\vec{b}}{|\vec{b}|^2} \right| = \dfrac{|\vec{a} - \vec{b}|^2}{|\vec{a}|^2 |\vec{b}|^2}$

    (c) If $\vec{a}, \vec{b}$ are perpendicular, then $|\vec{a} + \vec{b}| = |\vec{a} - \vec{b}|$

(d) If $\vec{a}$, $\vec{b}$ are parallel, then $(\vec{a} - \vec{b})$, $(\vec{a} + \vec{b})$ are also parallel

(e) Let θ be the angle between $\vec{a}$, $\vec{b}$, show that $\tan \theta = \dfrac{|\vec{a} \times \vec{b}|}{\vec{a} \cdot \vec{b}}$

(f) $|\vec{a} \times \vec{b}|^2 = |\vec{a}|^2 |\vec{b}|^2 - (\vec{a} \cdot \vec{b})^2$

18. $\vec{a} = 2\hat{i} - \hat{j} + 2\hat{k}$, $\vec{b} = 4\hat{i} - 4\hat{j} + 3\hat{k}$

   (1) Find a vector $\vec{c}$ that is perpendicular to both $\vec{a}$, $\vec{b}$

   (2) Find the area of the triangle with $\vec{a}$, $\vec{b}$ as its adjacent sides

   (3) Find the equation of the plane containing $\vec{a}$, $\vec{b}$

   (4) Let $\vec{d} = \hat{i} + 2\hat{k}$ are the vectors $\vec{a}$, $\vec{b}$, $\vec{d}$ coplanar?

19. For each set of the vectors $\vec{a}$, $\vec{b}$, find the projection vectors of $\vec{a}$ onto $\vec{b}$

   (a) $\vec{a} = 2\hat{i} - 3\hat{j} - 6\hat{k}$, $\vec{b} = 6\hat{i} - 2\hat{j} - 11\hat{k}$

   (b) $\vec{a} = -\hat{i} + 2\hat{j} + 2\hat{k}$, $\vec{b} = \hat{i} + 7\hat{j} + 3\hat{k}$

艱險，我奮進，困乏，我多情。千斤擔子兩肩挑，趁青春，結隊向前行。

錢穆

14 極座標與參數方程式

Each problem that I solved became a rule which served afterwards to solve other problems.

Descartes

14-1 極座標

到目前為止,當要表示平面上的一個點的位置時,我們都用其 x 座標與 y 座標來表示,其實數學上還有其他方法可以表示點的位置。如果要用**極座標**(polar co-ordinates)來表示一個點的位置,我們用這個點與原點的距離 r 以及正 x 軸沿逆時鐘方向旋轉到此點的角度 θ 來表示。因此,一個點的位置不再是 (x, y),而是 (r, θ)。如圖 1 所示:

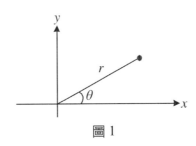

圖 1

極座標中,要描述一個點的位置有不只一種方法,其原因為幅角具有週期性。

例如,直角座標的點 $(1, 0)$ 在極座標中為 $(r, \theta) = (1, 0)$,但也可以是 $(1, 2\pi)$, $(1, 4\pi)$ 等。

一般而言,r 取正而 θ 取主幅角 $\theta \in [0, 2\pi]$

極座標 (r, θ) 與直角座標 (x, y) 如圖 2 及圖 3 所示:

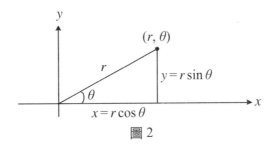

圖 2

$x = r \cos \theta$

$y = r \sin \theta$

$r = \sqrt{x^2 + y^2}$

$\tan \theta = \dfrac{y}{x}$ (假設 $x \neq 0$)

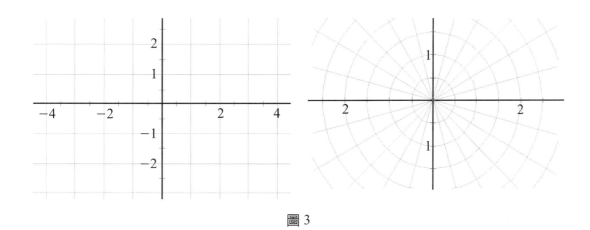

圖 3

　　極座標可大幅簡化某些常用圖形的表示方法，這是數學家喜歡極座標的原因之一。

說例：畫出 $\theta = \pi/4$ 的圖形。

解　　既然 r 沒有出現在方程式中，r 可以是任意值，唯一的限制就是 θ 須固定等於 $\pi/4$，因此所有這種點形成的圖形是一條通過原點且斜率為 1 的直線。

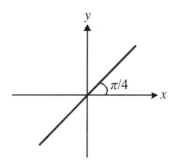

說例：畫出 $r = 3$ 的圖形。

解　　既然 θ 沒有出現在方程式中，θ 可以是任意值，唯一的限制就是 r 須固定等於 3，因此所有這種點形成的圖形是一個以原點為圓心且半徑是 3 的圓。

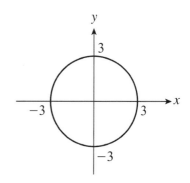

說例：畫出 $r = 2\sin\theta$ 的圖形。

解　　將等式兩邊同時乘以 r 得 $r^2 = 2r\sin\theta$，由於 $r^2 = x^2 + y^2$ 且 $y = r\sin\theta$，我們可以將方程式由極座標轉換成直角座標的 $x^2 + y^2 = 2y$，這是一個以 $(0, 1)$ 為圓心且半徑是 1 的圓。

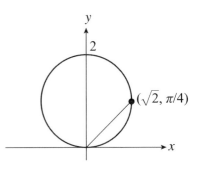

定理 1

(1) 以 $(0, a)$ 為圓心且半徑是 a 的圓的方程式為 $r = 2a\sin\theta$。

(2) 以 $(a, 0)$ 為圓心且半徑是 a 的圓的方程式為 $r = 2a\cos\theta$。

說例：畫出 $r = \theta\,(\theta \geq 0)$ 的圖形。

解

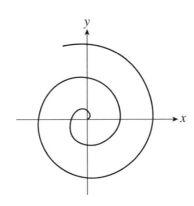

觀念提示：方程式形如 $r = a\theta$ 的螺線稱為**阿基米德螺線**（Archimedean spirals）。

說例：

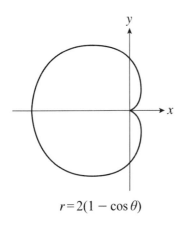

$r = 2(1 - \cos\theta)$

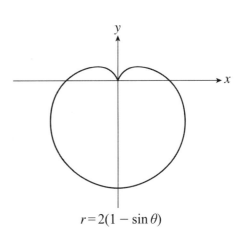

$r = 2(1 - \sin\theta)$

觀念提示：方程式形如 $r=a(1 \pm \cos \theta)$ 或 $r=a(1 \pm \sin \theta)$ 的心形曲線稱爲心臟線（cardioids）。

說例：

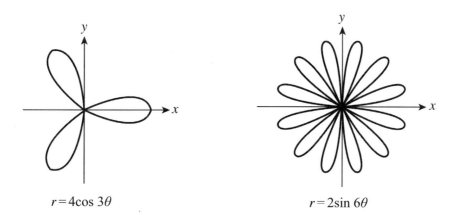

$r=4\cos 3\theta$ 　　　　　　　　　　　　　$r=2\sin 6\theta$

觀念提示：方程式形如 $r=a \sin n\theta$ 或 $r=a \cos n\theta$ 的花瓣形曲線，其中 $a>0$ 且 n 爲正整數，稱爲**玫瑰線**（roses）。

極座標中的面積

假設我們想求出由曲線 $r=f(\theta)$ 與兩條通過原點的直線 $\theta=\alpha$ 與 $\theta=\beta$ 所圍成區域的面積。

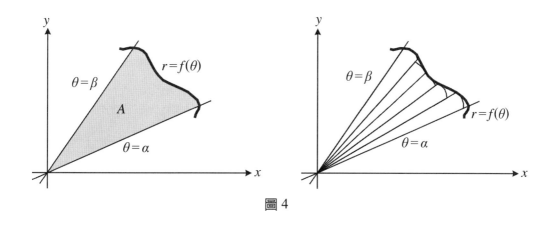

圖4

如圖4所示，我們將 α 與 β 之間的角度分成 n 等份，那麼第 i 份的面積可近似爲：

$$\Delta A_i \approx \frac{1}{2} (r_i)^2 \Delta \theta = \frac{1}{2} (f(\theta_i))^2 \Delta \theta \tag{1}$$

全部面積大概等於這些面積的和，因此

$$\sum_{i=1}^{n} \Delta A_i \approx \frac{1}{2} \sum_{i=1}^{n} (f(\theta_i))^2 \Delta \theta \tag{2}$$

如果我們將 α 與 β 之間的角度切得很細很細，當取極限值時 $\lim\limits_{n \to \infty} \left(\lim\limits_{n \to \infty} \sum\limits_{i=1}^{n} \Delta A_i \right)$，這些小面積的和將等於我們想求的面積：

$$A = \int_{\alpha}^{\beta} \frac{1}{2} (f(\theta))^2 \, d\theta \tag{3}$$

例題 1：Sketch the graph of the polar equation $r - 4\cos \theta = 0$

【100 中興大學財金系轉學考】

解

$$r - 4\cos \theta = 0 \Rightarrow r^2 - 4r \cos \theta = 0$$
$$\Rightarrow x^2 + y^2 - 4x = 0$$
$$\Rightarrow (x - 2)^2 + y^2 = 4$$

故此方程式代表一個以 $(2, 0)$ 為圓心，半徑為 2 之圓

例題 2：計算由 $\theta = 0$, $\theta = \dfrac{\pi}{2}$, 和 $r = 1 + \cos \theta$ 所圍成區域之面積。

解

$$A = \int_0^{\frac{\pi}{2}} \frac{1}{2}(1 + \cos \theta)^2 \, d\theta$$
$$= \int_0^{\frac{\pi}{2}} \frac{1}{2}(1 + 2\cos \theta + \cos^2 \theta) \, d\theta$$
$$= \int_0^{\frac{\pi}{2}} \frac{1}{2}\left(1 + 2\cos \theta + \left(\frac{1 + \cos 2\theta}{2}\right)\right) d\theta$$
$$= \frac{1}{2}\left(\theta + 2\sin \theta + \frac{\theta}{2} + \frac{\sin 2\theta}{4}\right)\Big|_0^{\pi/2} = \frac{3\pi}{8} + 1$$

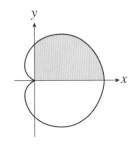

曲線所夾面積

如圖 5 所示，假設當 θ 介於 α 與 β 之間，$0 \le f(\theta) \le g(\theta)$，則由直線 $\theta = \alpha$ 與 $\theta = \beta$ 及曲線 $r = f(\theta)$ 與 $r = g(\theta)$ 所圍成區域之面積為

$$A = \int_{\alpha}^{\beta} \frac{1}{2} (g(\theta))^2 \, d\theta - \int_{\alpha}^{\beta} \frac{1}{2} (f(\theta))^2 \, d\theta \tag{4}$$

$$= \frac{1}{2} \int_{\alpha}^{\beta} (g(\theta))^2 - (f(\theta))^2 \, d\theta$$

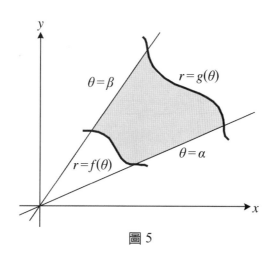

圖 5

例題 3：求位於圓 $r = 2\cos\theta$ 內部且圓 $r = 1$ 外部區域之面積。

解　　我們必須知道兩個圓在哪裡相交。

將兩式聯立，由 r 的值相等得 $1 = 2\cos\theta$，

因此 $\theta = -\dfrac{\pi}{3}$ 或 $\dfrac{\pi}{3}$

所求的面積為

$$\frac{1}{2} \int_{-\pi/3}^{\pi/3} ((2\cos\theta)^2 - 1^2) \, d\theta$$

$$= \frac{1}{2} \int_{-\pi/3}^{\pi/3} (4\cos^2\theta - 1^2) \, d\theta$$

$$= \frac{1}{2} \int_{-\pi/3}^{\pi/3} \left(4\left(\frac{1+\cos 2\theta}{2}\right) - 1 \right) d\theta$$

$$= \frac{1}{2} \int_{-\pi/3}^{\pi/3} (1 + 2\cos 2\theta) \, d\theta = \frac{\pi}{3} + \frac{\sqrt{3}}{2}$$

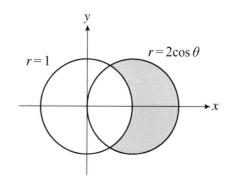

14-2　曲線的參數方程式

在第十三章中，我們曾經提到三維空間裡通過點 $P(x_0, y_0, z_0)$ 而且和向量 $\mathbf{v} = [a, b, c]$ 平行的直線可以用以下之參數方程式來表示：

$$x = x_0 + ta \qquad x(t) = x_0 + ta$$

$$y = y_0 + tb \quad 或 \quad y(t) = y_0 + tb$$
$$z = z_0 + tc \quad\quad\quad z(t) = z_0 + tc$$

大部分我們熟悉的二維或三維空間裡的曲線都很容易可以用參數方程式來表示，例如平面上的拋物線 $y = x^2$ 可表示成：

$$x = t \quad 或 \quad x(t) = t$$
$$y = t^2 \quad\quad\quad y(t) = t^2$$

實際上，參數方程式可以表示出很多更複雜的曲線。

1.2D 曲線的參數方程式

考慮一對函數 $x = x(t)$ 與 $y = y(t)$，對任意一個 t，我們都能將 $(x(t), y(t))$ 看成是某個點在平面上的座標，隨著 t 的值改變，點 $(x(t), y(t))$ 的位置也隨著改變，所走過的軌跡會在 xy 平面上形成一條曲線。如圖 6 所示：

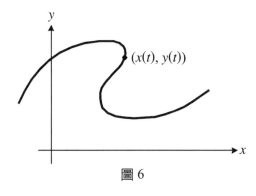

圖 6

例題 4：Find a set of parametric equations that represents the graph of $y = 1 - x^2$ using the slope $m = \dfrac{dy}{dx}$ at the point (x, y) as the parameter.

解　　　$y = 1 - x^2 \Rightarrow m = \dfrac{dy}{dx} = -2x$

$$\Rightarrow \begin{cases} x = -\dfrac{1}{2}m \\ y = 1 - x^2 = 1 - \dfrac{1}{4}m^2 \end{cases}$$

例題 5：判斷由以下參數方程式所表達的是什麼曲線：

$x(t) = t + 1, y(t) = 2t - 5, t \in (-\infty, \infty)$

解　我們可以將 $y(t)$ 用 $x(t)$ 表示：

$y(t) = 2 [x(t) - 1] - 5 = 2x(t) - 7$

因此所表達的曲線為直線 $y = 2x - 7$；當 t 的值改變，點$(x(t), y(t))$的軌跡為直線 $y = 2x - 7$。

例題 6：$\begin{cases} x = t^2 - 2 \\ y = t^3 - 2t + 1 \end{cases}$，求通過 $t = 2$ 之切線

解　$t = 2 \Rightarrow \begin{cases} x = 2 \\ y = 5 \end{cases}$

$\left. \dfrac{dy}{dx} \right|_{t=2} = \left. \dfrac{dy}{dt} \dfrac{dt}{dx} \right|_{t=2} = \dfrac{5}{2}$

$y - 5 = \dfrac{5}{2} (x - 2)$

例題 7：判斷由以下參數方程式所表達的是什麼曲線：

$x(t) = 2t, y(t) = t^2, t \in [0, \infty)$

解　將 y 用 x 表示：

$y = \left(\dfrac{x}{2} \right)^2 = \dfrac{x^2}{4}$

因此所表達的曲線為拋物線 $y = \dfrac{x^2}{4}$ 的局部，僅為其位於 y 軸右方的部分。

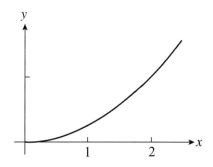

例題 8：判斷由以下參數方程式所表達的是什麼曲線：

$x(t) = \sin^2 t, y(t) = \cos t, t \in [0, \pi]$

解　由

$x(t) = \sin^2 t = 1 - \cos^2 t = 1 - [y(t)]^2$

可知所表達的曲線為拋物線 $x = 1 - y^2$，
但僅為其局部。

當 $t = 0$，$(x, y) = (0, 1)$；當 $t = \pi$，$(x, y) =$
$(0, -1)$。當 t 由 0 持續增加到 π，點 $(x(t),$
$y(t))$ 的軌跡為拋物線 $x = 1 - y^2$ 在 $-1 \leq y$
≤ 1 的部分。

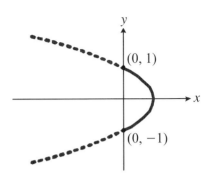

定理 2：直線、圓、橢圓之參數方程式

(1) 假設 $(x_0, y_0) \neq (x_1, y_1)$，參數方程式

   $x(t) = x_0 + t\,(x_1 - x_0),\ y(t) = y_0 + t\,(y_1 - y_0),\ t \in (-\infty, \infty)$

   所表達的是通過 (x_0, y_0) 和 (x_1, y_1) 的直線。

(2) 參數方程式

   $x(t) = a \cos t,\ y(t) = b \sin t,\ t \in [0, 2\pi]$

   所表達的是橢圓 $\dfrac{x^2}{a^2} + \dfrac{y^2}{b^2} = 1$。

(3) 參數方程式

   $x(t) = a \cos t,\ y(t) = a \sin t,\ t \in [0, 2\pi]$

   所表達的是圓。

   $x^2 + y^2 = a^2$

   一些更複雜的曲線表示如下：

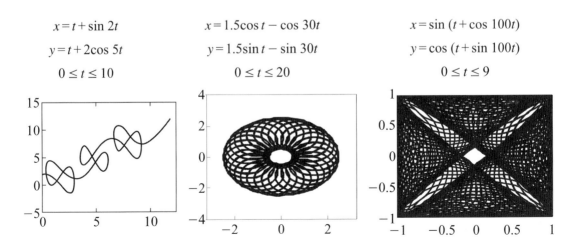

參數曲線的切線

令曲線 C 的參數方程式為 $x = x(t)$, $y = y(t)$。既然一條曲線有可能與自己相交，對 C 上的任意一點，C 在這個點的可能情形為：

(i) 有一條切線　　(ii) 有兩條或更多條切線　　(iii)沒有切線

一條切線

兩條切線

沒有切線

圖 7　參數曲線的切線

假設某個點沿著曲線 C 移動，當 $t = t_0$ 時的位置為 (x_0, y_0)，也就是說，$x(t_0) = x_0$ 且 $y(t_0) = y_0$。我們希望求出 C 在此點的斜率 m。

顯然的，當 $h \to 0$，以下差商式的值即為所求：

$$\frac{y(t_0 + h) - y(t_0)}{x(t_0 + h) - x(t_0)}$$

因此

$$m = \lim_{h \to 0} \frac{y(t_0 + h) - y(t_0)}{x(t_0 + h) - x(t_0)} = \frac{\displaystyle\lim_{h \to 0} \frac{y(t_0 + h) - y(t_0)}{h}}{\displaystyle\lim_{h \to 0} \frac{x(t_0 + h) - x(t_0)}{h}} = \frac{y'(t_0)}{x'(t_0)} \tag{5}$$

例題 9：求曲線 $x(t) = t^3$, $y(t) = 1 - t$ 在點 $(8, -1)$ 的切線方程式。

解　　曲線只有在 $t = 2$ 時通過點 $(8, -1)$，因此在此點的切線只有一條。由於

$$x'(t) = 3t^2, \ y'(t) = -1$$

因此 $x'(2) = 12$, $y'(2) = -1$，切線斜率為 $-\dfrac{1}{12}$，切線方程式為

$$y + 1 = \frac{-1}{12}(x - 8)$$

例題 10： 曲線 C： $x(t) = t^2$，$y(t) = t^3 - 3t$

(1) 證明曲線 C 在 $(3, 0)$ 處有兩條切線

(2) 求水平及垂直切線發生之處

(3) 求曲線 C 凹向下及凹向上發生之處

解

(1) 當 $t = \pm\sqrt{3} \Rightarrow (x, y) = (3, 0)$

$$\frac{dy}{dx} = \frac{\dfrac{dy}{dt}}{\dfrac{dx}{dt}} = \frac{3}{2}\left(t - \frac{1}{t}\right)$$

$$\frac{dy}{dx}\bigg|_{t=\sqrt{3}} = \sqrt{3} \Rightarrow y = \sqrt{3}\,(x - 3)$$

$$\frac{dy}{dx}\bigg|_{t=-\sqrt{3}} = -\sqrt{3} \Rightarrow y = -\sqrt{3}\,(x - 3)$$

(2) $\dfrac{dy}{dx} = 0 \Rightarrow t = \pm 1 \Rightarrow (1, -2), (1, 2)$

$$\frac{dy}{dx} = \infty \Rightarrow \frac{dx}{dt} = 0 \Rightarrow t = 0 \Rightarrow (0, 0)$$

(3) $\dfrac{d^2y}{dx^2} = \dfrac{dy'}{dx} = \dfrac{\dfrac{dy'}{dt}}{\dfrac{dx}{dt}} = \dfrac{\dfrac{3}{2}\left(1 + \dfrac{1}{t^2}\right)}{2t} = \begin{cases} +; & t > 0 \\ -; & t < 0 \end{cases}$

例題 11： 曲線 C： $\begin{cases} x(\theta) = r(\theta - \sin\theta), \\ y(\theta) = r(1 - \cos\theta) \end{cases}$

(1) 求曲線 C 在 $\theta = \dfrac{\pi}{3}$ 處之切線

(2) 求水平及垂直切線發生之處

解

(1) 當 $\theta = \dfrac{\pi}{3} \Rightarrow (x, y) = \left(r\left(\dfrac{\pi}{3} - \dfrac{\sqrt{3}}{2}\right), \dfrac{r}{2}\right)$

$$\frac{dy}{dx} = \frac{\dfrac{dy}{d\theta}}{\dfrac{dx}{d\theta}} = \frac{\sin\theta}{1 - \cos\theta} = \frac{dy}{dx}\bigg|_{\theta=\frac{\pi}{3}} = \sqrt{3}$$

$$y - \frac{r}{2} = \sqrt{3}\left(x - r\left(\frac{\pi}{3} - \frac{\sqrt{3}}{2}\right)\right)$$

(2) $\dfrac{dy}{dx} = 0 \Rightarrow \begin{cases} \sin\theta = 0 \\ 1 - \cos\theta \neq 0 \end{cases} \Rightarrow \theta = (2n - 1)\pi$

$$\frac{dy}{dx} = \infty \Rightarrow \begin{cases} \sin\theta \neq 0 \\ 1 - \cos\theta = 0 \end{cases} \Rightarrow \theta = 2n\pi$$

例題 12：Parametric curve $x = x(t)$, $y = y(t)$, when $t = 2$,

$\quad\quad\quad x(2) = 4$, $x'(2) = 2$, $x''(2) = 5$,

$\quad\quad\quad y(2) = 2$, $y'(2) = 2$, $y''(2) = 1$,

$\quad\quad\quad$ Find $\dfrac{d^2y}{dx^2}(x = 4) = $?　　　　　　　　　【101 台大轉學考】

解　　當 $x = 4$ 時，$t = 2$

$$\frac{d^2y}{dx^2} = \frac{dy'}{dx} = \frac{\dfrac{dy'}{dt}}{\dfrac{dx}{dt}} = \frac{\dfrac{y''(t)x'(t) - x''(t)y'(t)}{(x'(t))^2}}{x'(t)}$$

$$\therefore \frac{d^2y}{dx^2}(x = 4) = \frac{y''(2)x'(2) - x''(2)y'(2)}{(x'(2))^3} = -1$$

14-3　弧長

所謂弧長即是空間中的曲線長度，假設我們想求出空間中某條曲線 $\mathbf{r}(t) = [x(t),$ $y(t), z(t)]$ 從 $t = a$ 到 $t = b$ 之間的弧長 S。

如圖 8 所示，首先我們將由 $\mathbf{r}(t)$ 到 $\mathbf{r}(t + \Delta t)$ 的一小段曲線的長度稱為 Δs，則當 Δt 非常小時，曲線即使彎曲也彎曲得非常有限，因此我們可以將 Δs 看成是一條小線段，其長度為速率乘以時間。

因此

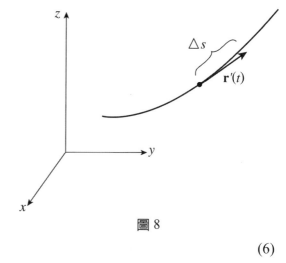

圖 8

$$\Delta s \approx \| \mathbf{r}'(t) \| \Delta t$$
$$= \sqrt{(x'(t))^2 + (y'(t))^2 + (z'(t))^2}\,\Delta t \tag{6}$$

將所有的小線段的長度全部加起來就得到整段曲線弧長的近似值：

$$S \approx \Sigma \Delta s = \Sigma \sqrt{(x'(t))^2 + (y'(t))^2 + (z'(t))^2}\,\Delta t \tag{7}$$

則當 $\Delta t \rightarrow 0$，以上總和的極限就是我們所要求的弧長：

$$S = \int_a^b \sqrt{(x'(t))^2 + (y'(t))^2 + (z'(t))^2}\, dt = \int_a^b \| \mathbf{v}(t) \|\, dt = \int_a^b \left| \frac{d\vec{\mathbf{r}}}{dt} \right|\, dt \tag{8}$$

(8)式中的 a 和 b 決定了弧線的起點和終點。

觀念提示：

$$\frac{ds}{dt} = |\vec{\mathbf{r}}'| \quad \text{速度} = \text{單位時間弧長的改變量} \tag{9}$$

例題 13：某隻蜜蜂當時間為 t 時的位置為 $\mathbf{r}(t) = [\sin t, \cos t, t]$，牠從 $t = 0$ 時開始飛行，在 $t = 4\pi$ 時結束飛行，請問牠總共飛了多遠？

解　　$\| \mathbf{v}(t) \| = \sqrt{\cos^2 t + \sin^2 t + 1} = \sqrt{2}$

因此飛行路徑的長度為

$S = \int_0^{4\pi} \sqrt{2}\, dt = \sqrt{2}\, t \Big|_0^{4\pi} = 4\sqrt{2}\pi$

平面上的曲線長度

二維空間中的一條曲線 $\mathbf{r}(t) = [x(t), y(t)]$ 可以看成是三維空間中的一條曲線當 $z(t) = 0$ 時的特例，因此(8)簡化為

$$S = \int_a^b \sqrt{(x'(t))^2 + (y'(t))^2}\, dt = \int_a^b \| \mathbf{v}(t) \|\, dt \tag{10}$$

觀念提示：如果二維空間中的曲線是表為 $y = f(x)$ 的形式，那麼我們可用以下的參數方程式來表示它：

$x = t,\ y = f(t)$

如此一來弧長就是

$$S = \int_a^b \sqrt{1 + \left(\frac{dy}{dx} \right)^2}\, dx \tag{11}$$

例題 14：求出圓 $x = a\cos\theta,\ y = a\sin\theta,\ 0 \le \theta \le 2\pi$ 的圓周長。

解
$$S = \int_0^{2\pi} \sqrt{\left(\frac{dx}{d\theta}\right)^2 + \left(\frac{dy}{d\theta}\right)^2}\, d\theta$$
$$= \int_0^{2\pi} \sqrt{a^2 \sin^2\theta + a^2 \cos^2\theta}\, d\theta$$
$$= a \int_0^{2\pi} d\theta$$
$$= 2\pi a$$

例題 15：求出曲線 $y = x^{\frac{3}{2}}$，$0 \le x \le \frac{4}{3}$ 的弧長。

解
$$S = \int_0^{4/3} \sqrt{1 + \left(\frac{dy}{dx}\right)^2}\, dx$$
$$= \int_0^{4/3} \sqrt{1 + \frac{9}{4}x}\, dx$$
$$= \frac{4}{9} \cdot \frac{2}{3} \cdot \left(1 + \frac{9}{4}x\right)^{\frac{3}{2}} \Big|_0^{4/3}$$
$$= \frac{56}{27}$$

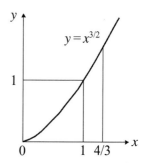

例題 16：If a curve is given by $\vec{r}(t) = b\cos t\,\vec{i} + b\sin t\,\vec{j} + \sqrt{1-b^2}\,t\,\vec{k}$ where $0 \le t \le 4\pi$, find the length of the curve.　【100 中興大學轉學考】

解
$$ds = |d\mathbf{r}| = \sqrt{(dx)^2 + (dy)^2 + (dz)^2}$$
$$= \sqrt{\left(\frac{dx}{dt}\right)^2 + \left(\frac{dy}{dt}\right)^2 + \left(\frac{dz}{dt}\right)^2}\, dt$$
$$= \sqrt{(x')^2 + (y')^2 + (z')^2}\, dt$$
$$= dt$$
$$\Rightarrow s = \int_0^{4\pi} dt = 4\pi$$

例題 17：計算曲線 $y = \frac{x^3}{6} + \frac{1}{2x}$；$x \in \left[\frac{1}{2},\, 2\right]$ 的長度　【100 嘉義大學轉學考】

解
$$y = \frac{x^3}{6} + \frac{1}{2x} \Rightarrow \frac{dy}{dx} = \frac{x^2}{2} - \frac{1}{2x^2}$$
$$L = \int_{\frac{1}{2}}^{2} \sqrt{1 + \left(\frac{dy}{dx}\right)^2}\, dx$$
$$= \frac{33}{16}$$

例題 18：Let C be the curve given by $x = 3(1 - \cos t)$, $y = 3\,(t - \sin t)$; $0 \le t \le \pi$

(1) Find the length of the curve C

(2) Find the tangent line to the curve C at $t = \dfrac{\pi}{3}$　　【101 中興大學轉學考】

解

(1) $\dfrac{dx}{dt} = 3 \sin t$, $\dfrac{dy}{dt} = 3 - 3 \cos t$

$L = \displaystyle\int_0^\pi \sqrt{\left(\dfrac{dx}{dt}\right)^2 + \left(\dfrac{dy}{dt}\right)^2}\, dt = \int_0^\pi \sqrt{18 - 18 \cos t}\, dt$

$\quad = 6 \displaystyle\int_0^\pi \sin\left(\dfrac{t}{2}\right) dt = 12$

(2) $\dfrac{dy}{dx} = \dfrac{\dfrac{dy}{dt}}{\dfrac{dx}{dt}} = \dfrac{3 - 3\cos t}{3\sin t}$

at $t = \dfrac{\pi}{3}$, $\dfrac{dy}{dx} = \dfrac{3 - 3\cos t}{3\sin t} = \dfrac{1}{\sqrt{3}}$

tangent line: $y - \left(\pi - \dfrac{3}{2}\sqrt{3}\right) = \dfrac{1}{\sqrt{3}}\left(x - \dfrac{3}{2}\right)$

例題 19： Find a curve passing through the origin and such that the length s of the curve between the origin and any point (x, y) of the curve is given by $s = e^x + y - 1$

【清華大學轉學考】

解

Let $y = f(x)$，則

$s = \displaystyle\int_0^x \sqrt{1 + f'(t)^2}\, dt = e^x + f(x) - 1 \Rightarrow \dfrac{d}{dx}\int_0^x \sqrt{1 + f'(t)^2}\, dt = \dfrac{d}{dx}\,(e^x + f(x) - 1)$

$\Rightarrow \sqrt{1 + f'(x)^2} = e^x + f'(x)$

$\Rightarrow f'(x) = \dfrac{1}{2}\,(e^{-x} - e^x)$

$\Rightarrow f(x) = -\dfrac{1}{2}\,(e^{-x} + e^x) + c$

$\because f(0) = 0$, $\therefore c = 1$

$\Rightarrow f(x) = 1 - \dfrac{1}{2}\,(e^{-x} + e^x)$

例題 20：Find the length of the curve $y = \dfrac{x^2}{2}$, $x \in [0, 1]$　　【101 中正大學轉學考】

解　　　　　$\int_0^1 \sqrt{1+\left(\dfrac{dy}{dx}\right)^2}\,dx = \int_0^1 \sqrt{1+x^2}\,dx$

$x = \tan\theta \Rightarrow dx = \sec^2\theta\,d\theta$

$\therefore \int_0^1 \sqrt{1+x^2}\,dx = \int_0^{\frac{\pi}{4}} \sec^3\theta\,d\theta = \int_0^{\frac{\pi}{4}} \sec\theta\,d(\tan\theta)$

$\quad = \sec\theta\tan\theta \Big|_0^{\frac{\pi}{4}} - \int_0^{\frac{\pi}{4}} \tan^2\theta\sec\theta\,d\theta$

$\quad = \sec\theta\tan\theta \Big|_0^{\frac{\pi}{4}} - \int_0^{\frac{\pi}{4}} \sec^3\theta\,d\theta + \int_0^{\frac{\pi}{4}} \sec\theta\,d\theta$

$\Rightarrow \int_0^1 \sqrt{1+x^2}\,dx = \int_0^{\frac{\pi}{4}} \sec^3\theta\,d\theta = \dfrac{1}{2}\sec\theta\tan\theta \Big|_0^{\frac{\pi}{4}} + \dfrac{1}{2}\ln|\tan\theta\sec\theta| \Big|_0^{\frac{\pi}{4}}$

$\quad = \dfrac{1}{2}\sqrt{2} + \dfrac{1}{2}\ln(\sqrt{2}+1)$

要積分一個向量函數 $\mathbf{r}(t) = [x(t), y(t), z(t)]$ 時，我們只要把各個分量分別積分即可，如(12)式：

$$\int_a^b \mathbf{r}(t)dt = \left[\int_a^b x(t)dt,\ \int_a^b y(t)dt,\ \int_a^b z(t)dt \right] \tag{12}$$

如果是不定積分而非定積分的話，積分的結果如以前一樣要加上一個常數，不過此時的「常數」是一個向量：

$$\int \mathbf{r}(t)dt = \left[\int x(t)dt,\ \int y(t)dt,\ \int z(t)dt \right] + \mathbf{C} \tag{13}$$

例題 21：有一隻蚊子在時間 $t = 0$ 時的位置為 $(1, 1, 1)$，牠從這個點出發後總共飛行了 1 秒鐘，飛行過程中當時間為 t 時的速度為 $\mathbf{v}(t) = [t, t^2, t^3]$，請問牠最後停在哪個點？

解　　　透過積分 $\mathbf{v}(t)$ 可得位置向量 $\mathbf{r}(t)$：

$\mathbf{r}(t) = \int \mathbf{v}(t)dt = \left[\int t\,dt,\ \int t^2\,dt,\ \int t^3\,dt \right] = \left[\dfrac{t^2}{2}, \dfrac{t^3}{3}, \dfrac{t^4}{4} \right] + \mathbf{C}$

當 $t = 0$：$(1, 1, 1) = \mathbf{r}(0) = (0, 0, 0) + \mathbf{C}$，所以 $\mathbf{C} = [1, 1, 1]$。

當 $t=1$，$\mathbf{r}(1)=\left[\dfrac{3}{2},\ \dfrac{4}{3},\ \dfrac{5}{4}\right]$，所以蚊子最後停在點 $\left(\dfrac{3}{2},\ \dfrac{4}{3},\ \dfrac{5}{4}\right)$。

例題 22：Find the area of the surface generated by revolving the curve $6xy = x^4 + 3$ from $x = 1$ to $x = 3$ about the x-axis. 【100 成大轉學考】

解

$$6xy = x^4 + 3 \Rightarrow y = \frac{1}{6}x^3 + \frac{1}{2}x^{-1}$$

$$\frac{dy}{dx} = \frac{1}{2}x^2 - \frac{1}{2}x^{-2}$$

$$dl = \sqrt{1 + \left(\frac{dy}{dx}\right)^2}\,dx$$

$$A = \int_1^3 2\pi y\,dl = \int_1^3 2\pi\left(\frac{1}{6}x^3 + \frac{1}{2}x^{-1}\right)\sqrt{1 + \left(\frac{dy}{dx}\right)^2}\,dx$$

$$= \frac{208}{9}\pi$$

綜合練習

1. 求曲線 $x = t^2 + e^t$, $y = t + e^t$ 在點 $(1, 1)$ 處的斜率。

2. 求曲線 $x = e^{-t}\cos 2t$, $y = e^{-2t}\sin 2t$ 在 $t = 0$ 處的斜率。

3. 求曲線 $y = \dfrac{2}{3}(x-1)^{\frac{3}{2}}$ 介於 $x = 1$ 與 $x = 2$ 之間的弧長。

4. Find the arc length of the curve $(y-1)^3 = \dfrac{9}{4}x^2$ for $0 \le x \le \dfrac{2}{3}3^{\frac{3}{2}}$

5. $r = 1 + \sin\theta$

   (1) 求曲線 C 在 $\theta = \dfrac{\pi}{3}$ 處之切線斜率

   (2) 求水平及垂直切線發生之處

6. Find the arc length of the function $y = f(x) = x^{\frac{3}{2}}$, $0 \le x \le 1$ 【101 宜蘭大學轉學考】

7. Find the length of the curve $y = \ln(1 - x^2)$, $0 \le x \le \dfrac{1}{2}$ 【101 中興大學土木系轉學考】

8. Find the length of the curve $(1 - x)^2 + y^2 = 1$

9. A curve C is defined by the parametric equations $x = t^2$, $y = t^3 - 3t$

   (a) Find the derivative $\dfrac{dy}{dx}$

   (b) Show that C has two tangents at the point $(3, 0)$ and find their equations.

   (c) Find the second derivative $\dfrac{d^2y}{dx^2}$

10. 極座標曲線 $r = e^{-\theta}$; $\theta \ge 0$ 的全長為？ 【101 台灣大學轉學考】

11. Sketch the polar curve $r = 1 - \cos\theta$, $0 \leq \theta \leq \pi$ and calculate the length of the curve.

【100 東吳大學數學系轉學考】

12. 求下列空間曲線之弧長

(1) $\vec{r}(t) = (\cos t + t\sin t)\hat{\mathbf{i}} + (\sin t - t\cos t)\hat{\mathbf{j}}$, $t = 0$ 至 $t = \pi$

(2) $\vec{r}(t) = a\cos t\hat{\mathbf{i}} + a\sin t\hat{\mathbf{j}} + ct\hat{\mathbf{k}}$ 從 $(0, 0, 0)$ 至 $(0, 0, 2c\pi)$

13. Find the arc length of the curve $\begin{cases} x = t - \sin t \\ y = 1 - \cos t \end{cases}$ for $0 \leq t \leq 2\pi$

14. Find the length of the curve $\left(\dfrac{x}{a}\right)^{\frac{2}{3}} + \left(\dfrac{y}{b}\right)^{\frac{2}{3}} = 1$, $(a \neq b, a > 0, b > 0)$　　　　【清華大學轉學考】

林斷山明竹隱墻，亂蟬衰草小池塘。

翻空白鳥時時見，照水紅蕖細細香。

村舍外，古城旁，杖藜徐步轉斜陽。

殷勤昨夜三更雨，又得浮生一日涼。

蘇軾　鷓鴣天

15 梯度與方向導數

人在別無選擇或身處絕境下，反而比較容易撐得過去或更能激發出潛能。

生於憂患，死於安樂！

人在最困難的時候，往往離成功最近。

15-1　梯度與方向導數

定義：方向導數（directional derivative）

　　純量函數 $\varphi(x, y, z)$ 在點 (x_0, y_0, z_0) 沿著方向 $\hat{\mathbf{u}} = \cos\alpha\,\hat{\mathbf{i}} + \cos\beta\,\hat{\mathbf{j}} + \cos\gamma\,\hat{\mathbf{k}}$ 之變化率，稱為 $\varphi(x, y, z)$ 在此點沿方向 $\hat{\mathbf{u}}$ 之方向導數

　　假設由點 (x_0, y_0, z_0) 出發，沿給定方向移動了 s 的距離而 α, β, γ 分別為此方向與 x 軸 y 軸及 z 軸的夾角，則新的位置之 x, y, z 軸分量應為

$$x(s) = x_0 + s\cos\alpha \tag{1}$$

$$y(s) = y_0 + s\cos\beta \tag{2}$$

$$z(s) = z_0 + s\cos\gamma \tag{3}$$

　　方向導數描述純量場在空間中沿一給定方向的變化率，由定義式可看出，雖然討論空間中的變化率，但因為限制了沿某固定方向的變化率（在一條線上移動）故僅有一變數 s。因此，由(1)～(3),以及方向導數之定義可得：

$$\frac{d\varphi}{ds} = \lim_{s \to 0} \frac{\varphi(x_0 + s\cos\alpha,\ y_0 + s\cos\beta,\ z_0 + s\cos\gamma) - \varphi(x_0,\ y_0,\ z_0)}{s} \tag{4}$$

根據(1)～(3)式及全微分法則

$$
\begin{aligned}
\frac{d\phi}{ds} &= \frac{\partial\phi}{\partial x}\frac{dx}{ds} + \frac{\partial\phi}{\partial y}\frac{dy}{ds} + \frac{\partial\phi}{\partial z}\frac{dz}{ds} \\
&= \frac{\partial\phi}{\partial x}\cos\alpha + \frac{\partial\phi}{\partial y}\cos\beta + \frac{\partial\phi}{\partial z}\cos\gamma \\
&= \left(\frac{\partial\phi}{\partial x}\hat{\mathbf{i}} + \frac{\partial\phi}{\partial y}\hat{\mathbf{j}} + \frac{\partial\phi}{\partial z}\hat{\mathbf{k}}\right) \cdot (\cos\alpha\,\hat{\mathbf{i}} + \cos\beta\,\hat{\mathbf{j}} + \cos\gamma\,\hat{\mathbf{k}})
\end{aligned}
\tag{5}
$$

　　其中 $\cos\alpha\,\hat{\mathbf{i}} + \cos\beta\,\hat{\mathbf{j}} + \cos\gamma\,\hat{\mathbf{k}}$ 為當 $s = 1$ 時投影至直角座標系各軸的量，故為給定方向的單位向量，而由§13-4 可知 $\left(\dfrac{\partial\phi}{\partial x}\hat{\mathbf{i}} + \dfrac{\partial\phi}{\partial y}\hat{\mathbf{j}} + \dfrac{\partial\phi}{\partial z}\hat{\mathbf{k}}\right)$ 為純量場 $\varphi(x, y, z)$ 之梯度（Gradient）

$$\vec{\nabla}\varphi = \frac{\partial\varphi}{\partial x}\hat{\mathbf{i}} + \frac{\partial\varphi}{\partial y}\hat{\mathbf{j}} + \frac{\partial\varphi}{\partial z}\hat{\mathbf{k}} \tag{6}$$

綜合上述，(5)式可改寫爲：

$$\frac{d\varphi}{ds} = \overrightarrow{\nabla}\varphi \cdot \hat{\mathbf{u}} \Big|_{(x_0,\, y_0,\, z_0)} \tag{7}$$

(7)式表示了純量函數 $\varphi(x, y, z)$ 在空間中某定點 (x_0, y_0, z_0) 沿著單位向量 $\hat{\mathbf{u}}$ 之方向導數。其值等於其梯度在此方向上的投影量，由向量內積之定義可知：

$$\overrightarrow{\nabla}\varphi \cdot \hat{\mathbf{u}} = |\overrightarrow{\nabla}\varphi|\cos\theta \tag{8}$$

其中 θ 爲 $\overrightarrow{\nabla}\varphi$ 與方向 $\hat{\mathbf{u}}$ 間的夾角。顯然的，方向導數之最大值爲 $|\overrightarrow{\nabla}\varphi|$（when $\theta = 0°$），整理上述可得到如下定理：

> **定理 1**：若純量場 $\varphi(x, y, z)$ 存在一階偏導數，則其最大方向導數爲 $\dfrac{d\varphi}{ds}\Big|_{\max} = |\overrightarrow{\nabla}\varphi|$；方向爲 $\dfrac{\overrightarrow{\nabla}\varphi}{|\overrightarrow{\nabla}\varphi|}$

觀念提示：由定理 1 可知梯度的物理意義爲空間中之純量場變化率最快的方向。

說例：假設我們正在一座山上點坐標爲 $(1, 2, 19)$ 處，而山的表面則是函數 $f(x, y) = 3x^2 + 4y^2$ 的圖形。請問：向量 $\mathbf{a} = [3, 4]$ 方向的方向導數（即斜率）是多少？假設長度的單位是英呎。

解 　雖然 $\mathbf{a} = [3, 4]$ 表明了 xy 平面上的一個方向，但是它並不是單位向量，因此我們先求出單位向量：

$$\hat{\mathbf{u}} = \frac{\mathbf{a}}{\|\mathbf{a}\|} = \frac{[3, 4]}{\sqrt{3^2 + 4^2}} = \left[\frac{3}{5}, \frac{4}{5}\right]$$

f 的梯度爲 $\nabla f = [6x, 8y]$；我們關心的是點 $(1, 2, 19)$ 的梯度，即 $\nabla f(1, 2) = [6, 16]$。因此

$$\overrightarrow{\nabla}f \cdot \hat{\mathbf{u}} = [6, 16] \cdot \left[\frac{3}{5}, \frac{4}{5}\right] = \frac{82}{5}$$

由此可知這座山在點 $(1, 2, 19)$ 處在 $\mathbf{a}$ 這個方向坡度很陡，如果你想朝此方向踏出一步來前進 1 英呎，你的腳必須抬到 16 英呎的高度。

觀念提示：常犯的錯誤：

(1) 沒有將表示方向的向量轉換成單位向量。

(2) 以為本題的梯度向量是一個三維的向量（它其實是 xy 平面上的向量）。

定理 2：梯度基本式

$$d\varphi = \varphi(x+dx, y+dy, z+dz) - \varphi(x, y, z) = \overrightarrow{\nabla}\varphi \cdot d\mathbf{r} \tag{9}$$

其中 $d\mathbf{r} = \hat{\mathbf{i}}\,dx + \hat{\mathbf{j}}\,dy + \hat{\mathbf{k}}\,dz$

證明：$d\varphi = \varphi(x+dx, y+dy, z+dz) - \varphi(x, y, z)$

$$= \frac{\varphi(x+dx, y+dy, z+dz) - \varphi(x, y+dy, z+dz)}{dx}dx$$

$$+ \frac{\varphi(x, y+dy, z+dz) - \varphi(x, y, z+dz)}{dy}dy + \frac{\varphi(x, y, z+dz) - \varphi(x, y, z)}{dz}dz$$

$$= \frac{\partial\varphi}{\partial x}dx + \frac{\partial\varphi}{\partial y}dy + \frac{\partial\varphi}{\partial z}dz$$

$$= \overrightarrow{\nabla}\varphi \cdot d\mathbf{r}$$

隱函數 $\varphi(x, y, z) = c$ 在幾何上代表空間中的一個曲面，（或可表示為 $z = f(x, y)$），在物理上的涵義可代表等位面、等溫面…等。

在 $\varphi(x, y, z) = c$ 的前提下，$d\varphi = \overrightarrow{\nabla}\varphi \cdot d\mathbf{r} = 0$，$d\mathbf{r}$ 事實上是曲面上一點的所有可能的切線方向，故可知向量 $\overrightarrow{\nabla}\varphi$ 和所有可能的切方向均垂直，換言之，$\overrightarrow{\nabla}\varphi$ 在幾何上表示了曲面的法向量。

定理 3：等位面 $\varphi(x, y, z) = c$ 上任何一點(x_0, y_0, z_0)的單位法向量為：

$$\hat{\mathbf{n}} = \frac{\overrightarrow{\nabla}\varphi}{|\overrightarrow{\nabla}\varphi|}\Bigg|_{(x_0, y_0, z_0)} \tag{10}$$

由定理 1 及定理 3 可得到以下結論：空間中之純量場上某位置的最大增加率方向即為此點的法向量方向，而此方向即為純量場之梯度。

例題 1：The distribution of surface energy of a thin film is

$f(x, y, z) = x^2 + y^2 + 2zx$

At point (2, 1, 0), find

(1) energy gradient

(2) the unit vector in the direction of the energy gradient

(3) the curl of the surface force　　　　　【101 中山大學光電所】

解　　(1)$\vec{\nabla}f\Big|_{(2,1,0)}=\dfrac{\partial f}{\partial x}\hat{\mathbf{i}}+\dfrac{\partial f}{\partial y}\hat{\mathbf{j}}+\dfrac{\partial f}{\partial z}\hat{\mathbf{k}}$

$\qquad\qquad\qquad=(2x+2z)\hat{\mathbf{i}}+2y\hat{\mathbf{j}}+2x\hat{\mathbf{k}}\Big|_{(2,1,0)}=4\hat{\mathbf{i}}+2\hat{\mathbf{j}}+4\hat{\mathbf{k}}$

$\qquad$(2)$\dfrac{\vec{\nabla}f}{|\vec{\nabla}f|}=\dfrac{1}{3}(2\hat{\mathbf{i}}+2\hat{\mathbf{j}}+2\hat{\mathbf{k}})$

$\qquad$(3)$\vec{\nabla}\times\vec{\nabla}f=0$

例題 2：已知湖中任一位置(x,y,z)的溫度均與原點距離之平方成反比且有$T(0,0,1)=50$，求

(1) 在$(2,3,3)$沿方向$(3,1,1)$之溫度變化率？

(2) 在$(2,3,3)$之最大溫度變化率發生方向以及最大溫度變化率？

【中央環工所】

解　　(1) $T(x,y,z)=\dfrac{50}{x^2+y^2+z^2}$

$\qquad\quad\vec{\nabla}T=\dfrac{-100(x\hat{i}+y\hat{j}+z\hat{k})}{(x^2+y^2+z^2)^2}=\dfrac{-100(2\hat{i}+3\hat{j}+3\hat{k})}{484}$

$\qquad\quad\hat{e}_a=\dfrac{3\hat{i}+\hat{j}+\hat{k}}{\sqrt{11}}$

$\qquad\quad\therefore\dfrac{dT}{dS}\Big|_{(2,3,3)}=\vec{\nabla}T\cdot\hat{e}_a=\dfrac{-300}{121\sqrt{11}}$

$\qquad$(2) 最大變化率方向：$\dfrac{\vec{\nabla}T}{|\vec{\nabla}T|}=\dfrac{-(2\hat{i}+3\hat{j}+3\hat{k})}{\sqrt{22}}$

$\qquad\qquad$最大變化率：$|\vec{\nabla}T|=\dfrac{100\sqrt{22}}{(22)^2}$

例題 3：已知溫度分佈$T(x,y,z)=x^2+2y^2+3z^2$，求在位置$(0,1,2)$沿直線$x=t,y=1+t,z=2+t$的變化率？　　　　　　　　　　　　　　【台大機械所】

解　　變化率在此即表示方向導數

$\qquad$直線之方向為$\dfrac{\hat{\mathbf{i}}+\hat{\mathbf{j}}+\hat{\mathbf{k}}}{\sqrt{3}}$

$\qquad\vec{\nabla}T\Big|_{(0,1,2)}=4\hat{\mathbf{j}}+12\hat{\mathbf{k}}$

$\qquad\therefore\dfrac{dT}{ds}=\vec{\nabla}T\cdot\hat{\mathbf{u}}=(4\hat{\mathbf{j}}+12\hat{\mathbf{k}})\cdot\dfrac{\hat{\mathbf{i}}+\hat{\mathbf{j}}+\hat{\mathbf{k}}}{\sqrt{3}}=\dfrac{16}{\sqrt{3}}$

例題 4：Find the rate of change of pressure at the point $P(1, 2, 0)$ in the direction of $\vec{v} = \hat{i} + \hat{j} + \hat{k}$, where the pressure is given by $g(x, y, z) = xe^{-yz}$ 【101 台聯大轉學考】

解　$\nabla g(x, y, z) \cdot \dfrac{\vec{v}}{|\vec{v}|} = -\dfrac{1}{\sqrt{3}}$

例題 5：The temperature on the surface of a metal plate is $T(x, y) = \dfrac{x}{x^2 + y^2}$.

(1) What is the greatest increase in heat from point $(3, 4)$?

(2) What is the rate of increase in the direction from point $(3, 4)$ to point $(6, 8)$ 【100 中興大學轉學考】

解　(1) 梯度的物理意義為空間中之純量場變化率最快的方向

$$\nabla T(3, 4) = \left(\frac{\partial}{\partial x} \frac{x}{x^2 + y^2}, \frac{\partial}{\partial y} \frac{x}{x^2 + y^2} \right)_{(x, y) = (3, 4)} = \left(\frac{7}{625}, -\frac{24}{625} \right)$$

(2) $\hat{\mathbf{e}}_{\mathbf{d}} = \dfrac{(6 - 3, 8 - 4)}{\sqrt{(6 - 3)^2 + (8 - 4)^2}} = \dfrac{1}{5}(3, 4)$

$\dfrac{dT}{ds} = \vec{\nabla} T \cdot \hat{\mathbf{e}}_{\mathbf{d}} \Big|_{(3, 4)} = \left(\dfrac{7}{625}, -\dfrac{24}{625} \right) \cdot \dfrac{1}{5}(3, 4) = -\dfrac{3}{125}$

例題 6：Find the directional derivative of $f(x, y, z) = 2x^2 + 3y^2 + z^2$ at point $(2, 1, 3)$ in the direction of $\vec{v} = \hat{i} - 2\hat{k}$ 【101 中興大學土木系轉學考】

解　$\dfrac{df}{ds} = \vec{\nabla} f \Big|_{(2, 1, 3)} \cdot \hat{\mathbf{e}}_{\mathbf{d}} \Big| = (8, 6, 6) \cdot \dfrac{1}{\sqrt{5}}(1, 0, -2) = -\dfrac{4}{\sqrt{5}}$

例題 7：(1) 求曲面 $z = f(x, y) = x^2 y + xy$ 在 $(1, 2)$ 處朝 $(4, -2)$ 的方向導數

(2) 曲面 $z = f(x, y) = x^2 y + xy$ 在 $(1, 2)$ 處沿著那一個方向有最大變化率？其變化率為何？ 【101 東吳大學財務與精算系轉學考】

解　(1) $\nabla f(1, 2) = (6, 2)$

$\hat{\mathbf{e}}_{\mathbf{d}} = \dfrac{(4 - 1, -2 - 2)}{\sqrt{(4 - 1)^2 + (-2 - 2)^2}} = \dfrac{1}{5}(3, -4)$

$\nabla f(1, 2) \cdot \hat{\mathbf{e}}_{\mathbf{d}} = (6, 2) \cdot \dfrac{1}{5}(3, -4) = 2$

(2) 變化率最快的方向：$\dfrac{\nabla f(1, 2)}{|\nabla f(1, 2)|} = \dfrac{1}{\sqrt{40}}(6, 2)$

最大變化率：$|\vec{\nabla}f(1, 2)| = \sqrt{40}$

例題 8：If $f(x, y) = xy^2 \ln xy$, find the directional derivative of $f(x, y)$ at $(1, 1)$ in the direction of the vector $\vec{a} = \hat{i} - \sqrt{3}\hat{j}$. In what direction $\hat{u}$ does the function $f(x, y)$ increase most rapidly at $(1,1)$? What is the rate of change in this $\hat{u}$ direction?

【101 中興大學轉學考】

解　$\vec{\nabla}f(1, 1) = [f_x(1, 1), f_y(1, 1)] = [1, 1]$

$\vec{\nabla}f(1, 1) \cdot \dfrac{\vec{a}}{|\vec{a}|} = [1, 1] \cdot \dfrac{[1, -\sqrt{3}]}{2} = \dfrac{1}{2}(1 - \sqrt{3})$

$|\vec{\nabla}f(1, 1)| = \sqrt{2}$

例題 9：Find the maximum rate of change of $f(x, y) = \sin(xy)$ at $(0, 1)$

【100 台聯大轉學考】

解　$\vec{\nabla}f(x, y) = y\cos(xy)\hat{i} + x\cos(xy)\hat{j} \Rightarrow \vec{\nabla}f(x, y)\big|_{0, 1} = \hat{i}$

$\therefore |\nabla f(x, y)|_{(x, y) = (0, 1)} = 1$

例題 10：Given that $f_x(1, 3) = 4$, $f_y(1, 3) = -7$, find the directional derivative of $f(x, y)$ at $(1, 3)$ in the direction toward $(6, 15)$ 【100 中興大學轉學考】

解　$(4, -7) \cdot \dfrac{(6, 15)}{\sqrt{6^2 + 15^2}} = -\dfrac{81}{\sqrt{261}}$

例題 11：The surface of a mountain is modeled by the equation $h(x, y) = 5000 - 0.001 x^2 - 0.004y^2$. A mountain climber is at the point $(500, 300, 4390)$. In what direction should the climber move in order to ascend at the greatest rate?

【101 元智大學電機系轉學考】

解　$\nabla h(500, 300) = (-1, -2.4)$

15-2　切平面與線性逼近

定義：曲面$f(x, y, z) = c$上的一點(x_0, y_0, z_0)的切平面（tangent plane）就是通過點(x_0, y_0, z_0)而且和$\nabla f(x_0, y_0, z_0)$垂直的平面。

圖1

觀念提示：某個點的切平面是通過該點的所有平面中在該點附近與曲面最近似的平面。

　　曲面$f(x, y, z) = c$與點(x_0, y_0, z_0)的**切平面**之關係見圖1。由(10)式求出曲面上某點的法向量後即可求出通過該點的切平面方程式：

$$(\mathbf{r} - \mathbf{r}_0) \cdot \overrightarrow{\nabla}\varphi = 0 \tag{11}$$

將(11)式展開後即可得切平面之另一種表示法：

$$(x - x_0)\frac{\partial \varphi}{\partial x} + (y - y_0)\frac{\partial \varphi}{\partial y} + (z - z_0)\frac{\partial \varphi}{\partial z} = 0 \tag{12}$$

　　由(11)或(12)式可知通過(x_0, y_0, z_0)而與$\overrightarrow{\nabla}\varphi$垂直的所有的點所成的集合即構成了切平面。

　　假設$S : z = f(x, y)$為一曲面，我們可以將S看成是$g(x, y, z) = f(x, y) - z$的一個等高面，因此在點(x_0, y_0, z_0)的切平面的法向量為

$$\overrightarrow{\nabla}g(x_0, y_0, z_0) = \left[\frac{\partial f}{\partial x}, \frac{\partial f}{\partial y}, -1\right] \tag{13}$$

因此，如果 $P_0(x_0, y_0, z_0)$ 是曲面 $S: z = f(x, y)$ 上的任意一點，那麼在 P_0 的切平面的方程式爲

$$f_x(x_0, y_0)(x - x_0) + f_y(x_0, y_0)(y - y_0) - (z - z_0) = 0 \tag{14}$$

同理通過 (x_0, y_0, z_0) 而與 $\vec{\nabla}\phi$ 平行的所有的點所成的集合即構成了法線方程式

$$(\mathbf{r} - \mathbf{r}_0) \times \vec{\nabla}\varphi = 0 \tag{15}$$

二曲面的交集必爲一曲線，如圖 2 所示。

藉由幾何上的特性，亦不難理解切直線與法平面的計算方式，因爲二曲面交線上任何一點的切線必同時與 $\vec{\nabla}\phi$ 及 $\vec{\nabla}\varphi$ 垂直，換言之，其切線向量必平行於 $\vec{\nabla}\phi$ 與 $\vec{\nabla}\varphi$ 之公垂向量。由此可得到切線方程式；另一方面，$\vec{\nabla}\phi$ 與 $\vec{\nabla}\varphi$ 之公垂向量必平行於其法平面的法向量。

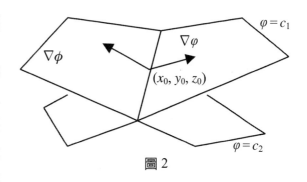

圖 2

定理 4：二曲面交線之切線與法平面方程式：

對於空間中二曲面 $\phi(x, y, z) = c_1$，$\varphi(x, y, z) = c_2$ 通過其交線上某點 (x_0, y_0, z_0) 的切線及法平面方程式爲：

$$切線方程式：(\mathbf{r} - \mathbf{r}_0) \times (\vec{\nabla}\phi \times \vec{\nabla}\varphi) = 0 \tag{16}$$
$$法面方程式：(\mathbf{r} - \mathbf{r}_0) \cdot (\vec{\nabla}\phi \times \vec{\nabla}\varphi) = 0 \tag{17}$$

例題 12：Determine the equation of the tangent plane, and a unit normal vector $\hat{\mathbf{n}}$, to S at the given point P, $S = x^2 + y^2 - z^2 = 1$, $P = (1, 1, 1)$ 　【交大土木所】

解　曲面 S 可表示爲 $f(x, y, z) = x^2 + y^2 - z^2 - 1$

S 在 P 點之單位法向量：$\hat{\mathbf{n}} = \pm\dfrac{\vec{\nabla}f}{|\vec{\nabla}f|}\bigg|_{(1,1,1)} = \pm\dfrac{\hat{\mathbf{i}} + \hat{\mathbf{j}} - \hat{\mathbf{k}}}{\sqrt{3}}$

通過 P 點之切平面方程式為：

$$((x-1)\hat{\mathbf{i}} + (y-1)\hat{\mathbf{j}} + (z-1)\hat{\mathbf{k}}) \cdot \hat{\mathbf{n}} = 0$$

$$\Rightarrow x + y - z - 1 = 0$$

例題 13：Find the equation of the tangent plane to the given surface, $2x^2 + y^2 + 3z^2 = 12$, at the point (2, 1, 1) 【101 淡江大學轉學考理工組】

解　　　let $f(x, y, z) = 2x^2 + y^2 + 3z^2 - 12$

切平面：$\overrightarrow{\nabla} f(2, 1, 1) \cdot (x-2, y-1, z-1) = 0$

$$\Rightarrow 4x + y + 3z = 12$$

例題 14：求過曲面 $z \sin x + z \cos y + 3z^2 + 5z = 7$ 上點 $(0, \pi, 1)$ 之切平面

【100 台大轉學考】

解　　　let $f(x, y, z) = z \sin x + z \cos y + 3z^2 + 5z - 7$

切平面：$\overrightarrow{\nabla} f(0, \pi, 1) \cdot (x, y-\pi, z-1) = 0$

$$\Rightarrow x + 10z = 10$$

例題 15：Find the equation of the tangent plane to the given surface, $z = 1 + \sin(2x + 3y)$, at the point (0, 0) 【100 淡江大學轉學考理工組】

解　　　let $f(x, y, z) = 1 + \sin(2x + 3y) - z$

切平面：$\overrightarrow{\nabla} f(0, 0, 1) \cdot (x, y, z-1) = 0$

$$\Rightarrow 2x + 3y - (z-1) = 0$$

例題 16：Let $f(x, y, z) = x^2 - 2y^2 + z^2 + yz$

(1) find the directional derivative of $f(x, y, z)$ at $(2, 1, -1)$ in the direction of the vector $\vec{a} = \hat{i} + 2\hat{j} + 2\hat{k}$.

(2) Find the equation of the normal line to the surface $f(x, y, z) = 2$ at $(2, 1, -1)$. 【101 中興大學轉學考】

解　$\vec{\nabla} f(2, 1, -1) = [f_x(2, 1, -1), f_y(2, 1, -1), f_z(2, 1, -1)] = [4, -5, -1]$

$\vec{\nabla} f(2, 1, -1) \cdot \dfrac{\vec{a}}{|\vec{a}|} = [4, -5, -1] \cdot \dfrac{[1, 2, 2]}{3} = \dfrac{-8}{3}$

(2) normal line：$\dfrac{x-2}{4} = \dfrac{y-1}{-5} = \dfrac{z+1}{-1}$

微分量（全微分）

對單變數函數 $y = f(x)$，微分量 $dy = f'(x_0)dx$ 是由(x_0, y_0)沿著切線移動，當 x 的變化量為 dx 時的 y 的變化量，而 $\Delta y = f(x_0 + \Delta x) - f(x_0)$是由$(x_0, y_0)$沿著曲線 $y = f(x)$ 移動，當 x 的變化量為Δx時的 y 的變化量。我們在§4-4 中已作過探討

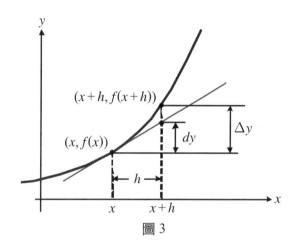

圖 3

雙變數函數 $z = f(x, y)$的情況也類似；我們定義 dz 是由(x_0, y_0, z_0)沿著切平面移動，當 x 與 y 的變化量分別為 dx 與 dy 時的 z 的變化量，而

$$\Delta z = f(x_0 + \Delta x, y_0 + \Delta y) - f(x_0, y_0) \tag{18}$$

是沿著曲面移動，當 x 與 y 的變化量分別為Δx 與Δy時的 z 的變化量。圖 4 顯示 dz 與Δz的差別，圖中的 $dx = \Delta x$ 且 $dy = \Delta y$。

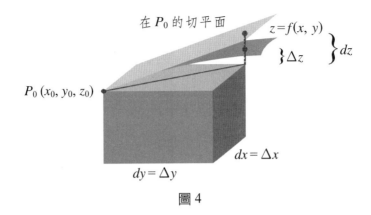

圖 4

我們稱 dz 爲 z（或 $f(x, y)$）的全微分量（total differential）。
曲面 $z = f(x, y)$ 在 P_0 的切平面方程式爲

$$f_x(x_0, y_0)(x - x_0) + f_y(x_0, y_0)(y - y_0) - (z - z_0) = 0 \tag{19}$$

也就是

$$z - z_0 = f_x(x_0, y_0)(x - x_0) + f_y(x_0, y_0)(y - y_0)$$

因此

$$dz = f_x(x_0, y_0)dx + f_y(x_0, y_0)dy \tag{20}$$

我們常省略 x_0 與 y_0 的下標而將式子寫爲

$$dz = f_x(x, y)dx + f_y(x, y)dy \tag{21}$$
$$\Delta z = f(x + \Delta x, y + \Delta y) - f(x, y) \tag{22}$$

線性逼近

在以上的討論中，如果 $\Delta x \approx 0$ 且 $\Delta y \approx 0$，Δz 與 dz 的值會很接近，因此由(18)，(20)可得

$$f(x_0 + \Delta x, y_0 + \Delta y) \approx f(x_0, y_0) + f_x(x_0, y_0)\Delta x + f_y(x_0, y_0)\Delta y \tag{23}$$

此式稱爲$f(x, y)$在(x_0, y_0)的**線性逼近式**（linear approximation）。

(23)式也可寫爲

$$f(x, y) \approx f(x_0, y_0) + f_x (x_0, y_0)(x - x_0) + f_y (x_0, y_0)(y - y_0) \tag{24}$$

例題 17：(a) 求$f(x, y) = \sqrt{x^2 + y^2}$在點$(x_0, y_0)$的線性逼近式。

(b) 利用(a)的結果估計$f(3.04, 3.98) = \sqrt{(3.04)^2 + (3.98)^2}$的值。

解　(a)$f_x = \dfrac{x}{\sqrt{x^2 + y^2}}, f_y = \dfrac{y}{\sqrt{x^2 + y^2}}$，因此$f$在點$(x_0, y_0)$的線性逼近式爲

$$\sqrt{x^2 + y^2} \approx \sqrt{x_0^2 + y_0^2} + \frac{x_0}{\sqrt{x_0^2 + y_0^2}} (x - x_0) + \frac{y_0}{\sqrt{x_0^2 + y_0^2}} (y - y_0)$$

(b) 用$x_0 = 3, y_0 = 4, x = 3.04, y = 3.98$代入，得

$$\sqrt{(3.04)^2 + (3.98)^2} \approx 5 + \frac{3}{5}(0.04) + \frac{4}{5}(-0.02) = 5.008$$

（實際上，$\sqrt{(3.04)^2 + (3.98)^2} = 5.008193\cdots$）

例題 18：Find the approximate value for $f(x, y) = \sqrt{2x^2 + e^{2y}}$ at $(2.2, -0.2)$

【100 中興大學資管系轉學考】

解　let $(x_0, y_0) = (2, 0)$, $\Delta x = 0.2$, $\Delta y = -0.2$

$$f(x_0 + \Delta x, y_0 + \Delta y) = f(x_0, y_0) + f_x (x_0, y_0)\Delta x + f_y (x_0, y_0)\Delta y$$

$$f(2.2, -0.2) = f(2, 0) + f_x (2, 0) \times 0.2 + f_y (2, 0) \times (-0.2)$$

$$= 3.2$$

15-3　雙變數函數的極值

如果函數$f(x)$在某個點a滿足任意階導數皆存在，則如同第 10 章所述，$f(x)$在$x = a$點之 **Taylor** 級數可表示爲：

$$f(x) = \sum_{n=0}^{\infty} \frac{f^{(n)}(a)}{n!} (x - a)^n \tag{25}$$

由(25)式可得：

$$f(x) - f(a) = f'(a)(x-a) + \frac{f''(a)}{2!}(x-a)^2 + \cdots \tag{26}$$

如果函數 $f(x)$ 在 $x=a$ 為臨界點，則 $f'(a)=0$

故(26)變為

$$f(x) - f(a) = \frac{f''(a)}{2!}(x-a)^2 + \cdots$$

因此若 $f''(a)>0 \Rightarrow f(x)>f(a)$，$x=a$ 為相對極小，反之若 $f''(a)<0 \Rightarrow f(x)<f(a)$，$x=a$ 為相對極大，若 $f''(a)=0 \Rightarrow f(x) - f(a) = \frac{f'''(a)}{3!}(x-a)^3 + \cdots$，$x=a$ 為反曲點或**鞍點**（saddle point）。

定理 5：對單變數函數 $f(x)$，可以用二階導數來判斷極值：

若 a 是 $f(x)$ 的一個臨界點且 $f'(a)=0$，則
1. 如果 $f''(a)>0$，那麼 $f(a)$ 是一個區域極小值。
2. 如果 $f''(a)<0$，那麼 $f(a)$ 是一個區域極大值。
3. 如果 $f''(a)=0$，那麼不能下任何結論。

雙變數 Taylor 級數

如果函數 $f(x, y)$ 在 $(x, y) = (a, b)$ 滿足任意階偏導數皆存在，則 $f(x, y)$ 在點 $(x, y) = (a, b)$ 之雙變數 Taylor 級數可表示為：

$$\begin{aligned}
f(x, y) &= \sum_{m=0}^{\infty} \sum_{n=0}^{\infty} \frac{1}{m!\,n!} \frac{\partial^m \partial^n f(a, b)}{\partial x^m \partial y^n}(x-a)^m (y-b)^n \\
&= f(a, b) + f_x(a, b)(x-a) + f_y(a, b)(y-b) \\
&\quad + \frac{1}{2!}f_{xx}(a, b)(x-a)^2 + \frac{1}{2!}f_{yy}(a, b)(y-b)^2 + f_{xy}(a, b)(x-a)(y-b) + \cdots
\end{aligned} \tag{27}$$

由(27)式可得 $f(x, y)$ 在 $(x, y) = (a, b)$ 之線性近似（linear approximation）為：

$$f(x, y) \approx f(a, b) + f_x(a, b)(x-a) + f_y(a, b)(y-b) \tag{28}$$

定義：如果函數 $f(x, y)$ 在某個點 (a, b) 滿足 $f_x(a, b) = 0$ 且 $f_y(a, b) = 0$ 或其中有至少一
個偏導數不存在，我們稱 (a, b) 為 $f(x, y)$ 的一個臨界點（critical point）。

如果函數 $f(x, y)$ 在 $(x, y) = (a, b)$ 為臨界點，則 $f_x(a, b) = 0$ 且 $f_y(a, b) = 0$，故 (27)
變為

$$f(x, y) - f(a, b)$$
$$= \frac{1}{2!}f_{xx}(a, b)(x-a)^2 + \frac{1}{2!}f_{yy}(a, b)(y-b)^2 + f_{xy}(a, b)(x-a)(y-b) + \cdots$$
$$= \frac{1}{2!}\left\{[(x-a) \quad (y-b)]\begin{bmatrix} f_{xx}(a, b) & f_{xy}(a, b) \\ f_{xy}(a, b) & f_{yy}(a, b) \end{bmatrix}\begin{bmatrix} (x-a) \\ (y-b) \end{bmatrix}\right\} + \cdots \qquad (29)$$
$$= \frac{1}{2!}Q((x-a), (y-b)) + \cdots$$

其中，我們將 $Q((x-a), (y-b))$ 定義為：$Q((x-a), (y-b))[(x-a) \quad (y-b)]$
$\begin{bmatrix} f_{xx}(a, b) & f_{xy}(a, b) \\ f_{xy}(a, b) & f_{yy}(a, b) \end{bmatrix}\begin{bmatrix} (x-a) \\ (y-b) \end{bmatrix}$

因此若 $Q((x-a), (y-b)) > 0 \Rightarrow f(x, y) > f(a, b)$，$(x, y) = (a, b)$ 為相對極小（relative
minimum），反之若 $Q((x-a), (y-b)) < 0 \Rightarrow f(x, y) < f(a, b)$，$(x, y) = (a, b)$ 為相對極
大（relative maximum）。

定義矩陣 $\mathbf{F}(a, b) = \begin{bmatrix} f_{xx}(a, b) & f_{xy}(a, b) \\ f_{xy}(a, b) & f_{yy}(a, b) \end{bmatrix}$，則有：

(1) 若 $Q((x-a), (y-b)) > 0 \Rightarrow \mathbf{F}(a, b)$ 為正定（positive definite）矩陣
(2) 若 $Q((x-a), (y-b)) < 0 \Rightarrow \mathbf{F}(a, b)$ 為負定（negative definite）矩陣
由矩陣理論（參考資料 9，第 9 章）可知：
(1) $\mathbf{F}(a, b)$ 為正定矩陣，則有：
   $f_{xx}(a, b) > 0$，$|\mathbf{F}(a, b)| = f_{xx}(a, b)f_{yy}(a, b) - (f_{xy}(a, b))^2 > 0$
(2) $\mathbf{F}(a, b)$ 為負定矩陣，則有：
   $f_{xx}(a, b) < 0$，$|\mathbf{F}(a, b)| = f_{xx}(a, b)f_{yy}(a, b) - (f_{xy}(a, b))^2 > 0$

定理 6：定義 $f(x, y)$ 的判別式為 $\Delta = f_{xx}f_{yy} - (f_{xy})^2$，若 (a, b) 是 $f(x, y)$ 的一個臨界點，則有：

1. 如果 $\Delta(a, b) > 0$ 且 $f_{xx}(a, b) > 0$，那麼 $f(a, b)$ 是一個區域極小值（local minimum）。
2. 如果 $\Delta(a, b) > 0$ 且 $f_{xx}(a, b) < 0$，那麼 $f(a, b)$ 是一個區域極大值（local maximum）。
3. 如果 $\Delta(a, b) < 0$，那麼 $f(a, b)$ 是一個鞍點（saddle point）。
4. 如果 $\Delta(a, b) = 0$，那麼不能下任何結論。

延伸可得以下定理：

定理 7：對於二階偏導數存在且連續之函數 $f(x, y, z)$ 而言，若在位置 (x_0, y_0, z_0) 有 $f_x = f_y = f_z = 0$ 並且

(1) $f_{xx} > 0$，$\begin{vmatrix} f_{xx} & f_{xy} \\ f_{yx} & f_{yy} \end{vmatrix} > 0,$ $\begin{vmatrix} f_{xx} & f_{xy} & f_{xz} \\ f_{xy} & f_{yy} & f_{yz} \\ f_{xz} & f_{yz} & y_{zz} \end{vmatrix} > 0$ 則

$f(x, y, z)$ 在 (x_0, y_0, z_0) 具相對極小值

(2) $f_{xx} < 0$，$\begin{vmatrix} f_{xx} & f_{xy} \\ f_{yx} & f_{yy} \end{vmatrix} > 0,$ $\begin{vmatrix} f_{xx} & f_{xy} & f_{xz} \\ f_{xy} & f_{yy} & f_{yz} \\ f_{xz} & f_{yz} & y_{zz} \end{vmatrix} < 0$ 則

$f(x, y, z)$ 在 (x_0, y_0, z_0) 具相對極大值

(3) 否則為一 Saddle point

　　如同單變數函數的情形，$f(x, y)$ 的區域極值一定會發生於臨界點，但是不一定每個臨界點都會是區域極值。

　　例如：$(0, 0)$ 為函數 $f(x, y) = y^2 - x^2$ 的臨界點（由 $f_x(x, y) = -2x$, $f_y(x, y) = 2y$ 可知 $f_x(0, 0) = 0, f_y(0, 0) = 0$），但是 $f(x, y)$ 在 $(0, 0)$ 沒有區域極值。

　　鞍點

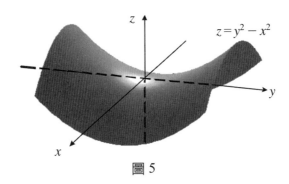

圖 5

　　圖 5 中的點 $(0, 0)$ 稱為 $f(x, y)$ 的一個**鞍點**（saddle point）。

觀念提示：一般而言，我們稱曲面 $z = f(x, y)$ 在 (x_0, y_0) 有一鞍點如果以下條件成立：
　　　　　有兩個鉛直平面通過此點，這兩個平面與曲面的兩條交線中，有一條在此點有極小值而另一條在此點有極大值。

例題 19：求出 $f(x, y) = 3x^2 - 2xy + y^2 - 8y$ 的所有區域極值及鞍點的位置。

解 $f_x = 6x - 2y, f_y = -2x + 2y - 8$，臨界點滿足 $6x - 2y = 0$ 且 $-2x + 2y - 8 = 0$，解聯立方程式得 $x = 2$，$y = 6$，因此 $(2, 6)$ 是唯一的臨界點。

$f_{xx} = 6, f_{yy} = 2, f_{xy} = -2$，因此在點 $(2, 6)$ 判別式的值為 $\Delta = 12 - 4 = 8 > 0$，又由於

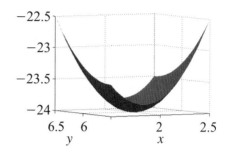

$f_{xx}(2, 6) = 6 > 0$，因此 $f(x, y)$ 在 $(2, 6)$ 有區域極小值 $f(2, 6) = -24$。

絕對極值

· 如果 $f(x, y)$ 在某封閉有界區域 R 中連續，那麼 $f(x, y)$ 在 R 中有絕對極大值和絕對極小值。

· 絕對極大值和絕對極小值可能發生於 R 的邊界或內部；如果是發生於 R 的內部的話，只可能發生於臨界點。

· 找出絕對極值的步驟：

Step 1. 找出 $f(x, y)$ 的臨界點。

Step 2. 找出邊界上可能發生絕對極值的點。

Step 3. 對 Step 1 和 Step 2 中所找到的每個點求其函數值 $f(x, y)$，其中最大的就是絕對極大值，最小的就是絕對極小值。

例題 20：Find all critical points for $f(x, y) = x^2 + y^2 + 2x - 4 - 12$ and determine whether each corresponds to a relative maximum, a relative minimum, or a saddle point. 【100 中山大學機電系轉學考】

解 $f_x = 2x + 2 = 0, f_y = 2y - 4 = 0$，解聯立方程式得臨界點 $(-1, 2)$。

$f_{xx} = 2, f_{yy} = 2, f_{xy} = 0$，$\Delta = 4$ 因此

$(-1, 2)$：local (relative) min.

例題 21：求出 $f(x, y) = xy(3 - x - y)$ 的所有區域極值及鞍點。

【100 台北大學轉學考】

解
$$\begin{cases} f_x = 3y - 2xy - y^2 = 0 \\ f_y = 3x - 2xy - x^2 = 0 \end{cases}$$

$\Rightarrow (x, y) = (0, 0), (0, 3), (0, 3), (1, 1)$

$f_{xx} = -2y, f_{yy} = -2x, f_{xy} = 3 - 2x - 2y,$

$H(x, y) = f_{xx}f_{yy} - (f_{xy})^2 = 4xy - (3 - 2x - 2y)^2$

(1) $H(0, 0) < 0 \Rightarrow (0, 0)$：鞍點

(2) $H(3, 0) < 0 \Rightarrow (3, 0)$：鞍點

(3) $H(0, 3) < 0 \Rightarrow (0, 3)$：鞍點

(4) $H(1, 1) > 0, f_{xx}(1, 1) = -2 < 0 \Rightarrow (1, 1)$：區域極大

例題 22：求函數 $f(x, y) = 4x^2 + 4y^2 + 4x^2y + 3$ 的局部極小值發生時之座標
【101 淡江大學轉學考理工組】

解
$$\begin{cases} f_x = 8x + 8xy = 0 \\ f_y = 8y + 4x^2 = 0 \end{cases}$$

$\Rightarrow (x, y) = (0, 0), (-\sqrt{2}, -1), (\sqrt{2}, -1)$

$f_{xx} = 8 + 8y, f_{yy} = 8, f_{xy} = 8x$

$H(x, y) = f_{xx}f_{yy} - (f_{xy})^2 = 64 + 64y - 64x^2$

(1) $f_{xx}(0, 0) = 8 > 0, H(0, 0) > 0 \Rightarrow f(0, 0) = 3$: *local* min *imum*

(2) $H(\sqrt{2}, -1) < 0 \Rightarrow (\sqrt{2}, -1)$: *saddle*

(3) $H(-\sqrt{2}, -1) < 0 \Rightarrow (-\sqrt{2}, -1)$: *saddle*

例題 23：Find the extreme values of the function $f(x, y) = (x^2 + 2y^2) \exp(-x^2 - y^2)$ over the set $S = \{(x, y): x^2 + y^2 \leq 1\}$
【100 北科大轉學考】

解
(1) $x^2 + y^2 < 1$（圓內）
$$\begin{cases} f_x = 2x(1 - x^2 - 2y^2)e^{-x^2 - y^2} = 0 \\ f_y = 2y(1 - x^2 - 2y^2)e^{-x^2 - y^2} = 0 \end{cases} \Rightarrow (x, y) = (0, 0)$$

(2) $x^2 + y^2 = 1$, let $\begin{cases} x = \cos\theta \\ y = \sin\theta \end{cases}$（圓上）

$f(x, y) = (x^2 + 2y^2) \exp(-x^2 - y^2) = e^{-1}(1 + \sin^2\theta)$

$\dfrac{df}{d\theta} = 2e^{-1}\sin\theta\cos\theta = 0$

$$\Rightarrow \theta = 0, \frac{\pi}{2}, \pi, \frac{3\pi}{2}$$

$$\Rightarrow (x, y) = (1, 0), (0, 1), (-1, 0), (0, -1),$$

min: $f(0, 0) = 0$

max: $f(0, 1) = f(0, -1) = 2e^{-1}$

15-4　Lagrange Multipliers

在許多實際的應用上，我們要面對的往往是具有限制條件的最佳化問題，換言之，在求極值的同時，必須確保所得的解滿足限制條件，或是將限制條件帶入目標函數中。考慮一目標函數 $f(x, y, z)$，我們要在下列限制條件中找出其極值：

$$G(x, y, z) = 0$$
$$H(x, y, z) = 0$$

顯然的，$G(x, y, z) = 0, H(x, y, z) = 0$ 為兩個曲面，其交集為一條曲線 C，換言之，我們要在曲線 C 上找出適當的點使得 $f(x, y, z)$ 產生極大或極小值。

曲線 C 上任何一點之單位切線向量可表示為

$$\hat{t} = \frac{\nabla G \times \nabla H}{|\nabla G \times \nabla H|} \tag{30}$$

故目標函數 $f(x, y, z)$ 沿曲線 C 上任何一點之方向導數（directional derivatives）為

$$\nabla f \cdot \hat{t} = \nabla f \cdot \frac{\nabla G \times \nabla H}{|\nabla G \times \nabla H|} \tag{31}$$

因此 $f(x, y, z)$ 沿曲線 C 上之關鍵點(critical points)為滿足下式之點 (x, y, z)

$$\nabla f \cdot (\nabla G \times \nabla H) = 0 \tag{32}$$

換言之，$\nabla f, \nabla G, \nabla H$ 共面，亦即 ∇f 躺在 $\nabla G, \nabla H$ 所展開的平面上，因此，必

然存在常數 λ 與 μ 使得下式成立

$$\nabla f = (-\lambda)\nabla G + (-\mu)\nabla H \tag{33}$$

或是

$$\nabla f + \lambda\nabla G + \mu\nabla H = 0$$

亦即

$$\begin{cases} \dfrac{\partial f}{\partial x} + \lambda\dfrac{\partial G}{\partial x} + \mu\dfrac{\partial H}{\partial x} = 0 \\[2mm] \dfrac{\partial f}{\partial y} + \lambda\dfrac{\partial G}{\partial y} + \mu\dfrac{\partial H}{\partial y} = 0 \\[2mm] \dfrac{\partial f}{\partial z} + \lambda\dfrac{\partial G}{\partial z} + \mu\dfrac{\partial H}{\partial z} = 0 \end{cases} \tag{34}$$

由(34)以及 $G(x, y, z) = 0, H(x, y, z) = 0$ 即可求出 5 個未知數 (x, y, z, λ, μ)。由以上之討論可得解題之步驟如下：

步驟一：定義如下函數：

$$J(x, y, z, \lambda, \mu) = f(x, y, z) + \lambda G(x, y, z) + \mu H(x, y, z)$$

稱之為 *Lagrangian*，其中常數 λ 與 μ 稱之為 *Lagrange multipliers*

步驟二：列出下列聯立方程式：

$$\begin{cases} \dfrac{\partial J}{\partial x} = \dfrac{\partial f}{\partial x} + \lambda\dfrac{\partial G}{\partial x} + \mu\dfrac{\partial H}{\partial x} = 0 \\[2mm] \dfrac{\partial J}{\partial y} = \dfrac{\partial f}{\partial y} + \lambda\dfrac{\partial G}{\partial y} + \mu\dfrac{\partial H}{\partial y} = 0 \\[2mm] \dfrac{\partial J}{\partial z} = \dfrac{\partial f}{\partial z} + \lambda\dfrac{\partial G}{\partial z} + \mu\dfrac{\partial H}{\partial z} = 0 \\[2mm] \qquad\dfrac{\partial J}{\partial \lambda} = G(x, y, z) = 0 \\[2mm] \qquad\dfrac{\partial J}{\partial \mu} = H(x, y, z) = 0 \end{cases}$$

步驟三：求解上式之 5 個未知數(x, y, z, λ, μ)，其中(x, y, z)即爲極值發生之點

例題 24：Use Lagrange multipliers to find the extreme values of $f(x, y) = x^2 + 2y$ subject to the constraint $x^2 + y^2 = 1$ 　　　【100 政大商學院轉學考】

解　　定義：
$$J(x, y, \lambda) = x^2 + 2y + \lambda(x^2 + y^2 - 1)$$
$$\Rightarrow \begin{cases} J_x(x, y, \lambda) = 2x + 2\lambda x = 0 \\ J_y(x, y, \lambda) = 2 + 2\lambda y = 0 \\ J_\lambda(x, y, \lambda) = x^2 + y^2 - 1 = 0 \end{cases}$$
$$\Rightarrow \begin{cases} x = 0 \\ y = 1 \\ \lambda = -1 \end{cases} \text{ or } \begin{cases} x = 0 \\ y = -1 \\ \lambda = +1 \end{cases}$$
故極值爲：$f(0, 1) = 2$，及 $f(0, -1) = -2$

例題 25：Let $f(x, y, z) = xyz$, find the maximum and minimum values of f subject to the constraint $x^2 + y^2 + z^2 = 3$

(1) Use Lagrange multipliers to obtain the system of equations to be solved

(2) find the maximum and minimum values of f 　　【100 台大轉學考】

解　　(1) $J(x, y, z, \lambda) = xyz + \lambda(x^2 + y^2 + z^2 - 3)$
$$\Rightarrow \begin{cases} J_x(x, y, z, \lambda) = yz + 2\lambda x = 0 \\ J_y(x, y, z, \lambda) = xz + 2\lambda y = 0 \\ J_z(x, y, z, \lambda) = xy + 2\lambda z = 0 \\ J_\lambda(x, y, z, \lambda) = x^2 + y^2 + z^2 - 3 = 0 \end{cases}$$
$\Rightarrow x = \pm 1, y = \pm 1, z = \pm 1$

(2) max: $f(1, 1, 1) = f(-1, -1, 1) = f(-1, 1, -1) = f(1, -1, -1) = 1$

min: $f(-1, -1, -1) = f(-1, 1, 1) = f(1, 1, -1) = f(1, -1, 1) = -1$

例題 26：Find the extreme values of $f(x, y) = 2x^2 + 3y^2 - 4x - 5$ on the disk $x^2 + y^2 \leq 16$ 　　　【100 台聯大轉學考】

解　　(1) $x^2 + y^2 < 16$（圖內）

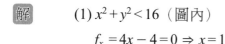
$$f_x = 4x - 4 = 0 \Rightarrow x = 1$$

$$f_y = 6y = 0 \Rightarrow y = 0$$

$$\therefore (x, y) = (1, 0)$$

(2) $x^2 + y^2 = 16$ （圖上）

$$J(x, y, \lambda) = 2x^2 + 3y^2 - 4x - 5 + \lambda (x^2 + y^2 - 16)$$

$$\Rightarrow \begin{cases} J_x(x, y, \lambda) = 4x - 4 + 2\lambda x = 0 & (1) \\ J_y(x, y, \lambda) = 6y + 2\lambda y = 0 & (2) \\ J_\lambda(x, y, \lambda) = x^2 + y^2 - 16 = 0 & (3) \end{cases}$$

由(2)可得 $y = 0$ 或 $\lambda = -3$

Case 1: $y = 0 \Rightarrow x = \pm 4 \Rightarrow (x, y) = (4, 0), (-4, 0)$

Case 2: $\lambda = -3$

$$\Rightarrow x = -2, y = \pm 2\sqrt{3} \Rightarrow (x, y) = (-2, 2\sqrt{3}), (-2, -2\sqrt{3})$$

min: $f(1, 0) = -7$

max: $f(-2, 2\sqrt{3}) = f(-2, -2\sqrt{3}) = 47$

例題 27：Use Lagrange method to find the maximum and minimum values of the function $f(x, y, z) = 2x + 6y + 10z$ subject to the constraint $x^2 + y^2 + z^2 = 35$

【100 中興大學轉學考】

解

$$J(x, y, z, \lambda) = 2x + 6y + 10z + \lambda (x^2 + y^2 + z^2 - 35)$$

$$\Rightarrow \begin{cases} J_x(x, y, z, \lambda) = 2 + 2\lambda x = 0 \\ J_y(x, y, z, \lambda) = 6 + 2\lambda y = 0 \\ J_z(x, y, z, \lambda) = 10 + 2\lambda z = 0 \\ J_\lambda(x, y, z, \lambda) = x^2 + y^2 + z^2 = 35 \end{cases}$$

$$\Rightarrow \lambda = \pm 1 \Rightarrow (x, y, z) = (1, 3, 5), (-1, -3, -5)$$

max: $f(1, 3, 5) = 70$

min: $f(-1, -3, -5) = -70$

例題 28：Suppose that the temperature at the point (x, y, z) on the sphere $x^2 + y^2 + z^2 = 1$ is $f(x, y, z) = 400xyz^2$. Locate the highest and lowest temperature on the sphere.

【101 中興大學土木系轉學考】

解

$$J(x, y, z, \lambda) = 400xyz^2 + \lambda(x^2 + y^2 + z^2 - 1)$$

$$\Rightarrow \begin{cases} J_x(x, y, z, \lambda) = 400yz^2 + 2\lambda x = 0 \\ J_y(x, y, z, \lambda) = 400xz^2 + 2\lambda y = 0 \\ J_z(x, y, z, \lambda) = 800xyz + 2\lambda z = 0 \\ J_\lambda(x, y, z, \lambda) = x^2 + y^2 + z^2 = 1 \end{cases}$$

$$\Rightarrow (x, y, z) = \left(\pm\frac{1}{2}, \pm\frac{1}{2}, \pm\frac{1}{\sqrt{2}} \right)$$

$$\text{max:} f\left(\frac{1}{2}, \frac{1}{2}, \pm\frac{1}{\sqrt{2}} \right) = f\left(-\frac{1}{2}, -\frac{1}{2}, \pm\frac{1}{\sqrt{2}} \right) = 50$$

$$\text{min:} f\left(\frac{1}{2}, -\frac{1}{2}, \pm\frac{1}{\sqrt{2}} \right) = f\left(-\frac{1}{2}, \frac{1}{2}, \pm\frac{1}{\sqrt{2}} \right) = -50$$

例題 29：Suppose the utility of purchases of x, y, z units of three different kinds of product is given by $u = 5x^{\frac{1}{3}} y^{\frac{2}{3}} z^{\frac{1}{2}}$, where the price per unit of the products is \$2, \$5, and \$1, respectively. If a consumer has \$90 to spend, how many units of each product should be purchased to achieve maximum utility?

【101 成功大學轉學考】

解　$J(x, y, z, \lambda) = 5x^{\frac{1}{3}} y^{\frac{2}{3}} z^{\frac{1}{2}} + \lambda(2x + 5y + z - 90)$

$$\Rightarrow \begin{cases} J_x(x, y, z, \lambda) = \dfrac{5}{3}x^{-\frac{2}{3}} y^{\frac{2}{3}} z^{\frac{1}{2}} + 2\lambda = 0 \\[2mm] J_y(x, y, z, \lambda) = \dfrac{10}{3}x^{\frac{1}{3}} y^{-\frac{1}{3}} z^{\frac{1}{2}} + 5\lambda = 0 \\[2mm] J_z(x, y, z, \lambda) = \dfrac{5}{2}x^{\frac{1}{3}} y^{\frac{2}{3}} z^{-\frac{1}{2}} + \lambda = 0 \\[2mm] J_\lambda(x, y, z, \lambda) = 2x + 5y + z - 90 = 0 \end{cases}$$

$$\Rightarrow (x, y, z) = (10, 8, 30)$$

$$\text{max:} f(10, 8, 30) = 20(10)^{\frac{1}{3}} 8^{\frac{2}{3}} (30)^{\frac{1}{2}}$$

例題 30：Find the points on the curve $17x^2 + 12xy + 8y^2 = 100$ that are closest to and farthest away from the origin. 【100 成功大學轉學考】

解　定義：

$J(x, y, \lambda) = x^2 + y^2 + \lambda(17x^2 + 12xy + 8y^2 - 100)$

$$\Rightarrow \begin{cases} J_x(x, y, \lambda) = 2x + \lambda(34x + 12y) = 0 & (1) \\ J_y(x, y, \lambda) = 2y + \lambda(12x + 16y) = 0 & (2) \\ J_\lambda(x, y, \lambda) = 17x^2 + 12xy + 8y^2 = 100 & (3) \end{cases}$$

由(1), (2)可得：$y = -2x$ or $x = 2y$

Case 1: $y = -2x$，代入(3)可得：$x = \pm 2$

Case 2: $x = 2y$，代入(3) 可得： $y = \pm 1$

Max: $d = \sqrt{f(-2, 4)} = \sqrt{f(2, -4)} = 2\sqrt{5}$

Min: $d = \sqrt{f(-2, -1)} = \sqrt{f(2, 1)} = \sqrt{5}$

例題 31：Find the maximum value of $f(x, y) = y^2 - x^2$ on the ellipse $\dfrac{x^2}{4} + y^2 = 1$
【100 中興大學轉學考】

解　$J(x, y, \lambda) = y^2 - x^2 + \lambda\left(\dfrac{x^2}{4} + y^2 - 1\right)$

$$\Rightarrow \begin{cases} J_x(x, y, \lambda) = -2x + \dfrac{1}{2}\lambda x = 0 & (1) \\ J_y(x, y, \lambda) = 2y + 2\lambda y = 0 & (2) \\ J_\lambda(x, y, \lambda) = \dfrac{x^2}{4} + y^2 - 1 = 0 & (3) \end{cases}$$

$\Rightarrow (x, y) = (0, 1), (0, -1), (2, 0), (-2, 0)$

max: $f(0, 1) = f(0, -1) = 1$

例題 32：Find the absolute maximum and minimum values of $f(x, y) = x^3 + y^3 + 3xy$ in the closed unit disk $x^2 + y^2 \leq 1$
【101 台大轉學考】

解　(1) $x^2 + y^2 < 1$ （圖內）

$$\begin{cases} f_x = 3x^2 + 3y = 0 \\ f_y = 3y^2 + 3x = 0 \end{cases}$$

$\therefore (x, y) = (0, 0)$

$(x, y) = (-1, -1)$ （不合）

$f_{xx} = 6x, f_{yy} = 6y, f_{xy} = 0, \Rightarrow f_{xx}f_{yy} - (f_{xy})^2 = 0$

$\therefore (x, y) = (0, 0)$ is saddle point

(2) $x^2 + y^2 = 1$ （圖上）

$$J(x, y, \lambda) = x^3 + y^3 + 3xy + \lambda(x^2 + y^2 - 1)$$

$$\Rightarrow \begin{cases} J_x(x, y, \lambda) = 3x^2 + 3y + 2\lambda x = 0 & (1) \\ J_y(x, y, \lambda) = 3y^2 + 3x + 2\lambda y = 0 & (2) \\ J_\lambda(x, y, \lambda) = x^2 + y^2 - 1 = 0 & (3) \end{cases}$$

$$\Rightarrow (x, y) = \left(\frac{1}{\sqrt{2}}, \frac{1}{\sqrt{2}}\right), \left(-\frac{1}{\sqrt{2}}, -\frac{1}{\sqrt{2}}\right)$$

$$\therefore \max: f\left(\frac{1}{\sqrt{2}}, \frac{1}{\sqrt{2}}\right) = \frac{3 + \sqrt{2}}{2}$$

$$\min: f\left(-\frac{1}{\sqrt{2}}, -\frac{1}{\sqrt{2}}\right) = \frac{3 - \sqrt{2}}{2}$$

例題 33：已知 $x^2 + 2y^2 = 1$，使用 Lagrange Multipliers 方法求函數 $f(x, y) = xy$ 的極大與極小值　　　　　　　　　　　　　　　　【101 淡江大學轉學考理工組】

解

$$J(x, y, \lambda) = xy + \lambda(x^2 + 2y^2 - 1)$$

$$\Rightarrow \begin{cases} J_x(x, y, \lambda) = y + 2\lambda x = 0 & (1) \\ J_y(x, y, \lambda) = x + 4\lambda y = 0 & (2) \\ J_\lambda(x, y, \lambda) = x^2 + y^2 - 1 = 0 & (3) \end{cases}$$

$$\Rightarrow (x, y) = \left(\frac{1}{\sqrt{2}}, \frac{1}{\sqrt{2}}\right), \left(-\frac{1}{\sqrt{2}}, -\frac{1}{\sqrt{2}}\right), \left(\frac{1}{\sqrt{2}}, -\frac{1}{\sqrt{2}}\right), \left(-\frac{1}{\sqrt{2}}, \frac{1}{\sqrt{2}}\right)$$

$$\therefore \max: f\left(\frac{1}{\sqrt{2}}, \frac{1}{\sqrt{2}}\right) = f\left(-\frac{1}{\sqrt{2}}, -\frac{1}{\sqrt{2}}\right) = \frac{1}{2\sqrt{2}}$$

$$\min: f\left(\frac{1}{\sqrt{2}}, -\frac{1}{\sqrt{2}}\right) = f\left(-\frac{1}{\sqrt{2}}, \frac{1}{\sqrt{2}}\right) = -\frac{1}{2\sqrt{2}}$$

例題 34：A closed rectangular box whose volume is 128 cubic inches is to be made with a square base. If the material for the top and bottom costs twice as much per square inch as the material for the sides, use Lagrange Multipliers to find the dimension of the box that minimizes the cost of material.

【101 淡江大學轉學考商管組】

解　令箱子之長、寬、高分別為 x, y, z，則 volume is $xyz = 128$

令單位成本為 c，則成本為

$$2c(2xy) + c(2yz + 2xz) = 2c(2xy + yz + xz)$$

$$J(x, y, \lambda) = 2xy + yz + xz + \lambda(128 - xyz)$$

$$\begin{cases} J_x = 2y + z - \lambda yz = 0 \\ J_y = 2x + z - \lambda xz = 0 \\ J_z = x + y - \lambda xy = 0 \\ J_\lambda = 128 - xyz = 0 \end{cases}$$

$$\Rightarrow x = y = 4\sqrt[3]{4}, \ z = 2\sqrt[3]{4}$$

例題 35：Let $f(x, y) = x^2 + y$, find the extreme values of the function $f(x, y)$ subject to the constraint $1 \le x^2 + y^2 \le 2$。 【101 中興大學轉學考】

解

(1) $1 < x^2 + y^2 < 2$

    $f_x(x, y) = 2x = 0 \Rightarrow x = 0$, but

    $f_y(x, y) = 1 \ne 0$

    No critical point，無相對極值

(2) $x^2 + y^2 = 1$

    $J(x, y, \lambda) = x^2 + y + \lambda(x^2 + y^2 - 1)$

$$\begin{cases} J_x = 2x + 2x\lambda = 0 \\ J_y = 1 + 2y\lambda = 0 \\ J_\lambda = x^2 + y^2 - 1 = 0 \end{cases}$$

    $\Rightarrow x = \pm\dfrac{\sqrt{3}}{2}, \ y = \dfrac{1}{2}$

    $f\left(\pm\dfrac{\sqrt{3}}{2}, \dfrac{1}{2}\right) = \dfrac{5}{4}$

(3) $x^2 + y^2 = 2$

    $J(x, y, \lambda) = x^2 + y + \lambda(x^2 + y^2 - 2)$

$$\begin{cases} J_x = 2x + 2x\lambda = 0 \\ J_y = 1 + 2y\lambda = 0 \\ J_\lambda = x^2 + y^2 - 2 = 0 \end{cases}$$

    $\Rightarrow x = \pm\dfrac{\sqrt{7}}{2}, \ y = \dfrac{1}{2}$

    $f\left(\pm\dfrac{\sqrt{7}}{2}, \dfrac{1}{2}\right) = \dfrac{9}{4}$

    $\therefore f_{max} = \dfrac{9}{4}, f_{min} = \dfrac{5}{4}$

例題 36：Let $f(x, y) = 8xy - 2x - 4y + 5$, find the absolute minimum value of the function $f(x, y)$ on the set D, where D is the region bounded by the parabola $y = x^2$ and the line $y = 4$。　　　　　　　　　　　　　【101 中正大學轉學考】

解

(1) 當 $x^2 < y < 4$

$$\begin{cases} f_x = 8y - 2 = 0 \\ f_y = 8x - 4 = 0 \end{cases} \Rightarrow (x, y) = \left(\frac{1}{2}, \frac{1}{4} \right)$$

$\left(\frac{1}{2}, \frac{1}{4} \right)$ 不在 $x^2 < y < 4$ 範圍內，故 $x^2 < y < 4$ 無相對極值

(2) 當 $y = 4$ $(-2 \leq x \leq 2)$

$f(x, 4) = 30x - 11$

$\therefore$ min: $f(-2, 4) = -71$

(3) 當 $y = x^2 (0 \leq y \leq 4)$

$J(x, y, \lambda) = 8xy - 2x - 4y + 5 + \lambda (x^2 - y)$

$$\Rightarrow \begin{cases} J_x(x, y, \lambda) = 8y - 2 + 2\lambda x = 0 \\ J_y(x, y, \lambda) = 8x - 4 - \lambda = 0 \\ J_\lambda(x, y, \lambda) = x^2 - y = 0 \end{cases}$$

$\Rightarrow (x, y) = \left(\frac{1}{2}, \frac{1}{4} \right), \left(-\frac{1}{6}, \frac{1}{36} \right)$

min: $f\left(\frac{1}{2}, \frac{1}{4} \right) = 4$

max: $f\left(-\frac{1}{6}, \frac{1}{36} \right) = \frac{140}{27}$

故極小值為：-71

Remark：當 $y = x^2 (0 \leq y \leq 4)$時亦可將 $f(x, y)$ 化簡為

$f(x, y) = f(x, x^2) = 8x^3 - 4x^2 - 2x + 5 = f(x)$

$f'(x) = 24x^2 - 8x - 2 = 0 \Rightarrow x = \frac{1}{2}, -\frac{1}{6}$

與 *Lagrange* Multipliers 法得到相同結果

例題 37：令 E 爲包含直線
$$\begin{cases} x=t \\ y=t \quad ; t \in R \\ z=-t+1 \end{cases}$$
及點$(1, 0, 0)$的平面，E 上有一以點$(0, -1, 1)$爲圓心，半徑爲 1 之圓 C。
試問點 $P(0, 0, -3)$ 到圓 C 哪一點的距離最長？哪一點的距離最短？

【101 台大轉學考】

解 平面 E 之方程式爲：$x+z-1=0$
$$\begin{cases} x^2+(y+1)^2+(z-1)^2=1 \\ \quad\quad x+z-1=0 \end{cases}$$
$$\therefore d=\sqrt{x^2+y^2+(z+3)^2}$$
define:
$$f(x, y, z)=x^2+y^2+(z+3)^2$$
$$g(x, y, z)=x+z-1=0$$
$$h(x, y, z)=x^2+(y+1)^2+(z-1)^2-1=0$$
$$H(x, y, z, \lambda, \mu)=f(x, y, z)+\lambda g(x, y, z)+\mu h(x, y, z)$$
$$\begin{cases} H_x(x, y, z, \lambda, \mu)=2x+\lambda+2\mu x=0 \\ H_y(x, y, z, \lambda, \mu)=2y+2\mu(y+1)=0 \\ H_z(x, y, z, \lambda, \mu)=2(z+3)+\lambda+2\mu(z-1)=0 \\ H_\lambda(x, y, z, \lambda, \mu)=x+z-1=0 \\ H_\mu(x, y, z, \lambda, \mu)=x^2+(y+1)^2+(z-1)^2-1=0 \end{cases}$$
$$\Rightarrow f\left(-\frac{2}{3}, -\frac{4}{3}, \frac{5}{3}\right)=\frac{216}{9}(\text{max}imum)$$
$$\Rightarrow f\left(\frac{2}{3}, -\frac{2}{3}, \frac{1}{3}\right)=\frac{108}{9}(\text{min}imum)$$

綜合練習

1. 已知函數 $f(x, y, z)=xy+yz+zx$：

   (a) 求 $\frac{df}{ds}$ 在點$(1, 1, 3)$之值，其中 s 爲朝向點$(1, 1, 1)$之路徑？

   (b) 求 $\frac{df}{ds}$ 在點$(1, 1, 3)$之最大值，並求出在此情況下之方向？

   (c) 求在點$(1, 1, 3)$垂直於面 $xy+yz+zx=7$ 之向量？ 【成大機械所】

2. 已知某物體內之溫度分佈爲 $T(x, y)=5+2x^2+y^2$，求在位置$(2, 4)$之熱流方向？ 【成大環工所】

3. What is the direction at point (1, 0) that the function $\ln\left(\dfrac{x+y}{\sqrt{x^2+y}}\right)^2$ increases the fastest?

【101 東吳大學經濟系轉學考】

4. 求曲面 $z = x^2 - 2y + 4$ 上一點$(1, 1, 3)$之切面與法線方程式 　　　　【成大化工所】

5. (1) 考慮函數 $f(x, y) = \exp(x + 3y)$在$(0, 0)$位置，求

(a)f沿 $2\hat{\mathbf{i}} + \hat{\mathbf{j}}$之方向導數？

(b)f之法向導數

(2) 曲面 $e^{2z} + 3 = [f(x, y) + 1]^2$，求通過$(0, 0, 0)$之切面方程式、法線方程式，以及此法線與直線 $y - 3 = z - 5, x = 1$ 之最短距離？ 　　　　【中央土木所】

6. 列出 1. $z = \sqrt{x^2 + y^2}$ 在$(3, 4, 5)$之 tangent plane 表示式。

2. $z = \sqrt{x^2 + y^2}$ 在$(3, 4, 5)$之 normal line 表示式。 　　　　【交大環工所】

7. 求純量場 $x + 3y^2 + 4z^3$ 在$\left(\dfrac{1}{2}, \dfrac{1}{2}, 2\right)$沿曲面 $z = 4x^2 + 4y^2$ 法方向之方向導數？

8. (a) 求 $f(x, y, z) = x^2 + 3y^2 + 4z^2$ 在 p 點$(2, 0, 1)$，且方向 $\vec{a} = 2\vec{i} - \vec{j}$之方向導數。

(b) 若 $f(x, y, z)$表溫度係數，求在 p 點之最熱方向為何？

9. 若$f(x, y) = e^x \cos(2y)$，則$\nabla f =$？

10. 求$f(x, y) = 3x^2 - 2y^2$ 在點$(-\dfrac{3}{4}, 0)$處沿$[3, 4]$方向的方向導數。

11. 求$f(x, y) = xe^y + \cos(xy)$在點$(2, 0)$處沿$[3, -4]$方向的方向導數。

12. 求$f(x, y) = 2xy - 3y^2$ 在點$(5, 5)$處沿$[4, 3]$方向的方向導數。

13. Find the extreme values of $f(x, y) = xy$ on the ellipse $\dfrac{x^2}{8} + \dfrac{y^2}{2} = 1$

14. Find the maximum value of $f(x, y) = xy^2$ on the line $x + y = 12$， 　　【101 東吳財務與精算系轉學考】

15. Find the extreme values of $f(x, y) = 3x + 4y$ on the circle $x^2 + y^2 = 1$

16. Find the extreme values of $f(x, y, z) = x^2 + y^2 + z^2$ on the ellipse

$\begin{cases} x^2 + y^2 = 1 \\ x + y + z = 1 \end{cases}$

17. Maximize $f(x, y, z) = x^2 + xy + yz$ subject to the constraint $x + y = 4$

18. 求出$f(x, y) = xy - x^2 - y^2 - 2x - 2y + 4$ 的所有區域極值及鞍點的位置。

19. 求出點$(1, 2, 0)$至曲面 $z^2 = x^2 + y^2$之最短距離

20. 求 $z = 2x^2 + y^2$ 在點$(1, 1, 3)$的切平面方程式。

21. $\vec{r}(t) = (1 + t^3)\hat{i} + te^{-t}\hat{j} + \sin 2t\,\hat{k}$，求 $\dfrac{\vec{r}(t)}{dt} =$ ？並求在 $t = 0$ 時之單位切向量

22. $f(x, y) = xy$，受限於 $4x^2 + y^2 = 4$，求極大值

23. (1) Find the direction in which $f(x, y) = x^2 - xy - y^2$ decreases fastest at $(1, 1)$

(2) Find the extreme values of $f(x, y) = x^2 - 2x - 2y + y^2 - 2$ over $R = [0, 2] \times [0, 3]$

【101 中山大學機電系轉學考】

24. A storage silo consists of a right circular cylinder with a hemispherical top. If the silo is to have a fixed volume, find the dimensions of the silo of this type of minimal surface area. 【101 東吳大學經濟系轉學考】

25. Find the tangent plane to the surface $x^2 + 2y^2 + 3z^2 = 6xyz$ at $(1, 1, 1)$ 　　【101 北科大光電系轉學考】

26. Find the tangent plane to the surface $x^2 + y^2 = z$ at $(1, 1, 1)$ 　　【101 宜蘭大學轉學考】

27. Find the critical points of $f(x, y) = x^4 + y^4 - 4xy + 1$.

28. Find the critical points of $f(x, y) = x^3 + y^2 - 2xy + 7x - 8y + 2$.　　【100 逢甲大學轉學考】

29. Find the relative extrema and saddle points of $f(x, y) = x^3 - y^2 - 3x + 4y$.【100 東吳大學經濟系轉學考】

30. 求函數 $f(x, y) = x^2 + y^2$ 在點 $(1, 2)$ 處在 $[2, -3]$ 方向的方向導數。

31. Find the tangent plane and normal line to the surface of $z^2 = x^2 - y^2$ at the point $(1, 1, 0)$　　【成大電機】

32. 求 $xy + yz + zx = 11$ 在點 $(1, 2, 3)$ 的切平面方程式。

33. 求出 $f(x, y) = x^4 + y^4 - 4xy + 1$ 的所有區域極值及鞍點的位置。

34. Find the absolute maximum and minimum values of $f(x, y) = x^2 + y^2 + 6xy$ on the disk $x^2 + y^2 \leq 1$

【100 中原大學轉學考】

35. Find the maximum and minimum of the function $f(x, y) = 4 + xy - x^2 - y^2$ over the set $S = \{(x, y): x^2 + y^2 \leq 1\}$　　【100 淡江大學轉學考理工組】

半畝方塘一鑑開，天光雲影共徘徊；

問渠哪能清如許？爲有源頭活水來。

——宋·朱熹

16 散度與旋度定理

One should limit his desires rather than attempting to satisfy them.

16-1　線積分

定義：純量函數之線積分

曲線 C 為空間中之一條間斷連續（*piecewise continuous*）的曲線，空間純量函數 $\varphi(x_i, y_i, z_i)$ 在 C 上為連續，將 C 分 n 個子區間，子區間寬度分別為 $\Delta l_i, i = 1, 2, \cdots, n$ 則下式之極限存在且稱作 ϕ 沿曲線 C 之線積分：

$$\lim_{n \to \infty} \sum_{i=1}^{n} \varphi(x_i, y_i, z_i) \Delta l_i = \int_C \varphi(x, y, z)\, dl \tag{1}$$

其中 $\varphi(x_i, y_i, z_i)$ 為曲線 C 在第 i 子區間上任一點之函數值，dl 為微量弧長

純量函數線積分之特性

(1)線性：$\displaystyle\int_C (a_1\varphi_1 + a_2\varphi_2)dl = a_1 \int_C \varphi_1\, dl + a_2 \int_C \varphi_2\, dl$，$\forall a_1, a_2 \in R$ $\tag{2}$

(2)路線可相加：$\displaystyle\int_{C_1 + C_2} \varphi\, dl = \int_{C_1} \varphi\, dl + \int_{C_2} \varphi\, dl$ $\tag{3}$

(3)$\displaystyle\int_C \varphi\, dl = \int_{C^{-1}} \varphi\, dl$ $\tag{4}$

其中 C^{-1} 為 C 之反方向。值得注意的是，若以定積分的觀點來看，積分路徑相反，則積分結果會改變正負號，然而在純量函數之線積分中 dl 代表微量弧長，不論沿任何方向，均為一正實數故在(4)式中，積分方向相反並不影響積分之結果。

純量函數線積分值的計算

在計算純量函數線積分時首先應將曲線的限制條件放入 $\varphi(x_i, y_i, z_i)$ 中，以確保 $\varphi(x_i, y_i, z_i)$ 是在曲線上求值。若 C 為一平滑曲線，$x = x(t), y = y(t), z = z(t)$ 為曲線 C 之參數式，則有

$$\int_C \varphi(x, y, z)dl = \int_C \varphi(x(t), y(t), z(t))\sqrt{(x')^2 + (y')^2 + (z')^2}\, dt \tag{5}$$

定義：向量函數之線積分

向量函數之線積分所代表的物理意義為：空間中之一物體在向量場 $\overline{\mathbf{F}}$（如電場、磁場…）中沿路徑 C 移動，亦即外力 $\overline{\mathbf{F}}$ 對物體作了功（work），可表示為

$$W = \int_C \vec{\mathbf{F}} \cdot d\vec{\mathbf{r}} \tag{6}$$

若已知向量場 $\vec{\mathbf{F}} = P\hat{\mathbf{i}} + Q\hat{\mathbf{j}} + R\hat{\mathbf{k}}$

路徑之參數式：$C: \vec{\mathbf{r}}(t) = x(t)\hat{\mathbf{i}} + y(t)\hat{\mathbf{j}} + z(t)\hat{\mathbf{k}}$

則有

$$W = \int_C \vec{\mathbf{F}} \cdot d\vec{\mathbf{r}} = \int_C P\,dx + Q\,dy + R\,dz \tag{7}$$
$$= \int_{t_1}^{t_2} \left\{ P(x(t), y(t), z(t))\frac{dx}{dt} + Q(x(t), y(t), z(t))\frac{dy}{dt} + R(x(t), y(t), z(t))\frac{dz}{dt} \right\} dt$$

向量函數線積分之性質：

(1) 線性：

$$\int_C (k_1\vec{\mathbf{F}}_1 + k_2\vec{\mathbf{F}}_2) \cdot d\vec{\mathbf{r}} = k_1 \int_C \vec{\mathbf{F}}_1 \cdot d\vec{\mathbf{r}} + k_2 \int_C \vec{\mathbf{F}}_2 \cdot d\vec{\mathbf{r}}，\forall k_1, k_2 \in R \tag{8}$$

(2) 路徑可相加：

$$\int_{C_1 + C_2} \vec{\mathbf{F}} \cdot d\vec{\mathbf{r}} = \int_{C_1} \vec{\mathbf{F}} \cdot d\vec{\mathbf{r}} + \int_{C_2} \vec{\mathbf{F}} \cdot d\vec{\mathbf{r}} \tag{9}$$

$$(3) \int_C \vec{\mathbf{F}} \cdot d\vec{\mathbf{r}} = - \int_{C^{-1}} \vec{\mathbf{F}} \cdot d\vec{\mathbf{r}} \tag{10}$$

例題 1：已知 $\vec{\mathbf{F}} = (xy + y^2)\hat{\mathbf{i}} + x^2\hat{\mathbf{j}}$，求 $\int_C \vec{\mathbf{F}} \cdot d\vec{\mathbf{r}}$，其中 C 為 $y = x$ 及 $y = x^2$ 所圍區域之邊界。 【台大造船所】

解

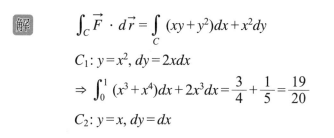

$\int_C \vec{F} \cdot d\vec{r} = \int_C (xy + y^2)dx + x^2 dy$

$C_1: y = x^2, dy = 2x\,dx$

$\Rightarrow \int_0^1 (x^3 + x^4)dx + 2x^3 dx = \dfrac{3}{4} + \dfrac{1}{5} = \dfrac{19}{20}$

$C_2: y = x, dy = dx$

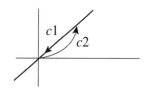

$$\Rightarrow \int_1^0 (x^2 + x^2) dx + x^2 dx = -1$$

$$\int_C (xy + y^2) dx + x^2 dy = \int_{C_1} (xy + y^2) dx + x^2 dy + \int_{C_2} (xy + y^2) dx + x^2 dy$$

$$= \frac{-1}{20}$$

例題 2：Evaluate：

$$\oint_C \left[-\frac{y}{x^2 + y^2} \hat{\mathbf{i}} + \frac{x}{x^2 + y^2} \hat{\mathbf{j}} \right] \cdot d\vec{\mathbf{R}}; \ C: \text{the circle of radius 4 about the origin, orien-}$$

ted positively 【交大機械所】

解　曲線 C 之參數方程式為：$\vec{\mathbf{R}}(t) = 4\cos t\, \hat{\mathbf{i}} + 4\sin t\, \hat{\mathbf{j}}; \ 0 \le t \le 2\pi$

$$d\vec{\mathbf{R}}(t) = (-4\sin t\, \hat{\mathbf{i}} + 4\cos t\, \hat{\mathbf{j}})\, dt$$

$$\oint_C \left[-\frac{y}{x^2 + y^2} \hat{\mathbf{i}} + \frac{x}{x^2 + y^2} \hat{\mathbf{j}} \right] \cdot (-4\sin t\, \hat{\mathbf{i}} + 4\cos t\, \hat{\mathbf{j}})\, dt$$

$$= \int_0^{2\pi} \left(\frac{-4\sin t}{4^2} \hat{\mathbf{i}} + \frac{4\cos t}{4^2} \hat{\mathbf{j}} \right) \cdot (-4\sin t\, \hat{\mathbf{i}} + 4\cos t\, \hat{\mathbf{j}})\, dt$$

$$= \int_0^{2\pi} (\sin^2 t + \cos^2 t)\, dt = 2\pi$$

例題 3：Evaluate $\displaystyle\int_C \vec{\mathbf{F}} \cdot d\vec{\mathbf{r}}$, where $\vec{\mathbf{F}} = z^2 \hat{\mathbf{i}} + y^2 \hat{\mathbf{j}} + x \hat{\mathbf{k}}$ and C is the triangle with vertices

$(1, 0, 0), (0, 1, 0), (0, 0, 1)$. 【100 中正大學轉學考】

解

$$\int_C \vec{\mathbf{F}} \cdot d\vec{\mathbf{r}} = \int_{C_1} \vec{\mathbf{F}} \cdot d\vec{\mathbf{r}} + \int_{C_2} \vec{\mathbf{F}} \cdot d\vec{\mathbf{r}}$$

$$C_1: \vec{\mathbf{r}}(t) = t\, \hat{i} + (1 - t)\, \hat{k} \Rightarrow d\vec{\mathbf{r}} = \frac{d\vec{\mathbf{r}}}{dt}\, dt = (\hat{i} - \hat{k})\, dt; \ 0 \le t \le 1$$

$$C_2: \vec{\mathbf{r}}(t) = (1 - t)\, \hat{i} + t\, \hat{j} \Rightarrow d\vec{\mathbf{r}} = \frac{d\vec{\mathbf{r}}}{dt}\, dt = (-\hat{i} + \hat{j})\, dt; \ 0 \le t \le 1$$

$$C_3: \vec{\mathbf{r}}(t) = (1 - t)\, \hat{j} + t\, \hat{k} \Rightarrow d\vec{\mathbf{r}} = \frac{d\vec{\mathbf{r}}}{dt}\, dt = (-\hat{j} + \hat{k})\, dt; \ 0 \le t \le 1$$

$$\int_C \vec{\mathbf{F}} \cdot d\vec{\mathbf{r}} = \int_{C_1} \vec{\mathbf{F}} \cdot d\vec{\mathbf{r}} + \int_{C_2} \vec{\mathbf{F}} \cdot d\vec{\mathbf{r}} + \int_{C_3} \vec{\mathbf{F}} \cdot d\vec{\mathbf{r}}$$

$$= -\frac{1}{6} + \frac{1}{3} - \frac{1}{3} = -\frac{1}{6}$$

例題 4：(1) Evaluate the line integral $\int_C xy^2\,dt$; C: $\begin{cases} x=2t \\ y=e^t \end{cases}$; $0 \le t \le 1$

(2) Find the work done by the force field $\vec{F} = x\hat{\mathbf{i}} - y^2\hat{\mathbf{j}}$ in moving a particle from

(1, 0) to (0, 1) along the quarter-circle $\vec{r}(t) = \cos t\hat{\mathbf{i}} + \sin t\hat{\mathbf{j}}$; $0 \le t \le \dfrac{\pi}{2}$

【100 中山大學機電系轉學考】

解　　(1) $\int_C xy^2\,dt = \int_0^1 2te^{2t}\,dt = \dfrac{1}{2}e^2 + \dfrac{1}{2}$

(2) $\int_C \vec{F} \cdot d\vec{r} = \int_0^{\frac{\pi}{2}} (\cos t\hat{\mathbf{i}} - \sin^2 t\hat{\mathbf{j}}) \cdot \dfrac{d\vec{r}}{dt}\,dt$

$\qquad\qquad = \int_0^{\frac{\pi}{2}} (\cos t\hat{\mathbf{i}} - \sin^2 t\hat{\mathbf{j}}) \cdot (-\sin t\hat{\mathbf{i}} - \cos t\hat{\mathbf{j}})dt$

$\qquad\qquad = \dfrac{5}{6}$

例題 5：$\int_C (xy + z)ds$ 其中 C 爲球面 $x^2 + y^2 + z^2 = 1$ 與平面 $3z = 4y$ 之交線

解　　先列出交線 C 之參數式

將 $z = \dfrac{4}{3}y$ 代入球面方程式中可得：

$x^2 + y^2 + \left(\dfrac{4}{3}y\right)^2 = 1$ or $x^2 + \dfrac{25}{9}y^2 = 1$

$\begin{cases} x = \cos t \\ y = \dfrac{3}{5}\sin t \\ z = \dfrac{4}{3}y = \dfrac{4}{5}\sin t \end{cases}$

$ds = \sqrt{\left(\dfrac{dx}{dt}\right)^2 + \left(\dfrac{dy}{dt}\right)^2 + \left(\dfrac{dz}{dt}\right)^2}\,dt = dt$

$\int_C (xy + z)ds = \int_0^{2\pi}\left(\sin t\,\dfrac{3}{5}\cos t + \dfrac{4}{5}\sin t\right)dt = \dfrac{3}{5}\int_0^{2\pi}\sin t\cos t + \dfrac{4}{5}\int_0^{2\pi}\sin t\,dt = 0$

例題 6：Find the work done by the force field $\vec{F} = e^{-y}\hat{\mathbf{i}} - xe^{-y}\hat{\mathbf{j}}$ in moving an object from

$P(0, 1)$ to $Q(2, 0)$. 　　　　　　　　　　　　　　　　　　【101 台聯大轉學考】

解 $\text{Work} = \int\limits_C \vec{\mathbf{F}} \cdot d\vec{\mathbf{r}} = \int\limits_C (e^{-y}dx - xe^{-y}dy)$

$C: \begin{cases} x = 2t \\ y = 1 - t \end{cases}; 0 \le t \le 1$

$\text{Work} = \int\limits_0^1 2e^{t-1}dt + \int\limits_0^1 2e^{t-1}dt$

$\qquad = 2$

例題 7：Evaluate the line integral $\oint\limits_C y^3 dx - x^3 dy$, where C is the circle $x^2 + y^2 = 4$

【100 台聯大轉學考】

解 $C: \begin{cases} x = 2\cos t \\ y = 2\sin t \end{cases}; 0 \le t \le 2\pi$

$\oint\limits_C y^3 dx - x^3 dy = \int\limits_0^{2\pi} (2\sin t)^3 (-2\sin t dt) - (2\cos t)^3 (2\cos t dt)$

$\qquad = -16 \int\limits_0^{2\pi} (\sin^4 t + \cos^4 t)dt$

$\qquad = -16 \int\limits_0^{2\pi} (1 - 2\sin^2 t \cos^2 t)dt$

$\qquad = -16 \left(2\pi - \frac{1}{2} \int\limits_0^{2\pi} \sin^2(2t)dt \right)$

$\qquad = -16 \left(2\pi - \frac{1}{4} \times 2\pi \right)$

$\qquad = -24\pi$

16-2 在保守場中的線積分

定義：保守場

　　若向量函數（向量場）$\vec{\mathbf{F}}(x, y, z)$可表示成某純量函數 $\phi(x, y, z)$ 之梯度，則稱 $\vec{\mathbf{F}}$ (x, y, z)為保守場。此由於在保守場中，向量函數 $\vec{\mathbf{F}}(x, y, z)$ 與純量函數 $\phi(x, y, z)$ 之間具有如下的關係

$$\vec{\mathbf{F}} = -\vec{\nabla}\varphi = -\left(\frac{\partial\phi}{\partial x}\hat{\mathbf{i}} + \frac{\partial\phi}{\partial y}\hat{\mathbf{j}} + \frac{\partial\phi}{\partial z}\hat{\mathbf{k}} \right) \qquad (11)$$

使得在執行向量線積分時（由點(x_1, y_1, z_1)至(x_2, y_2, z_2)）可化簡如下：

$$\int_C \vec{\mathbf{F}} \cdot d\vec{\mathbf{r}} = -\int_C \left(\frac{\partial \phi}{\partial x}\,dx + \frac{\partial \phi}{\partial y}\,dy + \frac{\partial \phi}{\partial z}\,dz\right) = -\int_C d\varphi = \varphi(x_1, y_1, z_1) - \varphi(x_2, y_2, z_2) \quad (12)$$

由以上的討論可知，只要向量場是某一純量函數的梯度，$\vec{\mathbf{F}} = \vec{\nabla}\phi$，則其向量線積分，將只和積分的起點與終點位置有關，與積分之路徑無關。在(12)式中，不難發現 $Pdx + Qdy + Rdz = d\varphi(x, y, z)$

亦即 $\dfrac{\partial \phi}{\partial x} = P, \dfrac{\partial \phi}{\partial y} = Q, \dfrac{\partial \phi}{\partial z} = R$

故知 $\begin{cases} \dfrac{\partial P}{\partial y} = \dfrac{\partial Q}{\partial x} \\[2mm] \dfrac{\partial Q}{\partial z} = \dfrac{\partial R}{\partial y} \\[2mm] \dfrac{\partial P}{\partial z} = \dfrac{\partial R}{\partial x} \end{cases}$

因此可得：

$$\vec{\nabla} \times \vec{\mathbf{F}} = \begin{vmatrix} \hat{\mathbf{i}} & \hat{\mathbf{j}} & \hat{\mathbf{k}} \\ \dfrac{\partial}{\partial x} & \dfrac{\partial}{\partial y} & \dfrac{\partial}{\partial z} \\ P & Q & R \end{vmatrix} = \left(\frac{\partial R}{\partial y} - \frac{\partial Q}{\partial z}\right)\hat{\mathbf{i}} + \left(\frac{\partial P}{\partial z} - \frac{\partial R}{\partial x}\right)\hat{\mathbf{j}} + \left(\frac{\partial P}{\partial x} - \frac{\partial Q}{\partial y}\right)\hat{\mathbf{k}} = 0 \quad (13)$$

定理 1

對於一階偏導數存在且連續的向量場 $\vec{\mathbf{F}}(x, y, z)$ 而言，線積分 $\int_C \vec{\mathbf{F}} \cdot d\vec{\mathbf{r}}$ 與路徑無關之充要條件為 $\vec{\nabla} \times \vec{\mathbf{F}} = 0$ 或 $\vec{\mathbf{F}} = \pm\vec{\nabla}\phi$

在定理 1 中 $\vec{\nabla} \times \vec{\mathbf{F}} = 0$ 與 $\vec{\mathbf{F}} = \pm\vec{\nabla}\phi$ 這二個判別是否為保守場的方法是可以互相推導的，若 $\vec{\nabla} \times \vec{\mathbf{F}} = 0$ 則依 ∇ 運算子之性質（第 13 章(52)式）：

$\vec{\nabla} \times \vec{\nabla}\varphi = 0;\ \text{for}\ \forall \varphi$

故知 $\vec{\mathbf{F}} = \pm\vec{\nabla}\phi$

由定理 1 亦可知任何保守場之旋度為 0，故保守場亦可稱為無旋場（*irrotational field*）

定理 2

對於保守場 $\vec{F}$ 進行線積分時若積分路徑為一封閉迴路則其積分值為 0。

$$\oint_C \vec{F} \cdot d\vec{r} = 0; \ \forall C \tag{14}$$

例題 8：Consider a vector field $\vec{F}(x, y, z) = (2xy + y^2)\hat{\mathbf{i}} + (2xy + x^2)\hat{\mathbf{j}} + z\hat{\mathbf{k}}$

(1) Find a line integral $\oint_C \vec{F} \cdot d\vec{r}$ along the path C from $(0, 0, 0)$ to $(1, 1, 1)$ for C being the curve intersecting by two surfaces: $\begin{cases} y - x^2 = 0 \\ z^3 - x = 0 \end{cases}$

(2) Consider the same line integral from $(0, 0, 0)$ to $(1, 1, 1)$ but with C being from $(0, 0, 0)$ to $(1, 0, 0)$ and then from $(1, 0, 0)$ to $(1, 1, 0)$ and finally to $(1, 1, 1)$. All intermediate connections are straight lines. Is the value of the line integral the same? Why? Is $\vec{F}(x, y, z)$ conservative? Construct its potential function.

$\int_{(0, 2, 1)}^{(2, 0, 1)} [z \exp(x) dx + 2yz dy + (\exp(x) + y^2) dz]$ 【101 台聯大應用數學】

解　(1) $\vec{F}(x, y, z) = (2xy + y^2)\hat{\mathbf{i}} + (2xy + x^2)\hat{\mathbf{j}} + z\hat{\mathbf{k}}$

$$\int_C \vec{F} \cdot d\vec{r} = \int_C (2xy + y^2) dx + (2xy + x^2) dy + z dz$$
$$= \int_0^1 (4x^3 + 5x^4) \, dx + \int_0^1 z dz$$
$$= \frac{5}{2}$$

(2) Let C_1: from $(0, 0, 0)$ to $(1, 0, 0)$, C_2: from $(1, 0, 0)$ to $(1, 1, 0)$, C_3: from $(1, 1, 0)$ to $(1, 1, 1)$

$$\int_C \vec{F} \cdot d\vec{r} = \int_{C_1} \vec{F} \cdot d\vec{r} + \int_{C_2} \vec{F} \cdot d\vec{r} + \int_{C_3} \vec{F} \cdot d\vec{r}$$

C_1: from $(0, 0, 0)$ to $(1, 0, 0)$

$$\int_{C_1} \vec{F} \cdot d\vec{r} = 0$$

C_2: from $(1, 0, 0)$ to $(1, 1, 0)$

$$\int_{C_2} \vec{F} \cdot d\vec{r} = 2$$

C_3: from $(1, 1, 0)$ to $(1, 1,1)$

$$\int\limits_{C_3}\vec{\mathbf{F}}\cdot d\vec{\mathbf{r}}=\frac{1}{2}$$

$$\therefore\int\limits_{C}\vec{\mathbf{F}}\cdot d\vec{\mathbf{r}}=\int\limits_{C_1}\vec{\mathbf{F}}\cdot d\vec{\mathbf{r}}+\int\limits_{C_2}\vec{\mathbf{F}}\cdot d\vec{\mathbf{r}}+\int\limits_{C_3}\vec{\mathbf{F}}\cdot d\vec{\mathbf{r}}=0+2+\frac{1}{2}=\frac{5}{2}$$

$$\therefore\vec{\mathbf{F}}=\vec{\nabla}\phi\ 爲保守場=\frac{\partial\phi}{\partial x}\hat{\mathbf{i}}+\frac{\partial\phi}{\partial y}\hat{\mathbf{j}}+\frac{\partial\phi}{\partial z}\hat{\mathbf{k}}$$

$$\frac{\partial\varphi}{\partial x}=2xy+y^2\quad\Rightarrow\varphi=x^2y+y^2x+f(y,z)$$

$$\frac{\partial\varphi}{\partial y}=2xy+x^2\quad\Rightarrow\varphi=x^2y+y^2x+g(x,y)$$

$$\frac{\partial\varphi}{\partial z}=z\quad\Rightarrow\varphi=\frac{1}{2}z^2+h(y,x)$$

$$\therefore\varphi=x^2y+y^2x+\frac{1}{2}z^2$$

例題 9：(1) 若 $\vec{\mathbf{F}}=Ax\ln z\hat{\mathbf{i}}+By^2z\hat{\mathbf{j}}+\left(\dfrac{x^2}{z}+y^3\right)\hat{\mathbf{k}}$ 爲保守場，則 $A=?,B=?$

(2) 令 C 爲由 $(1, 1, 1)$ 到 $(2, 2, 1)$ 的線段，試求線積分

$$\int\limits_{C}2x\ln zdx+3y^2zdy+\left(\frac{x^2}{z}+y^3\right)dz$$

【101 台大轉學考】

解

(1) $\vec{\nabla}\times\vec{\mathbf{F}}=\begin{vmatrix}\hat{\mathbf{i}}&\hat{\mathbf{j}}&\hat{\mathbf{k}}\\[4pt]\dfrac{\partial}{\partial x}&\dfrac{\partial}{\partial y}&\dfrac{\partial}{\partial z}\\[8pt]Ax\ln z&By^2z&\dfrac{x^2}{z}+y^3\end{vmatrix}=0\Rightarrow A=2,B=3$

(2) $\vec{\mathbf{F}}=\vec{\nabla}\phi\Rightarrow\begin{cases}\dfrac{\partial\phi}{\partial x}=2x\ln z\\[6pt]\dfrac{\partial\phi}{\partial y}=3y^2z\\[6pt]\dfrac{\partial\phi}{\partial z}=\dfrac{x^2}{z}+y^3\end{cases}$

$\therefore\phi(x,y,z)=y^3z+x^2\ln z+c\Rightarrow$ 原式：$\phi(2,2,1)-\phi(1,1,1)=8-1=7$

例題 10：Evaluate the integral

$$\int\limits_{C}[2xyz^2dx+(x^2z^2+z\cos yz)dy+(2x^2yz+y\cos yz)dz]$$

C 爲折線由 $A(0, 0, 1)$ 至 $B(0,\dfrac{\pi}{2},0)$ 至 $C(1,\dfrac{\pi}{4},2)$

【台大農工所】

解　　　$\because \vec{\nabla} \times \vec{F} = 0$，故積分與路徑無關

$\therefore \vec{F} = \vec{\nabla} \varphi$

$\dfrac{\partial \varphi}{\partial x} = 2xyz^2$

$\dfrac{\partial \varphi}{\partial y} = x^2z^2 + z \cos yz$

$\dfrac{\partial \varphi}{\partial z} = 2x^2yz + y \cos yz$

$\therefore \varphi = x^2yz^2 + \sin yz + c$

$\therefore \displaystyle\int_C \vec{F} \cdot d\vec{r} = x^2yz^2 + \sin(yz) \Big|_{(0,\,0,\,1)}^{\left(1,\,\frac{\pi}{4},\,2\right)} = \pi + 1$

16-3　曲面積分

(一)純量函數之曲面積分

　　若空間曲面 S 為分段平滑，純量函數 $\varphi(x, y, z)$ 在此曲面上有定義且分段連續，將 S 分為 n 個小區域 $S_1, S_2, \cdots, S_n$ 每個區域的面積為 ΔA_i, $i = 1, 2, \cdots, n$，則當 $n \to \infty$ 時，$\varphi(x, y, z)$ 在曲面 S 上之面積分可表示為：

$$\iint\limits_S \varphi(x, y, z)\, dA = \lim_{n \to \infty} \sum_{i=1}^{n} \varphi(x_i, y_i, z_i) \Delta A_i \tag{15}$$

其中 $\varphi(x_i, y_i, z_i)$ 為 S_i 上任意點的函數值。

　　純量函數之曲面積分性質：

(1) 重疊原理

$$\iint\limits_S [k_1 \varphi_1(x, y, z) + k_2 \varphi_2(x, y, z)]dA$$
$$= k_1 \iint\limits_S \varphi_1(x, y, z)dA + k_2 \iint\limits_S \varphi_2(x, y, z)dA;\ \forall k_1, k_2 \in R \tag{16}$$

(2)曲面可相加

$$\iint\limits_{S_1+S_2} \varphi(x,\ y,\ z)\,dA = \iint\limits_{S_1} \varphi(x,\ y,\ z)\,dA + \iint\limits_{S_2} \varphi(x,\ y,\ z)\,dA \tag{17}$$

與線積分之觀念相同，執行曲面積分時，必須將曲面的性質代入 $\varphi(x,\ y,\ z)$ 中，此外，根據不同的曲面表示法，積分的變數及 dA 表示法亦有所不同。

1. 若曲面表示式爲：$\vec{r}(u,\ v) = x(u,\ v)\hat{\mathbf{i}} + y(u,\ v)\hat{\mathbf{j}} + z(u,\ v)\hat{\mathbf{k}}$，則可由外積長度之觀念求得曲面上之微量面積爲：

$$dA = \left| \frac{\partial \vec{\mathbf{r}}}{\partial u} \times \frac{\partial \vec{\mathbf{r}}}{\partial v} \right| du\,dv \tag{18}$$

代入(15)式可得

$$\therefore \iint\limits_S \varphi(x,\ y,\ z)\,dA = \iint\limits_S \varphi\,[x\,(u,\ v),\ y\,(u,\ v),\ z\,(u,\ v)] \left| \frac{\partial \vec{\mathbf{r}}}{\partial u} \times \frac{\partial \vec{\mathbf{r}}}{\partial v} \right| du\,dv \tag{19}$$

2. 若曲面之表示式爲：$z = f(x,\ y)$ 則微量曲面面積求法如下：

$$\vec{\mathbf{r}}\,(x,y) = x\hat{\mathbf{i}} + y\hat{\mathbf{j}} + f\,(x,y)\hat{\mathbf{k}}$$

故可得

$$dA = \left| \frac{\partial \vec{\mathbf{r}}}{\partial x} \times \frac{\partial \vec{\mathbf{r}}}{\partial y} \right| dx\,dy = \sqrt{1 + f_x^2 + f_y^2}\ dx\,dy \tag{20}$$

代入(15)式可得

$$\iint\limits_S \varphi(x,\ y,\ z)\,dA = \iint\limits_S \varphi\,(x,\ y,\ f(x,\ y))\sqrt{1 + f_x^2 + f_y^2}\ dx\,dy \tag{21}$$

觀念提示：將 dA 投影至 $x - y$ 平面上得 $dA' = dx\,dy$，某法向量爲 $\hat{\mathbf{k}}$，而 dA 之法向量爲：

$$\hat{n} = \frac{\overrightarrow{\nabla}\,(z - f(x,y))}{|\,\overrightarrow{\nabla}\,(z - f(x,y))\,|} = \frac{-f_x\,\hat{\mathbf{i}} - f_y\,\hat{\mathbf{j}} + \hat{\mathbf{k}}}{\sqrt{1 + f_x^2 + f_y^2}}$$

$$= \cos \alpha \hat{\mathbf{i}} + \cos \beta \hat{\mathbf{j}} + \cos \lambda \hat{\mathbf{k}} \tag{22}$$

顯然的 $dA\cos\lambda = dA' = dxdy$，或可表示為

$$dA = \sec\lambda \, dxdy = \sqrt{1 + f_x^2 + f_y^2} \, dxdy \tag{23}$$

此與(20)相同

(二)向量函數之空間曲面積分

定義：通率（Flux）

　　空間中之向量場 $\vec{\mathbf{F}}(x, y, z) = P(x, y, z)\hat{\mathbf{i}} + Q(x, y, z)\hat{\mathbf{j}} + R(x, y, z)\hat{\mathbf{k}}$ 通過曲面 S，向量場在曲面上之積分結果即為曲面 S 之通率，或單位時間的通過量，表示如下

$$\Phi = \iint_S (\vec{\mathbf{F}} \cdot \hat{\mathbf{n}}) dA \tag{24}$$

其中 $\hat{\mathbf{n}}$ 為 dA 之單位法向量。

例題 11：Evaluate the surface integral $\iint_S (\vec{\mathbf{r}} \cdot \hat{\mathbf{n}}) dA$ on the surface (which is a triangle) in the first octant formed by the plane $2x + 3y + 5z = 30$ and x, y, z axes. Here, $\hat{\mathbf{n}}$ is the unit normal vector to the surface, pointing away from the origin.

【101 台聯大應用數學】

解　　$\varphi : 2x + 3y + 5z - 30 = 0 \Rightarrow$

$$\begin{cases} \hat{n} = \dfrac{\nabla\varphi}{|\nabla\varphi|} = \dfrac{2\hat{\mathbf{i}} + 3\hat{\mathbf{j}} + 5\hat{\mathbf{k}}}{\sqrt{38}} \\ dA = \dfrac{\sqrt{38}}{5} dxdy \end{cases}$$

$$\iint_S (\vec{\mathbf{r}} \cdot \hat{\mathbf{n}}) dA = \iint_{R_{xy}} \frac{1}{5}(2x + 3y + 5z) dxdy = \iint_{R_{xy}} \frac{30}{5} dxdy = 450$$

由(23)可延伸為

$$dA = \frac{1}{\cos\alpha}\,dydz = \frac{1}{\cos\beta}\,dxdz = \frac{1}{\cos\lambda}\,dxdy \tag{25}$$

故(24)亦可表示為

$$\iint\limits_{S} (\vec{F}\cdot\hat{\mathbf{n}})dA = \iint \left(P\frac{dydz}{\cos\alpha}(\hat{\mathbf{i}}\cdot\hat{\mathbf{n}}) + Q\frac{dxdz}{\cos\beta}(\hat{\mathbf{j}}\cdot\hat{\mathbf{n}}) + R\frac{dxdy}{\cos\lambda}(\hat{\mathbf{k}}\cdot\hat{\mathbf{n}}) \right)$$

$$= \iint (P\,dydz + Q\,dxdz + R\,dxdy) \tag{26}$$

例題 12：Evaluate the surface integral $\iint\limits_{S} (x^3dydz + x^2ydxdz + x^2zdxdy)$ on the surface

$S: x^2 + y^2 = a^2, z \in [0, b].$ 　　　　【101 交大電子物理】

解

$$\vec{F} = x^3\hat{\mathbf{i}} + x^2y\hat{\mathbf{j}} + x^2z\hat{\mathbf{k}}$$

$$\iint\limits_{S}(x^3dydz + x^2ydxdz + x^2zdxdy) = \iint\limits_{S}(\vec{F}\cdot\hat{\mathbf{n}})dA$$

$$S: x = a\cos\theta,\ y = a\sin\theta \quad \hat{\mathbf{n}}\,dA = (\cos\theta\,\hat{\mathbf{i}} + \sin\theta\,\hat{\mathbf{j}})\,ad\theta dz$$

$$\iint\limits_{S}(\vec{F}\cdot\hat{\mathbf{n}})dA = \int_0^b\int_0^{2\pi}(a^4\cos^4\theta + a^4\cos^2\theta\sin^2\theta)d\theta dz = \pi a^4 b$$

例題 13：已知 $\vec{F} = (x - y)\hat{\mathbf{i}} + 2z\hat{\mathbf{j}} + x^2\hat{\mathbf{k}}$，及曲面 $S: z = x^2 + y^2, z \le 2$；計算：

$\iint\limits_{S}\vec{F}\cdot\hat{\mathbf{n}}\,dA = ?$；$\iint\limits_{S}(\vec{\nabla}\times\vec{F})\cdot\hat{\mathbf{n}}\,dA = ?$ 　　　　【交大機械】

解

(1) $\hat{\mathbf{n}} = \dfrac{\vec{\nabla}S}{|\vec{\nabla}S|} = \dfrac{2x\hat{\mathbf{i}} + 2y\hat{\mathbf{j}} - 1\hat{\mathbf{k}}}{\sqrt{4x^2 + 4y^2 + 1}}$; $dA = \sec\gamma\,dxdy = \sqrt{4x^2 + 4y^2 + 1}\,dxdy$

$\therefore \iint\limits_{S}\vec{F}\cdot\hat{\mathbf{n}}\,dA = \iint\limits_{S}[2x(x - y) + 2y\cdot2z - x^2]\,dxdy$

令 $x = r\cos\theta,\ y = r\sin\theta,\ \Rightarrow z = r^2 = x^2 + y^2$ 故原式為

$\displaystyle\int_0^{2\pi}\int_0^{\sqrt{2}}(r^2\cos^2\theta - 2r^2\sin\theta\cos\theta + 4r^3\sin\theta)rdrd\theta = \int_0^{\sqrt{2}}\pi r^3dr = \pi$

(2) $\vec{\nabla}\times\vec{F} = \begin{vmatrix} \hat{\mathbf{i}} & \hat{\mathbf{j}} & \hat{\mathbf{k}} \\ \dfrac{\partial}{\partial x} & \dfrac{\partial}{\partial y} & \dfrac{\partial}{\partial z} \\ x - y & 2z & x^2 \end{vmatrix} = -2\hat{\mathbf{i}} - 2x\hat{\mathbf{j}} + \hat{\mathbf{k}}$

$$\therefore \iint\limits_S (\vec{\nabla} \times \vec{F}) \cdot \hat{\mathbf{n}}\, dA = -\iint (4x + 4xy + 1)dxdy$$

$$= -\int_0^{\sqrt{2}} \int_0^{2\pi} (4r\cos\theta + 4r^2\cos\theta\sin\theta + 1)rd\theta dr = -\int_0^{\sqrt{2}} 2\pi r dr = -2\pi$$

Remark：或可用高斯散度定理（如下節所述）

例題 14：Evaluate the surface integral $\iint\limits_S x^2 z ds$, where S is the upper half surface of a sphere of radius 1 and centered at the origin 【成大物理】

解

曲面 S 為：$x^2 + y^2 + z^2 = 1$, $z \geq 0$

以球座標表示為：

$$\vec{\mathbf{r}} = x\hat{\mathbf{i}} + y\hat{\mathbf{j}} + z\hat{\mathbf{k}} = \sin\theta\cos\phi\hat{\mathbf{i}} + \sin\theta\sin\phi\hat{\mathbf{j}} + \cos\theta\hat{\mathbf{k}}$$

where $0 \leq \theta \leq \dfrac{\pi}{2}$, $0 \leq \varphi \leq 2\pi$

故曲面微量面積 ds 可表示為：

$$ds = \left| \frac{\partial\vec{\mathbf{r}}}{\partial\theta} \times \frac{\partial\vec{\mathbf{r}}}{\partial\phi} \right| d\theta d\phi = \sin\theta d\theta d\phi$$

$$\iint\limits_S x^2 z ds = \int_0^{2\pi} \int_0^{\frac{\pi}{2}} (\sin\theta\cos\varphi)^2 \cos\theta\sin\theta\, d\theta d\varphi$$

$$= \int_0^{\frac{\pi}{2}} \sin^3\theta\cos\theta\, d\theta \int_0^{2\pi} \cos^2\varphi d\varphi$$

$$= \int_0^{\frac{\pi}{2}} \sin^3\theta\, d(\sin\theta) \int_0^{2\pi} \frac{1}{2}(1 + \cos 2\varphi)d\varphi = \frac{\pi}{4}$$

另解：

$$\hat{\mathbf{n}} = \frac{\vec{\nabla}S}{|\vec{\nabla}S|} = x\hat{\mathbf{i}} + y\hat{\mathbf{j}} + z\hat{\mathbf{k}}\,; \quad dA = \sec\gamma\, dxdy = \frac{1}{z}dxdy$$

$$\therefore \iint\limits_S \vec{F} \cdot \hat{\mathbf{n}} dA = \iint\limits_S \left[x^2 z \frac{1}{z} \right] dxdy$$

令 $x = \rho\cos\phi$, $y = \rho\sin\phi$ 故原式為

$$\int_0^{\frac{\pi}{2}} \int_0^1 (\rho^2\cos^2\phi)\, \rho d\rho d\phi = \frac{\pi}{4}$$

例題 15：Evaluate the surface integral $\iint\limits_S y ds$, where S is the surface

$x - y^2 - z = 0$, $0 \leq y \leq 2$, $0 \leq z \leq 1$ 【100 中正大學電機系轉學考】

解　$\hat{\mathbf{n}} = \dfrac{\overrightarrow{\nabla} S}{|\overrightarrow{\nabla} S|} = \dfrac{\hat{\mathbf{i}} - 2y\hat{\mathbf{j}} - \hat{\mathbf{k}}}{\sqrt{1 + 1 + 4y^2}}; \; dA = \sec \alpha\, dzdy = \sqrt{2 + 4y^2}\, dzdy$

$\displaystyle \iint\limits_S y\, ds = \int_0^2 \int_0^1 y \sqrt{2 + 4y^2}\, dzdy$

$\qquad\qquad = \dfrac{13}{3}\sqrt{2}$

16-4　散度定理

設一連續且可微之向量函數 $\overrightarrow{\mathbf{F}}$ 定義在封閉曲面 S 所包圍之簡連區域 R 內

定義：(1) Flux, Φ

$\qquad \Phi = \displaystyle\iint \overrightarrow{\mathbf{F}} \cdot \hat{\mathbf{n}}\, ds$

　　其中 $\hat{\mathbf{n}}$ 為微量面積 ds 的單位法向量

(2) 淨流出率（單位時間的總發散量）：$\displaystyle\oiint\limits_S (\overrightarrow{\mathbf{F}} \cdot \hat{\mathbf{n}})\, ds$

(3) 單位體積之淨流出率：$\dfrac{\displaystyle\oiint\limits_S (\overrightarrow{\mathbf{F}} \cdot \hat{\mathbf{n}})\, ds}{\Delta \tau}$

　　其中 $\Delta \tau$ 為封閉曲面 S 所包圍之微體積

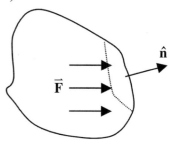

定義：散度

　　表示場 $\overrightarrow{\mathbf{F}}$ 在空間中某位置之單位體積發散（流失）率：

$$\overrightarrow{\nabla} \cdot \overrightarrow{\mathbf{F}} = \lim_{\Delta \tau \to 0} \frac{\displaystyle\oiint\limits_S (\overrightarrow{\mathbf{F}} \cdot \hat{\mathbf{n}})\, ds}{\Delta \tau} \qquad\qquad (27)$$

　　設封閉面 S 所包圍之體積為 V，(27)式中之 $\Delta \tau$ 為 V 內之一個微量體積，因此，對 $\overrightarrow{\nabla} \cdot \overrightarrow{\mathbf{F}}$ 進行體積分可得到單位時間的總發散量，因為體積 V 是被封閉面 S 所包圍，因此，單位時間體積 V 的總發散量必定和單位時間通過 S 的淨流失量相等，此即為著名的散度定理。

定理 3：（Gauss）散度定理

設空間中之封閉區域 V，其邊界為一分段平滑且可定向之封閉曲面 S，若向量函數 $\vec{\mathbf{F}}(x, y, z)$ 在 S 及 V 上均存在連續之一階偏導數，則

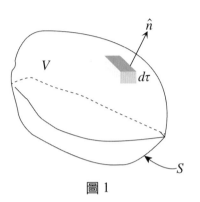

圖 1

$$\iiint_V (\vec{\nabla} \cdot \vec{\mathbf{F}}) d\tau = \oiint_S (\vec{\mathbf{F}} \cdot \hat{\mathbf{n}}) dA \tag{28}$$

在前面所提到的線積分中，當 $\vec{\nabla} \times \vec{\mathbf{F}} = 0$ 時線積分與路徑無關，僅和積分的起始點與終點函數值有關，換言之，只要固定起點與終點，積分路徑不論如何變形均不影響結果。在散度定理中，亦有類似之性質，試想若 $\vec{\nabla} \cdot \vec{\mathbf{F}} = 0$，考慮如圖 2 之封閉面，應用散度定理可得

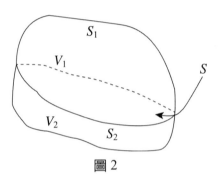

圖 2

$$\iiint_{V_1} \vec{\nabla} \cdot \vec{\mathbf{F}} \, d\tau = \iint_S \vec{\mathbf{F}} \cdot \hat{\mathbf{n}} dA + \iint_{S_1} \vec{\mathbf{F}} \cdot \hat{\mathbf{n}}_1 dA = 0 \tag{29}$$

其中 S 與 S_1 包圍所形成之封閉區域為 V_1，$\hat{\mathbf{n}}_1, \hat{\mathbf{n}}$ 分別為 S_1 與 S 之單位法向量（遠離 V_1）。再由圖 2 可知 S 與 S_2 包圍所形成之封閉區域為 V_2，$\hat{\mathbf{n}}_2, -\hat{\mathbf{n}}$ 分別為 S_2 與 S 之單位法向量（遠離 V_2）。故有：

$$\iiint_{V_2} \vec{\nabla} \cdot \vec{\mathbf{F}} \, d\tau = \iint_S \vec{\mathbf{F}} \cdot (-\hat{\mathbf{n}}) dA + \iint_{S_2} \vec{\mathbf{F}} \cdot \hat{\mathbf{n}}_2 dA = 0 \tag{30}$$

由(29)(30)二式可得

$$\iint_{S_1} \vec{\mathbf{F}} \cdot \hat{\mathbf{n}}_1 dA = -\iint_{S_2} \vec{\mathbf{F}} \cdot \hat{\mathbf{n}}_2 dA \tag{31}$$

由以上討論可得：沿著曲面 S_1 之面積分與沿著曲面 S_2 之面積分之絕對值相等，以此類推可知，任何以 S 為邊界的曲面其面積分值大小相等。

定理 4

對一階偏導數存在且連續的向量場 $\vec{\mathbf{F}}$ 而言,其曲面積分與形狀無關之充要條件為
$\vec{\nabla} \cdot \vec{\mathbf{F}} = 0$

觀念提示: 1. (31)式亦可在區間 $V_1\, V_2$ 內直接應用散度定理獲得:

$$\iiint\limits_{V_1 + V_2} \vec{\nabla} \cdot \vec{\mathbf{F}}\, d\tau = \iint\limits_{S_1} \vec{\mathbf{F}} \cdot \hat{\mathbf{n}}_1 dA + \iint\limits_{S_2} \vec{\mathbf{F}} \cdot \hat{\mathbf{n}}_2 dA = 0$$

$$\Rightarrow \iint\limits_{S_1} \vec{\mathbf{F}} \cdot \hat{\mathbf{n}}_1 dA = - \iint\limits_{S_2} \vec{\mathbf{F}} \cdot \hat{\mathbf{n}}_2 dA$$

2. 若 $\vec{\nabla} \cdot \vec{\mathbf{F}} = 0 \Rightarrow \vec{\mathbf{F}} = \vec{\nabla} \times \vec{\mathbf{E}}$,換言之,$\vec{\mathbf{F}}$ 為螺旋場。

3. 若 $\vec{\nabla} \times \vec{\mathbf{F}} = 0 \Rightarrow \vec{\mathbf{F}}$ 為保守場 $\Rightarrow$ 線積分 $\int\limits_C \vec{\mathbf{F}} \cdot d\vec{\mathbf{r}}$ 與路徑無關。

若 $\vec{\nabla} \cdot \vec{\mathbf{F}} = 0 \Rightarrow \vec{\mathbf{F}}$ 為螺旋場 $\Rightarrow \iint\limits_{S_1} \vec{\mathbf{F}} \cdot \hat{\mathbf{n}}\, dA$ 與曲面形狀無關。

例題 16: $\vec{\mathbf{F}}(x, y, z) = (2x + ye^z)\hat{\mathbf{i}} + (e^x - ye^z)\hat{\mathbf{j}} + (e^z + 3z - xy)\,\hat{\mathbf{k}}$,$S$ 為球面 $x^2 + y^2 + z^2 = 9$,$\hat{n}$ 為向外之單位法向量,求 $\oiint\limits_S \vec{\mathbf{F}} \cdot \hat{\mathbf{n}}\, dA$ 【100 台大轉學考】

解　$\oiint\limits_S \vec{\mathbf{F}} \cdot \hat{\mathbf{n}}\, dA = \iiint\limits_V \vec{\nabla} \cdot \vec{\mathbf{F}}\, d\tau = \iiint 5 d\tau = 180\pi$

例題 17: Compute $\oiint\limits_S [xdydz + (y+9)dzdx + zdxdy]$, where S: $x^2 + y^2 + z^2 = 9$

【101 高應大光電與通訊所】

解　$\oiint\limits_S [xdydz + (y+9)dzdx + zdxdy] = \iiint \nabla \cdot \vec{F}\, dv = \iiint 3 dv = 3 \times \frac{4}{3}\pi \times 3^3 = 108\pi$

例題 18: Compute $\iint\limits_s \vec{\mathbf{F}} \cdot \hat{\mathbf{n}}\, ds$ over the closed surface bounded by the right circular cylinder $x^2 + y^2 = a^2$ and the planes $z = 0$ and $z = c$, where $\vec{\mathbf{F}} = x\hat{\mathbf{i}} + y\hat{\mathbf{j}} + (z^2 + 1)\hat{\mathbf{k}}$.

【101 彰師大電子所】

解　*divergence theorem*

$$\oiint_S \vec{F} \cdot \hat{n} \, ds = \iiint_V \vec{\nabla} \cdot \vec{F} \, d\tau = \int_0^{2\pi} d\theta \int_0^a \rho d\rho \int_0^c (2 + 2z)dz = \pi a^2(2c + c^2)$$

例題 19：*Evaluate the surface integral $\oiint_S [4xdydz - zdxdy]$ over the sphere S: $x^2 + y^2 + z^2 = 4$*

【101 彰師大電機所】

解　*divergence theorem*

$$\oiint_S \vec{F} \cdot \hat{n} \, ds = \iiint_V \vec{\nabla} \cdot \vec{F} \, d\tau = \iiint_V 3 \, d\tau = 3 \times \frac{4}{3}\pi \times 2^3 = 32\pi$$

例題 20：*A steady fluid motion in space has velocity vector*

$$\vec{F}(x, y, z) = (x^3 + 7y + 2z^3)\hat{i} + (4 - 3x^2y + 2yz)\hat{j} + (x^2 + y^2 - z^2)\hat{k}$$

(a) *Evaluate the net outflow rate of $\vec{F}$ across a sphere $x^2 + y^2 + z^2 = 4$*

(b) *What is the outflow rate across the upper semisphere $x^2 + y^2 + z^2 = 4$, $z > 0$*
and the lower semisphere $x^2 + y^2 + z^2 = 4$, $z < 0$, respectively?

【台大應力所】

解　(a) 應用散度定理，可知球面之淨流出率爲：

$$\oiint_S \vec{F} \cdot \hat{n} \, dA = \iiint_V \vec{\nabla} \cdot \vec{F} \, d\tau = 0$$

(b) 設上半球面爲 S_1，下半球面爲 S_2，x-y plane 之截面爲 S_3 則由 $\vec{\nabla} \cdot \vec{F} = 0$
可知

$$\iiint_V \vec{\nabla} \cdot \vec{F} \, d\tau = \oiint_{S_1+S_2} \vec{F} \cdot \hat{n} \, dA = \iint_{S_1} \vec{F} \cdot \hat{n}_1 \, dA_1 + \iint_{S_3} \vec{F} \cdot \hat{n}_3 \, dA_3 = 0$$

對 S_3 而言

$$\iint_{S_3(z=0)} \vec{F} \cdot (-\hat{k}) \, dxdy = -\int_0^{2\pi}\int_0^2 \rho^3 \, d\rho d\theta = -8\pi$$

$$\Rightarrow \iint_{S_1} \vec{F} \cdot \hat{n}_1 \, dA_1 = 8\pi \Rightarrow \iint_{S_2} \vec{F} \cdot \hat{n}_2 \, dA_2 = -8\pi$$

16-5　旋度與平面 Green 定理

考慮如圖 3 之向量函數 $\vec{F}$ 以及封閉環線 C，明顯的 $\vec{F}$ 沿封閉線 C 之積分值爲 0

$$\oint_C \vec{\mathbf{F}} \cdot d\vec{\mathbf{r}} = 0 \tag{32}$$

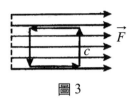

圖 3

而若 $\vec{\mathbf{F}}$ 通過環線 C 之強度不均勻（如圖 4 所示），則將迫使位於環線區域內的質點受到力量而彎曲（旋轉），則(32)式之積分值將不為 0，且其值愈大表示旋度愈大，或向量場的不平衡度愈大。

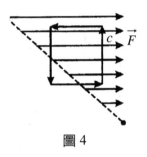

圖 4

定義：

$$旋度 = \frac{1}{A}\oint_C \vec{\mathbf{F}} \cdot d\vec{\mathbf{r}} = \frac{環流量}{單位面積} \tag{33}$$

其中 A 為封閉線 C 所包圍的面積，因此可知，旋度的大小可由向量場之平面封閉曲線線積分求得。

觀念提示：若觀察 C 內之某一點的旋轉現象，則(33)式可修改為

$$旋度 = \lim_{A \to 0} \frac{1}{A}\oint_C \vec{\mathbf{F}} \cdot d\vec{\mathbf{r}} \tag{34}$$

定理 5：平面 Green 定理

　　若曲線 C 為簡連封閉曲線（*simple connected region*），S 表示曲線 C 所包圍之

區域，若函數 $P(x, y), Q(x, y), \dfrac{\partial P}{\partial y}, \dfrac{\partial Q}{\partial x}$ 在 S 內為連續且單值，則有：

$$\iint_S \left(\frac{\partial Q}{\partial x} - \frac{\partial P}{\partial y} \right) dxdy = \oint_C Pdx + Qdy \tag{35}$$

證明：先證 $\oint_C Pdx = -\iint_S \dfrac{\partial P}{\partial y} dxdy$

如圖 5 所示，

$$\iint_S \frac{-\partial P}{\partial y} dxdy = -\int_a^b dx \int_{g_1(x)}^{g_2(x)} \frac{\partial P}{\partial y} dy$$

$$= -\int_a^b \left[P(x, g_2(x)) - P(x, g_1(x)) \right] dx$$

$$= \int_{C_1} P(x, g_1(x)) dx - \int_{-C_2} P(x, g_2(x)) dx$$

$$= \int_{C_1 + C_2} P(x, y)dx$$

$$= \oint_C P(x, y)dx$$

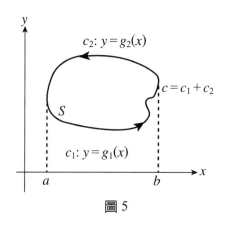

圖 5

同理可得：$\oint_C Q(x, y)dy = \iint_S \dfrac{\partial Q}{\partial x} dxdy$

觀念提示： 1. 平面 *Green* 定理連結了平面封閉曲線之線積分與開放面面積分的關係

2. 在保守場 $(\vec{\nabla} \times \vec{F} = 0)$ 中線積分僅與起點及終點有關，故在保守場中之封閉線積分為 0，若積分值不為 0，則必有旋轉發生。

$$\because \hat{\mathbf{k}} \cdot (\vec{\nabla} \times \vec{\mathbf{F}}) = \begin{vmatrix} 0 & 0 & 1 \\ \dfrac{\partial}{\partial x} & \dfrac{\partial}{\partial y} & \dfrac{\partial}{\partial z} \\ P & Q & R \end{vmatrix} = \dfrac{\partial Q}{\partial x} - \dfrac{\partial P}{\partial y} \Rightarrow$$

$$\oint_C Pdx + Qdy = \iint_S \left(\dfrac{\partial Q}{\partial x} - \dfrac{\partial P}{\partial y} \right) dxdy = \iint_S \hat{\mathbf{k}} \cdot (\vec{\nabla} \times \vec{\mathbf{F}}) dxdy \tag{36}$$

同理可得：

$$\hat{\mathbf{i}} \cdot (\vec{\nabla} \times \vec{\mathbf{F}}) = \dfrac{\partial R}{\partial y} - \dfrac{\partial Q}{\partial z}$$

$$\oint_C Qdy + Rdz = \iint_S \left(\dfrac{\partial R}{\partial y} - \dfrac{\partial Q}{\partial z} \right) dydz = \iint_S \hat{\mathbf{i}} \cdot (\vec{\nabla} \times \vec{\mathbf{F}}) dydz \quad (y\text{-}z\ plane) \tag{37}$$

$$\hat{\mathbf{j}} \cdot (\vec{\nabla} \times \vec{\mathbf{F}}) = \dfrac{\partial P}{\partial z} - \dfrac{\partial R}{\partial x}$$

$$\oint_C Pdx + Rdz = \iint_S \left(\dfrac{\partial P}{\partial z} - \dfrac{\partial R}{\partial x} \right) dxdz = \iint_S \hat{\mathbf{j}} \cdot (\vec{\nabla} \times \vec{\mathbf{F}}) dxdz \quad (x\text{-}z\ plane) \tag{38}$$

由(36)～(38)式，不難寫出 *Green* 定理之通式： *Stokes* 定理

定理 6：Stokes 定理（旋度定理）

$$\oint_C \vec{\mathbf{F}} \cdot d\vec{\mathbf{r}} = \iint_S (\vec{\nabla} \times \vec{\mathbf{F}}) \cdot \hat{\mathbf{n}} dA \tag{39}$$

其中 C 為一平面封閉曲線，A 為其所包圍的面積，$\hat{\mathbf{n}}$ 為此平面上微量面積 dA 的單位法向量，$\hat{\mathbf{n}}$ 與線積分之方向符合右手定則，由 *Stokes* 定理可延伸出定理 7, 8。

定理 7

向量函數 $\vec{\mathbf{F}}$ 之線積分 $\displaystyle\int_C \vec{\mathbf{F}} \cdot d\vec{\mathbf{r}}$ 與路徑 C 無關的充分且必要條件為：對任何間斷平滑的封閉曲線 C 恆有：

$$\oint_C \vec{\mathbf{F}} \cdot d\vec{\mathbf{r}} = 0 \tag{40}$$

　　定理 7 可由圖 6 說明：設想從 A 到 B 分沿著 $C1$ 及 $C2$ 兩條不同的路徑積分，而 $C3$ 為從 B 到 A 的任一條路徑若滿足 $\oint_C \vec{F} \cdot d\vec{r} = 0$，則：

$$\int_{C_1} \vec{F} \cdot d\vec{r} + \int_{C_3} \vec{F} \cdot d\vec{r} = \oint_{C_1 + C_3} \vec{F} \cdot d\vec{r} = 0$$

$$\int_{C_2} \vec{F} \cdot d\vec{r} + \int_{C_3} \vec{F} \cdot d\vec{r} = \oint_{C_2 + C_3} \vec{F} \cdot d\vec{r} = 0$$

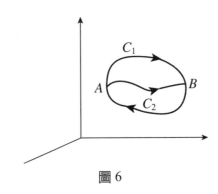

圖 6

故有 $\displaystyle \oint_{C_1 + C_3} \vec{F} \cdot d\vec{r} = \oint_{C_2 + C_3} \vec{F} \cdot d\vec{r} = 0$

$\Rightarrow \displaystyle \int_{C_1} \vec{F} \cdot d\vec{r} = \int_{C_2} \vec{F} \cdot d\vec{r}$

定理 8：任何以 C 為邊界的曲面其面積分值大小相等。

例題 21：Let D be a closed bounded region in the xy-plane. If L: $y = x^2$, M: $y = x$ are defined on an open region containing D and have continuous partial derivatives there. The closed curve C, composed of L and M is a positively oriented, piecewise smooth, simple closed curve in the plane. Please calculate $\displaystyle \int_C y^2 dx + (x^3 + xy)dy$ using Green theorem.　　　　　　【101 高應大電子所】

解　　應用平面 *Green* 定理：

$$\int_C y^2 dx + (x^3 + xy)dy = \int_0^1 \int_{x^2}^{x} (3x^2 - y)\,dy\,dx = \frac{1}{12}$$

例題 22：Using (a) direct calculation (b) Green's theorem in the plane evaluate
$$\oint_C [(3x^2 + y)dx + 4y^2 dy]$$
C is the boundary of the triangle with vertices (0, 0), (1, 0), (0, 2) in counter-clockwise
【中興土木所】

解

(a) $C_1: y = 0, x = 0 \rightarrow 1$

$C_2: y = 2(1-x), x = 1 \rightarrow 0$

$C_3: x = 0, y = 2 \rightarrow 0$

$$\oint_C [(3x^2 + y)dx + 4y^2 dy] = \int_{C_1} [(3x^2 + y)dx + 4y^2 dy] + \int_{C_2} [(3x^2 + y)dx + 4y^2 dy]$$
$$+ \int_{C_3} [(3x^2 + y)dx + 4y^2 dy]$$
$$= -1$$

(b) $\oint_C Pdx + Qdy = \iint (Q_x - P_y)\, dxdy$
$$= -\iint dxdy$$
$$= -1$$

例題 23：就以下積分之計算驗證平面 Green 定理
$$\oint_C (x^3 + y^3)dx + (2y^3 - x^3)dy = ? \quad C: x^2 + y^2 = 1$$
【清華材料所】

解

(1) 直接線積分
$$\oint_C (x^3 + y^3)dx + (2y^3 - x^3)dy$$
$$= \int_0^{2\pi} [-\sin\theta(\cos^3\theta + \sin^3\theta) + \cos\theta(2\sin^3\theta - \cos^3\theta)]d\theta$$
$$= -\frac{3}{2}\pi$$

(2) Green 定理
$$\iint_R (-3x^2 - 3y^2)dxdy$$
$$= -3\int_0^{2\pi}\int_0^1 \rho^2 \rho d\rho d\theta$$
$$= -\frac{3}{2}\pi$$

例題 24：Evaluate the line integral $\oint\limits_C \vec{F} \cdot d\vec{r}$, where $\vec{F} = x\hat{\mathbf{i}} + (2z - x)\hat{\mathbf{j}} - y^2\hat{\mathbf{k}}$ and C is from $(0, 0, 0)$ straight to $(1, 1, 0)$, then to $(1, 1, 1)$ and back to $(0, 0, 0)$.

【101 交大電子物理所】

解

$$\oint\limits_C \vec{F} \cdot d\vec{r} = \iint\limits_S (\vec{\nabla} \times \vec{F}) \cdot \hat{\mathbf{n}}\, dA$$

$$\varphi = x - y \Rightarrow \nabla\varphi = \hat{\mathbf{i}} - \hat{\mathbf{j}}$$

$$\hat{\mathbf{n}}\, dA = (\hat{\mathbf{i}} - \hat{\mathbf{j}})dydz$$

$$\oint\limits_C \vec{F} \cdot d\vec{r} = \iint\limits_S (\vec{\nabla} \times \vec{F}) \cdot \hat{\mathbf{n}}\, dA$$

$$= -2\int_0^1 \int_z^1 (y+1)dydz = -2\int_0^1 \left(\frac{3}{2} - \frac{z^2}{2} - z\right)dz$$

$$= -2 \times \frac{5}{6} = -\frac{5}{3}$$

另解：$\oint\limits_C \vec{F} \cdot d\vec{r} = \oint\limits_C xdx + (2z - x)dy - y^2dz$

$C_1 : (0, 0, 0) \rightarrow (1, 1, 0) : x = y, z = 0$

$C_2 : (1, 1, 0) \rightarrow (1, 1, 1) : x = y = 1, z = 0 \rightarrow 1$

$C_3 : (1, 1, 1) \rightarrow (0, 0, 0) : x = y = z, z = 1 \rightarrow 0$

$$\oint\limits_C \vec{F} \cdot d\vec{r} = \int\limits_{C_1} \vec{F} \cdot d\vec{r} + \int\limits_{C_2} \vec{F} \cdot d\vec{r} + \int\limits_{C_3} \vec{F} \cdot d\vec{r}$$

$$= 0 - 1 - \frac{2}{3}$$

$$= -\frac{5}{3}$$

例題 25：*Evaluate* $\iint\limits_S (\vec{\nabla} \times \vec{A}) \cdot \hat{\mathbf{n}}\, ds$ *where* $\vec{A} = (x^2 + y - 4)\hat{\mathbf{i}} + 3xy\hat{\mathbf{j}} + (2xz + z^2)\hat{\mathbf{k}}$ *and*

S in the surface of the semisphere $x^2 + y^2 + z^2 = 16$ *above the x-y plane*

【中山機械所】

解

利用 *Stoke's theorem* C 可視為 S 之邊界曲線，故有 $\iint\limits_S (\vec{\nabla} \times \vec{A}) \cdot \hat{\mathbf{n}}\, ds =$

$\oint\limits_C \vec{A} \cdot d\vec{r}$

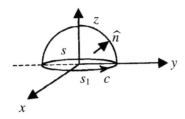

同理 C 亦可視為 S_1 之邊界，故同樣可應用 *Stoke's theorem* 得到 $\oint_C \vec{A} \cdot d\vec{r}$

$= \iint_{S_1} (\vec{\nabla} \times \vec{A}) \cdot \hat{\mathbf{n}} ds_1$

由右手定則可知 $\hat{\mathbf{n}} = \hat{\mathbf{k}}$，且 $\vec{\nabla} \times \vec{A} = \begin{vmatrix} \hat{\mathbf{i}} & \hat{\mathbf{j}} & \hat{\mathbf{k}} \\ \dfrac{\partial}{\partial x} & \dfrac{\partial}{\partial y} & \dfrac{\partial}{\partial z} \\ x^2 + y - 4 & 3xy & 2xz + z^2 \end{vmatrix} = -2z\hat{\mathbf{j}} + (3y - 1)\hat{\mathbf{k}}$

$\therefore I = \iint_S (\vec{\nabla} \times \vec{A}) \cdot \hat{\mathbf{n}} ds = \iint_{S_1} (3y - 1) ds_1 = \int_0^{2\pi} \int_0^4 (3\rho \sin\varphi - 1)\rho d\rho d\varphi$

$= \int_0^{2\pi} (64\sin\theta - 8) d\theta = -16\pi$

例題 26：以 $\vec{F} = y\hat{\mathbf{i}} + xz^3\hat{\mathbf{j}} - zy^3\hat{\mathbf{k}}$ 及 $C: x^2 + y^2 = a^2, z = b$ 以驗證 *Stoke's theorem*

【台大農機所】

解

$\oint \vec{F} \cdot d\vec{r} = \oint y dx + xz^3 dy$

$= \int_0^{2\pi} (-a^2 \sin^2\theta + b^3 a^2 \cos^2\theta) d\theta$

$= \pi a^2 (b^3 - 1)$

$\iint_S (\vec{\nabla} \times \vec{F}) \cdot \hat{\mathbf{n}} dA = \iint (z^3 - 1) dx dy$

$= (b^3 - 1) \iint dx dy$

$= \pi a^2 (b^3 - 1)$

例題 27：Apply the Green's theorem to find the area of the region enclosed by the curve:

$\vec{r}(t) = \cos^3 t\hat{\mathbf{i}} + \sin^3 t\hat{\mathbf{j}}; 0 \le t \le 2\pi$ 　　　【100 中正大學電機系轉學考】

解

$\begin{cases} x(t) = \cos^3 t \\ y(t) = \sin^3 t \end{cases} \Rightarrow \begin{cases} dx = -3\cos^2 t \sin t dt \\ dy = 3\sin^2 t \cos t dt \end{cases}$

$$\iint dxdy = A = \frac{1}{2}\oint_C (-ydx + xdy) = \frac{1}{2}\int_0^{2\pi}(3\sin^2 t\cos^4 t + 3\cos^2 t\sin^4 t)dt$$
$$= \frac{3}{8}\pi$$

例題 28：Evaluate the line integral by two methods: (1) directly (2) using Green theorem

$$\oint_C xdy + ydx$$

where C consists of the line segments from $(0, 1)$ to $(0, 0)$ and from $(0, 0)$ to $(1, 0)$ and the parabola $y = 1 - x^2$ from $(1, 0)$ to $(0, 1)$【101 台聯大轉學考】

解

$c_1 : x = 0, y = 1 \to 0 \quad \int_{c_1} xdy + ydx = 0$

$c_2 : y = 0, x = 0 \to 1 \quad \int_{c_2} xdy + ydx = 0$

$c_3 : y = 1 - x^2 \Rightarrow dy = -2xdx \quad \int_{c_3} xdy + ydx = \int_1^0 (1 - 3x^2)dx = 0$

(1) directly

$$\oint_C xdy + ydx = \int_{C_1} xdy + ydx + \int_{C_2} xdy + ydx + \int_{C_3} xdy + ydx$$
$$= 0 + 0 + 0$$
$$= 0$$

(2) Green theorem

$$\oint_C xdy + ydx = \iint_R \left[\frac{\partial}{\partial x}(y) - \frac{\partial}{\partial y}(x)\right]dxdy = 0$$

綜合練習

1. $\int_C xy^3 ds = ?$ 其中 C 為沿 $y = x^2$ 自 $(0, 0)$ 到 $(1, 1)$ 　　　　　　　　　【台大應力所】

2. What is $\int_C (xy + z^2)ds$, where C is the arc of the helix: $x = \cos t, y = \sin t, z = t$ which joins the point $(1, 0, 0)$ and $(-1, 0, \pi)$? 　　　　　　　　　　　　　　　　　　　　【中山電機所】

3. 求 $I = \int_C ((y^2 - z^2)\hat{\mathbf{i}} + (2yz)\hat{\mathbf{j}} - x^2\hat{\mathbf{k}}) \cdot d\vec{\mathbf{r}}$ 其中 $x = t, y = t^2, z = t^3$，t 從 $0 \to 1$ 　　【台大海洋所】

4. 計算 $\int_{(0, 0)}^{(2, 1)} [(10x^4 - 2xy^3)dx - 3x^2y^2dy]$ 沿著 $x^4 - 6xy^3 = 4y^2$ 之路徑。 　　【中央土木所】

5. 求 $\vec{\mathbf{F}} = x^6\hat{\mathbf{i}} + y\cos^2 x\hat{\mathbf{j}} + 2z\hat{\mathbf{k}}$ 在曲面上 $y^2 + 4z^2 = 4$ 而 $x \in (-\pi, \pi)$ 範圍的面積分 　　【清華物理所】

6. 求 $\iint_{S_1} xz^2\,dydz + (x^2y - z^3)dxdz + (2xy + y^2z)dxdy$；$S_1$ 為 $x^2 + y^2 + z^2 = a^2$ 在 x-y plane 以上之部分

【台大材料所】

7. 計算 $\oint_C x^2 y dx - xy^2 dy = $? C 為區域 $x^2 + y^2 \leq 4$, $x \geq 0$, $y \geq 0$ 之邊界 　　　【成大電機所】

8. 求 $I = \oint_C (3x^2 + y)dx + (x + y^2)dy$ 　　　【中央土木所】

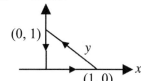

   (a) line integral

   (b) *Green* 定理

9. 已知場 $\vec{F} = x\hat{\mathbf{i}} + (2z - x)\hat{\mathbf{j}} - y^2\hat{\mathbf{k}}$ 及曲面 S_1 與 S_2 如下圖，求：

   (a) $\oint_C \vec{F} \cdot d\vec{r} = $?

   (b) S_1 之單位法向量 = ?

   (c) $\oiint_{S_1 + S_2} (\vec{\nabla} \times \mathbf{F}) \cdot \hat{\mathbf{n}}\, dA = $?

   (d) $\iint_{S_1} (\vec{\nabla} \times \mathbf{F}) \cdot \hat{\mathbf{n}}\, dA = $?, $\iint_{S_2} (\vec{\nabla} \times \mathbf{F}) \cdot \hat{\mathbf{n}}\, dA = $?

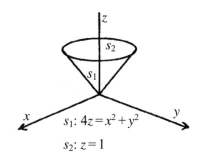

   $s_1: 4z = x^2 + y^2$

   $s_2: z = 1$

10. 向量場 $\vec{\mathbf{F}}$，已知在 $z = 1$ 有 $\vec{\nabla} \times \mathbf{F} = \hat{\mathbf{k}}$，求 $\iint_S (\vec{\nabla} \times \mathbf{F}) \cdot \hat{\mathbf{n}}\, dA = $? 其中 S 為 $x^2 + y^2 = 4z^2$, $0 \leq z \leq 1$

　　　【台大機械所】

11. Use Stoke's theorem to evaluate the normal component of $\vec{\nabla} \times \vec{\mathbf{F}}$ over the surface bounded by the planes $4x + 6y + 3z = 12$, $x = 0$ and $y = 0$ above the x-y plane, where $\vec{\mathbf{F}} = y\hat{\mathbf{i}} + xz\hat{\mathbf{j}} + (x^2 - yz)\hat{\mathbf{k}}$ 　　　【交大工工所】

12. 設 $\vec{\mathbf{F}} = (y\cos x + 2x\exp(y))\hat{\mathbf{i}} + (\sin x + x^2\exp(y) + 4)\hat{\mathbf{j}}$

   (a) 證明 $\int_C \vec{F} \cdot d\vec{r}$ 之結果與路徑無關

   (b) 若 $\vec{\nabla}f = \vec{F}$，求 f 　　　【交大科管所】

13. 以 *Divergence theorem* 求下列面積分之值

   $$\iint_S (x+y)dydz + (y+z)dzdx + (x+y)dxdy$$

   $S: x^2 + y^2 + z^2 = 4$ 　　　【台大土木所】

14. 證明下列線積分與積分路徑無關，並求其值

   $$\int_{(0,\,2,\,1)}^{(2,\,0,\,1)} [z\exp(x)dx + 2yzdy + (\exp(x) + y^2)dz]$$ 　　　【台大土木所】

15. Find the value of the k for which the line integral

   $$\int_C \left\{ \frac{1 + ky^2}{(1 + xy)^2}\, dx + \frac{1 + kx^2}{(1 + xy)^2}\, dy \right\}$$

   taken along a curve C depends only on the coordinates of the end points of C. 　　　【清大動機所】

16. 應用平面 *Green* 定理；證明任意封閉曲線 C 所包圍之面積為：

$\frac{1}{2}\oint_C (-ydx+xdy)$ or $\frac{1}{2}\int_0^{2\pi}\rho^2(\theta)d\theta$ 　　　　　　　　　　　　　　　【中央機械所】

17. Let D be the region bounded by $x^2+y^2+(z-1)^2=9;\ 1\le z\le 4$ and the plane $z=1$. Verify the divergence theorem if $\vec{\mathbf{F}}=x\hat{\mathbf{i}}+y\hat{\mathbf{j}}+(z-1)\hat{\mathbf{k}}$ 　　　　　　　【台科大電子所】

18. Compute $\int_C \vec{\mathbf{F}}\cdot d\vec{\mathbf{r}};\ where\ \vec{\mathbf{F}}=\cos y\,\hat{\mathbf{i}}-x\sin y\,\hat{\mathbf{j}}$ and C is the curve $y=\sqrt{1-x^2}$ in the x-y plane from $(1,0)$ to $(0,1)$ 　　　　　　　　　　　　　　　　　　　　　　　　　　　　　【元智電機所】

19. A vector $\vec{\mathbf{F}}=x\hat{\mathbf{i}}+y\hat{\mathbf{j}}+z\hat{\mathbf{k}}$, and S is the closed cone surface. The closed cone surface equation is $z=(x^2+y^2)^{\frac{1}{2}};\ 0\le z\le 1$

    (a) Evaluate the vector integral with this two surfaces (cone surface and cap surface)

    $\oiint_S \vec{\mathbf{F}}\cdot d\vec{\mathbf{A}}$

    (b) Using the divergence theorem to reevaluate the vector integral shown above　　【成大電機所】

20. Let $\vec{\mathbf{F}}=4\hat{\mathbf{i}}-3x\hat{\mathbf{j}}+z^2\hat{\mathbf{k}}$, find $\int_C \vec{\mathbf{F}}\cdot d\vec{\mathbf{r}}$ where

    (a) C is the semicircle $x^2+z^2=4,\ y=1,\ z\ge 0$ oriented from $(2, 1, 0)$ to $(-2, 1, 0)$

    (b) C is the line segment from $(1, 0, 3)$ to $(2, 1, 1)$ 　　　　　　　　　　【中山電機所】

21. Apply the divergence theorem to evaluate the integral $\iint_S \exp{(y)}dzdx$ where S: the surface of the parallelpiped $0\le x\le 3,\ 0\le y\le 2,\ 0\le z\le 1$ 　　　　　　　　　　　　　　　　【中山光電所】

22. If $\vec{\mathbf{F}}=y\hat{\mathbf{i}}+(x-2xz)\hat{\mathbf{j}}+xy\hat{\mathbf{k}}$, find $\iint_S (\nabla\times\vec{F})\cdot\vec{n}\,ds$ where S: the surface of the surface of the sphere $x^2+y^2+z^2=a^2$ above the xy plane 　　　　　　　　　　　　　　　　　　　　【交大機械所】

23. Verify the divergence theorem for the case where the vector field $\vec{\mathbf{F}}=\hat{\mathbf{j}}+x^2z\hat{\mathbf{k}}$ and where V is the cube $0\le x\le 1,\ 0\le y\le 1,\ 0\le z\le 1$ 　　　　　　　　　　　　　　　　　　【清大材料所】

24. (a) Find the tangent plane and normal line to the surface $x^2+y^2-z^2=0$ at the point $(1, 0, 1)$

    (b) Evaluate the surface integral $\iint_S \vec{\mathbf{F}}\cdot\hat{\mathbf{n}}\,ds$ where S is the surface bounded by $x^2+y^2-z^2=0$ for $0\le z\le 1$, $\vec{\mathbf{F}}=x^3\hat{\mathbf{i}}+y^3\,\hat{\mathbf{j}}+z^3\,\hat{\mathbf{k}}$ 　　　　　　　　　　　　　　　　　　　　　　【台大應力所】

25. 求 $I=\int_C [2xyz^2dx+(x^2z^2+z\cos yz)dy+(2x^2yz+y\cos yz)dz]$, where C is a curve connecting $A: (0, 0, 1)$ and $B:\left(1, \frac{\pi}{4}, 2\right)$.

26. (a) *Compute the flux due to* $2xz\hat{\mathbf{e}}_1+yz\hat{\mathbf{e}}_2+z^2\hat{\mathbf{e}}_3$ *passing through the part of the surface of the sphere* $x^2+y^2+z^2=a^2$ *above the x-y plane*

    (b) *check the results of (a) by the divergence theorem* 　　　　　　　　　【交大機械所】

27. *Compute* $\iint_S \vec{\mathbf{F}}\cdot\hat{\mathbf{n}}\,ds$ *over the closed surface bounded by the right circular cylinder* $x^2+y^2=9$ *and the planes* $z=0$ *and* $z=5$, *where* $\vec{\mathbf{F}}=x\hat{\mathbf{i}}+y\hat{\mathbf{j}}+(z^2-1)\hat{\mathbf{k}}$

    (a) *directly* 　　(b) *by using the divergence theorem* 　　　　　　　　　【交大工工所】

28. 求 $\iint_S \vec{\mathbf{u}}\cdot\hat{\mathbf{n}}\,ds$ 之值，其中 $\vec{\mathbf{u}}=z^2\hat{\mathbf{k}}$，$S$ 為圓錐體之封閉曲面

    (a) 利用散度定理

    (b) 直接面積分 　　　　　　　　　　　　　　　　　　　　　　　　　　【台大土木所】

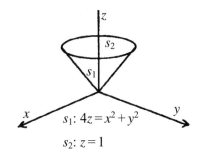

$s_1: 4z = x^2 + y^2$

$s_2: z = 1$

29. Evaluate $\displaystyle\iint_S \vec{\mathbf{F}} \cdot \hat{\mathbf{n}}\, dA = ?$ 其中 $\vec{\mathbf{F}} = 2z\hat{\mathbf{i}} - z^4\hat{\mathbf{k}}$（$\hat{\mathbf{n}}$ 指離原點）

   $S: x^2 + 16y^2 + 4z^2 = 16;\ x \geq 0,\ y \geq 0,\ z \geq 0$ 【清華電機所】

30. 計算：$\displaystyle\iint_S (\vec{\nabla} \times \vec{\mathbf{F}}) \cdot \hat{\mathbf{n}}\, dA = ?$ 其中曲面 $S: x^2 + y^2 - 2ax + az = 0,\ z \geq 0$，$\vec{\mathbf{F}} = (2y^2 + 3z^2 - x^2)\hat{\mathbf{i}} + (2z^2 + 3x^2$

   $- y)\hat{\mathbf{j}} + (2x^2 + 3y^2 - z^2)\hat{\mathbf{k}}$ 【成大電機所】

莫聽穿林打葉聲，何妨吟嘯且徐行。

竹杖芒鞋輕勝馬，誰怕？一蓑煙雨任平生。

料峭春風吹酒醒，微冷，山頭斜照卻相迎。

回首向來蕭瑟處，歸去，也無風雨也無晴。

　　　　　　　　　　蘇軾　〈定風波〉

参考資料

1. Donald Trim, *Calculus for Engineers*, fourth edition, Prentice Hall 2008.

2. J. Hass, M. D. Weir and G. B. Thomas, Jr., *University Calculus*, Pearson Education 2007.

3. G. B. Thomas, Jr., *Calculus*, eleventh edition, Pearson Education 2005.

4. James Stewart, *Calculus*, 6th edition, 2007.

5. M. D. Greenberg and A. H. Haddad, *Advanced Engineering Mathematics*, Pearson Prentice Hall 2010.

6. Erwin Kreyszig, *Advanced Engineering Mathematics*, 8th edition, John Wiley & Sons Inc. 1999.

7. 武維疆，工程數學基礎與應用，五南圖書，2013。

8. 國內歷屆轉學考、研究所微積分試題。

9. 武維疆，線性代數基礎與應用，五南圖書，2012。

國家圖書館出版品預行編目資料

實用微積分／武維疆,許介彥著. 一初版.一臺北
市：五南, 2014.08
　面； 公分.
I S B N: 978-957-11-7728-1（平裝）
1.微積分
314.1　　　　　　　　　　　103014342

5Q30

實用微積分

作　　者 － 武維疆（147.3）、許介彥

發 行 人 － 楊榮川

總 編 輯 － 王翠華

主　　編 － 王正華

責任編輯 － 金明芬

封面設計 － 童安安

出 版 者 － 五南圖書出版股份有限公司

地　　址：106 台北市大安區和平東路二段 339 號 4 樓

電　　話：(02)2705-5066　傳　　真：(02)2706-6100

網　　址：http://www.wunan.com.tw

電子郵件：wunan@wunan.com.tw

劃撥帳號：01068953

戶　　名：五南圖書出版股份有限公司

台中市駐區辦公室 ／ 台中市中區中山路 6 號

電　　話：(04)2223-0891　傳　　真：(04)2223-3549

高雄市駐區辦公室 ／ 高雄市新興區中山一路 290 號

電　　話：(07)2358-702　傳　　真：(07)2350-236

法律顧問　林勝安律師事務所　林勝安律師

出版日期　2014 年 8 月初版一刷

定　　價　新臺幣 580 元

※版權所有·欲利用本書內容，必須徵求本公司同意※